KB273594

피에르 에르메의
라루스 디저트

| 일러두기 |

1. 이 책에 등장하는 프랑스어 독음은 외래어 표기법에 따라 표기하였으나 독자의 이해를 돕기 위해 실제 현장에서 사용하는 발음과
   유사하게 표기한 것들도 있습니다.
2. 밀가루를 비롯한 재료명과 제품명, 용어 등은 프랑스 제과의 특수성에 따라 원문을 최대한 존중하여 번역하였습니다.

피에르 에르메의 라루스 디저트

1판 1쇄 2018년 5월 10일

지 은 이 피에르 에르메
옮 긴 이 박유형

발 행 인 주정관
발 행 처 북스토리라이프
주　　소 경기도 부천시 길주로 1 한국만화영상진흥원 311호
대표전화 032-325-5281
팩시밀리 032-323-5283
출판등록 2016년 3월 8일 (제387-2016-000012호)
홈페이지 www.ebookstory.co.kr
이 메 일 bookstory@naver.com

ISBN 979-11-88926-02-2 13590

LAROUSSE DES DESSERTS
EAN 13: 978-2-03-586938-8 © Larousse 2011
Korean language edition arranged through Icarias Agency. All Rights Reserved.
Korean Tlanslation © Bookstory 2018

이 책의 한국어판 저작권은 Icarias Agency를 통해 Editions Larousse와 독점 계약한 북스토리라이프에 있습니다.
저작권법에 의해 한국 내에서 보호를 받는 저작물이므로 무단전재와 무단복제를 금합니다.

※잘못된 책은 바꾸어드립니다.

이 도서의 국립중앙도서관 출판시도서목록(CIP)은 서지정보유통지원시스템 홈페이지
(http://seoji.nl.go.kr)와 국가자료공동목록시스템(http://www.nl.go.kr/kolisnet)에서
이용하실 수 있습니다.(CIP제어번호: CIP2018010262)

동시대의 감성과 지성을 담아내는 **북스토리(주)**

북스토리 | 문학, 예술, 만화, 청소년
북스토리아이 | 유아, 어린이, 학습
북스토리라이프 | 취미, 실용
더좋은책 | 교양, 인문, 철학, 사회, 과학

Pierre Hermé

Larousse des Desserts

피에르 에르메의 라루스 디저트

피에르 에르메 지음 | **박유형** 옮김

북스토리
Life

요리 백과사전인 『라루스 가스트로노미크Larousse Gastronomique』의 성공과 더불어, 다양한 실용 요리서가 출간되었다. 이러한 흐름 속에 『피에르 에르메의 라루스 디저트Larousse des Desserts』 책이 출간되어 수많은 미식가들의 환영을 받았고, 이 책은 현재까지도 많은 제과 애호가들의 사랑을 받고 있다.

디저트 트렌드를 주도하는 파티시에, 피에르 에르메는 전통을 존중하면서 그 안에서 창조적 기지를 발휘하는 크리에이터로 정평이 나 있다. 이 책에는 그가 선별한 제과 레시피 750여 개가 실려 있는데, 전통 레시피와 컨템퍼러리 레시피, 향토 레시피와 외국 레시피를 타르트나 바바루아, 푸딩, 비에누아즈리, 콩피즈리 등과 같은 항목으로 나누어 소개한다. 이 책은 상당 부분을 '제과의 기본'에 할애하고 있는데, '제과의 기본'에 등장하는 기본 테크닉은 예부터 전해 오는 전통 기법들로 프랑스 제과의 근간을 이루는 필수 요소다.

『피에르 에르메의 라루스 디저트Larousse des Desserts』는 베이킹 입문자부터 전문가까지 누구나 가토나 디저트, 앙트르메를 집에서 만들 수 있게끔 고안된 실용서이다. 각각의 레시피에 난이도가 명시되어 있고, 필수 테크닉은 단계별 공정 사진을 통해 상세히 소개했다.

더불어 우리가 평소 궁금해하던 제과의 의문점을 말끔하게 해소시켜주기도 한다. 식사 메뉴에 어울리는 디저트 고르기, 디저트와 궁합이 좋은 음료 선택하기, 질 좋은 재료와 적절한 도구를 선택하는 법 등을 설명한다. 이와 함께 설탕에 관한 오해와 진실 등을 다루고 있는데, 영양학적 접근으로 단순히 설탕을 삼가는 것만이 웰빙이 아니라는 사실 또한 일깨워준다.

'피에르 에르메가 사랑한 디저트'를 생동감 넘치는 사진으로 담은 것 또한 특색이다. 각 레시피당 두 쪽을 할애한 사진을 게재하여 총 20개의 사진이 실려 있다. 부드러움과 바삭거림, 따뜻함과 차가움, 새콤함과 쌉쓸함 등 다양한 텍스처와 풍미가 공존하는 피에르 에르메의 창작 레시피는 미식가의 구미를 자극한다.

—Larousse des Desserts editor

디저트 레시피

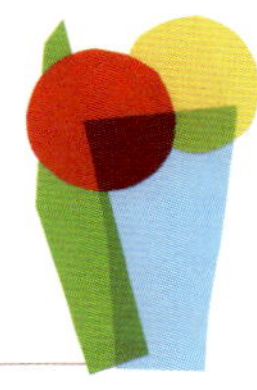

콩피즈리와 과일 시럽, 초콜릿

제과의 실전

레시피 명칭
각 장마다 알파벳 순서에 따라
레시피를 소개한다.

난이도
총 3단계로 나눠 셰프 모자로
난이도를 나타낸다.

Comment
프레젠테이션 방법이나 레시피 응용
법 또는 함께 먹으면 좋은 추천 메뉴
등을 소개한다.

재료 소개
총량을 기준으로 재료의 배
합을 소개한다(반죽 500g 기
준, 쿨리 50ml 등).

에르베 티스의 팁
조리 과학을 연구하는 물리화
학자, 에르베 티스Hervé This
가 예부터 전해 오는 요리 팁
을 과학적으로 해석해 설명
한다.

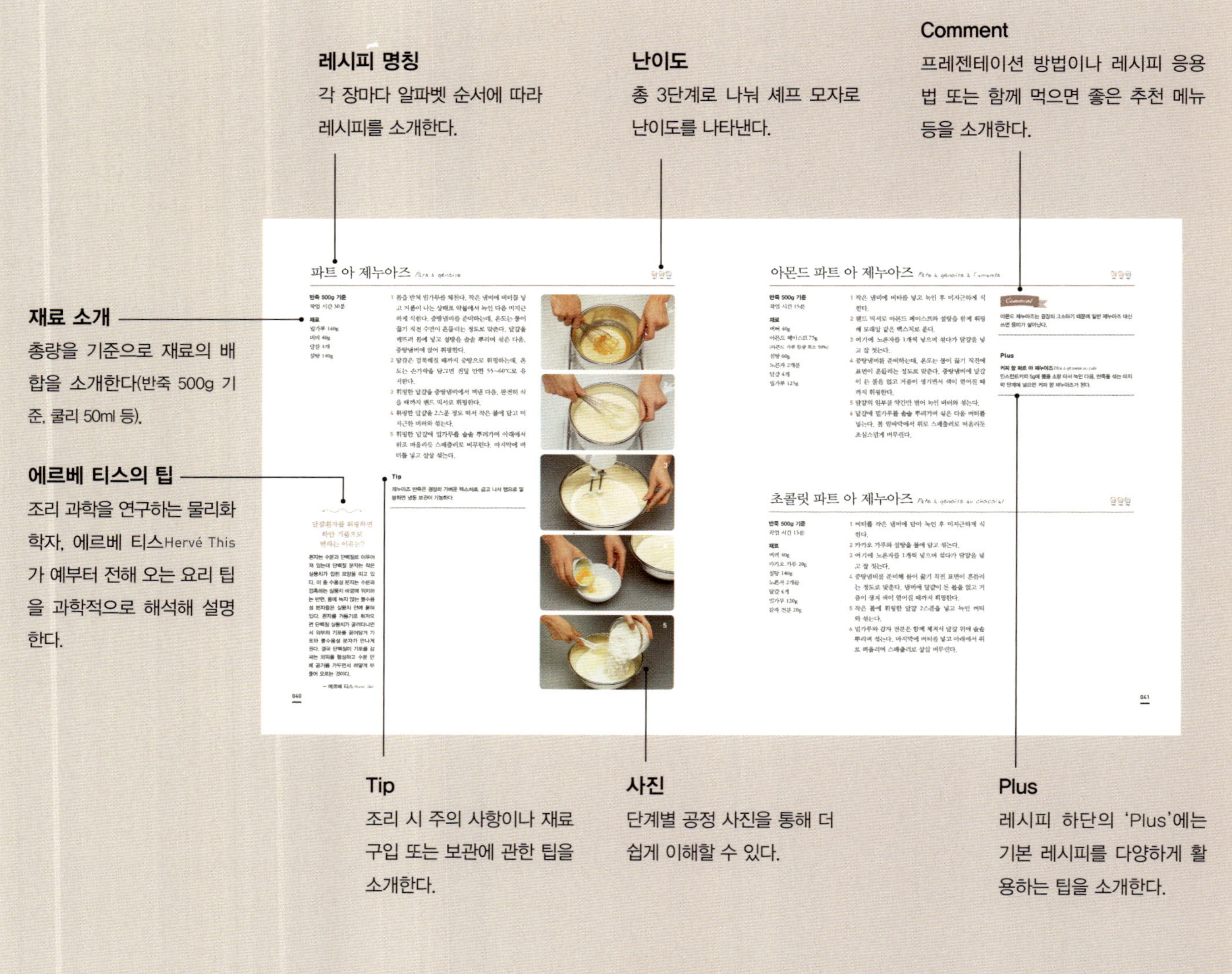

Tip
조리 시 주의 사항이나 재료
구입 또는 보관에 관한 팁을
소개한다.

사진
단계별 공정 사진을 통해 더
쉽게 이해할 수 있다.

Plus
레시피 하단의 'Plus'에는
기본 레시피를 다양하게 활
용하는 팁을 소개한다.

제과의 기본 014~115p
첫 장은 프랑스 제과의 기본이 되는 레시피로 이루어져 있다. 반죽,
크림, 무스, 가나슈, 아이스크림, 셔벗, 쿨리 등 디저트를 구성하는
기본 요소에 대한 220개의 레시피를 소개한다.
◇ 기본 레시피를 제외한 레시피 ◇
제과 레시피 116~279p
디저트 레시피 280~363p
콩피즈리와 과일 시럽, 초콜릿 364~411p

제과의 실전 412~477p
'부피와 무게' ▶414p, '기본 도구와 장비' ▶415~422p, 좋은 재료를 선
별 · 사용하는 '구입처와 재료' ▶423~464p, 건강하게 디저트를 즐기는
'영양과 디저트' ▶465~472p와 프랑스 제과에서 주로 쓰이는 용어를
명료하게 정리한 '제과 용어' ▶473~477p로 구성되어 있다.

재료 소개

시식 인원을 기준으로 재료
의 배합을 소개한다.

조리 시간

준비에서 휴지, 냉장, 숙성에 이르는 시간을 나타낸다.
각각의 구성 요소를 익히는 시간과 제품을 완성하기까
지 걸리는 시간을 의미한다.

무게와 단위

계량은 제과에서 성패를
좌우하는 요소이므로 표
시된 단위와 무게에 맞
게 정확하게 계량한다. 저
울이 없는 독자의 이해를
돕기 위해 소량은 티스푼
이나 테이블스푼으로 표
기했다.

재료

재료를 넣는 순서대로 적었
으며, 다른 레시피를 참고해
야 할 경우 해당 페이지를
표기하였다.

작업 과정

각 작업의 순서대로 번호를
매겨 단계별로 나열했다.

저칼로리 레시피

저칼로리 레시피 표시는 다이어트 중인
독자에게 적합한 가벼운 레시피를 의미
한다. 100g당 총 열량을 비롯해 단백질,
탄수화물, 지질 함량이 레시피 하단에 표
시되어 있다.

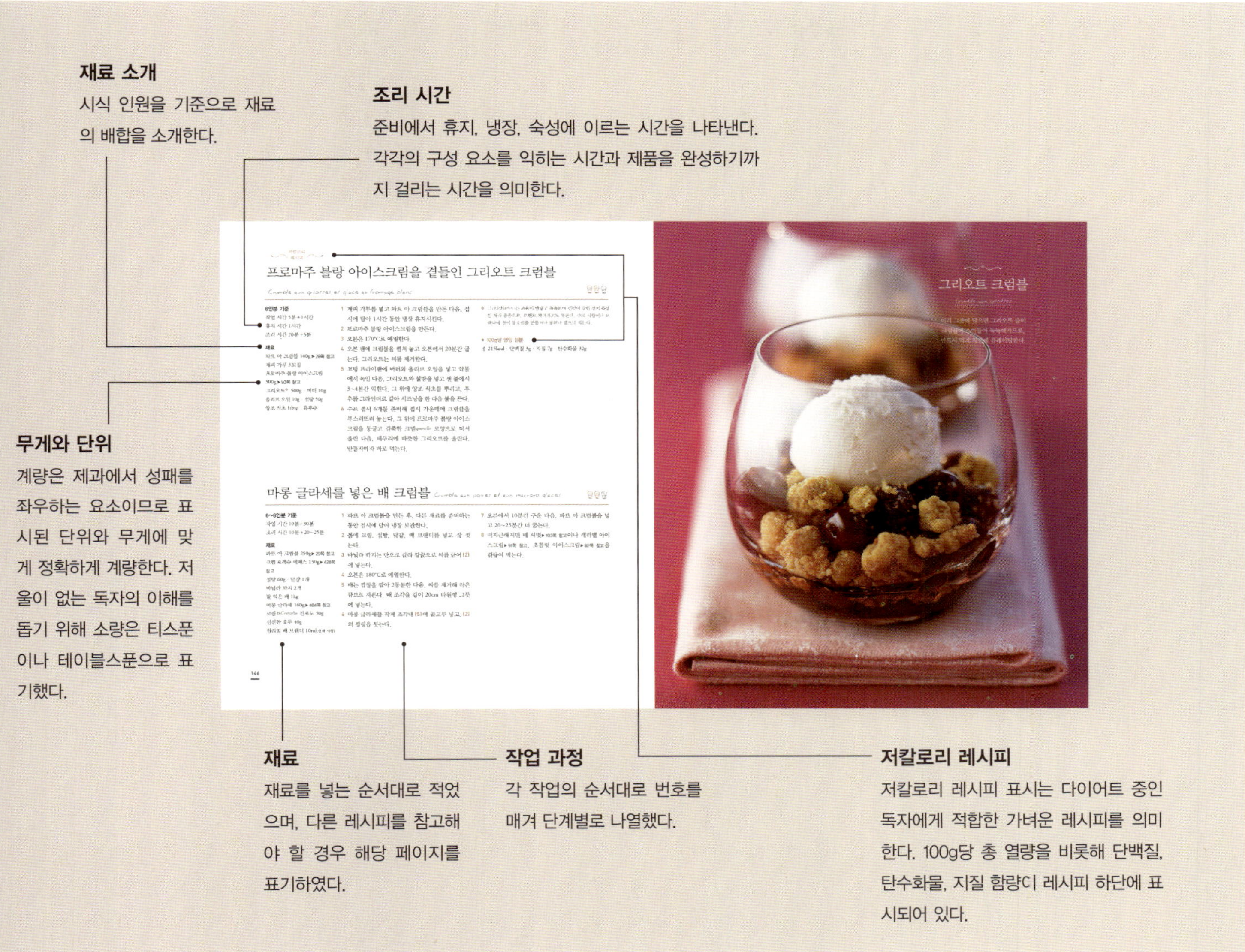

피에르 에르메가 사랑하는 레시피 478~489p

세계적 명성의 프렌치 파티시에, 피에르 에르메의 독창성이 돋보이
는 창작 레시피 20개를 소개한다. 작업 과정과 더불어 감각적인 제
품 사진도 두 쪽에 걸쳐 게재했다.

인덱스 490~512p

알파벳순 레시피 인덱스 책에 소개된 모든 레시피를 알파벳순으로 확인
할 수 있다. 프랑스 디저트가 아닌 경우 해당 국가명을 표시했으며,
제품 난이도 또한 명시했다.
재료별 레시피 인덱스 재료에 따른 레시피 목록을 정리했다.
저칼로리 레시피 인덱스 지나친 당분 섭취를 염려하는 독자를 위해 저
칼로리 레시피만을 별도로 묶어 소개하였다.

디저트
성공의 비결

식사가 끝나면 우리는 가토나 타르트, 케이크, 과일, 아이스크림 등을 나눠 먹으며 달콤한 행복에 빠진다. 단맛은 희미하지만 즐거웠던 어린 시절의 추억을 떠올리게 하는데, 디저트를 먹으며 다시 한 번 즐거운 순간을 만끽한다.

인간은 고대부터 달콤한 후식으로 식사를 마무리하곤 했다. 로마인과 갈리아인은 생과일이나 말린 과일, 향신료를 넣은 갈레트에 꿀을 뿌려 먹었다. 동방에 출정한 십자군이 성경에서 '달콤한 갈대'라고 일컫는 사탕수수를 발견하는 덕분에 설탕 무역이 발전했고, 설탕은 약제사들이 취급하는 귀중한 물자가 되었다.

중세 말 무렵, 고기·생선·치즈 파테 전문가로 구성된 파티시에 조합은 배 파스테, 크림 다리올, 아몬드 크라클랭을 전문적으로 만들었다. 하지만 당시만 해도 디저트라는 말을 쓰지는 않았다. 1563년 법원 결정에 따르면 식사의 구성은 전체 요리, 육류나 생선 요리, 식후 요리에 해당하는 '이쉬_yssue_', 이렇게 세 단계로 나뉜다. 이탈리아의 카트린느 드 메디시스가 프랑스의 왕비가 되면서 피렌체 출신의 제과사들을 데려와 프랑스 디저트는 새로운 국면을 맞이했다. 슈 반죽으로 만든 가토, 마카롱, 아이스크림은 왕궁을 감미로운 맛의 세계로 초대했고, 달콤함에 대한 열망은 프랑스 전역에 전파되었다. 저명한 미식가인 브리야 사바랭에 따르면 18세기부터 '유쾌함의 정신'은 사회 전 계급으로 확장되었고, 저녁 식사는 항상 '마지막 순서로 과일이나 빵, 과자, 잼 또는 치즈'를 먹으며 마무리했다. 한편 초콜릿은 19세기가 되어서야 먹기 시작했는데, 바로 이 시기에 카렘의 머랭, 시부스트의 생토노레, 에스코피에의 페슈 멜바, 줄리앙 형제의 사바랭 등 당대 최고로 손꼽히는 명장의 손에서 훗날 프랑스 제과의 대명사가 될 디저트들이 탄생했다.

단맛

디저트의 종류는 실로 다양해졌는데, 오늘날에는 과자나 앙트르메, 시럽을 넣은 과일, 아이스크림 같은 달콤한 후식을 주로 '디저트'라고 부른다. 오랫동안 프랑스 제과사들은 선대에서 물려받은 풍부한 미식 유산을 바탕으로 기존의 테크닉을 재현하는 데 만족했다. 그런데 몇 해 전부터 텍스처나 풍미에 있어, 새로운 조합과 어울림을 추구하며 전통 레시피를 재해석하려는 제과사들이 등장했다.

'생일 케이크' 풍속

새로운 생활 방식이 등장하면서 우리의 식탁에도 변화가 찾아왔고 이를 달갑게 여기지 않는 시선도 있다. 하지만 다행히도 디저트는 예외인 것 같다. 프랑스인 대다수가 가족 식사나 친구 모임, 파티, 생일 등 인생의 행복한 순간에 디저트를 먹고, 무려 80%나 되는 프랑스인들이 매해 생일 케이크의 촛불을 끈다고 한다.

하지만 소수만이 명성을 얻었는데, 이 중 피에르 에르메를 빼놓을 수 없다. 콘템포러리 제과를 지향하는 그에게 있어 설탕은 결정적 역할을 하는 것이 아니라 다양한 향을 뒷받침하는 디저트의 구성 요소일 뿐이다. 설탕은 가열하거나 다른 재료와 만나면 다양한 모습으로 변모한다. 타르트의 견고함, 아이스크림의 부드러움, 마카롱의 촉촉함, 와플의 바삭함은 모두 설탕이 만들어낸 식감이고, 초콜릿의 쌉쌀한 맛이나 감귤류의 신맛, 향신료 고유의 향을 살리는 데도 설탕이 쓰인다. 하지만 설탕이 과도하게 들어가면 본래의 향과 맛을 감춰 밋밋해질 수 있기 때문에 단맛의 균형을 이해하는 것이 중요하다.

노하우의 원칙

맛있는 디저트를 만드는 데 유명 제과사의 재능이나 지식이 필요하진 않지만, '반죽에 본격적으로 손을 대기 전'에 반드시 알아야 할 것이 있다. 상상력을 발휘해 색의 조화나 데코 등 제품의 외형을 다듬기 이전에 정확한 테크닉을 바탕으로 제과의 기본을 익히는 것이 선행되어야 한다. 신중하게 재료를 선택해 정확하게 계량하고, 조리 온도와 시간을 지켜야 한다.

제과에서 많이 쓰이는 기본 재료는 항상 구비해두는 것이 좋다. 품질이 뛰어나고 신선한 재료를 쓰고, 항상 소비 기한을 확인하는 습관을 들인다. 크림이나 초콜릿같이 쉽게 변하는 재료는 그때그때 필요한 만큼만 구입한다. 쌀과 설탕 등은 밀폐 용기에 넣어 열과 습기가 차단된 곳에 보관하고, 전분 같은 가루 재료도 개봉 후 한 달이 지나면 변질되기 때문에 제품을 망치는 원인이 되기도 한다. 과일은 항상 신선한 것을 구입하는데, 특히 핵과를 고를 때 이 점을 유의하고 잼용 과일을 구입할 때도 반드시 신선도를 확인한다. 원산지와 종류를 눈여겨보고 레시피에 맞는 품종인지도 확인한다. 레몬이나 오렌지 같은 감귤류로 제스트를 만들 생각이라면 피막제나 방부제를 뿌리지 않은 제품을 사야 한다. 원산지 포장 그대로 소비자에게 유통되는 제품은 손상도가 적다는 사실도 참고한다.

제과에서는 어림잡아 계량하지 않기 때문에 재료 배합을 철저히 지켜야 한다. 창조와 상상력은 숙련된 경험에서 나오는 것이므로 저울과 계량 용기는 반드시 갖추고 실전에 임한다 ▶ 414쪽 표 참고. 과일의 산도에 따라 설탕을 가감하듯이, 어느 정도 경험이 쌓이면 재료의 양을 조절할 수 있다.

마지막으로 오븐의 사양이나 기능을 잘 이해하고 써야 한다. 오븐을 제대로 이해하지 못해 실패하는 경우가 빈번하기 때문이다. 오븐 성능이 나날이 향상되고 있지만 표시 온도와 실제 온도는 20~30% 정도 차이가 날 수 있다. 레시피에 있어 온도는 참고 사항일 뿐 절대적 기준이 될 수 없는 까닭이 여기에 있다. 제과용 온도계를 오븐 가운데에 매달고 15분 후에 내부 온도를 확인하는 방법을 써도 좋다. 보통 오븐에는 램프가 있는데 설정 온도에 도달하면 불이 꺼진다 ▶ 421쪽 조리 온도표 참고.

과학과 조리 과학

레시피 여백에는 조리 과학을 연구하는 물리화학자, 에르베 티스Hervé This의 과학적 해석을 실었다. 그는 '머랭이 부풀어 오르는 원리'나 '반죽을 휴지시켜야 하는 이유'처럼 평소 우리의 궁금증을 자아냈던 사실들을 명쾌하게 밝혀준다. 또한 세대를 거듭하며 전해 내려온 다양한 조리 요령에 대해서도 과학적 근거를 제시한다. 예를 들어, 가나슈를 만들 때는 뜨거운 크림을 녹인 초콜릿에 천천히 부으며 거품기로 저어야 한다. 이것을 과학적 접근으로 풀어보면, 서로 다른 2개의 미세 입자가 서서히 혼합되는 '유화'의 과정인 것이다. 이 외에도 반죽, 크림, 무스, 설탕 가열에 대한 다양한 과학적 주석을 확인할 수 있다.

냉동 제품과 제과

냉동실을 적극 활용하면 보다 손쉽게 베이킹을 할 수 있다. 과일은 통째로 얼리거나 콩포트나 쿨리로 만들어서 냉동 보관하다가 소스나 셔벗을 만든다. 붉은 과일은 설탕을 입힌 다음 트레이를 받쳐서 얼리는데, 체리나 살구, 복숭아, 자두, 망고 등은 냉동하기 전에 꼭지와 껍질을 제거하고 씨를 뺀 다음, 적당한 크기로 잘라야 한다. 제누아즈가 대량으로 만들어야 작업성이 좋아지듯이, 타르트 반죽도 성형 전후에 얼마든지 생지 형태로 냉동할 수 있는 특성이 있다. 과일은 품종에 따라 6~10달 동안 냉동실에 저장할 수 있고, 반죽은 2달까지 가능하다. 시중에는 다양한 냉동 과일과 생지가 판매되고 있는데, 항상 유통 기한과 사용법을 주의깊게 살펴봐야 한다. 냉동 생지의 경우, 가능하면 순수 버터를 넣은 것을 구입해 고소한 풍미를 살리는 것이 좋다.

디저트 레시피 고르기

레시피를 고르는 데 정해진 원칙이란 없다. 그저 마음에 드는 것을 고르면 되는데, 이 책에는 전문가의 노하우가 담긴 다양한 레시피가 실려 있다. 간단한 것부터 난이도가 높은 것, 전통 레시피와 창작 레시피, 프랑스 디저트와 외국 디저트 등 실로 방대한 내용이 담겨 있어 선택의 폭이 넓다. 단, 어떤 경우든 식사 메뉴와 어울리는 디저트를 고르는 것이 가장 현명하다. 기름진 요리를 먹었다면 아이스크림을 넣은 저칼로리 디저트나 과일 샐러드같이 산뜻한 메뉴를 선택한다.

제철 과일 일람표를 작성해두면 계절마다 새로운 디저트를 만드는 습관을 들일 수 있다. 책 말미에 실린 재료 설명과 수확 시기를 참고하고, 열대 과일도 잘만 활용하면 독창적인 디저트가 될 수 있다는 것을 기억해야 한다.

초콜릿 디저트를 선택한다면 이미 반은 성공한 것이나 다름없다. 초콜릿을 싫어하는 사람은 극히 드물기 때문에 모두를 만족시킬 확률이 높다. 고대 아즈텍인들에게 신의 음료로 칭송받았던 초콜릿이 스페인 정복자들에 의해 유럽에 소개되었고, 오늘날 열렬한 사랑의 대상이 되었다. 카카오 열매에는 5백여 가지의 성분이 있기 때문에, 원산지가 다른 품종을 어떻게 블렌딩하느냐에 따라 향미 또한 다채로워진다. 초콜릿의 진한 향은 가토나 디저트의 풍미를 높여주고 과일, 향신료, 알코올 등 다양한 재료와 훌륭한 조화를 이룬다.

손님이 깜짝 놀랄 만한 디저트를 선보이고 싶다면, 티라미수나 바트루스키 같은 외국에서 온 레시피를 선택한다. 구겔호프, 퀴나망, 미를리통 드 루앙, 피티비에, 생토노레 등 프랑스의 풍부한 미식 유산을 보여줄 수 있는 향토 레시피도 잊지 말자. 크리스마스나 주현절에는 전통 디저트를 만들고, 성촉절에는 아이들과 함께 제과를 만드는 것도 좋은 추억이 될 것이다.

달콤한 간식과 함께하는 티타임은 하루 일과 중 거부할 수 없는 유혹이다. 특히 티타임에는 비에누아즈리, 파운드케이크, 촉촉한 프티푸르, 바삭한 프티푸르, 일인용 가토, 타르틀레트가 잘 어울린다.

설탕 섭취를 자제해야 하는 이들을 위한 저칼로리 레시피도 있다. 칼로리는 낮지만 풍미를 살린 디저트들로 영양 성분도 명시되어 있다. 단순히 칼로리가 낮은 것도 있지만 설탕 대신 감미료를 넣어 열량을 낮춘 것도 있다.

디저트와 어울리는 음료

예전부터 달콤한 음식에 곁들이는 와인을 별도로 분류했고, '디저트 와인'이라는 명칭하에 다음과 같이 구분한다.

샴페인은 잘 알려져 있듯 특유의 거품이 인상적인 발포성 와인이다. 와인 중 유일하게 라벨에 품종이나 생산지를 명시하지 않고 단순히 상표, '브뤼brut'나 '드미섹demi-sec'같이 당도만을 나타낸다.

'늦은 수확'이란 의미를 담고 있는 '뱅 드 방다주 타르디브vins de vendages tardives'는 이름처럼 푹 여문 포도로 만드는 와인이다. 곰팡이 균을 증식시켜 독특한 향미와 당도를 높이는 '귀부병' 또는 '푸리튀르 노블pourriture noble'을 이용한 것도 있다. 스위트 와인은 지역에 따라 서로 다른 명칭으로 부른다. 소테른에서는 소테른sauternes과 몽바지악monbazillac을 '리쿼뢰liquoreux'라고 하고, 발 드 루아르에서는 부브레vouvray와 카르드숌quarts-de-chaume 등을 '무알뢰moelleux'라고 한다. 알자스에서는 이보다 당도가 높은 와인을 '셀렉시옹 드 그랑 노블sélection de grains nobles'이라고 하는데, 게부르츠트라미너gewurztraminer, 리슬링riesling, 뮈스카muscat, 토카이tokay 등이 이에 속한다.

뱅 뮈테vin muté라고도 부르는 '뱅 두 나튀렐vins doux naturels'은 당분이 알코올로 변하지 못하도록 와인에 브랜디를 넣어 발효를 막은 와인이다. 이렇게 하면 원

울리는 조합을 몇 개만 기억해두면 도움이 될 수 있다. 과일 타르트는 젊은 뱅 두 나튀렐과 궁합이 좋은데, 복숭아, 살구, 미라벨같이 노란 과일로 타르트를 만들었다면 알자스나 루아르의 방당주 타르디브 와인과도 잘 어울린다. 플랑과 크림에는 오래된 뱅 두를 마시면 제격이고, 초콜릿 디저트는 오래 묵혀 부드러운 풍미가 있는 붉은색 뱅 두 나튀렐과 먹거나 간단하게 커피를 준비해도 좋다. 커피는 초콜릿을 기본 재료로 만든 모든 디저트와 잘 어울린다.

요즘 인기가 좋은 브뤼 샴페인은 안타깝게도 디저트에는 잘 어울리지 않는다. 단 음식과 함께 먹으면 브뤼의 신맛이 씁쓸하게 올라오기 때문이다. 그 대신 좀 더 달콤한 드미섹을 마시면 디저트의 달콤함이 샴페인의 단맛을 중화시켜 브뤼를 마시는 것 같은 느낌이 든다.

아이스크림이나 얼려 먹는 디저트에 곁들였을 때 본연의 풍미를 발휘할 수 있는 와인은 존재하지 않는다. 디저트의 차가운 냉기가 와인의 섬세한 감각을 무디게 만들기 때문이다. 와인 대신 브랜디나 보드카를 곁들여도 좋지만 시원한 물 한 잔이 가장 잘 어울린다.

오후에 간식으로 먹는 가토나 타르트에는 만인의 사랑을 받는 차만큼 잘 어울리는 음료도 없다. 너무 향이 짙은 것만 빼면 모든 종류에 차를 대접해도 좋다. 깔끔하고 순수한 맛의 실론은 티타임에 늘 사랑받는 차이고, 과일 향과 은은한 꿀 향이 감도는 다즐링은 특히 제과와 잘 어울린다. 가볍고 향긋한 중국차도 티타임에 적격이다.

마지막으로 시원한 물을 빼놓을 수 없다. 식사가 끝나면 늘 일상적으로 물을 마시지만, 제과사들이 디저트와 가장 잘 어울리는 음료로 입 모아 말하는 것 또한 물이다. 생수, 탄산수, 수돗물 그 어떤 것이든지 디저트의 섬세한 풍미를 즐기기에 더할 나위 없는 최고의 음료다.

래의 달콤한 맛은 유지하면서 16~18%에 달할 정도로 알코올 도수가 높아진다. 뮈스카 봄드브니즈muscat beaumes-de-venise와 랑그독루시옹의 모든 뮈스카 와인, 예를 들어 리브잘트rivesaltes, 생장드미네르부아saint-jean-de-minervois, 바니울스banyuls, 프롱티냥frontignan, 모리maury, 라스토rasteau 같은 와인이 이에 속한다. 포트와인도 같은 방식으로 양조하는데, 숙성도나 향에 따라 풍미가 크게 달라진다.

마지막으로 '뱅 드 파유vin de paille'는 잘 숙성시킨 당도 높은 스위트 와인으로 수확한 포도를 짚 위에 널거나 채반에 깔고 3달 동안 말린 다음 압착시켜 만든다. 이 중 아르부아 뒤 쥐라arbois du Jura가 가장 유명하다.

요즘은 중요한 자리를 제외하곤 스위트 와인과 디저트를 함께 먹는 일이 예전만큼 많지 않다. 하지만 잘 어

제과의 기본

반죽
PÂTES

프랑스 과자와 디저트를 만들 때 널리 쓰이는 반죽 레시피를 하나의 장으로 구성했다. 미리 만들어놓을 수 있는 반죽도 있고, 냉동 보관이 가능해 대량으로 사용하기 좋은 레시피도 있다.

파트 브리제(파트 아 퐁세) *Pâte brisée (Pâte à foncer)*

반죽 500g 기준
작업 시간 15분
휴지 시간 2시간

재료
밀가루 250g
실온 버터 180g
고운 소금 4g(작은 1tsp)
설탕 5g(1tsp)(선택 사항)
노른자 1개분
실온 우유 50ml

1 큰 볼을 받친 상태로 밀가루를 체에 걸러 덩어리가 들어가지 않게 한다.
2 버터는 볼에 담아 스패츌러로 으깨 부드럽게 만든 후, 덩어리가 남지 않도록 반죽한다. 크림의 농도가 될 때까지 작업한다.
3 버터에 소금, 설탕, 노른자, 우유를 넣고 고루 섞은 다음 밀가루를 조금씩 넣으며 계속 반죽한다.
4 반죽이 한 덩어리로 뭉쳐지면 더 이상 주무르지 말고 양손으로 평평하게 눌러 랩을 씌운다.
5 4℃ 냉장고에서 최소 2시간 동안 휴지시킨 후 사용한다.

Comment

다음 장의 파트 브리제 레시피와는 다르게 달걀노른자를 넣어 반죽을 살짝 말랑하게 만들었다. 레시피대로 재료를 섞으면 훨씬 촉촉한 반죽을 만들 수 있다.

파트 브리제 *Pâte brisée*

반죽 500g 기준
작업 시간 10분
휴지 시간 2시간

재료
실온 버터 190g
고운 소금 5g(1tsp)
물 또는 신선한 전유 50ml
밀가루 250g

1 버터를 작은 조각으로 잘라 볼에 넣고 나무 주걱으로 으깬 다음 빠르게 젓는다.
2 작은 그릇에 우유나 물을 넣고 소금을 타서 녹인다. 소금을 녹인 액체를 버터에 조금씩 부으며 나무 주걱으로 계속 젓는다.
3 밀가루는 큰 볼을 받쳐 체에 거른 후 (2)에 여러 번에 걸쳐 솔솔 뿌려 넣는다. 이때 반죽은 버무리듯 섞으며 많이 치대지 않는다.
4 반죽을 작업대 위에 놓고 손바닥으로 으깨며 앞으로 민다. 펼쳐진 반죽을 한데 모아 다시 한 번 손바닥으로 밀면 재료가 고루 섞인다. 반죽을 한 덩어리로 뭉친 후 양손으로 살짝 눌러 평평하게 만든다.
5 반죽에 랩을 씌워 4℃ 냉장고에서 2시간 동안 휴지시킨 뒤, 밀대로 밀어 사용한다.

반죽의 생명은 휴지!

반죽을 차가운 온도에서 휴지시키면 글루텐 조직이 느슨해져 텍스처가 유연해진다. 이렇게 되면 밀대로 쉽게 밀 수 있을 뿐만 아니라, 오븐 안에서 면적이 줄어드는 수축 현상도 막을 수 있다.

냉동 보관도 가능할까?

파트 브리제는 냉동에 잘 견디는 반죽이다. 냉동 보관한 반죽을 냉장에서 천천히 해동시켜서 사용하면 되는데, 반죽을 다시 치대면 부드러운 텍스처가 사라지므로 주의한다.

반죽의 휴지

밀가루에는 전분뿐만 아니라 글루텐을 형성하는 단백질도 있어, 밀가루에 물을 넣고 오랫동안 치대면 탄성이 강한 글루텐 조직이 생긴다. 이 조직 안에는 이산화탄소 기포가 있는데 빵을 만들 때는 유용하지만 그 외의 반죽에는 수축 현상을 유발한다. 그런데 반죽을 휴지시키면 팽팽하게 얽혀 있던 단백질 조직이 차츰 느슨해져 수축 현상을 방지할 수 있다. 더욱이 실온에서 서서히 붙고 부푸는 데도 시간이 걸리는 전분조차도 휴지를 시키면 잘 붙기 때문에 일정한 모양의 반죽을 만들 수 있다.

– 에르베 티스 *Hervé This*

파트 사블레 *Pâte sablée*

반죽 500g 기준
작업 시간 10분
휴지 시간 1시간

재료
바닐라 깍지 1개
설탕 125g
밀가루 250g
실온 버터 125g
달걀 1개

1 바닐라 깍지를 반으로 갈라 씨를 긁어 볼에 넣고 설탕과 함께 섞는다. 작업대 위에서 밀가루를 체치고, 작게 조각낸 버터를 넣어 손가락 끝으로 부슬부슬 비빈다. 버터가 덩어리진 것 없이 밀가루에 고루 섞여 모래알 같은 텍스처가 나올 때까지 작업한다.

2 가운데에 홈을 파서 달걀을 넣고 바닐라 씨를 섞은 설탕을 넣는다.

3 손가락 끝으로 재료를 모아 버무리는데, 너무 치대지 않는다.

4 손바닥으로 반죽을 으깨며 앞으로 밀어 반죽의 결을 고르게 정리한다.

5 반죽을 둥글게 뭉쳐 양손으로 살짝 누른 후 랩으로 감싼다. 4℃ 냉장고에서 최소 1시간 동안 휴지시킨 다음 밀대로 밀어 사용한다.

Tip

손반죽할 경우, 대리석 작업대나 도마 위에서 하는 것이 좋다.

파트 사블레는 어떻게 만들까?

옛날 요리책에는 파트 브리제와 파트 사블레를 크게 구분하진 않았지만, 파트 브리제에도 분명 사블레의 바삭거리는 식감을 줄 수 있다. 우선 반죽을 너무 많이 치대지 말고 손가락 끝으로 부슬부슬 비벼 모래알 같은 텍스처로 만들어야 한다. 글루텐 단백질과 전분이 수분과 만나면 반죽에 불필요한 탄성이 생기는데, 먼저 설탕에 달걀을 부으면 달걀에 함유된 수분이 설탕에 흡수되어 탄성이 생기는 것을 방지한다.

– 에르베 티스 *Hervé This*

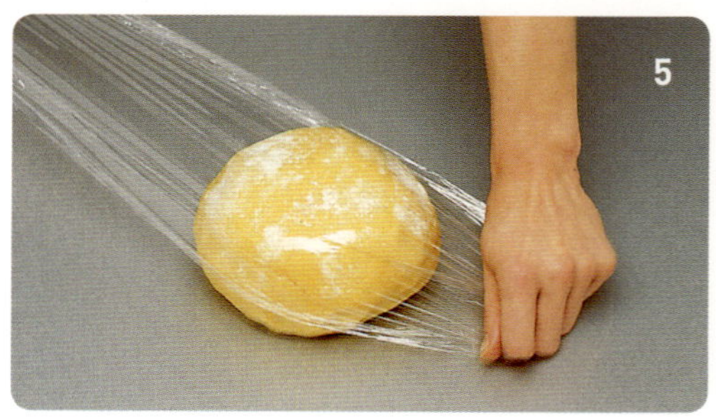

계피 향 파트 사블레 *Pâte sablée cannelle* 

반죽 500g 기준
작업 시간 15분
휴지 시간 2~3시간

재료
달걀 2개
베이킹파우더 5g(1tsp)
Type 45❖ 밀가루 200g
버터 190g · 분당 50g
아몬드 가루 35g
고운 소금 1g(작은 1꼬집)
실론산 계피 가루 8g(작은 2tsp)
럼 브랑 아그리콜✢ 10ml(선택 사항)

1 달걀을 완숙으로 삶은 다음 흐르는 찬물에 식혀 껍질을 깐다. 완전히 식으면 노른자만 체에 거른다.
2 큰 볼에 밀가루와 베이킹파우더를 섞어 놓는다.
3 작게 조각낸 버터를 볼에 담고 스패츌러로 으깨 텍스처를 균일하게 만든다.
4 여기에 분당, 아몬드 가루, 소금, 계피 가루, 럼, 노른자, 밀가루, 베이킹파우더를 넣고 반죽하는데, 너무 많이 치대지 않는다.
5 반죽을 평평하게 눌러 랩으로 감싼 다음 4℃ 냉장고에서 2~3시간 동안 휴지시킨다.

Tip

삶은 노른자를 넣었기 때문에 파트 사블레의 모래알 같은 텍스처가 잘 살아나는 반면 쉽게 부서지는 단점이 있다. 따라서 성형할 때 반죽을 살살 밀고, 굽고 나서 오븐 팬에서 제품을 뗄 때도 일자 스패츌러나 단단한 종이로 조심스럽게 뗀다.

❖ 프랑스에서는 '밀가루를 태워 남은 재'인 회분의 함량에 따라 밀가루를 분류한다. 이에 따라 Type 45~150까지 종류가 다양한데, 숫자가 커질수록 회분(무기질)의 양이 증가한다.

✢ 럼은 일반적으로 설탕을 제조하고 남은 부산물인 당밀을 원료로 만드는데, '럼 브랑 아그리콜Rhu n brun agricole'은 사탕수수 즙을 발효시켜 증류한 다크 럼을 지칭한다.

파트 아 사블레 *Pâte à sablés* 

반죽 500g 기준
작업 시간 15분

재료
바닐라 깍지 1/2개
실온 버터 190g · 분당 75g
고운 소금 1g(작은 1꼬집)
흰자 1개분 · 밀가루 225g

1 바닐라 깍지를 반으로 갈라 씨를 긁어낸다.
2 버터는 작게 조각내 볼에 넣고, 스패츌러로 으깬 후 빠르게 저어 부드럽게 만든다.
3 여기에 분당, 소금, 바닐라 씨, 흰자, 밀가루를 넣는데 재료를 넣을 때마다 잘 버무린다.
4 재료가 고루 섞이면 사블레 특유의 텍스처가 사라지지 않도록 더 이상 치대지 않는다.

Tip

파트 사블레를 깍지 긴 짤주머니에 넣어 사용한다면 되도록 텍스처를 부드럽게 만드는 게 좋다. 오븐 팬에 유산지를 깔고 'W' 대열로 제품을 배열한 후, 170℃로 예열한 오븐에 20분간 굽는다.

파트 쉬크레 *Pâte sucrée*

반죽 500g 기준
작업 시간 15분
휴지 시간 2시간

재료
밀가루 210g · 분당 85g
달걀 1개 · 바닐라 깍지 1/2개
실온 버터 125g
아몬드 가루 25g
고운 소금 4g(작은 1tsp)

1 밀가루와 분당은 따로 체친다. 달걀은 깨서 볼에 넣고, 바닐라 깍지도 반으로 갈라 씨를 긁어낸다.
2 버터는 작게 조각내 볼에 넣고 나무 숟가락으로 으깨 부드럽게 만든다. 여기에 분당, 아몬드 가루, 소금, 바닐라 씨, 달걀, 밀가루를 순서대로 넣고, 재료를 넣을 때마다 잘 섞는다.
3 덩어리로 뭉친 반죽을 양손으로 평평하게 누른 다음 랩으로 덮고 4℃ 냉장고에서 2시간 동안 휴지시킨다.

Plus

헤이즐넛 파트 쉬크레Pâte sucrée aux noisettes
아몬드 가루 대신 헤이즐넛 가루를 넣으면 훨씬 촉촉하면서 헤이즐넛 향이 은은하게 나는 반죽이 완성된다.

파트 푀유테 *Pâte feuilletée*

반죽 1kg 기준
작업 시간 30분
휴지 시간 10시간

재료
찬물 200ml
고운 소금 14g(1tbsp)
실온 버터 500g
파린 드 그뤼오❖ 150g
파린 오르디네르✛ 250g

파트 푀유테에 결이 생기는 이유는?

파트 푀유테는 버터와 반죽을 번갈아 켜켜이 쌓은 반죽이다. 오븐에 구우면 반죽에 있는 수분이 증발하는데, 버터가 방수막처럼 덮여 있어 날아가지 못하고 반죽 사이에 머물게 된다. 수분은 증기일 때 부피가 더 커지기 때문에 버터 층 사이가 부풀어 오르고, 파트 푀유테 특유의 결이 만들어진다. 파트 푀유테를 성공하려면 가장자리가 깔끔해야 한다. 반죽을 분할할 때 육안으로는 보이진 않지만 가장자리에 반죽 층이 여러 겹 붙어 두꺼워질 수도 있는데 이렇게 되면 오븐 안에서 먹음직스럽게 부풀어 오르지 않는다.

― 에르베 티스 *Hervé This*

1 유리컵에 찬물과 소금을 넣어 녹이고, 작은 냄비에 버터 75g을 담아 녹을 때까지 가열한다. 큰 볼에 파린 드 그뤼오와 파린 오르디네르를 담은 후 소금물과 녹인 버터를 차례대로 넣고 잘 버무리되, 지나치게 주무르지 않는다.

2 버무린 반죽을 동그랗게 뭉치는데, 이것을 '데트랑프détrempe'라고 부른다. 데트랑프를 양손으로 평평하게 눌러 랩으로 감싼 다음 4℃ 냉장고에서 2시간 동안 휴지시킨다.

3 남은 버터는 작게 조각내 볼에 넣고 나무 주걱으로 눌러 부드럽게 만드는데, 반죽과 동일한 텍스처가 될 때까지 작업한다. 덧밀가루를 얇게 뿌린 작업대에 휴지시킨 반죽을 놓고 두께 2cm의 정사각형으로 반듯하게 민다. 가장자리보다 가운데 부분이 도톰하도록 두께를 조정한다.

4 각 모서리를 밀어 날개처럼 만든다. 부드러워진 버터를 정사각형으로 다듬어 반죽 가운데에 놓는다.

5 날개를 안으로 접으면, 버터를 넣은 반죽을 뜻하는 '파통pâton'이 된다.

❖ 파린 드 그뤼오Farine de gruau는 단백질 함량이 높은 밀가루로 단백질을 11% 정도 포함하고 있어 잘 부풀어 오른다. 주로 가토, 브리오슈, 구겔호프, 비에누아즈리 등에 사용되며, 프랑스 밀가루 종류인 Type 45와 Type 55 중에 파린 드 그뤼오가 있다.

✛ 파린 오르디네르Farine ordinaire는 살짝 회색빛이 도는 밀가루로 잘 부풀어 오르지 않고 단백질 함량도 적은 편이다. 주로 크루트croûte나 파테pâté 반죽에 이용된다.

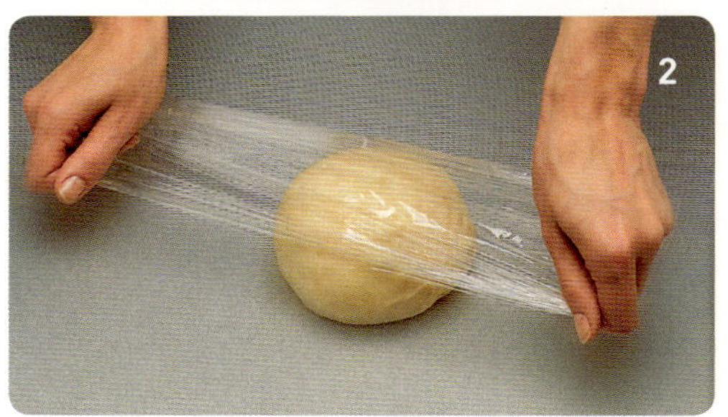

6 파통을 넓이 대비 길이가 1:3이 되도록 민다.

7 반죽을 세 겹으로 포개 접어 편지 봉투 모양처럼 만
든다. 이러한 방식으로 반죽을 접는 것을 '투르 생
플tour simple'이라고 하고 반죽을 접는 작업 자체는
'투르tour'라고 부른다. 첫 번째 투르가 끝나면 파통
을 냉장고에서 넣고 2시간 동안 휴지시킨다.

8 파통을 90°로 회전시킨 후 넓이 대비 길이가 1:3이
되도록 민다. 이전과 동일하게 반죽을 세 겹으로 포
개 접어 두 번째 투르를 완성한 후, 최소 1시간 동
안 냉장 휴지시킨다. 이어서, 투르 2번을 1세트로
2번 반복해 총 6번의 투르를 완성하는데, 1세트가
끝날 때마다 반드시 2시간 동안 냉장 휴지시킨다.

9 투르가 끝날 때마다 반죽 위에 손가락으로 투르 횟
수만큼 눌러, 총 몇 회를 작업했는지 표시한다. 반
죽은 사용 직전까지 냉장 보관한다.

Tip

반죽을 접을 때 밀가루가 두텁게 묻어 있으면 좋지 않으므로 작
업대 위에 덧밀가루는 소량만 뿌린다.

시간 절약 Tip

파트 푀유테는 본래 휴지를 오래 시켜야 하는 반죽이지만, 많은
양을 미리 만들어놓고 냉동 보관하면 시간을 훨씬 절약할 수
있다.

Plus

커피 향 파트 푀유테 Pâte feuilletée au café
데트랑프용 버터를 약불에서 녹여 인스턴트커피 10g가량을 넣
는다. 나머지는 파트 푀유테 기본 레시피대로 하면 커피 향 파트
푀유테를 만들 수 있다.

초콜릿 파트 푀유테 Pâte feuilletée au chocolat
데트랑프용 버터에 카카오 가루 50g을 섞는다. 버터를 정사각
형으로 성형한 후, 랩을 씌워 냉장고에서 최소 2시간 동안 휴
지시킨다.

파트 드미 푀유테 *Pâte demi-feuilletée* 

반죽 500g 기준
작업 시간 20분
휴지 시간 8시간

재료
밀가루 250g
고운 소금 5g(1tsp)
아주 차가운 버터 250g
물 150ml

1 밀가루를 볼에 받쳐 체친 후 소금과 함께 섞어둔다.
2 버터는 작게 조각내는데, 일부는 큼직하게 남겨둔다. 큰 조각은 밀가루와 완전히 섞이지 않아 반죽에 바삭한 식감을 살린다. 준비된 버터를 밀가루와 함께 버무린다.
3 물을 조금씩 부으며 반죽이 고루 섞일 때까지 손으로 주무른다.
4 반죽을 덩어리로 뭉쳐 랩으로 감싼 뒤 4℃ 냉장고에서 2시간 동안 휴지시킨다.
5 휴지시킨 반죽은 총 3번 투르하는데 ▶ 21쪽 참고, 투르가 한 번 끝날 때마다 3시간 동안 냉장 휴지시킨다. 이렇게 만든 반죽은 짭짤한 핑거 푀유테인 프티 푀유테 살레Petits feuilletés salés를 만들면 좋다.

파트 푀유테 엥베르세 *Pâte feuilletée inversée* 

반죽 500g 기준
작업 시간 30분
휴지 시간 최소 10시간

데트랑프 A 재료
밀가루 60g
(Type 45❖ 밀가루 30g
Type 55 밀가루 30g)
실온 버터 160g

데트랑프 B 재료
밀가루 150g
(Type 45 밀가루 75g
Type 55 밀가루 75g)
고운 소금 5g(1tsp)
버터 50g
물 100ml
양조 식초 1/4tsp

1 데트랑프 A의 밀가루와 버터를 한데 섞어 덩어리로 뭉쳐질 때까지 반죽한다. 두께 2cm의 원형으로 밀어 랩으로 감싼 뒤, 4℃ 냉장고에서 2시간 동안 휴지시킨다.
2 데트랑프 B의 재료를 모두 넣고 반죽하는데, 질척거리지 않도록 물을 조금씩 넣으며 섞는다. 재료가 고루 섞이면 두께 2cm의 정사각형으로 밀어 랩으로 감싼 뒤, 2시간 동안 냉장 휴지시킨다.
3 데트랑프 A를 두께 1cm로 민 다음, 가운데에 데트랑프 B를 놓고 완전히 감싼다. 반죽 전체를 주먹으로 톡톡 두들긴 다음, 밀대로도 살살 두들겨 표면적을 넓힌다. 가운데에서 가장자리로 부드럽게 밀면서 넓이 대비 길이가 1:3인 직사각형을 만든다.
4 반죽 양 끝이 중앙에서 만나도록 반죽을 안으로 접는다. 이 상태에서 반으로 한 번 더 접으면, '투르 앙 포르트푀유tour en portefeuille' 또는 '투르 두블tour double'이 된다.
5 반죽의 접힌 부분이 왼쪽에 오도록 위치를 바꾸고 살짝 납작하게 누른다. 랩으로 감싼 뒤, 냉장고에서 2시간 동안 휴지시킨다.
6 차가워진 반죽을 주먹으로 두들긴 다음, 접힌 부분을 왼쪽에 놓고 넓이 대비 길이가 1:3이 되도록 민다. 길게 늘린 반죽은 '투르 앙 포르트푀유'로 접은 후, 최소 2시간 동안 냉장 휴지시킨다.
7 반죽은 사용하기 직전에 투르 생플tour simple을 해야 한다. 우선 반죽을 길게 민다. 세 겹으로 포개어 접어 정사각형을 만든 다음 랩으로 감싼 뒤, 앞면과 뒷면을 뒤집어가며 2시간 동안 냉장 휴지시킨다.
8 반죽을 밀 때는 중간중간 반죽 밑에 손바닥을 넣고 미끄러지듯 털면서 반죽이 작업대에 들러붙지 않도록 확인한다.
9 유산지를 깔고 물을 묻혀 반죽을 올리고, 포크로 여러 번 찍어 구멍을 낸다. 마지막으로 냉장고에서 1~2시간 동안 휴지시킨 뒤, 오븐에서 굽는다.

Comment

'엥베르세inversée'는 불어로 '거꾸로'를 뜻한다. 파트 푀유테는 보통 밀가루로 만든 반죽에 버터를 넣어 감싸는데, 이 레시피는 반대로 버터로 만든 반죽에 밀가루 반죽을 넣기 때문에 '엥베르세'란 이름이 붙여졌다. 투르 두블을 하기 때문에 훨씬 많이 부풀어 오르고 바삭거리면서도 촉촉한 푀유타주feuilletage가 된다.

❖ 프랑스에서는 '밀가루를 태워 남은 재'인 회분의 함량에 따라 밀가루를 분류한다. 이에 따라 Type 45~150까지 종류가 다양한데, 숫자가 커질수록 회분(무기질)의 양이 증가한다.

파트 푀유테 엥베르세 캐러멜리제 *Pâte feuilletée inversée caramélisée* 

반죽 500g 기준

작업 시간 15분
휴지 시간 1~2시간
조리 시간 20분

재료

파트 푀유테 엥베르세 430g
▶ 22쪽 참고
설탕 45g
분당 25g

1 오븐은 230℃로 예열해둔다. 파트 푀유테 엥베르세를 두께 2cm로 밀고 오븐 팬 크기에 맞춰 자른다. 오븐 팬에 붓으로 살짝 물을 바른 다음 유산지를 깔고 반죽을 놓는다. 4℃ 냉장고에서 1~2시간 동안 휴지시킨다.

2 반죽에 설탕을 골고루 뿌린 다음 오븐에 넣고, 바로 온도를 190℃로 낮춘다. 8분 정도 구운 후에 식힘망으로 눌러 5분을 더 구우면, 반죽이 지나치게 부풀어 오르지 않는다.

3 오븐 팬을 꺼내 식힘망을 빼낸 다음, 유산지를 덮고 반죽 밑에 깐 오븐 팬과 같은 팬을 반죽 위에 얹는다. 팬 2개를 단단히 잡고 뒤집어 밑에 깔려 있던 팬을 빼낸다.

4 오븐 온도를 250℃로 맞춘다.

5 윗면에 분당을 골고루 뿌려 8~10분간 구우면, 설탕이 녹아 옅은 갈색의 캐러멜이 된다.

Comment

캐러멜을 입힌 파트 푀유테로 밀푀유를 만들면 크림이 쉽게 젖지 않기 때문에, 작은 사이즈뿐 아니라 큰 사이즈의 밀푀유를 만들 때도 이 레시피를 사용하면 좋다. 핑거 쿠키로도 활용이 가능한데, 막대 모양이나 정사각형으로 잘라 구운 푀유테에 크렘 샹티나 초콜릿 무스를 올려 커피와 함께 먹으면 잘 어울린다.

파트 푀유테 비에누아즈 *Pâte feuilletée viennoise* 

반죽 500g 기준

작업 시간 10분
휴지 시간 7시간

재료

밀가루 250g
버터 265g
고운 소금 4g(작은 1tsp)
설탕 5g(1tsp)
럼 10ml(2tsp)(선택 사항)
노른자 1개분
우유 50ml
물 30ml(2tbsp)

1 밀가루 160g, 버터 15g, 소금, 설탕, 럼을 볼에 넣고 잘 섞는다.

2 다른 볼에 노른자를 풀어서 우유와 함께 섞는다.

3 노른자를 섞은 우유를 반죽에 넣고 잘 섞는다. 여기에 물을 소량씩 넣으며 반죽해 약간 되직한 텍스처로 만든다. 반죽은 덩어리로 뭉쳐 랩으로 감싼 뒤 4℃ 냉장고에서 2시간 동안 휴지시킨다.

4 휴지가 끝나면 반죽을 민다. 버터 250g을 작게 조각내 볼에 넣고 남은 밀가루와 함께 살살 반죽한다. 버터를 정사각형으로 만든 다음, 밀어둔 반죽 가운데에 놓는다.

5 투르 생플 1회▶21쪽 참고, 투르 두블 2회▶22쪽 '파트 푀유테 엥베르세' 참고, 투르 생플 1회를 순서대로 하는데, 각 투르가 끝나면 1시간씩 냉장 휴지시키되, 마지막 투르 후에는 2시간 동안 냉장고에 넣어둔다.

Comment

파트 푀유테에는 일반 버터보다는 겨울철 건초를 먹인 젖소유로 만든 '뵈르 섹beurre sec'을 쓰는 것이 좋다. 뵈르 섹은 프랑스 샤랑트나 알자스, 로렌 등 동부 지방에서 생산되는 버터로, 무르지 않고 단단해 쉽게 녹지 않기 때문에 파트 푀유테에 적합하다.

Plus

피스타치오 파트 푀유테 엥베르세

Pâte feuilletée inversée à la pistache

데트랑프 A를 만들 때 피스타치오 페이스트 70g을 추가해 향과 색깔을 낸다. 다음 작업은 파트 푀유테 엥베르세 기본 레시피대로 하면▶22쪽 참고, 은은한 피스타치오 향이 나는 반죽이 된다.

파트 아 사바랭 *Pâte à savarin* 

반죽 500g 기준

작업 시간 20분

휴지 시간 30분

재료

레몬 제스트 1/4개분

실온 버터 60g · 이스트 15g

Type 45❖ 밀가루 160g

천연 바닐라 에센스 2.5g(1/2tsp)

아카시아꿀 15g(1tbsp)

고운 소금 5g(1tbsp) · 달걀 5개

1 레몬 제스트는 잘게 다지고 버터는 작은 조각으로 자른다.

2 볼에 이스트를 곱게 부수어 놓는다. 여기에 밀가루, 바닐라 에센스, 꿀, 소금, 레몬 제스트, 달걀 1개를 넣고 나무 숟가락으로 저은 다음, 남은 달걀을 1개씩 넣으며 고루 섞는다. 반죽을 치대다 보면 어느 순간 볼에서 떨어지는데, 이때 버터를 넣는다. 다시 반죽을 볼에서 떨어질 때까지 치대면, 반죽에 탄성이 생기고 텍스처는 매끄러워지며 광택이 난다.

3 반죽이 고루 섞이면 더 이상 주무르지 말고 실온에서 30분간 발효시킨다.

4 반죽을 틀 1/2까지 넣은 후, 틀 높이로 부풀어 오를 때까지 발효시킨다.

Tip

반죽기를 사용할 경우 갈고리 모양의 반죽용 훅을 끼운다. 먼저 용기에 밀가루, 꿀, 레몬 제스트, 달걀 3개를 넣고 중속으로 돌린다. 반죽이 용기에서 떨어지는 상태가 되면 남은 달걀을 넣고 돌린다. 다시 반죽이 용기에서 떨어지면 잘게 자른 버터를 넣고 반죽한다. 질척거리는 반죽이 뭉쳐지며 용기에서 떨어지는 텍스처가 되면 완성된 것이다.

❖ 프랑스에서는 '밀가루를 태워 남은 재'인 회분의 함량에 따라 밀가루를 분류한다. 이에 따라 Type 45~150까지 종류가 다양한데, 숫자가 커질수록 회분(무기질)의 양이 증가한다.

파트 아 브리오슈 *Pâte à brioche* 

반죽 500g 기준

작업 시간 20분

발효 시간 최소 4시간

재료

이스트 5g

밀가루 190g

설탕 20g

고운 소금 4g(작은 1tsp)

달걀 3개

실온 버터 150g

1 볼에 이스트를 곱게 부수어 놓는다. 여기에 밀가루, 설탕, 소금을 넣고 나무 숟가락으로 섞은 다음 달걀을 1개씩 넣으며 고루 반죽한다.

2 버터는 작은 조각으로 잘라 놓는다. 반죽이 볼에서 떨어지는 상태가 되면 버터를 소량씩 넣으며 반죽한다. 반죽이 다시 볼에서 떨어질 때까지 치댄다.

3 반죽을 용기에 넣고 랩으로 덮어 부피가 2배가 될 때까지 22℃의 따뜻한 공간에서 3시간 동안 발효시킨다.

4 반죽을 주먹으로 누르면, 발효로 인해 생성된 이산화탄소 가스가 빠져나오고 원래 크기로 되돌아온다. 반죽을 다시 용기에 넣고 부피가 2배가 될 때까지 최소 1시간 더 발효시킨 다음 주먹으로 눌러 가스를 뺀다.

5 반죽을 성형한 후, 부피가 2배가 될 때까지 발효시킨 다음 오븐에 넣는다.

Tip

반죽기를 사용할 경우 갈고리 모양의 반죽용 훅을 끼우고, 달걀을 1개씩 넣으며 돌린다.

파트 브리오셰 *Pâte briochée*

반죽 500g 기준

작업 시간 20분

휴지 시간 최소 4시간

재료

이스트 10g · 달걀 3개

신선한 전유 45ml(3tbsp)

버터 80g · 밀가루 220g

설탕 30g · 고운 소금 4g(작은 1tsp)

1 이스트를 볼에 담아 부수고 우유를 넣고 녹인다. 버터는 작은 조각으로 자른다.

2 볼에 밀가루, 설탕, 소금, 달걀 1개를 넣고 나무 주걱으로 섞는다. 여기에 달걀 2개를 넣은 후 완전히 섞이면 버터 조각을 넣고 반죽한다. 마지막으로 이스트를 용해시킨 우유를 부어 반죽이 볼에서 떨어지는 상태가 될 때까지 치댄다.

3 반죽을 용기에 넣고, 다음 과정은 '파트 아 브리오슈' 레시피를 따른다 ▶ 24쪽 참고.

파트 아 브리오슈 푀유테 *Pâte à brioche feuilletée*

재료를 아주 차갑게 사용하는 이유는 무엇일까?

이스트는 단세포로 이뤄진 미생물로 특정 환경에서만 증식하는 살아 있는 생명체이다. 당류 같은 영양분이 공급되고 적정 온도가 유지되면 말라서 파괴되거나 비활성화되지 않는 한, 즉각적으로 반응하는 효모라고 볼 수 있다. 온도를 고려하지 않고 이스트에 밀가루와 물, 달걀, 설탕을 넣으면 반죽이 불안정해져서 금세 부풀어 오르고 투르 tour용 버터도 제대로 흡수하지 못한다. 또한 반죽을 차갑게 식히는 과정에서 이스트의 활동이 더뎌지면서 브리오슈 특유의 풍미가 생겨나기도 한다.

— 에르베 티스 *Hervé This*

밀가루를 볼이나 작업대에 붓는다. 부어놓은 밀가루 옆에 이스트를 부수어 놓고 다른 쪽에는 설탕과 소금을 붓는다. 처음부터 설탕과 소금을 이스트에 섞으면 이스트 고유의 속성이 파괴되기 때문에 반드시 따로 놓는다. 밀가루 가운데에 홈을 파서 물과 달걀, 분유를 붓고 손가락이나 나무 주걱으로 재빨리 섞는다. 반죽이 고루 섞이면 더 이상 주무르지 말고 한 덩어리로 뭉친다. 반죽은 랩으로 감싼 뒤, 냉동실에 바로 넣어 식힌다.

1 반죽이 차가워지면 넓이와 길이가 1:3이 되도록 밀대로 민다.

2 볼에 버터를 넣고 스패출러로 으깨 부드럽게 만든다. 버터 1/2을 반죽 아래에서 2/3 지점까지 바른 다음, 위에서 아래로 접으면서 투르 생플을 한다 ▶ 21쪽 참고.

3 반죽 모서리가 반듯한 직각인지 확인한다. 냉동실에서 30분간 휴지시킨 후 4℃ 냉장고에서 1시간 동안 휴지시킨다.

4 버터를 바르지 않고 투르 생플을 한다 ▶ 22쪽 '파트 푀유테 엥베르세' 참고. 다시 반죽을 직사각형으로 길게 밀어 투르 작업을 준비한다.

5 남은 버터를 반죽 아래에서 2/3 지점까지 바른 다음, 버터를 바르지 않은 쪽을 가운데로 접고 다른 한쪽으로 포개어 덮는다. 반죽을 30분간 냉동 휴지시킨 후, 냉장고에 넣고 1시간 더 휴지시킨다. 성형한 브리오슈는 1시간 30분에서 2시간가량 냉장고에서 발효시킨 뒤 오븐에 넣는다.

✤ 파린 드 그뤼오 Farine de gruau 는 단백질 함량이 높은 밀가루로 단백질을 11% 정도 포함하고 있어 잘 부풀어 오른다. 주로 가토, 브리오슈, 구겔호프, 비에누아즈리 등에 사용되며, 프랑스 밀가루 종류인 Type 45와 Type 55 중에 파린 드 그뤼오가 있다.

파트 아 크루아상 *Pâte à croissants*

반죽 500g 기준
작업 시간 20분
휴지 시간 최소 4시간
냉동 시간 1시간 30분

재료
버터 15g · 이스트 5g
20℃ 물 80~85ml(5~6tbsp)
Type 45❖ 밀가루 210g
고운 소금 4g(작은 1tsp)
설탕 30g(2tbsp)
전지분유 5g(1tsp)(선택 사항)
실온 버터 125g

크루아상 반죽을 두 번이나 '라바트르' 하는 이유는?

발효로 인해 부풀어 오른 반죽을 주먹으로 눌러 이산화탄소를 빼내면 반죽은 원래 크기로 돌아온다. 이 작업을 통상 '펀치punch'라고 부르고 프랑스 제빵 용어로는 '라바트르rabattre'라고 한다. 그런데 레시피에서는 라바트르를 2번 해야 한다고 나와 있다. 실제로 라바트르는 반죽을 치대는 것과 유사한 효과를 낳는데, 이때 가스가 빠지면서 효모가 신선한 반죽과 접촉해 다시 증식하게 된다. 효모는 하나에서 둘로, 둘에서 넷으로 기하급수적으로 분열하기 때문에 효모 1개가 스무 번만 분열 증식해도 금세 3만 개로 늘어난다. 이런 원리로 라바트르를 두 번 하면 빵을 보다 효과적으로 발효시킬 수 있다.

— 에르베 티스 *Hervé This*

작은 냄비에 버터 15g을 녹이고, 볼에 이스트를 넣고 부수어 물과 함께 섞는다.

볼을 받쳐 밀가루를 체치고 여기에 소금, 설탕, 전지분유, 녹인 버터, 물에 녹인 이스트를 넣는다.

1 반죽을 밖에서 안으로 버무리며 재료를 고루 섞는다. 너무 되면 물을 약간만 탄다.

2 볼에 랩을 씌우고 부피가 2배가 되도록 22℃의 따뜻한 곳에서 1~1시간 30분 동안 발효시킨다.

3 반죽을 주먹으로 눌러 이산화탄소를 빼내면 반죽은 원래 크기로 되돌아온다. 볼에 랩을 씌워 다시 부피가 2배가 되도록 4℃ 냉장고에서 1시간 동안 발효시킨다. 다시 주먹으로 반죽을 눌러 가스를 빼내고 30분 동안 냉동실에 넣어둔다.

4 버터 125g을 스패츌러로 으깨 부드럽게 만든다. 반죽을 넓이와 길이가 1:3인 직사각형으로 밀고, 모서리는 반듯한 직각이 되도록 만든다. 버터 1/2을 반죽 아래에서 2/3지점까지 손가락으로 펴 바른다. 이 상태로 투르 생플을 한 다음, 버터를 바르지 않고 투르 생플을 한 번 더 한다 ▶ 25쪽 '파트 아 브리오슈 푀유테' 참고. 반죽을 30분간 냉동 휴지시킨 다음 1시간 더 냉장 휴지시킨다.

5 같은 방법으로 남은 버터를 발라 투르 작업을 한다. 냉동실에서 30분 휴지시킨 다음 냉장고에서 1시간 더 휴지시킨다.

❖ 프랑스에서는 '밀가루를 태워 남은 재'인 회분의 함량에 따라 밀가루를 분류한다. 이에 따라 Type 45~150까지 종류가 다양한데, 숫자가 커질수록 회분(무기질)의 양이 증가한다.

파트 아 슈 *Pâte à choux*

반죽 500g 기준
작업 시간 15분

재료
물 80ml · 신선한 전유 100ml
고운 소금 4g(작은 1tsp)
설탕 4g(작은 1tsp) · 버터 75g
밀가루 100g · 달걀 3개

왜 '파트 아 슈'에는 달걀을 1개씩 넣어야 할까?

달걀을 조금씩 넣고 잘 섞어야만 슈가 잘 부풀어 오르기 때문이다. 육안으로 보이지는 않지만 반죽을 저을 때 수없이 많은 기포가 생성된다. 반죽 상태에서 액체인 분자는 오븐에서 열을 받으면 증기로 변하고, 기포벽을 통해 공기 중으로 날아가 슈가 부풀어 오른다. 따라서 달걀을 1개씩 넣고 잘 섞어야만 액체가 반죽에 잘 스며들고 기포도 충분히 생성돼 슈가 잘 부풀어 오른다.

– 에르베 티스 *Hervé This*

1 냄비에 물과 우유를 넣는다. 여기에 소금, 설탕, 버터를 넣고 스패출러로 저으며 끓인다.
2 냄비가 끓어오르면 밀가루를 한 번에 넣고 반죽의 결이 매끄러워질 때까지 스패출러로 힘 있게 젓는다. 반죽이 냄비 밑바닥에서 떨어지는 텍스처가 되면, 2~3분간 스패출러로 저으면서 수분을 약간 날린다.
3 반죽을 볼에 담고 달걀을 1개씩 넣는데, 달걀을 넣을 때마다 완전히 스며들도록 잘 저어야 한다.
4 반죽을 계속 젓는다. 반죽을 들어 올렸을 때 리본 모양으로 접히면서 떨어지면 완성된 것이다.
5 짤주머니에 깍지를 끼우고 반죽을 넣어 원하는 모양으로 짠다. 예를 들어, 에클레어는 기다란 막대 모양으로 짜면 된다.

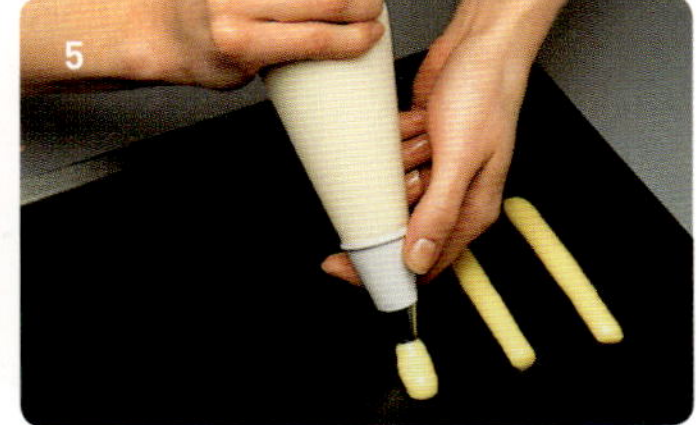

파트 아 베녜 *Pâte à beignets*

반죽 500g 기준
작업 시간 5분
휴지 시간 1시간

재료
이스트 9g · 밀가루 185g
고운 소금 2.5g · 설탕 4g
맥주 50ml · 식용유 45ml
달걀 1개 · 흰자 1개분 · 물 150ml

1 볼에 이스트를 부수어 놓는다.
2 여기에 밀가루, 소금, 설탕, 맥주, 식용유, 달걀을 넣은 다음, 나무 주걱으로 잘 섞는다.
3 물을 조금씩 넣으며 잘 저어 고르게 반죽한다.
4 반죽을 20℃ 상온에서 1시간 동안 휴지시킨다.
5 사용하기 직전에 흰자를 휘핑해 아주 단단한 머랭을 만든다. 머랭을 반죽에 넣고 살살 버무린다.

Comment

'파트 아 베녜'에는 다양한 향을 가미할 수 있다. 기본 레시피에 바닐라 에센스를 1티스푼 정도 넣어 바닐라 반죽을 만들 수 있고, 분량의 밀가루 중 1/4을 무가당 카카오 가루로 대체하면 초콜릿 반죽이 된다.

파트 아 크레프 *Pâte à crêpes* 

반죽 500g 기준
작업 시간 10분
휴지 시간 최소 2시간

재료
달걀 2개
버터 10g
밀가루 100g
바닐라 깍지 1/2개
고운 소금 2.5g (1/2 tsp)
신선한 전유 250ml
물 30ml (2tbsp)
그랑 마르니에 15ml (1tbsp)
(선택 사항)

바닐라 깍지 1/2개를 반으로 갈라 씨를 긁고, 달걀은 볼에 넣어 풀어 놓는다. 냄비에 버터를 넣고 녹인다.

1 체친 밀가루에 바닐라 씨, 달걀, 소금을 넣는다.
2 여기에 물과 우유를 붓고 잘 섞는다.
3 녹인 버터와 그랑 마르니에를 넣고 잘 섞은 다음, 20℃ 상온에서 최소 2시간 동안 휴지시킨다. 익히기 전에 물 10ml를 넣어 반죽을 살짝 묽게 만든다.

Plus

밤 파트 아 크레프 Pâte à crêpes à la farine de châtaigne
밀가루 1/2을 밤 가루로 대체하고 그랑 마르니에에 대신 위스키를 넣으면 밤 맛이 나는 색다른 크레프 반죽이 된다.

파트 아 고프르(와플 반죽) *Pâte à gaufres* 

반죽 500g 기준
작업 시간 10분

재료
크림 50ml
신선한 전유 200ml
고운 소금 3g
밀가루 75g
버터 30g · 달걀 3개
오렌지 플라워 워터 5ml

1 크림과 우유 1/2을 냄비에 넣고 끓인 다음 식힌다.
2 다른 냄비에 남은 우유와 소금을 넣고 가열한다. 끓어오르면 밀가루를 솔솔 뿌리고 버터를 넣는다. '파트 아 슈'처럼 스패츌러로 계속 저으면서 2~3분간 가열해 반죽에 있는 수분을 날린다 ▶ **27쪽 참고.**
3 반죽을 커다란 볼에 담고 달걀을 1개씩 넣으며 잘 섞는다. 여기에 크림과 우유를 붓고 물과 오렌지 플라워 워터를 넣는다. 고루 반죽해 완전히 식힌 다음 사용한다.

파트 아 프리르(튀김 반죽) *Pâte à frire* 

반죽 500g 기준

작업 시간 10분

재료

밀가루 150g
쌀가루 45g · 감자 전분 30g
베이킹파우더 15g(1tbsp)
소금 5g · 설탕 10g
식용유 45ml(3tbsp)

1 쌀가루와 밀가루, 감자 전분을 함께 체친다. 여기에 베이킹파우더와 소금, 설탕을 넣고 잘 섞는다.
2 여기에 식용유를 가늘게 따라 부으며 나무 주걱으로 잘 젓는다.
3 식용유가 반죽에 스며들면 물 200ml를 조금씩 부으며 반죽의 결이 매끈해지도록 고루 섞는다. 반죽이 너무 되거나 묽으면 좋지 않다.

Tip

용도에 따라 식용유는 땅콩기름이나 올리브유, 참기름을 쓸 수 있고 섞어 써도 좋다.

시간 절약 Tip

물만 타면 사용할 수 있는 튀김가루를 이용하면 시간을 절약할 수 있다.

파트 아 팽 데피스 *Pâte à pain d'épice* 

반죽 500g 기준

작업 시간 15분
휴지 시간 1시간

재료

꿀 250g · 밀가루 250g
레몬 또는 오렌지 제스트 1/4개분
베이킹파우더 5g · 아니스 씨 5g
계피 가루 3g · 정향 가루 3g

1 꿀을 끓인다.
2 체친 밀가루 가운데에 홈을 파서 꿀을 넣고 나무 주걱으로 잘 섞는다.
3 반죽을 동그랗게 뭉친 다음 면포로 덮어 20℃ 상온에서 1시간 동안 휴지시킨다.
4 제스트는 곱게 다진다. 반죽에 베이킹파우더를 넣고 힘주어 반죽한 다음, 아니스와 계피 가루, 정향, 제스트를 넣고 치댄다.
5 작은 사이즈의 팽 데피스는 두께를 5~8mm로 맞춘다. 달걀 물을 바른 다음 170℃의 오븐에서 굽는다.

파트 아 크럼블 또는 파트 아 스트뢰젤

Pâte à crumble or Pâte à streusel

반죽 500g 기준

작업 시간 5분

재료

차가운 버터 125g · 설탕 125g
고운 소금 2.5g(1/2tsp)
밀가루 125g · 아몬드 가루 125g

1 버터는 1.5cm 큐브로 잘라 볼에 넣는다. 여기에 설탕, 소금, 밀가루, 아몬드 가루를 넣는다. 나무 주걱으로 버무려 몽글몽글한 덩어리로 만드는데, 이것을 '스트뢰젤streusel'이라고 부른다.
2 접시에 반죽을 넣고 4℃의 냉장고에서 보관한다.

Tip

손으로 버무려도 되지만 손에 있는 열기가 버터를 녹여 반죽이 퍽퍽해질 수 있으니 나무 주걱을 이용하는 게 좋다.

파트 브리제 *Pâte brisée* 

반죽 500g 기준
작업 시간 15분
휴지 시간 2시간

재료
밀가루 250g · 소금 1/2tsp
감미료 가루(아스파탐aspartame)
3tbsp · 버터 130g · 노른자 1개분
탈지유 50ml

1 밀가루, 소금, 감미료 가루를 큰 볼에 넣고 나무 숟가락으로 살살 섞는다.
2 버터를 아주 작게 조각내 볼에 넣고, 나무 주걱으로 으깨 부드럽게 만든다.
3 버터에 노른자와 우유, 가루 재료를 차례대로 넣고 잘 섞는다.

4 고루 섞이도록 살살 버무리되, 치대지는 않는다. 반죽이 퍽퍽하면 우유를 소량 추가한다.
5 반죽을 덩어리로 뭉쳐 냉장고에서 2시간 정도 휴지시킨 다음 밀대로 민다.

파트 쉬크레 *Pâte sucrée* 

반죽 500g 기준
작업 시간 15분
휴지 시간 2시간

재료
버터 100g · 소금 1꼬집
밀가루 200g
감미료 가루(아스파탐) 9tbsp
아몬드 가루 40g · 달걀 1개

1 버터를 작게 조각내 볼에 넣고 나무 주걱으로 으깨 부드럽게 만든다.
2 소금, 밀가루, 감미료 가루를 큰 볼에 넣고 섞는다.
3 버터에 아몬드 가루를 조금씩 넣으며 고루 섞은 다음, 달걀과 가루 재료를 넣는다.
4 나무 주걱이나 손으로 반죽을 빠르게 치댄 다음 동그랗게 뭉친다. 냉장고에서 2시간 동안 휴지시킨 다음 밀대로 민다.

Tip

소금, 밀가루, 감미료 가루를 한데 섞을 때, 바닐라 가루를 소량 넣어 향을 낼 수도 있다.

파트 사블레 *Pâte sablée* 

반죽 500g 기준
작업 시간 15분
휴지 시간 1시간

재료
노른자 2개분 · 밀가루 200g
소금 1/2tsp · 럼 20ml
베이킹파우더 1/2tbsp
감미료 가루(아스파탐) 4tbsp
버터 180g · 아몬드 가루 35g

1 달걀은 완숙으로 삶아 껍질을 벗긴다. 다지기용 블랜더나 포크를 이용해 노른자를 잘게 부순다.
2 밀가루, 소금, 베이킹파우더, 감미료 가루를 볼에 넣고 섞는다.
3 버터를 볼에 넣고 스패출러로 으깨 부드럽게 만든다.
4 버터에 아몬드 가루, 노른자, 럼, 가루 재료를 순서대로 넣는데, 재료를 넣을 때마다 잘 섞는다.

5 반죽의 결이 균일해지면 더 이상 치대지 않는다. 냉장고에서 1시간 동안 휴지시킨 후 밀대로 민다.

Plus

기본 레시피에 계피 가루 1테이블스푼만 넣으면 계피 향 파트 사블레를 만들 수 있다.

비스퀴 반죽과 머랭

PÂTES À BISCUITS and MERINGUES

비스퀴 반죽과 다쿠아즈 반죽, 제누아즈 반죽은 같은 재료를 사용하고 공기를 주입해 반죽을 부드럽게 만든다는 공통점이 있지만, 재료 배합과 혼합 기법에 따라 각기 다른 풍미와 텍스처가 나타난다.

◆ 비스퀴 BISCUITS ◆

밀가루를 넣지 않는 아몬드·초콜릿 파트 아 비스퀴

Pâte à biscuit à l'amande et au chocolat sans farine

반죽 500g 기준
작업 시간 15분

재료
비터 다크초콜릿 75g
달걀 4개 · 흰자 1개분
아몬드 페이스트 90g
설탕 110g

1 초콜릿은 조각으로 잘라 냄비에 넣고 40℃ 중탕이나 전자레인지에서 천천히 녹인다.

2 달걀을 깨뜨려 흰자와 노른자를 분리한다.

3 핸드 믹서에 나뭇잎 모양의 날인 비터를 끼운다. 아몬드 페이스트와 노른자를 용기에 넣고 핸드 믹서로 돌려, 되직한 페이스트를 부드럽게 푼다.

4 핸드 믹서의 날을 거품용 휩으로 바꾼 다음, 큰 용기에 흰자 5개를 넣고 휘핑한다. 설탕을 솔솔 뿌려가며 쉬지 않고 휘핑하면 하얀 거품의 윤기 있는 머랭이 완성된다.

5 노른자에 녹인 초콜릿을 붓고 섞은 다음 흰자 머랭을 넣고, 떠올리듯 살살 버무려 부피가 꺼지지 않게 한다.

6 오븐 팬에 유산지를 깔고 무스링을 놓는다. 짤주머니에 지름 8~9mm 깍지를 끼워 반죽을 담은 후, 무스링 가운데에서 바깥으로 원을 그리며 짠다.

아몬드·헤이즐넛 파트 아 비스퀴

Pâte à biscuit à l'amande et à la noisette

반죽 500g 기준
작업 시간 20분

재료
아몬드 가루 50g
헤이즐넛 가루 50g
설탕 60g · 흰자 6개분
설탕 80g · 분당

1 아몬드 가루와 헤이즐넛 가루, 설탕 60g을 한데 섞는다.
2 흰자에 설탕 80g을 조금씩 넣으면서 휘핑하면 하얀 거품의 윤기 있는 머랭이 된다. 머랭에 가루 재료를 넣고 살살 섞는다.

3 오븐 팬에 유산지를 깐다. 짤주머니에 지름 9mm 민무늬 깍지를 끼워 반죽을 넣은 후 가운데에서 바깥으로 원을 그리듯 짠다.
4 겉면에 아주 얇게 분당을 뿌리고, 최소 10분 후에 다시 한 번 뿌린다.

뷔슈용 파트 아 비스퀴 *Pâte à biscuit pour bûche*

반죽 500g 기준
작업 시간 30분

재료
달걀 4개
아몬드 페이스트 150g
흰자 1개분
밀가루 75g
설탕 50g

1 달걀을 깨뜨려 흰자와 노른자를 분리한다.
2 아몬드 페이스트를 볼에 넣는다. 여기에 노른자 4개를 조금씩 넣어가며 텍스처를 부드럽게 만든 다음, 흰자 2개와 섞는다. 중탕에서 데우면서 거품기로 휘핑하는데, 온도는 손가락으로 만졌을 때 견딜 만한 정도인 55~60℃가 좋다. 반죽이 걸쭉해지면 중탕에서 빼서 완전히 식을 때까지 핸드 믹서로 휘핑한다.

3 밀가루는 체쳐 놓는다. 남은 흰자 3개에 설탕을 소량씩 뿌려가며 휘핑해, 단단한 텍스처로 올린다.
4 밀가루를 조금씩 뿌리면서 흰자 머랭을 휘핑한 아몬드 페이스트에 넣고 살살 버무린다.

초콜릿 뷔슈용 파트 아 비스퀴 *Pâte à biscuit pour bûche au chocolat*

반죽 500g 기준
작업 시간 20분

재료
버터 55g · 밀가루 25g
감자 전분 25g · 카카오 가루 25g
달걀 4개 · 노른자 2개분
설탕 125g

1 작은 냄비에 버터를 넣고 약불로 녹인다.
2 볼을 받쳐 밀가루, 감자 전분, 카카오 가루를 체친다.
3 달걀 4개를 깨뜨려 노른자와 흰자를 분리한다. 커다란 볼에 흰자를 넣고 설탕 1/2을 조금씩 뿌려가며 휘핑하면 하얀 거품의 윤기 있는 머랭이 된다.
4 다른 볼에 노른자 6개와 남은 설탕을 넣고, 기포가 생겨 색이 옅어질 때까지 휘핑한다.

5 녹인 버터에 노른자를 2tbsp 정도 넣고 고르게 섞는다.
6 흰자 머랭을 휘핑한 노른자에 넣고 바닥에서 위로 떠올리듯 스패출러로 섞은 다음, 가루 재료를 넣고 살살 버무린다. 마지막으로 녹인 버터를 넣는다.

파트 아 비스퀴 카푸친 *Pâte à biscuit capucine* 

반죽 500g 기준
작업 시간 15분

재료
통헤이즐넛 약간
아몬드 가루 100g
밀가루 25g · 설탕 220g
흰자 5개분

1 통헤이즐넛을 170℃ 오븐에서 15~20분간 살짝 구운 다음 부순다.
2 볼에 아몬드 가루, 밀가루, 설탕 100g을 넣고 한데 섞는다.
3 커다란 볼에 흰자를 담고 설탕을 조금씩 넣어가며 휘핑해, 하얀 거품의 윤기 나는 머랭을 만든다.
4 흰자 머랭을 가루 재료에 넣어 살살 섞는다.

5 오븐 팬에 유산지를 깔고 무스링을 얹는다. 지름 9mm 민무늬 깍지를 낀 짤주머니에 반죽을 붓고 무스링 가운데에서 바깥으로 원을 그리며 짠다. 마지막으로 헤이즐넛 조각을 뿌려 완성한다.

밀가루를 넣지 않는 초콜릿 파트 아 비스퀴

Pâte à biscuit au chocolat sans farine 

반죽 500g 기준
작업 시간 20분

재료
비터 다크초콜릿 50g(카카오 함량 최소 60% 이상)
달걀 5개 · 설탕 200g

1 초콜릿을 부순 다음 40℃ 중탕에서 천천히 녹인다.
2 달걀을 깨뜨려 노른자와 흰자를 분리한 다음, 노른자와 설탕 1/2을 볼에 담는다. 기포가 생겨 색이 옅어질 때까지 휘핑한다.
3 큰 볼에 흰자를 담고 남은 설탕을 넣어가며 휘핑한다. 하얗게 거품이 일면서 아주 단단하게 올라올 때까지 계속 작업한다.
4 휘핑한 노른자에 흰자 머랭 1/3을 넣고 살살 버무린 다음, 녹인 초콜릿을 붓고 나무 주걱으로 젓는다.

5 남은 머랭을 모두 넣고 바닥에서 위로 떠올리듯 부드럽게 섞는다.
6 오븐 팬에 유산지를 깐다. 짤주머니에 지름 9mm 민무늬 깍지를 끼우고 반죽을 부은 다음, 가운데에서 바깥으로 원을 그리며 짠다.

밀가루를 넣지 않는 버터 · 초콜릿 파트 아 비스퀴

Pâte à biscuit au chocolat et au beurre sans farine 

반죽 500g 기준
작업 시간 15분

재료
비터 다크초콜릿 100g(카카오 함량 최소 60% 이상)
실온 버터 85g
카카오 가루 6g(큰 1tsp)
설탕 100g · 달걀 3개
흰자 3개분

1 초콜릿을 부순 다음 40℃ 중탕에서 천천히 녹인다.
2 버터는 작게 조각내 볼에 넣고 여기에 카카오 가루와 설탕 40g을 넣는다. 부드럽고 가벼운 텍스처가 되도록 거품기로 젓는다.
3 달걀을 깨뜨려 흰자와 노른자를 분리한다.
4 버터에 노른자 3개와 흰자 1개를 넣고 섞은 다음, 초콜릿을 넣는다.

5 흰자 5개에 남은 설탕을 소량씩 뿌려가며 휘핑한다. 하얀 거품의 윤기 나는 머랭이 되면 반죽에 넣고 살살 젓는다.
6 오븐 팬에 유산지를 깐다. 짤주머니에 8mm 민무늬 깍지를 끼우고 반죽을 부은 다음, 가운데에서 바깥으로 원을 그리며 짠다.

파트 아 비스퀴 아 라 퀴이에르 *Pâte à biscuit à la cuillère* 

반죽 500g 기준
작업 시간 10분

재료
밀가루 80g
달걀 4개
노른자 4개분
설탕 110g

1 볼에 밀가루를 체친다.
2 달걀을 깨뜨려 흰자와 노른자를 분리한다. 흰자에 설탕 50g을 조금씩 나눠 넣으며 휘핑해, 하얀 거품의 윤기 나는 머랭을 만든다.
3 다른 볼에 노른자 8개와 남은 설탕을 넣는다. 기포가 생겨 색이 옅어질 때까지 힘차게 젓는다.
4 휘핑한 노른자를 조금씩 덜어서 흰자 머랭에 넣고 나무 주걱으로 살살 떠올리면서 섞는다. 계속 부드럽게 저으면서 밀가루를 솔솔 뿌린다.
5 짤주머니에 16mm 원형 깍지를 끼우고 반죽을 부은 다음, 원하는 모양으로 짠다. 겉면에 분당을 뿌리고 220℃로 예열한 오븐에서 15~18분간 굽는다.

Comment

촉촉하고 부드러운 비스퀴 아 라 퀴이에르는 축축해져도 쉽게 부스러지지 않기 때문에 얼려 먹거나 차게 먹는 과일 앙트르메에 사용하면 좋다.

'브라우니' 스타일 파트 아 비스퀴 *Pâte à biscuit façon «brownie»* 

반죽 500g 기준
작업 시간 15분

재료
비터 다크초콜릿 70g
버터 125g
달걀 2개
설탕 150g
체친 밀가루 60g
피칸 100g

1 초콜릿을 부수고 40℃ 중탕에서 천천히 녹인 다음, 미지근하게 식힌다.
2 버터도 작게 조각내 녹인 후 미지근하게 식힌다.
3 달걀과 설탕을 한데 섞은 다음 버터와 초콜릿을 넣는다.
4 굵게 다진 피칸에 밀가루를 섞은 다음, 반죽에 넣고 나무 주걱으로 젓는다.

올리브유 파트 아 비스퀴 *Pâte à biscuit à l'huile d'olive* 

반죽 500g 기준

작업 시간 15분

재료

밀가루 125g · 레몬 1개

버터 100g

레몬 제스트 1/2개분

설탕 120g · 달걀 4개

신선한 전유 20ml (4tsp)

베이킹파우더 4g (작은 1tsp)

버진 올리브유 75ml (5tbsp)

1 볼을 받쳐 밀가루를 체친다. 레몬은 짜서 즙을 낸다. 버터를 작은 냄비에 담고 녹여 미지근하게 식힌다.

2 레몬 제스트는 곱게 다져 볼에 담는다. 여기에 설탕을 넣고 레몬 향이 베도록 30초간 버무린다.

3 여기에 달걀을 1개씩 넣으며 거품이 생길 때까지 휘핑한 다음, 우유를 넣고 젓는다.

4 밀가루, 베이킹파우더, 레몬즙 1tsp, 녹인 버터, 올리브유를 차례대로 넣는다. 재료를 추가할 때마다 스패츌러로 고르게 섞는다.

Comment

올리브유 비스퀴는 촉촉하면서도 과일 향이 나기 때문에 실온이나 미지근한 온도로 맞추면 훨씬 진한 풍미를 느낄 수 있다.

이탈리아풍 파트 아 비스퀴 *Pâte à biscuit à l'italienne* 

반죽 500g 기준

작업 시간 15분

재료

달걀 5개 · 분당 100g

레몬 제스트 1/2개분

레몬즙 1개분 · 설탕 50g

밀가루 60g · 옥수수 전분 60g

1 달걀을 깨뜨려 흰자와 노른자를 분리한다.

2 노른자와 분당을 볼에 넣고 색이 옅어지도록 5분간 휘핑한 다음, 곱게 다진 레몬 제스트와 즙을 넣는다.

3 흰자에 설탕을 넣어가며 휘핑해, 하얗고 윤기 나는 머랭을 만든다. 머랭이 단단하게 올라오면 휘핑한 노른자에 넣고 잘 섞는다.

4 밀가루와 옥수수 전분을 함께 체친 다음 반죽에 넣고 살살 버무린다.

일본풍 파트 아 비스퀴 *Pâte à biscuit à la japonaise* 

반죽 300g 기준

작업 시간 10분

재료

헤이즐넛 가루 125g

분당 125g

밀가루 20g

흰자 6개분

설탕 25g

1 헤이즐넛 가루, 분당, 밀가루를 한데 섞는다.

2 큰 볼에 흰자를 넣고 설탕을 조금씩 뿌리면서 휘핑한다. 거품이 하얗게 일고 윤기 나는 텍스처가 되면 가루 재료에 넣고 살살 버무린다.

3 오븐 팬에 유산지를 깔고, 무스링을 놓는다. 짤주머니에 지름 7mm 민무늬 깍지를 끼우고 반죽을 담은 후, 무스링 가운데에서 바깥으로 원을 그리며 짠다.

파트 아 비스퀴 조콩드 _Pâte à biscuit Joconde_

반죽 500g 기준
작업 시간 25분

재료

Type 45✤ 밀가루 30g

버터 20g

아몬드 가루 100g

분당 100g

달걀 3개

흰자 3개분

설탕 15g

반죽을 거품기로 저으면 공기가 주입되는데, 이것이 비스퀴의 성패를 결정한다 해도 과언이 아니다. 같은 반죽이라도 얼마나 끈기 있게 휘핑을 했느냐에 따라 잘 부풀어 오르기도 하고 납작하게 꺼져버리기도 한다. 핸드 믹서를 장만할 계획이라면 거품기 날이 수직으로 평평한 것보다는 중간이 꺾인 모양을 선택한다. 수직인 날은 생각만큼 기포가 많이 생기지 않아 이리저리 돌리면서 작업해야 해서 불편하다.

– 에르베 티스 _Hervé This_

1 볼을 받쳐 밀가루를 체친다. 작은 냄비에 버터를 넣고 녹인 다음 식힌다. 아몬드 가루와 분당을 한데 섞은 다음, 달걀 2개를 1개씩 넣어가며 섞는다.

2 반죽에 공기가 들어가 텍스처가 가벼워지도록 핸드 믹서나 거품기로 휘핑한다. 부피가 2배가 되면 남은 달걀 1개를 넣고 5분 더 휘핑한다.

3 여기에 식힌 버터를 조금만 타서 섞은 다음, 나머지 버터를 모두 넣고 잘 젓는다.

4 흰자에 설탕을 조금씩 뿌려가며 휘핑해, 하얀 거품의 윤기 나는 머랭을 만든다. 반죽에 머랭을 소량만 넣고 섞어 반죽의 결을 고르게 만든 다음, 남은 머랭을 넣는다(머랭을 꺼뜨리지 않는다면 반죽을 부어도 된다). 휘젓지 말고 스패츌러를 이용해 아래에서 위로 떠올리며 버무리고, 중간중간 밀가루를 뿌리면서 작업한다.

5 오븐 팬에 유산지를 깔고, 금속 스패츌러로 반죽을 균일하게 민다. 반죽이 오븐 팬에 꽉 차도록 중앙에서 모서리각 쪽으로 스패츌러를 누르듯이 밀어 두께를 3mm 정도로 일정하게 맞춘다.

Comment

비스퀴 조콩드에 시럽을 바르면 잘 스며들고 촉촉해지기 때문에 여러 앙트르메의 시트로 사용된다. 또한 보관성도 좋은 편인데 랩으로 밀봉하면 얼마든지 냉동실에 보관할 수 있다.

Tip

흰자 머랭은 완성되는 즉시 반죽과 섞어 오븐에 넣어야 한다. 중간에 시간을 지체하면 풍성한 반죽이 꺼져버린다.

✤ 프랑스에서는 '밀가루를 태워 남은 재'인 회분의 함량에 따라 밀가루를 분류한다. 이에 따라 Type 45~150까지 종류가 다양한데, 숫자가 커질수록 회분(무기질)의 양이 증가한다.

피스타치오 파트 아 비스퀴 조콩드

Pâte à biscuit Joconde à la pistache 

반죽 500g 기준
작업 시간 15분

재료
밀가루 30g · 버터 20g
아몬드 가루 100g · 분당 100g
달걀 3개 · 흰자 3개분 · 설탕 15g
피스타치오 페이스트 25g

1 볼을 받쳐 밀가루를 체친다.
2 작은 냄비에 버터를 담아 녹인 후 식힌다.
3 아몬드 가루와 분당을 한데 섞은 다음, 달걀 2개를 1개씩 넣으며 섞는다. 여기에 피스타치오 페이스트를 넣고 잘 젓는다.

4 파트 아 비스퀴 조콩드처럼 작업하는데 ▶36쪽 참고, 반죽이 꺼지지 않도록 혼합 방법을 꼼꼼하게 확인한다.

호두 파트 아 비스퀴 *Pâte à biscuit aux noix* 

반죽 500g 기준
작업 시간 10분

재료
밀가루 30g · 다진 호두 100g
아몬드 가루 50g · 분당 90g
베르주아즈 브륀 60g ▶435쪽 참고
숙성 흰자 5개분 ▶432쪽 참고

1 볼을 받쳐 밀가루를 체친다. 여기에 다진 호두와 아몬드 가루, 분당을 넣고 섞는다.
2 숙성 흰자에 베르주아즈 브륀을 조금씩 넣어가며 휘핑해 하얀 거품의 윤기 나는 머랭을 만든다.
3 머랭이 완성되면 바로 가루 재료를 넣고 살살 버무린다.

Tip

흰자 머랭은 완성되는 즉시 반죽과 섞어 오븐에 넣어야 한다. 중간에 시간을 지체하면 풍성한 반죽이 꺼져버린다.

파트 아 비스퀴 아 룰레 *Pâte à biscuit à rouler* 

반죽 500g 기준
작업 시간 10분

재료
달걀 6개 · 밀가루 75g
설탕 150g

1 달걀을 깨뜨려 노른자와 흰자를 분리한다. 밀가루는 볼을 받쳐 체친다.
2 볼에 노른자 6개와 흰자 3개, 설탕 1/2을 넣고 기포가 일어 색깔이 옅어질 때까지 거품기로 세게 젓는다.

3 흰자 3개에 남은 설탕을 조금씩 넣어가며 거품기나 핸드 믹서로 쉬지 않고 휘핑한다.
4 머랭을 휘핑한 노른자에 넣고 스패출러로 살살 떠올리듯 섞는다.
5 마지막에 체친 밀가루를 솔솔 뿌리며 섞는다.

초콜릿 파트 아 비스퀴 아 룰레 *Pâte à biscuit à rouler au chocolat*

반죽 500g 기준
작업 시간 15분

재료
버터 55g · 밀가루 25g
감자 전분 25g · 카카오 가루 30g
달걀 4개 · 노른자 2개분
설탕 120g

1 버터를 작은 냄비에 넣고 녹인 후 미지근하게 식힌다.
2 볼을 받쳐 밀가루, 감자 전분, 카카오 가루를 한데 체친다.
3 달걀을 깨뜨려 흰자와 노른자를 분리한다. 노른자 6개와 설탕 1/2을 볼에 넣고 기포가 일어 색깔이 옅어질 때까지 휘핑한다.

4 흰자에 남은 설탕을 조금씩 넣어가며 거품기나 핸드 믹서로 쉬지 않고 휘핑한다.
5 휘핑한 노른자를 소량 덜어 녹인 버터에 넣고 잘 젓는다.
6 버터를 휘핑한 노른자에 넣고 섞은 다음 흰자 머랭을 넣는다. 중간중간 가루 재료를 솔솔 뿌려 넣으면서, 바닥에서 위로 떠올리듯 살살 버무린다.

아몬드 파트 아 다쿠아즈 *Pâte à dacquoise à l'amande*

반죽 500g 기준
작업 시간 25분

재료
분당 150g
아몬드 가루 135g
흰자 5개
설탕 50g

1 아몬드 가루와 분당을 한데 섞는다. 바닥에 유산지를 깔고 가루 재료를 체에 친다.

2 흰자를 볼에 넣고 핸드 믹서로 휘핑한다. 머랭이 분리되어 푸석거리지 않도록 설탕을 3번에 나눠 넣으며 부드러운 머랭을 만든다.

3 머랭에 가루 재료를 솔솔 뿌려 넣으며 휘젓지 말고 스패출러로 떠올리듯 버무린다.

4 오븐 팬에 유산지를 깔고 지름 22cm 원을 2개 그린다. 짤주머니에 9~10mm 민무늬 깍지를 끼우고 반죽을 넣은 다음 원 가운데에서 바깥으로 돌리면서 짠다.

5 반죽 위에 분당을 뿌리고 15분 후에 다시 한 번 뿌린다. 이렇게 하면 머랭처럼 다쿠아즈에도 구슬이 맺히는 듯한 갈라짐을 표현할 수 있다 ▶ 43쪽 참고.

Tip

머랭이나 비스퀴를 만들 때 제과사들은 3일 동안 냉장 숙성시킨 흰자를 선호한다. 흰자를 숙성시키면 안정적으로 거품이 올라오기 때문이다 ▶ 432쪽 참고.

다쿠아즈는 하루 정도 지난 후에 먹어야 제일 맛있고, 주로 다양한 향을 가미한 크렘 무슬린을 샌딩해 가토로 만든다.

흰자 머랭을 잘 만드는 비결은?

흰자를 너무 많이 휘핑하면 어느 순간 머랭이 푸석거리면서 부피가 줄어든다. 거품기로 너무 오래 휘저어 머랭이 '달궈지면서' 수분이 분리되고, 거품은 작은 알갱이로 변하기 때문이다. 이러한 분리 현상을 막으려면 핸드 믹서를 저속으로 돌리거나 숙성 흰자를 사용하고 ▶ 432쪽 참고, 설탕을 3번에 나눠 넣는 것이 좋다. 설탕을 넣은 머랭과 그렇지 않은 머랭을 비교해보면 설탕이 머랭에 어떤 작용을 하는지 쉽게 이해할 수 있다. 머랭에 설탕을 넣으면 미세한 기포가 촘촘히 뭉쳐지면서 오랫동안 휘젓지 않아도 금세 단단하게 올라온다. 따라서 설탕을 조금씩 넣어가며 머랭을 올리면 분리 현상을 방지할 수 있다.

— 에르베 티스 *Hervé This*

헤이즐넛 파트 아 다쿠아즈 *Pâte à dacquoise aux noisettes* 

반죽 500g 기준
작업 시간 25분

재료
분당 150g · 헤이즐넛 가루 135g
숙성 흰자 5개분▶432쪽 참고
설탕 50g
피에몬테산 헤이즐넛 약간

1 볼을 받쳐 분당과 헤이즐넛 가루를 체에 친다.
2 흰자에 설탕을 소량씩 넣으며 휘핑해, 하얀 거품의 윤기 나는 머랭을 만든다.
3 흰자 머랭을 가루 재료에 넣고 스패출러로 떠올리며 섞는다.

4 오븐 팬에 유산지를 깐다. 짤주머니에 9mm 민무늬 깍지를 끼운 다음, 반죽을 넣어 원형으로 짠다. 구운 헤이즐넛을 듬뿍 뿌린다.

코코넛 파트 아 다쿠아즈 *Pâte à dacquoise à la noix de coco* 

반죽 500g 기준
작업 시간 20분

재료
분당 150g · 아몬드 가루 40g
코코넛 슬라이스 100g
흰자 5개분 · 설탕 50g

1 볼을 받쳐 분당과 아몬드 가루를 체치고 코코넛 슬라이스를 넣는다.
2 흰자에 설탕을 조금씩 넣어가며 휘핑해, 하얗고 윤기 나는 텍스처를 만든다. 흰자 머랭을 가루 재료에 넣고 스패출러로 떠올리며 버무린다.

3 오븐 팬에 유산지를 깐다. 짤주머니에 9mm 민무늬 깍지를 끼운 다음, 반죽을 넣어 원형으로 짠다.

피스타치오 파트 아 다쿠아즈 *Pâte à dacquoise à la pistache* 

반죽 500g 기준
작업 시간 20분

재료
피스타치오 25g
아몬드 가루 115g · 분당 135g
흰자 5개분 · 설탕 50g
피스타치오 페이스트 20g

1 피스타치오는 껍질을 벗겨 170℃ 오븐에서 10~15분간 구운 다음 굵게 다진다.
2 아몬드 가루와 분당을 함께 체치고 여기에 다진 피스타치오를 섞는다.
3 흰자에 설탕을 조금씩 넣어가며 휘핑해, 하얗고 윤기 나는 머랭을 만든다.

4 볼에 피스타치오 페이스트를 넣은 다음, 흰자 머랭 1/5을 넣고 거품기로 섞는다.
5 페이스트와 섞은 머랭을 남은 머랭 4/5에 붓고 잘 섞은 다음, 준비된 가루 재료를 솔솔 뿌려가며 스패출러로 떠올리듯 조심스럽게 버무린다.

프랄리네 파트 아 다쿠아즈 *Pâte à dacquoise au praliné* 

반죽 500g 기준
작업 시간 20분

재료
헤이즐넛 가루 125g
분당 125g · 다진 헤이즐넛 30g
숙성 흰자 5개분▶432쪽 참고
설탕 45g
헤이즐넛 페이스트 20g

1 헤이즐넛 가루는 통헤이즐넛을 분쇄하여 분말로 만든 것을 사용하고, 다진 헤이즐넛은 구운 다음 잘게 조각낸다. 볼을 받친 상태에서 헤이즐넛 가루와 분당을 체친 다음, 다진 헤이즐넛을 섞는다.
2 숙성 흰자에 설탕을 조금씩 넣으며 휘핑하면 하얀 거품의 윤기 있는 머랭이 된다.
3 흰자 머랭 1/5을 헤이즐넛 페이스트에 넣고 섞어,

퍽퍽한 텍스처를 부드럽게 푼다.
4 페이스트와 섞은 머랭에 남은 머랭 4/5를 붓고 섞은 다음, 가루 재료에 넣어 스패출러로 떠올리듯 버무린다.
5 오븐 팬에 유산지를 깐다. 짤주머니에 9mm 민무늬 깍지를 끼운 다음, 반죽을 넣어 원형으로 짠다.

파트 아 제누아즈 *Pâte à génoise*

반죽 500g 기준
작업 시간 30분

재료
밀가루 140g
버터 40g
달걀 4개
설탕 140g

1 볼을 받쳐 밀가루를 체친다. 작은 냄비에 버터를 넣고 거품이 나는 상태로 약불에서 녹인 다음 미지근하게 식힌다. 중탕냄비를 준비하는데, 온도는 물이 끓기 직전 수면이 흔들리는 정도로 맞춘다. 달걀을 깨뜨려 볼에 넣고 설탕을 솔솔 뿌리며 섞은 다음, 중탕냄비에 얹어 휘핑한다.

2 달걀은 걸쭉해질 때까지 중탕으로 휘핑하는데. 온도는 손가락을 담그면 견딜 만한 55~60°C로 유지한다.

3 휘핑한 달걀을 중탕냄비에서 꺼낸 다음, 완전히 식을 때까지 핸드 믹서로 휘핑한다.

4 휘핑한 달걀을 2스푼 정도 떠서 작은 볼에 담고 미지근한 버터와 섞는다.

5 휘핑한 달걀에 밀가루를 솔솔 뿌려가며 아래에서 위로 떠올리듯 스패출러로 버무린다. 마지막에 버터를 넣고 살살 섞는다.

Tip

제누아즈 반죽은 굉장히 가벼운 텍스처로, 굽고 나서 랩으로 밀봉하면 냉동 보관이 가능하다.

달걀흰자를 휘핑하면
하얀 거품으로
변하는 이유는?

흰자는 수분과 단백질로 이루어져 있는데 단백질 분자는 작은 실뭉치가 접힌 모양을 띠고 있다. 이 중 수용성 분자는 수분과 접촉하는 실뭉치 바깥에 위치하는 반면. 물에 녹지 않는 불수용성 분자들은 실뭉치 안에 묻혀 있다. 흰자를 거품기로 휘저으면 단백질 실뭉치가 굴러다니면서 외부의 기포를 끌어당겨 기포와 불수용성 분자가 만나게 된다. 결국 단백질이 기포를 감싸는 외피를 형성하고 수분 안에 공기를 가두면서 하얗게 부풀어 오르는 것이다.

– 에르베 티스 *Hervé This*

아몬드 파트 아 제누아즈 *Pâte à génoise à l'amande* 

반죽 500g 기준
작업 시간 15분

재료
버터 40g
아몬드 페이스트 75g
(아몬드 가루 함량 최소 50%)
설탕 60g
노른자 2개분
달걀 4개
밀가루 125g

1 작은 냄비에 버터를 넣고 녹인 후 미지근하게 식힌다.
2 핸드 믹서로 아몬드 페이스트와 설탕을 함께 휘핑해 모래알 같은 텍스처로 푼다.
3 여기에 노른자를 1개씩 넣으며 섞다가 달걀을 넣고 잘 젓는다.
4 중탕냄비를 준비하는데, 온도는 물이 끓기 직전에 표면이 흔들리는 정도로 맞춘다. 중탕냄비에 달걀이 든 볼을 얹고 거품이 생기면서 색이 옅어질 때까지 휘핑한다.
5 달걀의 일부를 약간만 덜어 녹인 버터와 섞는다.
6 달걀에 밀가루를 솔솔 뿌려가며 섞은 다음 버터를 넣는다. 볼 밑바닥에서 위로 스패츌러로 떠올리듯 조심스럽게 버무린다.

Comment

아몬드 제누아즈는 굉장히 고소하기 때문에 일반 제누아즈 대신 쓰면 풍미가 살아난다.

Plus

커피 향 파트 아 제누아즈 Pâte à génoise au café
인스턴트커피 5g에 물을 소량 타서 녹인 다음, 반죽을 섞는 마지막 단계에 넣으면 커피 향 제누아즈가 된다.

초콜릿 파트 아 제누아즈 *Pâte à génoise au chocolat* 

반죽 500g 기준
작업 시간 15분

재료
버터 40g
카카오 가루 20g
설탕 140g
노른자 2개분
달걀 4개
밀가루 120g
감자 전분 20g

1 버터를 작은 냄비에 담아 녹인 후 미지근하게 식힌다.
2 카카오 가루와 설탕을 볼에 담고 섞는다.
3 여기에 노른자를 1개씩 넣으며 섞다가 달걀을 넣고 잘 젓는다.
4 중탕냄비를 준비해 물이 끓기 직전 표면이 흔들리는 정도로 맞춘다. 냄비에 달걀이 든 볼을 얹고 거품이 생겨 색이 옅어질 때까지 휘핑한다.
5 작은 볼에 휘핑한 달걀 2스푼을 넣고 녹인 버터와 섞는다.
6 밀가루와 감자 전분은 함께 체쳐서 달걀 위에 솔솔 뿌리며 섞는다. 마지막에 버터를 넣고 아래에서 위로 떠올리며 스패츌러로 살살 버무린다.

파트 아 망케 *Pâte à manqué* 

반죽 500g 기준
작업 시간 15분

재료
밀가루 100g
버터 70g
달걀 4개
설탕 140g
바닐라 설탕 1/2팩
럼 아그리콜❖
15ml(1tbsp)(선택 사항)
고운 소금 3g(1/2 tsp)

1 커다란 볼을 받치고 밀가루를 체친다.
2 작은 냄비에 버터를 넣고 색깔이 안 나게 약불에서 녹인 다음 미지근하게 식힌다.
3 달걀을 깨뜨려 흰자와 노른자를 분리하고, 흰자는 볼에 담는다.
4 다른 볼에 노른자와 설탕, 바닐라 설탕을 넣고 거품이 일어 색이 옅어질 때까지 힘차게 휘핑한다.
5 여기에 밀가루를 솔솔 뿌리고 녹인 버터와 럼을 넣는다. 잘 저어 반죽의 결을 고르게 만든다.
6 흰자에 소금을 넣고 휘핑해 머랭을 아주 단단하게 올린 다음 반죽에 넣고 살살 섞는다.
7 좋아하는 향을 첨가해 반죽을 마무리한다.

빨은 헤이즐럿이나 건포도, 과일 콩피, 아니스, 리퀴어, 알코올 등을 넣어 향을 가미해도 좋다.

❖ 럼은 일반적으로 설탕을 제조하고 남은 부산물인 당밀을 원료로 만드는데, '럼 아그리콜Rhum agricole'은 사탕수수 즙을 발효시켜 증류한 럼을 지칭한다.

파트 아 프로그레 *Pâte à progrès* 

반죽 500g 기준
작업 시간 15분

재료
헤이즐넛 가루 75g
생아몬드 가루 35g
백아몬드 가루 40g
분당 160g · 밀가루 10g
흰자 6개분 · 소금 2g(작은 1꼬집)

1 볼에 헤이즐넛 가루, 아몬드 가루, 분당, 밀가루를 넣고 섞는다.
2 흰자에 소금을 넣고 핸드 믹서로 휘핑해 단단하게 올린다.
3 휘핑한 흰자를 가루 재료에 넣고 스패출러나 나무 숟가락으로 떠올리며 아주 조심스럽게 버무린다.
4 오븐 팬에 유산지를 깐다. 9mm 민무늬 깍지를 끼운 짤주머니에 반죽을 넣고 원형으로 짠다.

파트 아 프로그레에 크림을 샌딩해서 가토로 만들면 좋다.

아몬드 파트 아 쉭세 *Pâte à succès à l'amande* 

반죽 500g 기준
작업 시간 15분

재료
아몬드 가루 85g
분당 85g
흰자 6개분
설탕 160g
아몬드 조각(선택 사항)

1 아몬드 가루와 분당을 함께 섞고 볼을 받쳐 체친다.
2 핸드 믹서를 이용해 흰자에 설탕을 소량만 넣고 휘핑한다. 머랭이 풍성해지면 남은 설탕을 한 번에 넣고 1분간 휘핑한다.
3 머랭에 가루 재료와 아몬드 조각을 약간 넣고 나무 스패출러로 잘 버무린다.
4 오븐 팬에 유산지를 깐다. 9mm 민무늬 깍지를 끼운 짤주머니에 반죽을 넣은 다음 원형으로 짠다.

Plus

헤이즐넛 파트 아 쉭세 Pâte à succès à la noisette
아몬드 가루 대신 헤이즐넛 가루를 사용하면 헤이즐넛 파트 아 쉭세가 된다.

프렌치 머랭 *Meringue Française*

머랭 500g 기준
작업 시간 5분

재료
흰자 5개분
설탕 340g
천연 바닐라 에센스 1tsp

1 달걀을 1개씩 깨뜨려 흰자만 따로 볼에 담는데, 노른자가 조금이라도 묻어 있으면 잘 부풀어 오르지 않으므로 꼼꼼히 확인한다. 설탕 170g을 조금씩 넣으며 핸드 믹서로 흰자를 휘핑한다.

2 부피가 2배가 되면 설탕 85g과 바닐라 에센스를 붓는다. 단단하면서도 매끈하고 윤기 있는 텍스처가 될 때까지 휘핑한다.

3 남은 설탕을 솔솔 뿌려가며 휘핑한다. 설탕이 흰자에 충분히 스며들면 머랭은 단단해져 거품기 날에 힘 있게 감기는 텍스처가 된다.

4 오븐 팬에 버터를 칠하고 밀가루를 뿌린 다음, 민무늬 깍지를 끼운 짤주머니에 머랭을 담고 원하는 모양으로 짠다.

Tip

금빛 진주알로 덮는 듯한 효과를 내는 작업을 '페를레perler'라고 하는데, 페를레를 하면 작은 알갱이가 생겨 보기에도 예쁘고 식감도 좋아진다. 머랭 표면에 분당을 골고루 뿌린 다음 살짝 굳힌다. 얇은 껍질이 생길 정도로 굳으면 다시 분당을 뿌려서 구우면 된다.

Comment

프렌치 머랭은 머랭의 기본 레시피로, 원래는 설탕과 분당을 반반씩 섞어서 만든다. 하지만 이렇게 하면 끝 맛이 텁텁하고 퍼석거릴 수도 있는데, 이는 보통 분당에 전분이 들어 있기 때문이다. 하지만 일반 설탕만 사용하면 캐러멜 향이 은은하게 나면서 바삭거리고 감촉도 부드러운 머랭을 만들 수 있다.

이탈리안 머랭 *Meringue italienne* 

머랭 500g 기준
작업 시간 10분

재료
물 85ml
설탕 280g
흰자 5개분

1 냄비에 물과 설탕을 넣고 붓에 물을 적셔 냄비 안쪽을 계속 닦으면서 가열한다. '그랑 불레grand boulé'가 될 때까지 끓인다 ▶72쪽 참고.
2 큰 볼에 흰자를 넣고 핸드 믹서로 휘핑한다. 너무 단단하지 않고 새 부리처럼 휘어지는 텍스처인 '벡 두아조bec d'oiseau'가 될 때까지 휘핑한다. 거품기 속도를 중속에 놓고 끓인 시럽을 흰자에 따라 부은 다음, 살짝 식을 때까지 휘핑한다.
3 민무늬 깍지를 끼운 짤주머니에 머랭을 넣고 가토 위에 원하는 모양으로 짠다.

이탈리안 머랭은 머랭이나 무스의 텍스처를 가볍게 만들 때 넣고 비스퀴 글라세나 버터 크렘, 셔벗, 수플레 글라세나 프티푸르를 만들 때도 사용된다.

스위스 머랭 *Meringue suisse* 

머랭 500g 기준
작업 시간 10분

재료
흰자 6개분
분당 340g

1 볼에 흰자와 설탕을 담은 후 40℃ 중탕냄비에 얹어 걸쭉해질 때까지 휘핑한다. 55~60℃가 되면 걸쭉해지는데, 손가락으로 만졌을 때 아직 견딜 만한 정도의 온도다.
2 불 밖으로 꺼낸 후, 단단해질 때까지 휘핑한다.
3 원하는 향이나 색을 첨가한다.

바닐라 에센스나 오렌지 플라워 워터를 1티스푼을 넣거나 레몬 제스트를 넣어 스위스 머랭에 향을 낸다.

머랭 굽기 Tip

오븐을 110~120℃로 예열한다. 오븐 문을 살짝 열어둔 채로 굽는데, 깍지를 끼워 짠 작은 사이즈의 머랭은 40분, 원형으로 짠 큰 사이즈의 머랭은 1시간 30분 동안 굽는다.

크림과 무스
CRÈMES and MOUSSES

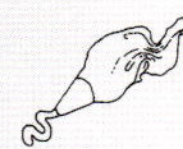

프랑스 제과와 디저트에서 크림은 매우 중요한 요소이다. 냉장 보관이 가능한 크림도 있지만 만들고 나서 바로 먹어야 하는 것도 있다. 무스는 크림보다 가볍고 풍미가 진하며 부드러운 특징이 있다.

◈ 크림(크렘) CRÈMES ◈

크렘 아망딘 *Crème amandine*

크림 500g 기준
작업 시간 10분

재료
실온 버터 120g
아몬드 가루 100g
크렘 파티시에르 150g ▶61쪽 참고
이탈리안 머랭 110g ▶44쪽 참고

1 크렘 파티시에르를 만들어서 랩을 씌운 다음 서늘한 곳에 둔다.
2 이탈리안 머랭을 만들어 냉장고 아래 칸에 넣는다.
3 버터는 작은 조각으로 잘라 볼에 넣는다.
4 나무 주걱으로 버터를 으깬 다음 손 거품기나 핸드 믹서로 휘핑해 부드러우면서 가벼운 텍스처로 만든다. 아몬드 가루를 조금씩 넣으며 계속 휘핑하고, 이때 과일주를 첨가해도 좋다.
5 크렘 파티시에르를 넣고 거품기로 섞은 다음, 이탈리안 머랭을 넣는다.

Comment

크렘 아망딘에 살구브랜디나 체리브랜디인 키르슈를 1스푼 가득 넣으면 크림의 풍미가 한층 살아난다. 다쿠아즈에 크렘 아망딘을 샌딩해 가토를 만들 수도 있다. 커피 다쿠아즈 레시피에서 버터크림 대신 크렘 아망딘을 넣고 딸기나 라즈베리를 올려 마무리한다 ▶156쪽 참고.

바닐라 크렘 앙글레즈 *Crème anglaise à la vanille*

크림 500g 기준
작업 시간 15분
조리 시간 5분

재료
바닐라 깍지 2개
신선한 전유 150ml
크림 200ml
노른자 4개분
설탕 85g

1 바닐라 깍지를 반으로 갈라 씨를 긁는다. 냄비에 바닐라 깍지와 씨, 우유, 크림을 붓고 끓인 다음 바닐라 향이 배도록 10분간 우려 체에 거른다.

2 커다란 볼에 노른자와 설탕을 넣고 3분간 거품기로 저은 후 끓인 우유와 크림을 조금씩 부으면서 계속 젓는다.

3 크림을 다시 냄비에 옮겨 담는다. 스패츌러나 나무 숟가락으로 쉬지 않고 저으며 83℃가 될 때까지 중불에서 익힌다. 이때 크림이 끓어오르지 않도록 주의한다. 83℃가 되면 냄비를 불에서 꺼내 크림의 결이 부드러워지도록 천천히 젓는다. 스패츌러에 크림을 묻혀 손가락으로 그었을 때 바로 흐르지 않고 자국이 남아 있는 농도가 되어야 하고 이런 상태를 프랑스 제과 용어로 '아 라 나프 *à la nappe*'라고 한다.

4 큰 볼 위에 고운 체를 얹어 크림을 거른다.

5 체에 거르자마자 얼음물에 식히면 여열로 인해 크림이 계속 익는 것을 막을 수 있고 보관성도 좋아진다. 중간중간 저어가며 식히고, 완전히 식은 크림은 4℃의 냉장고에서 24시간 동안 보관할 수 있다.

크렘 앙글레즈에 덩어리가 생기지 않게 하려면?

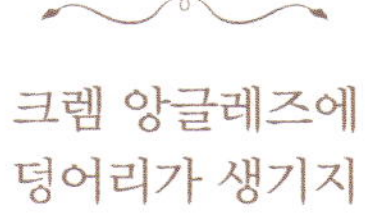

현미경으로 관찰하면 크렘 앙글레즈의 비밀을 풀 수 있다. 크림을 가열하면 달걀이 응고되면서 육안으로는 보이지 않는 미세한 멍울들이 생긴다. 크림이 뜨거워질수록 수분이 증발해 멍울들끼리 뭉치면서 덩어리가 생기고 결국 울퉁불퉁한 크림이 되고 만다. 그렇다면 크렘 앙글레즈는 몇 도에 익히는 게 좋을까? 반드시 68~100℃ 사이에서 익힌다. 노른자가 응고되는 온도가 68℃이기 때문에 그 이상으로 가열해야 하고, 물의 끓는점이 100℃이기 때문에 크림의 온도는 이보다 낮아야 한다.

– 에르베 티스 *Hervé This*

Plus

크렘 앙글레즈 콜레 *Crème anglaise collée*
찬물에 판젤라틴 4~5장 넣고 불린 다음 헹궈서 물기를 짠다. 아직 뜨거운 크렘 앙글레즈에 젤라틴을 넣고 잘 저어서 완전히 녹인다. 크림을 체에 거르고 완전히 식을 때까지 거품기로 젓는다. 여기에 기호에 맞는 향을 가미하고 휘핑한 크림 500g을 넣으면, 바바루아나 샤를로트 뤼스 *charlotte russe*용 크림이 완성된다.

크렘 바바루아즈 *Crème bavaroise*

크림 500g 기준
작업 시간 10분

재료
판젤라틴 2장
바닐라 크렘 앙글레즈 250g
▶ 46쪽 참고
휘핑한 크림 250g ▶ 56쪽 참고

젤라틴을 불려서 사용하는 이유는 뭘까?

젤라틴을 불리지 않고 뜨거운 크림에 넣으면 몽글몽글 뭉치며 기다란 끈 덩어리가 생기는데 일단 이렇게 되면 쉽게 건져내기 힘들다. 이는 말라 있던 젤라틴 표면에 뜨거운 물이 닿아 젤로 변하면서 외부 보호막을 형성해, 수분이 젤라틴 내부까지 침투하지 못하기 때문이다. 하지만 젤라틴을 찬물에 담그면 물 분자가 빠르게 보호막을 만들지 못해, 물이 젤라틴 내부로 서서히 스며들게 되고 결국 젤라틴이 말랑해진다.

— 에르베 티스 *Hervé This*

1 찬물에 젤라틴을 불린 다음 헹궈서 물기를 짠다. 다른 볼에 바닐라 크렘 앙글레즈를 담는다. 체에 거르고 나서 아직 뜨거울 때 불려 놓았던 젤라틴을 넣고 잘 저어서 완전히 녹인다.
2 얼음물에 크림 앙글레즈를 넣어, 20℃ 정도로 식히면 크림이 걸쭉해지기 시작한다.
3 여기에 휘핑한 크림을 넣고, 스패출러로 아래에서 위로 떠올리듯 섞는다. 휘핑한 크림을 만들 때는 크림 에페스보다는 일반 크림을 사용한다 ▶ 428쪽 참고. 크렘 바바루아즈는 만든 즉시 사용해야 한다.

계피 향 캐러멜 크렘 바바루아즈 *Crème bavaroise à la cannelle caramélisée*

크림 500g 기준
작업 시간 20분
조리 시간 5분

재료
설탕 50g
실론산 계피 스틱 1개
신선한 전유 200ml
판젤라틴 2장
노른자 3개분
휘핑한 크림 200g ▶ 56쪽 참고

1 냄비에 물 없이 설탕 1/2을 넣고 약불에서 천천히 녹인다. 여기에 계피 스틱을 부러뜨려 넣은 다음, 약불을 유지하며 설탕을 캐러멜로 만든다.
2 캐러멜이 완성되면 따뜻한 우유를 냄비에 부어 여열로 계속 가열되는 것을 막는다. 다시 한 번 끓인 다음, 볼을 받친 상태에서 체에 거른다.
3 젤라틴은 찬물이 가득 담긴 볼에 담가 불린 다음 헹궈서 꼭 짠다.
4 다른 냄비에 노른자와 남은 설탕, 캐러멜 우유를 넣고 크림 앙글레즈처럼 가열한다 ▶ 46쪽 참고.
5 크림이 뜨거운 상태에서 젤라틴을 넣고 잘 저으면서 녹인다.
6 볼을 받쳐 크림을 거른 다음, 얼음물에 넣고 식힌다. 크림의 온도가 20℃로 떨어져 걸쭉해질 때까지 중간중간 천천히 젓는다.
7 여기에 미리 휘핑해둔 크림을 넣고 아래에서 위로 살살 떠올리며 섞는다. 만든 즉시 사용한다.

Comment

캐러멜 크렘 바바루아즈는 시럽에 익힌 복숭아와 함께 먹으면 맛있고, 샤를로트 필링 크림으로 사용해도 잘 어울린다.

아몬드유 크렘 바바루아즈 Crème bavaroise au lait d'amande 

크림 500g 기준
작업 시간 15분
조리 시간 5분

재료
아몬드유 200g ▶ 60쪽 참고
노른자 4개분
판젤라틴 3장
비터 아몬드 에센스 1방울
휘핑한 크림 250g ▶ 56쪽 참고

1 하루 전에 아몬드유를 만들고 비터 아몬드 에센스를 한 방울 탄다.
2 볼에 찬물을 담고 젤라틴을 넣고 불린 다음 헹궈서 꼭 짠다.
3 냄비에 노른자와 아몬드유를 붓고 크렘 앙글레즈처럼 익힌다 ▶ 46쪽 참고.
4 크림이 아직 뜨거울 때 젤라틴을 넣고 잘 저어 녹인 다음, 비터 아몬드 에센스를 넣는다. 얼음을 채운 볼에 냄비를 담그고 20℃까지 식히면 크림이 걸쭉해진다.
5 여기에 휘핑한 크림을 넣고 아래에서 위로 떠올리며 살살 섞는다. 만든 즉시 사용한다.

팽 데피스 크렘 바바루아즈 Crème bavaroise au pain d'épice 

크림 500g 기준
작업 시간 15분
조리 시간 5분

재료
신선한 전유 150ml
팽 데피스용 향신료 1g
(작은 1꼬집)
전나무꿀이나 밤꿀 15g
판젤라틴 3장
부드러운 팽 데피스 65g
노른자 3개분
휘핑한 크림 200g ▶ 56쪽 참고

1 냄비에 우유를 끓인 후, 향신료와 꿀 1/2을 넣고 15분간 향을 우린다.
2 찬물에 젤라틴을 불린 다음 헹궈서 꼭 짠다.
3 작게 조각낸 팽 데피스와 꿀 향이 나는 우유를 커다란 볼에 넣고 버무린다. 블렌더에 갈아 텍스처를 고르게 만든다.
4 냄비에 노른자와 남은 꿀, 팽 데피스를 넣은 우유를 담고 크렘 앙글레즈처럼 익힌다 ▶ 46쪽 참고.
5 크림이 뜨거울 때 젤라틴을 넣고 잘 저으면서 녹인다. 얼음을 채운 볼에 냄비를 담그고 20℃까지 식혀 크림을 걸쭉하게 만든다.
6 여기에 휘핑한 크림을 넣고 아래에서 위로 떠올리며 살살 섞은 다음 바로 사용한다.

Comment

팽 데피스에 쓰이는 향신료는 스타 아니스, 계피, 카르다몸, 정향, 코리앤더, 오렌지 필 또는 말린 레몬 가루, 러비지, 메이스, 제비꽃 뿌리 등 매우 다양하다. 지역 특색에 따라 배합이 다르며, 제과사마다 각기 다른 비법을 갖고 있다.

장미꽃 크렘 바바루아즈 *Crème bavaroise aux pétales de rose* 

크림 500g 기준
작업 시간 15분
조리 시간 5분

재료
장미꽃 한 송이
신선한 전유 200ml
장미 시럽 20ml (큰 1tbsp)
장미수 1tbsp
판젤라틴 2장
노른자 3개분
설탕 20g
휘핑한 크림 250g ▶ 56쪽 참고

1 장미에서 꽃잎을 떼서 다진다. 냄비에 우유를 넣고 끓인 다음 꽃잎과 장미 시럽을 넣고 15분간 향을 우린 다음, 체에 거른다.

2 커다란 볼에 찬물을 담고 젤라틴을 불린 뒤 헹궈서 꼭 짠다.

3 냄비에 노른자, 설탕, 장미 향 우유, 장미수를 넣고 크렘 앙글레즈처럼 익힌다 ▶ 46쪽 참고.

4 크림이 아직 뜨거울 때 젤라틴을 넣고 잘 저어 녹인다. 얼음을 채운 볼에 크림을 넣고 20℃까지 식혀 걸쭉하게 만든다.

5 여기에 휘핑한 크림을 넣고 살살 섞은 다음 바로 사용한다.

> **Comment**
>
> 중동 향신료 상점에서 향이 좋은 장미 시럽을 쉽게 구할 수 있다.

오렌지 향 라이스 크렘 바바루아즈 *Crème bavaroise de riz à l'orange* 

크림 500g 기준
작업 시간 15분
조리 시간 5분

재료
오렌지 제스트 1/2개분
신선한 전유 500ml
둥근 쌀 50g
설탕 30g
판젤라틴 2장
노른자 2개분
크림 125g

1 오렌지 제스트는 잘게 다진다.

2 냄비에 우유 80ml, 쌀, 오렌지 제스트, 설탕 10g을 넣고 쌀이 액체를 모두 흡수할 때까지 중불에서 익힌다. 익힌 쌀을 체에 담고 5분마다 저으면서 식힌다.

3 볼에 찬물을 가득 담고 젤라틴을 불린 뒤 헹궈서 꼭 짠다.

4 다른 냄비에 노른자, 남은 설탕과 우유, 젤라틴을 넣고, 크렘 앙글레즈처럼 익힌다 ▶ 46쪽 참고.

5 여기에 쌀을 넣은 후, 바로 얼음을 채운 볼에 담근다. 잘 저으면서 20℃까지 식히면 크림이 걸쭉해진다.

6 크림을 넣고 떠올리듯 살살 섞은 후 바로 사용한다.

> **Comment**
>
> 라이스 크렘 바바루아즈로 굉장히 쉬운 앙트르메를 만들 수 있다. 우선 크림을 바바 틀moule à baba에 붓고, 냉장고에서 2~3시간 동안 굳힌 다음 살구 콩포트나 라즈베리 쿨리를 곁들인다.

바닐라 크렘 바바루아즈 *Crème bavaroise à la vanille*

크림 500g 기준
작업 시간 15분
조리 시간 5분

향내기
바닐라 깍지 1/2개
신선한 전유 200ml
천연 바닐라 에센스 15ml(1tbsp)

크림
판젤라틴 3장
노른자 2개분
설탕 50g
휘핑한 크림 220g ▶ **56쪽 참고**

1 바닐라 깍지 1/2개를 반으로 갈라 씨를 긁어낸다.
2 냄비에 우유, 바닐라 깍지와 씨, 바닐라 에센스를 넣고 끓인 후, 냉장고에 몇 시간 동안 두어 향을 우린다.
3 찬물에 젤라틴을 넣고 불린 후 헹궈서 꼭 짠다.
4 다른 냄비에 노른자, 설탕, 바닐라 향을 낸 우유를 넣고 크림 앙글레즈처럼 익힌다 ▶ **46쪽 참고.**
5 크림이 뜨거울 때 젤라틴을 넣고 완전히 녹도록 잘 젓는다. 얼음을 채운 볼에 냄비를 담가, 20℃까지 식히면 크림이 걸쭉해진다.
6 여기에 휘핑한 크림을 넣고 떠올리듯 살살 섞은 후, 바로 사용한다.

Plus

사프란 향 꿀 크렘 바바루아즈
Crème bavaroise au miel et au safran
기본 레시피대로 하되, 바닐라를 넣지 않고 설탕 15%를 꿀로 대체한 다음 사프란을 소량 넣는다.

버터 크렘 아 앙글레즈 *Crème au beurre à l'anglaise*

크림 500g 기준
작업 시간 25분
조리 시간 5분

재료
노른자 2개분
설탕 60g
신선한 전유 70ml
버터 250g
이탈리안 머랭 120g ▶ **44쪽 참고**

1 냄비에 노른자, 설탕, 우유를 넣고 크림 앙글레즈처럼 익힌다 ▶ **46쪽 참고.**
2 크림이 다 익으면 핸드 믹서를 중속으로 맞춰서 완전히 식힌다.
3 차갑거나 실온 상태의 버터를 휘핑해 부드럽고 가벼운 텍스처로 만든 다음, 식힌 크림을 넣는다.
4 여기에 이탈리안 머랭을 넣고 살살 섞는다.

버터 크렘 *Crème au beurre*

크림 500g 기준
작업 시간 20분
조리 시간 5분

재료
말랑한 버터 250g
물 50ml
설탕 140g
달걀 2개
노른자 2개분

1 큰 볼에 버터를 담고 나무 주걱으로 으깨 크림처럼 부드러운 포마드 상태로 만든다.
2 작은 냄비에 물을 담고 설탕을 붓는다. 평평한 붓에 물을 적셔 냄비 옆면을 닦아가며 약불에서 끓인다. 120°C에 해당하는 '프티 불레petit boulé'가 될 때까지 설탕 공예용 온도계로 확인하면서 계속 가열한다.
3 볼에 달걀과 노른자를 넣고, 거품이 생기면서 색이 옅어질 때까지 핸드 믹서로 휘핑한다.
4 휘핑한 달걀에 시럽을 가느다랗게 따라 부으며 저속으로 휘핑한다. 완전히 식을 때까지 돌리는데, 반죽기를 사용하면 시간을 절약할 수 있다.
5 쉬지 말고 휘핑하면서 버터를 넣고, 크림이 결이 곱고 매끈해질 때까지 저은 다음 냉장 보관한다.

보관 기간
버터 크렘은 유리 밀폐 용기에 담아 뚜껑을 꼭 닫으면 3주까지 냉장 보관할 수 있다.

사용 방법
버터 크렘은 모카mokas, 가토 뤼스gâteaux russes, 뷔슈 드 노엘 bûches de Noël, 롤 비스퀴biscuits roulés에 넣으며 일부 프티 푸르petits-fours와도 잘 어울리고, 데코로도 사용한다.

냄비를 젖은 붓으로 닦아야 하는 이유는?

물에 적신 붓으로 냄비 옆면을 닦으면 '뭉침 현상'을 방지할 수 있다. 냄비 속 설탕에는 수분이 조금밖에 없어, 갑자기 설탕 결정이 들어가면 순간적으로 굳어 버린다. 그런데 냄비에 설탕을 넣고 가열하면 뜨거운 냄비 안쪽이 설탕 결정으로 뒤덮이기 쉽고 이것이 냄비 속에 떨어지면 시럽이 굳으며 뭉쳐지게 된다. 하지만 냄비를 젖은 붓으로 닦아주면 설탕 결정이 생기지 않기 때문에 이러한 현상을 막을 수 있다.

– 에르베 티스 *Hervé This*

버터 크렘에 술을 타거나 커피, 또는 페이스트를 타서 향을 낼 수 있다. 꼬냑, 쿠앵트로, 그랑 마르니에, 키르슈, 럼 아그리콜을 20ml(큰 1스푼) 넣거나 인스턴트커피 10g을 물에 개어 넣어 커피 향을 첨가해도 좋고, 피스타치오 페이스트 1스푼을 넣어도 된다.

커피 크렘 *Crème au café* 

크림 500g 기준
작업 시간 25분
조리 시간 5분

재료
신선한 전유 300ml
커피 가루 10g
노른자 4개분
설탕 75g
실온 버터 30g
크렘 샹티 75g ▶ 53쪽 참고

1 냄비에 우유와 커피 가루를 넣고 끓인 후, 30분간 향을 우린 다음 체에 거른다.
2 큰 볼에 노른자와 설탕을 넣고 3분간 휘핑한 후, 커피 향 우유를 조금씩 따라 부으며 계속 젓는다.
3 다시 냄비에 부어 크렘 앙글레즈처럼 중불로 가열한다. 쉬지 말고 나무 주걱으로 젓는데 끓어오르지 않도록 조심한다.
4 얼음을 채운 볼에 냄비를 담고 50℃ 정도로 미지근해질 때까지 식힌다.
5 버터를 아주 작게 조각내 크림에 넣고 나무 숟가락으로 저어 녹인 다음, 완전히 식힌다.
6 여기에 크렘 샹티를 넣고 스패츌러로 살살 떠올리듯 섞는다.

커피 크렘에 아니스 리큐어를 살짝 넣어 향을 내도 좋다.

캐러멜 크렘 *Crème au caramel* 

크림 500g 기준
작업 시간 20분
조리 시간 5분

재료
이탈리안 머랭 125g ▶ 44쪽 참고
설탕 125g
크림 125g
버터 125g

1 이탈리안 머랭을 만들어 밀봉한 다음, 냉장고 아래 칸 차가운 곳에 둔다.
2 냄비에 물 없이 설탕만 담아 약불에서 가열해 캐러멜을 만든다. 온도가 계속 올라가지 않도록 캐러멜에 크림을 부은 다음 식힌다.
3 버터를 거품기로 저어 부드럽고 가벼운 텍스처로 만든 다음, 캐러멜을 넣고 20℃가 될 때까지 계속 젓는다.
4 마지막에 이탈리안 머랭을 넣고 스패츌러로 떠올리듯 살살 섞는다.

밀크초콜릿 크렘 샹티 *Crème Chantilly au chocolat au lait* 

크림 500g 기준
작업 시간 20분
냉장 시간 12시간

재료
밀크초콜릿 150g
크림 350g

1 밀크초콜릿을 다지거나 강판에 갈아 볼에 넣는다.
2 냄비에 크림을 넣고 끓인 다음 초콜릿에 천천히 붓는다.
3 거품기로 빠르게 저은 다음, 얼음을 채운 볼에 넣고 계속 휘핑한다.
4 4℃ 냉장고에서 12시간 동안 휴지시킨 뒤 사용하기 직전에 한 번 더 휘핑한다.

Tip

카카오 함량이 최소 35% 이상인 고급 밀크초콜릿을 사용한다.

크렘 샹티 *Crème Chantilly*

크림 500g 기준
작업 시간 10분

재료
저온살균한 크림 500ml
설탕 30g

1 크림을 4℃ 냉장고에서 최소 2시간 동안 보관한다. 얼음을 채운 큰 용기에 크림이 담긴 볼을 담근다.
2 거품기를 힘 있게 저으며 휘핑하는데, 핸드 믹서를 사용할 경우 중속으로 돌린다. 크림이 풍성해지기 시작하면 설탕을 솔솔 뿌리면서 휘핑한다.
3 크림이 단단해지면 더 이상 휘핑하지 않는다. 계속 휘핑할 경우 유지가 분리되어 텍스처가 거칠어질 수 있다.

보관 기간

크렘 샹티는 몇 시간밖에 냉장 보관하지 못한다.

Comment

좀 더 가벼운 텍스처로 만들고 싶다면 마지막에 흰자를 1개 넣으면 되는데, 이럴 경우 반드시 만든 즉시 먹어야 한다.

다크초콜릿 크렘 샹티 *Crème Chantilly au chocolat noir*

크림 500g 기준
작업 시간 20분
냉장 시간 8시간

재료
다크초콜릿 110g
신선한 우유 60ml
크림 300ml
설탕 25g

1 초콜릿은 다지거나 강판에 간 다음 40℃ 중탕에서 녹인다.
2 작은 냄비에 우유를 끓인 다음 녹인 초콜릿에 붓고 잘 섞는다.
3 크림을 50℃로 미지근하게 식힌다.
4 크림에 설탕을 넣고 휘핑한 다음, 휘핑한 크림을 초콜릿에 넣고 조심스럽게 섞는다.
5 4℃의 냉장고에서 8시간 동안 휴지시킨 후, 사용하기 전에 한 번 더 휘핑한다.

Plus

크렘 샹티 아로마티제 *Crème Chantilly aromatisée*
크렘 샹티와 잘 어울리거나 대조적인 향을 가미해 다양한 크렘 샹티를 만들 수 있다. 500g 크렘 샹티 기준으로 커피 가루 30g, 신선한 민트 30g, 반으로 갈라 씨를 긁은 바닐라 깍지 3~4개, 계피 스틱 1조각, 스타 아니스 1즈각, 비터 아몬드 에센스 소량, 오렌지 또는 레몬 제스트 소량 중에 하나를 선택해 15분간 크림에 담가두면 된다. 피스타치오 페이스트 60g을 부드럽게 풀어서 넣어도 좋다.

크렘 시부스트 *Crème Chiboust*

크림 500g 기준
작업 시간 25분
휴지 시간 5분

재료
달걀 4개
흰자 1개분
설탕 50g
옥수수 전분 20g
신선한 전유 300ml
판젤라틴 2장

1 달걀을 깨뜨려 흰자와 노른자를 분리한다. 노른자, 설탕 20g, 옥수수 전분, 우유로 크렘 파티시에르를 만든다 ▶ 61쪽 참고.

2 볼에 찬물을 가득 담아 젤라틴을 넣고 불린 후 헹궈서 꼭 짠다. 뜨거운 크렘 파티시에르에 젤라틴을 넣고 잘 저어 녹인 다음 불을 끈다.

3 흰자 5개에 남은 설탕을 조금씩 넣으며 휘핑해, 하얀 거품의 윤기 있는 머랭을 만든다.

4 흰자 머랭 1/4을 덜어 크렘 파티시에르에 넣는다.

5 머랭과 섞은 크렘 파티시에르를 남은 머랭에 넣고 거품기로 살살 젓는다. 완성된 크렘 시부스트는 만든 즉시 사용한다.

보관 기간

크렘 시부스트는 만든 다음, 바로 먹는 것이 안전하다. 크렘 시부스트를 넣은 가토 역시 만든 후 24시간 안에 먹는 것이 좋다.

사용 방법

주로 과일 타르트의 필링이나 앙트르메의 크림으로 사용한다.

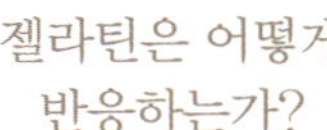

젤라틴은 어떻게 반응하는가?

젤라틴은 육상동물의 가죽이나 뼈, 힘줄 또는 해상동물의 뼛속에 존재하며, 기다란 분자가 세 가닥씩 묶인 형태이다. 이러한 삼중 나선형 구조를 '헬릭스'라고 부르는데, 헬릭스는 탄성이 있는 소섬유로 이루어져 있다. 젤라틴을 따뜻한 물에 녹이면 분자가 뜨거워지면서 움직임이 바빠지고 사방으로 빠르게 흩어진다. 하지만 물이 식으면 분자가 결합하려는 힘이 운동에너지보다 강해져 다시 삼중 나선형 구조를 갖추게 되고, 젤라틴 분자는 수분을 가두는 사슬을 형성하게 된다. 쉽게 예를 들어, 거미가 사방에 거미줄을 쳐놓으면 파리가 절대 날아가지 못하는 이치와 비슷하다.

– 에르베 티스 *Hervé This*

라벤더 초콜릿 크렘 *Crème au chocolat à la lavande* 

크림 500g 기준
작업 시간 10분
조리 시간 5분

재료
커버추어 초콜릿 125g
크림 150ml · 신선한 전유 150ml
말린 라벤더 다진 것 1g(작은
1꼬집) · 판젤라틴 1장
노른자 2개분 · 설탕 30g

1 초콜릿을 볼에 담고 40°C의 중탕냄비에서 약불로 녹인다.
2 다른 냄비에 크림과 우유를 넣고 끓인다. 여기에 라벤더를 넣고 뚜껑을 덮은 채로 10분간 우린 다음 체에 거른다. 찬물에 젤라틴을 불린 후 헹궈서 꼭 짠다.

3 냄비에 노른자, 설탕, 라벤더 향 우유를 넣고 크림 앙글레즈처럼 익힌다 ▶ **46쪽 참고.**
4 크림이 뜨거울 때 젤라틴을 넣고 잘 저어서 녹인다. 젤라틴이 녹으면 초콜릿을 3~4번에 걸쳐 넣으며, 스패출러로 떠올리면서 살살 섞는다.

레몬 크렘 *Crème au citron* 

크림 500g 기준
작업 시간 20분
조리 시간 5분

재료
레몬 3개 · 달걀 2개
설탕 135g · 실온 버터 165g

1 레몬 껍질로 제스트를 뜬 다음 잘게 다진다. 과육을 짜면 100ml 정도의 즙이 나온다.
2 달걀, 설탕, 레몬 제스트와 즙을 볼에 넣고 중탕냄비에 얹는다. 중간중간 저어가며 82~83°C까지 가열하는데, 끓여서는 안 된다.
3 체에 거른 다음 바로 얼음물에 넣고 미지근하게 식힌다. 손가락을 넣었을 때 견딜 만한 온도인 55~60°C

정도가 적당하다. 여기에 작게 조각낸 버터를 넣으면서 거품기로 계속 젓는다.
4 크림을 10분 정도 저어 매끈하게 만드는데, 이왕이면 블렌더를 사용하는 것이 좋다.
5 4°C 냉장고에서 2시간 동안 보관한 후 사용한다.

크렘 디플로마트 *Crème diplomate* 

크림 500g 기준
작업 시간 10분
조리 시간 5분

재료
바닐라 깍지 1/2개
신선한 전유 350ml
달걀 3개 · 설탕 80g

1 바닐라 깍지를 반으로 갈라 씨를 긁어낸다.
2 커다란 냄비에 바닐라 깍지와 씨, 우유를 넣고 끓인 후 30분 동안 향을 우린다. 체에 걸러 식힌다.
3 볼에 달걀과 설탕을 넣고 거품기로 세게 젓는다.
4 식힌 우유를 달걀에 붓고 잘 섞은 다음 냉장 보관한다.

휘핑한 크림 *Crème fouettée*

크림 500g 기준
작업 시간 5분

재료
저온살균한 크림 400ml
신선한 전유 100ml

1 4℃ 냉장고에 우유와 크림을 최소 2시간 동안 넣어둔다.
2 커다란 용기에 얼음을 채운 후, 크림과 우유를 볼에 담아 용기 안에 넣고 잘 젓는다.
3 손 거품기로 힘 있게 휘핑하는데, 핸드 믹서를 사용할 경우 중속으로 돌린다.
4 크림이 단단해지면 더 이상 휘핑하지 않는다. 계속 휘핑할 경우 유지가 분리되어 텍스처가 거칠어질 수 있다.

저온살균 후 젖산발효를 거친 크렘 에페스Crème épaisse를 쓰면 살짝 쓴맛이 날 수 있기 때문에 일반 생크림을 선택한다.

크렘 프랑지판(아몬드 크렘) *Crème Frangipane (crème à l'amande)*

크림 500g 기준
작업 시간 15분

재료
실온 버터 100g
분당 100g
아몬드 가루 100g
옥수수 전분 1tsp
달걀 2개
비터 아몬드 에센스 1방울
크렘 파티시에르 125g ▶ 61쪽 참고

1 버터를 작은 조각으로 잘라 볼에 넣고 스패출러로 으깨 부드럽게 만든다. 이때 지나치게 휘저으면 기포가 생기므로 주의한다.
2 분당, 아몬드 가루, 옥수수 전분, 달걀, 비터 아몬드 에센스를 차례대로 넣으면서 핸드 믹서를 저속으로 휘핑한다.
3 아몬드 크림을 시작하기 직전에 만들어놓은 크렘 파티시에르를 넣는다.
4 당장 쓸 것이 아니면 래핑해서 냉장 보관한다.

Tip

아몬드 크렘에 거품이 일지 않도록 주의한다. 아몬드 크렘에 기포가 들어가면 오븐 안에서는 부풀어 오르고 공기와 접촉하면 모양이 일그러지면서 주저앉기 때문이다.

비터 아몬드 에센스는 아몬드 크렘의 풍미를 살려주는 재료인데, 양에 각별한 주의를 기울여야 한다. 자칫 많이 넣게 되면 못 먹을 정도로 쓸쓸해지므로 한 방울만 넣어야 한다.

프로마주 블랑 ❖ 크렘 *Crème au Fromage blanc* 

크림 500g 기준
작업 시간 15분
조리 시간 5분

재료
물 200g
설탕 60g
판젤라틴 2장
프로마주 블랑 바튀fromage blanc battu
(지방 40%) 200g
노른자 2개분
휘핑한 크림 230g ▶ 56쪽 참고

1 냄비에 물과 설탕을 넣고 가열한다. 설탕 공예 온도계로 측정해 '프티 불레petit boulé'인 120℃까지 끓인다 ▶ 72쪽 참고.

2 찬물을 담은 볼에 젤라틴을 넣고 불린 후 헹궈서 꼭 짠다.

3 볼에 노른자를 담고 뜨거운 시럽을 부어 완전히 식을 때까지 휘핑한다.

4 먼저 젤라틴을 프로마주 블랑 1/2에 넣고 섞는다. 그런 다음 남은 프로마주 블랑과 휘핑한 크림을 넣고 마저 섞은 다음, 노른자까지 넣어 살살 떠올리며 섞는다.

❖ 프로마주 블랑Fromage blanc은 프랑스어로 '하얀 치즈'라는 뜻이다. 프랑스 법령에 따르면 '유산 발효를 거친 비숙성 치즈로, 살아 있는 박테리아를 함유한 생치즈의 일종'이라고 규정하고 있다. 농도는 휘핑한 요거트와 비슷하고, 수분을 많이 함유하고 있는 것이 특징이다. 수분을 제거한 고형분 중 지방 함량에 따라 0%, 20%, 40% 등으로 다양하게 나뉘며 디저트뿐 아니라 요리에도 두루 쓰인다.

패션프루츠 크렘 *Crème au Fruit de la Passion* 

크림 500g 기준
작업 시간 20분
조리 시간 5분

재료
패션프루츠 300g
레몬 1개 · 큰 달걀 2개
설탕 110g · 버터 180g

1 패션프루츠의 껍질을 벗겨 씨를 제거한다. 조각으로 잘라 블렌더나 푸드 밀에 갈아 퓌레로 만든다. 퓌레를 다시 체에 거르면 100ml 정도의 즙이 나온다. 레몬도 즙을 낸다.

2 냄비에 달걀, 설탕, 패션프루츠 즙과 레몬즙 10ml (2tsp)를 넣는다.

3 냄비를 불에 올리고 걸쭉해질 때까지 중탕에서 가열한다.

4 불을 끄고, 손가락을 넣었을 때 참을 만한 온도인 55℃로 미지근하게 식힌다. 여기에 버터를 작은 조각으로 잘라 넣고 잘 섞는다.

5 핸드 믹서로 10분간 휘핑한 후, 4℃의 냉장고에서 몇 시간 동안 보관해 충분히 식힌다.

크렘 오 그랑 마르니에 앙바사되르
Crème au Grand Marnier ambassadeur 

크림 500g 기준
작업 시간 10분

재료
판젤라틴 1장
그랑 마르니에 15ml (1tbsp)
크렘 파티시에르 250g ▶ 61쪽 참고
과일 콩피 75g
크렘 샹티 225g ▶ 53쪽 참고

1 찬물을 담은 볼에 젤라틴을 넣고 불린 후 헹궈서 꼭 짠다.

2 그랑 마르니에를 중탕에서 데우고 젤라틴을 넣고 녹인다. 여기에 직전에 만들어둔 크렘 파티시에르 1/4을 덜어 잘 섞은 뒤, 나머지 크렘 파티시에르와 과일 콩피를 넣는다.

3 마지막으로 크렘 샹티를 넣고 스패출러로 아래에서 위로 떠올리며 살살 섞는다.

Comment

완성한 크림으로 크넬quenelles을 만들어 딸기 셔벗에 올린 후 딸기 쿨리나 크렘 앙글레즈 소스를 뿌려 먹으면 맛있다. 크넬은 길고 둥그런 모양을 지칭하는 용어로, 뜨거운 물에 담겼다 뺀 숟가락으로 크림을 둥그렇게 굴려서 만든다.

밤 크렘 *Crème au marron* 

크림 500g 기준
작업 시간 10분

재료
실온 버터 125g
마롱(밤) 페이스트 250g
크림 150ml
럼 30ml(2tbsp)

1 볼에 버터를 담아 크림처럼 부드러운 포마드 상태로 풀어 놓는다.
2 버터에 밤 페이스트를 넣고 균일한 텍스처가 되도록 잘 젓는다.
3 크림을 끓인 다음, 버터를 섞은 밤 페이스트에 넣고 잘 젓는다. 마지막에 럼과 물 4티스푼 정도(20ml)를 넣어 완성한다.

밤을 설탕 시럽에 넣고 조린 마롱 글라세를 작게 조각내 넣으면 훨씬 풍미가 진한 밤 크렘을 완성할 수 있다.

마스카르포네 크렘 *Crème au mascarpone* 

크림 500g 기준
작업 시간 10분

재료
마스카르포네 치즈 400g
신선한 전유 100ml
바닐라 가루 1g(작은 1꼬집)

1 마스카르포네 치즈와 우유, 바닐라 가루를 볼에 넣고 거품기로 저어 균일한 텍스처로 만든다.
2 몇 시간 동안 냉장 보관한 후 사용한다.

마스카르포네 크렘에 딸기나 라즈베리를 곁들여 먹으면 맛있고, 과일 샐러드와 버무려도 잘 어울린다.

밀푀유 크렘 *Crème à mille-feuille* 

크림 500g 기준
작업 시간 10분

재료
크림 100ml · 설탕 10g(2tsp)
크림 파티시에르 400g ▶ **61쪽 참고**

1 크림을 4°C의 냉장고에서 최소 2시간 동안 보관해 아주 차갑게 만든다.
2 크림 샹티를 만든다. 커다란 볼에 크림을 넣고 단단하게 올라올 때까지 휘핑한 다음 설탕을 넣는다 ▶ **53쪽 참고.**
3 직전에 만들어둔 크림 파티시에르에 크림 샹티를 넣고 스패츌러로 아래에서 위로 살살 떠올리며 섞는다. 밀푀유 크렘은 만든 후 바로 사용한다.

아몬드 크렘 무슬린 *Crème mousseline à l'amande* 

크림 500g 기준
작업 시간 15분

재료
버터 150g · 아몬드 가루 125g
크림 파티시에르 190g ▶ **61쪽 참고**
이탈리안 머랭 140g ▶ **44쪽 참고**

1 버터를 아주 작게 조각내 커다란 볼에 넣는다.
2 핸드 믹서로 버터를 휘핑해 부드러우면서도 가벼운 텍스처로 만든다.
3 버터에 아몬드 가루를 넣으며 계속 휘핑한다.
4 손 거품기로 도구를 바꾼 다음 크림 파티시에르를 넣고 섞다가 이탈리안 머랭을 넣는다. 만든 즉시 사용한다.

체리브랜디인 키르슈를 30ml(약 2tbsp) 넣으면 훨씬 풍미가 살아난다. 또한 아몬드 크렘 무슬린으로 맛있는 앙트르메를 만들 수 있다. 우선, 제누아즈에 브라운 럼 시럽을 바른다. 시럽을 적신 제누아즈 시트 3개 사이에 아몬드 크렘 무슬린과 파인애플 슬라이스를 샌딩하고 라임 제스트를 골고루 뿌려 완성한다.

라즈베리 크렘 무슬린 *Crème mousseline à la Framboise*

크림 500g 기준
작업 시간 10분

재료
버터 크림 320g ▶ 51쪽 참고
크림 파티시에르 150g ▶ 61쪽 참고
라즈베리 브랜디 30ml (2tbsp)

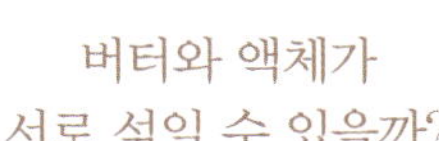

버터와 액체가 서로 섞일 수 있을까?

크렘 무슬린은 수분과 공기, 유지로 이루어져 있다. 크렘 무슬린의 재료가 되는 크렘 파티시에르에 수분이 있고 휘핑 작업을 통해 공기가 주입되었기 때문이다. 유지는 수용성이 아니기 때문에 수분과 만나면 분리될 것이라 생각할 수 있지만, 버터에 함유된 단백질 분자인 카세인 덕분에 얼마든지 유화가 가능하다. 카세인이 크림의 미세 기포와 물방울을 코팅하듯 감싸기 때문에 결국 유지와 수분이 섞일 수 있다.

– 에르베 티스 *Hervé This*

1 버터 크렘을 핸드 믹서로 휘핑해 가볍고 부드러운 텍스처로 만든다. 너무 많이 휘저으면 버터가 뜨거워질 수 있으므로 주의한다.

2 다른 볼에 크렘 파티시에르를 넣고 거품기로 저어 크림의 결을 고르게 정리한 다음, 라즈베리 브랜디를 넣는다.

3 크렘 파티시에르를 버터 크렘에 넣고 나무 스패츌러로 떠올리듯 섞는다. 만든 즉시 사용한다.

Tip

버터 크렘과 크렘 파티시에르의 온도를 동일하게 맞추는 것이 관건이다. 이렇게 해야 크림이 서로 엉기지 않고 부드럽게 섞인다.

보관 기간

모든 크렘 무슬린은 만든 즉시 사용한다.

샴페인 리큐어 크렘 무슬린 *Crème mousseline à la liqueur de Champagne*

크림 500g 기준
작업 시간 10분

재료
실온 버터 140g
크렘 파티시에르 240g ▶ 61쪽 참고
샴페인 리큐어 30ml (2tbsp)
이탈리안 머랭 80g ▶ 44쪽 참고

1 작게 조각낸 버터를 핸드 믹서로 휘핑해 부드럽고 가벼운 텍스처로 만든다.

2 버터에 크렘 파티시에르와 샴페인 리큐어를 넣으면서 계속 휘핑한다.

3 이탈리안 머랭을 넣고 거품기로 떠올리듯 살살 섞는다.

Tip

냉장고에 보관했던 크렘 파티시에르를 바로 다른 재료에 넣으면 금방 엉겨버린다. 그렇기 때문에 반드시 손 거품기로 크림을 저어 부드럽게 풀어준 다음, 리큐어를 넣어야 한다. 재료를 매끈하고 부드럽게 풀어주는 작업을 제과 용어로 '리세lisser'라고 한다.

바닐라 크렘 무슬린 *Crème mousseline à la vanille*

크림 500g 기준
작업 시간 15분

재료
판젤라틴 2장
크렘 파티시에르 100g ▶ 61쪽 참고
바닐라 에센스 5g (1tsp)
휘핑한 크림 400g ▶ 56쪽 참고

1 커다란 볼에 찬물을 담고 젤라틴을 불린 후 헹궈서 꼭 짠다. 냄비에 젤라틴을 넣고 중탕에서 약불로 녹이는데, 25℃를 넘기면 안 된다.

2 녹인 젤라틴에 미리 만들어둔 크렘 파티시에르 1/4과 바닐라 에센스를 넣고 잘 젓는다. 크림이 굳기 시작하면 살짝만 데워서 텍스처를 고르게 만든다.

3 남은 크렘 파티시에르를 넣고 섞은 다음 휘핑한 크림을 넣고 떠올리듯 살살 버무린다. 크림은 만든 즉시 사용한다.

오렌지 크렘 *Crème à l'orange*

크림 500g 기준
작업 시간 15분
조리 시간 5분

재료
오렌지 제스트 1/5개분
레몬 제스트 1/4개분
오렌지 1개 · 큰 달걀 2개
설탕 120g · 실온 버터 170g
바닐라 가루 1g (작은 1꼬집)

1 오렌지와 레몬 제스트를 곱게 다지고, 오렌지는 짜서 즙 100ml를 준비한다.

2 달걀, 설탕, 제스트, 오렌지즙을 볼에 넣고 섞은 후, 걸쭉해질 때까지 중탕에서 데운다.

3 볼을 받친 상태로 체에 거른 후, 블렌더로 섞는다.

4 여기에 작게 조각낸 버터를 넣고 블렌더로 3~4분간 섞는다.

아몬드유 *Lait d'amande*

아몬드유 500g 기준
작업 시간 10분
냉장 시간 최소 12시간

재료
물 250g · 설탕 100g
아몬드 가루 170g
퓨어 키르슈 10ml (작은 1tbsp)
비터 아몬드 에센스 1방울

1 냄비에 물과 설탕을 넣고 가열하다가 끓어오르면 불을 끈다.

2 여기에 아몬드 가루와 키르슈를 넣고 잘 섞은 다음, 뜨거운 상태에서 블렌더에 간다. 볼을 받쳐 체에 거른다.

3 냉장고에서 아몬드유를 최소 12시간 휴지시킨다.

4 다음 날 사용하기 직전에 비터 아몬드 에센스를 한 방울만 넣는다. 그 이상 넣으면 써지므로 주의한다.

바닐라 크렘 파티시에르 _Crème pâtissière à la vanille_

크림 500g 기준
작업 시간 20분
조리 시간 5분

재료
바닐라 깍지 1과 1/2개
옥수수 전분 30g
설탕 80g
신선한 전유 350g
노른자 4개분
실온 버터 35g

1 바닐라 깍지를 반으로 갈라 씨를 긁어낸다. 밑바닥이 두꺼운 냄비에 옥수수 전분과 설탕 1/2을 넣은 후 거품기로 저어가며 우유를 붓고 바닐라 깍지와 씨를 넣는다. 계속 저으면서 끓인다.

2 노른자와 남은 설탕을 큰 볼에 넣고 3분 정도 거품기로 세게 저은 다음, 우유를 소량 부은 후 잘 섞는다.

3 (2)의 노른자를 (1)의 우유 냄비에 붓고, 거품기로 저으면서 가열한다.

4 끓어오르면 바로 불을 끄고, 바닐라 깍지를 제거한 다음 볼에 붓는다. 얼음을 채운 볼에 담가 식힌다.

5 크림이 50℃ 정도로 미지근해지면, 버터를 넣고 힘있게 젓는다.

보관 기간

크렘 파티시에르는 항상 사용하기 직전에 만드는 것이 좋다. 냉장고에 보관할 수 있지만 12시간이 넘으면 향이 날아가기 때문에 그 전에 사용하는 것이 바람직하다.

사용 방법

밀푀유나 에클레르, 슈, 를리지외즈 등 다양한 레시피의 충전용 크림으로 사용된다.

Plus

초콜릿 크렘 파티시에르 Crème pâtissière au chocolat
마지막에 강판에 간 다크초콜릿 250g을 2~3번에 걸쳐 나눠 넣고, 초콜릿이 완전히 녹을 때까지 크림을 계속 저으면 초콜릿 크렘 파티시에르가 된다.

살구 무스 *Mousse à l'abricot*

무스 500g 기준
작업 시간 15분

재료
잘 익은 살구 400g
판젤라틴 3장
레몬즙 10ml(작은 1tbsp)
이탈리안 머랭 120g ▶ **44쪽 참고**
휘핑한 크림 150g ▶ **56쪽 참고**

1 살구는 씨를 제거하고 조각낸 다음, 푸드 밀에 갈아 퓌레로 만든다. 퓌레 250g을 고운 체에 거른다.
2 얼음이 담긴 큰 볼에 젤라틴을 넣고 불린 후, 헹궈서 꼭 짠다.
3 불린 젤라틴을 중탕에서 약불로 녹인 다음, 살구 퓌레 50g과 레몬즙을 넣는다.

4 (3)을 남은 살구 퓌레에 한 번에 넣고 거품기로 세게 젓는다. 걸쭉한 텍스처가 유지되어야 하기 때문에 15℃를 넘어서는 안 된다.
5 아주 차가운 이탈리안 머랭을 넣고 섞은 후, 휘핑한 크림을 넣고 떠올리듯 조심스럽게 섞는다.

바나나 무스 *Mousse à la banane*

무스 500g 기준
작업 시간 15분

재료
바나나 400g
레몬 1개
판젤라틴 2장
이탈리안 머랭 75g ▶ **44쪽 참고**
휘핑한 크림 160g ▶ **56쪽 참고**
넛맥 가루 1꼬집(선택 사항)

1 바나나는 껍질을 까서 조각낸 후, 푸드 밀에 갈면 퓌레 250g 정도가 나온다. 레몬은 짜서 즙을 낸다.
2 찬물을 가득 담은 볼에 젤라틴을 넣고 불린 후, 헹궈서 꼭 짠다.
3 불린 젤라틴을 냄비에 넣고 중탕에서 녹인 후, 바나나 퓌레 50g와 레몬즙 큰 1tbsp을 넣는다.
4 (3)을 남은 퓌레에 한 번에 넣고 거품기로 세게 젓는다. 걸쭉한 텍스처가 유지되어야 하기 때문에 15℃를 넘어서는 안 된다.

5 아주 차가운 이탈리안 머랭을 넣고 섞은 후, 휘핑한 크림과 넛맥 가루를 넣고 떠올리듯 조심스럽게 섞는다.

넛맥을 넣으면 바나나 향이 섬세하게 살아난다.

캐러멜 무스 *Mousse au caramel*

무스 500g 기준
작업 시간 15분

재료
판젤라틴 3장
노른자 2개분
비중 1.2624 시럽(30°B) ❖ 40ml
무스용 캐러멜 190g ▶ **74쪽 참고**
휘핑한 크림 240g ▶ **56쪽 참고**

1 찬물을 가득 담은 볼에 젤라틴을 넣고 불린 후, 헹궈서 짠다.
2 작은 냄비에 노른자와 보메 시럽을 붓고 잘 섞는다.
3 노른자와 시럽이 든 냄비를 40℃ 중탕에서 가열한다. 걸쭉한 텍스처가 되면 중탕에서 **빼내** 핸드 믹서로 세게 휘핑해 완전히 식힌다.
4 젤라틴을 40℃ 중탕에서 녹인 후, 식힌 캐러멜을 소량만 넣고 섞다가 남은 캐러멜을 모두 붓고 섞는다. 20~22℃ 정도의 실온으로 식힌다.
5 무스용 캐러멜을 (3)에 넣은 다음, 휘핑한 크림을 넣고 잘 섞는다.

Tip

섞는 작업의 마무리 단계에서 무스는 미지근하거나 차가워야 한다. 그렇지 않으면 텍스처가 금세 풀어져 무스를 망칠 수도 있다.

❖ 물 20ml에 설탕 25g을 넣고 끓이면 비중 1.2624의 시럽이 완성된다. 프랑스에서는 흔히 액체의 비중을 나타내는 단위인 보메도로 설탕 시럽의 비중을 표시한다.

초콜릿 무스 *Mousse au chocolat*

무스 500g 기준

작업 시간 15분

재료

다크초콜릿 180g

신선한 우유 20ml(큰 1tbsp)

크림 100ml

버터 20g

달걀 3개

설탕 15g

초콜릿의 유화

크림과 우유는 작은 물방울의 미립자 형태로 수분 안에 산재해 있는데, 열을 가하면 수분이 일정 부분 증발하지만 '유화'라고 부르는 혼합 구조를 유지하기에는 충분한 양이 남는다. 데운 크림과 우유를 초콜릿에 부으면 초콜릿이 천천히 녹으면서 유지 성분인 카카오 버터가 미세한 물방울의 형태로 데운 액체의 수분 안에 퍼지게 된다. 이런 논리로 보면 초콜릿 크림은 마요네즈, 베아르네즈 소스, 크림, 프로마주 퐁뒤의 사촌 격이다. 마요네즈는 노른자와 식초의 수분 안에 오일 입자가 분산된 유화의 결과물이고, 베아르네즈 소스 역시 식초와 달걀의 수분 안에 녹인 버터의 입자가 산재해 있는 유화 소스이다. 우유 수분 속에 유지방이 미세한 물방울로 분산된 것을 크림이라 부르고, 프로마주 퐁뒤 역시 와인 속에 치즈 지방이 분산되어 있다.

– 에르베 티스 *Hervé This*

1 나무 도마에서 초콜릿을 다진 다음 큰 볼에 넣는다. 우유와 크림은 끓인다.

2 끓는 액체를 초콜릿 위에 붓고 1~2분간 거품기로 저어 40℃로 만든다.

3 여기에 작게 조각낸 버터를 넣으면서 거품기로 계속 젓는다.

4 달걀을 깨뜨려 흰자와 노른자를 분리한다. 흰자에 설탕을 넣으면서 핸드 믹서로 휘핑해, 하얀 거품의 윤기 나는 머랭을 만든다. 마무리 단계에 노른자를 넣고 몇 초간 휘핑한다.

5 흰자 머랭 1/5을 가나슈에 넣고 잘 섞은 후, 이것을 다시 남은 머랭에 넣고 아래에서 위로 떠올리듯 조심스럽게 섞는다. 완성된 무스는 냉장 보관한다.

보관 기간

초콜릿 무스는 하루 이상 냉장 보관하지 않는다.

Tip

흰자 머랭을 단단하게 올려야 부드럽고 풍성한 초콜릿 무스가 된다. 가나슈에 머랭을 넣은 다음에도 스패출러로 용기 바닥에서 위로 살살 떠올리며 섞어야 머랭이 꺼지지 않는다.

버터 초콜릿 무스 *Mousse au chocolat au beurre* 

무스 500g 기준
작업 시간 15분
조리 시간 5분

재료
비터 다크초콜릿 165g
실온 버터 165g · 달걀 2개
흰자 2개분 · 설탕 10g(2tsp)

1 초콜릿을 다지거나 강판에 갈아 작은 냄비에 넣고, 중탕에서 약불로 녹인다. 불을 끄고 40~45℃로 미지근하게 식힌다.
2 버터를 작은 조각으로 잘라 볼에 넣은 후, 부드럽고 가벼운 텍스처가 되도록 휘핑한다. 여기에 녹인 초콜릿을 2번에 나누어 넣으며 계속 젓는다.
3 달걀을 깨뜨려 흰자와 노른자를 분리한다. 볼에 흰자 4개를 넣고 설탕을 넣으면서 휘핑해 하얀 거품의 윤기 나는 머랭을 만든다.
4 여기에 노른자를 넣고 잘 저어 무스의 결을 고르게 만든다.
5 마지막으로 초콜릿을 넣고 떠올리듯 살살 섞어 완성한다.

화이트초콜릿 무스 *Mousse au chocolat blanc* 

무스 500g 기준
작업 시간 10분

재료
크림 380ml
화이트초콜릿 120g

1 볼에 크림 330ml를 담고 휘핑한다. 남은 크림은 보관한다.
2 초콜릿을 다져 볼에 담고 35℃의 중탕에서 천천히 녹인다.
3 남은 크림 50ml를 끓여 녹인 초콜릿에 붓고 잘 섞는다. 여기에 휘핑한 크림 1/4을 넣고 섞은 후, 나머지를 모두 넣고 스패츌러로 떠올리듯 섞는다.

화이트초콜릿 무스는 만들고 나서 바로 사용하거나, 쿠프coupe 잔에 담아 굳힌 다음 붉은 과일 쿨리를 뿌려 먹어도 좋다.

캐러멜 초콜릿 무스 *Mousse au chocolat au caramel* 

무스 500g 기준
작업 시간 15분

재료
설탕 90g · 가염 버터 30g
크림 60ml
세미 비터 다크초콜릿 85g
휘핑한 크림 230g ▶ 56쪽 참고

1 바닥이 두꺼운 냄비에 물 없이 설탕만 붓고 옅은 갈색 캐러멜이 될 때까지 가열한다.
2 캐러멜이 옅은 갈색이 되면 불을 끄고 버터와 크림을 부어 온도가 계속 오르는 것을 막는다.
3 초콜릿은 갈거나 다진 다음, 그 위에 캐러멜을 조금씩 부으며 잘 젓는다.
4 캐러멜 초콜릿을 냄비에 붓고 45℃ 정도로 살짝 데운 후, 휘핑한 크림을 넣고 스패츌러로 살살 떠올리며 섞는다.

블랙베리 초콜릿 무스 *Mousse au chocolat à la mûre* 

무스 500g 기준
작업 시간 15분

재료
크림 90ml
판젤라틴 1장
블랙베리 퓌레 150g
비터 다크초콜릿 100g
휘핑한 크림 300g ▶ 56쪽 참고

1 크림을 끓인 후 식힌다.
2 찬물이 담긴 볼에 젤라틴을 넣고 불린 후 헹궈서 꼭 짠다.
3 젤라틴을 볼에 담아 중탕에서 약불로 녹인 다음, 잘 저으며 블랙베리 퓌레를 넣는다.
4 초콜릿은 다지거나 강판에 간다. 초콜릿에 크림을 넣고 45℃ 중탕에서 천천히 녹인다.
5 여기에 젤라틴을 탄 퓌레를 넣고 잘 섞은 후, 휘핑한 크림을 넣고 스패츌러로 떠올리듯 살살 섞는다.

오렌지 초콜릿 무스 *Mousse au chocolat à l'orange* 

무스 500g 기준
작업 시간 10분

재료
크림 80ml
오렌지 제스트 1/4개분
세미 비터 다크초콜릿 175g(카카오
함량 최소 60%)
달걀 2개 · 흰자 4개분 · 설탕 15g

1 크림은 끓여서 식힌다.
2 오렌지 제스트는 곱게 다지고, 초콜릿은 다지거나 강판에 간다.
3 냄비에 초콜릿, 크림, 오렌지 제스트를 넣은 후 45℃ 중탕에서 천천히 녹인다.
4 달걀을 깨뜨려 노른자와 흰자를 분리한다. 흰자 6개를 볼에 넣고 설탕을 뿌려가며 휘핑해 하얀 거품의 윤기 나는 머랭으로 만든다. 머랭 1/4을 덜어 노른자에 넣고 섞은 다음, 남은 머랭을 모두 넣고 섞는다.
5 여기에 [3]의 초콜릿 크림을 넣고 스패츌러로 떠올리듯 살살 섞는다.

옐로우 레몬 무스 *Mousse au citron jaune* 

무스 500g 기준
작업 시간 10분

재료
레몬 크렘 220g ▶ 55쪽 참고
레몬 1개 · 판젤라틴 3장
이탈리안 머랭 70g ▶ 44쪽 참고
휘핑한 크림 180g ▶ 56쪽 참고

1 무스를 만들기 2시간 전에 레몬 크렘을 만든다.
2 레몬 껍질을 제스트로 뜬 다음 곱게 다진다.
3 레몬 과육을 짜면 즙 30ml (2tbsp) 정도가 나온다.
4 찬물을 담은 커다란 볼에 젤라틴을 넣고 불린 후, 헹궈서 꼭 짠다. 젤라틴을 볼에 넣고 레몬 제스트와 즙을 넣고 섞는다.
5 레몬 크렘에 [4]를 넣고 젤라틴을 완전히 용해시킨다.
6 여기에 이탈리안 머랭을 넣고 섞은 다음 휘핑한 크림을 넣는다. 재료를 넣으면서 스패츌러로 살살 떠올리며 섞는다.

라임 무스 *Mousse au citron vert* 

무스 500g 기준
작업 시간 10분

재료
라임 250g · 판젤라틴 4장
이탈리안 머랭 190g ▶ 44쪽 참고
휘핑한 크림 200g ▶ 56쪽 참고

1 라임은 껍질을 깎고 씨를 제거한다. 과육을 푸드 밀로 갈면 퓌레 110g 정도가 나온다.
2 찬물을 담은 큰 볼에 젤라틴을 넣고 불린 후 헹궈서 짠다.
3 젤라틴을 40℃ 중탕으로 데워 녹인다.
4 녹인 젤라틴에 라임 퓌레 소량을 넣고 섞은 다음, 이것을 남은 퓌레에 한 번에 넣고 손 거품기나 핸드믹서로 힘 있게 휘핑한다. 온도가 15℃를 넘지 않는지 틈틈이 확인하면서 작업한다.
5 여기에 미리 만든 차가운 이탈리안 머랭을 넣고 섞다가 휘핑한 크림을 넣는다. 재료를 넣으면서 나무 주걱으로 떠올리듯 살살 섞는다.

Comment

라임은 은은한 향이 나는 과일이라서 퓌레에 제스트를 소량 넣으면 풍미를 살릴 수 있다. 제스트로 쓰는 라임은 피막제를 입히지 않은 것을 쓰는 것이 좋다.

라즈베리 무스 *Mousse à la Framboise*

무스 500g 기준
작업 시간 20분

재료
라즈베리 350g
레몬 1개
판젤라틴 4장
이탈리안 머랭 120g ▶ 44쪽 참고
크림 160ml

1 체에 라즈베리를 담은 후 볼을 받친다. 나무 주걱으로 으깨면 퓌레 200g 정도가 나온다. 레몬은 꼭 짜서 즙을 낸다.
2 찬물이 담긴 큰 볼에 젤라틴을 넣고 불린 후 헹궈서 짠다. 불린 젤라틴을 중탕에서 약불로 녹인 후 퓌레 1/4을 넣는다. 퓌레를 넣은 젤라틴을 거품기로 저은 다음 40℃에서 살짝 데운다. 이것을 체에 밭치고 라즈베리 퓌레가 담긴 볼 위에 얹은 다음, 덩어리가 남지 않도록 꾹꾹 누르면서 거른다.
3 크림을 볼에 넣고 얼음물에 담근 다음 손 거품기로 힘 있게 휘핑한다.
4 (2)에 레몬즙과 이탈리안 머랭을 차례대로 넣는다.
5 마지막에 휘핑한 크림을 넣은 후 즉시 사용한다.

Plus

딸기 무스 Mousse à la fraise
라즈베리 대신 딸기를 넣으면 딸기 무스가 된다. 다만, 라즈베리가 딸기보다 산도가 높기 때문에 레몬즙을 조금 더 넣는다.

시간 절약 Tip

제철이 아니라 라즈베리를 구하기 어렵고 퓌레를 직접 만들 시간이 없다면, 시중에 판매되는 질 좋은 냉동 퓌레를 사용해도 좋다.

라즈베리 퓌레를 많이 데우면 안 되는 이유는 무엇일까?

라즈베리 퓌레를 데우면 주방은 라즈베리 향으로 가득 찬다. 하지만 향이 금세 증발해 퓌레에서는 상큼하고 진한 향이 나지 않고 익힌 라즈베리 향만 남는다. 젤라틴을 녹이려면 어쩔 수 없이 퓌레를 데워야 하지만 향을 보존하려면 너무 많이 가열하지 않는 것이 좋다. 물리학자들은 젤라틴이 녹는 최저 온도가 36℃라고 말하는데, 이보다 온도가 높으면 젤라틴 분자가 수분 안에 분산되고 낮으면 젤의 형태로 응집된다. 젤라틴이 녹는 최고 온도가 불명확하긴 하지만, 50℃까지는 온도를 높여도 무방하다.

– 에르베 티스 *Hervé This*

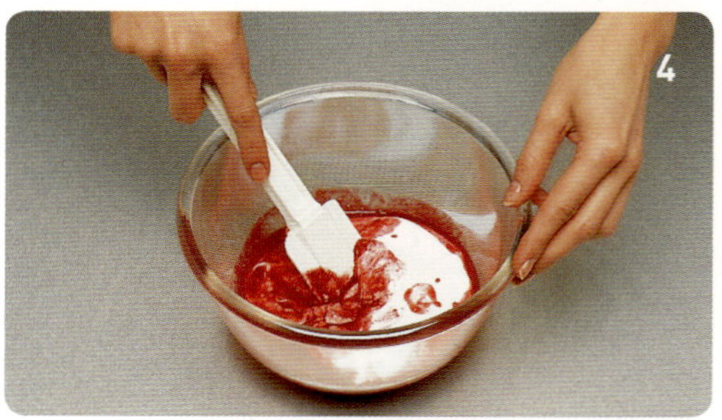

프로마주 블랑 무스 *Mousse au fromage blanc* 

무스 500g 기준
작업 시간 10분

재료
판젤라틴 6장
프로마주 블랑 350g
휘핑한 크림 150g ▶ 56쪽 참고

1 찬물이 담긴 큰 볼에 젤라틴을 넣고 불린 후 헹궈서 꼭 짠다.
2 젤라틴을 중탕냄비에 올려 약불로 녹인다.
3 녹인 젤라틴에 프로마주 블랑 1/4을 넣고 힘 있게 휘핑한 다음, 남은 프로마주 블랑을 모두 넣고 섞는다.
4 직전에 만들어 놓은 휘핑한 크림을 넣고 스패출러로 떠올리듯 살살 섞는다.

가능하면 지방 함량 40% 프로마주 블랑을 사용하는 것이 좋다.

패션프루츠 무스 *Mousse au Fruit de la Passion* 

무스 500g 기준
작업 시간 10분

재료
살구 100g · 패션프루츠 180g
판젤라틴 3장
이탈리안 머랭 140g ▶ 44쪽 참고
휘핑한 크림 180g ▶ 56쪽 참고

1 살구와 패션프루츠를 푸드 밀이나 블렌더로 갈아 퓌레로 만든다.
2 큰 볼에 찬물을 담고 젤라틴을 넣어 불린 후 헹궈서 꼭 짠다.
3 살구 퓌레에 젤라틴을 넣고 약불로 녹인다.
4 여기에 패션프루츠 퓌레를 넣고 잘 섞은 후 18℃ 정도까지 식힌다.
5 미리 만들어둔 이탈리안 머랭과 휘핑한 크림을 순서대로 넣고 잘 섞는다. 스패출러로 떠올리듯 살살 섞으며 작업한다.

망고 무스 *Mousse à la manque* 

무스 500g 기준
작업 시간 10분

재료
망고 300g · 레몬 1개
판젤라틴 3장
이탈리안 머랭 125g ▶ 44쪽 참고
휘핑한 크림 180g ▶ 56쪽 참고

1 망고는 껍질을 깎고 씨를 제거한 다음 푸드 밀이나 블렌더에 갈아 퓌레 180g을 만든다.
2 볼을 받친 상태로 퓌레를 체에 넣고 나무 숟가락으로 꾹꾹 눌러 곱게 거른다.
3 여기에 레몬즙 15ml(1tbsp)를 넣는다.
4 찬물이 담긴 큰 볼에 젤라틴을 넣고 불린 후 헹궈서 꼭 짠다. 불린 젤라틴은 중탕냄비에서 약불로 녹인다.
5 젤라틴에 퓌레 소량을 넣고 섞은 다음, 이것을 남은 퓌레에 한 번에 넣고 잘 섞는다.
6 젤라틴을 탄 퓌레를 힘 있게 휘핑한다. 약간 걸쭉한 텍스처가 되어야 하기 때문에 15℃를 넘지 않는지 틈틈이 확인한다.
7 미리 만들어 차갑게 보관한 이탈리안 머랭을 넣는다.
8 마지막에 휘핑한 크림을 넣고 스패출러로 떠올리듯 살살 섞는다.

열대 과일 코너에 가면 거의 사시사철 망고를 구입할 수 있지만, 보통 겨울과 봄에 나오는 망고가 품질이 좋다.

밤 무스 *Mousse au marron* 

무스 500g 기준

작업 시간 10분

재료

판젤라틴 1½장

실온 버터 35g

마롱(밤) 페이스트 140g

마롱(밤) 크림 135g

퓨어 몰트 위스키

15ml(1tbsp)(선택 사항)

크림 170ml

1 찬물을 담은 큰 볼에 젤라틴을 넣고 불린 후 헹궈서 꼭 짠다.

2 버터를 볼에 넣고 휘핑해 부드럽고 가벼운 텍스처로 만든다.

3 버터에 밤 페이스트와 밤 크림을 넣고 섞는다.

4 작은 냄비에 위스키를 데운 다음 젤라틴을 넣고 약불에서 녹인다. 젤라틴을 녹인 위스키를 [3]에 붓고 섞는다.

5 크림을 넣고 나무 주걱으로 떠올리듯 살살 섞는다.

Comment

밤 무스는 만든 즉시 사용하거나 커다란 쿠프coupe 잔에 담아 굳힌 후, 크렘 앙글레즈나 바삭한 가토와 함께 먹으면 잘 어울린다.

신선한 민트 무스 *Mousse à la menthe fraîche* 

무스 500g 기준

작업 시간 20분

재료

판젤라틴 2장

신선한 민트 잎 10개

물 30ml(2tbsp) · 설탕 80g

노른자 5개분

민트 시럽 10ml(작은 1tbsp)

휘핑한 크림 270g ▶ 56쪽 참고

1 찬물을 담은 큰 볼에 젤라틴을 넣고 불린 후 헹궈서 꼭 짠다.

2 신선한 민트 잎을 잘게 썬다.

3 냄비에 물과 설탕을 끓인 다음 뚜껑을 연 채로 민트 잎을 넣고 15~20분간 우린다.

4 냄비에서 민트를 꺼내 블렌더로 아주 곱게 다진다.

5 다른 냄비에 노른자와 민트 시럽을 넣고 크림처럼 부드러운 포마드 상태가 되도록 중탕에서 가열한다.

6 시럽을 탄 노른자를 볼에 옮겨 담고 완전히 식을 때까지 휘젓는다.

7 불린 젤라틴을 중탕에서 약불로 녹인 다음 [6]을 약간만 넣고 휘핑한다. 쉬지 말고 힘 있게 거품기로 저으면서 다진 민트 잎을 넣고 남은 [6]을 모두 넣는다.

8 미리 만든 휘핑한 크림을 넣고 스패출러로 떠올리듯 살살 섞는다. 민트 무스는 만든 즉시 사용한다.

코코넛 무스 *Mousse à la noix de coco* 

무스 500g 기준

작업 시간 15분

재료

판젤라틴 2장

코코넛 퓌레 190g

코코넛 밀크(통조림) 20g

이탈리안 머랭 100g ▶ 44쪽 참고

휘핑한 크림 190g ▶ 56쪽 참고

1 찬물을 담은 큰 볼에 젤라틴을 넣고 불린 뒤 헹궈서 꼭 짠다.

2 볼에 코코넛 퓌레와 밀크를 한데 섞어 놓는다. 코코넛 밀크는 이왕이면 무가당 제품을 선택한다.

3 젤라틴을 중탕에서 약불로 녹인 다음 코코넛 퓌레에 넣는다.

4 젤라틴이 액체 속에 완전히 녹도록 잘 젓는다.

5 미리 만든 이탈리안 머랭과 휘핑한 크림을 차례대로 넣으면서 스패출러로 떠올리듯 살살 섞는다.

Comment

작은 람캥ramequin에 코코넛 무스를 붓고 딸기나 라즈베리를 채우거나 패션프루츠 쿨리를 곁들여 먹으면 맛있다.

초콜릿 사바이옹 무스 *Mousse sabayon au chocolat*

무스 500g 기준
작업 시간 35분
조리 시간 5분

재료
커버추어 초콜릿 120g
노른자 3개분
설탕 40g
크림 300ml

1 초콜릿은 조각으로 잘라 작은 냄비에 넣고 40°C 중탕에서 천천히 녹인다. 다른 볼에 노른자와 설탕을 섞고 크림 50ml를 넣으면서 거품기로 젓는다.

2 중탕냄비의 온도를 물이 끓기 직전에 표면이 흔들리는 정도로 맞춘다. 노른자가 있는 볼을 중탕냄비에 올려 쉬지 말고 휘핑한다. 점점 걸쭉해지다가 마요네즈의 농도가 되면 볼을 중탕에서 뺀다. 완전히 식을 때까지 손 거품기나 핸드 믹서로 젓는다.

3 차갑게 보관한 나머지 크림을 볼에 넣고 얼음을 채운 용기에 담근다. 손으로 힘껏 저으면서 휘핑해 단단한 텍스처로 만드는데, 핸드 믹서를 사용할 경우 중속으로 돌린다.

4 휘핑한 크림을 1/4가량 덜어 녹인 초콜릿에 넣고 덩어리가 생기지 않도록 거품기로 세게 젓는다.

5 여기에 '노른자, 설탕, 크림을 익혀서 식힌 사바이옹-saboyon'을 넣고 부드럽게 젓는다. 남은 휘핑한 크림을 넣어 나무 주걱으로 살살 섞는다.

초콜릿 샹티
Chocolat Chantilly

초콜릿 무스는 보통 초콜릿을 녹여 흰자 머랭이나 휘핑한 크림을 섞어서 만드는데 초콜릿 자체가 무스가 될 수도 있다. 오렌지 주스나 커피, 민트 차 등 종류에 관계없이 수분을 함유한 액체 200ml와 초콜릿 225g을 준비한다. 냄비에 액체와 초콜릿을 넣고 약불에서 데우면 초콜릿이 유화되어 크림같이 된다. 크림은 우유 속 수분과 유지가 유화된 것인데, 초콜릿의 유지와 수분이 유화돼 크림처럼 보이는 것이다. 액체에 데운 초콜릿을 휘핑하면서 식히면 커다란 기포가 드문드문 생기다가 부피가 커지면서 갑자기 색이 밝아진다. 크림으로만 만드는 크렘 샹티처럼 초콜릿만으로 무스보다 샹티에 가까운 '초콜릿 샹티'를 만들 수 있다.

— 에르베 티스 *Hervé This*

두 가지 초콜릿 사바이옹 무스 *Mousse sabayon aux deux chocolats* 

무스 500g 기준
작업 시간 20분
조리 시간 5분

재료
판젤라틴 1장 · 물 15ml (1tbsp)
설탕 50g · 달걀 1개 · 노른자 2개분
비터 다크초콜릿 80g
세미 비터 다크초콜릿 60g
휘핑한 크림 200g ▶ 56쪽 참고

1 찬물을 담은 큰 볼에 젤라틴을 넣고 불린 후 헹궈서 꼭 짠다.
2 바닥이 두꺼운 냄비에 물과 설탕을 넣고 '그랑 불레 grand boulé'인 130℃까지 끓인다.
3 볼에 달걀과 노른자를 넣고 거품기로 저어 부드럽고 가벼운 텍스처로 만든다. 여기에 끓인 설탕과 젤라틴을 차례대로 넣으며 쉬지 않고 휘핑한다.
4 완전히 식을 때까지 계속 휘핑한다.
5 두 가지 초콜릿을 모두 볼에 담아 40℃ 중탕이나 전자레인지로 천천히 녹인다. 여기에 휘핑한 크림 1/4을 넣고 섞다가 남은 크림을 넣고 잘 젓는다. 마지막으로 (4)를 넣고 스패출러로 살살 섞어 완성한다. 무스는 만들자마자 사용한다.

Plus

레몬 향 초콜릿 무스 Mousse au chocolat et au citron
녹인 초콜릿에 곱게 다진 레몬 제스트 1개를 넣으면 레몬 향 초콜릿 무스가 완성된다.

얼그레이 무스 *Mousse au thé earl grey* 

무스 500g 기준
작업 시간 10분

재료
물 100ml · 얼그레이 찻잎 10g
판젤라틴 4장
이탈리안 머랭 175g ▶ 44쪽 참고
휘핑한 크림 220g ▶ 56쪽 참고

1 냄비에 물을 끓여서 얼그레이 찻잎을 넣은 다음 4분 동안만 우리고, 체에 거른다.
2 찬물을 담은 큰 볼에 젤라틴을 넣고 불린 후 헹궈서 꼭 짠다. 불린 젤라틴을 볼에 넣고 중탕에서 약불로 녹인 다음, 얼그레이 차에 넣고 잘 저어 완전히 녹인다.
3 스패출러로 떠올리듯 조심스럽게 저으면서 이탈리안 머랭과 휘핑한 크림을 차례대로 넣는다.

투론 데 히호나 무스 *Mousse au turrón de Jijona* 

무스 500g 기준
작업 시간 25분

재료
판젤라틴 1장
노른자 3개분
30°B 시럽 40ml
투론 데 히호나❖ 페이스트 165g
휘핑한 크림 350g ▶ 56쪽 참고

1 찬물을 담은 큰 볼에 젤라틴을 넣고 불린 뒤 헹궈서 꼭 짠다.
2 아파레유 아 봉브 appareil à bombe를 만든다 ▶ 89쪽 참고. 시럽과 노른자를 냄비에 넣고 중탕에서 휘핑한다.
3 불에서 빼내 완전히 식을 때까지 핸드 믹서로 고속에서 돌리면 미세하게 거품이 일어나 풍성하면서 가벼운 텍스처가 된다.
4 (3)을 소량 덜어 젤라틴과 섞은 다음, 다시 (3)에 넣고 섞는다.
5 휘핑한 크림을 투론 데 히호나 페이스트에 약간만 넣고 섞는다. 되직했던 페이스트가 부드러워지면 남은 크림을 모두 넣고 섞는다.
6 (4)를 (5)에 넣고, 나무 주걱으로 아래에서 위로 떠올리며 살살 섞는다.

Tip

투론 블록밖에 구할 수 없다면 페이스트의 텍스처가 나올 때까지 스패출러로 으깬다.

❖ 투론 turon은 아몬드, 달걀흰자, 설탕을 버무려 향을 낸 스페인식 누가다. 이 중에서 스페인 발렌시아의 알라칸테에 위치한 히호나 Jijona에서 생산되는 것을 '투론 데 히호나 turrón de Jijona'라고 하는데, 기본 재료로 껍질 벗긴 아몬드와 꿀, 설탕, 호두, 헤이즐넛, 잣이 들어가고 레시피에 따라 코리앤더나 계피를 넣기도 한다.

설탕과 초콜릿
SUCRE and CHOCOLAT

설탕은 디저트, 가토, 앙트르메, 잼, 콩피즈리를 만들 때 꼭 필요한 재료다. 뿐만 아니라 글라사주와 나파주 그리고 장식에도 설탕이 들어간다. 초콜릿은 제과와 콩피즈리에서 풍미를 살리기 위해 넣는 대표적 재료다.

◈ 설탕 SUCRE ◈

설탕은 물의 온도가 높을수록 잘 용해되는 특징이 있다. 물 1ℓ가 19℃일 때 설탕 2kg이 녹지만 100℃에서는 5kg 가까이 녹는다. 물을 붓지 않고 설탕만 가열한다면 160℃ 정도에서 녹기 시작해 170℃에서 캐러멜로 변하고 190℃에서는 타버린다.

설탕은 서서히 온도를 높이면서 가열하는 것이 좋은데, 이왕이면 바닥이 두껍고 도금을 하지 않은 동 냄비나 스테인리스 냄비를 사용하는 것이 좋다. 설탕 가열용 냄비는 세제나 연마제를 사용하지 않고, 이물질이 없게 깨끗이 세척해야 한다.

설탕은 반드시 정제 설탕을 사용해야 덩어리로 뭉치는 결정 현상을 줄일 수 있고, 가루 설탕뿐만 아니라 각설탕도 사용할 수 있다. 설탕은 끓이기 전에 살짝 물을 적셔야 하는데 설탕 1kg당 물 300g 정도가 적당하다.

설탕을 끓일 때는 우선 약불에서 설탕을 녹인 다음 온도를 높여야 한다. 설탕의 가열 단계는 다양할 뿐만 아니라 각각의 쓰임이 다르고 미세한 차이로 다음 단계로 넘어가기 때문에 실패하지 않으려면 잘 지켜봐야 한다.

설탕의 온도는 당도계나 설탕 공예용 온도계로 측정할 수도 있지만, 온도에 따라 설탕의 물리적 특성이 달라지기 때문에 수작업으로도 얼마든지 확인할 수 있다 ▶73쪽 참고.

퀴송 뒤 쉬크르(설탕의 가열 단계) *Les étapes de la cuisson du sucre*

나프 nappé 100℃

시럽이 이제 막 끓기 시작해 맑고 투명한 빛깔이다. 국자를 담그면 표면이 매끄럽게 시럽으로 덮인다.

용도 바바, 시럽에 재운 과일, 사바랭

프티 필레 petit filé 103~105℃

이 단계에서 시럽은 훨씬 걸쭉해진다. 숟가락으로 시럽을 뜨고 손가락은 찬물에 담갔다 뺀다. 엄지와 검지로 숟가락 안에 든 시럽을 집었다 떼면 2~3mm의 가느다란 실이 생겼다가 금방 끊어진다.

용도 과일 콩피, 아몬드 페이스트

그랑 필레 grand filé **또는 그랑 리세** grand lissé 106~110℃

엄지와 검지로 시럽을 집었다 떼면 여전히 실처럼 늘어나는데, 이전보다 탄성이 생기고 5mm 정도로 굵어진다.

용도 별도의 명시 없이 레시피에 '설탕 시럽'이라고만 되어 있는 경우 또는 글라사주

프티 페를레 petit perlé 110~112℃

시럽 표면이 둥그런 기포로 덮이고 엄지와 검지손가락으로 집었을 때 넓고 단단한 줄이 생긴다.

용도 퐁당, 투론 touron

그랑 페를레 grand perlé **또는 그랑 수플레** grand soufflé 113~115℃

엄지와 검지를 떼면 실이 2cm까지 늘어난다. 돌돌 말리면서 끊어지면 1℃ 더 높은 것인데 이를 돼지 꼬리라는 뜻의 '퀴 드 코숑 queue de cochon'이라고 부른다. 국자를 담가 입으로 불면 반대쪽에서 기포가 생긴다.

용도 프뤼 데기제, 글라사주, 마롱 글라세 ▶464쪽 참고, 잼용 시럽

프티 불레 petit boulé 116~125℃

찬물에 시럽을 한 방울 떨어뜨리면 말랑한 덩어리가 되며 국자로 시럽을 뜨면 기포가 금세 없어진다.

용도 버터 크렘, 소프트 캐러멜, 잼, 젤리, 이탈리안 머랭, 누가

그랑 불레 grand boulé 126~135℃

찬물에 시럽을 떨어뜨리면 조금 단단한 덩어리로 굳는다. 국자로 시럽을 뜨면 눈송이처럼 하얗고 작은 거품들이 보이다가 사라진다.

용도 캐러멜, 잼, 설탕 데코, 이탈리안 머랭

프티 카세 petit cassé 136~140℃

찬물에 시럽을 떨어뜨리자마자 단단하게 굳고 씹으면 이에 끈적하게 달라붙는다. 이 단계의 설탕은 사용하지 않는다.

그랑 카세 grand cassé 146~155℃

찬물에 시럽을 떨어뜨리면 딱딱하게 부러지는 텍스처가 되고 더 이상 끈적이지도 않는다. 냄비 안에서는 엷은 노란색을 띤다.

용도 솜사탕, 쉬크르 퀴 sucre cuit로 만든 봉봉, 쉬크르 필레 sucre filé 장식, 설탕 공예용 꽃, 쉬크르 수플레 sucre soufflé

캐러멜 클레르 caramel clair 156~165℃

시럽에 있던 수분이 대부분 증발한 상태로 밝은 노란색이었다가 금빛으로 바뀌고, 갈색으로 변해 캐러멜이 된다.

용도 앙트르메와 푸딩에 캐러멜 향 내기, 봉봉, 누가틴, 슈뷔 당주, 캐러멜 크림, 글라사주, 틀에 캐러멜 입히기

캐러멜 브랑 caramel brun **또는 캐러멜 퐁세** caramel foncé 166~175℃

갈색으로 완전히 변해 감미료로서의 기능을 상실한 상태다. 단맛을 내기에는 이보다 색이 옅은 캐러멜을 사용하는 것이 좋다.

용도 설탕 가열의 마지막 단계로 타기 직전의 상태다. 이렇게 진한 캐러멜은 주로 소스나 부용✿의 색깔을 낼 때 사용한다.

✿ 고기나 야채를 물에 넣고 끓인 육수로 소스나 포타주 potage를 만들 때 물 대신 넣는다.

시럽이 덩어리로 뭉치기도 하는데 무엇 때문일까?

시럽을 약불에서 가열하면 수분은 서서히 증발한다. 수분이 거의 날아간 상태에서 시럽에 설탕을 조금만 떨어뜨리면 결정이 생기면서 금세 덩어리로 뭉친다. 캐러멜을 만들 때 시럽을 이리저리 휘저으면 안 되는 이유가 여기에 있다. 시럽이 냄비 벽에 튀면 수분이 빠르게 증발하면서 결정으로 굳고, 이 결정이 깨끗한 시럽 속에 떨어지면 '뭉침 현상'이 발생하기 때문이다. 이를 방지하기 위해 젖은 붓으로 냄비 안쪽 벽을 꼼꼼히 닦아야 한다.

– 에르베 티스 *Hervé This*

파스티아주 *Pastillage*

파스티아주 500g 기준
작업 시간 20분

재료
판젤라틴 2장
양조 식초 100ml
분당 400g

파스티아주 장식은 조각 같은 효과를 내는데, 파스티아주 위에 그림을 그리는 제과사들도 있다.
먼저 젤라틴을 찬물이 담긴 볼에 넣고 불린 다음 헹궈서 꼭 짠다. 불린 젤라틴을 볼에 넣고 중탕이나 전자레인지로 녹인 다음, 식초를 탄다.

1 녹인 젤라틴과 설탕을 볼에 넣고 섞는데, 반죽이 굉장히 되기 때문에 거품기나 손으로 작업한다. 덧밀가루를 뿌린 작업대에 반죽을 놓고, 손바닥으로 밀면서 으깨면 반죽의 결이 고르게 된다.
2 파스티아주 반죽은 빨리 말라버리기 때문에 한 번에 다 밀지 말고 조금씩 떼어 밀대로 민다.
3 반죽 위에 모양틀을 대고 칼끝으로 자른다.
4 이렇게 자른 모티프를 원형이나 반구형, 별 모양, 낙엽 모양 등의 작은 틀에 넣으면 굴곡을 만들 수 있다.

Tip

색소는 반죽 마무리 단계에서 파스티아주가 되직해지면 넣는다.

초콜릿의 녹는점은 30℃인데 불에 직접 데우면 금세 타버리기 때문에 반드시 중탕이나 600W 이하의 전자레인지로 녹여야 한다.

데코용 초콜릿은 반짝반짝 광택이 나면서 부드럽고 안정적이어야 하는데, '탕페라주tempérage' 또는 '템퍼링tempering'이라는 작업을 거쳐야만 이러한 속성이 갖춰진다. 탕페라주는 초콜릿을 녹여 일정 온도로 식힌 다음 사용 온도로 데우는 것을 말하는데, 작업 방법은 다음과 같다.

밀크초콜릿은 45~50℃, 다크초콜릿은 50~55℃로 녹인 다음, 얼음을 채운 볼에 넣고 잘 저어 28℃로 식힌다. 식힌 초콜릿은 살짝 데워서 사용하는데, 밀크초콜릿의 사용 온도는 29~30℃, 다크초콜릿은 30~31℃이다.

탕페라주를 했다 하더라도 초콜릿의 특성상 액체와 잘 섞이지 않기 때문에, 액체가 들어가면 딱딱한 덩어리가 생긴다. 이런 이유로 초콜릿에 향을 내고 싶으면 우선 가나슈를 만들어야 한다 ▶84쪽 참고.

초콜릿 데코 *Décors en chocolat*

대리석판이나 스테인리스판을 냉동실에 1시간 동안 넣었다가 꺼낸다. 그 위에 탕페라주를 한 초콜릿을 바르고 원하는 모양으로 만든다.

초콜릿 나무 Bois en chocolat

초콜릿을 넓게 펼친 다음, 플라스틱 '부아제트boisette❖' 로 밀어 나무 효과를 낸다.

초콜릿 시가레트 Cigarettes en chocolat

초콜릿을 넓게 펼친 다음, 스크레이퍼로 밀면 초콜릿이 동그랗게 말려 시가레트 모양이 된다.

초콜릿 콘 Cônes en chocolat

종이로 삼각뿔을 만들어 초콜릿을 부은 다음 대리석에 뒤집어서 놓는다. 이대로 식혀서 종이를 뗀다.

초콜릿 코포 Copeaux en chocolat

초콜릿을 넓게 펼친 다음, 비스듬하게 직선을 그려 마름모꼴을 만든다. 칼, 스크레이퍼 등을 이용해 밖에서 안으로 밀면 코포 모양이 된다.

초콜릿 부채 Éventails en chocolat

코포와 같은 방법으로 밀되, 손가락으로 칼날 한쪽을 누르면서 밀면 부채 모양으로 말린다.

초콜릿 롤 Rouleaux en chocolat

초콜릿을 넓게 펼친 다음 살짝 굳힌다. 완전히 굳지 않고 아직 부드러울 때 홈이 난 스크레이퍼로 긁으면 롤 모양으로 말린다.

❖ 부아제트boissette는 초콜릿 데코용 빗의 일종으로, 표면에 나뭇결 모양의 홈이 있다.

초콜릿 마르브레 *Chocolat marbré*

초콜릿 250g 기준
작업 시간 5분

재료
화이트초콜릿
또는 밀크초콜릿 125g
세미 비터 다크초콜릿 125g

1 두 가지 초콜릿 모두 탕페라주한다.
2 하나를 먼저 차가운 작업대에 붓고 펼친 다음 그 위에 다른 초콜릿을 바른다. 숟가락이나 포크로 살짝 버무려 마블링 효과를 낸다.

Comment

초콜릿 마르브레는 장식뿐만 아니라 디저트 플레이팅에도 자주 사용된다.

초콜릿 분사 *Chocolat pulvérisé*

초콜릿 250g 기준
작업 시간 5분

재료
초콜릿 175g
카카오 버터 75g

1 가토를 냉동실에서 차갑게 보관했다가 분사하기 직전에 꺼낸다.
2 초콜릿과 카카오 버터를 40℃로 녹인다.
3 녹인 초콜릿과 카카오 버터를 따뜻한 곳에 보관했던 스프레이건에 넣는다.
4 원하는 모양의 종이 모티프를 가토 위에 대고 스프레이건으로 분사한다.
5 모티프를 떼면 무늬가 새겨진 벨벳 텍스처의 초콜릿 가토가 완성된다.

초콜릿 글라사주 *Glaçage au chocolat*

글라사주 250g 기준
작업 시간 15분

재료
세미 비터 다크초콜릿 80g
크림 80ml
말랑한 버터 15g
초콜릿 소스 80g ▶ 112쪽 참고

1 초콜릿은 다지거나 곱게 강판에 갈아 볼에 담는다. 크림은 냄비에 넣고 가열해 끓어오르면 불을 끈다. 여기에 초콜릿을 조금씩 넣으며 섞는다.
2 가운데에서 바깥으로 작은 원을 그리면서 나무 주걱으로 살살 젓는다.
3 온도가 60℃ 이하로 내려가면 버터를 작게 조각내서 넣고, 미리 만들어놓은 초콜릿 소스를 부어 부드럽게 젓는다.

Tip

글라사주는 온도가 35~40℃일 때 듬뿍 뿌려도 매끄럽게 잘 흘러내리는 텍스처가 된다. 반면 광택만 유지한 채 금세 굳어버리는 특성도 있다.

가나슈
GANACHES

초콜릿과 크림, 버터로 만드는 가나슈는 가토 안에 필링으로 넣거나 가토를 코팅하는 재료로 쓰인다. 만들자마자 바로 사용해야 하며 알코올이나 리큐어, 커피, 계피 등을 넣어 향을 낼 수 있다.

초콜릿 가나슈 *Ganache au chocolat* 

가나슈 500g 기준
작업 시간 10분

재료
세미 비터 다크초콜릿 300g
크림 250ml
커피 가루 10g

1 나무 도마를 대고 초콜릿을 칼로 다지거나 곱게 강판에 갈아 볼에 넣는다.

2 냄비에 크림 200ml를 넣고 끓이는데, 남은 크림 50ml는 끓이지 않고 따로 보관해둔다.

3 냄비 불을 끈 다음, 커피 가루를 부어 30분 동안 우린 후 체에 거른다. 체에 거르고 나면 크림은 160ml 정도로 줄어든다. 여기에 남겨둔 크림 50ml를 부어, 원래 무게인 200ml가 되게 한 다음, 다시 크림을 데운다.

4 초콜릿을 조금씩 넣으면서, 볼 가운데에서 바깥으로 작은 원을 그리듯 스패츌러로 살살 젓는다.

Tip

가나슈 안에 공기가 너무 많이 주입되면 보관성이 떨어지기 때문에 절대 세게 휘핑하면 안 된다.

Comment

기본 가나슈 레시피는 굉장히 간단하다. 초콜릿 250g을 약불에서 녹인 다음, 버터 70g을 넣고 젓는다. 마지막에 생크림 250ml를 넣어 완성한다.

캐러멜 가나슈 *Ganache au caramel* 

가나슈 500g 기준
작업 시간 20분

재료
세미 비터 다크초콜릿 115g
밀크초콜릿 85g · 그래뉴당 85g
가염버터 15g · 크림 100ml

1 두 종류의 초콜릿을 다지거나 곱게 갈아 볼에 넣는다.
2 바닥이 두꺼운 냄비에 물 없이 그래뉴당만 소량씩 넣으며 가열한다. 캐러멜에 거품이 일면 불을 끄고 바로 버터를 넣어, 여열로 인해 계속 가열되지 않게 한다. 여기에 크림을 넣고 섞는다.

3 (2)를 다시 끓여서 1/2 정도를 초콜릿에 붓는다. 가운데에 작은 원을 그리듯 스패출러로 살살 저은 다음, 남은 캐러멜 크림을 2번에 걸쳐 나눠 넣고 같은 방법으로 젓는다.

화이트초콜릿 가나슈 *Ganache au chocolat blanc*

가나슈 500g 기준
작업 시간 15분

재료
화이트초콜릿 300g
크림 150ml · 식물성 유지
또는 카카오 버터 50g

1 화이트초콜릿을 다지거나 곱게 갈아 볼에 넣는다.
2 냄비에 크림을 넣고 끓인다.
3 냄비 불을 끈다. 크림에 초콜릿을 조금씩 넣어가며, 볼 가운데에서 바깥으로 작은 원을 그리듯 스패출러로 젓는다.

4 온도가 60°C 이하로 떨어지면, 식물성 유지나 카카오 버터를 넣고 같은 방법으로 젓는다.

밀크초콜릿 가나슈 *Ganache au chocolat au lait*

가나슈 500g 기준
작업 시간 20분

재료
밀크초콜릿 300g · 크림 150ml
글루코오스 10g · 실온 버터 50g

1 밀크초콜릿을 다지거나 곱게 갈아 볼에 넣는다.
2 냄비에 크림을 넣고 끓인 다음, 글루코오스를 넣는다.
3 끓는 크림 1/2을 초콜릿에 붓고, 볼 가운데에서 바깥으로 작은 원을 그리면서 살살 젓는다.

4 남은 크림을 두 번에 나눠 붓고 같은 방법으로 젓는다.
5 약간 식어 온도가 60°C 이하로 떨어지면, 작게 조각낸 버터를 넣고 스패출러로 부드럽게 젓는다.

레몬 가나슈 *Ganache au citron*

가나슈 500g 기준
작업 시간 20분

재료
세미 비터 다크초콜릿 80g
비터 다크초콜릿 190g
레몬 제스트 1/5개분
크림 200ml · 말랑한 버터 50g

1 두 종류의 초콜릿을 다지거나 곱게 갈아 볼에 넣고, 여기에 곱게 다진 레몬 제스트를 넣어 섞는다.
2 냄비에 크림을 넣고 끓인다.
3 끓는 크림 1/2을 초콜릿에 붓고, 볼 가운데에서 바깥으로 작은 원을 그리며 스패출러로 젓는다. 남은 크림을 2번에 걸쳐 나눠 넣으며 스패출러로 계속 젓는다.

4 버터는 작게 조각낸다.
5 온도가 60°C 이하로 떨어지면, 버터 조각을 넣고 부드럽게 젓는다.

Tip

가나슈에 분리 현상이 일어났을 때 복구할 수 있는 방법이 있다. 우선 크림 100ml를 35°C가 넘지 않게 데워 분리된 가나슈 100g에 넣고 섞는다. 이것을 다시 가나슈에 넣고 잘 저으면 부드럽게 섞인다.

라즈베리 가나슈 *Ganache à la Framboise* 

가나슈 500g 기준
작업 시간 20분

재료
세미 비터 다크초콜릿 240g
크림 100ml
라즈베리 퓌레 100g
설탕 20g
라즈베리 리큐어 또는
크렘 드 프랑부아즈❖ 10ml
말랑한 버터 30g

초콜릿은 다지거나 곱게 갈아 볼에 넣는다. 크림과 미리 만들어둔 라즈베리 퓌레를 서로 다른 냄비에 넣고 끓인다.

1 끓는 크림 1/2을 초콜릿에 붓고, 볼 가운데에서 바깥으로 작은 원을 그리듯 스패츌러로 젓는다.
2 남은 크림 1/2과 라즈베리 퓌레, 설탕, 리큐어를 순서대로 넣으며, 같은 방법으로 젓는다.

3 버터는 아주 작게 조각낸다. [2]의 온도가 60℃ 이하로 떨어지면, 버터 조각을 넣고 거품기로 젓는다.

❖ 크렘 드 프랑부아즈crème de framboise는 라즈베리로 만든 브랜디다. '프랑부아즈'는 프랑스어로 '라즈베리'를 뜻하며, 크렘은 유제품 중 하나인 크림을 의미하기도 하지만 '과일로 만든 리큐어'라는 중의적 의미도 있다.

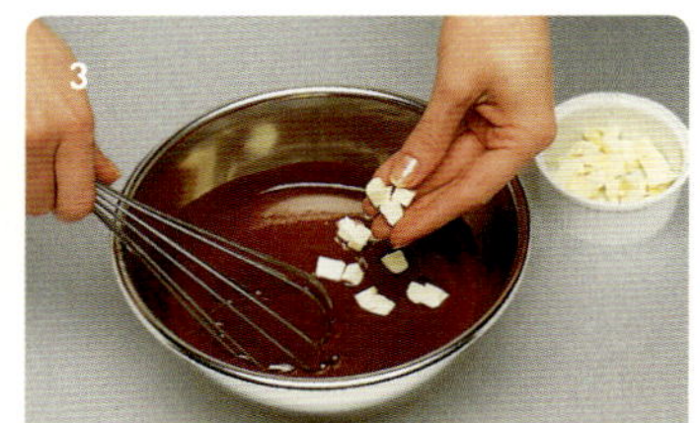

패션프루츠 가나슈 *Ganache au fruit de la Passion* 

가나슈 500g 기준
작업 시간 20분

재료
밀크초콜릿 320g
패션프루츠 퓌레
(과실 5~6개 분량) 125g
글루코오스 15g
말랑한 버터 50g

1 초콜릿은 다지거나 강판에 곱게 갈아 볼에 넣는다.
2 냄비에 패션프루츠 퓌레를 넣고 끓인 후, 글루코오스를 넣고 녹인다.
3 끓는 퓌레를 초콜릿에 조금씩 나누어 붓고, 가운데에서 바깥으로 작은 원을 그리며 스패츌러로 젓는다.
4 버터는 작게 조각낸다.
5 온도가 60℃ 이하로 떨어지면, 버터 조각을 넣고 스패츌러로 아주 살살 젓는다.

Comment

패션프루츠를 넣은 냄비에 생강 2g을 갈아 넣고 향을 우리면 색다른 풍미를 낼 수 있다.

라벤더 가나슈 *Ganache à la lavande* 

가나슈 500g 기준
작업 시간 20분

재료
다크초콜릿 300g · 크림 250ml
말린 라벤더 1tsp · 설탕 30g
말랑한 버터 125g

1 초콜릿을 다지거나 강판에 곱게 갈아 볼에 넣는다.
2 크림을 냄비에 넣고 끓인 다음, 라벤더와 설탕을 넣고 15~20분간 향을 우린다. 체에 걸러 라벤더를 제거한다.
3 크림을 다시 가열한다. 끓는 크림 1/2을 초콜릿에 붓고, 공기가 들어가지 않도록 스패츌러로 살살 젓는다.
4 남은 크림을 모두 붓고 살살 젓는다.
5 온도가 60℃ 이하로 떨어지면, 작게 조각낸 버터를 넣고 스패츌러로 살살 젓는다.

마스카주용 가나슈 *Ganache pour masquage* 

가나슈 500g 기준
작업 시간 15분

재료
판 초콜릿 250g
체친 카카오 가루 15g
크림 250ml

1 초콜릿을 다지거나 강판에 곱게 갈아, 카카오 가루와 함께 볼에 넣는다.
2 크림을 냄비에 넣고 끓인다.
3 크림을 초콜릿에 조금씩 넣으며 핸드 믹서를 저속에 놓고 휘핑한다.
4 체에 걸러 초콜릿 덩어리를 제거한다.

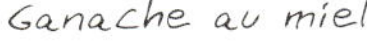

마스카주masquage는 크림 같은 재료로 가토의 겉면을 완전히 덮는 작업을 말하는데. 레시피대로 가나슈를 만들면 코팅용으로 알맞은 텍스처가 나온다.

꿀 가나슈 *Ganache au miel* 

가나슈 400g 기준
작업 시간 20분

재료
세미 비터 다크초콜릿 100g
밀크초콜릿 100g · 크림 110g
꿀 75g · 말랑한 버터 20g

1 두 종류의 초콜릿을 다지거나 강판으로 곱게 갈아 볼에 넣는다.
2 크림을 냄비에 넣고 끓인 다음 꿀을 탄다.
3 끓는 크림 1/2을 초콜릿에 부어, 가운데에서 바깥으로 작은 원을 그리면서 스패츌러로 젓는다.
4 남은 크림을 넣으면서 같은 방법으로 젓는다.
5 온도가 60℃ 아래로 떨어지면, 버터를 작은 조각으로 잘라 넣고 살살 젓는다.

피스타치오 가나슈 *Ganache à la pistache* 

가나슈 500g 기준
작업 시간 20분

재료
화이트초콜릿 400g · 크림 200ml
피스타치오 페이스트 180g

1 화이트초콜릿을 다지거나 강판에 곱게 갈아 볼에 넣는다.
2 크림과 피스타치오 페이스트를 냄비에 넣고 끓인다.
3 끓는 크림 1/2을 초콜릿에 붓고, 볼 가운데에서 바깥으로 작은 원을 그리며 스패츌러로 살살 젓는다.
4 남은 크림을 모두 붓고 같은 방법으로 젓는다.

차 가나슈 *Ganache au thé*

가나슈 500g 기준
작업 시간 20분

재료
너무 쓰지 않은 다크초콜릿 200g
밀크초콜릿 80g · 중국차 5g
크림A 250ml · 크림B 150ml
말랑한 버터 30g

1 다크와 밀크초콜릿은 다지거나 강판에 곱게 갈아 볼에 넣는다.
2 크림A 중 200ml를 끓여 차를 넣고 4분간 우린 다음 체에 거른다. 체에 거르고 나면 크림은 160ml 정도밖에 남지 않는다. 원래 무게가 되도록 남은 크림A(50ml)를 넣은 다음, 다시 데운다.
3 크림B를 끓인 후 (2)를 넣는다.
4 끓는 크림 1/2을 초콜릿에 붓고, 가운데에서 바깥으로 원을 그리며 스패출러로 살살 젓는다.
5 남은 크림을 2번에 걸쳐 나눠 넣으며 같은 방법으로 젓는다.
6 가나슈의 온도가 60℃ 이하로 떨어지면, 버터를 작게 조각내 가나슈에 넣고 살살 돌리며 젓는다.

세 가지 향신료 가나슈 *Ganache aux trois épices*

가나슈 500g 기준
작업 시간 20분

재료
다크초콜릿 150g
밀크초콜릿 150g
크림 250ml · 설탕 30g
계피 스틱 1개
검은 통후추 4~5알
올스파이스 3~4알 ▶ 95쪽 참고
말랑한 버터 125g

1 다크와 밀크초콜릿은 다지거나 강판에 곱게 갈아 볼에 넣는다.
2 계피 스틱은 잘게 찢어놓고, 후추와 올스파이스는 으깬다. 냄비에 크림을 넣고 끓인 다음 설탕, 계피, 후추, 올스파이스를 넣고 15~20분간 우려서 체에 거른다.
3 향신료를 넣은 크림을 다시 데운다. 끓는 크림 1/2을 초콜릿에 붓고, 공기가 들어가지 않게 스패출러로 살살 섞는다.
4 남은 크림을 넣고 조심스럽게 젓는다.
5 가나슈의 온도가 60℃ 이하로 떨어지면, 버터를 작게 조각내 가나슈에 넣고 살살 돌리며 젓는다.

위스키 가나슈 *Ganache au whisky*

가나슈 500g 기준
작업 시간 15분

재료
다크초콜릿 250g
밀크초콜릿 65g
크림 80ml
위스키 100ml

1 다크와 밀크초콜릿은 다지거나 강판에 곱게 갈아 볼에 넣는다.
2 냄비에 크림을 넣고 끓인다.
3 냄비 불을 끄고 크림에 초콜릿과 위스키를 조금씩 붓는다. 가운데에서 바깥으로 작은 원을 그리며 스패출러로 젓는다.

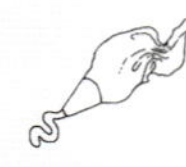

아이스크림과 셔벗, 그라니테

GLACES, SORBETS and GRANITÉS

아이스크림과 셔벗, 그라니테는 기본 재료를 저온살균한 다음, 과일을 넣어 맛을 내거나 술이나 리큐어를 넣어 향을 내서 만든다. 아이스크림의 기본 재료는 크림과 우유인데 레시피에 따라 달걀을 넣기도 한다. 반면 셔벗은 설탕 시럽으로 만들고, 그라니테는 달지 않은 과일 시럽이나 향을 낸 시럽이 주요 재료로 사용된다.

아파레유 아 봉브 *Appareil à bombe*

반죽 1kg 기준
작업 시간 10분
조리 시간 5분

재료
노른자 10개분
비중 1.406시럽❖ 시럽 300ml
휘핑한 크림 500ml ▶ 56쪽 참고

❖ 물 150ml에 설탕 160g을 넣고 끓이면 비중 1.406의 시럽이 완성된다. 프랑스에서는 흔히 액체의 비중을 나타내는 단위인 보메도로 설탕 시럽의 비중을 표시한다.

1 노른자와 시럽을 볼에 넣은 후 중탕냄비에서 휘핑한다.

2 냄비에서 꺼내 완전히 식을 때까지 휘핑하면 미세한 기포가 생겨 살짝 걸쭉해진다. 여기에 휘핑한 크림을 넣고 섞는다.

Comment

기본 레시피에 럼이나 키르슈, 버베나, 젠션, 딸기, 초콜릿, 피스타치오, 바닐라를 넣어 맛을 가미할 수도 있다. 아파레유 아 봉브는 알루미늄 용기에 넣어 냉동실에 보관해도 된다.

아이스크림 틀 슈미제 *Chemiser un moule de glace*

1 오목한 볼을 냉동실에 1시간 동안 넣어둔다. 움푹 파인 바닥에 아이스크림을 채운 다음 스패출러로 가운데를 눌러 기포를 제거한다. 아이스크림을 밑에서 위로 끌어 올리면서 옆면을 채운다.

2 두께가 일정해지도록 옆면을 정리한 후, 틀 밖으로 나온 아이스크림을 깔끔하게 제거한다.

Tip

'슈미제chemiser'란 틀 바닥과 옆면에 층이 생기도록 재료를 바르는 작업을 의미한다. 슈미제를 하기 전에 틀 바닥에 유산지를 깔면 아이스크림이 쉽게 떨어져 나온다.

◆ 아이스크림 GLACES ◆

아몬드 아이스크림 *Glace aux amandes*

아이스크림 1ℓ 기준
작업 시간 20분

재료
스위트 아몬드 70g
신선한 전유 500ml
노른자 4개분
설탕 150g
바닐라 깍지 1개

1 아몬드는 170°C 오븐에 15~20분 동안 넣고 살짝 굽는다.

2 구운 아몬드는 식혀서 곱게 다진다.

3 우유를 가열해 끓어오르면 불을 끄고 아몬드를 넣는다.

4 냄비에 노른자와 설탕을 넣어 살짝 휘핑한 다음, 여기에 (3)을 붓고 잘 섞는다.

5 냄비를 불에 올려, 텍스처가 고르게 될 때까지 가열한다.

6 바닐라 깍지는 반을 갈라 씨를 긁어낸다. (5)를 체에 거른 후, 바닐라 깍지와 씨를 넣고 30분간 우린다.

7 냉동한다.

아르마냑 아이스크림 *Glace à l'armagnac* 

아이스크림 1ℓ 기준
작업 시간 20분

재료
우유 150ml · 크림 500ml
노른자 7개분 · 설탕 125g
아르마냑 30g

1 냄비에 우유와 크림을 넣고 끓인다.
2 다른 냄비에 노른자와 설탕을 넣고 힘껏 거품기로 젓는다.
3 (1)을 (2)에 넣은 후, 크렘 앙글레즈처럼 익힌다 ▶ 46쪽 참고. 액체가 끓어오르지 않게 잘 살피고, 쉬지 않고 저으면서 83℃까지 익힌다.
4 얼음을 채운 볼에 넣어 완전히 식힌다.
5 마지막에 아르마냑을 넣고 냉동한다.

커피 아이스크림 *Glace au café* 

아이스크림 1ℓ 기준
작업 시간 15분

재료
신선한 전유 500ml
인스턴트커피 3tbsp
노른자 6개분 · 설탕 200g
크렘 샹티 200ml ▶ 53쪽 참고

1 냄비에 우유를 넣고 끓인 후, 커피를 넣고 체에 거른다.
2 다른 냄비에 노른자와 설탕을 넣고 살짝 휘핑한 다음, 끓는 커피 우유를 붓고 크렘 앙글레즈를 익히듯이 83℃까지 가열한다 ▶ 46쪽 참고. 끓어오르지 않도록 살피며 작업한다.
3 얼음이 담긴 볼에 넣고 완전히 식힌 후, 크렘 샹티를 넣고 살살 떠올리며 섞는다.
4 냉동한다.

리큐어에 재운 커피 빈을 올려 장식하면 좋다.

캐러멜 아이스크림 *Glace au caramel* 

아이스크림 1ℓ 기준
작업 시간 25분

재료
신선한 전유 500ml
아주 차가운 크림 150ml
노른자 5개분
설탕 260g

1 냄비에 우유와 크림 50ml를 넣고 끓인다.
2 볼에 남은 크림을 넣고 휘핑한다.
3 다른 냄비에 노른자와 설탕 85g을 넣고 살짝 휘핑한다.
4 또 다른 냄비에 물은 넣지 않고 남은 설탕만 조금씩 부으면서 가열해, 갈색 캐러멜을 만든다.
5 캐러멜이 갈색을 띠자마자 (2)의 휘핑한 크림을 넣으면서 젓는다. 이렇게 하면 여열로 인해 캐러멜의 온도가 계속 올라가는 것을 막을 수 있다. 크림과 캐러멜이 섞이면, (1)의 끓인 우유에 넣고 젓는다.
6 액체가 따뜻한 상태에서 (3)의 노른자에 넣고, 크렘 앙글레즈를 익히듯이 83℃까지 가열하는데, 절대 끓이지는 않는다 ▶ 46쪽 참고.
7 숟가락 등으로 떠서 손가락으로 훑었을 때, 바로 흘러내리지 않고 자국이 남는 텍스처가 되면 불을 끈다. 얼음을 채운 볼에 넣고 완전히 식힌다.
8 냉동한다.

Tip

크림을 휘핑해서 끓인 설탕에 부으면 갑자기 설탕 용액이 튀어 오르는 것을 막을 수 있다.

Plus

계피 향 캐러멜 아이스크림 Glace à la cannelle caramélisée
캐러멜을 만드는 도중에 계피 스틱 3개를 넣는다. 계피 스틱이 들어간 캐러멜을 휘핑한 크림과 섞은 후, 끓는 우유에 넣는다. 1시간 정도 우린 다음 계피 스틱을 제거하면, 계피 향 캐러멜 아이스크림이 완성된다.

초콜릿 아이스크림 *Glace au chocolat* 

아이스크림 1ℓ 기준

작업 시간 20분

재료

세미 비터 다크초콜릿 140g
물 100ml
신선한 전유 500ml
노른자 3개분
설탕 110g

1 도마에 초콜릿을 놓고 다지거나 강판에 곱게 간다.
2 냄비에 물 100ml와 초콜릿을 넣은 후, 뚜껑을 덮고 중탕에서 약불로 녹인다.
3 다른 냄비에 노른자와 설탕을 넣고 거품기로 세게 저어, 떠올렸을 때 리본처럼 접히면서 떨어지는 텍스처로 만든다.
4 우유를 끓인 다음 초콜릿에 부으면서 나무 주걱으로 젓는다.
5 초콜릿을 녹인 우유를 [3]에 넣은 다음, 끓어오르지 않게 잘 살피면서 크렘 앙글레즈처럼 83℃까지 익힌다 ▶ 46쪽 참고. 다 익혔으면 얼음을 채운 볼에 넣고 완전히 식힌다.
6 냉동한다.

딸기 아이스크림 *Glace à la Fraise* 

아이스크림 1ℓ 기준

작업 시간 10분
냉장 시간 1시간

재료

딸기 500g · 설탕 100g
바닐라 아이스크림
500g ▶ 97쪽 참고

1 볼에 딸기와 설탕을 담고 중탕에서 20분가량 익혀 퓌레로 만든다.
2 딸기 퓌레를 고운 체에 거르고 즙은 따로 보관한다.
3 딸기 퓌레는 식혀서 볼에 넣고 랩을 씌운 다음, 1시간 동안 냉장고에 넣어둔다.
4 딸기 퓌레 300g과 즙을 바닐라 아이스크림에 넣고 섞는다.
5 냉동한 다음, 먹기 전에 남은 퓌레를 넣고 섞는다.

라즈베리 아이스크림 *Glace à la Framboise* 

아이스크림 1ℓ 기준

작업 시간 10분
냉장 시간 6시간

재료

라즈베리 400g
라즈베리 브랜디 1tbsp
레몬즙 20ml
설탕 150g

1 라즈베리 중 몇 개를 데코용으로 남겨둔다.
2 남은 라즈베리를 블렌더에 갈아 퓌레를 만든 다음, 플라스틱 체에 걸러 씨를 제거한다.
3 [2]에서 나온 즙과 라즈베리 브랜디, 레몬즙을 함께 섞는다.
4 아이스크림 틀에 [3]을 넣고 세게 저어 거품을 만든 다음, 설탕을 조금씩 넣으며 계속 휘핑한다.
5 냉동실에서 2시간 동안 얼린다.
6 냉동실에서 꺼내 휘핑한 다음, 다시 냉동실에 넣고 1시간 동안 얼린다.
7 [6]을 한 번 더 반복한 후, 냉동실에서 완전히 얼린다.

프로마주 블랑 아이스크림 *Glace au fromage blanc* 

아이스크림 1ℓ 기준
작업 시간 10분

재료
물 400ml · 설탕 240g
레몬 제스트 1개분
프로마주 블랑 350g
레몬즙 20ml

1 냄비에 물, 설탕, 레몬 제스트를 넣고 끓인 다음, 식힌다.
2 프로마주 블랑과 레몬즙을 조금씩 넣으며 계속 저어 균일한 텍스처로 만든다.
3 냉동한다.

가능하면 지방 함량 40%짜리 그로마주 블랑을 쓰는 것이 좋다.

허브 아이스크림 *Glace aux herbes aromatiques* 

아이스크림 1ℓ 기준
작업 시간 15분

재료
신선한 전유 150ml
크림 500ml
신선한 바질, 세이지 또는
타임 잎 20g(기호에 따라 선택)
노른자 8개분 · 설탕 200g

1 냄비에 우유와 크림을 넣고 가열하다가 끓으면 불을 끈다.
2 허브를 다져서 냄비에 넣은 후, 뚜껑을 덮고 20분간 우리고 체에 거른다.
3 다른 냄비에 노른자와 설탕을 넣고 휘핑한다.
4 끓는 우유를 (3)에 넣고 크렘 앙글레즈처럼 83°C까지 익히는데, 끓어오르지 않도록 주의한다 ▶ 46쪽 참고. 얼음을 채운 볼에 넣고 완전히 식힌다.
5 냉동한다.

민트 아이스크림 *Glace à la menthe* 

아이스크림 1ℓ 기준
작업 시간 20분

재료
신선한 전유 150ml
크림 500ml
신선한 민트 25g
노른자 8개분
설탕 200g
신선한 민트 잎 10장

1 냄비에 우유와 크림을 넣고 가열하다가 끓으면 불을 끈다.
2 냄비에 민트를 다져서 넣고 뚜껑을 덮고 20분간 우려 체에 거른다.
3 다른 냄비에 노른자와 설탕을 넣고 휘핑한다.
4 우유와 크림을 (3)에 넣고 크렘 앙글레즈처럼 83°C까지 익힌다 ▶ 46쪽 참고.
5 얼음을 담은 볼에 넣어 완전히 식힌다.
6 냉동한다. 이때, 딱딱하게 굳기 전에 민트 잎을 곱게 다져 넣고 다시 냉동한다.

코코넛 아이스크림 *Glace à la noix de coco*

아이스크림 1ℓ 기준
작업 시간 20분

재료
크림 600ml
코코넛 슬라이스 115g
물 100ml
우유 70ml
황설탕 140g
노른자 4개분

1 냄비에 크림 400ml와 코코넛 슬라이스를 넣고 가열한다. 끓어오르면 불을 끄고, 10분간 향을 우린다.
2 여기에 끓는 물을 붓고 블렌더에 간다.
3 고운 체에 거른 다음, 걸러져 나온 코코넛은 따로 보관한다.
4 우유를 데워 설탕을 녹인다. 볼에 노른자를 넣고 설탕을 녹인 우유를 부으면서 휘핑한다. 여기에 코코넛 향을 낸 크림과 남은 크림을 모두 넣고 잘 섞는다.
5 얼음을 채운 볼에 넣어 완전히 식히고, 따로 보관해 둔 코코넛을 넣고 잘 섞는다.
6 냉동한다.

마카다미아 아이스크림 *Glace à la noix de macadamia*

아이스크림 1ℓ 기준
작업 시간 15분

재료
설탕 100g
마카다미아 150g
버터 20g
바닐라 아이스크림
750ml ▶ 97쪽 참고

1 바닥이 두꺼운 냄비에 물 없이 설탕만 솔솔 뿌려가며 캐러멜을 만든다. 캐러멜이 완성되면 통마카다미아를 넣고 힘 있게 휘젓는다. 이리저리 뒤척거려야 마카다미아에 캐러멜이 골고루 묻는다.
2 버터를 넣어 여열로 인해 캐러멜의 온도가 계속 올라가는 것을 막는다. 오븐 팬에 부어서 마카다미아가 완전히 식으면 굵직하게 다진다.
3 바닐라 아이스크림을 터빈에 돌리다가 마무리 단계에서 마카다미아를 넣는다.

팽 데피스 아이스크림 *Glace au pain d'épice*

아이스크림 1ℓ 기준
작업 시간 15분

재료
건자두 3개 · 신선한 전유 600ml
크림 100ml · 팽 데피스 60g
팽 데피스 향신료 5g
(아니스 씨, 계피, 정향 등)
노른자 7개분 · 설탕 150g
아니스로 만든 아페리티프
(식전주) 1tsp

1 건자두를 주사위 모양으로 작게 잘라 접시에 놓는다.
2 냄비에 우유와 크림을 넣고 끓인다.
3 커다란 볼에 [2]를 넣고 작게 자른 팽 데피스와 팽 데피스 향신료, 건자두를 넣는다. 나무 주걱으로 세게 저은 다음, 블렌더로 갈아 곱고 매끈하게 만든다.
4 다른 냄비에 노른자와 설탕을 넣고 휘핑한 후 [3]을 넣는다. 크렘 앙글레즈처럼 83°C까지 익히는데, 끓어오르지 않도록 주의한다 ▶ 46쪽 참고.
5 얼음을 가득 채운 볼에 넣고 완전히 식힌 다음, 아니스 향 아페리티프를 넣는다.
6 냉동한다.

올스파이스 아이스크림 *Glace au piment de la Jamaïque* 

아이스크림 1ℓ 기준
작업 시간 20분
휴지 시간 24시간

재료
신선한 전유 120ml
다진 올스파이스 5g
신선한 전유 450ml
크림 100ml
노른자 8개분
설탕 200g

1 냄비에 우유 120ml를 넣고 끓인 다음 올스파이스를 넣고 2시간 동안 우린다.

2 체에 거르고 걸러져 나온 올스파이스 중 1/3을 다시 우유에 넣는다. 여기에 우유 450ml와 크림을 넣고 한 번 더 끓인다.

3 다른 냄비에 노른자와 설탕을 넣고 살살 휘핑한다. 여기에 끓는 우유를 넣고 크렘 앙글레즈처럼 83°C까지 익힌다 ▶ **46쪽 참고**.

4 얼음을 가득 채운 볼에 넣고 완전히 식힌다. 24시간 동안 냉장 휴지시킨 후 얼린다.

Comment

올스파이스는 후추알 크기의 열매로 녹색일 때 채취해 햇볕에 말리면 갈색으로 변해 먹을 수 있게 여문다. 아메리카 대륙에서는 다양한 향신료 향이 난다고 하여 올스파이스란 이름으로 알려져 있고, 이름처럼 살짝 후추 맛이 나면서도 넛맥, 정향, 계피 향이 난다.

피스타치오 아이스크림 *Glace à la pistache* 

아이스크림 1ℓ 기준
작업 시간 25분
휴지 시간 12시간

재료
시칠리아산 피스타치오 50g
신선한 전유 500ml
크림 100ml
퓨어 피스타치오 페이스트 60~70g
글루코오스 25g
비터 아몬드 에센스 1방울
노른자 6개분
설탕 100g

1 껍질 벗긴 피스타치오를 170°C 오븐에 15~20분간 넣어 아주 살짝 굽는다. 식힌 후 강판에 갈거나 다진다.

2 냄비에 크림과 우유를 넣고 끓인 다음, 피스타치오 페이스트를 넣고 잘 젓는다. 페이스트가 녹으면 글루코오스, 피스타치오, 비터 아몬드 에센스를 넣고 15분간 향을 우린다.

3 다른 냄비에 노른자와 설탕을 넣고 살짝 휘핑한다. 여기에 향을 우린 우유를 붓고 끓어오르지 않도록 조심하면서 크렘 앙글레즈처럼 83°C까지 익힌다 ▶ **46쪽 참고**.

4 얼음을 채운 볼에 넣고 완전히 식힌다. 12시간 동안 냉장 휴지시킨 다음 아이스크림 터빈에 돌린다.

Comment

비터 아몬드 에센스는 한 방울이면 충분하다. 자칫 많이 넣으면 못 먹을 정도로 아이스크림이 씁쓸해진다.

플롱비에르 아이스크림 *Glace plombières* 

아이스크림 1ℓ 기준
작업 시간 25분

재료
과일 콩피 70g
럼 30ml
크림 650ml
껍질 벗긴 스위트 아몬드 100g
껍질 벗긴 비터 아몬드 3g
신선한 전유 700ml
노른자 4개분
설탕 100g

1 과일 콩피는 작은 주사위 모양으로 잘라 럼에 재운다.
2 냄비에 크림을 넣고 끓인다.
3 스위트 아몬드와 비터 아몬드를 블렌더에 넣고 우유를 조금씩 부으며 간다. 여기에 크림을 넣고 잘 섞는다.
4 아몬드를 탄 우유를 꾹꾹 눌러 체에 거른다.
5 볼에 노른자와 설탕을 넣고 휘핑한다. 여기에 (4)를 끓여서 붓고 크렘 앙글레즈처럼 83°C까지 가열한다 ▶ **46쪽 참고**. 끓어오르지 않도록 주의하면서 작업한다.

6 얼음을 채운 볼에 넣고 완전히 식힌 후 냉동한다.
7 과일 콩피를 체에 밭쳐 럼을 제거한다. 아이스크림이 너무 딱딱하게 굳기 전에 과일 콩피를 넣어 버무린다.

사프란 향 장미수 아이스크림 *Glace au safran et à l'eau de rose* 

아이스크림 1ℓ 기준
작업 시간 15분

재료
신선한 전유 600ml
크림 200ml · 바닐라 에센스 1tsp
노른자 4개분 · 설탕 100g
사프란 가루 1tsp · 장미수 20ml

1 냄비에 우유와 크림을 넣고 끓인 후, 바닐라 에센스를 넣는다.
2 다른 냄비에 노른자와 설탕을 넣고 휘핑한다. 여기에 끓는 우유와 크림을 붓고 크렘 앙글레즈처럼 83°C까지 가열한다 ▶ **46쪽 참고**. 끓어오르지 않도록 주의하며 83°C가 되면 바로 불을 끈다.

3 사프란에 따뜻한 물을 약간만 타서 녹인다. (2)에 장미수와 녹인 사프란을 넣고 섞는다.
4 얼음을 채운 볼에 넣어 식힌 다음, 냉동한다.

트뤼프 아이스크림 *Glace à la truffe* 

아이스크림 1ℓ 기준
작업 시간 15분

재료
신선한 전유 350ml
크림 350ml · 다진 트뤼프 10g
노른자 10개분 · 설탕 120g
스위트 셰리 와인 10ml

1 냄비에 우유와 크림을 넣고 끓인 후, 다진 트뤼프를 넣고 15분간 우리고 체에 거른다. 걸러져 나온 트뤼프 덩어리는 버리지 말고 보관한다.
2 다른 냄비에 노른자와 설탕을 넣고 휘핑한다. 우유와 크림을 넣고 크렘 앙글레즈처럼 83°C까지 익힌다 ▶ **46쪽 참고**. 끓어오르지 않도록 주의하며 작업한다.

3 식힌 뒤 스위트 셰리 와인과 트뤼프를 넣고 잘 버무린다.
4 냉동한다.

차 아이스크림 *Glace au thé* 

아이스크림 1ℓ 기준
작업 시간 20분

재료
신선한 전유 600ml
크림 120ml
차 14g (얼그레이나 아삼, 또는 실론티)
백후추
노른자 6개분
설탕 140g

1 냄비에 우유와 크림을 넣고 끓인 후, 차를 넣고 4분 정도만 우린다.
2 체에 거른 다음, 그라인더로 2번 돌려 백후추를 뿌린다.
3 다른 냄비에 노른자와 설탕을 넣고 휘핑한다. 여기에 끓는 우유와 크림을 넣고 크렘 앙글레즈처럼 83℃까지 익힌다 ▶ **46쪽 참고**.
4 얼음을 채운 볼에 넣고 완전히 식힌 다음 냉동한다.

바닐라 아이스크림 *Glace à la vanille* 

아이스크림 1ℓ 기준
작업 시간 15분

재료
신선한 전유 150ml
크림 500ml
바닐라 깍지 1개
노른자 7개분
설탕 150g

1 냄비에 우유와 크림을 넣고 끓인다.
2 바닐라 깍지를 반으로 갈라 씨를 긁어낸다. 깍지와 씨를 모두 [1]에 넣고 30분간 우린 다음 체에 거른다.
3 다른 냄비에 노른자와 설탕을 넣고 힘껏 휘핑한다. 여기에 끓인 우유와 크림을 넣고 크렘 앙글레즈처럼 83℃까지 익힌다 ▶ **46쪽 참고**. 쉬지 말고 저으며, 끓어오르지 않도록 주의한다.
4 얼음을 채운 볼에 넣어 완전히 식힌다.
5 냉동한다.

바닐라 깍지와 씨를 우유와 크림에 담가 하룻밤 동안 냉장 보관하면 바닐라 향이 한층 진해진다.

살구 셔벗 *Sorbet à l'abricot*

셔벗 1ℓ 기준
작업 시간 20분

재료
잘 익은 살구 1.2kg
설탕 200g · 레몬 2개
물 300ml

1 살구를 반으로 가른 다음 씨를 제거한다. 그라탱 그릇에 살구 조각을 겹치지 않게 한 층으로 깔고 설탕 200g을 뿌린 다음, 180~200°C의 오븐에서 20분간 굽는다.

2 구운 살구를 블렌더나 푸드 밀에 갈아 퓌레로 만든 후, 레몬즙 40ml와 물 300ml를 넣고 잘 섞는다.

3 셔벗 메이커에 넣는다.

Comment

레시피에 껍질 벗긴 살구씨 6개를 넣으면 살구의 섬세한 풍미가 살아난다.

파인애플 셔벗 *Sorbet à l'ananas*

셔벗 1ℓ 기준
작업 시간 10분

재료
파인애플 1.5kg · 물 150ml
설탕 200g · 레몬즙 20ml
키르슈 15ml(1tbsp)(선택 사항)

1 파인애플은 껍질을 벗기고 가운데 심을 제거한 다음 과육만 네모나게 자른다. 파인애플 조각을 블렌더에 갈면 퓌레 650g 정도가 나오고, 다시 고운 체에 거른다.

2 냄비에 물과 설탕을 넣고 끓여 묽은 시럽을 만든다.

3 시럽을 퓌레에 타서 잘 섞는다.

4 시럽과 섞은 퓌레를 냄비에 담아 끓이고 완전히 식으면, 레몬즙과 키르슈를 탄다.

5 셔벗 메이커에 넣는다.

아보카도 셔벗 *Sorbet à l'avocat*

셔벗 1ℓ 기준
작업 시간 10분

재료
아보카도 700g · 레몬즙 50ml
물 300ml · 설탕 270g

1 아보카도를 반으로 갈라 씨를 제거하고 껍질을 벗긴다. 조각으로 잘라 블렌더에 갈면 퓌레 370g 정도가 나온다.

2 볼에 퓌레를 넣고 레몬즙을 타면 갈변되지 않는다.

3 냄비에 물과 설탕을 넣고 끓여, 묽게 시럽을 만든 후 식힌다.

4 시럽에 아보카도 퓌레를 넣고 섞는다.

5 셔벗 메이커에 넣는다.

바나나 셔벗 *Sorbet à la banane*

셔벗 1ℓ 기준
작업 시간 10분

재료
오렌지 2개 · 중간 크기 레몬 2개
잘 익은 바나나 6개 · 분당 50g

1 각각 다른 볼에 오렌지와 레몬을 짜서 즙을 낸다.

2 바나나 껍질을 벗겨서 조각낸 다음 블렌더나 푸드 밀에 갈면 퓌레 850g 정도가 나온다.

3 퓌레에 오렌지즙을 먼저 넣고 버무린 다음, 레몬즙을 넣는다.

4 분당을 넣고 잘 저으며 녹인다.

5 셔벗 메이커에 넣는다.

블랙커런트 셔벗 *Sorbet au cassis* 

셔벗 1ℓ 기준

작업 시간 10분

재료

블랙커런트 400g · 물 400ml

설탕 250g · 레몬 1/2개

1 블랙커런트를 냄비에 넣고 가열해 퓌레로 만든다.
2 다른 냄비에 물과 설탕을 넣고 끓여 비중 1.140의 시럽으로 만들고, 미지근하게 식힌다.
3 레몬은 짜서 즙을 낸다.
4 계속 저으면서 레몬즙을 시럽에 넣고, 블랙커런트 퓌레를 넣는다.
5 셔벗 메이커에 넣는다.

샴페인 셔벗 *Sorbet au champagne* 

셔벗 1ℓ 기준

작업 시간 10분

재료

바닐라 깍지 1/4개

물 220ml · 설탕 220g

오렌지 제스트 1/2개분

레몬 제스트 1/2개분

레몬 1개 · 샴페인 500ml

이탈리안 머랭 30g ▶ 44쪽 참고

1 바닐라 깍지를 반으로 갈라 씨를 긁어낸다.
2 냄비에 물, 설탕, 오렌지와 레몬 제스트, 바닐라 깍지와 씨를 넣어 끓이고, 15분간 향을 우린 다음 볼을 받쳐서 체에 거른다.
3 레몬을 짜서 즙을 낸다. 레몬즙 2티스푼과 샴페인을 시럽에 넣어 잘 섞은 후, 완전히 식힌다.
4 미리 만들어둔 이탈리안 머랭을 넣고 떠올리듯 살살 섞는다.
5 셔벗 메이커에 넣는다.

이탈리안 머랭을 넣지 않으면 셔벗이 굉장히 묽어지기 때문에 머랭을 넣어 식감을 살린다.

초콜릿 셔벗 *Sorbet au chocolat* 

셔벗 1ℓ 기준

작업 시간 10분

재료

물 600ml · 설탕 220g

비터 다크초콜릿 220g(카카오 함량 70%)

1 냄비에 물과 설탕을 넣고 끓여 묽은 시럽을 만든다.
2 초콜릿은 다지거나 강판에 간다. 시럽에 초콜릿을 조금씩 넣으면서 쉬지 말고 저어서 초콜릿을 완전히 녹인다.
3 초콜릿을 넣은 시럽을 다시 한 번 끓인다.
4 완전히 식힌다.
5 셔벗 메이커에 넣는다.

레몬 셔벗 *Sorbet au citron* 

셔벗 1ℓ 기준

작업 시간 10분

재료

물 250ml · 설탕 250g

분유 250ml · 레몬 6개

1 냄비에 물과 설탕을 넣고 끓여 묽은 시럽을 만든다.
2 시럽을 볼에 넣고 완전히 식힌다.
3 레몬을 짜면 즙 250ml가 나온다.
4 레몬즙과 분유를 시럽에 넣고 잘 섞는다.
5 셔벗 메이커에 넣는다.

Tip

레몬즙을 우유에 넣으면 응고되기 때문에 레시피에서는 마지막에 분유를 넣어서 만든다.

바질 향 라임 셔벗 *Sorbet au citron vert et au basilic* 

셔벗 1ℓ 기준

작업 시간 15분

재료

바질 잎 8장 · 물 400ml

설탕 350g

오렌지 제스트 1/2개분

라임 4개

1 바질 잎 3장을 잘게 썬다.
2 냄비에 물, 설탕, 오렌지 제스트를 넣고 끓인다. 불을 끄고 바질 잎을 넣어 15분간 향을 우린다.
3 시럽이 차가워지면 볼을 받쳐 고운 체에 거른다.
4 남은 바질 잎 5장은 잘게 썰고, 라임을 짜면 즙 250ml 정도가 나온다.

5 라임즙과 바질을 시럽에 넣고 잘 섞는다.
6 셔벗 메이커에 넣는다.

모과 셔벗 *Sorbet au coing* 

셔벗 1ℓ 기준

작업 시간 20분

조리 시간 45분

재료

모과 1.5kg · 물 100ml

레몬 1개 · 설탕 250g

1 모과는 껍질을 깎아 속을 제거한 다음, 조각낸다. 자른 모과를 끓는 물에 넣고 45분간 익힌다.
2 모과가 뜨거울 때 푸드 밀에 갈면 퓌레 800g 정도가 나온다.
3 레몬을 짜서 즙을 낸다.

4 다른 냄비에 물, 설탕, 레몬즙 50ml를 넣고 끓인다.
5 모과 퓌레를 시럽에 넣는다.
6 완전히 식으면 셔벗 메이커에 넣는다.

딸기 셔벗 *Sorbet à la fraise* 

셔벗 1ℓ 기준

작업 시간 10분

재료

잘 익은 딸기 1kg

레몬 1개

설탕 250g

1 딸기는 상처가 안 나게 꼭지를 따서 블렌더나 푸드 밀에 갈면 퓌레 750g 정도가 나온다. 밑에 볼을 받친 상태로 퓌레를 다시 체에 거른다.
2 레몬을 짜서 즙을 낸다.
3 냄비에 퓌레와 설탕, 레몬즙 50ml를 넣고 가열하다가 끓어오르면 불을 끈다.
4 완전히 식힌 다음 셔벗 메이커에 넣는다.

야생 딸기를 쓸 수도 있고, 야생 딸기와 일반 딸기를 반반 섞어도 좋다.

라즈베리 셔벗 *Sorbet à la framboise* 

셔벗 1ℓ 기준

작업 시간 15분

재료

잘 익은 라즈베리 1kg

설탕 250g

1 라즈베리는 좋은 것을 추려서 준비한 다음, 고운 플라스틱 체에 넣고 나무 숟가락으로 으깨면 매끄러운 퓌레 800g이 나온다. 작은 씨들이 빠지지 않고 체 안에 남아 있어야 한다.
2 퓌레에 설탕을 넣고 스패츌러로 잘 저어 녹인다.
3 셔벗 메이커에 넣는다.

Tip

과일에 함유된 산이 금속에 닿으면 씁쓸한 맛이 나기 때문에 산도가 높은 과일을 다룰 때는 금속 재질의 도구를 사용하지 않는 것이 좋다.

패션프루트 셔벗 *Sorbet au fruit de la Passion* 

셔벗 1ℓ 기준
작업 시간 15분

재료
잘 익은 패션프루트 800g
물 250ml · 설탕 300g · 레몬 1개

1 패션프루트는 껍질을 벗기고 작게 잘라 푸드 밀에 갈고, 다시 고운 체에 거르면 퓌레 500g 정도가 나온다.
2 냄비에 물과 설탕을 담아 끓인다.
3 레몬은 짜서 즙을 낸다.
4 계속 저으면서 레몬즙 몇 방울을 퓌레에 넣고, 시럽과 함께 섞는다.
5 셔벗 메이커에 넣는다.

열대 과일 셔벗 *Sorbet aux fruits exotiques*

셔벗 1ℓ 기준
작업 시간 20분

재료
잘 익은 파인애플 1kg
큰 망고 1개 · 바나나 1개
레몬 1개 · 설탕 225g
바닐라 설탕 1팩
계피 가루 2g(작은 1꼬집)

1 파인애플의 껍질을 깐 다음 4등분해서 심을 제거한다. 큐브 모양으로 자르고, 여기서 나온 즙은 볼에 담는다.
2 망고는 반으로 잘라 씨를 제거한 다음, 티스푼으로 과육만 도려낸다.
3 바나나는 껍질을 벗겨 동그란 모양으로 얇게 자른다.
4 레몬은 짜서 즙을 낸다.
5 손질한 과일과 레몬즙, 파인애플즙을 블렌더에 갈면 퓌레 750g 정도가 나온다.
6 퓌레를 볼에 담고 거품기로 저으면서 설탕을 넣는다.
7 바닐라 설탕, 계피를 넣고 나무 숟가락으로 잘 젓는다.
8 셔벗 메이커에 넣는다.

구아바 셔벗 *Sorbet à la goyave* 

셔벗 1ℓ 기준
작업 시간 15분

재료
구아바 700g · 물 350ml
설탕 180g · 레몬즙 30g

1 구아바는 꼭지를 제거하고 껍질을 벗긴다. 반으로 잘라 씨를 제거한 다음, 블렌더나 푸드 밀로 갈면 퓌레 350g 정도가 나온다.
2 냄비에 물과 설탕을 넣고 설탕이 완전히 녹을 때까지 끓인 다음 식힌다.
3 볼에 시럽, 구아바 퓌레, 레몬즙을 넣고 나무 숟가락으로 잘 섞는다.
4 셔벗 메이커에 넣는다.

씨를 넣어 우린 그리오트 셔벗 *Sorbet à la griotte aux noyaux éclatés* 

셔벗 1ℓ 기준
작업 시간 25분
휴지 시간 최소 12시간

재료
그리오트❖ 1.2kg
레드커런트 100g
설탕 300g

1 그리오트는 씨를 제거하는데, 씨 50g은 남겨두고 나머지는 버린다. 레드커런트는 송이에서 알알이 떼낸다.
2 냄비에 그리오트 1/2과 설탕을 넣고 5분간 가열한다. 끓기 시작하면 불에서 빼서 남은 그리오트에 붓고 레드커런트를 넣는다.
3 그리오트와 레드커런트를 블렌더에 갈면 퓌레 900g 정도가 나오고, 퓌레는 볼을 받쳐 체에 거른다.
4 그리오트 씨를 모슬린 천으로 감싸서 으깬 다음 천다발에 넣어, 퓌레에 12~15시간 동안 담가 놓는다.
5 담가 놓았던 천다발을 꺼내고 셔벗 메이커에 넣는다.

❖ 그리오트griotte는 과육이 빨갛고 촉촉하며 신맛이 강한 것이 특징인 체리 품종으로, 모렐로 체리라고도 부른다. 주로 시럽이나 브랜디에 절여 통조림을 만들거나 콩피나 잼으로 먹는다.

리치 향 셔벗 *Sorbet au parfum de litchi* 

셔벗 1ℓ 기준
작업 시간 15분

재료
신선한 리치 1kg
설탕 200g

1 잘 익은 리치를 골라 껍질을 벗기고 씨를 제거한 다음, 블렌더나 푸드 밀에 갈면 퓌레 700g 정도가 나온다.
2 리치 퓌레에 설탕을 넣는다.
3 셔벗 메이커에 넣는다.

Comment

제철이 아니라 리치를 구하기 힘들다면 시럽에 재운 제품을 써도 좋은데, 이때 설탕은 150g만 넣는다.

만다린 셔벗 *Sorbet à la mandarine* 

셔벗 1ℓ 기준
작업 시간 15분

재료
각설탕 250g · 만다린 17개
물 100ml · 설탕 70g

1 화학 약품으로 처리하지 않은 만다린을 준비한다. 만다린 껍질을 각설탕 표면에 비벼 향이 배게 한다.
2 냄비에 물, 향이 밴 각설탕, 설탕을 넣고 끓인다.
3 만다린을 짜면 즙 700g 정도가 나온다.
4 만다린즙을 시럽에 넣고 잘 섞는다.
5 완전히 식으면 셔벗 메이커에 넣는다.

Plus

오렌지 셔벗 Sorbet à l'orange
만다린 셔벗 레시피에서 만다린 17개 대신 오렌지 9개를 넣고 즙을 내서 동일한 배합으로 작업하면 오렌지 셔벗을 만들 수 있다.

망고 셔벗 *Sorbet à la manque* 

셔벗 1ℓ 기준
작업 시간 10분

재료
잘 익은 망고 1.2kg
레몬 1개 · 설탕 150g

1 망고는 껍질을 벗기고 씨를 제거한 다음 조각낸다.
2 망고는 블렌더나 푸드 밀로 갈면 퓌레 800g이 나온다. 레몬은 짜서 즙을 낸다.
3 퓌레와 설탕, 레몬즙 50ml를 볼에 넣고 거품기로 젓는다.
4 셔벗 메이커에 넣는다.

Comment

여기에 라임 제스트를 넣으면 상큼한 망고 셔벗이 된다.

멜론 셔벗 *Sorbet au melon* 

셔벗 1ℓ 기준
작업 시간 30분
냉장 시간 최소 12시간

재료
멜론 1.5kg · 설탕 200g

1 멜론은 껍질을 깎아 씨를 제거한 후 작게 조각낸다.
2 그릇에 키친타월을 깔고 멜론 조각을 넣은 다음, 잘 덮는다. 4℃ 냉장고에서 최소 12시간 동안 휴지시 켜 물기를 뺀다.
3 볼에 멜론과 설탕을 담고 블렌더로 갈면 고운 퓌레 800g 정도가 나온다.
4 셔벗 메이커에 넣는다.

자몽 셔벗 *Sorbet au pamplemousse* 

셔벗 1ℓ 기준
작업 시간 15분

재료
자몽 1.5kg · 레몬 1개
설탕 350g · 민트 잎 6장

1 자몽을 짜면 즙 750ml 정도가 나온다. 레몬도 즙 을 낸다.
2 냄비에 자몽즙, 설탕, 레몬즙 1스푼을 넣고 끓인다.
3 완전히 식으면 셔벗 메이커에 넣는다.
4 셔벗이 만들어지는 동안 민트 잎을 잘게 썬다.
5 셔벗의 텍스처가 걸쭉해지기 시작할 때 민트 잎을 넣고, 다시 돌린다.

민트 잎 대신 오렌지 껍질 콩피 150g을 작게 조각내 넣어도 좋다.

복숭아 셔벗 *Sorbet à la pêche* 

셔벗 1ℓ 기준
작업 시간 35분

재료
잘 익은 복숭아 1.5kg
설탕 120g · 레몬 1개

1 잘 익은 복숭아를 준비해 껍질을 벗기고 씨를 제거 한다. 손질한 복숭아는 작게 조각내 블렌더에 갈면 퓌레 900g 정도가 나온다. 레몬은 즙을 낸다.
2 냄비에 퓌레와 설탕, 레몬즙을 넣고 끓인다.
3 완전히 식으면 셔벗 메이커에 넣는다.

배 셔벗 *Sorbet à la poire* 

셔벗 1ℓ 기준
작업 시간 30분

재료
배 1.2kg · 물 1ℓ
설탕 520g · 레몬즙 75ml
바닐라 깍지 1개 · 배 브랜디 20ml

1 배는 껍질을 벗기고 심을 제거한다.
2 냄비에 물, 설탕 500g, 레몬즙 50ml, 바닐라 깍지 와 씨를 넣고 끓인다.
3 배를 시럽에 담그고 그릇을 덮어 푹 잠기게 한 다 음, 최소 12시간 동안 재운다.
4 배를 퓌레로 만든 다음. 남은 설탕 20g과 레몬즙 25ml, 배 브랜디를 넣고 섞는다.
5 셔벗 메이커에 넣는다.

초록 사과 셔벗 *Sorbet à la pomme verte* 

셔벗 1ℓ 기준
작업 시간 25분
조리 시간 25분

재료
그래니 스미스granny smith
사과 4개 · 사과 주스 250ml
설탕 25g · 레몬즙 25ml (1/2 tsp)

1 사과를 씻은 다음 껍질을 벗기지 않고 4등분해서 심을 제거한다.
2 사과 주스는 질 좋은 것으로 준비한다. 냄비에 사과와 사과 주스, 설탕을 넣고 25분간 가열한다.
3 냄비에 있는 재료를 볼에 넣고 레몬즙을 넣은 다음, 블렌더에 갈면 퓌레 750g 정도가 나온다. 퓌레의 결이 곱고 매끈해질 때까지 블렌더에 간다.

4 완전히 식으면 셔벗 메이커에 넣는다.

차 셔벗 *Sorbet au thé* 

셔벗 1ℓ 기준
작업 시간 15분

재료
물 600ml · 찻잎 50g
설탕 450g · 레몬즙 60ml

1 냄비에 물을 넣고 가열한다. 물이 끓기 전에 표면이 흔들리는 상태일 때 찻잎을 넣고 4분간만 우린다.
2 차를 체에 거르고 식힌다.
3 설탕을 조금씩 넣어가며 나무 숟가락으로 계속 저어, 설탕을 완전히 녹인다. 마지막에 레몬즙을 탄다.

4 셔벗 메이커에 넣는다.

토마토 셔벗 *Sorbet à la tomate* 

셔벗 1ℓ 기준
작업 시간 40분

재료
잘 익은 토마토 1.2kg
물 190g · 설탕 375g
흰자 1개분 · 분당 50g
보드카(선택 사항)

1 끓는 물에 토마토를 통째로 몇 초간 넣었다가 찬물에 담근 다음 껍질을 벗긴다. 토마토는 고운 체에 내리면 즙 300ml가 나온다.
2 가열하지 않고 물과 설탕을 섞어 시럽을 만든다.
3 토마토즙을 계속 저으면서 시럽과 보드카 30ml를 넣는다.

4 셔벗 메이커에 넣는다.
5 분당을 넣고 흰자를 휘핑해 하얀 거품의 윤기 나는 머랭을 만든다. 셔벗이 걸쭉해지면 머랭을 넣고 살살 휘핑한다.
6 다시 얼린다.

보드카 셔벗 *Sorbet à la vodka* 

셔벗 1ℓ 기준
작업 시간 15분

재료
물 600ml · 설탕 125g
오렌지 제스트 1/2개분
레몬 제스트 1/4개분
보드카 150ml
이탈리안 머랭 15g (선택 사항)

1 냄비에 물과 설탕을 넣고 가열하다가 끓어오르면 불을 끈다.
2 냄비에 오렌지 제스트와 레몬 제스트를 넣는다.
3 미리 만들어둔 이탈리안 머랭을 넣는다 ▶44쪽 참고.
4 충분히 식으면 보드카를 넣고 섞어서 셔벗 메이커에 넣는다.

Tip
보드카는 재료가 식은 다음에 넣어야 은은한 알코올 향이 날아가지 않는다.

커피 그라니테 *Granité au café*

그라니테 1ℓ 기준
작업 시간 5분

재료
에스프레소 커피 500ml
설탕 100g · 물 400ml

1 볼에 커피, 설탕, 물을 넣고 섞는다.
2 볼을 냉동실에 넣는다.
3 1시간 30분 후에 꺼내 스패출러로 섞는다.
4 다시 냉동실에 넣어 완전히 굳힌다.

Comment

마지막에 퓨어 몰트 위스키를 몇 방울 넣으면 한층 풍미가 살아난다.

레몬 그라니테 *Granité au citron*

그라니테 1ℓ 기준
작업 시간 15분

재료
레몬 2개
물 700ml
설탕 200g

1 레몬 1개만 제스트를 떠서 곱게 다지고, 과육은 모두 짜서 즙 100ml를 만든다. 즙을 낸 과육은 버리지 않고 보관한다.
2 볼에 물과 설탕을 넣고 잘 저어 설탕을 녹인 다음, 레몬 제스트와 즙, 과육을 넣는다.
3 나무 숟가락으로 잘 섞어 냉동실에 넣는다.
4 1시간 30분 후에 꺼내 스패출러로 젓는다.
5 다시 냉동실에 넣어 완전히 굳힌다.

Comment

레몬 대신 라임을 쓰고 보드카를 살짝 뿌리면 라임 그라니테가 된다.

신선한 민트 그라니테 *Granité à la menthe fraîche*

그라니테 1ℓ 기준
작업 시간 10분

재료
신선한 민트 잎 50g
물 800ml
설탕 160g

1 신선한 민트 잎을 준비해 곱게 다진다.
2 냄비에 물과 설탕을 넣고 가열한 후 표면이 흔들리는 상태의 온도가 되면 다진 민트 잎 40g을 넣어 15분간 우린 다음, 볼을 받쳐 체에 거른다.
3 민트 차를 냉동실에 넣는다.
4 1시간 30분 후에 꺼내 스패출러로 잘 섞는다.
5 다시 냉동실에 넣어 완전히 굳힌다.
6 마지막에 남은 민트 잎을 뿌려서 먹는다.

Plus

허브 그라니테 Granité aux herbes
민트 잎 대신 평소 좋아하는 허브를 넣어 응용할 수 있는 레시피다. 한 종류를 넣어도 좋지만, 향이 잘 어울리는 것끼리 여러 개를 섞어도 좋다.

꿀 그라니테 *Granité au miel* 

그라니테 1ℓ 기준
작업 시간 10분

재료
물 750ml
프로방스산 꿀 250g
껍질 벗긴 아몬드 75g

1 볼에 물과 꿀을 넣고 잘 섞는다.
2 꿀물을 냉동실에 넣는다.
3 1시간 30분 후에 꺼내 스패출러로 섞는다.
4 다시 냉동실에 넣고 완전히 굳힌다.
5 아몬드는 170℃ 오븐에서 15~20분간 구운 다음, 굵게 다진다.

6 마지막에 구운 아몬드를 뿌려 먹는다.

차 그라니테 *Granité au thé* 

그라니테 1ℓ 기준
작업 시간 10분

재료
물 800ml
설탕 160g
찻잎 10g (2tsp)

1 냄비에 물과 설탕을 넣고 가열한다.
2 표면이 흔들리는 상태의 온도가 되면 찻잎을 넣고 4분간만 우린다. 볼을 받쳐서 고운 체에 거른다.
3 볼을 냉동실에 넣는다.
4 1시간 30분 후에 꺼내 스패출러로 잘 섞는다.
5 다시 냉동실에 넣어 완전히 굳힌다.

Comment

차 그라니테는 자몽 샐러드와 아주 잘 어울린다.

쿨리, 소스 그리고 즙
COULIS, SAUCES and JUS

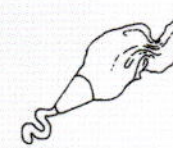

쿨리는 설탕 시럽에 과일을 살짝 익히거나 생으로 블렌더에 갈아서 만든다. 이렇게 준비한 쿨리는 앙트르메나 샤를로트, 셔벗, 아이스크림, 프로마주 블랑 등에 곁들여 먹는다. 즙은 쿨리보다는 묽은 텍스처로 주로 과일로 만들지만 향신료나 허브를 사용하기도 한다.

◆ 쿨리 COULIS ◆

아보카도·바나나 쿨리 *Coulis à l'avocat et à la banane*

쿨리 500ml 기준
작업 시간 20분

재료
잘 익은 아보카도 1개
중간 크기 바나나 1개
오렌지 1개
레몬 2개
설탕 60g
후추 2g(1/2tsp)
물 100ml

1 알이 굵고 잘 익은 아보카도를 준비해 껍질과 씨를 제거한다.
2 바나나는 껍질을 벗긴다.
3 오렌지 1개와 레몬 1개 반을 짜서 즙을 낸다.
4 후추는 그라인더로 간다. 아보카도와 바나나를 작게 조각낸 다음 오렌지즙, 레몬즙, 설탕, 후추와 함께 푸드 밀이나 블렌더에 간다.
5 여기에 물을 약간만 붓는다. 결이 고와질 때까지 갈면 퓌레 300g 정도가 나온다.
6 물을 조금씩 넣으며 농도를 맞춘다.

Comment

넛맥 가루나 계피 가루를 소량 넣으면 이국적인 맛을 낼 수 있다.

블랙커런트 쿨리 *Coulis au cassis* 

쿨리 500ml 기준
작업 시간 15분

재료
블랙커런트 600g
레드커런트 100g
설탕 85g · 물 150ml

1 블랙커런트와 레드커런트를 줄기에서 조심스럽게 뗀 후, 블렌더나 푸드 밀에 갈면 퓌레 400g 정도가 나온다.

2 퓌레를 큰 체에 내린 다음, 설탕을 넣으면서 계속 젓는다.

3 물을 조금씩 부어 농도를 맞춘다.

Plus

레드커런트 쿨리 Coulis à la groseille
레드커런트 600g을 줄기에서 뗀 다음, 라즈베리 100g과 함께 블렌더에 갈면 퓌레 400g 정도가 나온다. 퓌레를 체에 거른 다음 설탕을 넣으며 잘 젓는다. 물을 조금씩 부어 농도를 맞춘다.

라즈베리 쿨리 *Coulis à la Framboise* 

쿨리 500ml 기준
작업 시간 10분

재료
레몬 1개
라즈베리 750g
설탕 80g
물 100ml

1 레몬을 짜면 즙 50ml 정도가 나오고, 라즈베리는 블렌더에 갈면 퓌레 400g 정도가 된다.

2 라즈베리 퓌레를 체에 넣고 고무 주걱인 마리즈 maryse나 나무 숟가락으로 꾹꾹 누른다.

3 설탕과 레몬즙을 넣고 스패츌러로 젓는다. 물을 조금씩 부어가며 농도를 맞춘다.

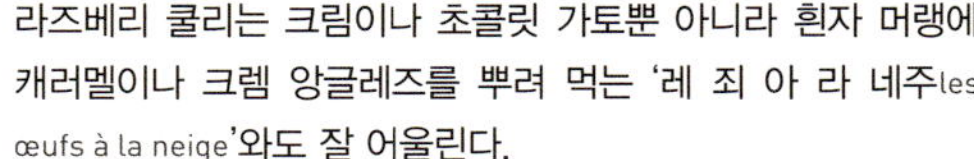

라즈베리 쿨리는 크림이나 초콜릿 가토뿐 아니라 흰자 머랭에 캐러멜이나 크렘 앙글레즈를 뿌려 먹는 '레 죄 아 라 네주les œufs à la neige'와도 잘 어울린다.
냉동 라즈베리를 쓰면 겨울에도 얼마든지 라즈베리 쿨리를 만들 수 있다.

라즈베리 · 바니울스 쿨리 *Coulis à la Framboise et au banyuls* 

쿨리 500ml 기준
작업 시간 10분
조리 시간 5분

재료
통후추 5~6알 · 계피 스틱 1개
오렌지 1개 · 설탕 75g
바니울스banyuls 와인 750ml
라즈베리 쿨리 200ml ▶ 상단 참고

1 후추와 계피 스틱을 으깬다. 오렌지는 제스트를 떠서 곱게 다진다.

2 냄비에 바니울스, 설탕, 후추, 계피, 오렌지 제스트를 넣는다.

3 (2)가 1/3로 줄어들 때까지 중불에서 졸인다.

4 (3)을 식힌 다음, 라즈베리 쿨리를 넣고 잘 섞는다.

붉은 과일 쿨리 *Coulis aux fruits rouges* 

쿨리 500ml 기준
작업 시간 15분

재료
잘 익은 딸기 250g
레드커런트 125g
라즈베리 250g
야생 딸기 75g
설탕 80g
물 100ml

1 딸기는 꼭지를 따고, 레드커런트는 송이에서 알알이 떼낸다.
2 딸기와 레드커런트를 블렌더나 푸드 밀에 갈면 퓌레 400ml가 나온다.
3 퓌레에 설탕을 넣고 나무 숟가락으로 잘 젓는다.
4 퓌레에 물을 조금씩 타면서 농도를 맞춘다.

Plus

그리오트 쿨리 Coulis à la griotte

그리오트❖ 쿨리도 붉은 과일 쿨리와 비슷한데, 우선 그리오트 750g의 씨를 제거하고 레드커런트 100g을 송이에서 뗀다. 그리오트와 레드커런트를 블렌더나 푸드 밀에 갈면 퓌레 400ml가 나온다. 퓌레를 체에 거른 다음, 설탕 120g을 넣고 잘 섞는다. 너무 걸쭉하면 물 100ml를 타서 농도를 조절한다.

❖ 그리오트griotte는 과육이 빨갛고 촉촉하며 신맛이 강한 것이 특징인 체리 품종으로, 모렐로 체리라고도 부른다. 주로 시럽이나 브랜디에 절여 통조림을 만들거나 콩피나 잼으로 먹는다.

망고 쿨리 *Coulis à la manque* 

쿨리 500ml 기준
작업 시간 5분

재료
망고 셔벗 500ml ▶ 102쪽 참고
물 100ml

1 먼저 망고 셔벗을 만든 후 얼린다.
2 냉동실에서 셔벗을 꺼내 녹인다. 여기에 물을 조금씩 부어 쿨리 농도로 맞춘다.

Comment

망고 쿨리는 우유에 세몰리나를 넣어서 만드는 디저트인 '스물 오 레semoule au lait'나 프로마주 블랑과 잘 어울린다.

비터 오렌지 쿨리 *Coulis à l'orange amère* 

쿨리 500ml 기준
작업 시간 15분
냉장 시간 12시간

재료
레몬 1개 · 오렌지 1개
비터 오렌지 600g
물 500ml · 설탕 250g
카르다몸 가루 1g
생강가루 1g · 후추 1g

1 레몬과 오렌지를 짜면 즙 100ml가 나온다.
2 비터 오렌지는 꼭지와 밑동을 자른 다음, 너무 두껍지 않은 슬라이스로 잘라 볼에 담는다.
3 냄비에 물과 설탕을 넣고 끓여 시럽을 만든다. 시럽을 비터 오렌지에 붓고 냉장고에서 최소 12시간 동안 재운다.
4 비터 오렌지를 체에 밭쳐 시럽을 제거한다. 블렌더에 비터 오렌지, 레몬즙, 오렌지즙, 카르다몸, 생강, 후추를 넣고 곱게 간다.

Tip

비터 오렌지는 화학 약품으로 처리하지 않은 것을 고른다.

복숭아 쿨리 *Coulis à la pêche* 

쿨리 500ml 기준
작업 시간 15분

재료
레몬 1개
복숭아 600g
설탕 50g

1 레몬은 짜서 즙을 낸다.
2 복숭아는 끓는 물에 30초간 넣었다가 찬물에 담가 껍질을 벗긴 다음, 씨를 제거한다.
3 복숭아를 블렌더에 갈면 퓌레 400ml가 나온다.
4 복숭아 퓌레에 설탕과 레몬즙을 넣고 잘 섞는다.

Plus

살구 쿨리 Coulis à l'abricot
씨를 뺀 살구 600g을 블렌더에 갈고, 여기에 설탕 50g과 레몬즙 1개를 타서 잘 섞으면 살구 쿨리가 완성된다.

파프리카 · 라즈베리 쿨리 *Coulis au poivron et à la framboise* 

쿨리 500ml 기준
작업 시간 25분
조리 시간 20분
냉장 시간 최소 12시간

재료
빨강 파프리카 작은 것 1개(100g)
설탕 100g
물 200ml
라즈베리 400g

1 파프리카는 씻어서 2등분하고, 씨를 제거한다.
2 냄비에 파프리카를 넣고 잠길 만큼 물을 부어 끓인다. 익힌 파프리카는 체에 밭쳐 물기를 제거한다.
3 (2)의 과정을 한 번 더 반복하면, 파프리카 80g 정도가 나온다.
4 다른 냄비에 파프리카와 설탕, 물을 넣고 20분간 가열한다.
5 (4)를 최소 12시간 동안 냉장고에 넣고 재운다.
6 라즈베리는 좋은 것을 골라 놓는다.
7 파프리카는 체에 밭쳐 시럽을 제거한 다음, 라즈베리와 함께 블렌더에 넣고 곱게 간다.

Comment

쿨리에 넣는 라즈베리는 냉동 제품을 써도 된다.

루바브 쿨리 *Coulis à la rhubarbe* 

쿨리 500ml 기준
작업 시간 10분
냉장 시간 최소 12시간
조리 시간 30분

재료
루바브 450g
레몬 1개
설탕 80g
물 50ml (선택 사항)

1 루바브는 껍질을 벗기지 않은 상태에서 조각낸다.
2 레몬을 짜면 즙 50ml가 나온다.
3 볼에 루바브, 설탕, 레몬즙을 넣고 최소 12시간 동안 냉장고에서 재운다.
4 냄비에 루바브를 넣고 약불에서 30분간 익힌다.
5 루바브가 아직 뜨거울 때 블렌더로 곱게 갈아 퓌레를 만든다.
6 너무 걸쭉하면 물을 조금 타서 농도를 맞춘다.
7 필요하다면 설탕을 추가해 단맛을 조절한다.

Plus

딸기 · 루바브 쿨리 Coulis à la rhubarbe et à la fraise
루바브와 딸기를 동량으로 넣으면 딸기 · 루바브 쿨리가 된다. 이때, 딸기는 설탕에 재우지 말고 5분간만 익혀서 사용한다.

커피 소스 앙글레즈 *Sauce anglaise au café*

소스 500ml 기준
작업 시간 10분

재료
신선한 전유 350ml
콜롬비아 커피 가루 10g
노른자 4개분
설탕 85g

1 냄비에 우유를 넣고 끓인 후, 커피를 넣고 3분간 향을 우린다.
2 볼을 밑에 대고 (1)을 고운 체에 거른다.
3 크렘 앙글레즈와 같은 방식으로 노른자, 설탕, 우유를 넣고 익힌다 ▶ 46쪽 참고. 크림이 끓어오르지 않도록 주의하면서 작업한다.

4 완성된 소스는 잠깐 동안 냉장 보관했다가 사용한다.

오렌지 소스 앙글레즈 *Sauce anglaise à l'orange*

소스 500ml 기준
작업 시간 5분

재료
크렘 앙글레즈 500g ▶ 46쪽 참고
오렌지 1개

1 조금 묽은 크렘 앙글레즈를 만든다.
2 오렌지는 제스트를 뜬 다음 곱게 다진다.
3 다진 제스트를 크림에 넣고 잘 섞는다.
4 오렌지 향이 충분히 우러나오도록 소스를 냉장고에 4~5시간 동안 넣어둔다.

Comment

레시피에 제스트를 넣을 때에는 화학 약품으로 처리하지 않은 것을 고른다.

피스타치오 소스 앙글레즈 *Sauce anglaise à la pistache*

소스 500ml 기준
작업 시간 15분

재료
신선한 전유 350ml
피스타치오 페이스트 35g
노른자 4개분
설탕 20g

1 냄비에 우유와 피스타치오 페이스트를 넣고 데우면, 페이스트가 부드러워진다. 거품기로 휘핑해 페이스트를 완전히 녹인다.
2 노른자, 설탕, (1)을 넣고 크렘 앙글레즈를 만든다 ▶ 46쪽 참고. 끓어오르지 않도록 주의하면서 익힌다.

Comment

피스타치오를 빻아서 생으로 넣거나, 기호에 따라 살짝 구워서 넣으면 풍미가 더욱 진해진다.

투론 소스 앙글레즈 *Sauce anglaise au turrón* 

소스 500ml 기준

작업 시간 15분

재료

투론❖ 75g · 우유 300ml

설탕 40g · 노른자 4개분

1 투론을 녹이기 쉽게 아주 작게 조각낸다.
2 냄비에 우유와 투론을 넣고 데운다. 거품기로 저어 투론을 완전히 녹인다.
3 노른자, 설탕, 투론을 녹인 우유를 넣고 크렘 앙글레즈를 만든다 ▶ 46쪽 참고. 끓어오르지 않도록 주의하면서 익힌다.

❖ 투론turrón은 아몬드, 달걀흰자, 설탕을 버무려서 향을 첨가한 스페인식 누가로, 프랑스어로는 투롱touron이라고 한다.

카카오 소스 *Sauce au cacao* 

소스 500ml 기준

작업 시간 10분

재료

물 250ml · 설탕 80g

무가당 카카오 가루 50g

크렘 에페스

100ml ▶ 428쪽 참고

1 냄비에 물, 카카오 가루, 설탕을 넣고 끓인다.
2 (1)에 크림을 넣고, 나무 숟가락으로 저으면서 졸인다. 소스를 숟가락 등에 묻힌 다음 손가락으로 훑었을 때, 바로 흘러내리지 않고 자국이 남는 농도가 될 때까지 졸인다.

Comment

카카오 소스는 미리 만들어서 2~3일 동안 냉장 보관할 수 있는데, 필요할 때 약불로 데워 사용한다.

캐러멜 소스 *Sauce au caramel* 

소스 500ml 기준

작업 시간 10분

재료

크림 250ml

설탕 200g

가염버터 45g

1 냄비에 크림을 넣고 끓인다.
2 작은 냄비에 물 없이 설탕만 넣고 가열한다. 옅은 갈색의 캐러멜이 될 때까지 나무 숟가락으로 계속 저으며 끓인다.
3 완성된 캐러멜에 버터를 넣어 여열로 계속 가열되는 것을 막고, 크림을 조금씩 부으며 계속 젓는다.

4 (3)을 다시 불에 올려 잠깐 동안만 끓인 후, 얼음을 채운 볼에 냄비를 담가 식힌다.

Comment

캐러멜은 색깔로 맛이 결정되는데, 색이 진할수록 맛도 강해진다.

다크(화이트)초콜릿 소스 *Sauce au chocolat noir (ou blanc)* 

소스 500ml 기준

작업 시간 15분

재료

다크 또는 화이트초콜릿 150g

바닐라 깍지 1개

우유 500ml

1 초콜릿을 잘게 다진다.
2 바닐라 깍지를 반으로 갈라 씨를 긁어낸다.
3 냄비에 우유를 넣고 끓인 다음, 바닐라 깍지와 씨를 넣는다.
4 냄비 불을 끄고, 우유를 초콜릿 위에 조금씩 붓는다. 잘 저어 균일한 텍스처로 만든다.

Comment

초콜릿 소스를 프로피트롤profiteroles이나 푸아르 엘렌poires Hélène에 결들일 때는 따뜻한 상태에서 뿌린다.

바질 향 살구즙 *Jus à l'abricot et au basilic*

즙 500ml 기준
작업 시간 15분
냉장 시간 최소 12시간

재료
라임 1개
바질 잎 4장
바닐라 깍지 1개
물 350ml · 설탕 50g
시판 살구 주스 100ml

1 라임 1/2개를 제스트로 떠서 곱게 다진다.
2 바질 잎은 잘게 썬다.
3 바닐라 깍지를 반으로 갈라 씨를 긁어낸다.
4 볼에 물, 설탕, 바닐라 깍지와 씨, 라임 제스트, 바질 잎을 넣고 잘 섞는다.
5 (4)를 냉장고에 넣고 최소 12시간 동안 향을 우린다.
6 (5)에 살구 주스를 넣는다.

Comment

바질 향을 낸 살구즙은 여름철에 먹는 과일 샐러드와 훌륭하게 어울린다. 설탕을 조금만 줄여 즙을 만든 후, 샐러드에 시즈닝처럼 뿌려 먹으면 맛있다.

카르다몸즙 *Jus à la cardamome*

즙 500ml 기준
작업 시간 15분

재료
물 400ml · 설탕 65g
옥수수 전분 15g(1tbsp)
카르다몸 가루 1g(작은 1꼬집)

1 커다란 냄비에 물, 설탕, 옥수수 전분, 카르다몸 가루를 넣는다.
2 잘 저은 후 끓인다.
3 식힌 후 사용한다.

Comment

카르다몸즙은 오븐에 구운 사과나 과일 콩포트, 초콜릿을 넣은 가토 또는 디저트뿐만 아니라 오렌지 타르트와 함께 먹어도 일품이다.

코리앤더즙 *Jus à la coriandre*

즙 500ml 기준
작업 시간 15분

재료
레몬 제스트 1/2개분
신선한 코리앤더 잎 20g
물 450ml
설탕 80g

1 레몬 제스트를 아주 곱게 다진다.
2 코리앤더 잎을 잘게 썬다.
3 냄비에 물, 설탕, 레몬 제스트를 넣고 가열하다가, 끓어오르면 불을 끈다.
4 (3)의 분량의 코리앤더 중 반을 넣고 10~15분간 향을 우린다.
5 (4)에 남은 코리앤더를 넣고 블렌더로 아주 곱게 간다.

Comment

파인애플 샐러드에 코리앤더즙을 넣으면 재료 본연의 풍미가 한층 살아난다.

Plus

향초즙 Jus aux plantes
코리앤더 대신 레몬그라스나 다조람, 버베나 등 향이 나는 풀을 넣어, 다양한 즙을 만들 수 있다.

스파이시즙 *Jus épicé* 

즙 500ml 기준
작업 시간 20분
휴지 시간 최소 12시간

재료
레몬 1개 · 오렌지 1개
바닐라 깍지 1/2개
검은 통후추 4g · 생강 뿌리 1조각
물 350ml · 설탕 140g
스타 아니스 1개
정향 작은 것 1개

1 오렌지와 레몬을 제스트로 뜬 다음, 반 정도를 곱게 다진다.
2 레몬 과육을 짜면 즙 40ml가 나온다.
3 바닐라 깍지를 반으로 갈라 씨를 긁어낸다.
4 통후추의 껍질을 깐다.
5 생강 뿌리는 얇게 저며 슬라이스 5장을 만든다.
6 냄비에 물과 설탕을 넣고 끓인 후, 잘 저으면서 준비된 재료를 모두 넣는다.
7 불을 끈 다음, 최소 12시간 향을 우리고 체에 거른다.

Comment

스파이시즙을 대추나 망고, 오렌지에 곁들이면 톡 쏘는 맛이 살아난다. 즙에 넣는 오렌지와 레몬은 반드시 화약 약품으로 처리하지 않는 것을 고른다.

딸기즙 *Jus de fraise* 

즙 500ml 기준
작업 시간 15분
조리 시간 45분
냉장 시간 5~6시간

재료
잘 익은 딸기 800g · 설탕 50g

1 꼭지를 딴 딸기와 설탕을 볼에 넣고 45분간 중탕에서 익힌다.
2 (1)을 체에 거르면 즙 500ml 정도가 나온다. 딸기 덩어리는 버리지 말고 따로 보관한다.
3 딸기즙은 4℃ 냉장고에서 5~6시간 동안 넣었다가 맑은 액체만 걸러낸다.

Comment

딸기즙은 바닐라 아이스크림이나 붉은 과일, 과일 셔벗에 곁들이면 아주 맛있고, 과일을 익힐 때 사용해도 좋다.

캐러멜 딸기즙 *Jus de fraise caramélisé* 

즙 500ml 기준
작업 시간 15분

재료
잘 익은 딸기 800g
레몬 1개 · 설탕 50g

1 딸기즙 레시피처럼 익히되, 설탕은 넣지 않는다.
2 레몬을 짜면 즙 50ml가 나온다.
3 냄비에 물 없이 설탕만 넣고 가열해, 옅은 갈색의 캐러멜을 만든다.
4 캐러멜이 완성되면 레몬즙을 넣어 여열로 캐러멜이 계속 가열되는 것을 막고, 계속 저으면서 딸기즙을 넣는다.

Comment

팬에 구운 사과나 배, 익힌 과일과 잘 어울리는 즙이다.

라즈베리즙 *Jus de framboise* 

즙 500ml 기준
작업 시간 10분
조리 시간 30분

재료
라즈베리 700g · 설탕 80g

1 볼에 라즈베리와 설탕을 담고 중탕에서 30분간 익힌다.
2 플라스틱 체에 거른 다음, 4℃ 냉장고에 넣어 보관한다.

Comment

팬에 구운 사과나 배와 잘 어울린다.

바질 향 올리브 오일즙 *Jus à l'huile d'olive et au basilic* 

즙 500ml 기준
작업 시간 10분

재료
신선한 바질 잎 24장
레몬 2개 · 올리브 오일 300ml
설탕 45g · 후추 5g(1tsp)

1 바질 잎을 잘게 썬다.
2 레몬을 짜면 즙 150ml 정도가 나온다.
3 볼에 바질, 레몬즙, 올리브 오일, 설탕을 넣고 후추를 그라인더로 갈아 넣은 다음 잘 섞는다.

Comment

향이 진하게 나는 즙이라서 복숭아를 오븐에 구울 때 곁들이면 훌륭한 조화를 이룬다.

신선한 민트즙 *Jus à la menthe fraîche* 

즙 500ml 기준
작업 시간 15분

재료
신선한 민트 잎 20g
물 400ml
설탕 120g

1 민트 잎을 잘게 썬다.
2 냄비에 물과 설탕을 넣어 끓인다.
3 냄비의 불을 끈다. 민트 잎 중 절반을 냄비에 넣고 15~20분간 우린 다음, 체에 거른다. 이때, 뚜껑을 열어두어야 텁텁한 냄새가 나지 않는다.
4 (3)에 남은 민트를 모두 넣고 블렌더에 갈아 매끈한 텍스처로 만든다.

Tip

즙을 약간 걸쭉하게 만들고 싶으면 설탕에 감자 전분 10g을 섞은 다음 물과 함께 가열한다.

쉬제트즙 *Jus Suzette* 

즙 500ml 기준
작업 시간 15분

재료
오렌지 1개
레몬 1개
설탕 250g
그랑 마르니에 25ml(작은 2tbsp)

1 오렌지 껍질은 반쪽만 제스트를 떠서 곱게 다지고, 과육을 짜서 즙 150ml 정도를 만든다. 레몬도 짜서 즙 25ml를 만든다.
2 냄비에 물 없이 설탕만 넣고 끓여, 옅은 갈색의 캐러멜로 만든다.
3 캐러멜이 완성되면 오렌지즙과 레몬즙을 넣어, 여열로 온도가 계속 올라가는 것을 막는다.
4 마지막에 오렌지 제스트와 그랑 마르니에를 넣는다. 

Comment

쉬제트즙은 오렌지 샐러드나 크레프에 뿌려 먹으면 좋다.

바닐라즙 *Jus à la vanille* 

즙 500ml 기준
작업 시간 10분

재료
바닐라 깍지 2개 · 설탕 80g
감자 전분 10g · 물 400ml

1 바닐라 깍지는 반으로 갈라 씨를 긁어낸다.
2 냄비에 설탕과 감자 전분을 섞은 다음, 물을 붓고 끓인다.
3 바닐라 깍지와 씨를 넣고 뭉근한 불에서 2분간 가열한 후, 체에 거른다.

Comment

시럽에 익힌 과일이나 리 오 레riz au lait에 바닐라즙을 곁들여 먹으면 제격이다.

제과
레시피

Les recettes de pâtisseries

타르트와 투르트, 크럼블

TARTE, TOURTE and CRUMBLE

타르트와 투르트는 파트 브리제나 파트 푀유테, 파트 사블레, 파트 쉬크레로 바닥 시트를 만든 다음, 과일이나 초콜릿, 향을 낸 크림, 설탕, 쌀 등을 채워서 만든다. 투르트는 타르트와 비슷하지만 반죽을 밀어 뚜껑처럼 덮는 것이 특징이다. 크럼블은 몽글몽글하게 부수어 과일 위에 얹어 먹는다.

파스타 프롤라 *Pasta Frola* 

4~6인분 기준

작업 시간 1시간
휴지 시간 30분
조리 시간 35~40분

재료

밀가루 300g
드라이 이스트 10g
달걀 1개
노른자 2개분
우유 1tbsp
설탕 125g
실온 버터 150g
레몬 제스트 1tsp
모과 페이스트 500g

1 밀가루와 이스트를 섞는다.
2 볼에 달걀, 노른자, 우유를 넣고 거품기로 젓는다.
3 (2)에 설탕과 버터, 강판에 간 레몬 제스트, (1)의 가루 재료를 넣는다. 부드럽고 균일한 텍스처가 되도록 계속 젓는다.
4 반죽을 냉장고에서 30분간 휴지시킨다.
5 휴지가 끝나면, 두께 3~4mm로 밀어 지름 22cm 타르트 틀 안에 넣는다.
6 남은 반죽은 폭 1cm의 기다란 띠로 민다.
7 오븐을 170℃로 예열한다.
8 작은 냄비에 모과 페이스트를 넣고 물 3스푼을 타서 데운다. 페이스트가 묽어지면 불을 끄고 식힌다.
9 타르트에 데운 모과 페이스트를 넣은 다음, 겉면을 (6)의 띠 반죽으로 장식한다.
10 타르트를 오븐에 넣고 약 40분간 구우면 노릇해진다. 틀에서 꺼내서 미지근하게나 차갑게 먹는다.

살구 타르트 *Tarte aux abricots* 

6~8인분 기준

작업 시간 40분
휴지 시간 10시간+30분+30분
조리 시간 12분+25분

재료

파트 푀유테 250g ▶ 20쪽 참고
아몬드 크렘 180g ▶ 56쪽 참고
살구 900g
설탕 20g
말랑한 버터 20g
살구 나파주나
살구 마멀레이드 4tbsp

1 파트 푀유테의 휴지 시간이 10시간이라는 점을 고려하여 반죽을 만든다.
2 파트 푀유테를 두께 2mm로 민 다음, 냉장고에서 30분간 휴지시킨다.
3 지름 22cm 타르트 틀에 버터를 바른 후 설탕을 골고루 뿌린다. 파트 푀유테를 타르트 틀에 넣고 밀대로 눌러 틀 밖으로 튀어나온 반죽을 자른 다음, 틀에 반죽이 밀착되도록 엄지와 검지로 옆면을 누른다. 포크로 바닥에 여러 군데 구멍을 낸 다음, 냉장고에서 30분간 휴지시킨다.
4 아몬드 크렘을 만든다.
5 오븐은 185℃로 예열한다. 유산지를 지름 23cm 원으로 잘라 타르트 시트 위에 얹은 다음, 살구씨나 말린 콩 등을 채워 넣고 12분간 굽는다. 타르트 시트를 꺼내 유산지와 충전물을 제거한 다음, 다시 오븐에서 5분간 굽는다.
6 구운 타르트 시트에 아몬드 크렘을 넣는다. 살구는 반으로 잘라 씨를 제거한 다음, 껍질이 아래로 향하게 큰 원을 그리듯 포개어 배열한다. 살구 위에 설탕을 골고루 뿌린 다음, 중간중간 버터 조각을 얹는다.
7 오븐에서 22~25분간 구우면 겉면이 캐러멜화된다.
8 오븐에서 꺼내 살짝 식힌 후, 붓으로 살구 마멀레이드를 바른다. 살구 타르트는 미지근하게 먹는다.

Tip

타르트 시트가 오븐에서 부푸는 것을 방지하려면 말린 콩을 활용하면 된다. 우선 유산지를 정사각형으로 잘라 주머니를 만들고, 말린 흰강낭콩을 10~12개 정도 넣는다. 콩이 빠져나오지 못하도록 한쪽을 접은 다음, 타르트 시트 가운데에 넣는다.

파인애플 타르트 *Tarte à l'ananas* 

6~8인분 기준
작업 시간 10분+25분
휴지 시간 1시간+1시간
조리 시간 35분

재료
파트 아 퐁세 250g ▶ 16쪽 참고
달걀 2개 · 설탕 110g
밀가루 1tsp · 우유 1컵
레몬즙 1/2개분
졸인 파인애플 시럽 4tbsp
시럽에 재운
파인애플 슬라이스 6개
분당 30g

1 파트 아 퐁세를 만든 다음 1시간 동안 냉장 휴지시키고, 두께 2mm로 민다. 지름 22cm 타르트 틀에 버터를 바르고, 반죽을 원형으로 다듬어서 틀 안에 넣는다. 포크로 타르트 시트에 여러 군데 구멍을 낸 다음, 1시간 동안 냉장 휴지시킨다.

2 오븐은 200℃로 예열했다가 타르트를 넣고 180℃로 낮춘 다음 20분간 굽는다.

3 달걀을 깨뜨려 흰자와 노른자를 분리한다. 볼에 노른자, 설탕 80g, 밀가루, 우유를 넣고 잘 섞는다.

4 쉬지 말고 나무 숟가락으로 저으며, (3)을 약불에서 익혀 걸쭉하게 만든다. 여기에 레몬즙과 졸인 파인애플 시럽을 넣는다.

5 구운 타르트 시트는 미지근하게 식히고, 그 위에 (4)의 크림을 붓는다. 파인애플은 시럽에서 건져서 물기를 뺀 다음, 크림 위에 얹는다.

6 흰자에 설탕 30g을 넣고 휘핑해 단단한 머랭을 만든다. 흰자 머랭을 파인애플 위에 덮고, 그 위에 분당 30g을 뿌린다.

7 다시 오븐에 넣고 10분간 구우면 머랭이 노릇해진다. 파인애플 타르트는 시원하게 먹는다.

타르트 벨주 오 쉬크르 *Tarte belge au sucre* 

4~6인분 기준
작업 시간 20분+30분
휴지 시간 40분+2시간
조리 시간 12분+10분

재료
파트 브리오셰 250g ▶ 24쪽 참고
버터 10g · 달걀 1개
설탕 80g
크렘 프레슈 에페스
30g ▶ 428쪽 참고

1 파트 브리오셰를 만든 다음, 40분간 냉장 휴지시킨다. 지름 26cm 타르트 틀에 버터를 바른다. 반죽을 동그란 덩어리로 성형한 다음, 납작하게 눌러 틀 모양으로 민다. 반죽을 틀에 넣고, 부피가 2배가 될 때까지 22~24℃의 상온에서 2시간 정도 발효시킨다.

2 오븐을 220℃로 예열한다. 달걀을 거품기로 풀어서 달걀 물을 만든다. 붓으로 달걀 물을 반죽 겉면에 바르고, 설탕을 뿌린다.

3 오븐 온도를 200℃로 낮춘 다음, 타르트 시트를 오븐에 넣고 12분간 굽는다.

4 타르트를 꺼내 크림을 고루 바른 후, 다시 오븐에 넣고 8~10분간 굽는다. 이렇게 하면 뜨거운 설탕이 크림을 흡수해 살짝 윤기가 돈다.

5 완전히 식히거나 미지근하게 식혀서 만든 당일에 먹는다.

타르트 카라이브 '크렘 코코' _Tarte caraïbe «crème coco»_

6~8인분 기준

작업 시간 15분+30분

휴지 시간 2시간+30분+30분

조리 시간 35~40분

재료

파트 쉬크레 500g ▶ 19쪽 참고

'크렘 코코'

분당 85g

아몬드 가루 40g

코코넛 가루 45g

옥수수 전분 5g

버터 70g

달걀 1개

럼 브랑 아그리콜❖ 1/2tbsp

크림 170g

필링

파인애플 1개

라임 2개

레드커런트 4송이

모과 젤리 4tbsp

1 파트 쉬크레를 만든 다음, 2시간 동안 냉장 휴지 시킨다.

2 반죽을 두께 2mm로 밀어 지름 28cm 원형으로 자른다. 오븐 팬에 반죽을 올리고 30분간 냉장 휴지 시킨다.

3 지름 22cm의 타르트 틀에 버터를 바르고, 반죽을 넣는다. 포크로 타르트 바닥을 찍어 구멍을 낸 다음, 다시 냉장고에 넣어 30분간 휴지시킨다.

4 분당, 아몬드 가루, 코코넛 가루, 옥수수 전분을 함께 섞어 체에 거른다. 볼에 버터를 넣고 스패츌러로 으깨 부드럽게 만든다. 계속 저으면서 여기에 체친 가루 재료를 넣고, 완전히 섞이면 달걀을 넣는다. 마지막으로 럼과 크림을 넣고 잘 저어 균일한 텍스처가 되면 냉장고에 넣는다.

5 오븐을 220℃로 예열한다.

6 (4)의 크렘 코코를 타르트 틀의 1/2까지 붓는다. 오븐에 넣어 35~40분간 구운 뒤 식힌다.

7 파인애플은 잘 익고 크기가 큰 것으로 준비한다. 빵칼로 껍질을 벗긴 다음, 두께 1cm 슬라이스로 자른다. 심을 제거하고 세로로 얇게 썰어, 물기가 빠지도록 키친타월 위에 30분간 올려둔다.

8 과도로 라임 껍질을 얇게 뜨는데, 초록색 껍질 밑에 하얀 부분이 없도록 말끔히 제거한다. 얇게 뜬 껍질을 가느다랗게 잘라 제스트를 만든다.

9 타르트에 얇게 썬 파인애플을 얹고 그 위에 제스트를 군데군데 올린다.

10 레드커런트는 송이에서 떼내 타르트 위에 골고루 얹는다.

11 냄비에 모과 젤리를 넣고 녹인 다음, 붓으로 과일 위에 얇게 바른다.

12 완성된 타르트는 냉장고에 2시간 정도 보관한 뒤 먹는다.

Tip

먹기 하루 전에 파트 쉬크레와 크렘 코코를 만들어 랩으로 잘 씌운 다음 냉장 휴지시켜도 된다.

❖ 럼은 일반적으로 설탕을 제조하고 남은 부산물인 당밀을 원료로 만드는데, 럼 브랑 아그리콜Rhum brun agricole은 사탕수수즙을 발효시켜 증류한 다크 럼을 지칭한다.

카소나드 타르트 _Tarte à la cassonade_

6~8인분 기준

작업 시간 10분+20분

휴지 시간 2시간

조리 시간 10분+30분

재료

파트 브리제 375g ▶ 17쪽 참고

껍질 벗긴 아몬드 150g

달걀 3개

크렘 프레슈 에페스

200g ▶ 428쪽 참고

카소나드(황설탕) 300g

1 파트 브리제를 만들어서 한 덩어리로 뭉친 다음, 2시간 동안 냉장 휴지시킨다.

2 오븐은 200℃로 예열한다.

3 지름 25cm 타르트 틀에 버터를 바른다. 반죽을 두께 3mm로 밀어 틀 안에 넣고, 포크로 타르트 바닥을 여러 번 찍는다. 타르트 시트 위에 유산지를 깔고 말린 콩을 넣은 다음, 오븐에서 10분간 굽는다.

4 아몬드를 블렌더에 간다.

5 달걀을 한 개씩 깨뜨려 흰자와 노른자를 분리한다.

6 볼에 아몬드와 크림, 카소나드를 넣고 섞은 다음, 노른자를 한 개씩 넣어가며 스패츌러로 잘 섞는다.

7 흰자를 휘핑해 단단하게 올린 다음, (6)에 넣는다. 머랭이 꺼지지 않도록 나무 스패츌러를 한쪽 방향으로 살살 젓는다.

8 (7)을 구운 타르트 시트 위에 붓고, 다시 오븐에 넣어 30분간 굽는다. 카소나드 타르트는 시원하게 먹는다.

Tip

타르트 시트가 오븐에서 부푸는 것을 방지하려면 말린 콩을 활용하면 된다. 우선 유산지를 정사각형으로 잘라 주머니를 만들고, 말린 흰강낭콩을 10~12개 정도 넣는다. 콩이 빠져나오지 못하도록 한쪽을 접은 다음, 타르트 시트 가운데에 넣는다.

알자스식 체리 타르트 *Tarte aux cerises à l'alsacienne* 

4~6인분 기준
작업 시간 40분
휴지 시간 2시간+1시간
조리 시간 20분+15분

재료
파트 브리제 300g ▶ 17쪽 참고
그리오트❖ 500g · 설탕 50g
아몬드 크렘 250g ▶ 56쪽 참고
뷔를라burla 다크 체리 또는
쾨르 드 피종cœur de pigeon 다크
체리 500g
크럼블 반죽 180g ▶ 29쪽 참고

1 파트 브리제를 만들어 2시간 동안 냉장 휴지시킨다.
2 그리오트는 씨를 제거한 후 볼에 담아 설탕을 뿌린다. 2시간 동안 설탕에 절인 다음, 체에 1시간 동안 밭쳐 물기를 제거한다.
3 오븐은 180℃로 예열한다.
4 아몬드 크렘을 만든다.
5 파트 브리제는 2mm로 민다. 지름 26cm 코팅 타르트 틀에 반죽을 넣은 다음, 반죽이 부풀어 오르지 않도록 포크로 바닥을 여러 번 찍는다. 그리오트를 넣고 아몬드 크렘으로 덮은 다음, 씨를 제거하지 않은 다크 체리를 넣는다. 오븐에서 20분간 굽는다.
6 크럼블 반죽을 만든다.

7 타르트가 다 익으면 크럼블을 골고루 올려 다시 15분간 굽는다. 오븐에서 꺼내 10분간 식힌 다음, 미지근할 때 틀에서 꺼내서 식힘망에서 식힌다. 체리 타르트는 미지근하거나 차갑게 먹는다.

Tip

다크 체리의 씨를 빼지 않고 그대로 익히면 과육까지 향이 스며들어 더 맛있는 타르트가 완성된다. 신선한 체리를 구하기 힘들다면 냉동 체리를 써도 좋다.

❖ 그리오트griotte는 과육이 빨갛고 촉촉하며 신맛이 강한 것이 특징인 체리 품종으로, 모렐로 체리라고도 부른다. 주로 시럽이나 브랜디에 절여 통조림을 만들거나 콩피나 잼으로 먹는다.

초콜릿 타르트 *Tarte au chocolat* 

6~8인분 기준
작업 시간 15분+40분
휴지 시간 2시간
조리 시간 20분+20분

재료
파트 쉬크레 250g ▶ 19쪽 참고
밀가루를 넣지 않은 초콜릿
파트 아 비스퀴 80g ▶ 33쪽 참고
초콜릿 가나슈 300g ▶ 84쪽 참고

1 파트 쉬크레를 만든 다음 2시간 동안 냉장 휴지시킨다.
2 오븐은 170℃로 예열한다.
3 반죽을 두께 1.5mm로 민다.
4 지름 26cm 코팅 타르트 틀에 반죽을 넣은 다음, 포크로 바닥을 여러 번 찍어 구멍을 낸다. 반죽이 부풀어 오르지 않도록 작은 칼로 여러 번 그어 격자무늬를 만든다. 이 위에 지름 30cm 원형으로 자른 유산지를 얹고, 살구씨나 말린 콩을 넣는다.
5 12분간 구운 후 유산지와 충전물을 제거한 다음, 다시 8~10분간 굽는다.
6 타르트 시트를 틀에서 꺼내 식힌다.
7 밀가루를 넣지 않은 초콜릿 비스퀴 반죽을 만든다. 오븐 팬에 유산지를 깔고 지름 24cm 무스링을 얹는다. 짤주머니에 8mm 민무늬 깍지를 끼운 다음 초콜릿 비스퀴 반죽을 넣고, 무스링 안에 짠다. 반죽을 오븐에 넣고 오븐 문을 살짝 열어둔 상태로 20분간 굽는다. 구운 비스퀴는 식힘망에 올려 식힌다.

8 초콜릿 가나슈를 만든다. 짤주머니에 중간 크기의 민무늬 깍지를 끼우고 가나슈를 넣는다. 가나슈가 얇게 한 층 깔리도록 타르트 시트 위에 짠다.
9 가나슈 위에 초콜릿 비스퀴를 올린 다음, 다시 가나슈로 덮는다.
10 완성된 타르트는 1시간 정도 냉장고에서 식혔다가 실온으로 맞춰 시식한다.

Tip

다크초콜릿 코포를 올리거나 캐러멜 튈을 얇게 만들어 꽂으면 멋진 데코가 된다.

레몬 머랭 타르트

Tarte meringuée au citron

오븐에서 꺼낸 타르트는
식힘망에 올려 식힌 후 차갑게 먹는다.

레몬 타르트 *Tarte au citron* 

4~6인분 기준

작업 시간 10분+15분
휴지 시간 2시간
조리 시간 20분+15분

재료

파트 쉬크레 250g ▶ 19쪽 참고
레몬 5개
달걀 3개
설탕 100g
녹인 버터 80g

1 파트 쉬크레를 만든 후 2시간 동안 냉장 휴지시킨다.

2 오븐은 190℃로 예열한다.

3 반죽을 두께 3mm로 민 다음, 지름 18cm 타르트 틀에 넣는다. 포크로 타르트 바닥을 찍어 여러 군데 구멍을 낸 다음, 유산지를 깔고 살구씨나 말린 콩을 넣는다. 오븐 온도를 180℃로 낮추고 타르트 시트를 20분간 굽는다.

4 레몬은 화학 약품으로 처리하지 않은 것을 준비해 강판에 갈아 제스트로 만든다. 남은 과육은 짜서 즙을 낸다.

5 볼에 달걀, 설탕, 버터, 레몬즙, 레몬 제스트를 넣고 거품기로 힘껏 휘핑한다.

6 구운 타르트 시트에 (5)를 넣은 후, 다시 오븐에 넣고 15분간 굽는다. 레몬 타르트는 시원하게 먹는다.

올랭프 베르시니 *Olympe Versini*

Plus

레몬 대신 오렌지 3개를 넣으면 오렌지 타르트가 되고, 만다린 7개로 대체하면 만다린 타르트가 된다.

레몬 머랭 타르트 *Tarte merinquée au citron* 

6~8인분 기준

작업 시간 15분+40분
휴지 시간 2시간+30분
조리 시간 25분+10분

재료

파트 쉬크레 300g ▶ 19쪽 참고
레몬 크렘 700g ▶ 55쪽 참고
흰자 3개분
설탕 150g
분당 10g

1 파트 쉬크레를 만든 후 2시간 동안 냉장 휴지시킨다.

2 레몬 크렘을 만든다.

3 오븐은 190℃로 예열한다.

4 지름 25cm 타르트 틀에 버터를 바른다. 반죽을 2.5mm로 밀어 틀 안에 꼭 맞게 넣고, 냉장고에서 30분간 휴지시킨다.

5 타르트 틀에 유산지를 깔고 말린 콩을 넣은 다음, 18분간 굽는다. 유산지와 말린 콩을 제거한 후, 7분 더 굽는다.

6 차가운 레몬 크렘을 타르트 시트 안에 붓고 스패출러로 고르게 정리한 다음, 냉장고에 넣는다.

7 레몬 크렘이 냉장고에서 굳는 동안 머랭을 만든다. 흰자에 설탕을 조금씩 넣으며 휘핑해 하얗고 단단하게 만든다. 레몬 크렘 위에 머랭을 스패출러로 펴바르거나 짤주머니로 원을 그리며 짠다. 머랭 위에 분당을 살짝 뿌리고, 250℃ 오븐에서 8~10분간 구우면 머랭이 노릇해진다. 레몬 머랭 타르트는 차갑게 먹는다.

Tip

타르트 시트가 오븐에서 부푸는 것을 방지하려면 말린 콩을 활용하면 된다. 우선 유산지를 정사각형으로 잘라 주머니를 만들고, 말린 흰강낭콩을 10~12개 정도 넣는다. 콩이 빠져나오지 못하도록 한쪽을 접은 다음, 타르트 시트 가운데에 넣는다.

검정 무화과를 넣은 라즈베리 타르트

Tarte aux figues noires et framboises 

4~6인분 기준
작업 시간 10분+30분
휴지 시간 2시간
조리 시간 40분

재료
파트 브리제 250g ▶ 17쪽 참고
아몬드 크렘 180g ▶ 56쪽 참고
검정 무화과 600g
라즈베리 1팩

계피 설탕
설탕 50g
계피 가루 1/3tsp

1 파트 브리제를 만든 다음 2시간 동안 냉장 휴지 시킨다.
2 아몬드 크렘을 만든다.
3 파트 브리제를 두께 2mm로 밀어, 지름 26cm 코팅 타르트 틀에 넣는다. 타르트 바닥을 포크로 찍어 여러 군데 구멍을 낸 다음, 아몬드 크렘을 고루 넣는다.
4 오븐은 180°C로 예열한다.
5 무화과를 씻어서 세로로 자르는데, 크기에 따라 4등분 또는 6등분한다. 뾰족한 쪽이 위로, 껍질은 아몬드 크렘과 맞닿게 동그랗게 배열한다. 오븐에서 40분간 익힌다.
6 오븐에서 타르트를 꺼내고 5분 정도 식힌다. 미지근해지면 식힘망 위에 올린다.
7 식힌 타르트에 설탕과 계피 가루를 섞어 뿌린 다음, 그 위에 라즈베리를 올린다.

딸기 타르트 *Tarte aux fraises* 

6~8인분 기준
작업 시간 15분+30분
휴지 시간 2시간
조리 시간 25분

재료
파트 쉬크레 250g ▶ 19쪽 참고
아몬드 크렘 200g ▶ 56쪽 참고
알이 굵은 딸기 40개(약 800g)
(가리게트gariguette 또는
마라 데 부아mara des bois 품종)
딸기 젤리 150g
흑후추 소량

1 파트 쉬크레를 만들어 2시간 동안 냉장 휴지시킨다. 아몬드 크렘도 만들어둔다.
2 반죽을 두께 1.5mm로 밀어 원형으로 만든 후, 지름 22cm 타르트 틀에 버터를 바르고 반죽을 넣는다. 포크로 타르트 바닥을 찍어 구멍을 낸다.
3 오븐은 180°C로 예열한다.
4 타르트 시트에 아몬드 크렘을 고르게 넣은 다음, 오븐에서 25분간 굽는다.
5 딸기는 꼭지를 딴다. 딸기 젤리가 너무 되면 물을 약간만 타서 갠다.
6 타르트를 오븐에서 꺼내 식힌 후, 겉면에 딸기 젤리를 고루 바른다.
7 딸기를 링 모양으로 올리고, 그라인더로 후추를 갈아 살짝 흩뿌린다. 붓으로 젤리를 묻혀 딸기 위에 바른다. 여기에 크렘 샹티를 올리면 잘 어울린다.

Plus

딸기 타르트 푀유테 Tarte feuilletée aux fraises
파트 푀유테 ▶ 20쪽 참고 300g을 얇게 민 다음, 지름 30cm 원형으로 자른다. 오븐 팬에 유산지를 깔고 반죽을 얹는다. 그 위에 무스링을 올리고 가운데만 포크로 찍어 구멍을 낸다. 이렇게 하면 가운데는 평평하고 가장자리만 부풀어 오른다. 250°C 오븐에서 굽다가 거의 다 익었을 때, 분당을 살짝 뿌려 캐러멜화한다. 오븐에서 꺼내 식힌 다음, 밀푀유 크렘 ▶ 58쪽 참고 150g과 딸기 800g을 넣고, 딸기 젤리 100g을 겉면에 발라 윤기를 낸다.

배를 넣은 밤 타르트

Tarte aux marrons et aux poires

파트 브리제로 타르트 시트를 만들고, 밤 페이스트와 위스키,
설탕, 달걀로 만든 클라푸티 반죽을 붓는다. 반죽에는 배 조각
과 밤을 부서뜨려 넣고, 파트 아 필로로 겉면이 보이지 않게 덮
는다. ▶487쪽 레시피 참고

라즈베리 타르트 *Tarte aux framboises*

6~8인분 기준

작업 시간 30분+25분
휴지 시간 10시간+1시간
조리 시간 25분

재료

파트 푀유테 30g ▶ 20쪽 참고
밀푀유 크렘 300g ▶ 58쪽 참고
라즈베리 500g
레드커런트 젤리 또는
라즈베리 젤리 6tbsp

1 파트 푀유테의 휴지 시간이 10시간이라는 점을 고려하여 반죽을 만든다.

2 밀푀유 크렘을 만들어서 식힌다. 오븐은 200℃로 예열한다.

3 파트 푀유테를 두께 3~4mm로 밀어, 버터를 바른 24cm 타르트 틀에 넣는다. 타르트 바닥을 포크로 여러 군데 찍어 구멍을 낸 다음, 유산지를 깔고 말린 콩을 넣는다.

4 오븐 온도를 180℃로 낮춘 다음, 타르트를 넣고 25분간 굽는다.

5 젤리를 냄비에 넣고 약불에서 데워 묽게 만든다. 타르트 시트가 식으면 밀푀유 크렘을 넣고 라즈베리를 골고루 올린다. 라즈베리에 젤리를 바르고, 시원하게 먹는다.

Tip

타르트 시트가 오븐에서 부푸는 것을 방지하려면 말린 콩을 활용하면 된다. 우선 유산지를 정사각형으로 잘라 주머니를 만들고, 말린 흰강낭콩을 10~12개 정도 넣는다. 콩이 빠져나오지 못하도록 한쪽을 접은 다음, 타르트 시트 가운데에 넣는다.

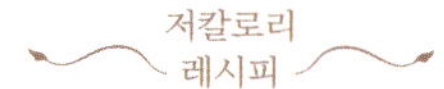

프로마주 블랑 타르트 *Tarte au fromage blanc*

4~6인분 기준

작업 시간 10분
휴지 시간 2시간+30분
조리 시간 45분

재료

파트 브리제 250g ▶ 17쪽 참고
프로마주 블랑 500g
설탕 50g
밀가루 50g
크림 50g
달걀 2개

1 파트 브리제를 만든 후 2시간 동안 냉장 휴지시킨다.

2 지름 18cm 타르트 틀에 버터를 바른다. 반죽을 두께 2mm로 밀어 틀 안에 넣고, 30분간 냉장 휴지시킨다.

3 오븐은 180℃로 예열한다.

4 달걀은 풀어놓는다. 물기를 뺀 프로마주 블랑과 설탕, 밀가루, 크림, 달걀을 볼에 넣고 잘 섞는다.

5 타르트 틀에 **(4)**를 붓고 오븐에서 45분간 굽는다.

◆ **100g당 영양 성분**

총 240kcal · 단백질 7g · 지질 14g · 탄수화물 20g

라즈베리 타르트(린처토르테) *Tarte aux framboises (Linzertorte)* 

6~8인분 기준

작업 시간 10분+15분
휴지 시간 2시간
조리 시간 35~40분

재료

계피 향 파트 사블레
500g ▶ 19쪽 참고
라즈베리잼 200g

1 계피 향 파트 사블레를 만든 다음 2시간 동안 냉장 휴지시킨다.

2 오븐은 180°C로 예열한다.

3 반죽은 두께 3mm로 민 다음, 버터를 바른 22cm 타르트 틀에 넣는다. 빈틈이 없도록 반죽을 틀 안에 붙이고 밖으로 튀어나온 것은 말끔히 자른다. 포크로 타르트 바닥을 여러 군데 찍어 구멍을 낸 다음, 라즈베리잼을 펴 바른다.

4 남은 반죽은 장식으로 활용한다. 우선 두께 2mm로 길게 민 다음, 폭 8mm의 기다란 줄로 자른다. 격자무늬가 나오도록 교차시키면서 잼 위에 배열한다. 벌어지지 않도록 장식 반죽과 타르트 시트가 만나는 테두리를 잘 붙인다.

5 오븐에 넣고 35~40분간 굽는다. 구운 타르트는 틀에서 꺼내서 식힌다.

메츠식 타르트 오 므쟁 *Tarte au me'gin à la mode de Metz* 

4~6인분 기준

작업 시간 10분+10분
휴지 시간 2시간
조리 시간 35분

재료

파트 브리제 250g ▶ 17쪽 참고
프로마주 블랑 200g · 크림 100g
달걀 3개 · 설탕 20g
소금 1꼬집
바닐라 에센스 몇 방울 또는 바닐라 설탕 1팩

1 파트 브리제를 만든 후 2시간 동안 냉장 휴지시킨다.

2 반죽을 두께 2mm로 민 다음, 지름 18cm 타르트 틀에 버터를 바르고 반죽을 넣는다.

3 오븐은 200°C로 예열한다.

4 달걀은 살짝 거품이 나도록 풀어놓는다. 프로마주 블랑의 물기를 충분히 제거한 것을 '프랑쟁fremgin' 또는 '므쟁me'gin'이라고 하는데, 볼에 므쟁, 크림, 달걀, 설탕, 소금을 넣고 잘 섞는다. 여기에 바닐라 에센스나 바닐라 설탕을 넣어서 향을 낸다.

5 (4)를 타르트 틀에 붓고 오븐에서 35분간 굽는다.

6 상온 정도로 맞춰 시식한다.

민트를 넣은 붉은 과일 타르트

Tarte à la menthe et aux fruits rouges

6~8인분 기준
작업 시간 10분+40분
휴지 시간 2시간+1시간
조리 시간 26분

재료
파트 브리제 250g ▶ 17쪽 참고
리 오 레 400g ▶ 308쪽 참고
레드커런트 젤리 5tbsp
민트 1/2팩 · 딸기 200g
라즈베리 1팩 · 야생 딸기 1팩
레드커런트 1팩
검정 후추 소량

1 파트 브리제를 만든 다음 2시간 동안 냉장 휴지 시킨다.
2 (1)을 휴지시키는 동안 리 오 레를 만든다.
3 오븐은 180℃로 예열한다.
4 반죽은 두께 2mm로 민 다음, 지름 22cm의 타르트 틀에 버터를 바르고 반죽을 넣는다. 타르트 시트를 포크로 찍어 여러 군데 구멍을 낸 다음, 유산지를 깔고 살구씨나 말린 콩을 넣는다.
5 타르트를 오븐에 넣고 옅은 갈색이 나게 18분간 구운 다음, 유산지와 충전물을 제거한다. 타르트 안에 리 오 레를 넣고, 180℃ 오븐에서 8분간 구운 후 식힌다.

6 레드커런트 젤리를 데운 다음, 붓으로 리 오 레 위에 바른다. 민트 잎을 다져서 뿌린 다음, 붓으로 레드커런트 젤리를 살짝만 바른다.
7 볼에 붉은 과일을 모두 넣고 섞은 후, 타르트 위에 올린다. 후추는 그라인더로 4번 갈아서 넣는다.
8 타르트는 냉장고에 1시간 정도 넣어둔 다음에 먹는다.

Plus

제철이 아니라 붉은 과일을 구할 수 없으면 자몽이나 오렌지 슬라이스를 쓴다.

블루베리 타르트 *Tarte aux myrtilles*

4~6인분 기준
작업 시간 10분+20분
휴지 시간 2시간
조리 시간 30분

재료
파트 브리제 350g ▶ 17쪽 참고
블루베리 또는 블뢰에bleuets 400g
설탕 60g
분당 10g

1 파트 브리제를 만든 다음 2시간 동안 냉장 휴지 시킨다.
2 오븐은 190℃로 예열한다.
3 지름 28cm 타르트 틀에 버터를 바른 다음, 밀가루를 골고루 묻힌다. 반죽을 두께 3mm로 민 다음, 타르트 틀 안에 넣는다. 타르트 바닥을 포크로 찍어 여러 군데 구멍을 낸 다음, 말린 콩을 넣고 10분간 오븐에서 굽는다.
4 블루베리는 좋은 것을 사용한다. 볼에 블루베리를 넣고 설탕을 뿌린 다음 잘 버무린다.

5 타르트를 오븐에서 꺼내서 말린 콩을 뺀 다음, 블루베리를 골고루 넣는다.
6 다시 오븐에 넣고 180℃에서 20분간 굽는다.
7 식으면 틀에서 꺼내고, 분당을 뿌린다.

Plus

블뢰에 타르트 Tarte aux bleuets
캐나다 일부 지역에서는 블루베리 대신 야생 열매인 블뢰에 bleuets를 사용한다. 블뢰에 타르트는 전통적으로 크렘 샹티로 장식한다.

블루베리 타르트

특별한 장식 없이 분당만 뿌려도
티타임에 잘 어울리는
훌륭한 타르트가 완성된다.

부르달루 배 타르트 Tarte aux poires Bourdaloue 

6~8인분 기준

작업 시간 10분+30분

휴지 시간 2시간

조리 시간 30분

재료

파트 브리제 300g ▶ 17쪽 참고

시럽에 재운 반쪽짜리

배 10~12개

아몬드 크렘 280g ▶ 56쪽 참고

살구 나파주 4tbsp

1 파트 브리제를 만든 다음 2시간 동안 냉장 휴지시킨다.

2 아몬드 크렘을 만들어 냉장고에 보관한다.

3 배는 체에 밭쳐 시럽을 제거한다.

4 오븐은 190°C로 예열한다.

5 반죽은 두께 2mm로 민 다음, 22cm 타르트 틀에 버터를 바르고 반죽을 조심스럽게 넣는다. 엄지와 검지로 테두리를 눌러 틀 위로 반죽이 살짝 튀어나오게 한다.

6 틀 1/2까지 아몬드 크렘을 부은 후, 겉면을 고르게 정리한다. 배는 두께 2mm로 얇게 썬 다음, 아몬드 크렘 위에 링 모양으로 포개며 배열한다.

7 타르트를 오븐에 넣고 30분간 굽는다.

8 미지근해지면 틀에서 꺼낸 후, 살구 나파주를 바른다.

사과 타르트 푀유테 Tarte feuilletée aux pommes 

6~8인분 기준

작업 시간 30분+35분

휴지 시간 10시간+1시간

조리 시간 25분+25분

재료

파트 푀유테 350g ▶ 20쪽 참고

그래니 스미스granny smith 또는

콕스 오렌지cox orange 사과 500g

사과 콩포트 300g

버터 30g

설탕 20g

분당 20g

1 파트 푀유테의 휴지 시간이 10시간이라는 점을 고려하여 반죽을 만든다.

2 반죽을 두께 2mm로 민다. 가로 13cm × 세로 30cm의 직사각형으로 자른 다음, 폭 2cm 띠도 2개 만든다.

3 반죽을 세로로 길게 놓은 다음, 양옆에 물이나 흰자를 붓으로 바른다. 그 위에 폭 2cm 반죽 띠를 엄지로 눌러 붙인 다음, 1시간 동안 냉장 휴지시킨다.

4 오븐은 200°C로 예열한다. 25분간 구워 옅은 갈색이 되면 오븐에서 꺼내 식힌다.

5 사과는 껍질을 깎고 반으로 자른 다음 씨를 제거한다. 얇은 슬라이스로 썬 다음, 반쪽짜리 사과 모양으로 켜켜이 포갠다. 타르트 가운데에 사과 콩포트를 채우고, 그 위에 포갠 사과 슬라이스를 놓는다. 겉면에 설탕을 뿌리고, 사과 덩어리 1개당 버터 1조각을 올린다.

6 180°C 오븐에서 25분간 구운 후, 식힌다. 작은 체를 이용해 가장자리에 분당을 솔솔 뿌리고, 만든 당일 먹는다.

리에주 사과 타르트 *Tarte liégeoise aux pommes*

4~6인분 기준
작업 시간 10분+20분
휴지 시간 2시간
조리 시간 45분

재료
파트 브리제 300g ▶ 17쪽 참고
사과 1kg · 달걀 1개
계피 가루 2꼬집
설탕 200g
밀가루 50g

1 파트 브리제를 만든 후, 2시간 동안 냉장 휴지시킨다.
2 반죽을 두께 3mm로 민다. 지름 25cm 타르트 틀에 버터를 바르고 틀 안에 반죽을 넣는다.
3 오븐은 200℃로 예열한다.
4 볼에 달걀, 설탕 1tbsp, 계피 가루 1꼬집을 넣고 잘 풀어 달걀 물을 만든다. 사과는 껍질을 깎아 큼직하게 썬 다음, 씨를 제거하고 얇게 슬라이스로 자른다.
5 타르트 시트에 달걀 물을 바른다. 그 위에 설탕 150g, 계피 가루 1꼬집, 밀가루를 한데 버무려 뿌린 다음, 자른 사과를 올린다.
6 오븐에서 45분간 굽는다.
7 타르트가 약간 식으면 틀에서 꺼낸다. 남은 설탕을 뿌린 다음, 미지근할 때 먹는다.

◆ 100g당 영양 성분
총 190kcal · 단백질 1g · 지질 6g · 탄수화물 30g

프랄린 타르트 *Tarte aux pralines*

4~6인분 기준
작업 시간 30분
휴지 시간 2시간
조리 시간 30분

재료
파트 브리제 250g ▶ 17쪽 참고
로즈 프랄린❖ 150g
크림 150g

1 파트 브리제를 만든 후, 2시간 동안 냉장 휴지시킨다.
2 깨끗한 행주에 프랄린을 싼 다음, 밀대로 눌러 작게 조각낸다.
3 오븐은 180℃로 예열한다.
4 지름 18cm 타르트 틀에 버터를 바른 다음, 반죽을 두께 2mm로 밀어 틀 안에 넣는다. 포크로 타르트 시트를 찍어 여러 군데 구멍을 낸 다음, 유산지를 깔고 살구씨나 말린 콩을 넣는다. 오븐에서 10분간 굽는다.
5 볼에 프랄린과 크림을 넣고 섞는다.
6 타르트의 충전물을 제거하고 (5)를 넣는다. 다시 오븐에 넣고 18~20분간 굽는다.
7 식혀서 먹는다.

Tip

타르트 시트가 오븐에서 부푸는 것을 방지하려면 말린 콩을 활용하면 된다. 우선 유산지를 정사각형으로 잘라 주머니를 만들고, 말린 흰강낭콩을 10~12개 정도 넣는다. 콩이 빠져나오지 못하도록 한쪽을 접은 다음, 타르트 시트 가운데에 넣는다.

❖ 프랄린praline은 캐러멜을 입힌 아몬드 봉봉을 의미한다. 아몬드를 데운 다음 끓는 설탕에 부어 캐러멜을 입히는데, 색소나 향을 첨가해 로즈 프랄린, 레드 프랄린, 브라운 프랄린 등으로 만든다.

자두 타르트 *Tarte aux prunes*

6~8인분 기준
작업 시간 10분+35분
휴지 시간 2시간
조리 시간 30분

재료
파트 브리제 300g ▶ 17쪽 참고
자두 500g
설탕 110g

1 파트 브리제를 만든 다음, 2시간 동안 냉장 휴지시킨다.
2 자두는 씻은 다음, 모양이 흐트러지지 않도록 귀퉁이를 잘라 씨를 빼낸다.
3 오븐은 200°C로 예열한다.
4 반죽은 두께 4mm로 민다. 지름 22cm 타르트 틀에 버터를 바르고 반죽을 넣는다. 틀 밖으로 튀어나온 반죽은 자르고, 높이가 일정하도록 다듬는다. 타르트 시트를 포크로 찍어 여러 군데 구멍을 낸 다음, 설탕 40g을 뿌린다.

5 자두는 볼록한 면이 바닥과 닿도록 틀 안에 넣고, 설탕 40g을 뿌린다.
6 오븐에서 30분간 굽는다.
7 완전히 식으면 설탕 30g을 뿌리고 바로 먹는다.

◆ **100g당 영양 성분**
총 250kcal · 단백질 2g · 지질 11g · 탄수화물 34g

루바브 타르트 *Tarte à la rhubarbe*

6~8인분 기준
작업 시간 15분+30분
휴지 시간 8시간+2시간+30분
조리 시간 15분+15분

재료
파트 브리제 250g ▶ 17쪽 참고
설탕 60g
루바브 600g
그래뉴당 60g

아몬드 필링
달걀 1개 · 설탕 75g
우유 25g(2½tbsp)
크림 25g(2½tbsp)
아몬드 가루 25g
차가운 뵈르 누아제트✧ 55g

1 하루 전에 밑손질을 한다. 루바브는 씻어서 2cm로 잘라 큰 볼에 넣는다. 그 위에 설탕을 고루 뿌리고 최소 8시간 동안 재운다.
2 파트 브리제를 만든 후, 2시간 동안 냉장 휴지시킨다.
3 루바브는 30분간 체에 받쳐 물기를 제거한다.
4 오븐은 180°C로 예열한다.
5 반죽은 두께 2mm로 민 다음, 지름 26cm 코팅 타르트 틀에 넣는다. 타르트 시트를 포크로 여러 번 찍어 구멍을 낸다.
6 틀 위로 올라올 만큼 유산지를 크게 잘라 틀 안에 넣은 후, 살구씨나 말린 콩을 넣는다.
7 오븐에 넣고 15분간 굽는다.
8 아몬드 필링을 준비한다. 볼에 설탕과 달걀을 푼 다음, 우유, 크림, 아몬드 가루, 뵈르 누아제트를 넣고 잘 섞는다.
9 틀 안의 유산지와 충전물을 제거한다. 루바브를 넣고 아몬드 필링을 부은 다음, 오븐에서 15분 정도

굽는다. 그래뉴당을 충분히 뿌린 후, 차갑게 먹거나 살짝 미지근하게 먹는다.

Comment

딸기 쿨리를 곁들이거나 이탈리안 머랭 ▶ 44쪽 참고을 넣고 5분간 구워 노릇하게 색깔을 내도 좋다. 루바브 대신 블루베리 700g이나 미라벨 자두 600g을 넣으면 블루베리 타르트, 미라벨 타르트로 응용할 수 있다.

Plus

알자스식 루바브 타르트 Tarte à la rhubarbe à l'alsacienne
15분간 구운 타르트에 스트뢰젤 ▶ 29쪽 참고 200g을 고루 올린다. 20분 더 구운 뒤에 차갑게 식혀 먹는다.

✧ 버터를 약불에 데우면 옅은 갈색이 되면서 헤이즐넛 같은 고소한 향이 난다. 이것을 '뵈르 누아제트 *beurre noisette*'라 부르고 '헤이즐넛 버터'라고도 한다.

포도 타르트 *Tarte au raisin Frais*

6~8인분 기준
작업 시간 10분+30분
휴지 시간 1시간
조리 시간 10분+30분

재료
파트 사블레 500g ▶ 18쪽 참고
청포도 500g
달걀 3개 · 설탕 100g
크림 250ml · 우유 250ml
키르슈 100ml · 분당

1 파트 사블레를 만든 후, 1시간 동안 냉장 휴지시킨다.
2 청포도는 씻어서 알알이 딴다.
3 오븐은 200℃로 예열한다.
4 반죽은 두께 3mm로 민다. 지름 24cm 타르트 틀에 버터를 바르고 반죽을 넣는다. 타르트 바닥을 포크로 여러 군데 찍어 구멍을 낸다. 틀 안에 포도를 촘촘히 넣은 뒤, 오븐에서 10분간 굽는다.
5 달걀과 설탕을 볼에 넣고 섞다가, 색이 옅어지면 크림을 넣는다. 여기에 우유를 조금씩 부으며 거품기로 휘핑한다. 키르슈도 소량씩 넣으며 섞는다.

6 타르트를 꺼낸 다음, [5]를 붓고 30분간 굽는다. 식으면 틀에서 꺼내 분당을 뿌린다.

◆ 100g당 영양 성분
총 238kcal · 단백질 3g · 지질 12g · 탄수화물 28g

타르트 드 생자크 *Tarte de Saint-Jacques*

6~8인분 기준
작업 시간 45분
휴지 시간 30분
조리 시간 35~40분

반죽
해바라기유 50ml · 우유 50ml
밀가루 100g · 설탕 25g
소금 1/4 tsp

필링
달걀 4개 · 설탕 200g
계피 가루 큰 1꼬집
레몬 제스트 1tbsp
아몬드 가루 200g · 분당 약간

1 볼에 해바라기유, 우유, 밀가루, 설탕, 소금을 넣고 잘 버무려 매끈한 텍스처로 만든다. 반죽에 랩을 씌우고 30분간 휴지시킨다.
2 지름 22cm 타르트 틀에 버터를 바른 다음, 반죽을 두께 3mm로 밀어 틀 안에 넣는다. 틀은 바닥이 떨어지는 분리형을 사용하는 것이 좋다.
3 달걀, 설탕, 잘게 간 레몬 제스트, 계피 가루를 볼에 넣고 거품이 생길 때까지 휘핑한다.
4 오븐은 180℃로 예열한다.
5 [3]에 아몬드 가루를 넣고 잘 섞은 후, 타르트에 붓고 표면을 고르게 정리한다.
6 오븐에 넣고 겉면이 노릇해질 때까지 약 40분간 굽는다.

7 종이를 가리비나 성 야고보의 십자가 모양으로 자른다.
8 종이를 타르트 가운데에 대고 분당을 뿌린 뒤 떼면 문양이 새겨진다. 틀에서 꺼내서 먹는다.

타르트 오 리 *Tarte au riz* 

6~8인분 기준
작업 시간 10분+40분
휴지 시간 1시간
조리 시간 25분+40분

재료
파트 사블레 500g ▶ 18쪽 참고
과일 콩피 200g
럼 3tbsp
우유 400ml
바닐라 깍지 1개
둥근 쌀 100g · 소금 1꼬집
설탕 75g · 달걀 1개 · 크림
2tbsp · 버터 50g · 각설탕 5개

1 과일 콩피는 작은 큐브로 잘라 럼에 재운다.
2 파트 사블레를 만든 후, 1시간 동안 냉장 휴지시킨다.
3 우유와 바닐라 깍지를 냄비에 넣고 끓인다. 쌀을 씻어서 끓는 우유에 넣은 다음, 설탕과 소금을 넣고 약불에서 25분간 뭉근하게 익힌다.
4 오븐은 200°C로 예열한다.
5 (3)의 불을 끄고 살짝 식힌다. 여기에 달걀을 풀어 넣고 힘껏 저은 후, 크림과 과일 콩피, 과일 콩피를 재웠던 럼을 넣는다.
6 반죽은 두께 3mm로 밀어, 타르트 틀에 넣은 다음 포크로 바닥을 찍어 여러 군데 구멍을 낸다. 타르트 안에 필링을 붓는다.
7 버터는 작은 냄비에 담아 녹이고, 각설탕은 살짝 으깬다. 타르트에 녹인 버터를 끼얹은 다음, 으깬 설탕을 고루 뿌린다.
8 오븐에서 40분간 구운 뒤, 차갑게 식혀 먹는다.

타르트 스위스 오 뱅 *Tarte suisse au vin*

6~8인분 기준
작업 시간 10분+20분
휴지 시간 2시간
조리 시간 20분+15분

재료
파트 아 퐁세 500g ▶ 16쪽 참고
전분 15g · 설탕 220g
계피 가루 큰 1꼬집
화이트 와인 150ml
분당 20g · 버터 20g

1 파트 아 퐁세를 만든 다음, 2시간 동안 냉장 휴지시킨다.
2 오븐은 240°C로 예열한다.
3 지름 22cm 타르트 틀에 버터를 바른 다음, 반죽을 두께 2mm로 밀어 틀 안에 넣는다.
4 전분, 설탕, 계피 가루를 섞어 타르트 바닥에 고루 뿌린 다음, 화이트 와인을 붓는다.
5 오븐에서 20분간 굽는다.
6 타르트 위에 분당을 뿌리고 버터 조각을 몇 개 올린다. 다시 오븐에 넣고 15분 더 구운 다음, 미지근하게 식혀 먹는다.

타르트 타탱 *Tarte Tatin* 

4~6인분 기준
작업 시간 20분+30분
휴지 시간 10시간
조리 시간 50분+30분

재료
파트 푀유테 250g ▶ 20쪽 참고
사과 1.5kg
설탕 200g
버터 130g

1 파트 푀유테의 휴지 시간이 10시간이라는 점을 고려하여, 반죽을 만든다.
2 사과는 골든 딜리셔스같이 익혀도 모양이 뭉개지지 않는 품종을 고른다. 사과는 껍질을 깎아 반으로 자른 뒤 씨를 제거한다. 자른 사과를 다시 2등분한다.
3 오븐은 180°C로 예열한다.
4 냄비에 설탕을 넣고 가열해 캐러멜을 만든 다음, 버터를 넣고 잘 섞는다.
5 법랑팬이나 소스팬, 또는 지름 25cm 제누아즈틀에 캐러멜을 붓는다.
6 사과 조각을 용기에 넣는데, 틈이 생기지 않도록 촘촘하게 배열해야 한다. 사과 품질에 따라 50~60분 정도 굽는다.

7 오븐에서 꺼내 식힌다.
8 파트 푀유테는 두께 2.5mm로 민다. 용기 크기에 맞춰 동그랗게 자른 후, 사과 위에 얹는다.
9 반죽이 익을 때까지 30분 정도 굽는다.
10 3시간 정도 식힌다. 용기를 뜨거운 물에 넣었다 뺀 후, 오븐용 접시를 밑에 받친 상태에서 뒤집는다. 이렇게 하면 캐러멜이 녹아 타르트가 자연스럽게 빠진다.
11 오븐에 넣고 살짝 데워, 미지근하게 먹는다.

◆ **투르트** TOURTES ◆

애플파이 *Apple pie* 

6~8인분 기준
작업 시간 40분
휴지 시간 2시간
조리 시간 50분

재료
파트 아 퐁세 300g ▶ 16쪽 참고
밀가루 40g
황설탕 30g
바닐라 가루 1꼬집
계피 가루 1/2 tsp
넛맥 가루 1꼬집
레네트reinettes 사과 800g
레몬 1개
달걀 1개

1 파트 아 퐁세를 만든 다음, 2시간 동안 냉장 휴지시킨다.
2 반죽을 비대칭으로 2등분하는데, 한 덩어리는 크게, 나머지는 작게 만든다. 자른 반죽을 두께 2mm로 민다.
3 지름 22cm 사기 타르트 틀에 큰 반죽을 넣는다.
4 밀가루, 황설탕, 바닐라 가루, 계피 가루, 넛맥 가루를 볼에 넣고 섞은 다음, 반 정도를 타르트 안에 넣는다.
5 오븐은 200°C로 예열한다.
6 사과는 껍질을 깎아 심을 제거한다. 먼저 큼직하게 자른 후, 얇게 슬라이스로 썬다. 타르트 안에 사과 슬라이스를 링 모양으로 놓는데, 가운데가 수북하게 올라오도록 살짝 포개면서 연이어 배열한다. 사과 위에 레몬즙을 뿌린 다음, 남은 (4)를 넣는다.

7 달걀을 풀어놓는다. 남은 반죽을 타르트 위에 뚜껑처럼 얹고, 테두리에 달걀 물을 발라 잘 붙인다. 증기가 빠져나갈 수 있게 가운데에 구멍을 뚫은 다음, 겉면에 달걀 물을 바른다.
8 10분간 구운 다음, 달걀 물을 한 번 더 바르고 40분 더 굽는다.

Comment

그대로 미지근하게 식혀 먹거나, 크림이나 블랙베리 쿨리를 뿌려 먹어도 좋고, 바닐라 아이스크림 ▶ 97쪽 참고 한 스쿱을 곁들여도 맛있다.

타르트 타탱

Tarte Tatin

미지근하게 식혀 크렘 프레슈 에페스를
곁들여 먹는다.

프랑지판 갈레트 데 루아 *Galette des rois à la Frangipane*

4~6인분 기준

작업 시간 30분+20분

휴지 시간 10시간+30분

조리 시간 40분

재료

파트 푀유테 600g ▶ 20쪽 참고

크렘 프랑지판 300g ▶ 56쪽 참고

페브✤ 1개

달걀 1개

1 파트 푀유테 휴지 시간이 10시간이라는 점을 고려하여 반죽을 만든다.

2 크렘 프랑지판을 만든다.

3 반죽을 2등분한 다음, 각각 두께 2.5mm의 원형으로 민다.

4 달걀을 풀어 달걀 물을 만든다. 반죽 테두리에 달걀 물을 바른 다음, 크렘 프랑지판을 바르고 안쪽에 페브를 넣는다.

5 남은 반죽으로 덮은 다음, 떨어지지 않도록 테두리를 잘 붙인다. 겉면에 작은 칼로 평행선을 교차시켜 그으면 마름모 문양이 만들어진다. 모양을 낸 뒤, 30분간 냉장 휴지한다.

6 오븐은 250°C로 예열한다.

7 갈레트를 오븐에 넣고 온도를 200°C로 낮춘 다음, 40분간 굽는다.

8 따뜻할 때 먹거나 미지근하게 식혀 먹는다.

❖ 프랑스에서는 가톨릭 축일 중 하나인 주현절에 가족 친지가 모여 '갈레트 데 루아'를 함께 나누어 먹는다. 갈레트 안에는 항상 조그만 도자기 인형을 숨겨두는데, 이것을 '페브fève'라고 한다. 이날, 페브가 있는 조각을 먹은 사람은 '그날의 왕'이 되어 금박 왕관을 쓰는 풍습이 있다.

가토 샹피니 *Gâteau Champigny*

6~8인분 기준

작업 시간 30분+30분

휴지 시간 10시간

조리 시간 20분+25~30분

재료

파트 푀유테 400g ▶ 20쪽 참고

살구 800g

그래뉴당 150g

과일주 1작은 컵

살구씨 소량

달걀 1개

우유 2tbsp

1 파트 푀유테의 휴지 시간이 10시간이라는 점을 고려하여 반죽을 만든다.

2 살구씨를 꺼낸 다음, 딱딱한 껍질을 깨뜨려 씨앗을 빼낸다. 팬에 살구와 그래뉴당을 넣고 물을 약간 탄다. 살구가 푹 무를 때까지 익힌 다음, 그물 국자로 건진다.

3 팬에 남아 있는 시럽을 졸인 다음, 과일주와 살구씨 몇 개를 넣는다. 여기에 익힌 살구를 넣고 식힌다.

4 오븐은 230°C로 예열한다.

5 파트 푀유테를 두께 2mm의 긴 직사각형으로 민 다음, 폭 1.5cm 기다란 띠 4개와 큰 직사각형 2개로 자른다. 달걀을 풀어 큰 직사각형 1개 위에 바른다.

6 달걀 물을 바른 반죽 테두리에 띠 반죽 4개를 붙이는데, 가장자리가 깔끔해지도록 꼼꼼히 작업한다. 이 안에 [3]의 살구 필링을 넣고 골고루 펴 바른다.

7 이 위에 남은 반죽을 뚜껑처럼 얹는다. 손가락으로 반죽을 눌러 살구 필링에 붙이고, 가토를 완전히 덮는다. 남은 달걀 물에 우유를 타서 샹피니 위에 바른 후, 칼끝으로 십자 문양을 긋는다.

8 오븐에 넣고 25~30분간 굽는다.

9 식혀서 먹는다.

파스티스 랑데 *Pastis landais* 

파스티스 2~3개 기준
작업 시간 20분
휴지 시간 20분
조리 시간 45분

재료
Type 55❖ 밀가루 1kg
이스트 30g · 달걀 7개
바닐라 설탕 200g
버터 200g · 우유 1ℓ
브라운 럼 30ml · 소금

1 밀가루 200g, 이스트, 미지근한 물 300ml를 빠르게 버무린다. 한 덩어리로 뭉쳐서 볼에 넣은 후, 따뜻한 곳에서 20분간 발효시켜 르뱅을 만든다.

2 버터는 녹여서 미지근하게 식힌다. 달걀을 풀어 바닐라 설탕과 소금 1꼬집, 녹인 버터를 넣고 섞는다. 여기에 남은 밀가루와 우유, 르뱅을 넣은 다음, 럼을 타고 잘 섞는다.

3 샤를로트 틀 2~3개에 버터를 바른 다음, 반죽을 반쯤 채운다.

4 오븐은 170°C로 예열한다.

5 45분간 구운 다음, 5분 정도 기다렸다가 틀에서 뺀다.

6 완성된 파스티스에 크렘 앙글레즈▶**46쪽 참고**를 곁들여 먹는다.

— 앙드레 가위제르 *André Gaüzère*

❖ 프랑스에서는 '밀가루를 태워 남은 재'인 회분의 함량에 따라 밀가루를 분류한다. 이에 따라 Type 45~150까지 종류가 다양한데, 숫자가 커질수록 회분(무기질)의 양이 증가한다.

피티비에 *Pithiviers* 

6~8인분 기준
작업 시간 30분+15분+15분
휴지 시간 10시간
조리 시간 45분

재료
파트 푀유테 500g ▶ **20쪽 참고**
아몬드 크렘 400g ▶ **56쪽 참고**
달걀 1개

1 파트 푀유테의 휴지 시간이 10시간이라는 점을 고려하여 반죽을 만든다.

2 아몬드 크렘을 만든다.

3 반죽을 2등분해서 한 덩어리만 민 다음, 지름 20cm 원형으로 자른다. 가장자리에서 1.5cm 여유를 남기고 아몬드 크렘을 넣는다.

4 오븐은 250°C로 예열한다.

5 나머지 반죽을 밀어서 20cm 원형으로 자른다. 붓에 물을 묻혀 (3)의 반죽 테두리에 칠한 다음, 남은 반죽으로 덮고 잘 붙인다.

6 테두리를 둥근 꽃 모양으로 자른 다음, 달걀 물을 바른다. 칼끝을 이용해 마름모 또는 부드럽게 휘어진 곡선을 그린다.

7 오븐에 넣고 45분간 굽는다.

8 미지근하거나 차갑게 식혀서 먹는다.

피티비에
Pithiviers
피티비에는 미지근하거나
차갑게 먹는다.

커피 타르트

Tarte au café

바삭하게 구운 파트 쉬크레에 촉촉한 비스퀴 아 라 퀴이에르를
올렸다. 부드러운 커피 가나슈와 달콤한 크렘 샹티까지 커피의
풍미를 그대로 담았다. ▶487쪽 레시피 참고

메이플 시럽 투르트 *Tourte au sirop d'érable* 

4인분 기준
작업 시간 10분
휴지 시간 1시간
조리 시간 5분+30~35분

재료
파트 브리제 300g ▶ 17쪽 참고
메이플 시럽 100ml
옥수수 전분 3tsp
버터 50g
다진 아몬드 50g

1 파트 브리제를 만든 다음, 1시간 동안 냉장 휴지시킨다.
2 메이플 시럽에 물을 약간 타서 5분간 끓인다. 여기에 찬물에 개어놓은 옥수수 전분을 넣고 잘 섞은 후, 버터를 넣고 식힌다.
3 오븐은 220°C로 예열한다.
4 지름 18cm 투르트 틀에 버터를 바른다. 반죽은 2등분해 한 덩어리만 밀어, 틀 안에 밀착시켜 넣는다.
5 투르트에 [2]의 메이플 시럽 크림을 붓고 다진 아몬드를 넣는다. 남은 반죽을 얇게 밀어 투르트를 덮은 다음, 제과용 핀셋으로 테두리를 집어 모양을 낸다. 증기가 빠져나갈 수 있도록 반죽 가운데에 구멍을 뚫는다.
6 오븐에 넣고 30~35분간 굽는다.
7 차갑게 먹는다.

오렌지 투르트 *Tourte à l'orange* 

8~10인분 기준
작업 시간 30분+30분
휴지 시간 10시간+2시간
조리 시간 45분

재료
파트 푀유테 800g ▶ 20쪽 참고
오렌지 1/4개 제스트
말랑한 버터 70g
아몬드 가루 85g
분당 85g
옥수수 전분 3g
오렌지 껍질 콩피 25g
쿠앵트로 1/2tbsp
달걀 1개
크림 150ml
글라스 루아얄 ▶ 77쪽 참고

1 파트 푀유테의 휴지 시간이 10시간이라는 점을 고려하여 반죽을 만든다.
2 화학 약품으로 처리하지 않은 오렌지를 골라 제스트를 뜬 다음 곱게 다진다. 볼에 버터를 넣고 스패츌러로 저어 부드럽게 만든다. 여기에 아몬드 가루, 분당, 옥수수 전분, 오렌지 제스트, 작게 조각 낸 오렌지 껍질 콩피, 쿠앵트로, 달걀, 크림을 순서대로 넣고 잘 섞는다.
3 반죽은 반으로 잘라 두께 2mm로 민 다음, 각각 지름 28cm 원형으로 만든다.
4 오븐 팬에 유산지를 깔고 물을 바른다. 그 위에 반죽 디스크를 얹고, 붓으로 가장자리에서 3cm 떨어진 부분까지 물을 바른다. 물칠을 하지 않은 가운데 부분에는 [2]의 아몬드 크렘을 넣는다.
5 남은 반죽으로 덮은 다음, 벌어지지 않게 테두리를 잘 누른다. 작은 칼로 테두리에 비스듬한 선을 그어 장식한 다음, 2시간 동안 냉장 휴지시킨다.
6 오븐은 200°C로 예열한다.
7 글라스 루아얄을 만든다.
8 투르트 위에 글라스 루아얄을 얇게 바른 후, 8~10조각이 되도록 칼로 선을 긋는다. 분당을 뿌린다.
9 오븐 온도를 180°C로 낮춘 다음, 투르트를 넣고 45분간 굽는다. 굽다가 너무 진한 갈색이 나오면 겉만 타지 않도록 알루미늄 호일로 덮는다.
10 미지근하게 식혀 먹는 것이 맛있다.

애플 크럼블 *Apple crumble*

6~8인분 기준

작업 시간 5분+30분
조리 시간 15분+15분

재료

파트 아 크럼블
300g ▶ 29쪽 참고
사과 1kg · 건포도 60g
계피 가루 1꼬집
황설탕 30g
버터 30g · 크림 250g

1 파트 아 크럼블을 만든 후, 다른 재료를 준비하는 동안 접시에 담아 냉장 보관한다.

2 사과는 껍질을 깎아 8조각으로 자른 다음, 씨를 제거한다. 볼에 사과, 건포도, 계피 가루, 황설탕을 넣고 잘 섞는다.

3 커다란 코팅 프라이팬에 버터를 녹인 다음, (2)를 넣는다. 사과가 노릇해질 때까지 계속 저으면서 센 불에서 익힌다.

4 오븐은 200℃로 예열한다.

5 그라탱 그릇에 버터를 바르고 익힌 사과를 넣고, 그 위에 파트 아 크럼블을 넣는다. 오븐 온도를 150℃로 낮춘 다음, 15분간 굽는다. 미지근하게 식혀 차가운 크림을 곁들여 먹는데, 크림은 따로 그릇에 담아낸다.

라즈베리를 넣은 살구 크럼블 *Crumble aux abricots et aux framboises*

6~8인분 기준

작업 시간 10분+30분
조리 시간 20분

재료

파트 아 크럼블
250g ▶ 29쪽 참고
버터 40g
신선한 살구 1kg
라즈베리 125g
설탕 80g
라벤더 꽃 1꼬집
레몬즙 1개분 · 흑후추

1 파트 아 크럼블을 만든 후, 다른 재료를 준비하는 동안 접시에 담아 냉장 보관한다.

2 커다란 코팅 프라이팬에 버터를 녹인 다음, 씨를 제거한 살구와 설탕을 넣고 3분간 익힌다. 여기에 라벤더 꽃과 레몬즙을 넣고, 흑후추를 그라인더로 3번 갈아 넣고 잘 섞는다.

3 오븐은 170℃로 예열한다.

4 길이 20cm 그라탱 그릇에 살구를 깔고 라즈베리와 파트 아 크럼블을 차례대로 올린 다음, 오븐에서 20분간 굽는다.

5 크럼블은 미지근하거나 차갑게 식혀서, 바닐라 아이스크림 ▶ 97쪽 참고이나 라즈베리 셔벗 ▶ 100쪽 참고과 함께 먹는다.

프로마주 블랑 아이스크림을 곁들인 그리오트 크럼블

Crumble aux griottes et glace au fromage blanc

6인분 기준

작업 시간 5분+1시간
휴지 시간 1시간
조리 시간 20분+5분

재료

파트 아 크럼블 140g ▶ **29쪽 참고**
계피 가루 3꼬집
프로마주 블랑 아이스크림
500g ▶ **93쪽 참고**
그리오트❖ 500g · 버터 10g
올리브 오일 10g · 설탕 50g
양조 식초 1tbsp · 흑후추

1 계피 가루를 넣고 파트 아 크럼블을 만든 다음, 접시에 담아 1시간 동안 냉장 휴지시킨다.

2 프로마주 블랑 아이스크림을 만든다.

3 오븐은 170°C로 예열한다.

4 오븐 팬에 크럼블을 펼쳐 놓고 오븐에서 20분간 굽는다. 그리오트는 씨를 제거한다.

5 코팅 프라이팬에 버터와 올리브 오일을 넣고 약불에서 녹인 다음, 그리오트와 설탕을 넣고 센 불에서 3~4분간 익힌다. 그 위에 양조 식초를 뿌리고, 후추를 그라인더로 갈아 시즈닝을 한 다음 불을 끈다.

6 수프 접시 6개를 준비해 접시 가운데에 크럼블을 부스러뜨려 놓는다. 그 위에 프로마주 블랑 아이스크림을 둥글고 길쭉한 크넬quenelle 모양으로 떠서 올린 다음, 테두리에 따뜻한 그리오트를 올린다. 만들자마자 바로 먹는다.

❖ 그리오트griotte는 과육이 빨갛고 촉촉하며 신맛이 강한 것이 특징인 체리 품종으로, 모렐로 체리라고도 부른다. 주로 시럽이나 브랜디에 절여 통조림을 만들거나 콩피나 잼으로 먹는다.

◆ **100g당 영양 성분**

총 215kcal · 단백질 3g · 지질 7g · 탄수화물 32g

마롱 글라세를 넣은 배 크럼블 *Crumble aux poires et aux marrons glacés*

6~8인분 기준

작업 시간 10분+30분
조리 시간 10분+20~25분

재료

파트 아 크럼블 250g ▶ **29쪽 참고**
크렘 프레슈 에페스 150g ▶ **428쪽 참고**
설탕 60g · 달걀 1개
바닐라 깍지 2개
잘 익은 배 1kg
마롱 글라세 160g ▶ **464쪽 참고**
코린트Corinthe 건포도 50g
신선한 호두 40g
윌리엄 배 브랜디 10ml(선택 사항)

1 파트 아 크럼블을 만든 후, 다른 재료를 준비하는 동안 접시에 담아 냉장 보관한다.

2 볼에 크림, 설탕, 달걀, 배 브랜디를 넣고 잘 젓는다.

3 바닐라 깍지는 반으로 갈라 칼끝으로 씨를 긁어 **(2)**에 넣는다.

4 오븐은 180°C로 예열한다.

5 배는 껍질을 깎아 2등분한 다음, 씨를 제거해 작은 큐브로 자른다. 배 조각을 길이 20cm 타원형 그릇에 넣는다.

6 마롱 글라세를 작게 조각내 **(5)**에 골고루 넣고, **(2)**의 필링을 붓는다.

7 오븐에서 10분간 구운 다음, 파트 아 크럼블을 넣고 20~25분간 더 굽는다.

8 미지근해지면 배 셔벗 ▶ **103쪽 참고**이나 캐러멜 아이스크림 ▶ **91쪽 참고**, 초콜릿 아이스크림 ▶ **92쪽 참고**을 곁들여 먹는다.

그리오트 크럼블

미리 그릇에 담으면 그리오트 즙이
크럼블에 스며들어 눅눅해지므로,
반드시 먹기 직전에 플레이팅한다.

루바브·오렌지 크럼블 *Crumble à la rhubarbe et à l'orange* 

6~8인분 기준
작업 시간 5분+30분
휴지 시간 12시간
조리 시간 10분+25분

재료
파트 아 크럼블 250g ▶ 29쪽 참고
큰 오렌지 1개 또는
작은 오렌지 2개
물 320g · 설탕 150g
루바브 800g
크렘 프레슈 에페스
180g ▶ 428쪽 참고
설탕 160g
달걀 1개 · 정향 가루 1꼬집

1 하루 전에 밑손질을 한다. 우선, 화학 약품으로 처리하지 않은 오렌지를 준비해 껍질째로 얇게 자른다. 냄비에 물과 설탕 150g을 넣고 끓인다. 여기에 오렌지 슬라이스를 넣고 기포가 보글보글 올라오는 상태로 5분간 끓인 다음, 그대로 12시간 동안 재운다.

2 하루 전에 루바브를 잘라 설탕 140g을 뿌려 재운다.

3 다음 날, 파트 아 크럼블을 만들어 냉장 휴지시킨다.

4 오렌지와 루바브를 체에 밭쳐 물기를 제거한 다음, 오렌지는 작게 조각낸다.

5 볼에 크림, 남은 설탕, 달걀, 정향 가루를 넣고 잘 젓는다.

6 오븐은 180°C로 예열한다.

7 20cm 타원형 그라탱 그릇에 루바브를 깔고 오렌지 조각을 골고루 넣은 다음, [5]의 필링을 붓고 10분간 굽는다.

8 오븐에서 꺼내 크럼블 조각을 고루 넣고, 다시 25분간 굽는다.

9 미지근하게 식으면 먹는다.

크림이나 딸기 셔벗 ▶ 100쪽 참고과 함께 먹으면 맛있다.

가토
GÂTEAUX

기본 재료나 반죽의 종류는 그다지 많지 않지만 모양이
나 크기, 재료의 상태, 장식에 따라 끊임없이 변화하는
것이 바로 가토다. 보통 칼로리가 높기 때문에 가벼운
식사 후에 먹는 것이 좋다.

아씨르(터키) *Açûre (Turquie)* 

8~10인분 기준

작업 시간 30분
불리기 12시간
조리 시간 5시간

재료

굵게 다진 밀 250g
병아리콩 60g
말린 흰 강낭콩 60g
쌀 60g
오렌지 제스트 1개분
통호두 반쪽 50g
말린 무화과 6개
설탕 1kg · 석류 1개
피스타치오 50g

1 굵게 다진 밀과 쌀, 병아리콩, 흰 강낭콩을 각각 다른 볼에 넣고 물을 붓는다. 하룻밤 동안 불린 다음, 체에 밭쳐 물기를 제거한다.

2 큰 냄비에 물을 붓고 끓인 다음, 불린 밀과 쌀을 솔솔 뿌려 넣는다. 다시 끓어오르면 아주 약한 불로 낮추고 4시간 동안 천천히 익힌다. 재료가 잘 익고 있는지 지켜보면서 작업한다.

3 (2)를 익힌 지 3시간이 지나면, 병아리콩과 흰 강낭콩을 다른 냄비에 담고 콩이 잠길 정도로 물을 붓고 가열한다. 끓어오르면 (2)의 냄비에 넣고 약불로 1시간 더 익힌다.

4 오렌지는 화학 약품으로 처리하지 않은 것을 골라 껍질을 잘게 간다. 호두 1/2을 굵게 다지고, 말린 무화과는 4등분한다. 냄비에 있는 재료가 거의 다 익을 때쯤, 오렌지 제스트, 호두, 무화과를 넣고 잘 섞는다.

5 여기에 설탕을 넣고 잘 저은 다음, 5분 더 익힌다.

6 아씨르는 체에 밭쳐 물기를 제거하고 오목한 그릇에 담는다.

7 석류는 4조각으로 잘라 씨를 뺀 다음, 그릇 테두리에 놓는다. 여기에 피스타치오와 남은 호두를 얹어 장식한다.

8 아씨르는 터키 전통 제과의 하나로 미지근하거나 차갑게 식혀 먹는다.

아일랜드의 밤브랙 *Barm brack irlandais* 

6~8인분 기준

작업 시간 40분
휴지 시간 1시간+30분
조리 시간 1시간

재료

밀가루 400g
설탕 120g
고운 소금 1/2tsp
계피 가루 작은 1tsp
넛맥 가루 1꼬집
말랑한 버터 조각 60g
우유 200ml
이스트 10g
달걀 1개
오렌지 껍질 콩피 60g
설타나sultana 건포도 150g
코린트Corinthe 건포도 120g

1 볼에 밀가루, 설탕 90g, 소금, 계피 가루, 넛맥 가루를 넣고 섞는다. 여기에 버터 조각을 넣은 다음, 손가락으로 잘 버무린다. 텍스처가 균일해지면 양손으로 반죽을 부슬부슬 부빈다.

2 우유를 냄비에 넣고 끓인다. 볼에 이스트를 부수어 넣고, 따뜻한 우유 1tbsp을 탄 다음 잘 갠다. 여기에 설탕 큰 1꼬집을 넣고 섞다가, 달걀을 넣고 세게 젓는다.

3 오렌지 껍질 콩피는 다져서 반죽에 넣은 다음, 따뜻한 우유를 붓고 (2)와 건포도를 넣는다. 나무 주걱으로 치대서 텍스처를 고르게 만든다.

4 볼 위에 천을 덮고 상온에서 1시간 정도 발효시키면 부피가 2배가 된다.

5 반죽을 같은 크기로 2등분한 다음, 한 덩어리씩 지름 20cm×높이 4~5cm의 원형 틀에 넣는다. 틀 윗면을 봉한 뒤 한 번 더 상온에서 30분간 발효시킨다.

6 오븐은 180℃로 예열한다.

7 틀을 오븐에 넣고 잘 익는지 살피면서 1시간 정도 굽는다.

8 냄비에 남은 설탕과 물 2스푼을 넣고 가열하다가, 끓어오르면 불을 끈다.

9 구운 밤브랙을 꺼내 (8)의 시럽을 바른 다음, 다시 오븐에 넣고 3분간 굽는다.

10 식혀서 먹는다.

Comment

아일랜드에서는 10월 31일 핼러윈에 밤브랙(게일어-bairin breac)을 먹는다. 밤브랙 반죽에 반지를 숨겨두는 풍습이 있는데, 반지를 찾는 사람이 그 해에 결혼을 한다고 여긴다.

아몬드 비스퀴 _Biscuit aux amandes_

8~10인분 기준
작업 시간 15분
조리 시간 40분

재료
노른자 14개분
설탕 400g
바닐라 설탕 15g
오렌지 플라워 워터 1tbsp
밀가루 185g
전분 185g
아몬드 가루 200g
비터 아몬드 에센스 1방울
흰자 3개분 · 라즈베리잼 12tbsp
살구 나파주
바닐라 퐁당 100g
다진 아몬드

1 볼에 노른자, 설탕 300g, 바닐라 설탕, 오렌지 플라워 워터를 넣고, 색이 옅어질 때까지 거품기로 휘핑한다.
2 밀가루와 전분을 함께 체에 친 다음, (1)에 넣고 잘 섞는다. 여기에 아몬드 가루와 비터 아몬드 에센스를 넣는다.
3 흰자에 남은 설탕을 넣고 휘핑한다. 하얗고 풍성한 머랭을 반죽에 넣고 부피가 꺼지지 않도록 살살 섞는다.
4 오븐은 180℃로 예열한다.
5 지름 28cm × 높이 4~5cm 비스퀴 틀에 버터를 바르고, 설탕을 뿌린 후 반죽을 붓는다.
6 오븐에서 40분간 굽는다.
7 비스퀴를 칼끝으로 찔러서 뺐을 때, 반죽이 묻지 않으면 다 익은 것이다.

8 틀에서 꺼내 식힘망에 옮긴다.
9 완전히 식으면 가로로 잘라 두께가 같은 디스크 3장을 만든다. 디스크 사이사이에 라즈베리잼을 바른다.
10 살구 나파주 약 2스푼을 비스퀴 윗면과 옆면에 고루 바른다. 바닐라 퐁당으로 코팅한 뒤 다진 아몬드를 뿌린다.

오렌지 비스퀴 무슬린 _Biscuit mousseline à l'orange_

4~6인분 기준
작업 시간 20분
조리 시간 40분

재료
파트 아 비스퀴 아 라 퀴이에르
600g ▶ 34쪽 참고
버터 15g · 분당 30g
오렌지 시럽 100ml · 물 50ml
오렌지 마멀레이드 300g
퐁당 180g ▶ 76쪽 참고
퀴라소curaçao 리큐어 20ml
오렌지 껍질 콩피
또는 생오렌지 슬라이스

1 파트 아 비스퀴 아 라 퀴이에르를 만든다.
2 오븐은 180℃로 예열한다.
3 지름 20cm 샤를로트 틀에 버터를 바른 다음, 분당을 고루 뿌린다. 틀 2/3까지 반죽을 붓는다.
4 오븐에 넣고 40분간 굽는다.
5 칼끝을 비스퀴에 넣었다 뺐을 때, 반죽이 묻지 않으면 다 익은 것이다. 비스퀴를 틀에서 꺼내 식힘망에 놓는다.
6 비스퀴가 식으면 가로로 2등분해서 두께가 같은 디스크 2장을 만든다. 오렌지 시럽에 물을 타서 잘 섞은 다음, 디스크 1장 위에 바르고 그 위에 오렌지 마멀레이드를 충분히 바른다. 남은 디스크로 덮은 후, 시럽을 살짝 바른다.

7 퐁당과 퀴라소 리큐어를 잘 섞어 가토 위에 바른다.
8 오렌지 껍질 콩피나 생오렌지 슬라이스로 모티프를 만들어 가토를 장식한다.

롤 비스퀴 *Biscuit roulé* 

4~6인분 기준
작업 시간 25분
조리 시간 10분

재료
파트 아 비스퀴
아 룰레 450g ▶ 37쪽 참고
버터 15g
설탕 100g
럼 1tsp
살구 마멀레이드나
라즈베리 젤리 6tbsp
살구 나파주 적당량
아몬드 슬라이스 125g

1 파트 아 비스퀴 아 룰레를 만든다.
2 오븐은 180℃로 예열한다.
3 냄비에 버터를 녹인다. 오븐 팬에 유산지를 깔고 붓으로 녹인 버터를 바른다. 여기에 반죽을 붓고, 두께가 1cm가 되도록 금속 스패츌러로 판판하게 펴서 높이를 정리한다.
4 오븐에 넣고 10분간 구우면 겉면이 살짝 노릇해진다.
5 설탕과 물 100ml를 넣고 시럽을 만든 다음, 럼을 탄다.
6 아몬드 슬라이스는 180℃ 오븐에 넣고 살짝 굽는다.

7 깨끗한 천에 비스퀴를 놓고 시럽을 바른다. 그 위에 스패츌러로 살구 마멀레이드나 라즈베리 젤리를 바른다.
8 천을 지지대처럼 사용하며 비스퀴를 둥글게 만 다음, 양 끝은 비스듬히 잘라 정리한다. 살구 나파주를 2tbsp 정도 떠서 전체적으로 바른 후, 아몬드 슬라이스를 뿌린다.

비스퀴 드 사부아 *Biscuit de Savoie* 

8인분 기준
작업 시간 15분
조리 시간 45분

재료
달걀 7개
설탕 500g
바닐라 설탕 1팩
체친 밀가루 185g
전분 185g
소금 1꼬집
버터, 전분 적당량(틀에 바르기)

1 달걀을 깨뜨려 흰자와 노른자를 분리한다.
2 오븐은 170℃로 예열한다.
3 볼에 설탕, 바닐라 설탕, 노른자를 넣고 색이 옅어지면서 매끈해질 때까지 잘 젓는다.
4 흰자에 소금 1꼬집을 넣고 휘핑해 아주 단단하게 올린다. 흰자 머랭과 밀가루, 전분을 [3]에 넣고, 머랭이 꺼지지 않게 한 방향으로만 살살 저어 반죽을 균일한 텍스처로 만든다.
5 비스퀴 드 사부아 틀이나 28cm 제누아즈 틀에 버터를 바른 다음, 전분을 뿌린다. 반죽을 틀 2/3까지 붓는다.

6 비스퀴를 오븐에 넣고 45분간 굽는다.
7 칼끝을 비스퀴에 넣었다 뺐을 때, 반죽이 묻지 않으면 다 익은 것이다. 비스퀴는 오븐에서 꺼내자마자 바로 그릇에 옮겨 식힌다.

비스퀴 드 사부아
Biscuit de savoie
작은 사이즈의
일인용 틀에 굽기도 한다.

밤 뷔슈 *Bûche aux marrons*

8~10인분 기준

작업 시간 1시간
냉장 시간 최소 6시간
조리 시간 10분

재료

파트 아 비스퀴
아 라 퀴이에르 400g ▶ 34쪽 참고

시럽

물 70ml · 설탕 75g · 비외
럼 브랑 아그리콜❖ 750ml

가벼운 밤 크림

크림 20ml
판젤라틴 2g (1장)
휘핑한 크림 200g
버터 40g
마롱(밤) 페이스트 140g
마롱(밤) 퓌레 120g
비외 럼 브랑 아그리콜 300ml
마롱 글라세 5~6개 ▶ 464쪽 참고
통조림 또는
병조림 블랙커런트 120g

마롱 버터 크림

버터 크림 300g ▶ 51쪽 참고
마롱(밤) 페이스트 80g

1 블랙커런트는 2시간 동안 체에 밭쳐 시럽을 제거한다.

2 버터 크림을 만든 다음 냉장고에 보관한다.

3 오븐은 230℃로 예열한다.

4 파트 아 비스퀴 아 라 퀴이에르를 만든다. 유산지를 가로 40cm × 세로 30cm로 잘라 오븐 팬에 올린 다음, 반죽을 붓고 판판하게 펼친다. 오븐에 넣고 10분간 굽는다.

5 냄비에 물과 설탕을 넣고 끓인 다음, 나무 숟가락으로 잘 젓는다. 시럽이 완전히 식으면 럼을 탄다.

6 크림을 끓이고, 젤라틴은 찬물에 담가 불린 다음 물기를 짠다. 휘핑한 크림을 다시 휘핑한다. 볼에 버터와 밤 페이스트, 밤 퓌레를 넣고 핸드 믹서나 손거품기로 휘핑해 되직한 텍스처를 부드럽게 만든다. 젤라틴을 뜨거운 크림에 넣고 녹인 다음, 버터와 밤을 섞은 볼에 넣고 휘핑한다. 마지막에 럼과 휘핑한 크림을 넣고 살살 섞는다.

7 마롱 글라세를 조각으로 부수어 놓는다. 비스퀴에 시럽을 얇게 바른다.

8 스패출러를 이용해 비스퀴에 (6)의 밤 크림을 얇게 펴 바른 다음, 블랙커런트와 밤 조각을 골고루 얹는다. 비스퀴를 가로 방향으로 말고 랩을 씌운다. 이 상태로 단단히 조이면 롤 모양이 잡힌다. 냉장고에 6시간 동안 넣는다.

9 볼에 버터 크림을 넣고 중탕냄비에 올린 다음, 크림처럼 부드럽게 될 때까지 스패출러로 젓는다. 곱고 매끈해지면 밤 페이스트 80g을 넣고 거품기로 살짝만 휘핑해 텍스처를 부드럽게 푼다.

10 뷔슈는 랩을 제거한 후 직사각형 접시에 놓고 양 끝을 비스듬하게 자른다. 자른 조각은 뷔슈 위에 올려 장식으로 활용한다.

11 뷔슈 겉에 밤 버터 크림을 전체적으로 펴 바른 다음, 포크로 줄을 그어 투박한 나무껍질 모양을 만든다. 냉장고에 넣어 버터 크림을 굳힌다.

12 서빙 그릇에 레이스 시트를 깔고 뷔슈를 담는다. 솔방울이나 금박 호랑가시나무 잎으로 장식한다.

❖ 럼은 일반적으로 설탕을 제조하고 남은 부산물인 당밀을 원료로 만드는데, 비외 럼 브랑 아그리콜 *vieux rhum brun agricole*은 사탕수수즙을 발효시켜 증류한 다음 숙성시킨 다크 럼을 지칭한다.

루마니아의 카탈프 *Catalf roumain* 👨‍🍳👨‍🍳👨‍🍳

6~8인분 기준
작업 시간 30분
휴지 시간 15분+45분
조리 시간 30~40분

재료
버터 60g
달걀 10개
밀가루 40g
헤이즐넛 가루 200g
설탕 100g

캐러멜
바닐라 깍지 1/2개
물 40ml
설탕 100g

1 버터는 말랑하게 만든다.
2 달걀을 9개 깨뜨려 흰자와 노른자를 분리한다. 노른자 9개가 든 볼에 마지막 달걀 1개를 깨뜨려 넣고 거품기로 잘 휘젓는다.
3 (2)에 버터와 밀가루를 조금씩 부으면서 치대면 살짝 퍽퍽한 덩어리로 뭉쳐진다.
4 반죽을 밀대로 민 다음, 15분간 냉장 휴지시킨다.
5 반죽을 둥글려 소시지 모양으로 만 다음, 아주 얇게 자른다. 반죽 슬라이스는 상온에서 45분 정도 건조시킨다.
6 오븐은 180°C로 예열한다.
7 지름 25cm 제누아즈 틀에 버터를 바른다. 틀 안에 반죽 슬라이스 한 층을 깔고 헤이즐넛 가루를 뿌린 다음, 설탕을 뿌린다. 이 순서대로 켜켜이 재료를 쌓아 층을 만든다.
8 캐러멜을 만든다. 바닐라 깍지를 제거한 후, 캐러멜만 틀에 붓는다.
9 가토를 오븐에 넣고 30~40분간 구운 다음, 차갑게 식혀 먹는다.

크로캉부슈 *Croquembouche* 👨‍🍳👨‍🍳👨‍🍳

15인분 기준
작업 시간 1시간 30분+1시간
조리 시간 10분+18~20분

재료
파트 아 슈 800g ▶ 27쪽 참고
파트 쉬크레 180g ▶ 19쪽 참고
크렘 파티시에르 1kg ▶ 61쪽 참고
럼이나 키르슈 또는
그랑 마르니에 50g
각설탕 700g
식초 3tsp
드라제✤ 200g

1 하루 전에 파트 아 슈와 파트 쉬크레를 만들고, 기호에 맞는 향을 첨가해 크렘 파티시에르도 만든다. 짤주머니에 깍지를 끼우고 슈 반죽을 넣은 다음, 슈 75개를 짠다. 200°C 오븐에서 10분간 굽는다.
2 다음 날, 아주 작은 깍지를 짤주머니에 끼우고 크렘 파티시에르를 넣는다. 깍지로 슈 밑바닥에 구멍을 뚫고 크림을 채운다.
3 오븐은 180°C로 예열한다.
4 파트 쉬크레는 두께 4mm로 민 다음, 지름 22cm 무스링으로 찍어 원형으로 만든다. 오븐 팬에 유산지를 깔고 반죽을 올린 다음, 20분간 굽는다. 설탕 1/2과 물 200ml를 냄비에 넣고 가열해, 옅은 색 캐러멜을 만든다. 여기에 설탕이 뭉치지 않도록 식초 1/2을 넣는다.
5 슈 윗부분을 캐러멜에 담갔다 뺀 다음, 오븐 팬에 정렬한다.
6 서빙 접시에 구운 파트 쉬크레를 놓고, 지름 14cm 볼 겉면에 기름을 바른 다음 뒤집어서 파트 쉬크레 위에 얹는다. 슈 아랫부분에 캐러멜을 묻힌 다음, 볼 테두리를 따라 한 개씩 붙이면 왕관 모양이 된다. 이때, 캐러멜을 묻힌 쪽이 가토 바깥을 향해야 한다.
7 한 층을 다 붙였으면 볼을 빼고, 그 위에 캐러멜을 묻힌 슈를 계속 붙여가며 한 층씩 완성한다. 위층을 쌓을 때는 두 개의 슈 사이에 홈이 있는 곳에 슈를 놓아야 촘촘하게 붙일 수 있다. 이런 식으로 쌓아 올린 다음, 드라제어 캐러멜을 묻혀 구멍이 크게 난 곳에 붙인다.
8 완성한 후, 30~40분 안에 먹는다.

✤ 드라제dragée는 아몬드에 하얀 설탕이나 색깔 설탕을 입힌 것으로, 아몬드뿐 아니라 헤이즐넛, 피스타치오, 누가틴 등을 주재료로 쓴다.

커피 다쿠아즈 Dacquoise au café 

6~8인분 기준

작업 시간 40분

조리 시간 35분

재료

아몬드 파트

아 다쿠아즈 480g ▶ 38쪽 참고

커피 크렘 400g ▶ 52쪽 참고

살짝 구운 아몬드 슬라이스

분당

1 아몬드 파트 아 다쿠아즈를 만든다.

2 오븐은 170℃로 예열한다.

3 오븐 팬에 유산지를 깔고 지름 22cm 디스크 2개를 그리는데, 팬이 작을 경우 하나 더 준비해 각각 1개씩 그린다. 짤주머니에 9mm 깍지를 끼워 반죽을 넣은 다음, 디스크 중앙에서 바깥으로 원을 그리며 짠다. 오븐에 넣고 35분간 구운 다음 식힌다.

4 커피 크렘을 만든다. 짤주머니에 큰 깍지를 끼우고 크렘을 넣은 다음, 디스크 1개 전체에 도톰하게 짠다. 크림을 남은 디스크로 덮은 후, 잘 눌러서 고정시킨다. 겉면에 아몬드 슬라이스를 뿌리고, 분당을 아주 살짝만 뿌린다. 시원하게 먹는다.

초콜릿 델리스 Délice au chocolat

4~6인분 기준

작업 시간 20분

조리 시간 20분

재료

달걀 4개

설탕 150g

버터 150g

비터 다크초콜릿 200g

밀가루 2tbsp

아몬드 가루 100g

1 오븐은 220℃로 예열한다.

2 달걀을 깨뜨려 흰자와 노른자를 분리한다. 볼에 노른자와 설탕을 넣은 다음, 가벼운 텍스처가 되도록 세게 휘핑한다.

3 버터를 말랑하게 만든다. 초콜릿은 조각으로 잘라 냄비에 넣고 중탕에서 녹인다. 녹인 초콜릿을 노른자와 설탕을 휘핑한 볼에 넣는다.

4 여기에 밀가루와 아몬드 가루, 버터를 넣으며 계속 젓는다.

5 흰자를 휘핑해서 반죽에 넣는다. 섞을 때, 머랭의 부피가 꺼질 수 있으므로 너무 많이 휘젓지 않는다.

6 망케 틀에 버터를 바르고 반죽을 붓는다. 오븐에서 20분간 구운 다음, 요리용 바늘을 찔러 다 익었는지 확인한다. 바늘 끝이 살짝 촉촉하면 완성된 것이다.

7 식으면 틀에서 꺼낸다.

포레 누아르

Forêt-Noire

초콜릿 비스퀴 3장을
높고 동그랗게 쌓아 올렸다.
독일에서 전해진 가토로
프랑스 알자스 지역에서도 유명하다.

포레 누아르 *Forêt-Noire*

6~8인분 기준
작업 시간 40분
냉장 시간 2~3시간
조리 시간 35~40분

재료
아몬드 · 초콜릿 파트 아 비스퀴
700g ▶ 31쪽 참고 · 설탕 200g
키르슈 100ml · 크렘 샹티
800g ▶ 53쪽 참고
바닐라 설탕 2팩
브랜디에 재운 체리 60개 · 비터
다크초콜릿 코포 250g

1 아몬드 · 초콜릿 파트 아 비스퀴를 만든다.

2 오븐은 180℃로 예열한다.

3 지름 22cm 틀에 버터를 바르고, 밀가루를 뿌린다. 흔들어 털면 얇은 밀가루층만 남는다. 반죽을 넣고 35~40분간 굽는다.

4 칼끝으로 비스퀴를 찔러 다 익었는지 확인한다.

5 틀에서 꺼내 식힌 뒤, 빵칼로 잘라 두께가 같은 디스크 3장을 만든다.

6 설탕과 물 350ml, 키르슈를 넣고 시럽을 만든다.

7 바닐라 설탕을 넣고 크렘 샹티를 만든다.

8 디스크 1장에 시럽을 적시고, 크렘 샹티를 펴 바른 다음, 크림 안에 체리 25~30개를 눌러 넣는다. 그 위에 디스크 1장을 얹고 마찬가지로 시럽, 크렘 샹티, 체리 순서로 작업한다. 마지막 디스크는 시럽만 발라 맨 위에 얹는다.

9 가토를 덮듯이 크렘 샹티를 전체적으로 펴 바르고, 두꺼운 초콜릿 코포로 장식한다. 냉장고에서 2~3시간 동안 굳힌 후에 먹는다.

프레지에 *Fraisier*

8~10인분 기준
작업 시간 1시간 30분
휴지 시간 8시간
조리 시간 10분

재료
파트 아 제누아즈
800g ▶ 40쪽 참고
버터 크렘 500g ▶ 51쪽 참고
크렘 파티시에르
100g ▶ 61쪽 참고
알이 굵은 딸기 1kg · 설탕 180g
라즈베리 리큐어 3tbsp
키르슈 5tbsp

장식
아몬드 페이스트 100g
알이 굵은 딸기 6개
살구 나파주 30g

1 파트 아 제누아즈를 만들고, 오븐 팬에 버터를 바른다. 오븐 팬에 가로 18cm × 세로 22cm 직사각형 틀 2개를 놓고 반죽을 나누어 붓는다. 230℃ 오븐에서 10분간 굽는다.

2 버터 크렘과 크렘 파티시에르를 만든다.

3 딸기는 씻어서 꼭지를 따고 물기를 말린다. 딸기 모양이 손상되지 않도록 조심스럽게 다룬다.

4 설탕 150g과 물 120ml를 넣고 끓인 다음, 라즈베리 리큐어와 키르슈 3tbsp을 타서 시럽을 만든다.

5 오븐 팬에 유산지를 깔고 제누아즈 1장을 놓는다. 붓을 이용해 시럽 1/3을 바른다.

6 버터 크렘을 휘핑해서 가벼운 텍스처로 만든 다음, 크렘 파티시에르를 넣고 나무 주걱으로 섞는다. 완성된 크림 1/3을 [5]의 제누아즈 위에 펴 바른다.

7 크림 위에 딸기를 눌러 넣는다. 뾰족한 부분이 위를 향하고, 틈이 벌어지지 않도록 촘촘히 배열한다.

딸기에 키르슈 2tbsp을 끼얹고 설탕을 뿌린 다음, 높이가 같아지도록 빵칼로 다듬는다. 남은 크림을 붓고 스패출러로 윗면과 옆면을 판판하게 정리한다. 남은 제누아즈 1장을 얹고 시럽을 바른다. 가토에 아몬드 페이스트를 얇게 펴 바른다.

8 최소 8시간 냉장 휴지시킨다.

9 칼을 뜨거운 물에 담갔다 뺀 다음, 울퉁불퉁한 부분을 정리한다. 딸기를 슬라이스로 잘라 부채처럼 펼친 다음, 살구 나파주를 발라 장식한다.

Plus

프랑부아지에 Framboisier
딸기 대신 라즈베리를 사용하면 라즈베리 가토인 프랑부아지에가 완성된다.

가토 알렉상드라 *Gâteau Alexandra*

6~8인분 기준

작업 시간 40분
냉장 시간 10분
조리 시간 50분

재료

다크초콜릿 180g
달걀 4개
설탕 125g
아몬드 가루 75g
밀가루 20g
전분 80g
소금 1꼬집
녹인 버터 75g
살구 나파주 100g
퐁당 200g ▶ 76쪽 참고

1 다크초콜릿 100g을 바닥이 두꺼운 작은 냄비나 전자레인지에 데워 녹인다.
2 달걀 3개를 깨뜨려 흰자와 노른자를 분리한다. 노른자 3개와 달걀 1개, 설탕을 볼이나 반죽기에 넣고 미색으로 옅어질 때까지 휘핑한다. 여기에 아몬드 가루를 넣고 잘 섞은 뒤, 쉬지 말고 저어가며 녹인 초콜릿, 밀가루, 전분을 순서대로 넣는다.
3 오븐은 180℃로 예열한다.
4 흰자에 소금을 넣고 아주 단단한 머랭으로 휘핑한 다음, (2)의 반죽에 넣고 부피가 꺼지지 않도록 한 방향으로 젓는다. 여기에 녹인 버터를 넣고 잘 섞는다.
5 18cm 정사각형 틀에 버터를 바르고 밀가루를 뿌린 다음, 반죽을 붓는다. 오븐에서 50분간 구운 후, 식힌다.
6 살구 나파주를 데워서 전체적으로 펴 바른 다음, 10분간 냉장고에서 굳힌다.
7 남은 다크초콜릿 80g을 냄비나 전자레인지에 데워서 녹이고, 퐁당도 미지근하게 데운다. 퐁당과 초콜릿을 섞는데, 가토에 자연스럽게 발리도록 흐르는 농도로 맞춘다.
8 (7)로 가토를 덮고 스패출러로 매끈하게 정리한다. 냉장 보관하다가 먹기 직전에 꺼낸다.

브로치오를 넣은 가토 코르스 *Gâteau corse au broccio*

6~8인분 기준

작업 시간 20분
휴지 시간 2시간
조리 시간 30분

재료

브로치오 프레❖ 500g
오렌지 1개
레몬 1개
달걀 6개
설탕 150g
소금 1꼬집
올리브 오일 1tsp

1 브로치오 프레를 모슬린 천에 감싼 다음, 체에 2시간 동안 밭쳐 물기를 제거한다.
2 오렌지와 레몬은 화학 약품으로 처리하지 않은 것을 골라 껍질을 잘게 간다.
3 달걀을 깨뜨려 흰자와 노른자를 분리한다.
4 노른자에 설탕을 넣고 색깔이 옅어질 때까지 힘차게 젓는다.
5 오븐은 180℃로 예열한다.
6 흰자에 소금을 넣고 휘핑해 단단한 머랭을 만든다. (4)에 브로치오 프레를 조금씩 넣으며 섞은 다음, 오렌지 제스트와 레몬 제스트를 넣고 섞은 후, 머랭을 넣는다.
7 지름 25cm 망케 틀에 올리브 오일을 바른 다음, 반죽을 붓고 윗면을 고르게 정리한다. 오븐에서 30분간 구운 다음, 미지근하게 식으면 틀에서 꺼낸다. 차갑게 먹는다.

❖ 브로치오broccio는 프랑스 코르시카 섬에서 생산되는 양젖이나 염소젖으로 만든 치즈를 말한다. 이 중에서 브로치오 프레broccio frais는 신선 치즈로 숙성시키지 않았기 때문에 껍질이 없고, 페이스트가 하얗고 크림처럼 부드럽다.

당근 가토 *Gâteau aux carottes* 

4~6인분 기준

작업 시간 10분

조리 시간 40분

재료

당근 250g · 달걀 2개

설탕 100g · 밀가루 50g

베이킹파우더 10g

헤이즐넛 가루 60g

아몬드 가루 70g

오일 25ml

소금 1꼬집

1 당근은 껍질을 깎아 씻은 후 잘게 간다.

2 오븐은 180℃로 예열한다.

3 볼에 달걀과 설탕을 넣고 거품기로 세게 젓는다.

4 밀가루, 베이킹파우더, 헤이즐넛 가루, 아몬드 가루를 한데 섞어 체친다. 여기에 (3)을 조금씩 부으며 나무 숟가락으로 계속 젓는다. 오일, 소금, 당근을 넣고 잘 섞어 균일한 텍스처로 만든다.

5 틀에 버터를 바르고 반죽을 부어 40분간 굽는다.

6 식으면 틀에서 꺼내 슬라이스로 자른다.

가토 오 쇼콜라 *Gâteau au chocolat*

6~8인분 기준

작업 시간 30분

조리 시간 45분

재료

달걀 3개 · 설탕 125g

버터 125g · 소금 1꼬집

초콜릿 150g · 우유 3tbsp

인스턴트커피 1디저트 스푼(선택 사항)

밀가루 125g

장식

설탕 2tbsp · 식초 1tbsp

통호두 반쪽

초콜릿 글라사주 ▶ 83쪽 참고

1 달걀을 깨뜨려 흰자와 노른자를 분리한다. 볼에 노른자와 설탕을 넣고 색깔이 옅어질 때까지 거품기로 세게 젓는다.

2 버터는 작게 조각내서 볼에 넣고 말랑하게 만든다. 흰자에 소금을 넣고 단단하게 휘핑한다.

3 초콜릿은 작게 조각낸다. 여기에 우유를 넣고 중탕이나 전자레인지로 녹인다. 초콜릿이 녹으면 잘 저어 텍스처를 균일하게 만든다.

4 오븐은 190℃로 예열한다.

5 버터가 담긴 볼을 오븐에 2분 동안만 넣어 미지근하게 만든다. 여기에 따뜻한 초콜릿과 인스턴트커피를 섞은 다음, 계속 저으면서 휘핑한 노른자에 따라 붓는다.

6 여기에 체친 밀가루를 솔솔 뿌리며 섞은 다음, 흰자 머랭을 넣는다. 지름 25cm 틀에 버터를 바르고 반죽을 부은 다음, 오븐에서 45분간 굽는다.

7 작은 냄비에 설탕, 물 1스푼, 식초를 넣고 캐러멜을 만든다.

8 통호두를 반으로 가른 것을 포크에 올려 캐러멜에 담갔다 뺀 다음, 기름을 칠한 접시에 놓고 굳힌다.

9 가토가 다 식으면 틀에서 꺼내 식힘망에 옮긴다. 큰 용기를 받친 상태로 가토 위에 초콜릿 글라사주를 붓는다. 금속 스패츌러로 윗면과 옆면을 부드럽게 밀어 매끈하게 다듬는다. 캐러멜을 입힌 호두를 얹은 다음 냉장 보관한다.

가토 오 쇼콜라

Gâteau au chocolat

가토를 틀에서 꺼내면
가운데가 움푹 들어가는데,
여기에 초콜릿 글라사주를 부어
매끄럽게 마무리한다.

초콜릿 브라우니 가토 *Gâteau de brownies au chocolat* 

6~8인분 기준
작업 시간 1시간
휴지 시간 5~6시간+1시간
조리 시간 18분

재료
초콜릿 글라사주
300g ▶ 83쪽 참고
초콜릿 가나슈 100g ▶ 84쪽 참고
초콜릿 크렘 800g ▶ 55쪽 참고
판젤라틴 6g(3장)

브라우니 스타일 비스퀴
비터 다크초콜릿 70g
달걀 2개
설탕 150g
피칸 또는 호두 100g
버터 125g
밀가루 60g
통호두 반쪽 8개

1 초콜릿 글라사주와 초콜릿 가나슈, 초콜릿 크렘을 만든다. 초콜릿 크렘을 만들 때, 젤라틴을 불려서 물기를 제거한 뒤, 끓인 우유와 크림에 넣는다.

2 비스퀴를 만드는데, 먼저 초콜릿을 중탕이나 전자레인지에서 녹인다. 볼에 달걀과 설탕을 넣고 색이 옅어질 때까지 세게 젓는다. 호두는 굵게 다진다. 버터를 조각낸 다음, 반죽기에 넣고 거품기 모양의 휩을 끼워 고속으로 돌린다. 색이 밝아지면 녹인 초콜릿을 3번에 나누어 넣은 후, 휘핑한 달걀과 설탕을 넣는다. 용기를 꺼내서 밀가루와 다진 호두를 차례대로 넣고, 아래에서 위로 떠올리듯 섞는다.

3 오븐은 170°C로 예열한다.

4 지름 22cm × 높이 3cm 무스링에 버터를 바른다. 오븐 팬에 유산지를 깔고 무스링을 놓은 후, 틀 안에 반죽을 붓는다. 오븐에서 18분 동안 구운 다음, 식힌다. 가토를 틀에서 꺼내기 전에 칼날로 무스링 테두리를 조심스럽게 훑으면 잘 떨어진다.

5 무스링을 깨끗이 씻고 물기를 닦은 다음, 다시 비스퀴에 씌운다. 그 위에 초콜릿 크렘을 틀 높이보다 살짝 아래까지 부은 다음, 냉장고에서 5~6시간 동안 굳힌다.

6 크렘 위에 초콜릿 가나슈를 붓고 스패출러로 매끈하게 정리한다. 무스링을 손바닥 열기로 살짝 데운 다음, 링을 뺀다.

7 똑같은 크기의 두꺼운 종이 시트에 가토를 올리고 냉동실에서 1시간 동안 굳힌다.

8 중탕으로 녹인 초콜릿 글라사주를 가토 위에 부은 다음, 자연스럽게 흘러내리도록 스패출러로 부드럽게 민다.

9 통호두 반쪽 8개를 가토 가장자리에 올려 장식한다.

호박 가토 *Gâteau de courge* 

6~8인분 기준
작업 시간 1시간
휴지 시간 12시간
조리 시간 10분+1시간

재료
서양 호박 400g
달걀 4개 · 오일 40ml
밀가루 350g
설탕 250g
헤이즐넛 가루 200g
계피 가루 3tsp · 소금 1꼬집
버터 20g

1 전날, 호박은 껍질을 깎고 씨를 말끔히 제거해 큼직하게 썬다. 큰 냄비에 찬물을 넣고 소금을 친 다음 호박을 넣는다. 끓어오르면 10분 더 익힌 다음 불을 끈다.

2 삶은 호박은 체에 밭쳐 하룻밤 동안 물기를 뺀다.

3 다음 날, 호박을 푸드 밀이나 블렌더로 갈아 퓌레로 만든다. 여기에 달걀을 1개씩 넣으며 섞다가 오일, 밀가루, 설탕, 헤이즐넛 가루, 계피 가루, 소금 1꼬집을 넣는다. 재료를 넣으면서 계속 섞어야 하고 작업을 마치면 부드러운 반죽이 된다.

4 오븐은 160°C로 예열한다.

5 동그란 틀에 버터를 바르고 반죽을 붓는다. 오븐에서 1시간 동안 굽는데, 칼끝으로 찔렀을 때 반죽이 묻어 나오지 않으면 다 익은 것이다. 식으면 틀에서 꺼낸다.

던디 가토 *Gâteau de Dundee* 

6~8인분 기준
작업 시간 20분
휴지 시간 10분
조리 시간 1시간 15분

재료
건포도 500g · 버터 125g
밀가루 250g · 설탕 125g
베이킹파우더 1팩
소금 1꼬집
계피, 생강, 코리앤더 1tbsp
달걀 4개 · 우유 50ml
오렌지 껍질 100g
체리 콩피 100g

1 건포도에 잠길 정도로 미지근한 물을 부어서 10분 간 불린다.
2 뜨거운 물에 볼을 데운다. 볼 안에 작게 조각낸 버터를 넣고 말랑하게 만든다.
3 다른 볼에 밀가루, 설탕, 소금 1꼬집, 베이킹파우더, 계피, 생강, 코리앤더를 넣는다.
4 달걀에 우유를 붓고 저은 다음, (3)에 넣고 잘 섞는다. 여기에 버터를 넣고 반죽한다.
5 건포도는 체에 밭쳐 물기를 제거하고, 오렌지 껍질과 체리 콩피는 조각으로 자른다. 건포도, 오렌지 껍질, 체리 콩피를 모두 반죽에 넣는다.
6 옆면이 높은 지름 30cm 틀에 반죽을 붓고, 1시간 15분 동안 굽는다. 식으면 틀에서 꺼낸다.

가토 플라망 *Gâteau Flamand*

6~8인분 기준
작업 시간 15분+25분
휴지 시간 2시간+30분
조리 시간 45분

재료
파트 쉬크레 350g ▶ 30쪽 참고
달걀 3개 · 설탕 125g
바닐라 설탕 1팩
아몬드 가루 100g
키르슈 50ml
감자 전분 25g · 버터 40g
소금 1꼬집
퐁당 200g ▶ 76쪽 참고
키르슈 50ml · 체리 콩피
안젤리카 스틱

1 파트 쉬크레를 만든 다음 2시간 동안 냉장 휴지시킨다.
2 지름 20cm 망케 틀에 버터를 바른다. 반죽을 2~3mm 두께로 민 다음, 틀 안에 넣고 30분간 냉장 휴지시킨다.
3 오븐은 200°C로 예열한다.
4 달걀을 깨뜨려 흰자와 노른자를 분리한다.
5 볼에 설탕, 바닐라 설탕, 아몬드 가루를 넣고 섞는다. 여기에 노른자를 1개씩 넣으면서 거품기로 잘 젓는다. 노른자가 다 섞이면 키르슈 50ml를 넣고 색이 옅어질 때까지 세게 젓는다. 마지막에 감자 전분을 솔솔 뿌려 넣는다.
6 흰자에 소금 1꼬집을 넣고 아주 단단하게 휘핑한 다음, (5)에 넣고 살살 섞는다.
7 여기에 녹인 버터를 넣는다.
8 필링을 틀에 붓고 45분 동안 굽는다. 15분 정도 식혀서 가토를 틀에서 꺼낸다.
9 퐁당을 냄비에 넣고 약불로 녹인다. 여기에 키르슈 50ml를 넣고 섞은 다음, 스패츌러로 가토 위에 잘 펴 바른다. 체리 콩피와 안젤리카 스틱으로 장식한다.

가토 빅토리아

촉촉한 다쿠아즈에서 코코넛 향이 은은하게 난다. 달콤한 파인
애플 과즙이 다쿠아즈와 부드럽게 어울리고, 코리앤더 잎이 오
리엔탈적인 풍미를 더한다. ▶484쪽 레시피 참고

프로마주 블랑 가토 *Gâteau au fromage blanc* 

6~8인분 기준

작업 시간 40분
휴지 시간 2시간
조리 시간 40분

재료

프로마주 블랑 500g
말린 살구 150g
화이트 와인 500ml
계피 가루 1/2tsp
레몬 1개 · 버터 150g
밀가루 350g · 설탕 200g
소금 1꼬집
베이킹파우더 1팩
노른자 5개분
바닐라 설탕 1팩

1 체 안에 모슬린 천을 깔고 프로마주 블랑을 넣은 다음, 2시간 동안 물기를 뺀다.

2 볼에 화이트 와인 400ml와 계피 가루를 넣고 말린 살구를 담가서 불린다.

3 레몬은 화학 약품으로 처리하지 않은 것을 골라 제스트를 뜬 후 잘게 썬다. 버터는 말랑하게 만든다.

4 볼이나 작업대에 밀가루를 붓고 가운데에 홈을 판 다음, 설탕 160g, 소금 1꼬집, 베이킹파우더, 버터, 노른자 2개를 넣는다. 재료를 고루 섞은 다음, 화이트 와인 100ml를 넣어 부드럽게 반죽한다.

5 반죽을 2등분한 다음, 각각 두께 3mm의 원형으로 민다. 지름 28cm 망케 틀에 버터를 바른다.

6 틀에 반죽 1장을 넣는다.

7 오븐은 160°C로 예열한다.

8 불린 살구는 물기를 제거하고 다진다.

9 커다란 볼에 프로마주 블랑, 바닐라 설탕, 남은 설탕, 다진 살구, 노른자 3개를 넣고 잘 버무린다. 틀에 필링을 붓고 윗면을 나무 주걱으로 다듬는다.

10 남은 반죽 테두리에 물을 약간만 바른 뒤, (9)를 덮고 테두리를 살짝 눌러 붙인다.

11 가토를 오븐에 넣고 40분간 굽는다. 미지근해지면 틀에서 꺼내 시원하게 먹는다.

Comment

말린 살구는 과일 콩피나 건포도로 대체할 수 있다.

만다린 가토 *Gâteau à la mandarine* 

6~8인분 기준

작업 시간 30분
휴지 시간 2시간
조리 시간 25분

재료

파트 아 퐁세 300g ▶ 16쪽 참고
껍질 벗긴 아몬드 125g
달걀 4개
만다린 껍질 콩피 4조각
설탕 125g
바닐라 에센스 3방울
비터 아몬드 에센스 2방울
살구 마멀레이드 · 만다린 마멀레이드 · 만다린 3~4개
아몬드 슬라이스 · 살구 나파주
신선한 민트 잎

1 파트 아 퐁세를 만든 다음 2시간 동안 냉장 휴지시킨다.

2 살구 마멀레이드 3tbsp을 체에 거른다. 절구나 반죽기로 아몬드를 빻은 다음, 달걀을 1개씩 넣고 잘 섞는다. 여기에 조각낸 만다린 껍질 콩피와 설탕, 바닐라 에센스 3방울, 비터 아몬드 에센스 2방울, 체에 거른 살구 마멀레이드를 넣고 잘 버무린다.

3 오븐은 200°C로 예열한다.

4 반죽을 두께 3mm로 민 다음, 지름 24cm 플랑 틀에 넣는다. 반죽에 만다린 마멀레이드 150g을 잘 펴 바른 다음, (2)를 넣고 겉면을 매끈하게 정리한다.

5 25분간 구운 뒤 식힌다.

6 만다린은 껍질을 깐다.

7 아몬드 슬라이스를 오븐에 몇 분간만 구워 살짝 노릇하게 만든다.

8 살구 나파주 3스푼을 데워서 가토 위에 얇게 펴 바른다. 만다린 조각을 동그란 모양으로 얹고 나파주를 바른다.

9 아몬드 슬라이스를 골고루 뿌린 다음, 민트 잎을 군데군데 꽂는다. 만다린 가토는 시원하게 먹는다.

코코넛 가토 *Gâteau à la noix de coco*

6~8인분 기준
작업 시간 40분
조리 시간 35~45분

재료
크렘 파티시에르
350g ▶ 61쪽 참고
버터 260g
분당 350g
달걀 6개
코코넛 가루 265g
코리앤더 가루 15g
전유 300ml
밀가루 400g
베이킹파우더 10g

1 크렘 파티시에르를 만든 다음, 럼 2tbsp을 넣어 향을 낸다.
2 버터 250g과 분당을 볼에 넣고 핸드 믹서로 돌려, 텍스처를 부드럽게 푼다.
3 여기에 달걀을 1개씩 넣고 섞다가 코코넛 가루 250g과 코리앤더 가루를 넣는다. 마지막에 우유를 넣고 잘 젓는다.
4 오븐은 180℃로 예열한다.
5 밀가루와 베이킹파우더를 한데 체친 후, [3]에 넣고 나무 숟가락으로 잘 섞는다.
6 지름 22cm 제누아즈 틀에 버터를 바르고 남은 코코넛 가루를 뿌린다. 틀 3/4까지 반죽을 붓는다.
7 오븐에서 35~45분간 굽는다. 칼끝으로 찔렀을 때, 반죽이 묻어나오지 않으면 다 익은 것이다. 팬을 받치고 틀을 뒤집어서 가토를 꺼낸 다음, 그대로 식힌다.

8 가토를 똑같은 두께로 잘라 디스크 3장을 만든다. 디스크 2장에 크렘 파티시에르를 바르고 포개어 쌓은 후, 남은 디스크로 덮는다. 가토 위에 분당을 뿌려 장식한다.

Comment

크렘 파티시에르 없이 코코넛 가트로만 먹어도 맛있다.

Tip

오븐 팬 위에 크라프트지를 깔고 코팅 제누아즈 틀을 놓으면 가토 밑바닥만 색이 짙어지는 것을 방지할 수 있다.

카탈루냐의 가토 룰레 *Gâteau roulé catalan*

6~8인분 기준
작업 시간 45분
조리 시간 15분

재료
휘핑한 크림 70g ▶ 56쪽 참고

반죽
버터 50g · 달걀 3개
밀가루 100g · 레몬 1개
분당 100g

크렘 파티시에르
우유 500ml
바닐라 깍지 1/2개 · 레몬 1/2개
노른자 3개 · 설탕 75g
옥수수 전분 1tbsp
밀가루 1tbsp · 버터 30g

1 먼저 크림을 휘핑한 후 냉장 보관한다.
2 크렘 파티시에르를 시작한다. 바닐라 깍지는 반으로 갈라 씨를 긁고, 레몬은 화학 약품으로 처리하지 않은 것을 골라 제스트를 뜬다. 냄비에 우유, 바닐라, 레몬 제스트를 넣고 끓인다. 볼에 노른자와 설탕, 옥수수 전분, 밀가루를 넣고 잘 섞는다. 끓인 우유를 체에 거른 후, 노른자가 있는 볼에 조금만 부어 거품기로 젓는다. 고루 섞이면 다시 냄비에 붓고 가열한다. 2~3분간만 끓인 후, 불을 끈다.
3 크렘 파티시에르를 볼에 담은 후, 얼음물에서 식힌다. 크림 온도가 50℃가 되면 버터 30g을 넣고 빠르게 거품기로 젓는다.
4 [3]이 완전히 식으면 휘핑한 크림과 섞는다.
5 버터를 중탕에서 약불로 녹이는데, 절대 오랫동안 데우지 않는다.
6 반죽을 시작한다. 레몬은 화학 약품으로 처리하지 않은 것을 골라 제스트를 뜬다. 달걀을 깨뜨려 흰자와 노른자를 분리한 다음, 노른자가 있는 볼에 분당과 레몬 제스트를 넣고 색깔이 옅어질 때까지 휘핑한다.
7 흰자는 아주 단단하게 휘핑한다. 흰자 머랭 약간과 밀가루 소량을 [6]에 넣고 아래에서 위로 떠올리며 섞는다. 반죽이 고르게 섞이면 남은 밀가루와 머랭을 모두 넣고 계속 떠올리며 버무린다. 반죽 일부를 덜어서 녹인 버터에 넣고 잘 푼 다음, 반죽에 넣고 섞는다.
8 오븐은 200℃로 예열한다.
9 오븐 팬에 유산지를 깔고 반죽을 붓는다. 두께를 일정하게 맞춘 다음, 10분간 구우면 살짝 노릇해진다.
10 비스퀴를 뒤집어서 유산지에 올리고, 겉에 붙어 있는 유산지는 뗀다.
11 비스퀴에 차가운 크림을 바른 후 동그랗게 만다. 가토 위에 분당을 넓게 뿌린 후, 시원하게 먹는다.

가토 뤼스 *Gâteau russe* 

6~8인분 기준
작업 시간 1시간
휴지 시간 1시간
조리 시간 25~30분

아몬드 · 헤이즐넛 비스퀴
아몬드 가루 45g
헤이즐넛 가루 40g
설탕 150g
흰자 5개분
소금 1꼬집

피스타치오 크렘 무슬린
버터 크렘 400g ▶ 51쪽 참고
피스타치오 페이스트 80g
크렘 파티시에르 200g ▶ 61쪽 참고
피스타치오 80g
분당

1 버터 크렘과 크렘 파티시에르를 만들어 냉장 보관한다.

2 아몬드 가루와 헤이즐넛 가루, 설탕 65g을 섞는다.

3 흰자에 소금을 넣고 설탕 85g을 조금씩 넣으며 휘핑한다. (2)를 흰자 머랭에 넣고 부피가 꺼지지 않게 나무 주걱으로 살살 섞는다.

4 오븐은 180°C로 예열한다.

5 유산지에 지름 22cm 디스크 2개를 그린다.

6 짤주머니에 9mm 민무늬 깍지를 끼우고 반죽을 넣는다. 디스크 중앙에서 바깥으로 원을 그리며 짜는데, 가장자리에서 2cm 정도는 남겨둔다. 그 위에 분당을 아주 살짝만 뿌리고 10분 정도 말린 다음, 한 번 더 분당을 뿌린다.

7 오븐에 넣고 25~30분간 굽는다. 비스퀴가 식으면 스패출러로 유산지를 떼어낸다.

8 피스타치오 60g을 부순 다음, 오븐에 넣고 굽는다.

9 피스타치오 크렘 무슬린을 시작한다. 버터 크렘은 핸드 믹서나 손 거품기로 세게 저어 텍스처를 가볍게 만들고, 크렘 파티시에르는 울퉁불퉁한 부분이 없도록 매끄럽게 푼다. 거품기로 계속 저으면서, 버터 크렘에 피스타치오 페이스트와 크렘 파티시에르를 차례대로 넣는다. 짤주머니에 9mm 깍지를 끼우고 크렘 무슬린을 넣는다.

10 접시 위에 구운 비스퀴 1장을 놓는다. 크렘 무슬린을 동그랗게 짜서 비스퀴 테두리를 촘촘하게 장식한다. 가운데에도 크렘 무슬린을 넣고 구운 피스타치오를 뿌린다.

11 그 위에 남은 비스퀴 1장을 올리고, 윗면을 살짝 눌러 고정시킨다. 이렇게 하면 비스퀴 사이에 동그랗게 짠 크림이 보이는데, 이대로 냉장고에서 1시간 동안 굳힌다.

12 남은 피스타치오를 반으로 자른다. 먹기 전에 가토에 분당을 뿌리고 피스타치오로 올려 장식한다.

사과 잘루지 *Jalousies aux pommes* 

4~6인분 기준
작업 시간 30분+40분
휴지 시간 10시간
조리 시간 20분+30분

재료
파트 푀유테 500g ▶ 20쪽 참고
사과 1kg
레몬 1개
바닐라 설탕 1팩
계피 가루 1tsp
달걀 1개
살구 나파주 5~6tbsp
우박설탕 50g

1 파트 푀유테의 휴지 시간이 10시간이라는 점을 고려하여 반죽을 만든다.

2 사과 마멀레이드를 시작한다. 사과 껍질을 깎고 조각으로 잘라 씨를 빼낸 뒤, 슬라이스로 썬다. 레몬즙을 뿌리고, 냄비에 사과와 바닐라 설탕을 넣고 20분간 아주 약한 불에서 익힌다. 다 익을 때쯤 사과를 휘저어 수분을 날리고 계피 가루를 넣는다.

3 오븐은 200°C로 예열한다.

4 파트 푀유테는 두께 3mm로 밀어 직사각형으로 만든 다음, 가로가 10cm인 긴 직사각형 2개로 자른다. 오븐 팬에 물을 바르고 반죽 1개를 올린다.

5 여기에 달걀을 풀어서 바르는데, 테두리만 칠하고 가운데는 사과 마멀레이드를 도톰하게 바른다.

6 남은 반죽은 테두리를 제외하고 5mm 간격의 빗금 무늬로 홈을 낸다.

7 (6)을 (5)에 덮고 테두리를 손으로 눌러 반죽을 붙인다. 옆면을 깔끔하게 다듬고, 남은 달걀 물을 바른 다음, 30분간 굽는다.

8 가토가 다 익으면 붓으로 살구 나파주를 바르고, 우박설탕을 뿌린다. 폭 5cm로 잘라 미지근하게 먹는다.

므제브
Megève
바삭한 머랭과 폭신한 초콜릿 무스가
달콤한 대조를 이룬다.

므제브 *Megève* 

6~8인분 기준
작업 시간 40분
휴지 시간 2일
조리 시간 1시간 30분

재료
초콜릿 소스 45g ▶ 112쪽 참고
프렌치 머랭 250g ▶ 43쪽 참고
초콜릿 글라사주 300g ▶ 83쪽 참고
또는 다크초콜릿 코포 120g

무스
아주 진한 다크초콜릿 260g
실온 버터 185g
노른자 3개분 · 흰자 5개분
설탕 15g

1 오븐은 110°C로 예열한다.

2 초콜릿 소스를 만든다.

3 프렌치 머랭을 만든다. 짤주머니에 9mm 별 모양 깍지를 끼우고 머랭을 넣는다.

4 오븐 팬에 유산지를 깔고 지름 22cm 무스링을 올린다. 무스링 테두리에 밀가루를 뿌린 다음 떼면 동그란 자국이 남는다. 이 안에 머랭을 짜고, 같은 과정을 2번 더 반복해 머랭 디스크 3장을 만든다. 머랭을 오븐에 넣고 1시간 30분 동안 굽는다.

5 초콜릿 무스를 만든다. 먼저 초콜릿을 중탕에서 아주 약한 불로 녹인다. 볼에 버터를 넣고 핸드 믹서나 손 거품기로 휘핑해 최대한 공기를 많이 주입시킨다. 여기에 40°C 정도로 미지근하게 녹인 초콜릿을 3번에 나누어 넣는다. 이때, 쉬지 말고 휘핑해야 기포가 풍성하게 생긴다.

6 볼에 노른자와 초콜릿 소스를 섞은 다음, (5)에 넣고 잘 섞는다.

7 흰자에 설탕을 넣으며 휘핑한다. 머랭은 너무 단단하지 않고 살짝 구부러져야 한다. 이러한 텍스처를 프랑스 제과 용어로 새 부리라는 뜻의 '벡 두아조bec d'oiseau'라고 한다.

8 머랭 1/4을 덜어 (5)의 초콜릿 크림에 넣고 잘 섞은 다음, 이것을 남은 머랭에 넣고 스패츌러로 아래에서 위로 떠올리며 살살 섞는다.

9 무스 2/5를 떠서 머랭 디스크 1장에 올린 다음, 스패츌러로 잘 펴 바른다. 그 위에 머랭 디스크 1장을 얹고 무스 2/5를 바른다. 맨 위에 남은 디스크를 얹고, 남은 무스를 윗면과 옆면에 바른다.

10 므제브는 이틀 동안 냉장 휴지시킨다.

11 먹기 직전에 미지근한 초콜릿 글라사주로 덮거나 다크초콜릿 코포로 장식한다.

모카 *Moka* 

6~8인분 기준
작업 시간 40분
냉장 시간 1시간+2시간
조리 시간 35분+5분

재료
파트 아 비스퀴
조콩드 650g ▶ 36쪽 참고
버터 크렘 600g ▶ 51쪽 참고
커피 에센스 1tsp
인스턴트커피 1tbsp
뜨거운 물 1tbsp

시럽
설탕 130g · 물 1ℓ
커피 에센스 1tsp
인스턴트커피 1tbsp
껍질 벗긴 헤이즐넛 150g
커피빈 초콜릿

1 파트 아 비스퀴 조콩드를 만든다.

2 오븐은 180°C로 예열한다.

3 지름 20cm 망케 틀에 버터를 바른 다음, 반죽을 붓고 35분간 굽는다.

4 비스퀴를 틀에서 꺼내 오븐 팬에서 식힌다. 비스퀴에 깨끗한 면포를 덮고, 냉장고에 1시간 동안 넣어둔다.

5 커피 에센스와 인스턴트커피, 물을 볼에 넣고 잘 녹인다. 녹인 커피를 넣고 버터 크렘을 만든다.

6 설탕과 물을 냄비에 넣고 끓여 시럽을 만든다. 시럽이 식으면 인스턴트커피와 커피 에센스를 넣는다.

7 헤이즐넛은 잘게 다진 후 오븐에서 굽는다.

8 비스퀴는 디스크 3장으로 자르고, 버터 크렘은 5등분한다. 디스크 1장에 커피 시럽을 바른 다음, 스패츌러로 버터 크렘 1/5을 바르고 헤이즐넛 1/4을 뿌린다. 나머지 디스크 2장에도 커피 시럽과 버터 크렘, 헤이즐넛을 같은 방법으로 넣고, 층층이 쌓는다.

9 스패츌러로 가토 테두리에 버터 크렘을 바르고, 남은 헤이즐넛을 붙인다.

10 짤주머니에 별 모양 깍지를 끼우고 남은 버터 크렘을 넣은 다음, 가토 위에 장미꽃 모양인 로자스rosace 모티프를 여러 개 짠다. 모티프 가운데에 커피빈 초콜릿을 1개씩 올린다.

11 2시간 동안 냉장 휴지시킨 후, 아주 시원하게 먹는다.

몽모랑시 *Montmorency* 👨‍🍳👨‍🍳👨‍🍳

4~6인분 기준

작업 시간 40분

조리 시간 30분

재료

시럽에 재운 체리 400g

아몬드 파트 아 제누아즈

350g ▶ 41쪽 참고

퐁당 200g ▶ 76쪽 참고

키르슈 1컵

빨강 색소 3방울

체리 콩피 12개

안젤리카 조각

1 오븐은 200℃로 예열한다.

2 체리는 씻은 후 물기를 제거하고 씨를 뺀다.

3 아몬드 파트 아 제누아즈를 만든 다음, 체리를 넣고 잘 버무린다.

4 지름 20cm 제누아즈 틀에 버터를 바른다. 틀에 반죽을 넣고 30분간 굽는다.

5 제누아즈를 틀에서 꺼내 식힘망에서 식힌다.

6 퐁당을 냄비에 넣고, 미지근해질 때까지 약불에서 계속 저으면서 데운다. 여기에 키르슈를 넣고 빨강 색소를 2~3방울 타서 잘 섞는다.

7 스패츌러로 퐁당을 제누아즈 전체에 펴 바른 다음, 체리 콩피와 안젤리카로 장식한다.

Plus

제누아즈를 가로로 잘라 시트 2장을 만든다. 시트 1장에 키르슈를 적시고 버터 크렘 ▶ 51쪽 참고을 바른 다음, 브랜드에 재운 체리를 넣으면 색다른 몽모랑시가 된다.

몽팡시에 *Montpensier* 👨‍🍳👨‍🍳👨‍🍳

4~6인분 기준

작업 시간 20분

조리 시간 30분

재료

과일 콩피 50g

설타나sultana 건포도 50g

럼 100ml

버터 80g · 노른자 7개

설탕 125g · 아몬드 가루 100g

밀가루 125g · 흰자 3개분

아몬드 슬라이스 50g

살구 나파주 150g

1 럼에 과일 콩피와 설타나 건포도를 담가서 불린다.

2 오븐은 200℃로 예열한다.

3 버터를 말랑하게 만든다. 볼에 노른자와 설탕을 넣고 색이 옅어질 때까지 휘핑한다. 여기에 아몬드 가루와 버터, 밀가루를 넣고 섞는다. 반죽의 결이 매끄럽게 될 때까지 작업한다.

4 흰자에 소금 1꼬집을 넣고 휘핑한다. 하얗고 단단한 머랭이 되면 반죽에 넣고, 머랭이 꺼지지 않도록 나무 숟가락으로 부드럽게 섞는다.

5 과일 콩피와 설타나 건포도를 체를 밭쳐 물기를 제거한 다음, 반죽에 넣는다.

6 지름 22cm 제누아즈 틀에 버터를 바르고, 아몬드 슬라이스를 골고루 붙인다. 반죽을 틀에 넣고 30분 동안 굽는다.

7 가토를 틀에서 꺼내 식힘망으로 옮긴다.

8 붓으로 살구 나파주를 바른 다음, 시원하게 먹는다.

오랑진 Orangine

6~8인분 기준

작업 시간 30분
휴지 시간 1시간
조리 시간 45분

재료

크렘 파티시에르 250g ▶ 61쪽 참고
퀴라소curaçao 리큐어 80ml
파트 아 제누아즈 650g ▶ 40쪽 참고 · 크렘 샹티 300g ▶ 53쪽 참고
퐁당 200g ▶ 76쪽 참고 · 오렌지 껍질 콩피

시럽

바닐라 설탕 60g
퀴라소curaçao 리큐어 50ml

1 크렘 파티시에르를 만든 다음, 퀴라소 리큐어 50ml를 타서 향을 낸다.

2 냄비에 물 50ml와 퀴라소 리큐어, 바닐라 설탕을 넣고 끓여 시럽을 만든다.

3 오븐은 200℃로 예열한다.

4 파트 아 제누아즈를 만든다.

5 지름 26cm 틀에 버터를 바르고, 반죽을 넣은 다음 오븐에서 45분간 굽는다.

6 크렘 샹티를 만든 다음, [1]의 크렘 파티시에르를 넣고 살살 섞는다. 냉장고에 1시간 동안 넣어둔다.

7 퐁당에 남은 퀴라소 리큐어 30ml를 넣고 섞는다. 비스퀴는 같은 두께로 잘라 디스크 3장을 만든다.

8 디스크 1장에 붓으로 시럽을 바른 다음, [6]의 크림을 바른다.

9 그 위에 디스크 1장을 올리고 똑같이 시럽과 크림을 바른 다음, 남은 디스크 1장으로 덮는다. 스패출러로 퐁당을 살살 펴 바른 다음, 매끄럽게 정리한다.

10 오렌지 껍질 콩피로 장식하고, 시원하게 먹는다.

파리 브레스트 Paris-brest

4~6인분 기준

작업 시간 40분
조리 시간 40~45분+10분

재료

버터 크렘 300g ▶ 51쪽 참고
크렘 파티시에르 225g ▶ 61쪽 참고
파트 아 슈 300g ▶ 27쪽 참고
그래뉴당 50g
다진 아몬드 50g
말랑한 버터 25g
분당

크림

헤이즐넛 프랄리네 또는 아몬드 페이스트 90g

1 버터 크렘과 크렘 파티시에르를 만들어 냉장 보관한다.

2 파트 아 슈를 만든다. 짤주머니에 12mm 별 모양 깍지를 끼우고 슈 반죽을 넣는다.

3 오븐은 180℃로 예열한다.

4 지름 22cm 무스링에 버터를 바르고, 오븐 팬에 유산지를 깐 다음 무스링을 놓는다. 틀 안에 동그랗게 반죽을 짠 다음, 바투 붙여서 한 번 더 링 모양으로 짠다. 그리고 첫 번째와 두 번째 사이에 링을 하나 더 짠다. 그래뉴당을 뿌리고 다진 아몬드나 아몬드 슬라이스를 올린 다음, 오븐에서 40~45분간 굽는다. 굽기 시작하고 15분까지는 오븐 문을 닫고 그 이후에는 살짝 열어야 한다. 그래야만 반죽의 수분이 충분히 날아간다.

5 오븐 팬을 하나 더 준비해 유산지를 깔고 링 모양으로 반죽을 짜는데, [4]보다 살짝 작게 만든다. 오븐에 넣고 8~10분간 굽는다.

6 버터 크렘을 볼에 넣고 거품기로 휘핑해 가벼운 텍스처로 만든다. 여기에 헤이즐넛 프랄리네나 아몬드 페이스트를 넣고 거품기로 저은 다음, 크렘 파티시에르를 넣는다.

7 [4]가 식으면 빵칼을 이용해 가로로 2등분한다.

8 짤주머니에 별 모양 깍지를 끼우고 크림을 넣는다. [7]의 아랫부분 슈에 크림을 채우고 [5]를 얹는다. 이 위에 크림이 슈 밖을 살짝 넘치도록 둥글리며 짠다.

9 [7]의 윗부분 슈에 분당을 뿌려서 크림 위에 얹는다.

10 파리 브레스트는 냉장 보관하며, 먹기 1시간 전에 꺼내놓는다.

Tip

캐러멜을 입혀서 굵게 다진 헤이즐넛 80g을 크림에 넣으면 더욱 고소해진다. 또 작은 사이즈 링 대신 미니 슈를 여러 개 올려도 좋다. 짤주머니에 8mm 깍지를 끼우고 반죽을 짜서 슈 크기를 1.5~2cm 정도로 만들고, 오븐에서 20분간 구우면 된다.

파리 브레스트

프랑스 전통 디저트로 유명한 파리 브레스트
는 1891년 파리와 브레스트를 잇는 자전거 경
주대회를 계기로 개발되었다. 대회 코스에 메
종 라피트Maisons-Laffitte가 포함되어 있었고, 이
곳에 사는 어느 제과사가 이를 기념하기 위해
파리 브레스트를 만들었다.

파리지앵 *Parisien* 👨‍🍳👨‍🍳👨‍🍳

6~8인분 기준
작업 시간 35분
조리 시간 40분+5분

재료
아몬드 크렘 600g ▶ 56쪽 참고
바닐라 깍지 1개 · 레몬 1개
아몬드 파트 아 제누아즈
500g ▶ 41쪽 참고

시럽
설탕 100g · 물 1ℓ
그랑 마르니에 800ml

장식
과일 콩피 100g
이탈리안 머랭 ▶ 44쪽 참고
분당

1 아몬드 크렘부터 만드는데, 우유를 데울 때 바닐라 깍지를 반으로 갈라 씨를 긁어 넣는다. 완성한 크림은 냉장 보관한다.
2 레몬 껍질을 잘게 간다.
3 레몬 제스트를 넣고 아몬드 파트 아 제누아즈를 만든다.
4 오븐을 180°C로 예열한다.
5 지름 22cm 망케틀에 버터를 바르고 반죽을 넣은 다음, 오븐에서 40분간 굽는다.
6 과일 콩피는 잘게 다진다.
7 이탈리안 머랭을 만든다.
8 물과 설탕을 끓여 시럽을 만든 다음, 식으면 그랑 마르니에를 넣는다.
9 제누아즈가 식으면 두께 1cm로 잘라 디스크 6장을 만든다. 디스크 1장에 붓으로 시럽을 바른 다음, 스패츌러로 아몬드 크렘을 바르고 과일 콩피를 살짝 눌러 넣는다. 이 위에 디스크 1장을 올리고, 첫 번째와 마찬가지로 시럽, 아몬드 크렘, 과일 콩피 순서로 작업한다. 남은 디스크를 모두 같은 방식으로 차곡차곡 쌓아 올린다. 마지막 디스크에는 시럽과 아몬드 크렘만 바른다.
10 별 모양 깍지를 끼운 짤주머니에 이탈리안 머랭을 채우고 가토를 덮듯이 짠다. 그 위에 분당을 뿌린 다음, 오븐에 넣어 살짝 노릇하게 색을 낸다.
11 파리지앵은 차갑게 먹는다.

커피 프로그레 *Progès au café* 👨‍🍳👨‍🍳👨‍🍳

6~8인분 기준
작업 시간 45분
냉장 시간 1시간+1시간
조리 시간 45분

재료
파트 아 프로그레
400g ▶ 42쪽 참고
아몬드 슬라이스 150g
인스턴트커피 20g
버터 크렘 600g ▶ 51쪽 참고
분당

1 파트 아 프로그레를 만든다.
2 오븐은 130°C로 예열한다.
3 오븐 팬 2개에 버터를 바르고 23cm 원형 접시 3개를 놓는다. 오븐 팬에 밀가루를 뿌리고 그릇을 빼면 디스크 자국이 남는다.
4 8mm 깍지를 끼운 짤주머니에 파트 아 프로그레를 넣고, 디스크 가운데에서 바깥으로 원을 그리며 짠다. 디스크 3장 모두 같은 방법으로 작업한다.
5 반죽은 오븐에 넣고 45분간 구운 다음, 식힘망에 옮긴다.
6 오븐 안에 열기가 남아 있을 때, 아몬드를 넣어 살짝 색깔을 낸다. 인스턴트커피에 끓는 물 1스푼을 타서 녹인다.
7 녹인 커피를 버터 크렘에 넣고 잘 섞는다. 크림 1/4을 따로 보관해두고 나머지 크림은 디스크에 바를 용도로 3등분한다.
8 스패츌러로 디스크 3장에 똑같은 양의 크림을 바르고, 차곡차곡 쌓아 올린다. 가토 옆면에는 따로 보관한 크림을 바른다.
9 맨 위를 아몬드 슬라이스로 장식한 다음, 1시간 동안 냉장 보관한다.
10 두꺼운 종이를 가로 1cm×세로 25cm로 잘라 종이 띠를 여러 개 만든다. 가토 위에 종이 띠를 2cm 간격으로 살포시 놓고, 그 위에 분당을 뿌린 후 떼어낸다. 가토를 다시 1시간 정도 냉장고에 넣어둔다. 먹기 전에 냉장고에서 미리 가토를 꺼내놓는다.

헝가리의 사과 레테스 *Rétès hongrois aux pomme* 

6~8인분 기준
작업 시간 45분
휴지 시간 15분+30분
조리 시간 20분

반죽
체친 밀가루 600g
달걀 1개 · 식초 1tbsp
말랑한 버터 50g

필링
렌느 데 레네트reine des reinettes
사과 500g
버터 50g
빵가루 100g
설타나sultana 건포도 100g
계피 가루 2tbsp
설탕 100g
분당

1 작업대나 볼에 밀가루를 붓고 가운데 홈을 판다. 그 안에 달걀을 깨뜨려 넣고 식초와 미지근한 물 300ml를 넣은 다음, 손가락 끝으로 잘 버무린다.

2 버터를 아주 작게 조각내 (1)에 넣고 20분간 치대면 반죽이 부드러워진다. 깨끗한 면포로 덮고 냉장고에서 최소 15분간 휴지시킨다.

3 반죽을 크레프 두께로 얇게 민 다음, 면포를 다시 덮고 반죽이 살짝 마르도록 30분간 휴지시킨다.

4 오븐은 200℃로 예열한다.

5 사과는 껍질을 깎고 큼직하게 썬 다음, 심을 제거하고 얇게 자른다.

6 작은 냄비에 버터를 녹인 다음, 반죽에 고루 바른다. 그 위에 빵가루를 뿌리고 사과 슬라이스를 올린 다음, 건포도를 얹는다. 계피 가루와 설탕을 한데 버무려 겉면에 솔솔 뿌린다.

7 뷔슈bûche를 만들 때 롤로 마는 것처럼, 반죽을 돌돌 만다. 오븐 팬에 유산지를 깔고 가토를 얹어 오븐에서 20분간 굽는다. 분당을 뿌리고 미지근하게 먹는다.

Plus

레테스 필링으로 양귀비 씨 크림을 넣어도 된다. 양귀비 씨 가루 300g, 우유 200ml, 설탕 200g을 넣고 10분간 익힌다. 여기에 사과 1개를 얇게 썰어 넣고, 레몬 1개도 제스트를 떠서 넣는다.

자허토르테 요셉흐 베흐스베르크

Sachertorte Joseph Wechsberg 

6~8인분 기준
작업 시간 35분
냉장 시간 3시간
조리 시간 45분

재료
비터 다크초콜릿 200g · 버터 125g
노른자 8개분 · 흰자 10개분
소금 1꼬집
은은하게 바닐라 향을 낸 설탕 140g · 체친 밀가루 125g
초콜릿 글라사주 350g ▶ 83쪽 참고 · 살구 나파주 8tbsp

1 오븐은 180℃로 예열한다.

2 지름 26cm 틀 2개에 버터를 바른 유산지를 두른다.

3 초콜릿을 작게 조각낸 다음 중탕이나 전자레인지에서 녹이고, 버터도 따로 녹인다. 노른자와 버터를 초콜릿에 넣고 거품기나 나무 숟가락으로 젓는다.

4 흰자에 소금을 넣고 거품기로 세게 저어 단단한 머랭을 만든 다음, 설탕을 넣고 휘핑한다. 머랭을 떠올렸을 때, 거품기 날 사이로 뾰족하게 떨어지는 텍스처가 나오면 완성된 것이다. 흰자 머랭 1/3을 (3)에 먼저 넣고 섞다가, 남은 것을 소량씩 넣으며 고루 젓는다. 여기에 밀가루를 솔솔 뿌려 넣고 반죽의 결이 균일해질 때까지 계속 섞는다.

5 반죽을 틀에 붓고 45분간 굽는다. 이때, 가토가 많이 부풀어 오르고 수분이 날아가야 한다.

6 초콜릿 글라사주를 만든다.

7 가토를 식힘망에 옮겨 완전히 식힌다.

8 가토 1개에 살구 나파주를 바르고 그 위에 남은 가토를 얹는다. 초콜릿 글라사주를 붓고 스패출러로 윗면과 옆면을 매끈하게 정리한다.

9 자허토르테를 접시에 담고, 3시간 동안 냉장 보관해야 글라사주가 굳는다. 먹기 30분 전에 냉장고에서 꺼낸다.

아니스 향 라즈베리 밀푀유

Mille-feuille aux framboises et à l'anis

파트 푀유테 엥베르세 사이에 아니스로 향을 낸 크림을 넣고 생
라즈베리를 올렸다. 파트 푀유테 엥베르세에 캐러멜을 입혀 크
림이 닿아도 쉽게 눅눅해지지 않는다. 한입 베어 물면 바삭하면
서도 촉촉한 식감이 그대로 전해진다. ▶486쪽 레시피 참고

생토노레 *Saint-honoré*

6~8인분 기준
작업 시간 30분+50분
휴지 시간 10시간
조리 시간 25분+18분

반죽
파트 푀유테 120g ▶ **20쪽 참고**
파트 아 슈 250g ▶ **27쪽 참고**
밀푀유 크림 250g ▶ **58쪽 참고**
설탕 250g · 글루코오스 60g
물 80ml
크렘 샹티 200g ▶ **53쪽 참고**

1 파트 푀유테의 휴지 시간이 10시간이라는 점을 고려하여 반죽을 만든다.

2 파트 아 슈와 밀푀유 크림을 만든다.

3 파트 푀유테는 아주 차가운 상태에서 두께 2mm로 민 다음, 지름 22cm 디스크를 대고 자른다. 오븐 팬에 유산지를 깔고 물을 묻힌 다음, 잘라놓은 반죽을 놓는다.

4 짤주머니에 9~10mm 민무늬 깍지를 끼우고 파트 아 슈를 넣는다. [3]의 반죽 가장자리에서 1cm 정도 여유를 두고 원형으로 짠 다음, 가운데에서 바깥으로 원을 그리며 짠다. 파트 푀유테에 설탕을 뿌린다.

5 오븐은 200℃로 예열한다.

6 오븐 팬을 하나 더 준비해 유산지를 깔고 2cm 미니 슈 24개를 짠다.

7 슈를 오븐에 넣고 굽는데, 푀유테 반죽이 있는 팬은 25분, 미니 슈를 올린 팬은 18분간 굽는다. 굽기 시작하고 8~9분 정도 지난 다음, 오븐 문을 살짝 열고 계속 굽는다.

8 5mm 깍지를 이용해 원형 슈에 2cm 간격으로 구멍을 뚫고, 미니 슈에도 모두 구멍을 뚫는다. 짤주머니에 7mm 원형 깍지를 끼우고 밀푀유 크림을 넣은 다음, 슈가 완전히 식으면 구멍 안에 깍지를 넣고 크림을 짠다. 짤주머니를 꾹 눌러야 슈 안에 크림이 꽉 찬다.

9 냄비에 설탕과 글루코오스, 물을 넣고 155℃로 끓여 캐러멜을 만든다. 여열로 계속 끓지 않도록 냄비를 찬물에 담근다. 캐러멜에 미니 슈를 반쯤 담갔다 뺀 다음, 캐러멜이 묻은 면이 아래로 향하게 코팅된 오븐 팬 위에 놓는다.

10 미니 슈의 아무것도 묻지 않은 면을 캐러멜에 담근 다음, 살짝 옆으로 돌려 캐러멜을 골고루 묻힌다. 미니 슈를 원형 슈 위에 1개씩 놓는데, 간격은 촘촘하게 맞춘다.

11 짤주머니에 별 모양 깍지를 끼운다. 이 안에 크렘 샹티를 만들어 채운 다음, 가토 가운데 부분에 모양을 내며 짠다.

12 생토노레는 만들자마자 먹는 것이 가장 좋다.

크렘 파티시에르 사바랭 *Savarin à la crème pâtissière*

4~6인분 기준
작업 시간 15분
휴지 시간 30분
조리 시간 20~25분

재료
파트 아 사바랭 400g ▶ **24쪽 참고**
크렘 파티시에르 700g ▶ **61쪽 참고**

시럽
바닐라 깍지 1개
설탕 250g · 물 500ml

1 사바랭 반죽을 만든다.

2 지름 20~22cm 사바랭 틀에 버터를 바르고 반죽을 넣은 다음, 훈훈한 곳에 30분간 둔다.

3 오븐은 200℃로 예열한다.

4 오븐에 반죽을 넣고 20~25분간 구운 다음, 틀에서 꺼내 식힌다.

5 크렘 파티시에르를 만들어 냉장고에 보관한다.

6 바닐라 깍지는 반으로 갈라 씨를 긁는다. 냄비에 설탕과 물, 바닐라를 넣고 가열해 시럽을 만든다. 시럽이 미지근해지면 숟가락으로 시럽을 사바랭에 끼얹는다.

7 가토 가운데를 크렘 파티시에르로 채운 다음, 아주 시원하게 먹는다.

이탈리아의 세미프레도 *Semifreddo italien*

4~6인분 기준
작업 시간 45분
조리 시간 40분
냉동 시간 30분

재료
판 디 스파냐 400g ▶ 275쪽 참고
사프란 가루 소량
사과 4개(가능하면 보스콥Boskoop 사
과 고를 것)
설탕 65g · 레몬 1개
화이트 와인 120ml
물 3tbsp
크림 200ml
노른자 4개
설탕 100g
아마레티 150g(또는 아몬드 마카롱)

1 오븐은 200°C로 예열한다.
2 칼끝으로 떠지는 분량만큼 사프란 가루를 판 디 스
파냐에 넣고 반죽한다. 지름 22cm 틀에 반죽을 붓
고 오븐에서 40분간 굽는다.
3 사과는 껍질을 깎고 씨를 제거한 다음 슬라이스로
자른다. 레몬은 화학 약품으로 처리하지 않은 것을
골라 제스트로 뜬다. 냄비에 사과 슬라이스와 설탕
65g, 레몬 제스트, 와인, 물을 넣고 약불에서 10분
간 익힌다. 사과가 속까지 충분히 익고 액체가 사
과 안에 스며들어야 한다.
4 거품기로 크림을 휘핑한다. 냄비에 노른자와 설탕
100g을 넣고 거품기로 세게 젓다가 색이 미색으로
옅어지면 중탕에 올리고 잠깐 동안 휘핑한다. 냄비
를 중탕에서 꺼내 완전히 식을 때까지 휘저은 다음,
휘핑한 크림을 넣고 살살 섞는다.

5 사과를 포크로 으깨 퓌레로 만든 다음, 아마레티
를 부수어 넣는다. 여기에 (4)의 크림을 넣고 잘
버무린다.
6 판 디 스파냐는 가로로 잘라 비스퀴 3장을 만든다.
종이를 비스퀴와 같은 크기와 모양으로 자른다. 종
이 위에 비스퀴 1장을 놓고 스패출러로 (5)의 필링
을 바른 다음, 그 위에 비스퀴 1장을 올린다. 같은
방식으로 세 번째 비스퀴까지 작업한다.
7 세미프레도는 30분간 냉동실에서 굳힌 다음 냉장
실로 옮겨 보관하고, 먹기 직전에 꺼낸다.

생가푸르 *Singapour*

6~8인분 기준
작업 시간 1시간
조리 시간 1시간 30분+40분

재료
설탕 600g
파인애플 슬라이스 통조림 1개
파트 아 제누아즈
500g ▶ 40쪽 참고
아몬드 150g · 설탕 300g
물 150ml · 키르슈 50ml
살구 마멀레이드 200g
비가로bigarreaux 체리 콩피와
안젤리카 콩피

1 냄비에 물 750ml와 설탕 600g을 넣고 끓여 시럽
을 만든다. 여기에 파인애플 슬라이스를 넣고 뭉
근한 불에서 1시간 30분 동안 당절임한다. 불을 끄
고 파인애플이 미지근해지면 체에 밭쳐 시럽을 제
거한다.
2 오븐은 200°C로 예열한다.
3 파트 아 제누아즈를 만든 다음, 지름 22cm 틀에 넣
고 오븐에서 40분간 굽는다. 구운 제누아즈는 틀에
서 꺼내 식힌다.
4 아몬드를 오븐에 넣어 살짝 색이 나게 굽는다.
5 냄비에 물과 설탕을 넣고 끓인 다음, 미지근해지면
키르슈를 넣는다.

6 파인애플 슬라이스를 주사위 모양으로 자른 다음,
12개 정도를 장식용으로 빼둔다.
7 제누아즈를 가로로 잘라 2장으로 만들고 그 위에
시럽을 적신다. 제누아즈 1장에 살구 마멀레이드를
바른 다음 파인애플 조각을 골고루 올린다. 남은 제
누아즈로 덮고, 가토 전체에 살구 마멀레이드를 바
른다. 구운 아몬드를 가토 테두리에 두르고, 남은
파인애플 조각과 비가로 체리 콩피, 안젤리카 콩피
로 장식한다. 생가푸르는 아주 시원하게 먹는다.

티라미슈 *Tiramisu*

6인분 기준

작업 시간 25분
조리 시간 약 8분
냉장 시간 2시간

재료

아주 진한 커피 200ml
흰자 4개분 · 물 30ml · 설탕 90g
마스카르포네 250g
노른자 4개분
비스퀴 아 라 퀴이에르 약 20개
드라이 마르살라marsala sec 와인
또는 아마레토amaretto 80ml
무가당 카카오 가루

1 커피를 만들어 식힌다.
2 핸드 믹서로 흰자를 휘핑해 하얗고 부드러운 머랭으로 만든다. 냄비에 물과 설탕을 넣고 3분간만 끓인다. 끓인 시럽을 흰자 머랭에 가느다랗게 따라 붓고 머랭이 완전히 식을 때까지 휘핑한다.
3 볼에 마스카르포네와 노른자를 넣고 섞다가 결이 고와지면, 머랭을 넣고 살살 섞는다.
4 비스퀴 아 라 퀴이에르에 커피를 살짝 적신다. 가로 19cm×세로 24cm 그라탱 그릇에 비스퀴를 한 겹 깔고 마르살라를 끼얹은 다음, 마스카르포네 크림을 넣는다. 이런 순서로 계속 쌓아 올리고, 마지막 층을 마스카르포네 크림으로 덮는다. 가토를 냉장고에 넣고 최소 2시간 동안 굳힌다.
5 티라미슈는 먹기 직전에 카카오 가루를 체쳐서 뿌린다.

Comment

티라미슈는 하루 전에 만들었다가 다음 날 먹는 것이 훨씬 맛있다.

바트루슈카 *Vatrouchka*

6~8인분 기준

작업 시간 40분
휴지 시간 1시간
조리 시간 15분+50분

재료

과일 콩피 200g
코냑이나 럼 또는 아르마냑 50ml

반죽

버터 125g · 레몬 1/2개
오렌지 1/2개 · 노른자 3개분
설탕 200g · 소금 1꼬집
바닐라 설탕 1팩
크림 40g · 밀가루 350g

필링

버터 100g · 설탕 200g
노른자 3개분
프로마주 블랑 500g
크림 200g · 전분 30g
흰자 1개분 · 달걀 1개
분당

1 과일 콩피를 작게 조각낸 다음, 코냑에 재운다.
2 프로마주 블랑은 체에 밭쳐 물기를 제거한다.
3 반죽을 시작한다. 먼저 버터를 말랑하게 만들고, 레몬과 오렌지는 화학 약품으로 처리하지 않은 것을 골라 제스트를 뜬다. 볼에 노른자와 설탕을 넣고 색이 옅어질 때까지 휘핑한다. 여기에 버터, 소금 1꼬집, 바닐라 설탕, 오렌지 제스트, 레몬 제스트, 크림을 순서대로 넣는데, 쉬지 않고 저으며 작업한다. 여기에 밀가루를 한 번에 털어 넣고, 치대지 말고 버무리며 섞는다. 반죽을 한 덩어리로 뭉쳐 랩을 씌운 다음 냉장 휴지시킨다.
4 오븐은 200°C로 예열한다.
5 반죽을 두께 3mm로 민 다음, 지름 28cm 디스크로 자른다. 유산지를 반죽 디스크와 같은 크기로 잘라 오븐 팬에 깔고, 그 위에 반죽을 놓는다. 포크로 반죽을 찍어 여러 군데 구멍을 낸 다음, 15분간 굽는다.
6 남은 반죽 조각을 한데 뭉친다.
7 필링을 시작하는데, 먼저 버터를 포크로 저어 부드러운 포마드 상태로 만든다. 여기에 설탕을 넣고 섞은 다음, 노른자를 1개씩 넣으며 섞는다. 재료가 다 섞이면 프로마주 블랑을 조금씩 넣으며 텍스처를 고르게 푼다. 여기에 크림을 넣은 다음, 마지막에 전분과 물기를 뺀 과일 콩피를 넣고 잘 섞는다. 텍스처가 균일해지면 단단하게 올린 흰자 머랭을 넣어 필링을 마무리한다.
8 식혀둔 타르트 시트에 스패츌러로 필링을 바른다.
9 (6)의 반죽을 두께 3mm의 직사각형으로 민 다음, 폭이 좁은 띠 모양으로 자르고 가토 위에 얹어 격자무늬를 만든다. 반죽이 만나는 테두리 부분을 꼼꼼히 붙여 벌어지지 않게 한다.
10 달걀을 풀어 가토 겉면에 바른 다음, 200°C 오븐에 넣고 50분간 굽는다.
11 오븐에서 가토를 꺼내 분당을 바른 다음 식힌다.

— 파리, 도미니크 레스토랑 *Restaurant Dominique, Paris*

일인용 가토와 타르틀레트

GÂTEAUX INDIVIDUELS and TARTELETTES

일인용 디저트에는 다양한 반죽을 사용하는데 밀푀유와 콩베르사시옹에는 파트 푀유테를 쓰고, 바르케트에는 파트 브리제나 파트 쉬크레, 틀리지외즈와 에클레르에는 파트 아 슈를 사용한다. 프랑스 디저트 중에서 타르틀레트와 바르케트는 비교적 손쉽게 만들 수 있는 레시피이다.

아망딘 아 라 뒤셰스 *Amandines à la duchesse* 

타르틀레트 8개 기준
작업 시간 40분
휴지 시간 2시간
조리 시간 20분

재료
파트 쉬크레 300g ▶ 19쪽 참고
아몬드 크렘 400g ▶ 56쪽 참고
키르슈 100ml
시럽에 재운 레드커런트 300g
레드커런트 젤리 100g

1 파트 쉬크레를 만든 다음, 2시간 동안 냉장 휴지시킨다.

2 키르슈를 넣어 아몬드 크렘을 만든다.

3 오븐은 200°C로 예열한다.

4 반죽을 두께 3mm로 민 다음, 쿠키 커터나 타르틀레트 틀로 찍어 디스크 8장을 만든다. 작은 틀에 버터를 바르고 디스크를 넣은 다음, 포크로 바닥을 여러 군데 찍는다.

5 레드커런트는 체에 밭쳐 시럽을 제거한다. 장식용으로 몇 알만 빼놓고 나머지는 반죽 위에 골고루 넣는다. 그 위에 숟가락으로 아몬드 크렘을 채워 넣는다.

6 아망딘을 20분 동안 구운 다음, 완전히 식으면 틀에서 꺼낸다.

7 작은 냄비에 레드커런트 젤리를 넣고 미지근하게 데운 다음, 아망딘 위에 바른다.

8 레드커런트로 겉면을 장식한 다음, 냉장 보관한다. 먹기 직전에 냉장고에서 꺼낸다.

레드커런트 대신 체리 콩피 300g을 사용하면 체리 아망딘이 된다.

바바 오 럼 *Baba au rhum* 

바바 8개 기준
작업 시간 30분
휴지 시간 30분
조리 시간 15분

반죽
버터 100g
레몬 제스트 1/2개분
밀가루 250g · 아카시아 꿀 25g
이스트 25g · 플뢰르 드 셀❖ 8g
바닐라 가루 1tsp · 달걀 8개

틀
버터 25g

시럽
레몬 제스트 1/2개분
오렌지 제스트 1/2개분
바닐라 깍지 1개
물 1ℓ · 설탕 500g · 파인애플 퓌레 50g · 럼 브랑 아그리콜 100ml

나파주
살구 나파주 100g
럼 브랑 아그리콜 100~200ml

이 레시피는 전반부와 후반부로 나눠서 작업하는데, 그 사이에 48시간 정도 여유를 둔다.

1 버터를 작게 조각내 상온에 둔다. 레몬은 껍질을 잘게 갈아 놓는다.

2 반죽기에 나뭇잎 모양의 비터를 끼운다. 용기에 밀가루, 꿀, 부순 이스트, 플뢰르 드 셀, 바닐라, 레몬 제스트, 달걀 3개를 넣고 반죽이 용기에서 떨어지는 텍스처가 될 때까지 중속으로 돌린다. 여기에 달걀 3개를 넣고 다시 돌리다가 반죽이 용기에서 떨어지면 남은 달걀 2개를 넣고 10분간 반죽한다. 반죽기를 계속 돌리면서 작게 조각낸 버터를 넣는다. 여전히 질척거리기는 하지만 반죽의 결이 매끈해지는 상태가 되면 볼에 옮겨 담고 상온에서 30분간 발효시킨다.

3 일인용 바바 틀 8개에 버터를 칠한다. 짤주머니에 반죽을 넣고 틀의 1/2까지 짠 다음, 틀 높이까지 부풀어 오르도록 상온에서 발효시킨다.

4 200°C로 예열한 오븐에 넣고 15분간 굽는다.

5 식으면 틀에서 꺼내 식힘망으로 옮긴다. 이 상태로 하루나 이틀 정도 두었다가 시럽에 적시면 훨씬 잘 스며든다.

6 시럽을 만든다. 오렌지와 레몬 껍질을 잘게 갈고, 바닐라 깍지는 반으로 갈라 씨를 긁어낸다. 냄비에 물, 설탕, 오렌지와 레몬 제스트, 바닐라, 파인애플 퓌레를 넣고 가열한다. 끓어오르면 럼을 넣고 불을 끈 다음, 60°C 정도로 미지근하게 식힌다.

7 바바를 시럽에 1개씩 담가 푹 적신다. 칼날을 넣었을 때, 한 번에 쑥 들어가면 충분히 시럽이 밴 것이다.

8 살구 나파주를 냄비에 넣고 끓인다. 럼을 바바에 끼얹은 다음, 끓인 살구 나파주를 바른다.

9 바바 안에 기본 크렘 샹티나 계피 혹은 초콜릿으로 맛을 낸 크렘 샹티를 채운 다음, 제철 붉은 과일을 통째로 얹거나 열대 과일을 작게 잘라 장식한다.

Tip

반죽기를 이용하면 훨씬 쉽게 만들 수 있는 레시피이지만, 손 반죽도 물론 가능하다.

❖ 전통 수작업으로 소금을 채취하면 염전 맨 위에 아주 얇은 결정막이 생긴다. 이를 두고 프랑스에서는 '소금 꽃'이라는 뜻의 '플뢰르 드 셀fleur de sel'이라고 부르는데, 특히 게랑드guerande나 카마르크carmarque 지역이 유명하다.

바바 오 럼

Baba au rhum

크렘 샹티는 미리 만들어 냉장 보관했다가,
사용하기 2분 전에 꺼내 한 번 더 휘핑한다.

라즈베리 바르케트 *Barquettes aux Framboises* 

바르케트 10개 기준
작업 시간 10분+30분
휴지 시간 2시간+1시간
조리 시간 15분

재료
파트 브리제 300g ▶ 17쪽 참고
크렘 파티시에르 150g ▶ 61쪽 참고
라즈베리 200g · 레드커런트 젤리
또는 라즈베리 젤리 5tbsp
버터 25g (틀 바르기)

1 파트 브리제를 만든 다음 2시간 동안 냉장 휴지시킨다.
2 크렘 파티시에르를 만들어 냉장고에 보관한다.
3 반죽은 두께 3mm로 민 다음, 틀이나 쿠키 커터로 찍어 10조각으로 만든다. 작은 틀에 버터를 바르고 잘라놓은 반죽을 넣는다. 반죽 바닥을 포크로 여러 군데 찍은 다음, 1시간 동안 휴지시킨다.
4 180℃로 예열한 오븐에 바르게트를 넣고 15분간 굽는다.
5 바르게트를 틀에서 꺼내 식힌 다음, 작은 숟가락으로 크렘 파티시에르를 조금만 떠서 넣는다. 그 위에 라즈베리를 골고루 올린다.
6 작은 냄비에 레드커런트 젤리나 라즈베리 젤리를 넣고 미지근하게 데운 다음, 라즈베리 위에 조심스럽게 바른다.

밤 바르케트 *Barquettes aux marrons* 

바르케트 10개 기준
작업 시간 1시간
휴지 시간 2시간+1시간
조리 시간 15분

재료
파트 쉬크레 300g ▶ 19쪽 참고
마롱(밤) 크렘 400g ▶ 58쪽 참고
커피 글라사주 100g ▶ 77쪽 참고
초콜릿 글라사주 100g ▶ 83쪽 참고
버터 25g

1 파트 쉬크레를 만들어 2시간 동안 냉장 휴지시킨다.
2 반죽은 두께 3~4mm로 민 다음, 별 모양 쿠키 커터나 바르케트 틀로 찍어 타원형 시트 10장을 만든다.
3 틀에 버터를 바르고 잘라놓은 반죽을 넣는다. 포크로 반죽 시트를 여러 군데 찍은 다음, 1시간 동안 휴지시킨다.
4 180℃로 예열한 오븐에 넣고 15분간 굽는다.
5 밤 크렘을 만든다.
6 바르케트가 식으면 틀에서 꺼낸다. 숟가락으로 밤 크렘을 듬뿍 떠서 볼록하게 올라오도록 넣은 다음, 스패출러로 매끈하게 다듬는다.
7 바르케트 반쪽에 커피 글라사주를 붓고 나머지 반에 초콜릿 글라사주를 붓는다. 짤주머니에 남은 밤 크렘을 넣고 바르케트 위에 선을 그리며 짠다. 밤 바르케트는 시원하게 먹는다.

살구 부셰 *Bouchées à l'abricot* 

부셰 20개 기준
작업 시간 30분
조리 시간 20분

반죽
녹인 버터 200g · 럼 1작은컵 · 설탕
250g · 달걀 8개 · 밀가루 200g

필링
살구 마멀레이드 10tbsp
럼 50ml · 아몬드 슬라이스
체리 콩피 20개

1 오븐은 180℃로 예열한다.
2 버터를 녹여 럼과 섞는다. 볼에 설탕과 달걀을 넣고 색이 옅어질 때까지 휘핑한다.
3 여기에 체친 밀가루와 럼을 탄 버터를 넣는다.
4 버터를 바른 작은 사이즈의 원형 틀이나 타원형 틀에 반죽을 3/4만 붓는다.
5 부셰를 오븐에 넣고 20분간 구운 다음, 식힘망에 옮겨 식힌다. 아몬드 슬라이스를 오븐에 넣고 노릇하게 굽는다.
6 부셰는 가로로 2등분한다. 살구 마멀레이드 5스푼에 럼 1/2을 섞어 이 중 반을 부셰 아랫부분에 넣고 윗부분으로 덮는다.
7 남은 살구 마멀레이드를 졸여 럼 1/2과 섞은 다음, 부셰 윗면과 옆면에 바른다. 아몬드 슬라이스를 뿌리고 체리 콩피를 얹는다.

브리오슈 폴로네즈 *Brioches polonaises*

브리오슈 6개 기준
작업 시간 20분+30분
휴지 시간 4시간
조리 시간 35분+10분

재료
파트 아 브리오슈 300g ▶ 24쪽 참
고 · 크렘 파티시에르 200g ▶ 61쪽
참고 · 과일 콩피 150g
키르슈 50ml · 머랭 200g ▶ 43쪽
참고 · 아몬드 슬라이스 50g

시럽
설탕 150g · 물 250g
키르슈 300ml

1 파트 아 브리오슈를 만든 다음 4시간 동안 냉장 휴지시킨다.

2 브리오슈 틀에 버터를 바른다. 반죽을 개당 50g 정도로 분할해 작은 공 모양으로 둥글린 다음, 브리오슈 틀에 넣고 발효시킨다.

3 200℃로 예열한 오븐에 브리오슈를 넣고 10분간 구운 다음, 180℃로 낮춰 25분간 굽는다.

4 시럽을 준비한다. 냄비에 물과 설탕을 넣고 끓인 다음, 식으면 키르슈 300ml를 넣는다. 크렘 파티시에르를 만들어 작게 조각낸 과일 콩피와 키르슈 50ml를 넣고 섞는다.

5 브리오슈를 틀에서 꺼내 머리 부분을 자르고, 몸통은 가로로 3등분한다. 자른 브리오슈에 시럽을 적시고 크렘 파티시에르를 발라, 다시 원래 모양대로 쌓는다.

6 머랭을 만든다. 브리오슈를 오븐용 그릇에 넣고 머랭을 입힌 다음, 아몬드 슬라이스를 뿌리고 200℃ 오븐에서 10분간 굽는다. 브리오슈 폴로네즈는 시원하게 먹는다.

커피 슈 *Choux au café*

슈 12개 기준
작업 시간 40분
조리 시간 20분

재료
파트 아 슈 350g ▶ 27쪽 참고
크렘 파티시에르 800g ▶ 61쪽 참고
인스턴트커피 에센스 6tsp

글라사주
퐁당 200g
커피 에센스 4tsp
설탕 30g
물 2tbsp

1 파트 아 슈를 만든다.

2 오븐은 180℃로 예열한다.

3 짤주머니에 14mm 별 모양 깍지를 끼워 반죽을 넣은 다음, 오븐 팬에 유산지를 깔고 동그란 미니 슈 12개를 짠다.

4 오븐에 슈를 넣고 5분간 구운 뒤, 오븐 문을 살짝 열고 15분 더 굽는다.

5 크렘 파티시에르를 만들어 인스턴트커피 에센스와 섞는다.

6 글라사주를 준비한다. 퐁당을 중탕이나 전자레인지에 데운 다음, 커피 에센스를 넣는다. 냄비에 물과 설탕을 넣고 끓여 시럽을 만든 다음, 퐁당에 조금씩 부으며 나무 숟가락으로 잘 젓는다.

7 짤주머니에 7mm 민무늬 깍지를 끼운 다음, 크렘 파티시에르를 넣는다. 깍지를 슈에 넣고 꾹 누르면서 크림을 짠다. 반 정도가 잠기게 슈의 윗부분을 퐁당에 담갔다 뺀다. 이때, 퐁당이 너무 많이 묻으면 손가락으로 훑어낸 후 식힘망에서 굳힌다.

Tip

퐁당을 데울 때는 항상 주의를 기울여야 한다. 너무 많이 데우면 퐁당 특유의 광택이 사라지고, 덜 데우면 바르는 작업 자체가 어렵다. 퐁당의 이상적인 온도는 32~35℃로 너무 묽지도 되지도 않은 농도가 적당하다. 퐁당에 시럽을 넣으면 농도와 온도를 쉽게 맞출 수 있어 작업이 수월해진다.

Plus

기본 레시피를 활용해 다양한 맛의 슈를 만들 수 있다. 초콜릿 크렘 파티시에르 ▶ 61쪽 참고를 필링으로 넣고 카카오 가루 20g으로 초콜릿 퐁당을 만들면 초콜릿 슈가 된다. 또 슈 안에 크렘 시부스트 ▶ 54쪽 참고를 넣고 커피 퐁당을 입히면 커피 향 크렘 시부스트 슈가 된다.

크렘 샹티 슈 *Choux à la crème Chantilly* 

슈 10개 기준
작업 시간 30분
조리 시간 20분

재료
파트 아 슈 300g ▶ 27쪽 참고
크렘 샹티 500g ▶ 53쪽 참고
분당

1 파트 아 슈를 만든다.

2 오븐은 180℃로 예열한다.

3 짤주머니에 15mm 민무늬 깍지를 끼운 다음 반죽을 넣고, 오븐 팬에 유산지를 깐다. 그 위에 가로 5cm×세로 8cm짜리 타원형 슈 10개를 짜서, 백조 몸통 부분을 완성한다.

4 4~5mm 깍지로 갈아 끼운 다음, 높이 5~6cm짜리 'S'자 슈 10개를 짜서, 백조의 목을 만든다.

5 슈를 오븐에 넣고 굽는데, 몸통 부분은 18~20분간 굽고 'S'자는 10~12분간 굽는다.

6 크렘 샹티를 만든 다음, 냉장 보관한다.

7 슈가 다 익으면 오븐을 끄고 오븐 문을 열어둔 채로 그 안에서 식힌다.

8 작은 빵칼로 몸통의 윗부분을 잘라 세로로 2등분하면 백조의 날개가 된다.

9 짤주머니에 큰 별 모양 깍지를 끼우고 크렘 샹티를 넣는다. 크림이 수북하게 올라오도록 몸통 안에 크림을 듬뿍 짠 다음, 한쪽에 'S'자 슈를 꽂는다. 양 날개를 크림에 꽂고 분당을 뿌려 전체적으로 마무리한다.

콩베르사시옹 *Conversations*

콩베르사시옹 8개 기준
작업 시간 30분+30분
조리 시간 30분

재료
파트 푀유테 400g ▶ 20쪽 참고
아몬드 크렘 200g ▶ 56쪽 참고
흰자 2개분
분당 250g

1 파트 푀유테의 휴지 시간이 10시간이라는 점을 고려하여, 반죽을 만든다.

2 아몬드 크렘을 만든다.

3 파트 푀유테를 2등분해서 두께 3mm로 민다. 반죽을 쿠키 커터로 찍어 각각 디스크 8장을 만든다.

4 타르틀레트 틀 8개에 버터를 바르고 디스크를 넣는다.

5 아몬드 크렘을 틀 맨 위에서 5mm 정도 여유를 남기고 짠 다음, 숟가락 등으로 판판하게 편다.

6 남은 디스크 8장의 테두리에 물을 칠한 다음, 크림 위에 덮어 잘 붙인다.

7 글라사주를 만든다. 흰자에 분당을 조금씩 넣으면서 휘핑해, 하얗고 부드러운 머랭으로 완성한다. 스패츌러로 콩베르사시옹 위에 머랭을 잘 펴 바른다.

8 오븐은 180~190℃로 예열한다.

9 쓰고 남은 반죽 조각을 뭉쳐 두께 2mm로 민 다음, 폭 6~8mm의 띠 15개로 자른다. 대각선 격자무늬가 되도록 가토 위에 한 줄씩 교차시킨 다음, 15분간 휴지시킨다.

10 오븐에 넣고 30분간 구운 후, 차갑게 식혀 먹는다.

History

콩베르사시옹은 18세기 말에 만들어진 아몬드맛 디저트인데, 당시에 유행하던 데피네 부인의 저서 『레 콩베르사시옹 데밀리les Conversations d'Émilie』(1774)에서 이름을 땄다.

딸기 델리스

Délices aux fraises

타르틀레트 위에 신선한 민트 잎을 얹어
장식해도 좋다.

딸기 델리스 *Délices aux fraises*

델리스 6개 기준
작업 시간 30분
휴지 시간 1시간
조리 시간 15분

재료
파트 사블레 250g ▶ 18쪽 참고
딸기 300g
설탕 60g
버터 130g
신선한 민트 잎 6장

1 파트 사블레를 만든 다음 1시간 동안 냉장 휴지시킨다.
2 딸기를 빠르게 씻어 꼭지를 딴다. 이 중 반을 볼에 넣고 설탕을 뿌려 1시간 동안 재우고, 나머지는 키친타월 위에 올려 물기를 뺀다.
3 오븐은 190℃로 예열한다.
4 파트 사블레는 두께 3mm로 민 다음, 쿠키 커터로 찍어 디스크 6장을 만든다.
5 타르틀레트 틀에 버터를 바르고 틀 안에 디스크를 넣는다. 포크로 타르틀레트 시트를 여러 군데 찍어 구멍을 낸다. 유산지를 잘라 타르틀레트 틀에 넣고, 오븐에서 반죽이 부풀지 않도록 말린 콩을 채운다.
6 오븐에 넣고 10분간 굽는다.
7 볼에 버터를 넣고 거품기나 포크로 휘저어 부드럽게 만든다.
8 설탕에 재웠던 딸기는 물기를 제거하고 체에 내려 고운 텍스처로 만든다. 딸기를 버터에 넣고, 결이 고운 크림이 될 때까지 계속 젓는다.
9 타르틀레트가 식으면 숟가락을 이용해 틀에서 조심스럽게 빼낸 다음, 딸기 크림을 채운다. 그 위에 남겨둔 딸기를 올린 다음, 민트 잎으로 장식한다.

호두 델리스 *Délices aux noix*

델리스 8개 기준
작업 시간 40분
휴지 시간 1시간+1시간
조리 시간 15분

재료
파트 쉬크레 250g ▶ 19쪽 참고
아몬드 크렘 250g ▶ 56쪽 참고
커피 크렘 350g ▶ 52쪽 참고
통호두 반쪽 100g

마무리
퐁당 250g ▶ 76쪽 참고
커피 에센스 2tbsp
따뜻한 물 2tbsp
통호두 반쪽 8개

1 파트 쉬크레를 만든 후 1시간 동안 냉장 휴지시킨다.
2 아몬드 크렘과 커피 크렘을 만들어 냉장고에 넣는다.
3 오븐은 190℃로 예열한다.
4 반죽은 두께 2mm로 민 다음, 타르틀레트 틀로 찍어서 디스크 8장을 만든다. 틀 안에 반죽을 넣고 포크로 바닥을 여러 군데 찍은 다음, 아몬드 크렘을 골고루 넣는다.
5 오븐에 넣고 15분간 굽는다.
6 통호두를 다진 다음, 커피 크렘에 섞는다.
7 구운 델리스는 식으면 틀에서 꺼낸다. 그 위에 작은 숟가락으로 커피 크렘을 듬뿍 얹은 다음, 스패출러로 매끈하게 다듬는다. 이 상태로 냉장고에 넣고 1시간 동안 굳힌다.
8 퐁당을 중탕이나 전자레인지에서 미지근하게 데운 다음, 커피 에센스와 따뜻한 물 2스푼을 넣고 섞는다.
9 델리스 바닥을 포크로 찍어서 커피 크렘이 있는 부분부터 반죽까지 퐁당에 담갔다 뺀다. 금속 스패출러로 울퉁불퉁한 면을 매끈하게 정리한다.
10 통호두 반쪽짜리를 올려 장식한 다음, 냉장 보관한다. 호두 델리스는 먹기 직전에 냉장고에서 꺼낸다.

초콜릿 에클레르

Éclairs au chocolat

초콜릿 에클레르는 시간적 여유를 두고
미리 만들어야만 차가운 상태로
시식할 수 있다.

커피 에클레르 *Éclairs au café* 

에클레르 12개 기준
작업 시간 45분
조리 시간 20분

재료
파트 아 슈 375g ▶ 27쪽 참고

커피 크렘 파티시에르
크렘 파티시에르
800g ▶ 61쪽 참고
물 5g
인스턴트커피 5g
커피 에센스 5g

글라사주
설탕 60g · 물 4tbsp
퐁당 250g ▶ 76쪽 참고
천연 커피 에센스 2tbsp

1 크렘 파티시에르를 만든 다음, 물에 녹인 커피와 커피 에센스를 넣고 거품기로 섞는다. 완성된 크림은 냉장고에 보관한다.

2 파트 아 슈를 만든다.

3 오븐은 190℃로 예열한다.

4 짤주머니에 지름이 13~14mm인 별 모양 깍지를 끼우고 반죽을 넣는다. 오븐 팬에 유산지를 깔고 길이 12cm짜리 막대 모양으로 슈 12개를 짠다. 이렇게 하면 개당 30g 정도가 된다. 슈를 오븐에 넣고 20분간 굽는데, 7분이 지나면 오븐 문을 살짝 연다.

5 구운 슈는 식힘망에 옮겨 완전히 식힌다.

6 글라사주를 시작한다. 냄비에 물과 설탕을 넣고 끓여 시럽을 만든다. 다른 냄비에 퐁당을 넣고 중탕에서 데운다. 퐁당이 말랑해지면 커피 에센스를 타고, 기포가 생기지 않게 나무 숟가락으로 아주 천천히 저으며 시럽을 가느다랗게 따라 붓는다. 퐁당이 페이스트처럼 너무 되지도 묽지도 않은 부드러운 텍스처가 되면 시럽을 더 이상 넣지 않는다. 이 상태로 사용하면 퐁당이 밑으로 흐르지 않고 잘 펴진다.

7 짤주머니에 7mm 민무늬 깍지를 끼우고 크렘 파티시에르를 넣은 다음, 에클레르 한쪽 끝에 깍지를 넣고 크림을 짠다.

8 짤주머니에 납작한 일자 깍지를 끼우고 퐁당을 넣은 다음, 에클레르 위에 퐁당을 짠다. 5~10분이 지나 퐁당이 굳으면 먹는다. 에클레르는 냉장 보관한다.

Plus

초콜릿 에클레르 *Éclairs au chocolat*
굵게 갈은 다크초콜릿 200g을 3~4번에 나눠서 따뜻한 크렘 파티시에르에 넣고, 글라사주에 체친 무가당 카카오 가루 25g을 넣으면 초콜릿 에클레르가 된다.

죄 드 폼므 *Jeu de pommes*

죄 드 폼므 4개 기준
작업 시간 30분
조리 시간 15분

반죽
밀가루 200g · 버터 140g
소금 · 설탕 8g · 물 200ml

필링
사과 4개 · 버터 30g
설탕 30g · 분당
아카시아꿀 2tbsp
레몬 1개 · 칼바도스 50ml

1 반죽기에 밀가루, 단단한 버터, 소금 1g, 설탕, 물 200ml를 넣고 빠르게 돌린 다음, 반죽을 꺼낸다. 이때, 작은 버터 조각들이 보여야 한다.

2 오븐은 220℃로 예열한다.

3 사과는 껍질을 깎아 슬라이스로 자른다.

4 반죽을 얇게 민 다음, 지름 12cm 원형 쿠키 커터로 찍어 디스크 16장을 만든다.

5 오븐 팬에 디스크를 놓고 사과 슬라이스를 올린 다음, 버터를 바르고 설탕을 뿌린다.

6 오븐에 넣고 15분간 굽고 꺼낸다. 그 위에 분당을 뿌리고 그릴을 이용해 겉면을 캐러멜화한다.

7 미지근하게 식힌 다음, 서빙 접시 위에 디스크를 4장씩 쌓아 올린다. 아카시아꿀에 레몬즙과 칼바도스를 타고 잘 섞은 다음, 먹기 직전에 죄 드 폼므 위에 바른다. 레몬 셔벗을 1스쿱 떠서 곁들여도 맛있다.

– 장&피에르 트와그로 *Jean et Pierre Troisgros*

마들렌 *Madeleines*

마들렌 12개 기준

작업 시간 10분
조리 시간 15분

재료

밀가루 100g
베이킹파우더 3g
버터 100g · 레몬 1/4개분
달걀 2개 · 설탕 120g

1 밀가루와 베이킹파우더를 한데 체친다.
2 버터를 작은 냄비에 담아 녹인 다음 식힌다.
3 레몬은 화학 약품으로 처리하지 않은 것을 골라, 제스트를 뜬 다음 곱게 다진다.
4 볼에 달걀을 넣고 설탕을 부은 다음, 거품이 잘 올라오도록 5분간 휘핑한다. 여기에 (1)을 솔솔 뿌리면서 섞은 다음, 휘핑기를 계속 저으면서 버터와 레몬을 넣는다.
5 오븐은 220℃로 예열한다.
6 마들렌 틀에 버터를 살짝 바른 다음, 반죽을 틀의 2/3까지만 붓는다. 오븐에 넣고 5분간 구운 다음, 온도를 200℃로 낮춰서 10분 더 굽는다.
7 마들렌이 미지근해지면 틀에서 꺼내 식힌다.

미를리통 드 루앙 *Mirlitons de Rouen*

타르틀레트 10개 기준

작업 시간 30분+15분
휴지 시간 10시간+30분
조리 시간 15분~20분

재료

파트 푀유테 250g ▶ 20쪽 참고
달걀 2개 · 커다란 마카롱 4개
설탕 60g · 아몬드 가루 20g
껍질 벗긴 아몬드 15개 · 분당

1 파트 푀유테의 휴지 시간이 10시간이라는 점을 고려하여 반죽을 만든다.
2 반죽을 두께 2mm로 민 다음, 쿠키 커터로 찍어 디스크 10장을 만든다. 타르틀레트 틀에 디스크를 넣는다.
3 볼에 달걀을 넣고 잘 푼다. 여기에 마카롱을 잘게 부수어 넣고 섞는다.
4 (3)에 설탕과 아몬드 가루를 넣은 다음, 텍스처가 균일해질 때까지 휘핑한다.
5 (4)를 틀 3/4까지 채운 다음, 30분간 냉장 휴지시킨다.
6 오븐은 200℃로 예열한다.
7 아몬드는 세로로 2등분한 다음 타르틀레트 가운데에 3조각씩 꽂는다. 그 위에 분당을 뿌리고 오븐에 넣고 15~20분간 굽는다. 미를리통 드 루앙은 미지근하거나 차갑게 먹는다.

퐁네프 *Ponts-neufs*

타르틀레트 10개 기준

작업 시간 50분
휴지 시간 2시간
조리 시간 20분

재료

파트 아 퐁세 350g ▶ 16쪽 참고
크렘 파티시에르 650g ▶ 61쪽 참고
마카롱 30g
파트 아 슈 250g ▶ 27쪽 참고

마무리

달걀 1개
레드커런트 젤리 100g · 분당

1 파트 아 퐁세를 만든 다음, 2시간 동안 냉장 휴지시킨다.
2 크렘 파티시에르를 만들어 잘게 부순 마카롱을 넣고 섞은 후, 냉장 보관한다.
3 파트 아 슈를 만든다.
4 파트 아 퐁세는 두께 3mm로 민 다음, 타르틀레트 틀보다 약간 큰 커터로 찍어 디스크 10장을 만든다. 자른 디스크를 틀 안에 넣고, 남은 반죽 조각은 한데 뭉친다.
5 오븐은 190℃로 예열한다.
6 파트 아 슈를 크렘 파티시에르에 넣고 잘 섞은 다음, 틀 안에 넣는다. 볼에 달걀을 넣고 잘 푼 다음 타르틀레트 위에 붓으로 바른다.
7 남은 반죽을 민 다음, 폭 5~6mm짜리 띠를 20개 만든다. 타르틀레트 위에 띠를 십자로 교차시켜 올린다.
8 타르틀레트는 오븐에 넣고 15~20분간 굽고, 식으면 틀에서 꺼낸다.
9 작은 냄비에 레드커런트 젤리를 넣고 약불에서 데운다. 띠를 십자로 둘렀기 때문에 겉면이 총 4부분으로 나뉘는데, 이 중 2곳에 레드커런트 젤리를 바르고 나머지에는 분당을 뿌린다. 냉장 보관했다가 먹기 직전에 꺼낸다.

초콜릿 프로피트롤 *Profiteroles au chocolat*

프로피트롤 30개 기준
작업 시간 40분
조리 시간 15분

재료
파트 아 슈 350g ▶ 27쪽 참고
달걀 1개
크렘 샹티 400g ▶ 53쪽 참고
설탕 75g · 바닐라 설탕 1팩

초콜릿 소스
판 초콜릿 200g · 크림 100ml

1 파트 아 슈를 만든다.

2 오븐은 200℃로 예열한다.

3 짤주머니에 민무늬 깍지를 끼우고 반죽을 넣는다. 오븐 팬에 유산지를 깔고 호두알 크기의 슈를 30개 정도 짠다. 달걀을 풀어 슈 위에 바른 다음, 오븐에서 15분간 굽는다. 이때, 굽기 시작한 지 5분이 지나면 오븐 문을 살짝 열어둔다.

4 초콜릿은 잘게 다지고, 크림은 끓인다. 끓인 크림을 초콜릿에 부어 잘 섞으면 초콜릿 소스가 완성된다.

5 설탕과 바닐라 설탕을 조금씩 넣으면서 크렘 샹티를 만든다. 짤주머니에 7mm 깍지를 끼우고 크림을 넣은 다음, 깍지로 슈 바닥에 구멍을 뚫어 크림을 짠다.

6 프로피트롤은 쿠프coupe 잔이나 접시에 넣은 다음, 따뜻한 초콜릿 소스를 뿌려서 먹는다.

퓌 다무르 *Puits d'amour*

퓌 6개 기준
작업 시간 30분+30분
휴지 시간 10시간
조리 시간 15분

재료
파트 푀유테 500g ▶ 20쪽 참고
달걀 1개
분당

필링
바닐라 크렘 파티시에르
350g ▶ 61쪽 참고

1 파트 푀유테의 휴지 시간이 10시간이라는 점을 고려하여 반죽을 만든다.

2 크렘 파티시에르를 만들고 냉장 보관한다.

3 오븐은 240℃로 예열한다.

4 파트 푀유테는 두께 4~5mm로 민 다음, 지름 6cm짜리 쿠키 커터나 틀로 찍어 디스크 12장을 만든다. 오븐 팬에 유산지를 깔고 디스크 6장을 놓는다. 달걀을 풀어 달걀 물을 만든 다음, 디스크 위에 붓으로 바른다.

5 남은 디스크를 (4)에서 사용한 커터보다 크기가 작은 커터로 찍어, 폭 1.5cm 링을 만든다. 자른 링을 (4)의 디스크 위에 올려 달걀 물을 바른다.

6 오븐에서 15분간 구운 다음, 식힘망에 옮긴다. 다 식으면 분당을 뿌린다.

7 티스푼으로 바닐라 크렘 파티시에르를 떠서 가운데 부분을 채운다. 퓌 다무르는 시원하게 먹는다.

초콜릿 프로피트롤

Profiteroles au chocolat

슈가 눅눅해지지 않도록
크렘 상티는 맨 마지막에 넣고,
따뜻한 초콜릿 소스를 부어 마무리한다.

초콜릿 를리지외즈 *Religieuses au chocolat* 

를리지외즈 12개 기준
작업 시간 45분
조리 시간 25분+18분

재료
초콜릿 크렘 파티시에르
800g ▶61쪽 참고
파트 아 슈 500g ▶27쪽 참고

글라사주
설탕 60g
물 4tbsp
퐁당 250g ▶76쪽 참고
무가당 카카오 가루 25g

1 초콜릿 크렘 파티시에르를 만든 다음 냉장 보관한다.
2 파트 아 슈를 만든다.
3 오븐은 190°C로 예열한다.
4 짤주머니에 13~14mm 별 모양 깍지를 끼우고 반죽을 2/3 정도 채운다. 오븐 팬에 유산지를 깐 다음, 커다란 슈를 12개 짠다.
5 슈를 오븐에 넣고 약 25분간 굽는데, 굽기 시작하고 7분이 지나면 오븐 문을 살짝 열어 슈가 일정한 모양으로 부풀게 만든다.
6 슈를 식힘망에 옮겨 완전히 식힌다.
7 같은 방법으로 남은 반죽을 짜서 굽는데, 슈의 크기를 조금 작게 만들고 굽는 시간도 18분으로 줄인다.
8 글라사주를 시작한다. 냄비에 물과 설탕을 넣고 끓여 시럽을 만든다. 다른 냄비에 퐁당을 넣고 중탕으로 데운다. 퐁당이 말랑해지면 체친 카카오 가루를 넣고 섞는다. 기포가 생기지 않게 아주 천천히 저으면서 퐁당에 시럽을 조금씩 따라 붓는다.
9 짤주머니에 7mm 민무늬 깍지를 끼우고 초콜릿 크렘 파티시에르를 넣는다. 슈 바닥을 깍지로 뚫고 크림을 채운다.
10 작은 슈를 글라사주에 담갔다 뺀 다음, 글라사주가 너무 많이 묻은 부분은 손가락으로 훑어낸다. 이번에는 큰 슈를 글라사주에 담갔다 빼서, 퐁당이 굳기 전에 바로 작은 슈를 그 위에 올려 고정시킨다.

Tip

를리지외즈는 커피 향 버터 크림으로 장식해도 좋다. 짤주머니에 별 모양 깍지를 끼우고 커피 향 버터 크림을 채운 다음, 를리지외즈 머리 부분에 불꽃이 이는 모양으로 짠다.

Plus

커피 를리지외즈 Religieuses au café
커피 크렘 파티시에르로 슈를 채우고, 글라사주에 천연 커피 에센스 2스푼을 넣으면 커피 를리지외즈가 된다.

로셰 콩골레 *Rochers congolais* 

로셰 콩골레 30~40개 기준
작업 시간 5분
휴지 시간 24시간
조리 시간 8~10분

재료
신선한 우유 200ml
코코넛 슬라이스 300g
설탕 200g
달걀 4개

1 하루 전에 작업을 시작한다. 먼저 우유를 미지근하게 데운다. 볼에 설탕, 코코넛 슬라이스, 데운 우유를 넣고 살짝 섞은 다음, 달걀을 1개씩 넣는다. 달걀을 넣을 때마다 텍스처가 완전히 풀어지도록 휘핑한다. 반죽을 냉장고에 넣고 24시간 동안 휴지시킨다.
2 오븐 팬에 유산지를 깔고 그 위에 반죽을 올려 작은 피라미드 모양으로 성형한다. 개수는 약 30~40개 정도로 만든다.
3 220°C로 예열한 오븐에 넣고 최대 8분만 구워서 윗부분에 색깔이 나오게 한다.

Tip

코코넛 슬라이스는 쉽게 산패되므로 항상 냉장 보관하고 사용하기 전에 맛을 본다.

바바루아

BAVAROIS

바바루아는 아주 차갑게 먹는 앙트르메entremets다. 주로 크렘 앙글레즈에 젤라틴을 넣거나 과일 퓌레에 휘핑한 크림이나 이탈리안 머랭을 넣어 만든다. 필링을 틀에 넣고 차갑게 굳히는 디저트이기 때문에 바닥에 장식이 있는 금속 틀을 사용하는 것이 좋다.

블랙커런트 바바루아 *Bavarois au cassis* 👨‍🍳👨‍🍳👨‍🍳

6~8인분 기준

작업 시간 45분
냉장 시간 6~8시간

재료

생 블랙커런트나
냉동 블랙커런트 500g
설탕 170g
판젤라틴 5장
크림 500ml
버터 15g
분당 50g

1 블랙커런트를 체에 밭쳐 흐르는 물에 씻는다. 물기를 제거한 다음, 푸드 프로세서나 푸드 밀에 구멍이 작은 다공판을 끼워서 간다. 퓌레를 다시 고운 체로 걸러, 씨를 걸러낸다. 냉동 제품을 사용할 때는 미리 해동시킨 다음 으깬다.

2 젤라틴은 찬물에 15분간 담가 불린 후, 물기를 짠다.

3 냄비에 블랙커런트 퓌레 1/4과 설탕을 넣고 데운 다음, 젤라틴을 넣고 녹인다. 데운 퓌레를 나머지 퓌레 3/4에 붓고 잘 섞는다. 여기에 크림을 넣고 섞다가 분당을 넣는다.

4 지름 22cm 망케 틀에 버터를 바르고 유산지를 깐다. 틀 안에 (3)을 넣은 다음 6~8시간 동안 냉장고에서 굳힌다.

5 차갑게 굳은 바바루아를 틀에서 빼려면 미지근한 물에 틀을 살짝 담갔다 뺀다. 서빙 접시를 밑에 깔고 틀을 뒤집으면 바바루아가 잘 빠져나온다.

Plus

이 레시피는 다른 종류의 붉은 과일을 써서 다양하게 활용할 수 있고, 생과일 대신 냉동 제품을 써도 좋다. 또한 리큐어에 절인 블랙커런트를 크림 사이사이에 넣는 것도 좋은 방법이다. 우선 크림을 한 층 깔고 블랙커런트를 골고루 넣은 다음. 다시 크림을 깐다. 이런 식으로 틀 높이까지 채워서 굳히면 블랙커런트 과실이 그대로 살아 있는 바바루아가 완성된다.

세벤느식 바바루아 *Bavarois à la cévenole* 👨‍🍳👨‍🍳👨‍🍳

6~8인분 기준

작업 시간 30분
냉장 시간 3시간
조리 시간 5분

재료

마롱(밤) 페이스트 300g · 크림 샹티 130g ▶ 53쪽 참고 · 바닐라 크림 바바루아즈 900g ▶ 50쪽 참고
버터 10g · 설탕 15g · 마롱 글라세 조각 180g ▶ 464쪽 참고
마롱 글라세 3개

1 볼에 밤 페이스트를 넣고 텍스처를 부드럽게 풀고, 장식과 필링으로 사용할 크림 샹티를 만든다.

2 바닐라 크렘 바바루아즈를 만든다.

3 크렘 바바루아즈가 익자마자, 밤 페이스트에 부어 잘 섞은 다음 식힌다. 여기에 크림 샹티 100g을 넣고 결이 고와질 때까지 젓는다.

4 지름 20cm 바바 틀에 버터를 바르고 설탕을 뿌린다. 여기에 (3)의 크림을 넣고 마롱 글라세 조각을 골고루 넣은 다음, 냉장고에서 3시간 동안 굳힌다.

5 흐르는 따뜻한 물에 틀을 살짝 데운 다음, 서빙 접시를 밑에 대고 뒤집어서 바바루아를 꺼낸다.

6 짤주머니에 별 모양 깍지를 끼우고 크림 샹티 30g을 채워, 바바루아 위에 동그란 장미 문양으로 짠다.

7 마롱 글라세는 2등분해서 크림 샹티 사이사이에 올린다.

바닐라 향 초콜릿 바바루아 *Bavarois au chocolat et à la vanille* 👨‍🍳👨‍🍳👨‍🍳

4~6인분 기준

작업 시간 30분
냉장 시간 6시간

재료

크렘 바바루아즈 700g ▶ 47쪽 참고
카카오 함량 최소 55% 초콜릿 70g · 액상 바닐라 에센스 2tsp

1 크렘 바바루아즈를 만들어 둘로 나눈다.

2 초콜릿은 중탕에서 약불로 녹이거나 전자레인지를 사용해 녹인다.

3 녹인 초콜릿을 크렘 바바루아즈 1/2에 넣는다.

4 바닐라 에센스를 남은 크렘 바바루아즈 1/2에 넣는다.

5 지름 22cm 망케 틀에 (3)의 초콜릿 크림을 넣은 다음, 30분간 냉장고에 넣고 굳힌다.

6 이 위에 (4)의 바닐라 크림을 붓고 4~5시간 동안 냉장고에 넣어둔다.

7 바바루아는 틀에서 꺼내 서빙 접시에 올린 다음, 과도로 초콜릿 코포 50~70개를 만들어 장식한다.

블랙커런트 바바루아

Bavarois au cassis

블랙커런트 젤리를 일인용 볼에 담아 굳혔다.
바바루아는 냉장 보관하고
먹기 직전에 꺼낸다.

에모시옹 에그잘테

Émotion Exaltée

텍스처와 맛의 달콤한 유희가 강렬한 인상을 남긴다. 토마토 젤리에서는 촉촉함이, 화이트초콜릿 무스에서는 실크처럼 부드러운 감각이 느껴진다. 레몬과 민트로 산뜻하게 향을 낸 딸기에서 느껴지는 짭조름한 맛이 강하게 입 안을 스친다.

▶ 483쪽 레시피 참고

크레올식 바바루아 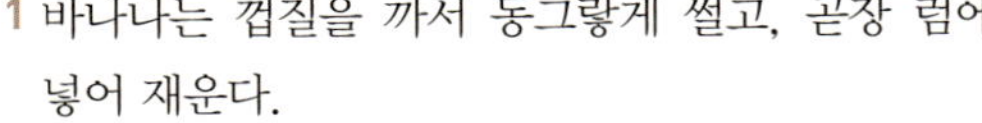 Bavarois à la créole 

6~8인분 기준
작업 시간 1시간
냉장 시간 6~8시간

재료
크렘 바바루아즈 750g ▶ 47쪽 참고
바나나 4개 · 럼 100ml
크렘 샹티 200g ▶ 53쪽 참고
통조림 파인애플 슬라이스 2개
피스타치오 30g · 오일

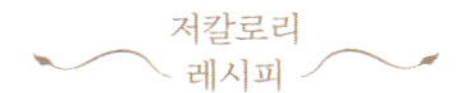
저칼로리
레시피

1 바나나는 껍질을 까서 동그랗게 썰고, 곧장 럼에 넣어 재운다.
2 크렘 바바루아즈를 만든다.
3 바나나를 체에 밭쳐 럼을 제거하는데, 재울 때 썼던 럼은 버리지 않고 크림에 넣는다.
4 지름 22cm 망케 틀에 오일을 바른 다음, 크렘 바바루아즈를 한 층 깐다. 그 위에 바나나를 골고루 올리고 다시 크렘 바바루아즈로 덮는다. 이런 순서로 틀 높이까지 채우고 마지막은 크림으로 덮는다. 바바루아를 냉장고에 넣고 6~8시간 동안 굳힌다.

5 크렘 샹티를 휘핑한다.
6 파인애플 슬라이스는 체에 밭쳐 시럽을 제거하고 얇게 조각낸다.
7 흐르는 따뜻한 물에 틀을 살짝 데운 다음, 동그란 접시를 밑에 깐 상태에서 뒤집어서 바바루아를 뺀다. 짤주머니에 깍지를 끼워 크렘 샹티를 넣고, 바바루아 위에 동그란 장미 모양을 그린다. 크렘 샹티 사이사이에 파인애플 조각을 올려 장식한다.
8 마지막으로 피스타치오를 으깨 겉면에 골고루 뿌린다.

과일 바바루아 Bavarois aux fruits 

6~8인분 기준
작업 시간 1시간
냉장 시간 6~8시간

재료
크렘 바바루아즈 600g ▶ 47쪽 참고
냉동 과일 퓌레 500ml (살구, 파인애플, 블랙커런트, 딸기, 라즈베리 등)
판젤라틴 3장 · 레몬 1/2개
코코넛 슬라이스 · 분당

1 과일 퓌레를 해동하고, 크렘 바바루아즈를 만든다.
2 찬물에 젤라틴을 15분 동안 담가 불린 다음, 물기를 짠다.
3 레몬은 즙을 내서 과일 퓌레에 탄다. 과일 퓌레 1/4을 미지근하게 데운 다음, 젤라틴을 넣고 잘 섞는다. 이것을 남은 퓌레 3/4에 넣고 섞는다.
4 [3]을 크렘 바바루아즈에 넣고 잘 섞는다. 크림을 지름 22cm 망케 틀이나 18cm 샤를로트 틀에 넣은 다음, 냉장고에서 6~8시간 동안 굳힌다.
5 틀을 따뜻한 물에 잠깐 동안 담근 후, 동그란 접시를 밑에 깐 상태에서 틀을 뒤집어서 바바루아를 꺼낸다.

6 뜨거운 오븐에 코코넛 슬라이스를 넣고 살짝 색이 나오게 구운 다음, 바바루아에 골고루 올리고 분당을 뿌려 마무리한다.

Comment

같은 종류의 과일 쿨리를 곁들여도 좋다. 예를 들어, 살구 퓌레를 썼다면 살구 쿨리를 뿌린다.

◆ 100g당 영양 성분
총 80kcal · 단백질 1g · 탄수화물 12g · 지질 3g

노르망디식 바바루아 Bavarois à la normande 

6~8인분 기준
작업 시간 50분
냉장 시간 6~8시간

재료
크렘 바바루아즈 700g ▶ 47쪽 참고
판젤라틴 3장 · 사과 400g
설탕 70g · 버터 30g
칼바도스 70ml
사과 2~3개 · 분당

1 크렘 바바루아즈를 만든다.
2 젤라틴을 찬물에 15분간 담가 불린 다음, 물기를 짠다.
3 사과는 껍질을 깎고 씨를 제거한 다음 조각낸다. 냄비에 사과와 설탕, 버터를 넣고 뭉근한 불로 익혀 콩포트를 만든 후, 블렌더에 갈거나 포크로 으깬다. 콩포트가 아직 따뜻할 때 젤라틴을 넣고 녹인 다음 식힌다.
4 콩포트가 식으면 크렘 바바루아즈에 넣고 살살 섞은 다음 칼바도스를 탄다. 지름 22cm 망케 틀이나 18cm 샤를로트 틀에 크림을 넣고 냉장고에서 6~8시간 동안 굳힌다.

5 오븐은 200℃로 예열한다.
6 장식에 사용할 사과를 준비한다. 먼저 사과를 깎아 2등분한 다음, 두께 3~4mm의 슬라이스로 썬다. 오븐 팬에 유산지를 깔고, 사과 슬라이스를 올리고 분당을 뿌린다. 오븐에 넣고 4~5분간 구워 노릇하게 색을 낸다.
7 틀을 따뜻한 물에 잠깐 동안 담근 후, 서빙 접시를 밑에 깐 상태에서 틀을 뒤집어서 바바루아를 꺼낸다.
8 윗면과 옆면에 사과 슬라이스를 장미 모양처럼 동그랗게 배열하는데, 바바루아의 모양이 흐트러지지 않도록 주의하면서 붙인다.

샤를로트, 디플로마트, 푸딩, 팽 페르뒤

CHARLOTTES, DIPLOMATES, PUDDINGS and PAINS PERDUS

샤를로트는 비스퀴 아 라 퀴이에르에 크렘 바바루아즈를 채우고 무스나 과일을 넣은 앙트르메다. 디플로마트는 팽 브리오셰나 비스퀴 아 라 퀴이에르로 만들고, 푸딩은 파트와 빵가루, 비스퀴 또는 세몰리나가 기본이 된다.

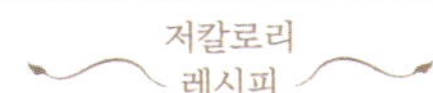

살구 샤를로트 *Charlotte aux abricots*

6~8인분 기준
작업 시간 30분
냉장 시간 24시간

럼에 재우기
과일 콩피 100g · 럼 60ml
건포도 100g

시럽
설탕 40g · 물 100ml · 럼 40ml

살구
살구 통조림 큰 것 1개 · 레몬
1개 · 설탕 100g · 판젤라틴 2장
비스퀴 아 라 퀴이에르 36개

1 과일 콩피는 주사위 모양으로 썬다. 볼에 럼, 과일 콩피, 건포도를 넣고 재운다.
2 냄비에 설탕과 물을 넣고 가열한다. 끓어오르면 불을 끄고 미지근하게 식혀 럼을 탄다.
3 살구는 체에 밭쳐 물기를 제거한 다음, 블렌더에 간다.
4 레몬은 즙을 낸 다음, 설탕과 함께 살구 퓌레에 넣는다. 젤라틴은 찬물에 불려 물기를 짠다.
5 살구 퓌레 1/4에 젤라틴을 넣고 잘 섞은 다음, 나머지 퓌레에 넣고 섞는다.
6 과일 콩피와 건포도는 체에 밭쳐 럼을 제거한다.

7 비스퀴를 1개씩 시럽에 담가 적신 다음, 지름 22cm 정사각형 틀 바닥에 깐다. 그 위에 과일 콩피와 건포도를 올리고 살구 퓌레를 한 층 깐 다음, 다시 시럽에 적신 비스퀴를 넣는다. 이렇게 과일 콩피와 건포도, 살구 퓌레, 비스퀴 순서로 끝까지 쌓아 올리다가 마지막 층은 비스퀴로 덮는다.
8 샤를로트는 냉장고에 넣고 24시간 동안 굳힌 다음, 틀에서 꺼내 남은 살구 퓌레를 바른다.

◆ **100g당 영양 성분**
총 215kcal · 단백질 1g · 지질 2g · 탄수화물 46g

커피 샤를로트 *Charlotte au café*

6~8인분 기준
작업 시간 1시간
냉장 시간 4시간

커피 크림
크림 800ml
아라비카 커피 가루 40g
판젤라틴 3장
설탕 100g

비스퀴 적시기
비스퀴 아 라 퀴이에르 150g
진한 에스프레소 커피 120g
설탕 60g
크런치 초콜릿 3/4개
3×6cm 식빵 10장
버터 60g

장식
밀크초콜릿 30g

1 커피 크림을 만든다. 냄비에 크림을 끓인 다음, 커피 가루를 붓고 뚜껑을 덮은 채로 5분간 우린다.
2 크림을 아주 고운 체에 거른다. 크림 100g, 찬물에 불려 물기를 짠 젤라틴, 설탕 100g을 볼에 넣고 잘 섞는다.
3 남은 크림은 볼에 넣고 얼음물에 담가 아주 차갑게 식힌다. 이 상태로 거품기로 힘껏 휘핑한다.
4 휘핑한 크림을 조금 덜어 젤라틴을 탄 크림에 섞은 다음, 이것을 다시 휘핑한 크림에 넣고 고루 섞는다.
5 에스프레소 커피를 추출한 다음 설탕을 탄다.
6 튀긴 쌀을 넣은 크런치 초콜릿을 준비해 굵직하게 다진다.
7 식빵 양면에 버터를 바르고 그릴에 굽는다.
8 지름 16cm 샤를로트 틀에 버터를 바르고 따뜻하게 구운 토스트를 테두리에 붙인다. 바닥에 크림을 약간 붓고, 다진 초콜릿 1/2을 골고루 넣는다. 그 위에 비스퀴 아 라 퀴이에르 몇 개를 뜨거운 에스프레소 커피에 적셔서 올린다.

9 크림, 초콜릿, 비스퀴 아 라 퀴이에르 순서로 틀 높이까지 쌓고 마지막은 비스퀴 아 라 퀴이에르로 덮는다. 랩을 씌워 냉장고에서 4시간 동안 굳힌다.
10 흐르는 따뜻한 물에 틀을 살짝 데운 다음, 서빙 접시를 밑에 대고 뒤집어서 샤를로트를 꺼낸다. 밀크초콜릿으로 코포를 만들어 골고루 올린 다음, 아주 차가울 때 먹는다.

History

샤를로트 레시피를 처음으로 개발한 사람은 프랑스 요리의 거장, 앙투안 카렘Antoine Carême이다. 그는 비스퀴 아 라 퀴이에르와 식빵을 시럽에 적셔 틀 안에 깔고 커피 크림이나 초콜릿 크림을 채워서 오븐에 굽지 않고 차갑게 먹는 앙트르메인 샤를로트를 고안했다.

초콜릿 샤를로트 *Charlotte au chocolat*

6~8인분 기준
작업 시간 40분
냉장 시간 4시간
조리 시간 20분

재료
크렘 바바루아즈 800g▶47쪽 참고
다크초콜릿 300g
크렘 앙글레즈 400g▶46쪽 참고
비스퀴 아 라 퀴이에르 300g

시럽
물 100ml · 설탕 120g
럼 또는 그랑 마르니에 100ml
다크초콜릿 30g

1 크렘 바바루아즈를 만든다. 초콜릿은 중탕이나 전자레인지에서 천천히 녹인다. 녹인 초콜릿을 크렘 바바루아즈와 섞은 다음 식힌다.

2 크렘 앙글레즈를 만들고 다른 재료를 준비하는 동안 냉장 보관한다.

3 비스퀴를 적실 시럽을 만든다. 먼저 물과 설탕을 작은 냄비에 끓인 다음, 미지근하게 식혀 럼이나 그랑 마르니에를 넣는다.

4 비스퀴 아 라 퀴이에르를 시럽에 적신 다음, 지름 22cm 샤를로트 틀 바닥과 옆면에 깐다.

5 틀 안에 초콜릿 크렘 바바루아즈를 넣은 후, 4시간 동안 냉장고에서 굳힌다.

6 흐르는 따뜻한 물에 틀을 살짝 데운 다음, 접시를 밑에 대고 뒤집어서 꺼낸다.

7 다크초콜릿을 과도로 밀어 초콜릿 코포를 만든 다음, 샤를로트 위에 골고루 얹는다. 크렘 앙글레즈를 곁들여 서빙한다.

▶ 204쪽 사진 참고

바나나를 넣은 초콜릿 샤를로트

Charlotte au chocolat et à la banane

6~8인분 기준
작업 시간 45분
냉장 시간 3시간

재료
초콜릿 사바이옹 무스
700g▶69쪽 참고
비스퀴 아 라 퀴이에르 250g

시럽
물 80ml · 설탕 80g · 레몬 2개
숙성 럼 아그리콜✤ 60ml

바나나
바나나 2개 · 레몬 1½개 · 버터
15g · 넛맥 가루 · 후추 · 설탕 20g

장식
레몬 1/2개
바나나 1개 · 초콜릿 30g

1 초콜릿 사바이옹 무스를 만들어서 냉장 보관한다.

2 냄비에 물과 설탕을 넣고 끓여 시럽을 만든다. 레몬 2개를 짜서 즙을 낸다. 식힌 시럽에 럼과 레몬즙을 넣는다.

3 바나나는 껍질을 까서 두께 1cm로 썬다. 레몬 1개 반을 짠 즙을 바나나에 부어서 버무리면 갈변되지 않는다.

4 코팅 팬에 버터를 녹인 다음, 바나나를 넣고 센 불에서 2~3분간 굽는다. 여기에 넛맥 가루를 1꼬집 넣고 후추는 2~3번 그라인더로 갈아 넣는다. 구운 바나나는 식힌다.

5 지름 16cm 샤를로트 틀에 버터를 바르고 설탕을 골고루 뿌린다.

6 비스퀴 아 라 퀴이에르를 살짝 시럽에 적신 다음, 틀 옆면에 전체적으로 붙인다. 여기에 초콜릿 사바이옹 무스를 틀의 1/2까지 채우고 구운 바나나를 넣는다.

7 그 위에 시럽에 적신 비스퀴를 한 층 깔고, 남은 무스를 붓는다. 그 위에 남은 바나나를 모두 넣고 비스퀴로 덮으면 틀이 꽉 찬다. 이 상태로 냉장고에 넣어 최소 3시간 동안 굳힌다.

8 흐르는 따뜻한 물에 틀을 살짝 데운 다음, 서빙 접시를 밑에 대고 뒤집어서 샤를로트를 꺼낸다.

9 장식을 준비한다. 레몬 1/2개는 짜서 즙을 낸다. 바나나를 동그랗게 잘라 레몬즙에 담갔다가 샤를로트 테두리에 두른다.

10 초콜릿을 과도로 밀어 코포를 만든 다음 샤를로트 가운데에 올린다. 샤를로트는 시원하게 먹는다.

✤ 럼은 일반적으로 설탕을 제조하고 남은 부산물인 당밀을 원료로 만드는데, 숙성 럼 아그리콜vieux rhum agricole은 사탕수수즙을 발효시켜 증류한 다음 숙성시킨 럼을 지칭한다.

초콜릿 샤를로트

Charlotte au chocolat

크렘 바바루아즈를 넣은 샤를로트는
4시간 동안 냉장고에서 굳힌다.

딸기 샤를로트 *Charlotte aux Fraises*

6~8인분 기준
작업 시간 35분
냉장 시간 4시간

재료
딸기 1kg · 판젤라틴 6장
설탕 60g · 크림 750ml
부드러운 비스퀴
아 라 퀴이에르 250g

1 딸기는 빠르게 씻어 꼭지를 따고, 키친타월 위에 얹어 물기를 뺀다.

2 볼에 물을 약간 담아 젤라틴을 넣고 불린다.

3 딸기는 예쁜 것을 몇 개 골라 장식용으로 보관한다. 나머지는 푸드 프로세서나 푸드 밀로 갈아 퓌레를 만든다.

4 퓌레를 체에 걸러 고운 텍스처로 만든다.

5 젤라틴은 살살 짜서 물기를 제거한다. 냄비에 딸기 퓌레 1/4과 설탕을 넣고 살짝 데운 다음 젤라틴을 넣고 녹인다. 여기에 남은 퓌레를 넣고 잘 섞는다.

6 크림을 넣고 완전히 섞이도록 잘 젓는다.

7 비스퀴 아 라 퀴이에르를 물에 살짝 적셔 지름 16cm 샤를로트 틀에 깐다. 그 위에 딸기 무스를 부은 다음 비스퀴로 덮는다. 냉장고에서 4시간 동안 굳힌다.

8 흐르는 따뜻한 물에 틀을 살짝 데운 다음, 서빙 접시를 밑에 대고 뒤집어서 샤를로트를 꺼낸다. 보관해두었던 딸기를 올려 장식한다.

◆ 100g당 영양 성분
총 185kcal · 단백질 2g · 탄수화물 11g · 지질 14g

붉은 과일 샤를로트 *Charlotte aux Fruits rouges*

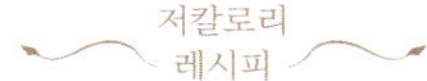

6~8인분 기준
작업 시간 40분
냉장 시간 2시간

붉은 과일 무스
딸기 100g · 라즈베리 100g
판젤라틴 3장 · 레몬 1/2개
설탕 50g · 크림 300ml
야생 딸기 60g
비스퀴 아 라 퀴이에르 20개

라즈베리즙
라즈베리 80g · 물 500ml
설탕 50g
키르슈 20ml

장식
딸기 50g · 라즈베리 50g
블랙베리 50g
레드커런트 4~5 송이
야생 딸기 50g
라즈베리 쿨리 300g

1 딸기는 빠르게 씻어 꼭지를 제거한 다음, 키친타월 위에 놓고 물기를 뺀다. 예쁜 것을 50g 정도 골라 장식용으로 보관한다.

2 나머지 딸기는 푸드 프로세서나 푸드 밀로 갈아 퓌레로 만든다. 딸기 퓌레는 체에 걸러 고운 텍스처로 만든다.

3 장식용을 제외하고, 즙과 무스에 들어가는 라즈베리를 한 번에 푸드 프로세서나 블렌더에 간 다음, 고운 체에 걸러 씨를 빼낸다.

4 라즈베리즙을 만든다. 먼저 냄비에 물과 설탕을 넣고 끓여 시럽을 만든다. 시럽이 식으면 키르슈를 넣고 라즈베리 퓌레 50g을 넣은 다음, 잘 섞는다.

5 붉은 과일 무스를 만든다. 젤라틴을 물에 담가 불리고, 레몬은 짜서 즙을 낸다. 딸기 퓌레와 남은 라즈베리 퓌레를 섞은 다음, 여기에 레몬즙과 설탕을 넣는다.

6 젤라틴은 중탕이나 전자레인지에 녹인 다음, [5]의 퓌레를 2~3스푼 넣고 녹인다. 젤라틴이 녹으면 나머지 퓌레를 모두 넣고 잘 젓는다. 크림을 거품기로 휘핑한 다음, 계속 저으면서 퓌레에 탄다.

7 지름 18cm 샤를로트 틀에 버터를 바른다. 비스퀴 아 라 퀴이에르를 라즈베리즙에 살짝 적신 다음, 틀 옆면에 전체적으로 붙인다.

8 붉은 과일 무스를 틀 1/3까지 붓고 야생 딸기를 넣는다. 그 위에 라즈베리즙에 적신 비스퀴를 살짝 누르며 넣는다. 여기에 무스를 가득 채우고 비스퀴로 덮어 마무리한다.

9 샤를로트는 냉장고에서 3시간 동안 굳힌다.

10 흐르는 따뜻한 물에 틀을 살짝 데운 다음, 접시를 밑에 대고 뒤집어서 샤를로트를 꺼낸다.

11 2등분한 딸기와 라즈베리, 블랙베리, 레드커런트, 야생 딸기로 장식한다.

12 라즈베리 쿨리를 곁들여서 아주 차갑게 먹는다.

◆ 100g당 영양 성분
총 100kcal · 단백질 2g · 탄수화물 18g · 지질 1g

밤 샤를로트 *Charlotte aux marrons*

4~6인분 기준

작업 시간 35분
냉장 시간 6시간

재료

마롱(밤) 퓌레 200g
마롱(밤) 크림 120g
위스키 30ml
판젤라틴 2장 · 크림 30g
크렘 샹티 50g ▶ 53쪽 참고
바닐라 설탕 2팩
비스퀴 아 라 퀴이에르 18개
마롱 글라세 60g ▶ 464쪽 참고

시럽

물 80ml · 설탕 100g
퓨어 몰트 위스키 60ml

1 볼에 밤 퓌레, 밤 크림, 위스키 30ml를 넣고 나무 숟가락으로 젓는다.
2 젤라틴을 찬물에 불린 다음 물기를 살살 짠다.
3 크림을 미지근하게 데운 다음 젤라틴을 넣고 녹인다.
4 젤라틴을 녹인 크림을 (1)에 섞는다.
5 바닐라 설탕을 넣어가며 크렘 샹티를 만든다. 여기에 (4)의 밤 크림을 여러 번에 나눠 넣는다.
6 냄비에 물과 설탕을 넣고 끓여 시럽을 만든다. 시럽이 식으면 위스키 60ml를 탄다.
7 지름 18cm 샤를로트 틀에 버터를 약간만 바른다. 비스퀴 아 라 퀴이에르를 시럽에 1개씩 적신 다음 틀 바닥과 옆면에 붙인다. 틀 1/2까지 밤 크림을 부은 다음, 마롱 글라세 조각을 골고루 넣고, 틀 높이까지 밤 크림을 붓는다. 완성된 샤를로트는 최소 6시간 동안 냉장 보관한다.

8 흐르는 뜨거운 물에 틀을 살짝 데운 다음, 서빙 접시를 밑에 대고 뒤집어서 샤를로트를 꺼낸다. 밤 샤를로트는 시원하게 먹는다.

– 프랑시스 반덴헨데 *Francis Vandenhende*

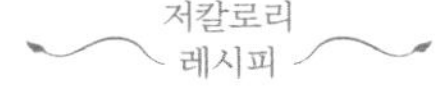
저칼로리
레시피

배 샤를로트 *Charlotte aux poires*

6~8인분 기준

작업 시간 1시간
조리 시간 30분
냉장 시간 6~8시간

배

배 1.5kg
물 1ℓ
설탕 500g

크림

크렘 앙글레즈 500g ▶ 46쪽 참고
판젤라틴 8장
배 브랜디 50ml
크렘 샹티 50g ▶ 53쪽 참고
비스퀴 아 라 퀴이에르 24개

1 냄비에 설탕과 물 1ℓ를 넣어 시럽을 만든다.
2 배는 껍질을 깎아 통째로 시럽에 넣고 뭉근한 불에서 익힌다. 칼끝으로 찔러 다 익었는지 확인한다.
3 익힌 배 2개를 골라 씨를 제거한 다음, 블렌더로 갈면 퓌레 150g이 나온다.
4 크렘 앙글레즈를 만든다. 볼에 찬물을 담고 젤라틴을 넣어 불린 후, 물기를 짠다. 냄비 불을 끈 상태에서 크렘 앙글레즈가 아직 뜨거울 때 불린 젤라틴을 넣고 녹인다. 크렘 앙글레즈가 식으면 브랜디와 배 퓌레를 넣는다.
5 크렘 샹티를 만든 다음, (4)의 배 크림에 넣는다.
6 남은 배는 씨를 제거한 다음 중간 크기 슬라이스로 자른다. 몇 개는 장식용으로 따로 보관한다.

7 지름 20cm 샤를로트 틀에 비스퀴 아 라 퀴이에르를 깐다. 여기에 배 크림을 붓고 배 슬라이스를 한 층 깐다. 그 위에 다시 배 크림을 붓고 배 슬라이스를 한 층 까는데, 이 순서대로 끝까지 채우고 마지막은 비스퀴 아 라 퀴이에르로 덮는다.
8 틀에 랩을 씌운 다음 냉장고에서 6~8시간 동안 굳힌다.
9 흐르는 따뜻한 물에 틀을 살짝 데운 다음, 서빙 접시를 밑에 대고 뒤집어서 샤를로트를 꺼낸다. 보관해두었던 배를 조각내 샤를로트를 장식한다.

◆ 100g당 영양 성분

총 110kcal · 단백질 2g · 탄수화물 16g · 지질 4g

헤이즐넛을 넣은 초콜릿 샤를로트

Charlotte aux noisettes et au chocolat

6~8인분 기준
작업 시간 1시간
조리 시간 15분 + 35분
냉장 시간 12~24시간

재료

초콜릿 뷔슈용 파트 아 비스퀴
160g ▶ 32쪽 참고

캐러멜을 입힌 헤이즐넛
헤이즐넛 80g
바닐라 깍지 1/4개
물 200ml
설탕 60g

시럽
설탕 50g
카카오 가루 15g
물 100ml

무스
아주 진한 다크초콜릿 300g
설탕 140g
크렘 샹티 500g ▶ 53쪽 참고
달걀 2개
노른자 5개분

장식
초콜릿 나파주 300g
비스퀴 아 라 퀴이에르 140g
초콜릿 30g

1 오븐은 170℃로 예열한다.

2 헤이즐넛은 오븐에 넣고 15분 동안 굽는다. 구운 헤이즐넛을 구멍이 큰 체에 넣고 손바닥으로 굴려 껍질을 벗긴다.

3 바닐라 깍지는 반으로 갈라 씨를 긁어낸다. 냄비에 물, 설탕, 바닐라 씨를 넣고 118~120℃까지 끓여 캐러멜을 만든다.

4 냄비 불을 끈 다음, 미지근한 헤이즐넛을 캐러멜에 넣는다. 나무 숟가락으로 저어 캐러멜을 헤이즐넛에 고르게 입힌다. 다시 냄비 불을 켜고 헤이즐넛이 갈색이 될 때까지 계속 젓는다. 색깔이 나오면 오븐 팬이나 기름칠을 한 접시로 옮겨 식힌다.

5 초콜릿 뷔슈용 파트 아 비스퀴를 만든다. 지름 18cm 무스링 2개에 비스퀴를 넣고 오븐에서 35분 간 굽는다. 비스퀴가 식으면 하나는 지름 18cm 디스크로, 다른 하나는 14cm 디스크로 자른다.

6 냄비에 설탕, 카카오 가루, 물을 넣고 끓인다. 가열하는 동안 계속 거품기로 젓고 끓어오르면 불을 끈다.

7 무스를 시작한다. 초콜릿을 조각내 중탕이나 전자레인지에서 녹인 다음, 45℃로 식힌다. 냄비에 설탕과 물 3스푼을 넣고 끓인다. 3분간 끓여 125℃가 되면 표면에 커다란 기포가 생긴다. 원하는 온도가 되면 불을 끈다.

8 크렘 샹티를 만든다.

9 볼에 달걀과 노른자를 넣고, (7)의 뜨거운 시럽을 가느다랗게 따라 부으며 휘핑한다. 색이 옅어지면서 부피가 3배가 된 다음 식을 때까지 계속 휘핑한다.

10 녹인 초콜릿에 크렘 샹티 1/4을 넣고 잘 섞은 다음, 남은 크림을 모두 넣고 섞는다.

11 크림을 넣은 초콜릿에 (9)를 조금씩 넣으면서 거품기로 떠올리듯 섞는다.

12 지름 12~14cm 무스링 위에 지름 18cm 반구형 틀을 올려 고정시킨다. 틀 1/2까지 무스를 채운 다음, 지름 14cm 비스퀴 디스크를 시럽에 적셔 무스 위에 얹는다.

13 캐러멜을 입힌 헤이즐넛은 굵게 다져 비스퀴 위에 골고루 뿌린다. 여기에 남은 무스를 붓고, 18cm 비스퀴 디스크를 시럽에 적셔 무스 위에 올린다.

14 반구형 틀에 랩을 씌운 다음, 밑에 무스링을 받친 채로 냉장고에서 12~24시간 동안 굳힌다.

15 먹기 직전에 미지근한 물에 틀을 10초 정도 담근 다음, 서빙 접시를 밑에 대고 뒤집어서 샤를로트를 꺼낸다.

16 샤를로트 겉면에 초콜릿 나파주를 골고루 바른다.

17 비스퀴 아 라 퀴이에르를 2등분한 다음, 테두리에 붙인다.

18 초콜릿을 과도로 밀어 코포를 만든 다음, 윗면을 장식한다.

Tip
반구형 틀이 없다면 모양이 비슷한 큰 볼이나 샐러드 볼을 이용한다.

Comment

헤이즐넛 대신 아몬드를 넣어서 만들면 아몬드 샤를로트가 된다.

무화과를 넣은 배 샤를로트 *Charlotte aux poires et aux figues* 

6~8인분 기준
작업 시간 50분
조리 시간 18분
냉장 시간 3시간

재료
시럽에 재운 배 500g
비스퀴 아 라 퀴이에르 80g

구운 무화과
생무화과 4개 · 버터 10g
설탕 20g · 오렌지 제스트
1/2개분 · 사과즙 500ml

배 크림
시럽에 재운 배 200g · 판젤라틴
4장 · 크렘 앙글레즈
250g▶46쪽 참고 · 크림 250ml

장식
시럽에 재운 배 1개
생무화과 2개

1 오븐은 200℃로 예열한다.

2 구운 무화과를 만든다. 무화과는 뾰족한 꼭지를 자른다. 오렌지는 화학 약품으로 처리하지 않은 것을 골라 제스트를 뜬다. 오븐용 그릇에 무화과, 버터, 설탕, 오렌지 제스트, 사과즙을 넣고 오븐에서 18분간 굽는데, 3~4분마다 그릇에 생긴 즙을 무화과에 끼얹는다.

3 배 크림을 만든다. 배를 체에 밭쳐 시럽을 제거한 다음, 블렌더에 갈아 퓌레로 만든다.

4 젤라틴을 찬물에 담가 불린 다음 살살 물기를 짠다.

5 크렘 앙글레즈를 만든다. 크림이 거의 다 익었을 때 젤라틴과 배 퓌레를 넣고 섞는다. 얼음을 채운 바트에 크렘 앙글레즈를 넣고 식힌다.

6 크림을 휘핑한다. 크렘 앙글레즈가 완전히 식으면 휘핑한 크림을 넣고 거품기로 살살 섞는다.

7 배 500g을 체에 밭쳐 시럽을 제거한 다음, 큐브 모양으로 자른다. 구운 무화과도 큐브 모양으로 자른다.

8 지름 16cm 샤를로트 틀 옆면에 비스퀴 아 라 퀴이에르를 붙인다. 배 크림을 틀 1/2까지 부은 다음, 잘라놓은 배와 무화과를 넣는다. 그 위에 비스퀴 아 라 퀴이에르를 한 층 깔고 살짝 누른다.

9 틀이 가득 찰 때까지 배 크림, 배, 무화과를 순서대로 넣고, 마지막은 비스퀴로 덮는다.

10 틀에 랩을 씌운 다음 냉장고에서 3시간 동안 굳힌다.

11 흐르는 따뜻한 물에 틀을 살짝 데운 다음, 서빙 접시를 밑에 대고 뒤집어서 샤를로트를 꺼낸다.

12 장식용 배와 무화과를 잘라 샤를로트에 올리고, 아주 시원하게 먹는다.

가토 '르 프렐라' *Gâteau «le prélat»* 

6~8인분 기준
작업 시간 1시간 30분
냉장 시간 6~8시간 + 2~3시간

재료
가당 고농축 커피 1ℓ
화이트 럼 70ml
쉬크르 퀴 오 필레sucre cuit au filé
300g · 오렌지 제스트 2개분
비터 다크초콜릿 300g · 크림 두
블 750ml▶428쪽 참고
달걀 2개 · 노른자 6개분
비스퀴 아 라 퀴이에르 30개

글라사주
초콜릿 300g · 크림 300ml
물 50ml · 꿀 50g

1 커피를 고농축으로 추출한 다음, 설탕을 약간 넣는다. 여기에 화이트 럼을 넣고 식힌다.

2 설탕을 그랑 필레 단계로 가열한다▶72쪽 참고.

3 오렌지는 화학 약품으로 처리하지 않은 것을 골라 껍질을 잘게 간다. 초콜릿은 중탕이나 전자레인지에 데우고, 크림을 살짝 휘핑한다. 달걀과 노른자를 볼에 넣고 거품기로 세게 휘젓는다. 여기에 (2)의 끓인 설탕을 따라 붓고, 완전히 식을 때까지 휘핑한다. 초콜릿, 오렌지 제스트, 크림을 넣고 잘 섞는다.

4 20cm × 24cm 직사각형 틀에 버터를 바른 다음, 틀 바닥에 커피에 적신 비스퀴 아 라 퀴이에르를 깐다. 여기에 숟가락으로 초콜릿 크림을 넣고 판판하게 편 다음, 다시 커피에 적신 비스퀴를 한 층 간다. 이런 순서로 틀 높이까지 채운 다음, 마지막은 커피에 적신 비스퀴로 덮는다.

5 가토를 냉장고에 넣고 6~8시간 동안 굳힌다.

6 흐르는 따뜻한 물에 틀을 살짝 데운 다음, 서빙 접시를 밑에 대고 뒤집어서 가토를 꺼낸다.

7 글라사주를 만든다. 초콜릿을 잘게 다져놓는다. 냄비에 크림, 물, 꿀을 넣고 끓인 다음, 뜨거운 상태에서 초콜릿에 부어 나무 숟가락으로 잘 섞는다.

8 가토를 식힘망에 올리고 그 밑에 그릇을 댄다. 가토 위에 글라사주를 붓고 스패출러로 민다. 그릇으로 떨어진 글라사주는 다시 가토에 부어 표면을 매끈하게 다듬는다.

9 가토를 다시 냉장고에 넣고 2~3시간 동안 굳힌다. 가토 '르 프렐라'는 아주 시원하게 먹는다.

– 알렉상드르 뒤멘느 *Alexandre Dumaine*

샤를로트 리비에라 *Charlotte riviéra*

6~8인분 기준
작업 시간 1시간
휴지 시간 5~6시간
조리 시간 5분
냉장 시간 4시간

재료
비스퀴 아 라 퀴이에르 18개

복숭아 익히기
생복숭아 1kg · 물 750ml
설탕 380g · 계피 스틱 1개
레몬 5개

민트즙
신선한 민트 1팩
물 160ml · 설탕 80g

부드러운 레몬 크렘
레몬 크렘 450g▶ 55쪽 참고
버터 300g

장식
분당
모과 젤리 또는 사과 젤리 1tbsp
레드커런트 3~4송이 또는 야생
딸기 소량

1 복숭아를 익힐 시럽부터 준비한다. 냄비에 물, 설탕, 계피 스틱, 레몬즙을 넣고 끓인다. 복숭아는 껍질을 벗기고 2등분한 다음 씨를 제거한다. 손질한 복숭아를 바로 시럽에 담그고 냄비 불을 끈다. 복숭아가 푹 잠기도록 접시로 누른 상태에서 5~6시간 동안 재운다.

2 복숭아를 키친타월 위에 올려 물기를 제거한 다음, 큼직하게 슬라이스로 자른다.

3 민트즙을 만든다. 냄비에 물과 설탕을 넣고 끓인다. 냄비 불을 끈 다음, 다진 민트 잎을 넣는다. 블렌더에 넣고 곱게 간다.

4 레몬 크렘을 만든 다음, 체에 내려 제스트를 제거한다. 크림이 아직 뜨거울 때 쉬지 말고 휘핑하면서 버터를 넣는다. 핸드 믹서를 사용하면 더욱 잘 섞인다.

5 지름 18cm 샤를로트 틀에 버터를 바르고 설탕을 골고루 뿌린다. 비스퀴의 평평한 부분을 민트즙에 적시고 틀 옆면에 붙인다. 틀 바닥에 레몬 크렘 1/2을 부은 다음, 복숭아 슬라이스 1/3을 넣고 민트즙에 적신 비스퀴로 덮는다. 그 위에 레몬 크렘을 모두 붓고 남은 복숭아 슬라이스의 1/2을 넣는다. 맨 위는 비스퀴로 덮어 마무리한다.

6 남은 복숭아 슬라이스는 접시에 담아 랩으로 씌운 뒤, 냉장 보관한다.

7 샤를로트 틀도 랩으로 씌운 다음 최소 4시간 동안 냉장 보관한다.

8 흐르는 따뜻한 물에 틀을 살짝 데운 다음, 접시를 밑에 대고 뒤집어서 샤를로트를 꺼낸다.

9 샤를로트에 분당을 뿌린다. 복숭아는 끝이 살짝 겹쳐지게 가토 테두리에 올린다. 따뜻한 모과 젤리나 사과 젤리를 바른다.

10 레드커런트나 야생 딸기, 신선한 민트 잎으로 장식한 다음, 아주 시원하게 먹는다.

붉은 과일과 루바브,
화이트초콜릿을 넣은
샤를로트

테두리에는 패션프루츠즙에 적신 비스퀴 아 라 퀴이에르를 두르
고, 안에는 화이트초콜릿 무스, 루바브 콩포트, 비스퀴를 가득
채운다. 마지막에 민트 잎과 신선한 붉은 과일을 올려 장식한다.

▶ 481쪽 레시피 참고

바바루아 디플로마트 *Diplomate au bavarois*

4~6인분 기준

작업 시간 1시간
재우는 시간 1시간
냉장 시간 6시간

재료

설타나sultana 건포도 50g
물 100ml · 설탕 100g
과일 콩피 50g · 럼 50ml
바닐라 크렘 바바루아즈
500g▶50쪽 참고
비스퀴 아 라 퀴이에르 200g

마무리

살구 나파주 3tbsp
럼 30ml

1 건포도를 체에 넣고 빠르게 씻는다. 냄비에 물 100ml와 설탕 100g을 넣고 끓인 다음, 건포도를 넣는다. 그대로 식힌 후 건포도는 체에 밭쳐 시럽을 제거한다. 건포도는 그릇에 담고 시럽은 버리지 않고 보관한다.

2 과일 콩피는 큐브 모양으로 자른 다음 럼에 넣고 1시간 동안 재운다.

3 바닐라 크렘 바바루아즈를 만든다.

4 지름 18cm 샤를로트 틀에 버터를 바른다.

5 과일 콩피를 체에 밭쳐 럼을 제거한다. 과일 콩피를 담갔던 럼과 (1)의 시럽을 섞은 다음, 여기에 비스퀴 아 라 퀴이에르를 적신다. 틀 바닥에 과일 콩피 조각을 몇 개 넣은 다음 바닐라 크렘 바바루아즈를 한 층 깐다.

6 그 위에 비스퀴 아 라 퀴이에르를 한 층 깔고, 과일 콩피를 골고루 넣는다. 이런 순서로 틀 높이까지 채우고 마지막은 과일 콩피로 마무리한다.

7 틀에 랩을 씌운 다음 냉장고에서 최소 6시간 동안 굳힌다.

8 흐르는 따뜻한 물에 틀을 살짝 데운 다음, 밑에 서빙 접시를 대고 뒤집어서 디플로마트를 꺼낸다.

9 살구 나파주는 녹여서 럼과 섞는다. 붓으로 디플로마트 위에 나파주를 바른다. 바바루아 디플로마트는 시원하게 먹는다.

과일 콩피 디플로마트 *Diplomate aux fruits confits*

6~8인분 기준

작업 시간 35분
재우는 시간 1시간
조리 시간 1시간

재료

과일 콩피 200g
건포도 80g · 럼 100ml
팽 브리오셰 1개(500g)
버터 40g · 설탕 200g
바닐라 설탕 1팩
우유 250ml · 달걀 6개

장식

과일 콩피 30g

1 과일 콩피를 다져서 건도포와 함께 럼에 넣고 1시간 동안 재운다.

2 오븐은 150℃로 예열한다.

3 팽 브리오셰는 두께 2cm 슬라이스로 썬다. 빵 껍질을 벗기고 양면에 버터를 바른다. 빵을 그릴에 넣고 앞뒤로 뒤집으며 살짝 색깔이 나게 굽는다.

4 건포도와 과일 콩피를 체에 밭쳐 럼을 제거한다. 럼은 버리지 않고 보관한다.

5 지름 22cm 샤를로트 틀에 버터를 바르고 설탕을 골고루 뿌린다.

6 틀 바닥에 구운 빵을 깔고 건포도와 과일 콩피로 덮는다. 그 위에 다시 빵을 넣고 건포도와 과일 콩피로 덮는데, 이 순서로 틀 높이까지 가득 채운다.

7 커다란 볼에 설탕, 바닐라 설탕, 우유를 넣고 섞는다. 여기에 포크로 풀어놓은 달걀과 (4)의 럼을 넣는다.

8 (7)을 틀에 천천히 따라 부어 빵에 잘 스며들게 한다.

9 중탕 물에 넣고 오븐에서 1시간 동안 익히는데, 물이 끓어오르지 않도록 주의한다.

10 완전히 식힌 다음 틀에서 꺼낸다. 과일 콩피로 장식하고 시원하게 먹는다.

건자두 디플로마트 *Diplomate aux pruneaux*

4~6인분 기준
작업 시간 40분
재우는 시간 12시간
냉장 시간 6시간

재료
아쟁Agen산 건자두 200g
가벼운 차 1볼 · 크렘 파티시에르
500g▶61쪽 참고 · 설탕 50g
럼 또는 키르슈 30ml
비스퀴 아 라 퀴이에르 28개

마무리
럼이나 키르슈를 넣은 크렘 앙글
레즈 500g▶46쪽 참고

1 전날, 차를 만들어 건자두를 통째로 넣은 다음 하룻밤 동안 재운다.
2 크렘 파티시에르를 만든다.
3 냄비에 건자두와 차, 설탕을 넣고 15분간 가열한 후 식힌다. 건자두는 체에 밭쳐 시럽을 제거하고 씨를 뺀다.
4 (3)의 시럽에 럼이나 키르슈를 탄다. 비스퀴 아 라 퀴이에르를 시럽에 적신 다음 지름 18cm 샤를로트 틀 바닥에 깐다.
5 그 위에 크렘 파티시에르를 약간 붓고 건자두를 한 층 깐 다음 다시 비스퀴로 덮는다. 이 순서로 틀이 가득 찰 때까지 작업하는데, 맨 윗부분은 비스퀴로 마무리한다. 틀을 랩으로 싸서 냉장고에 넣고 6시간 동안 굳힌다.
6 크렘 앙글레즈를 만들어서 럼이나 키르슈를 탄 다음, 냉장 보관한다.
7 디플로마트를 틀에서 꺼내 크렘 앙글레즈를 뿌려 먹는다.

◆ 푸딩과 팽 페르뒤 PUDDINGS AND PAINS PERDUS ◆

크리스마스 푸딩 *Christmas pudding* 

12~25인분 기준
작업 시간 3주
조리 시간 4시간
데우는 시간 2시간

재료
쇠고기 콩팥 지방 500g
오렌지 껍질 125g · 체리 콩피
125g · 껍질 벗긴 아몬드 125g
레몬 제스트 2개분 · 건포도 500g
설타나sultana 건포도 500g
코린트Corinthe 건포도 250g
빵가루 500g · 밀가루 125g
카트르에피스 25g▶459쪽 참고
계피 가루 25g · 넛맥 1/2개
소금 1꼬집 · 우유 300ml
달걀 7~8개 · 럼 60ml
레몬즙 2개분

1 쇠고기 콩팥에 붙어 있는 지방을 작게 조각낸다.
2 오렌지 껍질, 체리 콩피, 아몬드, 레몬 제스트를 다진다.
3 볼에 (1)과 (2)의 재료와 각종 건포도, 빵가루, 밀가루, 카트르에피스를 넣고 섞은 다음 소금과 우유를 넣는다.
4 반죽을 계속 저으면서 달걀을 1개씩 넣는다.
5 마지막으로 럼과 레몬즙을 넣고 매끄러운 텍스처가 되도록 반죽한다.
6 밀가루를 뿌린 천에 반죽을 싸서 둥글게 모양을 매만진다. 반죽 덩어리를 실로 묶은 다음 끓는 물에 넣고 약 4시간 동안 익힌다. 또는 동그란 사기그릇에 기름을 살짝 칠한 다음, 반죽을 넣고 뚜껑을 덮는다. 뚜껑을 유산지로 감싸고 실로 묶어 들썩이지 않게 한다. 그릇을 스튜 냄비에 넣고 물을 반쯤 부어 4시간 동안 익힌다.
7 푸딩은 익힌 방법에 따라 천에 싼 채로, 또는 사기 그릇에 담아 최소 3주 동안 서늘한 곳에 보관한다.
8 먹기 전에 중탕에서 2시간 동안 데운 다음, 틀에서 꺼낸다. 럼을 끼얹고 호랑가시나무 가지로 장식한 다음 서빙한다.

Plus

크리스마스 푸딩은 '럼 버터' 소스와 함께 먹기도 한다. 분당 250g에 버터 125g을 넣고 크림처럼 하얗고 부드러운 텍스처가 되도록 휘핑한다. 여기에 럼 1컵을 1스푼씩 넣으며 섞은 다음, 아주 차가운 상태로 푸딩과 함께 먹는다.

팽 페르뒤 브리오셰 *Pain perdu brioché*

4~6인분 기준
작업 시간 20분
조리 시간 5분

재료
바닐라 깍지 1/2개
우유 500ml · 설탕 100g
오래된 브리오슈 250g
달걀 2개 · 버터 100g
분당 · 계피 가루

1 바닐라 깍지를 반으로 가른 다음 씨를 긁어낸다. 우유에 바닐라 깍지와 씨, 설탕 80g을 넣고 끓인 다음, 바닐라가 담긴 채로 식혀 향을 우린다.

2 브리오슈는 두껍게 슬라이스로 자르고, 달걀에 설탕 20g을 섞어 풀어놓는다.

3 브리오슈가 흐물거리지 않도록 우유에 잠깐만 담갔다 뺀 다음, 달걀옷을 입힌다.

4 코팅 프라이팬을 달궈 버터를 넣은 다음, 브리오슈를 노릇하게 익힌다.

5 접시에 놓고 분당과 계피 가루를 뿌린다.

프랑스식 푸딩 오 팽 *Pudding au pain à la française* 

6~8인분 기준
작업 시간 15분
조리 시간 1시간

재료
가벼운 차 · 건포도 50g
살구 마멀레이드 125g
오래된 브리오슈 슬라이스 14개
달걀 4개 · 설탕 100g
우유 400ml · 과일 콩피 60g
럼 60ml · 소금 1꼬집
시럽에 재운 배 4개
블랙커런트 쿨리

1 가볍게 차를 우려 건포도를 넣고 불린다.

2 살구 마멀레이드를 체에 내린다.

3 불린 건포도를 체에 밭쳐 물기를 제거한다.

4 브리오슈 슬라이스를 작은 큐브 모양으로 잘라 커다란 볼에 넣는다.

5 달걀에 설탕을 넣고 살짝 거품이 나게 푼 다음 (4)의 볼에 넣고 섞는다. 여기에 미지근한 우유, 건포도, 과일 콩피, 럼, 소금 1꼬집, 살구 마멀레이드를 넣고 잘 섞는다.

6 배를 체에 밭쳐 시럽을 뺀 다음, 슬라이스로 자른다.

7 오븐은 200°C로 예열한다.

8 지름 18cm 푸딩 틀이나 22cm 망케 틀에 버터를 바른 다음, (5)의 반죽 1/2을 붓는다. 여기에 배 슬라이스를 골고루 얹은 다음, 남은 반죽을 붓는다. 틀을 작업대에 놓고 살짝 흔들어 액체가 고루 퍼지게 한다.

9 중탕 용기에 틀을 넣고 먼저 가스 불에서 끓인 다음, 오븐에 넣어 1시간 동안 익힌다.

10 흐르는 찬물에 틀 밑바닥을 살짝 식힌 다음, 푸딩을 틀에서 꺼낸다. 푸딩은 원형 접시에 담아 블랙커런트 쿨리를 뿌려서 먹는다.

팽 페르뒤 브리오셰

분당과 계피 가루를 뿌린 팽 페르뒤에
생딸기를 을려도 맛있다.

사과 푸딩 *Pudding aux pommes* 

6~8인분 기준
작업 시간 30분
조리 시간 2시간

재료
쇠고기 콩팥 지방 225g
밀가루 400g · 설탕 30g
소금 7g · 물 100ml

사과
사과 500g(렌느 데 레네트reine des reinettes 품종)
설탕 70g
레몬 제스트 1개분
계피 가루

1 쇠고기 콩팥에 붙어 있는 지방을 잘게 다진다. 볼에 다진 지방, 밀가루, 설탕, 소금, 물을 넣고 나무 숟가락으로 젓거나 반죽기로 작업해 균일한 텍스처로 만든다. 반죽은 두께 8mm로 민다.

2 레몬은 화학 약품으로 처리하지 않은 것을 골라 제스트를 뜬다.

3 사과는 껍질을 깎고 씨를 제거한 다음, 슬라이스로 썬다. 사과와 설탕, 레몬 제스트, 계피 가루를 한데 버무린다.

4 1ℓ 푸딩볼이나 샤를로트 틀, 또는 지름 18~20cm × 높이 10cm짜리 파이렉스 틀에 버터를 바른다. 여기에 반죽 1/2을 넣고 사과를 담는다.

5 남은 반죽으로 덮은 다음, 가장자리를 손가락으로 집어 반죽끼리 붙인다. 틀을 천으로 감싸고 실로 묶는다. 냄비에 물을 넣고 끓인 다음, 푸딩 틀을 넣고 약불에서 2시간 동안 익힌다.

서양 호박 푸딩 *Pudding au potiron* 

4~6인분 기준
작업 시간 1시간
조리 시간 50분

재료
서양 호박 1kg
설탕 350g
오렌지 2개
달걀 5개
옥수수 전분 200g
우유 500ml
오렌지 주스 100ml
오렌지 콩피 적당량

1 호박은 껍질을 벗긴 다음 씨를 제거한 후, 조각으로 자른다. 냄비에 물과 설탕 50g을 넣고 가열한다. 끓어오르면 호박을 넣고 푹 삶는다. 다 익은 호박은 체에 밭쳐 물기를 제거한 다음, 푸드 밀에 간다.

2 오렌지 껍질을 잘게 갈고 과육은 짜서 즙을 낸다.

3 달걀은 힘차게 거품기로 젓는다.

4 호박 퓌레, 옥수수 전분, 우유, 오렌지 주스와 제스트, 달걀을 한데 넣고 섞는다.

5 푸딩 틀에 남은 설탕 300g과 물 30ml를 끓여 맑은 캐러멜을 만든다. 미지근하게 식으면 캐러멜 위에 (4)의 반죽을 붓는다.

6 오븐은 180℃로 예열한다.

7 푸딩 틀을 중탕 용기에 넣고 오븐에서 50분간 익힌다. 요리용 바늘로 푸딩을 찔렀을 때 반죽이 묻지 않고 깨끗하게 나오면 다 익은 것이다.

8 식힌 다음 틀에서 뺀다. 푸딩 위에 오렌지 콩피 슬라이스를 올려 장식한다.

세몰리나 푸딩 *Pudding à la semoule*

6~8인분 기준

작업 시간 30분
조리 시간 25분 + 30분
휴지 시간 30분

재료

우유 1ℓ · 설탕 125g
버터 100g · 소금 1꼬집
고운 세몰리나 250g
달걀 6개 · 소금 1꼬집
오렌지 리큐어 30ml
버터, 세몰리나 적당량

1 냄비에 우유, 설탕, 버터, 소금 1꼬집을 넣고 가열한다. 우유가 끓으면 세몰리나를 솔솔 뿌려 넣고 나무 숟가락으로 젓는다. 약불에서 25분간 익힌 다음 미지근하게 식힌다.

2 오븐은 200℃로 예열한다.

3 달걀을 깨뜨려 흰자와 노른자를 분리한다. 이 중 흰자 4개에 소금 1꼬집을 넣고 휘핑해 아주 단단한 머랭을 만든다.

4 미지근하게 식은 세몰리나 반죽에 노른자와 오렌지 리큐어를 넣고 잘 섞는다. 여기에 흰자 머랭을 넣고 나무 숟가락으로 섞는다.

5 사바랭 틀에 버터를 바르고 세몰리나를 뿌린 다음, 반죽을 넣는다. 틀을 중탕 용기에 넣고 오븐에서 30분간 익힌다. 푸딩을 손으로 만졌을 때 살짝 탱탱한 탄력이 느껴지면 다 익은 것이다.

6 완성된 푸딩은 30분 정도 식혔다가 틀에서 뺀다.

Comment

오렌지 소스 앙글레즈를 곁들여 먹으면 맛있다. ▶ 111쪽 참고

스카치 푸딩 *Scotch pudding*

6~8인분 기준

작업 시간 30분
조리 시간 1시간

재료

버터 200g · 식빵 500g
우유 300ml · 설탕 125g
건포도 375g
(코린트Corinthe · 말라가Málaga · 설타나sultana 건포도)
과일콩피 175g · 달걀 4개
럼 60ml

1 오븐을 200℃로 예열한다.

2 버터를 중탕이나 전자레인지에 데워 녹인다.

3 과일 콩피는 큐브 모양으로 자른다. 식빵을 부수어 볼에 담는다. 여기에 아주 뜨거운 우유를 부은 다음, 녹인 버터, 설탕, 건포도, 과일 콩피를 넣는데, 재료를 넣을 때마다 잘 섞는다. 쉬지 말고 저으면서 달걀을 1개씩 넣은 다음 마지막에 럼을 탄다. 반죽의 결이 균일해질 때까지 계속 젓는다.

4 지름 22cm 틀에 버터를 바른 다음, 반죽을 넣는다.

5 틀을 중탕 용기에 넣고 오븐에서 1시간 동안 익힌다.

Comment

사바이옹 ▶ 296쪽 참고에 럼 50ml를 넣거나 크렘 앙글레즈 ▶ 46쪽 참고에 마데라 와인 30ml를 섞어 푸딩에 뿌려 먹으면 잘 어울린다.

크레프와 베녜, 와플

CRÊPES, BEIGNETS and GAUFRES

크레프와 와플은 만들기 쉬운 레시피로 주로 프랑스 명절에 즐겨 먹는다. 반면 베녜는 예부터 전해 내려온 향토 레시피가 많고, 재료에 따라 다른 튀김 반죽을 쓰기 때문에 종류가 상당히 많다.

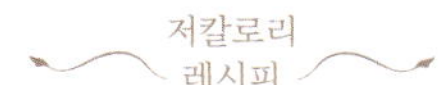

설탕 크레프 *Crêpes au sucre*

크레프 10개 기준
작업 시간 15분
휴지 시간 2시간
조리 시간 30분

재료
파트 아 크레프 800g ▶ 28쪽 참고
땅콩기름 · 설탕

1 파트 아 크레프를 만든 다음 2시간 동안 휴지시킨다.
2 볼에 땅콩기름을 넣는다. 코팅 프라이팬을 달군 다음, 천으로 땅콩기름을 묻혀 프라이팬에 칠한다.
3 작은 국자로 반죽을 떠서 프라이팬에 붓는다. 프라이팬을 사방으로 돌리면 반죽이 골고루 퍼진다. 팬을 다시 불 위에 놓는다. 반죽의 광택이 사라지면 스패출러로 가장자리를 들어 뒤집는다. 이대로 1분 동안 익혀 옅은 갈색을 낸다.
4 크레프를 서빙 접시에 담고 설탕을 뿌린다.

Comment

우유 1/2을 맥주로 대체해서 만들어도 맛있다. 반죽을 한 국자 떠서 블리니스blinis 팬에 부은 다음 1분간 굽고 뒤집는다. 옅은 갈색이 나올 때까지 익힌 다음, 가염 버터를 바르고 메이플 시럽을 뿌려 먹는다.

◆ **100g당 영양 성분**
총 165kcal · 단백질 6g · 탄수화물 19g · 지질 6g

아몬드 크레프 *Crêpes aux amandes*

크레프 12개 기준
작업 시간 10분+20분
휴지 시간 2시간
조리 시간 30분

재료
파트 아 크레프 1kg ▶ 28쪽 참고
크렘 파티시에르 500g ▶ 61쪽 참고 · 아몬드 가루 75g
럼 30ml · 분당

1 파트 아 크레프를 만든 다음 2시간 동안 휴지시킨다.
2 크렘 파티시에르를 만든다. 크림이 거의 다 익었을 때 아몬드 가루와 럼을 넣고 잘 섞는다.
3 코팅 프라이팬을 달궈서 살짝 기름을 바른 다음, 크레프를 익힌다 ▶ 상단 레시피 참고.
4 크레프에 크렘 파티시에르를 넣고 롤처럼 만다. 오븐 그릇에 완성한 크레프를 놓는다.
5 오븐은 250℃로 예열한다.
6 크레프 위에 분당을 뿌려서 오븐에서 색깔을 낸다. 아몬드 크레프는 뜨거울 때 바로 먹는다.

크레프 앙 오모니에르 *Crêpes en aumônière*

크레프 6개 기준
작업 시간 35분
휴지 시간 2시간
조리 시간 10분

재료
파트 아 크레프 500g ▶ 28쪽 참고
레몬 1개 · 사과 2개 · 배 2개 · 바나나 2개 · 설탕 10g · 라즈베리 쿨리 180g ▶ 108쪽 참고 · 이쑤시개 12개

1 파트 아 크레프를 만든 다음 2시간 동안 휴지시킨다.
2 크레프 6장을 익힌 다음 ▶ 상단 레시피 참고, 따뜻한 그릇에 담아 보온한다.
3 레몬은 즙을 짜고, 사과와 배는 껍질을 벗긴 다음 씨를 제거한다. 바나나는 껍질을 벗긴다.
4 손질한 과일을 작게 조각내 레몬즙을 뿌린다.
5 냄비에 과일을 넣고 설탕을 뿌린 다음, 약불에서 약 10분 동안 익힌다.
6 크레프 위에 라즈베리 쿨리를 바르고 가운데에 익힌 과일을 올린다. 밖에서 안으로 접어 복주머니 모양으로 오므린 다음, 이쑤시개 2개를 꽂아 고정시킨다.
7 접시에 오모니에르를 담고 따뜻할 때 바로 먹는다.

크레프 데 샤르트뢰 *Crêpes des chartreux* 

크레프 6개 기준

작업 시간 35분
휴지 시간 2시간
조리 시간 20분

재료

파트 아 크레프 500g ▶ 28쪽 참고
말랑한 버터 50g · 설탕 50g
머랭 3개 · 샤르트뢰즈 베르트
Chartreuse verte 50ml · 오렌지 1개
마카롱 6개 · 코냑 50ml · 분당

1 파트 아 크레프를 만든 다음 2시간 동안 휴지시킨다. 버터는 냉장고에서 꺼내 말랑하게 만든다.

2 볼에 버터를 넣고 나무 숟가락이나 포크로 저어 크림처럼 부드러운 포마드 상태로 만든 다음, 설탕을 넣고 잘 섞는다. 여기에 머랭 3개를 부수어 넣고 샤르트뢰즈 베르트를 붓는다.

3 오렌지는 화학 약품으로 처리하지 않은 것을 골라 껍질을 잘게 갈아 파트 아 크레프에 넣는다. 마카롱은 칼로 잘게 다져서 코냑과 함께 (2)에 넣는다. 재료가 고루 섞이도록 잘 젓는다.

4 크레프를 익힌 다음 ▶ 219쪽 참고, 샤르트뢰즈를 넣은 필링을 넣고 두 번 접는다.

5 따뜻한 그릇에 담아 분당을 뿌리고, 따뜻할 때 먹는다.

Plus

만다린 크레프 *Crêpes à la mandarine*
만다린즙과 퀴라소 리큐어 1스푼을 크레프 반죽에 넣는다. 버터 50g을 부드럽게 만든 다음, 만다린 1개 분량의 제스트와 즙, 퀴라소 리큐어 1스푼, 설탕 50g을 넣고 잘 저어 만다린 버터를 만든다. 크레프에 만다린 버터 1스푼을 넣고 두 번 접는다.

크레프 콩데 *Crêpes Condé* 

크레프 6개 기준

작업 시간 45분
휴지 시간 2시간
조리 시간 20분+5분

재료

파트 아 크레프 500g ▶ 28쪽 참고
과일 콩피 50g · 럼 100ml
둥근 쌀 100g · 우유 400ml
바닐라 깍지 1개 · 설탕 80g
버터 30g · 소금 1꼬집
노른자 3개분 · 분당

1 파트 아 크레프를 만든 다음 2시간 동안 휴지시킨다.

2 과일 콩피는 큐브 모양으로 잘라 럼에 재운다.

3 끓는 물 2ℓ에 쌀을 넣고 몇 초간 익힌 다음, 찬물에 헹궈 체에 밭친다.

4 오븐은 200℃로 예열한다.

5 우유에 바닐라 깍지를 넣고 가열하다가 끓어오르면 깍지는 빼낸다. 여기에 설탕, 버터, 소금 1꼬집을 넣고 잘 섞은 다음 쌀을 넣는다.

6 우유가 다시 끓어오르면 잘 섞어서 오븐 그릇에 담는다.

7 그릇에 알루미늄 포일을 덮고 오븐에서 20분간 굽는다.

8 크레프를 익힌다 ▶ 219쪽 참고. 크레프는 그릇에 담아, 끓는 물을 넣은 냄비를 받쳐 보온한다.

9 쌀이 익으면 한 번 뒤섞은 다음 5분간 식힌다. 노른자를 1개씩 넣으면서 섞은 다음, 럼과 과일 콩피를 넣고 잘 버무린다.

10 크레프 안에 익힌 쌀을 넣고 둥글게 만다. 그릇에 크레프를 나란히 담고 분당을 뿌린다.

11 오븐 온도를 250℃로 올린 다음, 크레프를 넣고 노릇하게 색을 낸다. 완성된 크레프 콩데는 따뜻할 때 바로 먹는다.

크레프 당텔 브르톤느 *Crêpes dentelles bretonnes* 

크레프 당텔 80개 기준

작업 시간 5분
휴지 시간 2시간
조리 시간 20분

재료

밀가루 250g · 소금 1꼬집 · 설탕 250g · 액상 바닐라 에센스 1/2tsp · 달걀 5개 · 신선한 우유 750ml

1 밀가루, 소금, 설탕, 바닐라 에센스를 볼에 넣은 다음, 달걀을 1개씩 넣으면서 나무 숟가락으로 잘 섞는다. 여기에 우유를 넣고 잘 저어 부드럽게 흐르는 텍스처로 만든다. 완성된 반죽은 2시간 동안 휴지시킨다.

2 작은 코팅 프라이팬에 살짝 기름을 바른다. 반죽을 조금 붓고 팬을 빠르게 돌려 고루 편다. 크레프에 색이 나오면 뒤집는다.

3 다 익으면 긴 직사각형 3개로 잘라 롤처럼 만다.

4 밀폐 용기에 담아 습기를 차단한 상태에서 보관한다.

도톰한 사과 크레프 *Crêpes épaisses aux pommes*

4인분 기준
작업 시간 40분
휴지 시간 30분
조리 시간 15분

반죽
달걀 3개 · 밀가루 220g
우유 500ml · 설탕 50g

필링
레네트reinettes 사과 3개
설탕 75g · 럼 100ml

1 반죽을 시작한다. 달걀은 휘핑해 살짝 거품을 낸다. 밀가루와 우유를 한데 섞고, 거품 낸 달걀과 설탕을 넣은 다음, 반죽의 결이 매끈해질 때까지 잘 젓는다. 30분간 휴지시킨다.

2 사과는 껍질을 깎아 심을 제거한 다음 얇은 슬라이스로 잘라, 설탕을 뿌린다.

3 코팅 프라이팬에 버터를 약간 바른 다음 달군다. 팬에 충분히 퍼질 만큼 반죽을 부은 다음, 사과 슬라이스 1/4을 넣는다.

4 사과 위에 반죽을 붓고 뚜껑을 덮은 다음 약불로 익힌다. 바닥이 노릇하게 색이 나오면 뒤집어서 7~8분 더 익힌다. 이렇게 크레프 4개를 만든다.

5 럼을 데운다. 크레프에 설탕을 뿌린 다음, 럼을 끼얹어 불꽃을 일으킨다. 도톰한 사과 크레프는 만들자마자 먹는다.

크레프 노르망드 *Crêpes normandes*

크레프 6개 기준
작업 시간 35분
휴지 시간 2시간
조리 시간 15분

재료
파트 아 크레프 500g ▶ 28쪽 참고
사과 3개 · 칼바도스 60ml
버터 50g · 분당 · 크림 200ml

1 파트 아 크레프를 만든 다음 2시간 동안 휴지시킨다.

2 사과는 껍질을 깎고 씨를 제거한 다음, 얇은 슬라이스로 자른다. 사과 슬라이스를 칼바도스에 넣고 반죽이 완성될 때까지 재운다.

3 프라이팬에 버터를 넣고 달군다. 사과를 넣고 센 불로 노릇하게 구운 다음, 식혀서 반죽에 넣는다.

4 코팅 프라이팬에 크레프를 익힌 다음, 분당을 뿌린다. 서빙 접시에 크레프를 차곡차곡 쌓는다.

5 크림을 소스 그릇에 따로 담아 크레프와 함께 먹는다.

크레프 쉬제트 *Crêpes Suzette* 

크레프 6개 기준
작업 시간 30분
휴지 시간 2시간
조리 시간 20분

재료
파트 아 크레프 500g ▶ **28쪽 참고**
만다린 2개 · 퀴라소curaçao 리큐
어 2tbsp · 옥수수유 2tbsp
버터 50g · 설탕 50g
그랑 마르니에 50ml

1 만다린 1개만 껍질을 잘게 갈고 2개 모두 짜서 즙을 낸다.
2 파트 아 크레프에 만다린 즙 1/2과 퀴라소 리큐어 1스푼, 옥수수유를 넣고 섞는다. 반죽은 2시간 동안 휴지시킨다.
3 버터를 작게 조각내 볼에 넣은 다음, 남은 만다린 즙과 퀴라소 리큐어 1스푼, 만다린 제스트, 설탕을 넣는다. 버터를 으깨면서 말랑하게 만들어 다른 재료와 고루 섞는다.

4 크레프는 얇게 익힌다 ▶ 219쪽 참고.
5 익힌 크레프에 만다린 향 버터를 조금 넣고 4겹으로 접는다. 약불에서 데워 그릇에 담는다.
6 작은 냄비에 그랑 마르니에를 데운 다음, 크레프에 끼얹어 불꽃을 일으킨다.

마타팡 비종탱 *Matafans bisontins* 

크레프 5개 기준
작업 시간 10분
휴지 시간 1시간
조리 시간 10분

재료
밀가루 50g · 우유 150ml
달걀 1개 · 노른자 2개분
설탕 50g · 소금 1꼬집
오일 1tsp · 키르슈 20ml · 버터

1 밀가루 가운데에 홈을 파서 우유, 달걀, 노른자, 설탕 소량, 소금, 오일을 넣고 잘 섞는다.
2 여기에 키르슈를 넣고 1시간 동안 휴지시킨다.
3 코팅 프라이팬을 달구고 버터를 소량 넣는다. 반죽을 팬에 부어 고루 퍼지게 한다 ▶ 219쪽 참고. 한 면이 익으면 뒤집어 다른 쪽이 노릇해질 때까지 익힌다.

Comment

마타팡에 구운 체리를 곁들이면 맛있다. 신선한 체리를 준비하는데, 씨는 빼도 좋고 그대로 사용해도 된다. 프라이팬을 뜨겁게 달구고 버터를 약간 넣는다. 체리 250g을 넣고 센 불에서 재빨리 익힌 다음, 키르슈 20~30ml를 넣는다. 마타팡이 아주 뜨거울 때 체리를 올린다.

잼 파느케 *Pannequets à la confiture*

크레프 8개 기준
작업 시간 20분 + 30분
휴지 시간 2시간
조리 시간 50분

재료
파트 아 크레프 700g ▶ **28쪽 참고**
시럽에 재운 살구 반쪽 16개
댐슨 자두잼 125g
아몬드 슬라이스 60g
버터 25g · 분당 · 럼 50ml

1 파트 아 크레프를 만든 다음 2시간 동안 휴지시킨다.
2 코팅 프라이팬에 크레프를 익힌다 ▶ 219쪽 참고.
3 살구는 얇은 슬라이스로 자른다.
4 크레프의 테두리를 제외하고 자두잼을 고루 바른다. 가운데에 살구 반쪽 2개를 올린 다음, 아몬드 슬라이스를 뿌린다.
5 오븐은 240°C로 예열한다.

6 크레프는 롤처럼 말아 버터를 바른 그라탱 그릇에 넣는다. 분당을 뿌리고 오븐에서 5~7분간 굽는다. 럼을 데운 후 크레프에 끼얹어 불꽃을 일으킨다.

체리 베녜 *Beignets aux cerises*

베녜 30개 기준
작업 시간 20분
휴지 시간 1시간
조리 시간 15분

재료
파트 아 베녜 400g ▶ 27쪽 참고
단단한 체리 300g
그래뉴당 100g
계피 가루 1꼬집
튀김용 기름

1 파트 아 베녜를 만든 다음 1시간 동안 휴지시킨다.
2 기름은 175°C로 가열한다.
3 체리는 꼭지를 따지 않고 씻은 다음 살살 물기를 닦는다. 접시에 설탕과 계피 가루를 넣고 섞는다.
4 꼭지를 잡고 체리에 반죽을 묻힌 다음, 기름에 튀긴다. 노릇해질 때까지 튀긴다.
5 다 익은 베녜는 스키머로 건져 키친타월에 올려 기름을 뺀다.

6 설탕과 계피 가루를 섞은 그릇에 베녜를 넣고 굴린 다음 따뜻할 때 먹는다.

레몬 향 꿀 베녜 *Beignets au citron et au miel*

베녜 20개 기준
작업 시간 25분
휴지 시간 45분
조리 시간 20분

반죽
밀가루 100g
베이킹파우더 1/2팩
물 150ml · 레몬 1개

시럽
설탕 750g · 물 400ml
레몬 1개 · 꿀 1tbsp
튀김용 기름

1 파트 아 베녜를 만든다. 물에 베이킹파우더를 녹이고, 레몬은 짜서 즙을 낸다. 볼에 밀가루를 넣고 가운데에 홈을 판 다음 물에 녹인 베이킹파우더와 레몬즙을 넣고 잘 섞는다. 반죽은 매끄럽고 너무 묽지 않아야 한다. 45분간 휴지시킨다.
2 레몬은 짜서 즙을 낸다. 설탕과 물을 넣고 5분 동안 끓인 다음, 꿀과 레몬즙을 넣고 불을 끈다.
3 기름은 175°C로 가열한다.
4 5mm 깍지를 끼운 짤주머니에 반죽을 넣는다. 기름이 175°C가 되면 베녜를 5~6cm로 짜서 기름에 담근다. 저으면서 튀기다가 옅은 갈색이 되면 꺼낸다.

5 키친타월에 얹어 기름을 뺀 다음, 시럽에 적신다. 서빙 접시에 담아 따뜻할 때 먹는다.

불 드 베를랭

Boules de Berlin

자두잼, 살구잼, 라즈베리잼, 크렘 파티시에르를 넣어 촉촉하면서 달콤하다. ▶479쪽 레시피 참고

아카시아꽃 베녜 *Beignets de fleurs d'acacia* 

베녜 15개 기준
작업 시간 15분
휴지 시간 1시간
조리 시간 15분

재료
파트 아 베녜 200g ▶ 27쪽 참고
오렌지 1개 · 아카시아 꽃 15송이
튀김용 기름 · 분당

1 파트 아 베녜를 만든 다음, 오렌지즙 100ml를 넣고 1시간 동안 휴지시킨다.
2 기름은 170~180℃로 가열한다. 아카시아 꽃송이를 반죽에 담근 다음 튀긴다.
3 스키머로 베녜를 저어가며 골고루 색깔을 낸 다음, 키친타월에 얹어 기름을 뺀다.

4 서빙 접시에 냅킨을 깔고 베녜를 놓는다. 분당을 뿌려 먹는다.

앙브루치아타 베녜 *Beignets à l'imbrucciata* 

베녜 30개 기준
작업 시간 20분
휴지 시간 1시간
조리 시간 15분

재료
체친 밀가루 500g
달걀 3개 · 소금 · 베이킹파우더
작은 사이즈 1팩 · 올리브 오일
2tbsp · 브로치오 프레❖ 400g
튀김용 기름 · 분당

1 볼에 체친 밀가루를 넣고 가운데에 홈을 판 다음 달걀, 소금 1꼬집, 베이킹파우더, 올리브 오일을 넣는다. 여기에 물 350ml를 넣고 잘 저어 반죽의 결을 매끄럽게 만든다. 볼에 깨끗한 천을 덮고 1시간 동안 상온에서 휴지시킨다.
2 튀김용 기름을 가열한다.
3 브로치오 프레를 슬라이스로 자른다. 포크로 브로치오를 찍어 반죽을 약간 묻힌 다음, 뜨거운 기름에 넣고 튀긴다.

4 베녜 색이 노릇해지면 스키머로 건져 기름을 빼고, 키친타월에 놓는다.
5 서빙 접시에 베녜를 담아 분당을 뿌린다.

❖ 브로치오broccio는 프랑스 코르시카섬에서 생산되는 양젖이나 염소젖으로 만든 치즈를 말한다. 이 중에서 브로치오 프레broccio frais는 신선 치즈로, 숙성시키지 않았기 때문에 껍질이 없고, 페이스트가 하얗고 크림처럼 부드럽다.

베녜 나네트 *Beignets Nanette* 

베녜 10개 기준
작업 시간 30분
휴지 시간 1시간
조리 시간 20분

재료
파트 아 베녜 800g ▶ 27쪽 참고
과일 콩피 150g · 키르슈 또는 럼 100ml · 크렘 파티시에르 600g ▶ 61쪽 참고 · 오래된 브리오슈 무슬린 1개 · 튀김용 기름

시럽
설탕 300g · 물 200ml
키르슈 또는 럼 30ml

1 파트 아 베녜를 만든 다음 1시간 동안 휴지시킨다.
2 과일 콩피를 큐브 모양으로 자른 다음 키르슈나 럼에 재운다.
3 크렘 파티시에르를 만든다. 과일 콩피는 체에 밭쳐 물기를 제거한 다음 크렘 파티시에르에 넣고 섞는다.
4 브리오슈를 동그란 슬라이스로 자른다.
5 튀김용 기름을 가열한다.
6 냄비에 물과 설탕을 넣고 끓인다. 불을 끈 다음 키르슈나 럼을 넣는다.
7 브리오슈에 크렘 파티시에르를 바른다. 크림이 묻은 쪽이 서로 만나도록 2장씩 붙인 다음, 시럽을 살짝 뿌린다.

8 긴 포크로 브리오슈를 찍어 반죽을 입힌 다음 뜨거운 기름에 넣고 튀긴다.
9 베녜를 건져 기름을 빼고 고운 설탕을 뿌려 먹는다.

과일 콩피를 재우는 술과 시럽에 넣는 술은 같은 종류를 사용한다.

사과 베녜 *Beignets aux pommes* 

베녜 20개 기준
작업 시간 30분
휴지 시간 1시간
조리 시간 20분

재료
파트 아 베녜 400g ▶ 27쪽 참고
사과 4개(벨 드 보스쿱belle de boskoop 또는 렌느 데 레네트reine des reinettes) · 튀김용 기름
설탕 90g · 계피 가루 1tsp

1 파트 아 베녜를 만든 다음 1시간 동안 휴지시킨다.
2 사과는 껍질을 깎고 '애플 코러'라고 부르는 비드 폼므vide-pomme로 심을 제거한 다음, 도톰한 슬라이스로 썬다.
3 기름은 175°C로 가열한다.
4 그릇에 설탕 1/2과 계피 가루를 넣고 섞는다.
5 사과 슬라이스를 (4)에 넣고 설탕과 계피를 듬뿍 묻힌다.

6 긴 포크로 사과를 찍어 반죽을 묻힌 다음 튀긴다.
7 스키머로 저어 골고루 색깔을 낸 다음 건져서 키친타월에 놓는다.
8 서빙 접시에 담아 설탕을 뿌린 다음 바로 먹는다.

베녜 비에누아 *Beignets viennois* 

베녜 35개 기준
작업 시간 30분
반죽 휴지 시간
1시간 30분 + 1시간
베녜 휴지 시간 30분
조리 시간 15분

재료
파트 아 브리오슈 1.2kg ▶ 24쪽 참고
살구잼 250g · 튀김용 기름 · 분당

1 파트 아 브리오슈를 만든 다음, 부피가 2배가 되도록 1시간 30분 동안 훈훈한 곳에서 발효시킨다.
2 반죽을 손으로 눌러 가스를 뺀 다음, 1시간 동안 냉장 보관하면 반죽이 쉽게 밀린다.
3 반죽을 2등분한 다음 각각 두께 5mm로 민다.
4 쿠키 커터나 지름 6~8cm 원형 컵으로 반죽을 찍은 다음, 가장자리에 물을 바른다.
5 살구잼을 조금만 떠서 디스크 가운데에 넣고, 다른 디스크를 덮은 다음 가장자리를 잘 붙인다.

6 오븐 팬에 깨끗한 천을 깔고 덧밀가루를 뿌린다. 베녜를 올리고 30분간 발효시킨다.
7 기름은 160~170°C로 가열한다.
8 튀김기에 베녜를 넣고, 한쪽에 색이 나오고 부풀어 오르면 뒤집는다. 튀긴 베녜는 키친타월에 놓고 기름을 뺀다. 접시에 담아 분당을 뿌려서 먹는다.

뷘느 리오네즈 *Bugnes lyonnaises* 

뷘느 25개 기준
작업 시간 30분
휴지 시간 3시간
조리 시간 15분

재료
말랑한 버터 50g · 큰 달걀 2개
체친 밀가루 250g · 설탕 30g
소금 1꼬집 · 럼이나 브랜디 또는 오렌지 플라워 워터 30ml
튀김용 기름 · 분당

1 버터는 말랑하게 만들고, 달걀은 살짝 거품이 나게 푼다.
2 볼에 체친 밀가루를 넣고 홈을 판 다음 버터, 설탕, 소금 1꼬집, 달걀, 럼을 넣고 섞는다. 오랫동안 반죽해 한 덩어리로 뭉친 다음, 3시간 동안 냉장 휴지시킨다.
3 기름은 180°C로 가열한다.
4 반죽은 두께 5mm 정도로 민다.

5 폭 4cm × 길이 10cm짜리 띠로 자른 다음, 가운데를 5cm 정도 가른다. 띠의 양 끝 중 하나를 틈새에 넣었다 빼서 매듭처럼 꼰다.
6 뜨거운 기름에 넣고 튀긴다. 한 번 뒤집어서 튀긴 다음, 스키머로 건져 기름을 빼고 키친타월에 놓는다.
7 서빙 접시에 담아 분당을 뿌린다.

▶ 229쪽 사진 참고

츄러스 *Churros* 

츄러스 45개 기준
작업 시간 10분
휴지 시간 1시간
조리 시간 10분

재료
물 250ml · 버터 60g
소금 1꼬집 · 설탕 60g
밀가루 225g · 달걀 2개
튀김용 포도씨유

1 냄비에 물과 버터, 소금, 설탕 2꼬집을 넣고 끓인다.
2 체친 밀가루는 볼에 담고 가운데에 홈을 판 다음 끓는 물을 넣는다. 나무 숟가락으로 고루 저으면 결이 고우면서도 되직한 반죽이 나온다.
3 달걀은 거품이 살짝 날 정도로 풀어서 반죽에 넣고 섞는다. 1시간 동안 냉장 휴지시킨다.
4 기름은 180℃로 가열한다.
5 짤주머니에 10mm 별 모양 깍지를 끼우고 반죽을 넣는다. 10cm 정도로 길게 짜서 튀기는데, 한 번에 많이 짜면 들러붙기 때문에 여러 번 나눠 튀긴다.
6 노릇하게 색깔이 나오면 스키머로 뒤집어 다른 쪽에도 색을 낸다. 튀긴 츄러스는 건져서 기름을 털고 키친타월에 놓는다.
7 설탕을 뿌린 다음 미지근할 때 먹는다.

크렘 프리트 앙 베녜 *Crème frite en beignets* 

베녜 30개 기준
작업 시간 45분
휴지 시간 1시간
조리 시간 15분

재료
크렘 파티시에르 850g ▶ 61쪽 참고
파트 아 베녜 600g ▶ 27쪽 참고
튀김용 기름 · 설탕

1 하루 전에 크렘 파티시에르를 만든다. 오븐 팬에 유산지를 깔고 크림을 1.5cm 정도로 민다. 완전히 식힌 다음 냉장고에 넣는다.
2 파트 아 베녜를 만든 다음 1시간 동안 휴지시킨다.
3 기름은 180℃로 가열한다.
4 크렘 파티시에르를 사각형이나 마름모, 또는 원형으로 자른다. 긴 포크로 크림 조각을 찍어 반죽을 묻힌 다음 뜨거운 기름에 넣고 튀긴다.
5 조심스럽게 뒤집어서 색을 낸 다음, 키친타월에 올려 기름을 뺀다.
6 접시에 담고 먹기 직전에 설탕을 뿌린다.

페드논 *Pets-de-nonne*

페드논 30개 기준
작업 시간 15분
조리 시간 25~30분

재료
파트 아 슈 300g ▶ 27쪽 참고
튀김용 기름
분당

1 파트 아 슈를 만든다.
2 기름은 170~180℃로 가열한다.
3 티스푼으로 반죽을 조금 떠서 튀긴다. 10개 정도 튀기다가 노릇해지면 뒤집는다.
4 2~3분이 지나면 스키머로 건져서 키친타월 위에 놓는다.
5 준비한 반죽을 모두 튀긴다.
6 서빙 접시에 페드논을 담고 먹기 직전에 분당을 뿌린다.

Plus

파트 아 슈에 아몬드 슬라이스 50g을 넣으면 프티 슈 아망딘 앙 베녜petits choux amandines en beignets가 된다. 미지근하게 식힌 다음 좋아하는 과일 쿨리를 뿌린다.

뷘느 리오네즈

Bugnes lyonnaises

뷘느는 전통적으로 명절에 많이 먹는
튀김으로 주로 마르디 그라Mardi Gras에 먹는다.

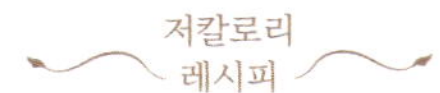

설탕 와플 *Gaufres au sucre*

와플 5개 기준
작업 시간 15분
휴지 시간 1시간
조리 시간 10분

재료
와플 반죽 500g ▶ 28쪽 참고
기름 · 분당

1 와플 반죽을 만든 다음 최소 1시간 동안 휴지시킨다.
2 와플 팬에 붓으로 기름을 칠한 다음 달군다. 작은 국자로 반죽을 떠서 와플 팬 한쪽에 넘치지 않게 붓는다.
3 팬 뚜껑을 닫고 뒤집어서 반죽이 고루 퍼지게 한다. 양면을 각각 2분씩 굽는다.
4 와플을 꺼내 분당을 뿌린다.

Comment

그냥 먹어도 좋지만 잼이나 크림, 크렘 샹티 ▶ 53쪽 참고를 곁들여도 맛있다.

◆ **100g당 영양 성분**
총 170kcal · 단백질 6g · 탄수화물 13g · 지질 9g

복숭아 · 엘더 와플 *Gaufres au sureau et aux pêches*

와플 5개 기준
작업 시간 15분
휴지 시간 2시간
조리 시간 1시간

재료
복숭아 셔벗 ▶ 103쪽 참고

반죽
버터 125g · 휘핑한 크림 250g
노른자 3개분
흰자 2개분 · 설탕 120g
체친 밀가루 180g
베이킹파우더 4g
말린 엘더 플라워 2g
신선한 전유 500ml

팬에 익힌 복숭아
복숭아 500g · 버터 30g
설탕 30g · 레몬 1개
말린 엘더 플라워 1g
흑후추

1 복숭아 셔벗을 구입하지 않는다면 직접 만들어서 냉동 보관한다.
2 버터를 미지근한 볼에 넣어 말랑하게 만든 후, 스패출러로 세게 저어 크림처럼 부드러운 포마드 상태로 만든다.
3 반죽을 만든다. 크림은 휘핑하고, 흰자에 소금 1꼬집을 넣고 거품기로 세게 젓다가 설탕 1/2을 조금씩 넣으며 휘핑한다.
4 다른 볼에 노른자와 남은 설탕을 넣어 거품기로 세게 젓는다.
5 여기에 버터와 밀가루, 베이킹파우더, 말린 엘더 플라워를 넣는다.
6 반죽에 우유를 붓고 휘핑한 크림을 넣으며 계속 젓는다. 흰자 머랭을 넣고 머랭이 꺼지지 않도록 아래에서 위로 떠올리며 살살 섞는다.
7 와플 반죽은 최소 2시간 동안 휴지시킨다.
8 와플 팬에 기름을 칠한 다음 예열한다.

9 작은 국자로 반죽을 떠서 와플 팬 한쪽에 부은 다음 한 면은 5분, 다른 면은 4분간 굽는다.
10 복숭아는 가능하면 백도를 준비한다. 복숭아는 껍질을 까서 2등분한 다음 씨를 제거한다. 코팅 프라이팬에 버터를 녹이고 복숭아, 설탕, 레몬즙 1tbsp, 엘더 플라워를 넣고, 센 불에서 3분간 빠르게 익힌다. 후추를 그라인더로 2~3번 돌려 넣은 다음, 접시에 담는다.
11 접시 가운데에 와플을 담는다. 와플 가장자리를 복숭아로 두르고 그 위에 복숭아 셔벗으로 둥글고 길쭉한 '크넬quenelle'을 만들어서 올린다. 와플은 만들자마자 먹는다.

Comment

복숭아를 팬에 익힐 때 엘더 플라워 대신 마지막에 라벤더 꽃이나 잘게 부순 누가를 넣어서 향을 낼 수도 있다.

베르주아즈 와플 *Gaufres à la vergeoise* 

와플 18개 기준
작업 시간 20분
휴지 시간 2시간
조리 시간 와플 1개당 6~8분

재료
밀가루 380g
베르주아즈 블롱드 190g
▶435쪽 참고
소금 1꼬집 · 버터 140g
달걀 3개

1 버터는 말랑하게 만든 다음 크림처럼 부드러운 포마드 상태로 만든다.

2 밀가루와 베르주아즈, 소금을 섞은 다음 버터와 달걀을 넣고 텍스처가 균일해지도록 반죽한다. 랩을 씌우고 2시간 동안 휴지시킨다.

3 반죽을 18개로 분할한 다음 작은 공 모양으로 성형한다.

4 와플 팬에 붓으로 기름을 소량 바르고 예열한다.

5 반죽을 팬 한쪽에 넣고 뚜껑을 닫은 다음 4분간 굽는다.

6 반대쪽으로 뒤집어 2~3분간 굽고, 안 익었으면 더 굽는다. 와플은 팬에서 꺼내 서빙 접시에 놓는다.

7 식힌 다음 비스퀴처럼 먹는다.

Tip

커피나 피스타치오, 바닐라로 향을 낸 버터 크렘▶51쪽 참고이나 가나슈▶84쪽 참고를 와플 2장 사이에 발라 먹어도 맛있다.

아몬드를 넣은 시에나 와플 *Gaufres de Sienne aux amandes*

와플(리차렐리ricciarelli) 50개 기준
작업 시간 20분
휴지 시간 12시간
조리 시간 15분

재료
흰자 2개분
소금 1꼬집
아몬드 가루 500g
설탕 500g
액상 바닐라 에센스 1/2tsp
분당 175g

1 하루 전날, 흰자에 소금 1꼬집을 넣고 가볍게 휘핑해 머랭을 만든다.

2 아몬드 가루와 설탕을 볼에 넣고 나무 스패츌러로 잘 섞는다. 여기에 흰자 머랭을 넣고 거품이 꺼지지 않도록 살살 돌리며 섞다가 바닐라 에센스를 넣는다. 반죽이 부드러워질 때까지 잘 섞는다.

3 분당 100g을 볼에 넣는다. 작은 숟가락으로 반죽을 떠서 덩어리로 뭉친 다음, 손바닥으로 판판하게 누른다. 칼을 분당에 담갔다 뺀 다음, 넓이 4cm × 길이 6cm의 마름모 모양으로 자른다.

4 오븐 팬에 버터를 바르고 성형한 반죽을 올려, 하룻밤 동안 말린다.

5 다음 날, 오븐을 130°C로 예열한다.

6 반죽을 오븐에 넣고 15분간 구워 건조시킨다. 리차렐리는 하얗고 말랑말랑해야 한다. 완전히 식힌 다음 분당을 뿌린다.

Comment

살구, 사과, 배, 딸기로 만든 과일 콩포트를 바르고 크렘 샹티를 동그랗게 짜서 먹는다.

레몬나무 잎과
민트 잎, 배 베녜

Beignets de poire,
feuilles de menthe et feuilles de citronnier

조각낸 배와 민트 잎, 레몬나뭇잎에 튀김 반죽을 입혀 뜨거운
기름에 넣는다. 뜨거운 베녜에 설탕을 뿌리고 레몬즙을 몇 방울
떨어뜨린다. 레몬 향이 밴 튀김옷만 먹고 레몬나뭇잎은 먹지 않
으니 주의할 것. ▶479쪽 레시피 참고

비에누아즈리

VIENNOISERIES

비에누아즈리는 발효 반죽이나 드미 푀유테 반죽을 사용하는데, 브리오슈, 사과 쇼송, 크루아상, 팔미에, 초콜릿이나 우유, 건포도를 넣은 프티 팽 등이 있다. 주로 아침 식사나 아이들 간식, 티타임에 즐겨 먹는다.

과일 브리오슈 *Brioche aux fruits* 

4~6인분 기준

작업 시간 1시간

휴지 시간 3시간 + 30분 + 1시간

조리 시간 45분

재료

파트 아 브리오슈

400g ▶ 24쪽 참고

크렘 프랑지판 150g ▶ 56쪽 참고

제철 과일 300g

(살구, 복숭아, 배, 자두)

배 또는 자두 브랜디 50ml

설탕 50g

레몬 1/2개

달걀 1개

분당

1 파트 아 브리오슈를 만든 다음 3시간 동안 발효시킨다.

2 크렘 프랑지판을 만든 후 다른 재료를 준비하는 동안 냉장 보관한다.

3 과일은 씻어서 필요한 경우 껍질을 깎아 큼직한 큐브 모양으로 썬다. 브랜디와 설탕, 레몬즙 1/2개를 섞은 다음 손질한 과일을 재운다.

4 발효시킨 반죽은 손바닥으로 눌러 가스를 뺀 다음 30분 동안 냉장 보관한다.

5 높이가 낮은 지름 22cm 원형 틀에 버터를 바른다.

6 오븐은 200℃로 예열한다.

7 반죽 3/4을 밀대로 민 다음, 타르트 시트를 넣듯이 틀 안에 넣는다.

8 크렘 프랑지판을 부은 다음, 체에 밭쳐 물기를 제거한 과일을 넣는다.

9 남은 반죽을 밀어 과일을 덮은 다음, 반죽이 만나는 가장자리를 붙인다.

10 상온에서 1시간 동안 발효시킨다.

11 달걀을 풀어 브리오슈에 골고루 바른다.

12 200℃ 오븐에서 15분간 구운 다음, 180℃로 온도를 낮추고 30분간 굽는다.

13 오븐에서 꺼내 분당을 뿌리고 따뜻할 때 먹는다.

브리오슈 파리지엔느 *Brioche parisienne* 

4인분 기준

작업 시간 20분 + 5분

휴지 시간 4시간 + 1시간 30분

조리 시간 30분

재료

파트 아 브리오슈

300g ▶ 24쪽 참고

달걀 1개

1 파트 아 브리오슈를 만든 다음 4시간 동안 발효시킨다.

2 반죽을 2등분한 다음 몸통이 될 부분은 250g으로, 머리가 될 부분은 50g으로 계량한다. 손에 덧밀가루를 묻히고 250g짜리를 큰 덩어리로 굴린다.

3 500ml 브리오슈 틀에 버터를 바르고 큰 덩어리를 넣는다. 작은 덩어리도 둥글게 굴려서 꼭지는 홀쭉하고 몸통은 굵은 서양배처럼 성형한다. 큰 덩어리 가운데에 손가락으로 조그만 홈을 파서 작은 덩어리의 가는 부분을 넣고 살짝 눌러 고정시킨다.

4 상온에서 1시간 30분 동안 발효시키면 부피가 2배가 된다.

5 오븐은 200℃로 예열한다.

6 가위에 물을 묻힌 다음, 큰 덩어리의 가장자리에서 머리 쪽으로 작게 칼집을 낸다.

7 달걀을 풀어 붓에 묻힌 다음 브리오슈에 칠한다.

8 200℃ 오븐에서 10분간 굽고, 온도를 180℃로 낮춰 20분 더 굽는다. 미지근해지면 틀에서 꺼낸다.

과일 샐러드, 아이스크림, 과일 콩포트 같은 다양한 디저트와 무난하게 잘 어울린다. 얇게 슬라이스로 잘라 가염 버터를 바르거나, 살짝 구워서 버터를 발라 먹으면 아주 고소하다.

Plus

여기에 몇 가지 재료만 추가하면 브리오슈 폴로네즈brioches polonaises를 만들 수 있다. 우선 브리오슈 파리지엔느를 얇은 슬라이스 5장으로 썬다. 과일 콩피 100g을 네모나게 잘라 키르슈 30ml에 재운 다음, 크렘 파티시에르 ▶ 61쪽 참고 300g에 넣고 버무린다. 크림을 브리오슈 위에 발라 샌드위치처럼 쌓은 다음, 머랭 ▶ 43쪽 참고 200g을 바르고 오븐에서 5분간 구워 살짝 색을 낸 아몬드 슬라이스 50g을 뿌린다.

프랄린 브리오슈 *Brioche aux pralines* 🍳🍳🍳

4~6인분 기준
작업 시간 30분
휴지 시간 3시간 + 1시간
조리 시간 45분

재료
파트 아 브리오슈
400g▶24쪽 참고
로즈 프랄린❖ 130g

1 파트 아 브리오슈를 만든다.
2 프랄린 100g은 굵게 다지고, 나머지는 푸드 프로세서에 갈거나 천 사이에 넣고 밀대로 밀어 부순다.
3 굵게 다진 프랄린 100g을 반죽에 넣고 3시간 동안 발효시킨다.
4 빠르게 반죽해서 동그란 덩어리로 만든 다음, 프랄린에 굴려 가루를 골고루 묻힌다. 오븐 팬에 유산지를 깔고 반죽 덩어리를 얹은 다음, 1시간 동안 발효시킨다.
5 오븐은 230℃로 예열한다.
6 오븐에서 15분간 굽다가 온도를 180℃로 낮추고 30분 더 굽는다.
7 미지근하게 식으면 먹는다.

Plus

기본 레시피를 활용해 생즈니Saint-Genix 브리오슈를 손쉽게 만들 수 있다. 진한 붉은색을 띠는 생즈니 프랄린 130g을 통째로 반죽에 넣고 버무린 다음, 틀에 넣거나 그대로 오븐 팬에 굽는다.

❖ 프랄린praline은 캐러멜을 입힌 아몬드 봉봉을 의미한다. 아몬드를 데운 다음 끓는 설탕에 부어 캐러멜을 입히는데, 색소나 향을 첨가해 로즈 프랄린, 레드 프랄린, 브라운 프랄린 등으로 만든다.

건포도 롤 브리오슈 *Brioche roulée aux raisins* 🍳🍳🍳

4~6인분 기준
작업 시간 20분 + 20분
휴지 시간 3시간 30분 + 2시간
조리 시간 30분

재료
파트 아 브리오슈
300g▶24쪽 참고
건포도 70g · 럼 4tbsp
크렘 파티시에르
100g▶61쪽 참고 · 달걀 1개

글라사주
럼 30ml
분당 60g

1 파트 아 브리오슈를 만든 다음 3시간 동안 발효시킨다.
2 건포도를 럼에 재운다.
3 크렘 파티시에르를 만든다.
4 반죽을 손바닥으로 눌러 가스를 뺀 다음, 30분 동안 냉장 보관한다.
5 건포도를 체에 밭쳐 럼을 제거한다.
6 지름 22cm 제누아즈 틀에 버터를 바른다. 반죽은 2등분해서 한 덩어리는 140g, 다른 것은 160g으로 계량한다. 140g짜리 반죽을 밀어서 틀 안에 넣고, 크렘 파티시에르를 한 층 깐다.
7 남은 반죽을 가로 12cm × 세로 20cm 직사각형으로 밀고, 여기에 남은 크렘 파티시에르를 바른 다음 건포도를 골고루 넣는다.
8 직사각형 반죽을 길이 20cm짜리 롤로 만 다음, 두께가 일정하도록 6조각으로 자른다.
9 롤 조각을 평평하게 뉘어 틀 안에 나란히 넣고, 훈훈한 곳에서 2시간 동안 발효시킨다.
10 오븐은 200℃로 예열한다.
11 달걀을 풀어 브리오슈 위에 바른다. 200℃에서 10분 동안 구운 다음, 온도를 180℃로 낮춰 20분 더 굽는다. 미지근해지면 틀에서 꺼낸다.
12 글라사주를 만든다. 럼을 미지근하게 데운 다음, 분당을 섞는다. 브리오슈가 식으면 붓으로 글라사주를 바른다.

과일 브리오슈

Brioche aux fruits

일인용 디저트로 만든 과일 브리오슈에
시원한 살구 쿨리를 곁들였다.

사과 쇼송 *Chaussons aux pommes* 

작은 쇼송 10~12개

작업 시간 30분 + 30분
휴지 시간 10시간
조리 시간 35~40분

재료

파트 푀유테 500g ▶20쪽 참고
레네트reneittes 사과 5개
레몬 1개
설탕 150g
크렘 프레슈 에페스 20g
▶428쪽 참고
버터 30g
달걀 1개

1 파트 푀유테의 휴지 시간이 10시간이라는 점을 고려하여 반죽을 만든다.

2 레몬은 짜서 즙을 낸다.

3 사과는 껍질을 깎은 다음 씨를 모두 제거한다. 손질한 사과는 작은 큐브 모양으로 자르고 바로 레몬즙을 살짝 뿌려 갈변되지 않게 한다. 체에 밭쳐 물기를 제거해 볼에 넣고 여기에 설탕과 크림을 넣고 섞는다.

4 버터는 작게 조각낸다.

5 오븐은 250℃로 예열한다.

6 파트 푀유테를 두께 3mm로 민 다음, 지름 12cm 무스링으로 찍어 디스크 10~12개를 만든다.

7 달걀을 풀어 붓에 묻힌 다음 테두리에 칠하고, 숟가락으로 사과와 버터를 떠서 디스크 아랫부분에 올린다.

8 디스크 윗부분을 사과를 올린 쪽으로 접은 다음, 달걀 물을 바른다. 이대로 건조시킨 후, 반죽이 뚫어지지 않게 조심하면서 칼끝으로 비스듬한 격자무늬를 그린다.

9 250℃ 오븐에 넣고 10분간 구운 다음, 온도를 200℃로 낮춰 25~30분 더 굽는다. 사과 쇼송은 미지근할 때 먹는다.

Plus

기본 레시피를 활용해 사과·건자두 쇼송을 만들 수 있다. 씨를 뺀 건자두 250g과 코린트 건포도 50g을 럼에 불린다. 여기에 사과 4개를 큐브 모양으로 잘라 함께 버무린 위의 레시피대로 작업한다.

크라미크 *Cramique* 

6인분 기준

작업 시간 25분
휴지 시간 1시간
조리 시간 40분

재료

차 1볼
코린트Corinthe 건포도 100g
버터 100g
달걀 3개
소금 1꼬집
신선한 우유 200ml
이스트 20g
밀가루 500g
설탕 1tbsp

1 차를 우려 건포도를 넣고 불린다.

2 버터는 아주 작게 조각낸다.

3 달걀 2개에 소금 1꼬집을 넣고 살짝 거품이 나게 젓는다.

4 르뱅을 만든다. 우유는 미지근하게 데우고, 볼에 이스트를 부수어 넣는다. 데운 우유를 이스트에 조금만 붓고 잘 갠다. 반죽이 말랑해질 정도로만 밀가루를 넣고 나무 숟가락으로 저어 르뱅을 만든다.

5 남은 밀가루를 작업대에 놓고 가운데에 홈을 판 다음 르뱅과 달걀, 남은 우유를 넣는다.

6 치대면서 반죽하다가 반죽에 탄성이 생기면, 버터와 설탕을 넣는다. 여기에 물기를 제거한 건포도를 넣고 골고루 버무린다.

7 오븐은 200℃로 예열한다.

8 반죽은 둥글게 말고, 길이 28cm 파운드케이크 틀에는 버터를 바른다. 틀의 3/4까지 반죽을 넣고, 달걀 1개를 풀어서 겉면에 바른다. 상온에서 1시간 동안 발효시킨다.

9 200℃로 예열한 오븐에 넣고 10분간 구운 다음, 온도를 180℃로 낮춰 30분 더 굽는다.

10 틀에서 꺼내 식힌다.

Comment

크라미크는 과일 콩포트나 초콜릿 크림, 과일 아이스크림과 함께 먹으면 맛있다.

크루아상 *Croissants*

크루아상 8개 기준
작업 시간 25분
휴지 시간 5시간 30분 + 1시간
조리 시간 15분

재료
파트 아 크루아상
400g ▶ 26쪽 참고
노른자 1개분

1 파트 아 크루아상의 휴지 시간이 총 5시간 30분이라는 점을 고려하여 반죽을 만든다.
2 반죽을 두께 6mm로 민다.
3 가로 14cm × 세로 16cm짜리 삼각형으로 자른 다음, 밑(14cm)에서 위로 만다.
4 오븐 팬에 유산지를 깔고 크루아상을 올린다. 노른자에 물을 조금 타서 달걀 물을 만든다. 붓에 달걀 물을 묻혀 크루아상에 바른 다음, 부피가 2배가 되도록 1시간 동안 발효시킨다.
5 오븐은 220°C로 예열한다.
6 크루아상에 달걀 물을 한 번 더 바르고 오븐에 넣는다. 220°C에서 5분간 굽고 온도를 190°C로 낮춰 10분 더 굽는다.

Plus

크루아상 알자시앵 Croissants alsaciens
설탕 70g과 물 500ml를 끓여 시럽을 만든다. 냄비 불을 끄고 호두 가루 70g, 아몬드 가루 70g, 헤이즐넛 가루 70g, 그래뉴당 20g을 넣고 섞는다. 삼각형으로 자른 크루아상 반죽에 견과류 페이스트를 바르고 레시피대로 작업한다. 분당 150g에 물이나 키르슈 60ml를 섞어 글라사주를 만든 다음 구운 크루아상에 바르고 식힌다.

가토 데 루아 드 보르도 *Gâteau des Rois de Bordeaux*

8~10인분 기준
작업 시간 30분
휴지 시간 3시간 + 1시간
조리 시간 30분

재료
파트 아 브리오슈
1.5kg ▶ 24쪽 참고
레몬 제스트 1개분
페브❖ 4개 · 달걀 1개
세드라(시트론) 콩피 250g
멜론 콩피 250g
우박 설탕

1 레몬은 화학 약품으로 처리하지 않은 것을 골라 껍질을 잘게 간다. 파트 아 브리오슈에 레몬 제스트를 넣고 3시간 동안 발효시킨다.
2 반죽을 똑같이 4등분한 다음, 손바닥으로 눌러 가스를 뺀다. 왕관 모양으로 성형하고 반죽 속에 페브를 1개씩 넣는다. 오븐 팬에 유산지를 깔고 성형한 가토를 올린 다음, 훈훈한 곳에서 최소 1시간 동안 발효시킨다.
3 오븐은 200°C로 예열한다.
4 달걀을 풀어서 가토에 칠한 다음, 200°C 오븐에서 10분간 구운 후 온도를 180°C로 낮춰 20분간 더 굽는다.
5 가토를 오븐에서 꺼낸다. 세드라 콩피와 멜론 슬라이스 콩피를 얹고 우박 설탕을 윗면과 테두리에 골고루 묻힌다.
6 식혀서 먹는다.

❖ 프랑스에서는 가톨릭 축일 중 하나인 주현절에 가족 친지가 모여 '갈레트 데 루아'를 함께 나누어 먹는다. 갈레트 안에는 항상 조그만 도자기 인형을 숨겨두는데, 이것을 '페브fève'라고 한다. 이날, 페브가 있는 조각을 먹은 사람은 '그날의 왕'이 되어 금박 왕관을 쓰는 풍습이 있다.

팔미에
Palmiers
팔미에 특유의 모양은
야자수 잎을 연상시킨다.

구겔호프 *Kouglof*

구겔호프 2개 기준
작업 시간 40분
르뱅 냉장 시간 4~5시간
휴지 시간 2시간 + 1시간 30분
조리 시간 35~40분

르뱅
밀가루 115g
이스트 5g
우유 80ml

반죽
이스트 25g
우유 80ml · 밀가루 250g
소금 3꼬집 · 설탕 75g
노른자 2개분 · 버터 85g
건포도 145g
럼 아그리콜 60ml
껍질 벗긴 통아몬드 40g
버터 30g · 분당

1 하루 전에 건포도를 럼에 넣고 불린다.

2 볼에 밀가루, 이스트, 우유를 넣고 반죽해 르뱅을 만든다. 젖은 천을 볼에 덮고 표면에 작은 기포가 생길 때까지 4~5시간 동안 냉장고에 넣어둔다.

3 르뱅의 발효가 끝날 때쯤 반죽을 시작한다. 우유에 이스트를 넣고 잘 갠다. 커다란 볼에 르뱅, 밀가루, 소금, 설탕, 노른자, 이스트를 녹인 우유를 넣고 볼에서 반죽이 떨어질 때까지 치댄다.

4 버터를 넣고 다시 반죽이 볼에서 떨어질 때까지 치댄다.

5 건포도를 체에 밭쳐 럼을 제거하고 반죽에 넣고 버무린다. 볼에 천을 덮어서 상온에서 2시간 동안 발효시키면 부피가 2배가 된다.

6 구겔호프 틀 2개에 버터를 칠한 다음, 바닥의 움푹 들어간 홈에 통아몬드를 하나씩 놓는다.

7 작업대에 덧밀가루를 뿌리고 반죽을 놓고, 똑같은 크기로 2등분한다. 반죽을 손바닥으로 눌러 가스를 빼면 원래 크기로 돌아온다. 가장자리를 안으로 접은 다음, 손바닥으로 반죽을 살짝 누른 상태에서 공 굴리기를 한다.

8 손가락에 덧밀가루를 묻힌다. 반죽 가운데를 엄지로 누르고 살짝 펼쳐서 틀 안에 넣는다. 상온에서 1시간 30분 동안 발효시키는데, 작업 공간이 건조하면 젖은 천을 덮는다.

9 오븐은 200℃로 예열한다.

10 틀 2개를 모두 오븐에 넣고 35~40분간 구운 다음, 틀에서 꺼내 식힘망에 놓는다. 녹인 버터를 발라 마르지 않게 한다.

11 식힌 다음 분당을 살짝 뿌려서 먹는다.

Tip

두고 먹으려면 랩을 씌워 보관한다.

머핀 *Muffins*

머핀 18개
작업 시간 25분
휴지 시간 2시간
조리 시간 30분

재료
우유 300ml
달걀 1개
소금 2꼬집
밀가루 250g
베이킹파우더 1팩
설탕 60g
말랑한 버터 100g

1 우유는 미지근하게 데운다. 달걀은 깨뜨려 흰자와 노른자를 분리하고, 흰자에 소금 1꼬집을 넣고 휘핑한다.

2 볼에 밀가루, 베이킹파우더, 소금을 넣고 가운데 홈을 판 다음 노른자와 우유를 넣고 섞는다.

3 반죽을 동그랗게 굴린 다음, 천을 덮고 훈훈한 곳에서 2시간 동안 휴지시킨다.

4 오븐은 220℃로 예열한다.

5 반죽에 설탕과 버터를 넣고 섞은 다음, 흰자 머랭을 넣고 살살 섞는다.

6 작은 틀 18개에 버터를 바른 다음, 반죽을 반쯤 채운다. 오븐에 넣고 220℃에서 5분간 굽다가 온도를 200℃로 낮춰 노릇해질 때까지 10여 분간 굽는다.

7 오븐 팬에 유산지를 깔고 틀에서 꺼낸 머핀을 올린다. 다시 오븐에 넣고 10~12분간 구워 다른 쪽도 색깔을 낸다.

붉은 과일 퀴냐만

Kouign-amann aux fruits rouges

바삭한 파트 푀유테 캐러멜리제 안에 숨은 검붉은 과일 콩포트가
따뜻하면서도 새콤한 맛을 선사한다. ▶484쪽 레시피 참고

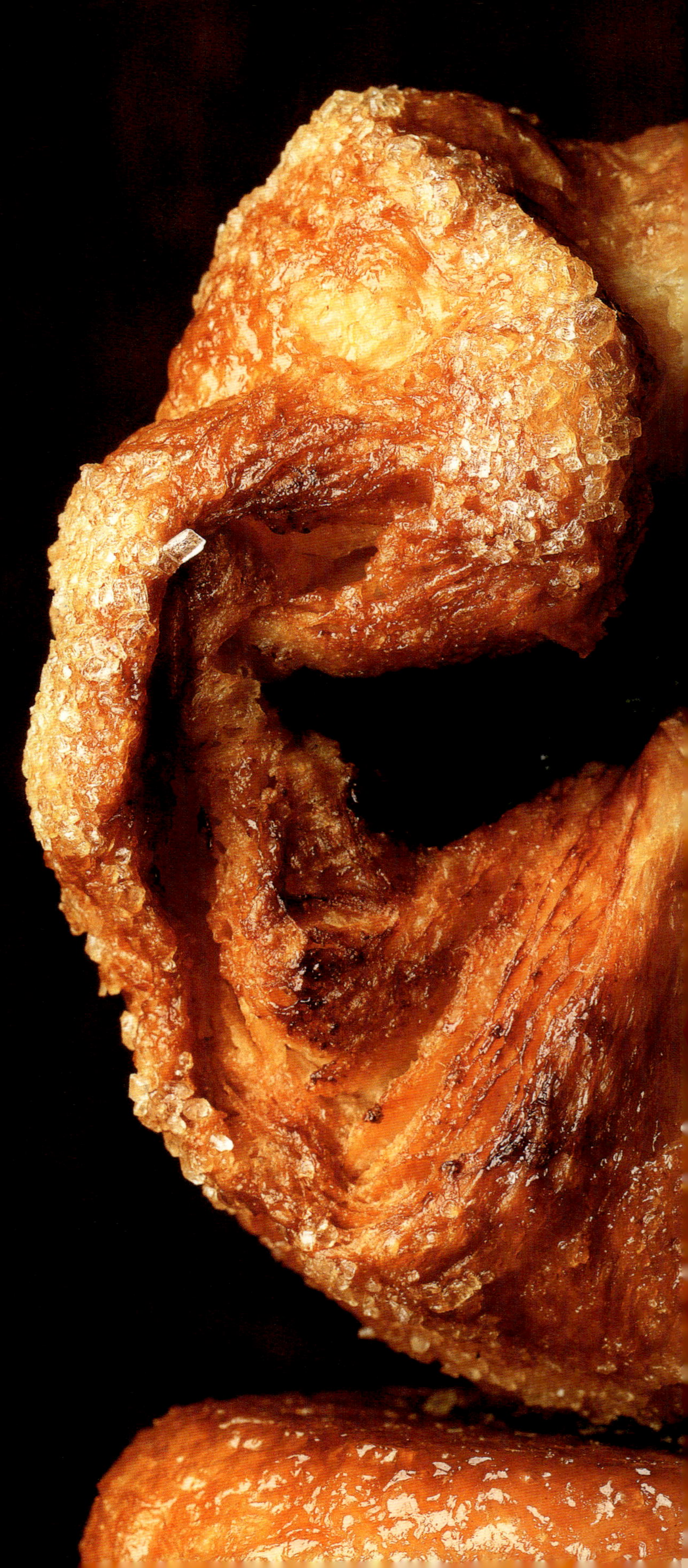

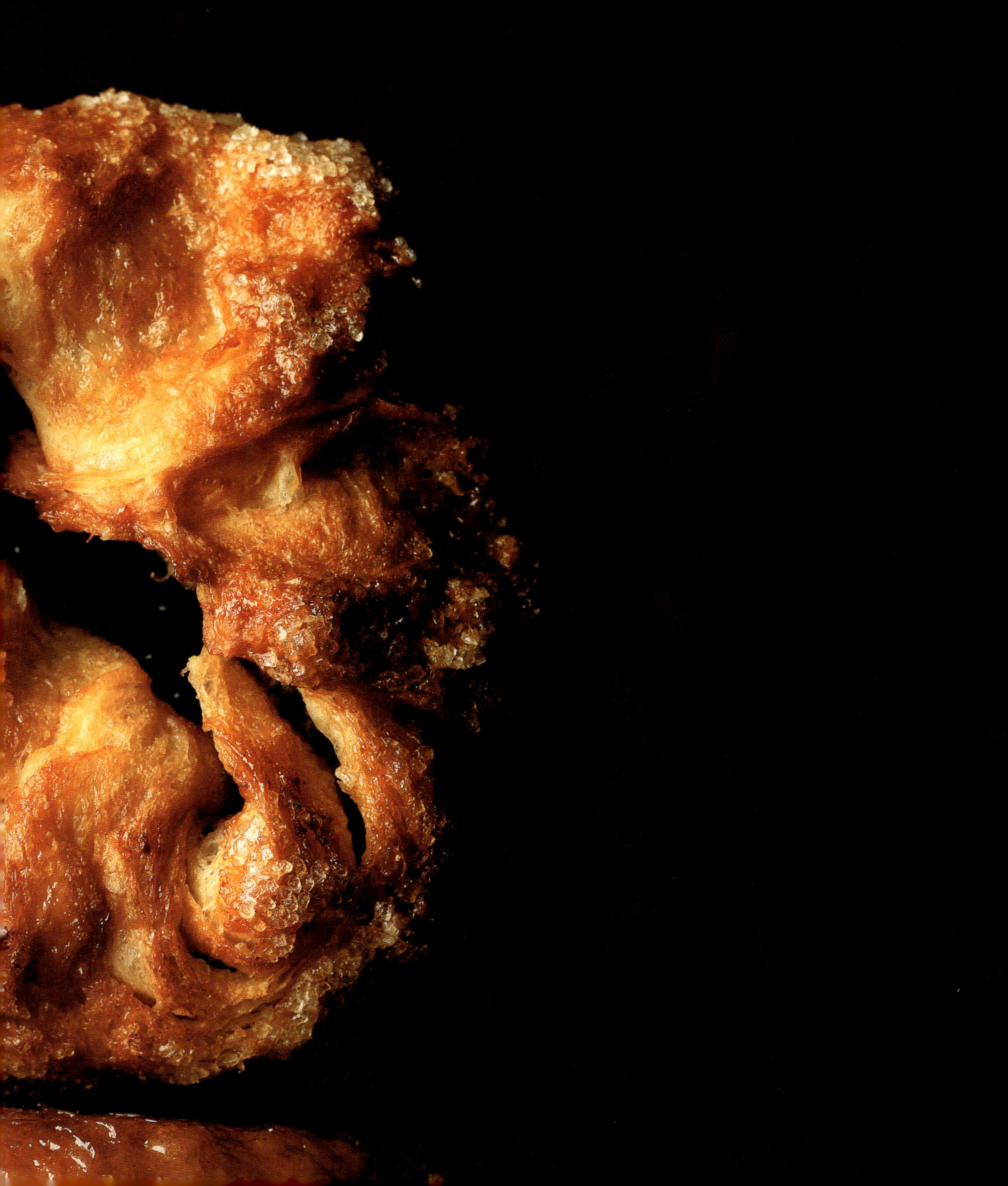

팽 오 레쟁 *Pains aux raisins* 

팽 12개 기준
작업 시간 30분
휴지 시간 30분 + 1시간 30분
조리 시간 20분

르뱅
이스트 15g · 우유 60ml
밀가루 60g

반죽
버터 150g · 밀가루 500g · 설탕
30g · 달걀 3개 · 고운 소금 6꼬집 ·
우유 30ml · 코린트Corinthe 건포
도 100g · 달걀 1개 · 우박 설탕

1 르뱅부터 시작한다. 우유에 이스트를 녹인 다음 밀
가루 1/2을 넣고 잘 섞는다. 여기에 남은 밀가루를
뿌리고 훈훈한 공간에서 30분간 발효시킨다.

2 볼에 미지근한 물을 담고 건포도를 넣어 불린다.

3 르뱅이 완성되면 반죽을 준비한다. 버터는 말랑하
게 만든다. 볼을 받쳐 밀가루를 체친 다음, 르뱅을
넣고 섞는다. 여기에 설탕과 달걀, 소금을 넣은 다
음 5분간 반죽을 치대, 탄성이 생기게 한다.

4 우유를 넣고 잘 섞은 다음, 말랑한 버터를 넣고 섞
는다. 물기를 제거한 건포도를 넣고 버무리듯 반죽
한 다음 훈훈한 공간에서 1시간 동안 발효시킨다.

5 반죽을 12개로 분할한 다음, 가느다랗고 동그란 롤
로 성형한다. 돌돌 말아 유산지를 깐 오븐 팬에 올
려 30분간 발효시킨다.

6 오븐은 210℃로 예열한다.

7 반죽에 달걀 물을 칠하고 우박 설탕을 뿌려 오븐에
서 20분간 굽는다.

8 팽 오 레쟁은 기호에 따라 미지근하거나 차갑게
먹는다.

팔미에 *Palmiers* 

팔미에 20개 기준
작업 시간 40분
휴지 시간 10시간
조리 시간 10분

재료
파트 푀유테
500g ▶ 20쪽 참고
분당

1 파트 푀유테의 휴지 시간이 10시간이라는 점을 고
려하여 반죽을 만든다. 마지막 투르 2번을 할 때 반
죽에 분당을 뿌리고 접는다.

2 오븐은 240℃로 예열한다.

3 반죽은 두께 1cm로 밀어 직사각형을 만든다. 길이
가 긴 두 면을 밖에서 안으로 접고, 다시 한 번 접으
면 납작한 롤이 된다.

4 두께 1cm로 자른 다음 유산지를 깐 오븐 팬에 놓는
다. 오븐에서 부풀어 서로 붙지 않도록 여유 있게
간격을 두고 배열한다.

5 오븐에서 10분간 굽는데, 중간에 뒤집어 양면 모두
색이 나오게 한다.

6 식혀서 밀폐 용기에 담는다.

▶ 240쪽 사진 참고

포뉴 드 로망 *Poqnes de Romans*

포뉴 2개 기준
작업 시간 20분
휴지 시간 2시간 + 30분
조리 시간 40분

재료
버터 250g · 밀가루 500g · 소금
10g · 오렌지 플라워 워터 1tbsp
르뱅 리퀴드 250g
달걀 6개 · 설탕 200g · 달걀 1개

1 버터를 말랑하게 만든다.

2 볼에 밀가루를 체쳐 넣고 가운데에 홈을 판 다음
소금, 오렌지 플라워 워터, 르뱅, 버터, 달걀 4개
를 넣는다.

3 나무 숟가락으로 젓거나 반죽기에 돌려 반죽한 다
음, 달걀 2개를 1개씩 넣어가며 섞는다.

4 여기에 설탕을 조금씩 부으면서 계속 젓는다. 볼에
천을 덮고 2시간 동안 발효시킨다.

5 작업대에 덧밀가루를 칠하고 반죽을 올린 다음, 손
바닥으로 눌러 가스를 뺀다. 반죽은 2등분해 둥글
려서 왕관 모양으로 성형한다. 버터를 바른 투르티
에르 틀 2개에 반죽을 1개씩 넣는다.

6 따뜻한 곳에서 30분간 발효시킨다.

7 오븐은 190℃로 예열한다.

8 반죽에 달걀 물을 바르고 오븐에서 40분간 굽는다.

퐁프 드 노엘 *Pompe de Noël*

8인분 기준
작업 시간 30분
휴지 시간 5~6시간
조리 시간 15분

르뱅
우유 50ml
이스트 35g
밀가루 30g

반죽
밀가루 500g · 꿀 1 tbsp
올리브 오일 7tbsp
오렌지 2개
아니스 씨 2tbsp
소금 2꼬집 · 커피 1/2커피 잔

1 오렌지는 1개만 껍질을 잘게 갈고 2개 모두 짜서 즙을 낸다.

2 르뱅을 만든다. 볼에 이스트를 담고 미지근하게 데운 우유를 넣고 녹인 다음, 밀가루를 붓고 반죽한다. 손가락에 덧밀가루를 묻혀 반죽을 한 덩어리로 뭉친다. 미지근한 물을 반죽에 붓고 5~8분 정도 발효시키면 부피가 2배가 된다.

3 작업대에서 밀가루를 체치고 가운데에 홈을 판다. 꿀, 올리브 오일, 오렌지 제스트와 즙, 아니스 씨, 소금을 넣고 손가락 끝으로 버무린다. 반죽이 완전히 매끈해지기 전에 물에서 꺼낸 르뱅을 넣고 빠르게 반죽해 한 덩어리로 뭉친다. 되지만 손으로 만지면 유연한 텍스처가 될 때까지 반죽한다.

4 반죽은 두께 1cm로 민 다음 지름 30~40cm 무스링을 대고 자른다. 오븐 팬에 기름을 바르고 퐁프를 놓는다. 칼끝으로 별 모양을 12개 긋고 5~6시간 동안 발효시킨다.

5 오븐은 200°C로 예열한다.

6 커피를 만들고 설탕을 탄다. 붓으로 커피를 적셔 퐁프에 바른 다음 오븐에서 15분간 굽는다.

— 기 제다 *Guy Gedda*

스콘 *Scones*

스콘 25개 기준
작업 시간 20분
냉장 시간 15분
조리 시간 15분

재료
파린 드 그뤼오✤ 330g
베이킹파우더 21g
버터 60g · 설탕 60g
크렘 프레슈 에페스
375g ▶ 428쪽 참고
금색 건포도 80g

달걀 물
달걀 4개 · 노른자 4개분
설탕 10g · 고운 소금 3g

1 반죽기에 밀가루와 베이킹파우더를 한데 체쳐 넣고 버터와 설탕을 넣는다. 텍스처가 모래알처럼 부슬거리면서 결이 아주 곱고 일정해질 때까지 반죽한다.

2 크림과 건포도를 넣고 모래알 텍스처가 뭉개지지 않게 살짝만 섞어 액체 재료와 건재료를 한데 엉기게 한다.

3 작업대에서 반죽을 두께 1.5cm로 민 다음 지름 5cm 원형 쿠키 커터로 찍는다. 반죽을 찍을 때마다 커터에 밀가루를 묻히면서 작업한다. 유산지를 깐 오븐 팬에 반죽을 뒤집어서 올리고 15분간 냉장 휴지시킨다.

4 오븐은 180°C(6단계)로 예열한다.

5 달걀 물에 들어가는 재료를 모두 볼에 넣고 핸드 믹서로 섞는다.

6 붓으로 달걀 물을 적셔 스콘에 바른 다음, 오븐에서 14분간 굽는다. 상온에서 식힌다.

7 스콘이 미지근해지면 크렘 프레슈 에페스를 곁들여 먹는다.

✤ 파린 드 그뤼오 Farine de gruau는 단백질 함량이 높은 밀가루로 단백질을 11% 정도 포함하고 있어 잘 부풀어 오른다. 주로 가토, 브리오슈, 구겔호프, 비에누아즈리 등에 사용되며, 프랑스 밀가루 종류인 Type 45와 Type 55 중에 파린 드 그뤼오가 있다.

프티푸르

PETITS-FOURS

프티푸르는 종류가 굉장히 다양하고 모두 크기가 작은
것이 특징이다. 프티푸르 섹Petits-fours secs은 주로 달걀로
만든 디저트나 아이스크림, 셔벗 등과 함께 먹고, 프티
푸르 프레Petits-fours frais는 일인용 가토를 미니어처처럼
작게 만든 형태가 많다.

알뤼메트 글라세 *Allumettes glacées*

알뤼메트 20개 기준
작업 시간 20분
휴지 시간 10시간
조리 시간 10분

재료
파트 푀유테 200g ▶ 20쪽 참고
글라스 루아얄 200g ▶ 77쪽 참고

1 파트 푀유테의 휴지 시간이 10시간이라는 점을 고려하여 반죽을 만든다.
2 오븐은 200℃로 예열한다.
3 반죽은 두께 4mm로 민 다음, 폭 8cm짜리 띠로 자른다.
4 붓이나 작은 팔레트로 글라스 루아얄을 반죽 위에 얇게 펴 바른다.
5 반죽 띠를 폭 2.5~3cm로 잘라 유산지를 깐 오븐 팬에 정렬한다.
6 크림색이 나올 때까지 오븐에서 10분간 굽는다.

Tip

글라스 루아얄은 대량으로 만들어야 해서 남는 경우가 많다. 이럴 때는 볼을 랩으로 잘 밀봉한 다음, 냉장고 위 칸에 넣으면 10~12일까지 보관할 수 있다.

향신료를 넣은 아를레트 *Arlettes aux épices*

아를레트 40개 기준
작업 시간 30분
휴지 시간 1시간 30분 + 4시간 + 10분
조리 시간 4~5분

재료
파트 푀유테 엥베르세
캐러멜리제 500g ▶ 23쪽 참고
버터 50g

바닐라 향 분당
카트르에피스 7g ▶ 459쪽 참고
바닐라 가루 5g
분당 50g

1 파트 푀유테 엥베르세 캐러멜리제를 만든 다음 1시간 30분 동안 냉장 휴지시킨다.
2 카트르에피스와 바닐라 가루, 분당을 섞어 바닐라 향 분당을 만든다.
3 버터는 녹인다. 반죽은 두께 2mm로 민 다음, 40cm 정사각형으로 자르고 녹인 버터를 바른다. 반죽은 롤처럼 말아서 4시간 정도 냉장 휴지시킨 다음, 10분 동안 냉동 휴지시킨다.
4 오븐은 230℃로 예열한다.
5 잘 드는 칼로 반죽 롤을 두께 2mm로 깔끔하게 자른다. 작업대에 바닐라 향 분당을 뿌리고 자른 반죽을 2개씩 놓고 바닐라 향 분당을 다시 뿌린 다음, 아주 얇게 민다.
6 오븐 팬에 유산지를 깔고 반죽을 올리고 오븐에서 4~5분간 굽는다.

Tip

아를레트는 보관 기간이 긴 편인데 캔에 담아 습기가 차단된 곳에 두면 15일 정도, 플라스틱 밀폐 용기에 담으면 10일 정도 보관할 수 있다.

Plus

아를레트는 평범한 비스퀴로 보이지만 그럴싸한 디저트로 변신할 수 있다. 디저트 접시에 아를레트를 담고 초콜릿 무스 ▶ 63쪽 참고나 피스타치오 버터 크렘 ▶ 51쪽 참고을 올린 다음 아를레트 한 조각을 꽂는다. 여기에 복숭아 쿨리 ▶ 110쪽 참고나 라즈베리 쿨리 ▶ 108쪽 참고를 곁들여 플레이팅한다.

쿠민 향 바토네 *Bâtonnets au cumin* 

바토네 20개 기준
작업시간 25분
냉장 시간 2시간
조리 시간 10분

재료
파트 쉬크레 300g ▶ 19쪽 참고
쿠민 씨 20g · 달걀 1개

1 파트 쉬크레를 만들고 마지막에 쿠민 씨를 넣은 다음, 2시간 동안 냉장 휴지시킨다.
2 오븐은 200℃로 예열한다.
3 반죽은 두께 5mm로 밀어서 길이 8~10cm의 막대 모양으로 자른다.
4 달걀을 풀어 바토네에 바르고 유산지를 깐 오븐 팬에 놓고 10분간 굽는다.

쿠민 대신 아니스나 캐러웨이를 넣어서 향을 낼 수 있다.

바닐라 향 바토네 글라세 *Bâtonnets glacés à la vanille* 

바토네 15개 기준
작업 시간 20분
조리 시간 10분

재료
아몬드 가루 85g · 설탕 85g
바닐라 설탕 1팩 · 흰자 1개분
글라스 루아얄 ▶ 77쪽 참고
액상 바닐라 에센스 1tsp

1 아몬드 가루, 설탕, 바닐라 설탕을 볼에 넣고 섞은 다음, 흰자를 넣는다. 반죽이 매끈해질 때까지 잘 젓는다.
2 바닐라 에센스를 넣고 글라스 루아얄을 만든다.
3 오븐은 160℃로 예열한다.
4 작업대에 얇게 덧밀가루를 뿌리고 반죽을 두께 1cm로 민 다음, 글라스 루아얄을 바른다.
5 반죽을 폭 2cm × 길이 10cm의 막대 모양으로 자른다. 오븐 팬에 버터를 바르고 밀가루를 뿌린 다음, 바토네를 올리고 오븐에서 10분간 굽는다.

비스퀴 드 코르도바 *Biscuits de Cordoba* 

비스퀴 20~25개 기준
작업 시간 15분
휴지 시간 1시간
조리 시간 10분

재료
버터 200g · 밀가루 400g
설탕 15g · 바닐라 설탕 1팩
노른자 2개분 · 우유 100ml
우유잼이나 구아바잼,
또는 파파야잼

1 버터는 작게 조각낸다.
2 볼에 밀가루를 체친 다음 설탕과 바닐라 설탕을 붓는다. 버터를 조금씩 넣으며 섞은 다음, 노른자도 1개씩 넣으며 잘 버무린다.
3 우유를 넣은 다음, 세게 치대지 말고 살살 버무려 단단한 텍스처로 만든다. 반죽은 냉장고에서 1시간 동안 휴지시킨다.
4 오븐은 180℃로 예열한다.
5 휴지시킨 반죽을 3mm로 민 다음 쿠키 커터나 컵, 원형 틀, 또는 사각 틀로 찍는다. 오븐 팬에 유산지를 깔고 충분한 간격을 두면서 비스퀴를 배열한다.
6 오븐에 넣고 10분간 굽는다. 스패츌러로 비스퀴를 들어 유산지에서 떼고 작업대에서 식힌다.
7 비스퀴에 잼을 바르고 2개씩 포개어 덮는다.

브라우니 *Brownies* 

브라우니 30개 기준
작업 시간 30분
조리 시간 15~20분

재료
'브라우니' 스타일 파트
아 비스퀴 800g ▶ 34쪽 참고

1 브라우니 스타일 파트 아 비스퀴를 만든다.
2 오븐은 180°C로 예열한다.
3 30cm 정사각형 틀에 반죽을 넣는다. 겉면을 스패출러로 고르게 정리한 다음, 오븐에서 15~20분간 굽는다. 브라우니는 촉촉하게 익히는데, 칼끝으로 찔렀을 때 반죽이 끈적하게 묻어 나와야 한다.

4 미지근하게 식힌 다음, 그릇을 받치고 뒤집어 브라우니를 꺼낸다. 식으면 4cm 정사각형으로 잘라 유산지 컵에 넣는다.

Tip

밀폐 용기에 담으면 며칠 동안 보관할 수 있다.

초콜릿 쿠키 *Cookies au chocolat* 

쿠키 30개 기준
작업 시간 20분
조리 시간 8~10분

재료
말랑한 버터 110g
다크 초콜릿이나
다크 초콜릿 칩 175g · 황설탕
110g · 설탕 100g · 달걀 1개
바닐라 에센스 1/2tsp
밀가루 225g · 베이킹파우더
1/2tsp · 소금 1꼬집

1 버터를 말랑하게 만든다.
2 초콜릿 칩이 없다면 초콜릿을 구멍이 큰 강판에 갈거나 칼로 다져서 작게 조각낸다.
3 오븐은 170°C로 예열한다.
4 버터와 설탕, 황설탕을 볼에 넣고 버터가 살짝 하얗게 되고 크림처럼 부드러워질 때까지 세게 젓는다. 여기에 달걀을 넣고 잘 섞은 다음 바닐라 에센스를 넣는다.
5 밀가루, 베이킹파우더, 소금을 한데 체치고 (4)의 볼에 소량씩 뿌려 넣는다. 가루 덩어리가 뭉치지 않도록 나무 주걱으로 계속 젓는다. 마지막으로 초콜릿을 넣고 섞는다.

6 오븐 팬에 유산지를 깐다. 물을 묻힌 숟가락으로 반죽을 떠서 충분한 간격을 두며 유산지에 소복하게 올린다. 숟가락 등으로 납작하게 눌러 10cm짜리 원으로 만든다.
7 오븐에서 8~10분간 굽는데, 쿠키는 속까지 바삭해야 한다.
8 오븐에서 꺼내 식힘망에 올린 다음, 미지근하거나 차갑게 먹는다.

▶ 250쪽 사진 참고

갈레트 브르톤느 *Galettes bretonnes*

갈레트 30~35개 기준
작업 시간 10분
냉장 시간 1시간 + 1시간
조리 시간 10분

재료
버터 130g · 설탕 135g
소금 2g · 달걀 1개
밀가루 230g
베이킹파우더 7g

1 버터를 말랑하게 만든 다음, 설탕과 소금을 넣고 섞는다. 달걀을 넣고 나무 숟가락으로 몇 분간 젓는다. 밀가루와 베이킹파우더를 넣고 텍스처가 균일해질 때까지 반죽한다.
2 반죽을 한 덩어리로 뭉치고 랩을 씌워 1시간 동안 냉장 휴지시킨다.
3 반죽을 4등분한 다음 각각 지름 3cm 롤로 성형한 다음, 두께 1cm로 자른다. 유산지를 덮은 오븐 팬에 갈레트를 놓고 1시간 동안 냉장 휴지시킨다.

4 200°C로 예열한 오븐에서 10분간 굽는다.
5 식으면 밀폐 용기에 담는다.

Comment

크렘 앙글레즈나 초콜릿 무스, 과일 샐러드, 콩포트, 아이스크림, 셔벗과 함께 서빙한다.

쿠키

Cookies

북미에서 전해진 미니 가토인 쿠키는
미지근하거나 차갑게 먹는다.

중동의 부활절 갈레트 *Galettes pascales moyen-orientales*

갈레트 20개 기준
작업 시간 45분
휴지 시간 2시간
조리 시간 35분

반죽
버터 250g · 밀가루 500g
오렌지 플라워 워터 50ml
장미수 50ml

필링
호두나 껍질 벗긴 아몬드 또는
피스타치오 200g · 설탕 200g
오렌지 플라워 워터 50ml

1 냄비에 버터를 녹인다.
2 볼에 밀가루와 녹인 버터, 오렌지 플라워 워터, 장미수를 넣고 잘 섞는다. 너무 되면 물을 살짝 타서 반죽한 다음, 2시간 동안 휴지시킨다. 반죽은 약간 퍽퍽해야 한다.
3 호두나 껍질 벗긴 아몬드 또는 피스타치오를 다진 다음 여기에 설탕과 오렌지 플라워 워터 또는 장미수를 넣는다.
4 오븐은 160°C로 예열한다.
5 반죽을 작은 달걀 모양으로 만든 다음, 손가락으로 가운데를 눌러 필링을 채우고 오므린다.

6 오븐 팬에 유산지를 깔고 갈레트를 올려 오븐에서 35분간 굽는다. 구운 갈레트 위에 분당을 뿌린다.

랑그드샤 *Lanques-de-chat*

랑그드샤 45개 기준
작업 시간 20분
조리 시간 30분

재료
버터 125g
바닐라 설탕 1팩
설탕 75~100g
달걀 2개
밀가루 125g

1 조각낸 버터를 스패출러로 저어 크림처럼 부드러운 포마드 상태로 만든다. 여기에 설탕과 바닐라 설탕을 넣고 잘 섞은 다음, 달걀을 1개씩 넣으면서 젓는다. 밀가루는 체에 쳐서 반죽 위에 솔솔 뿌리고 거품기로 섞는다.
2 오븐은 200°C로 예열한다.
3 오븐 팬에 유산지를 깐다. 짤주머니에 지름 6mm 원형 깍지를 끼우고 반죽을 넣은 다음, 반죽 사이에 2cm 정도 간격을 두고 5cm 막대 모양으로 짠다.

4 오븐에 넣고 4~5분간 굽는다. 오븐 팬에 한 번에 들어가지 않는 분량이므로 여러 번 나누어 굽고, 식으면 밀폐 용기에 보관한다.

마카롱 *Macarons* 

**큰 마카롱 20개
또는 작은 마카롱 80개**
작업 시간 45분
조리 시간 10~20분

반죽
분당 480g
아몬드 가루 280g
흰자 7개

색깔 내기
카카오 가루 40g
커피 에센스 1/2tsp
코치닐 색소
또는 녹색 색소 6방울
바닐라 에센스 1tsp

1 분당과 아몬드 가루를 함께 체친다. 초콜릿 마카롱을 만들 경우, 카카오 가루도 체친다.

2 흰자를 볼에 담고 휘핑한다. 하얗고 단단한 머랭이 되면 기호에 맞는 색소를 넣는다.

3 여기에 체친 분당과 아몬드 가루를 빠르게 뿌려 넣고, 왼손으로 볼을 돌리면서 나무 숟가락으로 가운데에서 바깥으로 젓는다. 머랭이 꺼지지 않도록 살살 섞어야 하고, 반죽은 살짝 흐르는 텍스처가 되어야 굽고 나서 퍽퍽해지지 않는다.

4 오븐은 250°C로 예열한다.

5 오븐 팬 2개를 겹치고 유산지를 깐다. 작은 마카롱(지름 2cm)은 8mm 민무늬 깍지를 사용하고, 큰 마카롱(지름 7cm)은 12mm 깍지를 끼운다.

6 깍지를 끼운 짤주머니에 반죽을 넣고 마카롱을 짠 다음, 상온에서 15분 정도 건조시키면 얇은 껍질이 생긴다. 마카롱을 오븐에 넣고 바로 온도를 180°C로 낮춘다. 오븐 문을 살짝 열어둔 채로 큰 마카롱은 18~20분 동안 굽고, 작은 것은 10~12분간 굽는다.

7 마카롱이 익으면 겹쳐놓은 오븐 팬을 꺼낸다. 계량컵에 물을 약간 담고 유산지를 들어 올려 밑에 물을 살짝 따라 붓는다. 뜨거운 열에 의해 증기가 생기면서 마카롱이 훨씬 쉽게 떨어진다.

8 식힘망에 옮겨 식힌 다음 필링을 채운다.

9 쟁반에 마카롱을 놓고 랩을 씌운 다음, 이틀간 냉장 보관하면 더욱 맛있어진다.

Plus

취향에 따라 다양한 필링을 넣는다. 초콜릿 가나슈 300g▶84쪽 참고, 버터 크렘 300g▶51쪽 참고, 커피 향 버터 크렘 300g▶51쪽 참고, '프랑부아즈 페팽'잼 300g▶369쪽 참고, 피스타치오 버터 크렘 300g▶51쪽 참고를 넣어 다양한 맛의 마카롱을 만든다. 필링 300g을 준비하면 작은 마카롱 20개, 큰 마카롱 5개를 만들 수 있다. 가나슈나 크림, 잼을 짤주머니에 넣거나 숟가락으로 떠서 평평한 면에 올린 다음, 다른 마카롱으로 덮는다.

팔레 드 담 *Palets de dames* 

팔레 25개 기준
작업 시간 15분
조리 시간 10분

재료
코린트Corinthe 건포도 80g
럼 80ml · 버터 125g · 설탕 125g · 달걀 2개 · 밀가루 150g · 소금 1꼬집

1 건포도는 씻어서 럼에 넣고 1시간 정도 재운다.

2 오븐은 200°C로 예열한다.

3 말랑하게 만든 버터를 볼에 넣고 설탕을 부어 거품기로 젓는다. 여기에 달걀을 1개씩 넣으며 섞다가 밀가루, 럼과 건포도, 소금 1꼬집을 차례대로 넣는다. 재료를 넣을 때마다 고르게 섞는다.

4 오븐 팬에 유산지를 깐 다음, 작은 숟가락으로 반죽을 떠서 동그랗게 올린다. 충분한 간격을 두고 배열한 다음, 오븐에 넣고 10분 동안 굽는다. 식으면 밀폐 용기에 담아 보관한다.

피칸을 넣은 프티 가토 *Petits gâteaux aux noix de pécan*

프티 가토 25개 기준
작업 시간 30분
조리 시간 15분

재료
버터 150g · 피칸 200g · 달걀 4개
설탕 100g · 밀가루 400g

1 버터는 말랑하게 만든다.

2 피칸은 천에 넣어 밀대로 으깨거나 푸드 프로세서로 간다.

3 달걀을 볼에 넣고 살짝 거품이 나게 저은 다음, 설탕과 버터를 넣고 거품기로 섞는다. 여기에 밀가루를 조금씩 부어가며 젓는다. 마지막으로 피칸을 넣고 섞는다.

4 오븐은 200°C로 예열한다.

5 반죽을 작업대에 놓고 동그랗게 만 다음, 두께 1cm로 썬다.

6 오븐 팬에 유산지를 깐 다음, 서로 붙지 않도록 4cm씩 간격을 두고 가토를 배열한다. 오븐에 넣고 15분간 굽는다.

7 식힌 다음, 밀폐 용기에 담아 건조한 곳에 보관한다.

사블레 플로랑탱 *Sablés Florentins*

사블레 90개 기준

작업 시간 15분 + 30분
냉장 시간 2시간
조리 시간 15분 + 10~12분

재료

파트 쉬크레 400g ▶ 19쪽 참고
오렌지 껍질 콩피 100g
오렌지 1개
크림 500ml
물 90ml
그래뉴당 220g
글루코오스 10g
버터 120g
꿀 100g
아몬드 슬라이스 280g
세미 비터 다크초콜릿 300g

1 파트 쉬크레를 만들고 2시간 동안 냉장 휴지시킨다.

2 오븐은 180℃로 예열한다.

3 반죽은 두께 2mm로 밀어 포크로 여러 번 찍는다. 오븐 팬에 유산지를 깔고 반죽을 올려, 오븐에서 15분간 구우면 얇은 갈색이 나온다.

4 오렌지 껍질 콩피는 아주 작게 조각낸다.

5 오렌지는 화학 약품으로 처리하지 않은 것을 골라 껍질을 잘게 간 다음, 크림에 넣고 끓인다.

6 바닥이 두꺼운 냄비에 물, 설탕, 글루코오스를 넣고 끓여, 갈색 캐러멜을 만든다.

7 여기에 버터와 끓인 크림, 꿀을 넣고 스패출러로 잘 섞어 125℃까지 가열한다 ▶ 72쪽 참고.

8 냄비 불을 끄고 조각낸 오렌지 껍질 콩피와 아몬드 슬라이스를 넣고 버무린다.

9 파트 쉬크레를 오븐에서 꺼낸 다음 [8]을 붓고 스패출러로 최대한 얇게 편다.

10 오븐 온도를 230℃로 높이고 10~12분간 굽는다.

11 오븐에서 꺼내 식힌 다음, 3cm 정사각형으로 자른다.

12 초콜릿을 중탕하거나 전자레인지에 녹인 다음, 광택이 나도록 템퍼링한다. 초콜릿을 50℃로 녹이고, 얼음을 채운 볼에 냄비를 담그고 계속 젓는다. 초콜릿이 28℃로 식으면 쉬지 말고 저으면서 29~31℃가 되도록 살짝 데운다.

13 플로랑탱 모서리를 기울여 초콜릿에 반만 담그면 사선으로 초콜릿이 묻는다. 유산지를 깐 오븐 팬에 하나씩 정렬한 다음, 식혀서 건조한 곳에 보관한다.

Tip

밀폐 용기에 넣으면 며칠간 보관할 수 있다.

Comment

플로랑탱은 오렌지와 아몬드로 향을 냈기 때문에 초콜릿을 입히지 않고 먹어도 맛있다.

코코넛 사블레 *Sablés à la noix de coco*

사블레 약 60개 기준

작업 시간 30분
휴지 시간 2시간
조리 시간 5~8분

재료

버터 325g · 분당 150g
소금 3꼬집 · 아몬드 가루 75g
코코넛 슬라이스 75g
달걀 2개 · 밀가루 325g

1 버터를 볼에 넣고 포크로 으깨 부드럽게 만든다. 분당, 소금, 아몬드 가루, 코코넛 슬라이스, 달걀 1개, 밀가루를 순서대로 넣는다. 재료를 넣을 때마다 잘 저어 반죽을 고루 섞는다.

2 반죽을 살짝 치댄 다음 2시간 동안 냉장 휴지시킨다.

3 오븐은 180℃로 예열한다.

4 반죽은 두께 3.5mm로 민 다음 덧밀가루를 뿌린 작업대에 놓는다. 지름이 4.5~5.5cm인 별 모양 쿠키 커터로 찍어 모양을 낸다.

5 오븐 팬에 유산지를 깔고 사블레를 놓는다.

6 남은 달걀 1개를 깨뜨려서 푼 다음, 사블레에 달걀물을 바른다. 오븐에 넣고 5~8분간 굽고 식힌다.

사블레 린처 *Sablés Linzer* 👨‍🍳👨‍🍳👨‍🍳

사블레 40개 기준
작업 시간 30분
휴지 시간 2시간
조리 시간 7~8분

재료
계피 향 파트 사블레
500g ▶ 19쪽 참고
'프랑부아즈 페팽'잼
200g ▶ 369쪽 참고 · 달걀 1개

1 계피 향 파트 사블레를 만든 다음, 2시간 동안 냉장 휴지시킨다.
2 반죽을 2등분해 각각 두께 3mm로 민다. 붓에 물을 묻혀 첫 번째 반죽에 골고루 묻힌다.
3 오븐은 180℃로 예열한다.
4 지름 5cm짜리 별 모양 원형 커터로 두 번째 반죽을 찍은 다음, 디스크 가운데를 2cm 원형 커터로 찍어 구멍을 낸다.

5 물을 묻혔던 첫 번째 반죽에도 지름 5cm짜리 별 모양 원형 커터를 찍어 모양을 내는데, 구멍을 뚫지는 않는다.
6 (5)의 디스크를 (4)의 구멍 뚫린 디스크 위에 올린다.
7 오븐 팬에 유산지를 깔고 사블레를 얹는다.
8 달걀을 풀어서 사블레에 바른 다음, 오븐에 넣고 7~8분간 굽는다.
9 식힌 다음 가운데에 라즈베리잼을 듬뿍 담는다.

카카오 사블레 비에누아 *Sablés viennois au cacao* 👨‍🍳👨‍🍳👨‍🍳

사블레 약 65개 기준
작업 시간 15분
조리 시간 10~12분

재료
밀가루 260g
카카오 가루 30g
말랑한 버터 250g
분당 100g
소금 1꼬집
흰자 2개분

1 오븐은 180℃로 예열한다.
2 밀가루와 카카오 가루를 함께 체친다. 볼에 버터를 담아 말랑하게 만든 다음 크림처럼 부드럽게 풀어질 때까지 거품기로 젓다가 체친 분당과 소금을 넣고 고루 섞는다.
3 흰자를 살짝 휘저은 다음 3tbsp 정도를 떠서 버터에 넣고 거품기로 젓는다. 여기에 체친 밀가루와 카카오 가루를 조금씩 넣으며 살살 젓는다. 세게 치대지 말고 재료가 고루 섞일 정도로 버무린다.

4 짤주머니에 9mm 별 모양 깍지를 끼우고 반죽 1/3을 넣는다. 오븐 팬 2개에 유산지를 깔고 길이 5cm×폭 3cm의 'W' 모양으로 성형한다. 2.5cm씩 간격을 두고 짠다.
5 오븐에 넣고 10~12분간 구운 다음, 식힘망에 옮긴다. 같은 방법으로 반죽을 다 구울 때까지 작업한다.

튈 *Tuiles* 👨‍🍳👨‍🍳👨‍🍳

튈 25개 기준
작업 시간 20분
조리 시간 4분

재료
버터 75g · 설탕 100g
바닐라 설탕 1/2팩
밀가루 75g · 달걀 2개
소금 1꼬집
아몬드 슬라이스 75g

1 버터는 녹이고, 밀가루는 체친다.
2 오븐은 200℃로 예열한다.
3 볼에 설탕, 바닐라 설탕, 체친 밀가루를 넣고 섞은 다음, 달걀을 1개씩 넣으며 섞는다. 마지막에 소금을 1꼬집 정도 넣는다.
4 녹인 버터와 아몬드 슬라이스를 넣고 살살 버무려 아몬드가 부서지지 않게 한다.
5 오븐 팬에 유산지를 깐다.
6 작은 숟가락으로 반죽을 떠서 오븐 팬에 동그랗게 올린다. 튈이 서로 붙지 않도록 충분한 간격을 두고 배열한다. 포크를 찬물에 담갔다 뺀 다음, 포크

등으로 반죽 덩어리를 살짝 편다. 오븐에 넣고 4분간 굽는다.
7 밀대에 기름을 충분히 바른다. 오븐에서 꺼낸 튈을 금속 팔레트로 조심스럽게 뗀 다음, 바로 밀대에 감는다. 튈이 식어 곡선이 생기면 밀폐 용기에 넣는다.

Tip

튈은 잘 부숴지기 때문에 소량씩 구워야 밀대에 고정시키는 작업이 수월해진다.

카카오 사블레
비에누아

Sablés viennois au cacao

반죽을 많이 치대지 않아야
바삭한 사블레가 된다.

아몬드 튈 _Tuiles aux amandes_

작은 튈 40개 기준
작업 시간 20분
휴지 시간 24시간
조리 시간 15~18분

재료
아몬드 슬라이스 125g
설탕 125g
바닐라 가루 2꼬집
천연 비터 아몬드 에센스 1방울
흰자 2개분 · 버터 25g
밀가루 20g

1 아몬드, 설탕, 바닐라, 비터 아몬드 에센스, 흰자를 볼에 넣고 섞는다.
2 버터를 작은 냄비에 녹이고 뜨거울 때 [1]의 볼에 넣는다. 스패출러로 돌려가며 고루 섞은 후, 냉장고에서 24시간 동안 휴지시킨다.
3 휴지시킨 반죽 위에 밀가루를 체쳐 넣고 섞는다.
4 코팅 오븐 팬에 반죽을 1티스푼 정도 올리고 찬물에 담갔다 뺀 숟가락으로 편다. 반죽이 레이스처럼 너무 얇아질까 봐 걱정하지 말고 최대한 얇고 판판하게 편다. 튈 사이에 최소 3cm씩 간격을 둔다.

5 150℃ 오븐에 넣고 15~18분간 굽는다. 튈은 전체적으로 엷은 갈색이 나와야 한다.
6 밀대에 기름을 충분히 바른다. 오븐에서 꺼낸 튈을 금속 팔레트로 조심스럽게 뗀 다음, 바로 밀대에 감는다. 튈이 식어 곡선이 생기면 밀폐 용기에 넣는다.

비지탕딘 _Visitandines_

비지탕딘 40개 기준
작업 시간 20분
휴지 시간 1시간
조리 시간 8~10분

재료
흰자 4개분
밀가루 40g
버터 185g
설탕 125g
아몬드 가루 125g

1 볼 2개에 각각 흰자 3개와 흰자 1개를 넣고 냉장고에서 1시간 남짓 휴지시킨다.
2 밀가루는 체치고, 버터는 중탕에서 천천히 녹인다.
3 흰자는 휘핑해 머랭으로 만든 다음 냉장 보관하는데, 흰자 1개는 아주 단단하게 올린다.
4 오븐은 220℃로 예열한다.
5 볼에 설탕과 아몬드 가루를 섞고 밀가루를 넣은 다음, 흰자 3개를 휘핑한 머랭을 조금씩 넣으면서 젓는다. 여기에 살짝 미지근한 버터를 넣고, 마지막에 단단하게 올린 머랭을 넣고 섞는다.

6 짤주머니에 큰 민무늬 깍지를 끼우고 반죽을 넣은 다음, 버터를 바른 작은 바르케트 틀에 짠다.
7 오븐에 넣고 8~10분간 구워 겉은 노릇하고 속은 촉촉하게 만든다. 미지근해지면 틀에서 꺼낸다.

아브리코틴 *Abricotines*

아브리코틴 40개 기준
작업 시간 40분
조리 시간 15분

재료
흰자 100g
소금 1꼬집
밀가루 15g
아몬드 가루 100g
분당 100g
바닐라 에센스 1tsp
아몬드 슬라이스 100g
살구잼 300g
세미 비터 다크초콜릿 150g

1 흰자에 소금을 넣고 휘핑해 머랭을 만든다.
2 밀가루, 아몬드 가루, 분당을 함께 체친 다음 바닐라 에센스를 넣는다.
3 여기에 흰자 머랭을 넣고 살살 떠올리며 섞는다.
4 짤주머니에 8mm 깍지를 끼우고 반죽을 넣는다.
5 오븐은 180℃로 예열한다.
6 오븐 팬 2개에 골판지를 놓고 그 위에 유산지를 깐다. 골판지를 깔면 아브리코틴을 좀 더 촉촉하게 구울 수 있다.
7 서로 붙지 않도록 2cm씩 간격을 두고 반죽을 지름 1.5cm 원으로 짠다. 아몬드 슬라이스를 뿌린 다음, 오븐 팬을 단단히 잡고 비스듬히 기울여 반죽에 붙지 않은 아몬드를 털어낸다.

8 오븐 문을 살짝 열어둔 채로 15분간 굽는다.
9 아브리코틴을 오븐에서 꺼내 식힘망에 옮긴 다음, 평평한 면을 검지로 눌러 작은 홈을 낸다. 여기에 살구잼을 채우고 다른 반쪽으로 덮는다.
10 중탕이나 전자레인지에 녹인 초콜릿에 아브리코틴을 반만 담갔다 뺀다.
11 오븐 팬에 유산지를 깔고 아브리코틴을 놓고 식힌다.

▶ 259쪽 사진 참고

레몬 베녜 *Beignets au citron*

베녜 40개 기준
작업 시간 1시간
조리 시간 10분
휴지 시간 2시간 + 1시간

레몬 제스트 콩피
레몬 1개
물 100ml · 설탕 130g

파트 아 베녜
버터 180g
아몬드 페이스트 375g
달걀 4개
바닐라 에센스 2방울

레몬 나파주
살구 나파주 150g
레몬 1개

1 레몬 크렘을 만든 다음 냉장 보관한다. ▶ 55쪽 참고.
2 레몬 제스트 콩피를 만든다. 먼저 레몬은 화학 약품으로 처리하지 않은 것을 골라 제스트를 뜬 다음, 가늘게 채 썬다. 냄비에 물과 설탕을 끓이고 제스트를 넣어 3분간 가열한다. 체에 밭쳐 시럽을 제거한다.
3 파트 아 베녜를 만든다. 버터는 말랑하게 만들고, 아몬드 페이스트는 작게 조각내 달걀 2개와 함께 볼에 넣는다. 아몬드 페이스트를 으깨 부드럽게 푼 다음, 남은 달걀 2개를 넣고 잘 젓는다. 여기에 바닐라 에센스와 버터를 넣고 섞는다.
4 오븐은 200℃로 예열한다.
5 타르틀레트 틀에 버터를 바르고 반죽을 넣은 다음, 오븐에서 10분간 굽는다.
6 오븐 팬에 유산지를 깔고 구운 베녜를 놓는다. 베녜 가운데를 검지로 눌러 구멍을 내고 식힌다.
7 짤주머니에 8mm 깍지를 끼워 레몬 크렘을 넣고 베녜 가운데에 듬뿍 짠다. 완성된 베녜는 2시간 동안 냉장 휴지시키거나 1시간 동안 냉동실에 넣어둔다.
8 레몬 나파주를 만든다. 레몬은 화학 약품으로 처리하지 않은 것을 골라 껍질을 잘게 갈고 즙을 낸다. 냄비에 살구 나파주, 레몬 제스트와 즙을 넣고 10초간 끓인 다음 식힌다.
9 베녜를 1개씩 나파주에 적신 다음 식힘망에 올린다. 레몬 제스트 콩피를 베녜 위에 얹고 냉장 보관한 다음 먹기 전에 꺼낸다.

초콜릿 · 바나나 브로셰트 *Brochettes de chocolat et de banane* 

브로셰트 20개 기준

작업 시간 40분
냉장 시간 2시간

재료

초콜릿 가나슈 200g ▶ 84쪽 참고
바나나 4개 · 레몬 2개
나무 꼬치(7cm) 20개

1 초콜릿 가나슈를 만든다.
2 가나슈를 무스링이나 접시에 1.5cm 두께로 편 다음, 2시간 동안 냉장 보관한다.
3 바나나는 껍질을 깐다. 레몬은 짜서 볼에 즙을 담고 바나나를 넣어 갈변되지 않게 한다. 바나나는 굵게 토막 낸 다음 2등분해서 2cm짜리 반원으로 만든다.

4 가나슈를 1.5cm 정사각형 큐브 모양으로 자른다.
5 꼬치에 바나나와 가나슈 큐브를 번갈아 끼운 다음, 먹기 전까지 냉장 보관한다.

멜론 · 라즈베리 브로셰트 *Brochettes de melon et de framboises* 

브로셰트 20개 기준

작업 시간 30분

재료

멜론 1개(500g)
살구 나파주 100g
라즈베리 200g
나무 꼬치(7cm) 20개

1 멜론은 반으로 자른 다음 씨를 모두 제거한다. 과일을 동그랗게 뜨는 스푼인 퀴이에르 파리지엔느 cuillère parisienne로 멜론을 지름 1.5cm 볼로 뜬다.
2 작은 냄비에 나파주를 넣고 물 2테이블스푼을 넣은 다음 미지근하게 데운다.
3 미지근한 나파주에 멜론 볼을 담갔다 뺀 다음, 체에 밭친다.

4 라즈베리는 좋은 것을 골라 놓는다.
5 꼬치에 멜론 2개와 라즈베리 2개를 번갈아 끼운다. 브로셰트는 먹기 직전까지 냉장 보관한다.

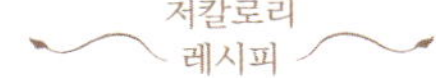

자몽 · 포도 브로셰트 *Brochettes de pamplemousse et de raisin* 

브로셰트 12개 기준

작업 시간 30분

재료

자몽 1개
뮈스카
블랑muscat blanc 또는
뮈스카 로제muscat rosé
포도 작은 1송이
신선한 민트 잎 1/4팩
나무 꼬치(7cm) 20개

1 자몽은 과육만 남기고 하얀 부분을 포함한 껍질을 모두 벗겨 두께 1cm 슬라이스로 자른다. 접시에 키친타월을 여러 장 깐 다음, 자몽 슬라이스를 올리고 1시간 동안 물기를 뺀다.
2 포도를 줄기에서 알알이 떼고, 민트 잎도 긴 것만 골라 줄기에서 뗀다.
3 꼬치에 포도알 1개를 꽂고 민트 잎 귀퉁이 중 한쪽을 끼운 다음, 자몽 슬라이스를 세로로 꽂는다. 민트 잎이 자몽을 감싸듯이 잎 귀퉁이 반대쪽을 끼우고 그 위에 포도알 1개를 꽂아 마무리한다.
4 브로셰트는 먹기 전까지 냉장 보관한다.

Tip

브로셰트는 접시에 담아도 좋지만 파인애플이나 자몽에 꽂아 플레이팅하면 색다르다.

◆ **브로셰트 1개당 영양 성분**

총 20kcal · 탄수화물 5g

아브리코틴
Abricotines
초콜릿을 입히지 않고
있는 그대로 먹어도 맛있다.

호두를 넣은 초콜릿 까레 *Carrés au chocolat et aux noix* 

까레 20개 기준
작업 시간 45분
조리 시간 20분

재료
다크초콜릿 150g
다진 호두 80g · 버터 50g
설탕 180g · 달걀 2개 · 밀가루
100g · 바닐라 설탕 1팩

가나슈
초콜릿 80g · 크림 80ml

1 초콜릿을 중탕이나 전자레인지에 데워서 녹인다.
2 호두는 칼이나 푸드 프로세서로 다진다.
3 버터는 말랑하게 만든다.
4 오븐은 240℃로 예열한다.
5 가나슈용 초콜릿을 다지고 크림은 끓여서 다진 초콜릿에 붓는다.
6 볼에 설탕과 달걀을 넣고 색이 옅어질 때까지 휘핑기로 젓는다. 여기에 버터, 밀가루, 바닐라 설탕, 초콜릿, 다진 호두를 넣는데, 재료를 추가할 때마다 완전히 섞는다.
7 가로 30cm×세로 20cm 직사각형 틀에 버터를 바르고 반죽을 부은 다음, 오븐에서 20분간 굽는다.
8 가토는 식힌 다음, 가나슈를 두께 5mm로 붓는다.
9 완전히 식혀 작은 정사각형으로 자른다.

뒤셰스 *Duchesses* 

뒤셰스 20개 기준
작업 시간 20분
조리 시간 4~5분

재료
흰자 4개분 · 소금 1꼬집
버터 60g · 아몬드 가루 70g
설탕 70g · 밀가루 30g
아몬드 슬라이스 30g
프랄리네 140g

1 오븐은 220℃로 예열한다.
2 흰자에 소금을 넣고 휘핑해 하얗고 아주 단단한 머랭을 만든다.
3 버터 30g을 녹인다.
4 큰 볼에 아몬드 가루, 설탕, 밀가루를 넣고 잘 섞는다.
5 흰자 머랭을 가루 재료에 넣는데, 한 방향으로 살살 돌리면서 섞어야 머랭이 꺼지지 않는다. 여기에 녹인 버터를 넣고 잘 섞는다.
6 짤주머니에 7mm 깍지를 끼우고 반죽을 넣는다. 오븐 팬 2개에 유산지를 깔고 작은 덩어리로 짠 다음, 아몬드 슬라이스를 뿌린다.
7 오븐에 넣고 4~5분간 구운 다음, 스패츌러로 떼낸다.
8 남은 버터 30g을 녹인 다음 프랄리네와 섞는다. 작은 숟가락으로 프랄리네 버터를 떠서 뒤셰스에 올린 다음 다른 뒤셰스로 덮는다. 이렇게 2개씩 붙인 다음, 먹기 전까지 냉장고가 아닌 서늘한 곳에 보관한다.

프랑부아진느 *Framboisines* 

프랑부아진느 40개 기준
작업 시간 40분
조리 시간 15분

재료
흰자 100g · 소금 1꼬집
밀가루 15g · 아몬드 가루 100g
분당 100g · 바닐라 에센스 1tsp
아몬드 슬라이스 100g
라즈베리잼 300g
세미 비터 다크초콜릿 150g

1 흰자에 소금을 넣고 휘핑해 머랭을 만든다.
2 밀가루, 아몬드 가루, 분당을 체치고 바닐라 에센스를 넣는다.
3 여기에 흰자 머랭을 넣고 떠올리듯 잘 섞는다. 짤주머니에 8mm 깍지를 끼우고 반죽을 넣는다.
4 오븐은 180℃로 예열한다.
5 오븐 팬 2개 위에 골판지를 깔고 그 위에 유산지를 덮는다. 서로 들러붙지 않게 2cm 정도 간격을 두고 지름 1.5cm 원으로 짠다.
6 아몬드 슬라이스를 뿌린 다음, 오븐 문을 살짝 열어둔 채로 15분간 굽는다.
7 오븐에서 꺼낸 다음, 평평한 면을 검지로 눌러 홈을 판다. 여기에 라즈베리잼을 채운 다음, 다른 프랑부아진느로 덮는다.
8 초콜릿은 중탕이나 전자레인지에 데워서 녹인 다음, 프랑부아진느를 반만 담가 초콜릿을 묻힌다.
9 오븐 팬에 유산지를 깔고 초콜릿을 코팅한 프랑부아진느를 놓고 식힌다.

인도의 굴랍자문 *Gulab jamun indien*

6인분 기준
작업 시간 2시간 25분
휴지 시간 3시간 + 30분
조리 시간 30분

재료
전지분유 185g
신선한 버터 100g이나 기ghee
2tbsp
밀가루 125g
베이킹파우더 1tsp
튀김용 기름

시럽
설탕 310g · 물 450ml
장미수 1.5tsp

1 볼에 분유와 작게 조각낸 기나 버터를 넣고 손가락 끝으로 주무른다.
2 여기에 밀가루와 베이킹파우더를 넣고 물을 약간만 타서 반죽한다. 반죽이 단단해질 때까지 치댄 다음, 한 덩어리로 뭉쳐서 젖은 천으로 감싼다. 상온에서 3시간 동안 휴지시킨다.
3 튀김용 기름은 180°C로 가열한다.
4 반죽을 세게 두들겨서 텍스처를 부드럽게 푼 다음, 작업대에 덧밀가루를 충분히 뿌리고 작은 공 모양으로 성형한다. 너무 되면 물을 살짝 타서 한 번 더 반죽한 다음 성형한다.
5 냄비에 물과 설탕을 넣고 가열한다. 시럽이 끓어오르면 불을 약불로 줄여서 10분 더 가열한 후 오목한 접시에 담는다.
6 뜨겁게 달군 기름에 반죽을 넣고 골고루 갈색이 나오면 꺼내 키친타월에 놓고 기름을 뺀다.
7 굴랍자문을 시럽에 담그고 장미수를 몇 방울 떨어뜨린다. 시럽이 스며들도록 30분 정도 둔다.

Tip

인도에서 기ghee는 정제버터를 의미한다. 버터 1kg을 냄비에 넣고 뚜껑을 덮은 채로 약불에서 녹인다. 휘젓지 않고 그대로 녹이면 표면에 막이 생긴다. 스키머로 막을 제거하면 맑은 갈색 액체만 남는데, 이것이 바로 정제버터, '기ghee'다. 유리병에 담아서 냉장고에 넣어 굳히는데, 제과뿐 아니라 다양한 요리에 널리 활용한다.

이스라엘의 하만의 귀 *Oreilles d'Aman israéliennes*

하만의 귀 40개 기준
작업 시간 1시간
휴지 시간 1시간
조리 시간 15분

반죽
오렌지 1개
버터 200g · 밀가루 300g
베이킹파우더 1/2tsp
설탕 100g
노른자 2개분 · 분당

필링
양귀비 씨 100g · 우유 120ml
오렌지 1/2개 · 버터 50g
설탕 100g · 꿀 2tbsp
와인 브랜디 20ml
빵가루 4tbsp · 건포도 30g
다진 호두 30g
계피 가루 · 정향

1 필링을 먼저 만든다. 우유를 데우고 다진 양귀비 씨를 넣은 다음, 중간중간 저으면서 뭉근한 불에서 몇 분간 익히고 불을 끈다. 버터는 말랑하게 만들고, 오렌지는 화학 약품으로 처리하지 않은 것을 골라 껍질을 잘게 간다. 미지근한 우유에 버터, 오렌지 제스트, 설탕, 꿀, 브랜디, 빵가루, 건포도, 호두, 계피 가루 1tsp, 정향 1꼬집을 넣고 살살 섞는다.
2 반죽을 만든다. 화학 약품으로 처리하지 않은 오렌지를 골라 껍질을 잘게 갈고 과육은 짜서 즙을 낸다. 버터는 아주 작게 조각낸다.
3 밀가루, 베이킹파우더, 설탕을 섞은 다음, 버터를 넣고 나무 숟가락으로 버무린다. 여기에 노른자와 오렌지즙, 제스트를 넣고 균일한 텍스처가 되도록 반죽한 후, 한 덩어리로 뭉친다. 너무 많이 치대지 않도록 주의하며, 완성된 반죽은 1시간 동안 냉장 휴지시킨다.
4 오븐은 190°C로 예열한다.
5 반죽을 2등분해 두께 2~3mm로 민 다음, 지름 7~8cm 원형 쿠키 커터로 찍는다. 가운데에 필링을 약간 넣고, 삼각형이 되도록 2번 접은 다음 가장자리를 눌러 고정시킨다.
6 오븐 팬에 유산지를 깔고 성형한 반죽을 올려 오븐에서 15분 동안 굽는다. 옅은 갈색이 나오면 다 익은 것이다.
7 식으면 분당을 뿌린다.

Plus

양귀비 씨 필링 대신 호두 · 땅콩잼이나 자두잼, 아몬드를 넣은 대추야자 퓌레를 넣어도 맛있다.

모과 젤리 프티푸르 *Petits-fours à la pâte de coing* 

8개 기준
작업 시간 1시간
휴지 시간 25분
조리 시간 20분

재료
밀가루 300g · 버터 100g
물 80ml · 소금 1tsp
모과 젤리 150g▶ 379쪽 참고
튀김용 해바라기씨유

시럽
설탕 200g

1 밀가루, 버터 75g, 물, 소금을 넣고 고르게 반죽한다. 5분간 휴지시킨 다음, 두께 5mm로 민다.
2 반죽에 말랑한 버터를 약간 바르고 밀가루를 살짝 뿌린다. 반죽을 반으로 접고 남은 버터를 바른 다음, 한 번 더 접는다. 20분간 휴지시킨다.
3 반죽을 3mm로 민 다음, 6cm 정사각형으로 자른다. 자른 반죽 중 반은 바닥으로 나머지는 뚜껑으로 사용한다.
4 모과 젤리를 작은 큐브로 잘라 바닥 반죽에 담는다.

5 가장자리에 물을 칠하고 뚜껑 반죽으로 비스듬하게 덮은 다음, 가장자리를 집어 프티가토 모양을 낸다.
6 처음에는 미지근한 기름에 넣고 튀기다가 나중에 온도를 올린다. 틈틈이 나무 숟가락으로 저어야 골고루 튀겨진다.
7 냄비에 설탕을 넣고 잠길 만큼 물을 부은 다음, 프티 필레petit filé로 가열한다▶72쪽 참고. 튀긴 가토를 시럽에 적신 다음 미지근할 때 먹는다.

프티푸르 수바로브 *Petits-fours Souvarov* 

프티푸르 25~30개 기준
작업 시간 15분 + 15분
휴지 시간 1시간
조리 시간 15분

재료
파트 사블레 500g▶18쪽 참고
살구 마멀레이드 150g · 분당

1 파트 사블레를 만든 다음 1시간 동안 냉장 휴지시킨다.
2 오븐은 200°C로 예열한다. 반죽은 두께 4mm로 민 다음 원형이나 타원형, 별 모양 커터로 찍는다. 오븐 팬에 유산지를 깔고 반죽을 올려 오븐에서 15분간 굽는다.

3 식힌 사블레에 작은 숟가락으로 살구 마멀레이드를 올리고 다른 사블레로 덮는다. 이렇게 2개씩 짝을 지어 프티푸르를 만든다.
4 분당을 뿌려 장식한다.

플레지르 오 까페 *Plaisirs au café*

플레지르 20개 기준
작업 시간 1시간 30분
조리 시간 10분
냉장 시간 2시간

재료
작은 크기 커피 마카롱
20개▶252쪽 참고 · 커피 향
버터 크림 100g▶51쪽 참고

커피 미루아르miroir au café
화이트초콜릿 100g · 동결건조 커피 2tsp · 크림 100ml
통호두알 반쪽 20개

1 작은 사이즈의 커피 마카롱을 20개 만들거나 시판 제품을 구입한다.
2 커피 향 버터 크림을 만든다.
3 계란판에 마카롱을 구멍마다 하나씩 넣고, 짤주머니에 10mm 깍지를 끼워 크림을 넣거나, 작은 숟가락을 사용해 커피 향 버터 크림을 한 덩이씩 올린다.
4 계란판을 냉동실에 넣어 1시간 동안 굳히거나 냉장실에서 2시간 정도 굳힌다.

5 커피 미루아르를 만든다. 칼로 화이트초콜릿을 다지고, 커다란 볼에 동결건조 커피를 담는다. 크림을 냄비에 넣고 끓인 다음 커피에 붓고 잘 섞는다. 여기에 초콜릿을 넣으며 계속 섞는다. 미루아르가 흐르지 않고 걸쭉하면 따뜻한 물을 1tsp 정도 타서 갠다.
6 칼끝으로 플레지르를 찍어서 미루아르에 담갔다 뺀 다음, 뒤집어서 놓는다. 그 위에 통호두알 반쪽을 1개 올린다.
7 플레지르는 냉장 보관했다가 먹기 직전에 꺼낸다.

타르틀레트 카라이브 *Tartelettes caraïbes*

타르틀레트 30개 기준
작업 시간 45분
휴지 시간 2시간
조리 시간 15분

재료
파트 쉬크레 250g ▶ 19쪽 참고
파인애플 1/2개
라임 2개

나파주
살구 나파주 80g
레몬 1개
오렌지 1개

1 파트 쉬크레를 만든 다음 2시간 동안 냉장 휴지시킨다.

2 오븐은 180℃로 예열한다.

3 반죽은 두께 2mm로 민 다음, 지름 5.5cm 원형 쿠키 커터로 자른다.

4 지름 4.5cm 정도의 타르틀레트 틀에 버터를 바르고 자른 반죽을 넣은 다음, 말린 강낭콩 주머니를 넣으면 오븐에서 부풀어 오르지 않는다. 오븐에 넣고 15분간 굽는다.

5 나파주를 만든다. 작은 냄비에 살구 나파주, 레몬즙 1tbsp, 오렌지즙 1tbsp을 넣고 가열하다가 끓어오르면 불을 끈다. 남은 레몬은 버리지 않고 보관한다.

6 파인애플은 빵칼로 껍질을 벗기고 두께 4~5mm 슬라이스로 썬다. 심을 제거한 다음, 작게 조각내 키친타월 위에 놓고 물기를 뺀다.

7 타르틀레트를 틀에서 꺼낸 다음 파인애플 조각을 수북하게 담는다. 레몬 제스트 2줄을 올려 장식하고 붓으로 나파주를 바른다. 레드커런트를 올려 장식해도 잘 어울린다.

Tip

타르틀레트 시트가 오븐에서 부푸는 것을 방지하려면 말린 콩을 활용하면 된다. 우선 유산지를 정사각형으로 잘라 주머니를 만들고, 말린 흰강낭콩을 10~12개 정도 넣는다. 콩이 빠져나오지 못하도록 한쪽을 접은 다음, 타르틀레트 시트 가운데에 넣는다.

패션프루츠 타르틀레트 *Tartelettes au fruit de la Passion*

타르틀레트 40개 기준
작업 시간 1시간 30분
휴지 시간 2시간
냉장 시간 2시간
조리 시간 5분

재료
파트 쉬크레 300g ▶ 19쪽 참고
패션프루츠 크렘 400g ▶ 57쪽 참고
야생 딸기 40개

패션프루츠 나파주
패션프루츠 2개
살구 나파주 100g

1 파트 쉬크레를 만든 다음 2시간 동안 냉장 휴지시킨다.

2 오븐은 180℃로 예열한다.

3 반죽은 두께 3mm로 민 다음, 지름 5~6cm 원형 쿠키 커터로 찍어 디스크를 만든다.

4 작은 타르틀레트 틀에 버터를 바른 다음 디스크를 넣는다. 시트 바닥을 포크로 여러 군데 찍고, 오븐에서 5분간 구운 후 식힌다.

5 패션프루츠 크렘을 만든다.

6 작은 사이즈의 반구형 틀에 패션프루츠 크렘을 채운다. 반구형 틀이 없다면, 오븐 팬에 유산지를 깔고 크림을 도톰하게 올려 지름 4cm의 원형으로 만든다. 냉장고에서 최소 2시간 정도 굳힌다.

7 패션프루츠 나파주를 만든다. 작은 숟가락으로 패션프루츠의 과육만 도려내서 살구 나파주에 섞은 다음, 데워서 완전히 녹인다.

8 패션프루츠 크렘을 포크로 뜨거나 칼끝으로 찍어 미지근한 나파주에 담갔다 뺀 다음, 타르틀레트 안에 넣는다.

9 볼록하게 올라온 패션프루츠 크렘 위에 야생 딸기를 1개씩 얹어 장식한다.

10 냉장 보관했다가 먹기 직전에 꺼낸다.

복숭아 · 살구 ·
사프란 향 마카롱

Macarons pêche-abricot-safran

복숭아의 달콤함과 사프란의 쌉싸름함. 살구의 새콤함이 훌륭
한 심포니를 이룬다. ▶485쪽 레시피 참고

신선한 민트 잎을 넣은 오렌지 타르틀레트

Tartelettes à l'orange et à la menthe fraîche

타르틀레트 30개 기준

작업 시간 15분 + 15분
휴지 시간 하룻밤 + 2시간
조리 시간 15분

재료

파트 쉬크레 250g▶19쪽 참고
오렌지 2개
물 300ml
설탕 150g
신선한 민트 잎 1팩
오렌지 마멀레이드 80g

1 하루 전날, 오렌지를 껍질째로 최대한 얇게 썬다. 물과 설탕을 끓여 시럽을 만든 다음 오렌지 위에 붓고, 랩을 씌워 냉장고에서 하룻밤 동안 재운다.

2 파트 쉬크레를 만든 다음, 2시간 동안 냉장 휴지시킨다.

3 오븐은 180℃로 예열한다.

4 지름 4.5cm 타르틀레트 틀에 버터를 바른다.

5 반죽은 두께 2mm로 민 다음, 지름 5.5cm 원형 쿠키 커터로 찍어 틀 안에 넣는다.

6 반죽 시트 위에 말린 강낭콩 주머니를 넣어 오븐에서 부풀어 오르지 않게 한 후, 오븐에서 15분간 굽는다.

7 신선한 민트 잎 약 10장을 가위로 잘게 자른다. 30장 정도는 자르지 않고 보관해 장식으로 쓴다.

8 키친타월에 오렌지 슬라이스를 놓고 물기를 최대한 제거한 다음, 큼직하게 다져서 볼에 담는다.

9 여기에 오렌지 마멀레이드와 자른 민트 잎을 넣고 골고루 버무린다.

10 타르틀레트를 틀에서 꺼낸 다음, 오렌지 필링을 소복하게 넣고, 민트 잎을 1장 얹어 마무리한다. 시원하게 먹는다.

타르틀레트 파시오네망 쇼콜라 *Tartelettes passionnément chocolat*

타르틀레트 30개 기준

작업 시간 15분 + 30분
휴지 시간 3~4시간 + 2시간 + 20분
조리 시간 15분

재료

파트 쉬크레 250g▶19쪽 참고
말린 살구 7~8개
레몬 1~2개
물 100ml
흑후추
아카시아 꿀 1tsp
패션프루츠 가나슈
150g▶86쪽 참고

1 레몬은 즙을 내고, 살구는 큼직한 큐브 모양으로 자른다. 냄비에 레몬즙 2tbsp, 살구, 물, 꿀을 넣고 후추를 그라인더로 1번 돌려 갈아 넣고 가열한다. 끓어오르면 약불로 줄여 8분 더 익히고 볼에 넣는다. 냉장고에 넣고 3~4시간 동안 재운다.

2 파트 쉬크레를 만든 다음, 2시간 동안 냉장 휴지시킨다.

3 패션프루츠 가나슈를 만든 다음 20분간 냉장 휴지시킨다.

4 오븐은 180℃로 예열한다.

5 반죽은 두께 2mm로 민 다음, 지름 5.5cm 원형 쿠킹 커터로 찍어 디스크를 만든다.

6 지름 4.5cm 타르틀레트 틀에 버터를 바르고 반죽 디스크를 넣은 다음 말린 강낭콩 주머니를 넣어 오븐에서 부풀어 오르지 않게 한다. 오븐에서 15분간 굽는다.

7 타르틀레트를 틀에서 꺼낸다.

8 살구는 체에 밭쳐 물기를 제거하고 키친타월 위에 놓는다.

9 짤주머니에 별 모양 깍지를 끼운 다음, 패션프루츠 가나슈를 넣고 타르틀레트 안에 동글게 원을 그리며 짠다. 그 위에 살구 큐브를 1개씩 올려 장식한다. 상온 정도로 먹는다.

꽈리 타르틀레트 _Tartelettes aux physalis_

타르틀레트 30개
작업 시간 15분 + 40분
휴지 시간 2시간
조리 시간 15분

재료
파트 쉬크레 250g ▶19쪽 참고
아몬드 크렘 150g ▶56쪽 참고
버터 25g
피스타치오 아몬드 페이스트
120g
모과 젤리 100g
꽈리 30개

1 파트 쉬크레를 만든 다음, 2시간 동안 냉장 휴지 시킨다.

2 아몬드 크렘을 만든다.

3 오븐은 180℃로 예열한다.

4 반죽은 두께 2mm로 민 다음, 지름 5.5cm 원형 쿠키 커터로 찍어 디스크를 만든다. 지름 4.5cm 타르틀레트 틀에 버터를 바르고, 반죽 디스크를 넣는다. 반죽을 잘 눌러 틀에 밀착시킨 다음, 바닥 시트를 여러 군데 포크로 찍는다. 여기에 아몬드 크렘을 채우고 오븐에 넣어 15분간 굽는다. 타르틀레트에 엷은 갈색이 나와야 잘 익은 것이다.

5 타르틀레트를 꺼낸 다음 식힘망에서 식힌다. 피스타치오 아몬드 페이스트를 작업대에 놓고 얇게 민 다음, 쿠키 커터 같은 틀로 찍어 디스크 30개를 만든다. 타르틀레트에 페이스트 디스크를 1장씩 넣는다.

6 모과 젤리는 익히는 것이 아니라 약불에서 살짝 녹여 나파주처럼 만든다. 꽈리 껍질을 벌려 과육을 꺼낸다. 꽈리를 모과 나파주에 넣고 살짝 돌려 나파주를 골고루 묻힌 다음, 타르틀레트에 1개씩 올린다.

Plus

과일 타르틀레트 Tartelettes aux autres fruits
같은 방법으로 다양한 과일 타르틀레트를 만들 수 있다. 꽈리 대신 다크 체리, 딸기, 야생 딸기, 라즈베리, 생그리오트, 레드커런트, 멜론 볼, 블랙베리, 블루베리, 뮈스카 포도를 나파주에 코팅해 타르틀레트에 얹는다. 붉은 과일을 쓸 때는 모과 젤리 대신 해당 과일로 만든 젤리를 사용하고, 나파주는 항상 붓으로 아주 조심스럽게 바른다.

라즈베리를 넣은 미지근한 초콜릿 타르틀레트

Tartelettes tièdes au chocolat et aux framboises

타르틀레트 30개 기준
작업 시간 15분 + 30분
휴지 시간 2시간
조리 시간 15분 + 3분

재료
파트 쉬크레 250g ▶19쪽 참고
라즈베리 1팩

가나슈
다크초콜릿 135g
녹인 버터 120g
달걀 1개
노른자 3개분
분당

1 파트 쉬크레를 만든 다음, 2시간 동안 냉장 휴지 시킨다.

2 오븐은 180℃로 예열한다.

3 반죽은 두께 2mm로 민 다음, 지름 5.5cm 원형 쿠키 커터로 찍어 디스크를 만든다.

4 지름 4.5cm 타르틀레트 틀에 버터를 바르고 반죽 디스크를 넣은 다음, 말린 강낭콩 주머니를 넣어 오븐에서 부풀어 오르지 않게 한다. 오븐에 넣고 15분간 굽는다.

5 가나슈를 만든다. 초콜릿과 버터를 다른 볼에 담고 중탕이나 전자레인지에서 녹인다. 커다란 볼에 달걀과 노른자를 넣고 거품기로 저은 다음, 초콜릿과 미지근한 버터를 넣는다.

6 타르틀레트는 틀에서 꺼내 오븐 팬에 놓고, 타르틀레트 1개당 라즈베리 2개를 넣는다. 짤주머니에 깍지 8mm를 끼우고 가나슈를 넣은 다음 라즈베리 위에 짠다.

7 오븐에서 3분간 굽는다. 타르틀레트 위에 분당을 뿌린 다음, 미지근하게 먹는다.

파운드케이크와 가토 드 부야주

CAKE and GÂTEAUX DE VOYAGE

파운드케이크는 베이킹파우더를 넣은 파트 아 제누아즈에 과일 콩피와 건포도 등을 넣어서 만든다. 설탕과 밀가루의 배합을 정확히 지켜야만 성공할 수 있는데, 잘못 계량하면 과일이 제누아즈 사이에 골고루 박히지 않고 밑으로 가라앉아버린다.

아망댕 *Amandin*

6~8인분 기준

작업 시간 20분

조리 시간 50분

재료

달걀 4개

소금 1꼬집

설탕 250g

아몬드 가루 200g

오렌지즙 200ml

오렌지 1개

버터 25g

아몬드 50g

오렌지 마멀레이드 2tbsp

1 화학 약품으로 처리하지 않은 오렌지를 골라 제스트를 뜨고 다진다.

2 달걀을 깨뜨려 흰자와 노른자를 분리한다. 흰자는 소금을 넣고 휘핑해, 하얗고 단단한 머랭으로 만든다.

3 오븐은 200℃로 예열한다.

4 노른자와 설탕을 볼에 넣고 색이 옅어질 때까지 거품기로 세게 젓는다. 여기에 아몬드 가루, 오렌지즙과 다진 제스트를 넣고 섞은 다음, 흰자 머랭을 넣는다. 나무 숟가락으로 한 방향으로 돌리면서 섞어 머랭이 꺼지지 않게 한다.

5 유산지에 지름 24cm 틀을 대고 자른 다음, 버터를 바르고 틀 안에 넣는다.

6 틀에 반죽을 넣고 200℃ 오븐에서 30분간 굽다가, 온도를 180℃로 낮추고 20분 더 굽는다.

7 아몬드는 굵게 다진다. 아망댕이 미지근해지면 틀에서 꺼내 윗면에 오렌지 마멀레이드를 바르고 테두리에 아몬드를 붙인다.

Comment

아망댕은 티타임에 잘 어울리는 가토. 초콜릿 무스▶63쪽 참고나 크렘 앙글레즈▶46쪽 참고, 아몬드유를 넣은 크렘 바바루아즈▶47쪽 참고, 바닐라 크렘 바바루아즈▶50쪽 참고 등을 곁들여 차와 함께 즐긴다.

네덜란드의 보테르쿡 *Boterkoek hollandais*

6~8인분 기준

작업 시간 15분

조리 시간 30~40분

재료

버터 200g

밀가루 200g

베이킹파우더 10g

소금 1꼬집

설탕 200g

아몬드 가루 100g

달걀 2개

우유 100ml

1 오븐은 180℃로 예열한다.

2 버터는 작게 조각내 상온에 두면 말랑해진다.

3 작업대 위에서 밀가루와 베이킹파우더를 한데 체친 후, 가운데에 홈을 판다. 소금, 설탕, 아몬드 가루를 넣고 잘 섞은 다음, 다시 가운데에 홈을 판다.

4 버터 조각을 넣고 섞다가, 달걀을 넣고 손가락 끝으로 버무려 달걀이 반죽에 완전히 스며들게 한다. 마지막으로 우유를 붓고 텍스처가 매끈해질 때까지 반죽한다.

5 지름 22cm 망케 틀에 버터를 바른다. 반죽을 밀어 틀에 넣고 오븐에서 30~40분간 굽는다. 칼로 찔렀을 때 반죽이 묻지 않고 말라 있으면 다 익은 것이다.

6 식힌 후, 틀에서 가토를 꺼내 접시에 담는다.

Comment

크렘 앙글레즈▶46쪽 참고나 초콜릿 크렘▶55쪽 참고, 초콜릿 무스▶63쪽 참고와 함께 먹으면 맛있다.

과일 콩피 파운드케이크 *Cake aux fruits confits*

28cm 파운드케이크 1개 기준

작업 시간 1시간

조리 시간 1시간 10분

재료

설타나sultana 건포도 100g

코린트Corinthe 건포도 75g

럼 아그리콜 250ml

버터 210g

살구 콩피 65g

자두 콩피 65g

멜론 콩피 125g

밀가루 300g

베이킹파우더 1/2팩

설탕 150g

달걀 4개

살구 나파주 2tbsp

체리 콩피 100g

1 하루 전에 설타나와 코린트 건포도를 씻고 물기를 제거한 다음, 럼 150ml에 재운다.

2 버터는 말랑하게 만든다. 살구 콩피와 자두 콩피, 멜론 콩피를 1cm 큐브로 자르고, 밀가루와 베이킹파우더는 함께 체친다.

3 오븐은 250℃로 예열한다.

4 볼에 버터 200g과 설탕을 넣고 잘 섞은 다음, 달걀을 1개씩 넣으며 섞다가 밀가루를 넣는다. 반죽의 결이 균일해지면 건포도와 건포도를 재웠던 럼을 넣고 스크래퍼나 큰 나무 숟가락으로 떠올리듯 섞는다. 과일 콩피도 종류별로 하나씩 넣으며 같은 방법으로 버무린다.

5 28cm 틀에 버터를 바르고 반죽을 붓는다. 오븐에 파운드케이크를 넣고 바로 온도를 180℃로 낮춘다.

6 남은 버터 10g을 녹인다. 8~10분 정도가 지나면 표면이 껍질처럼 굳는데, 스크래퍼에 녹인 버터를 묻혀서 껍질을 길게 반으로 가른다. 이렇게 하면 반죽이 골고루 부풀어 오른다. 파운드케이크는 1시간 정도 더 굽는데, 칼을 넣었다 뺐을 때 반죽이 묻지 않고 말라 있으면 다 익은 것이다.

7 구운 파운드케이크는 10분간 식혀 미지근해지면 틀에서 뺀다. 남은 럼 100ml를 끼얹고, 살구 나파주는 녹인다. 10분 후에 나파주를 바르고 체리 콩피를 올린다. 완전히 식으면 랩을 씌운다.

▶ 272쪽 사진 참고

Tip

방금 구운 것보다 4일 정도 두었다가 먹는 것이 훨씬 맛있다. 냉장 보관하면 1~2주일이 지나도 맛있게 먹을 수 있다.

Plus

기본 레시피를 활용하면 꿀을 넣은 체리 콩피 파운드케이크를 만들 수 있다. 설탕 150g 대신 설탕 100g과 액상 꿀 2스푼을 넣고, 과일 콩피 대신 체리 콩피 125g을 넣는다. 마지막에 안젤리카 스틱으로 장식한다.

견과류 파운드케이크 *Cake aux fruits secs*

28cm 파운드케이크 1개 기준

작업 시간 30분

조리 시간 1~1시간 10분

재료

헤이즐넛 60g

아몬드 55g

밀가루 180g

베이킹파우더 1tsp

카카오 가루 40g

다크초콜릿 70g

아몬드 페이스트 140g

설탕 165g · 달걀 4개

우유 150ml

버터 180g

피스타치오 55g

1 오븐은 170℃로 예열한다.

2 오븐에 헤이즐넛과 아몬드를 넣고 틈틈이 뒤척이면서 12~15분간 구운 다음, 날카로운 칼로 굵게 다진다.

3 밀가루와 베이킹파우더, 카카오 가루를 한데 체친다.

4 초콜릿은 0.5cm 큐브로 작게 조각낸다.

5 아몬드 페이스트와 설탕을 볼에 넣고 잘 섞어 부슬부슬한 텍스처로 만든다. 반죽기를 사용할 경우 나뭇잎 모양의 비터를 끼우고 작업한다. 여기에 달걀을 1개씩 넣으면서 8~10분간 휘핑해 텍스처를 고르게 만든다. 반죽기를 쓸 때는 거품용 휩을 끼우고 작업한다.

6 여기에 우유와 체친 가루 재료를 넣고 반죽의 결이 완전히 매끈해질 때까지 섞는다.

7 버터는 중탕이나 전자레인지에서 천천히 녹인다.

8 스패출러로 떠올리듯 섞으면서 헤이즐넛과 아몬드를 넣은 뒤, 통피스타치오와 초콜릿, 녹인 버터를 넣는다.

9 오븐 온도를 180℃로 높인다.

10 28cm 파운드케이크 틀에 버터를 바르고 반죽을 넣은 다음, 오븐에서 1시간 10분 정도 굽는다. 겉에 껍질이 생기면 큰 칼에 녹인 버터를 묻히고 껍질을 반으로 가른다. 구운 파운드케이크는 10분 정도 식혀 미지근해지면 틀에서 꺼내 식힘망에 옮긴다.

Comment

차와 함께 먹으면 맛있고, 만들고 나서 며칠 동안 냉장 보관이 가능하다.

코리앤더 향 코코넛 파운드케이크

Cake à la noix de coco et à la coriandre 

파운드케이크(약 1.9kg) 1개 기준

작업 시간 30분
조리 시간 35~40분

재료

밀가루 400g
버터 250g
분당 200g
설탕 100g
달걀 6개
코코넛 가루 320g
코리앤더 가루 15g
신선한 우유 350ml
베이킹파우더 10g

1 밀가루를 체쳐서 볼에 넣는다.

2 버터를 볼에 넣고 잠시 두면 말랑해진다. 부드러워진 버터에 분당과 설탕을 넣고 색이 옅어지고 결이 고와질 때까지 거품기로 세게 젓는다.

3 쉬지 말고 저으면서 달걀을 1개씩 넣고 코코넛 가루 300g, 코리앤더 가루, 우유를 순서대로 넣는다. 반죽의 텍스처가 균일해질 때까지 계속 젓는다.

4 오븐은 180°C로 예열한다.

5 반죽에 체친 밀가루와 베이킹파우더를 넣고 나무 숟가락으로 잘 젓는다.

6 22cm×8cm 틀에 버터를 바르고 남은 코코넛 가루를 뿌린 다음 반죽을 넣는다. 오븐에 넣고 35~40분간 굽는다.

7 파운드케이크가 다 익으면 틀에서 꺼내 오븐 팬에 뒤집어놓고 식힌다. 먹기 직전까지 랩을 씌워 보관한다.

Tip

코팅 틀을 사용하면 훨씬 수월하게 작업할 수 있다.
파운드케이크는 며칠 동안 냉장 보관한 다음 먹어도 맛있다.
코코넛은 금방 산패되기 때문에 대량으로 사다 놓고 쓰기에는 적합하지 않다.

요크셔 파운드케이크 *Cakes du Yorkshire* 

작은 사이즈 8개 기준

작업 시간 40분
르뱅 휴지 시간 20분
반죽 휴지 시간 2시간
조리 시간 30~35분

르뱅

미지근한 우유 300ml
이스트 15g · 밀가루 125g

반죽

버터 100g · 과일 콩피 125g
생강 콩피 1조각 · 설탕 75g
밀가루 125g · 달걀 2개

마무리

달걀 1개 · 우유

1 르뱅을 만든다. 미지근하게 데운 우유에 이스트를 넣고 녹인다. 체친 밀가루를 넣고 반죽해 부드럽게 만든다. 한 덩어리로 뭉쳐서 볼에 넣고 젖은 천을 덮는다. 부피가 2배가 되도록 훈훈한 곳에서 20분 정도 발효시킨다.

2 버터는 말랑하게 만들고, 과일 콩피와 생강 콩피는 큐브 모양으로 자른다.

3 반죽을 만든다. 버터와 설탕을 한데 넣고 색이 옅어질 때까지 세게 젓는다. 여기에 체친 밀가루를 넣고 섞다가 달걀을 1개씩 넣은 다음, 과일 콩피와 생강 콩피를 넣는다. 마지막에 르뱅을 넣고 여러 번 치댄다.

4 반죽은 8등분해서 롤로 성형한다. 달걀에 우유를 조금 타서 달걀 물을 만든다. 달걀 물을 반죽에 바르고 유산지를 깐 오븐 팬에 놓는데, 충분한 간격을 두고 배열한다. 2시간 동안 발효시킨다.

5 오븐은 180°C로 예열한다.

6 30~35분간 굽는다. 가토에 노릇해지면 다 익은 것이다.

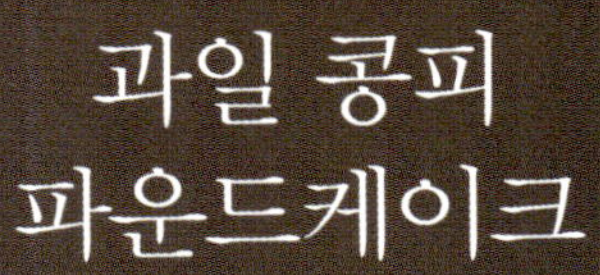

과일 콩피
파운드케이크

Cake aux fruits confits

티타임에 맛있게 즐길 수 있는
대표적인 프랑스 전통 제과이다.

잭 로빈슨 파운드케이크 *Cake Jack Robinson* 

4~6인분 기준
작업 시간 25분
조리 시간 35분

반죽
밀가루 200g · 버터 50g
설탕 150g · 노른자 2개분
베이킹파우더 1팩 · 소금 1꼬집
바닐라 설탕 1팩 · 우유 100ml

필링
피칸 100g · 흰자 2개분
황설탕 100g

1 밀가루는 체친다. 버터는 말랑하게 만들어 설탕과 섞은 다음 색이 옅어질 때까지 핸드 믹서나 손 거품기로 휘핑한다.
2 달걀을 깨뜨려 흰자와 노른자를 분리한다. 노른자를 풀어 살짝 거품을 낸 다음, 설탕과 섞은 버터에 넣고 나무 숟가락으로 잘 젓는다.
3 여기에 밀가루를 솔솔 뿌려 넣고 베이킹파우더, 소금, 바닐라 설탕을 순서대로 넣는데, 재료를 넣는 동안 쉬지 말고 계속 젓는다. 마지막에 우유를 넣는다.
4 20cm 틀에 버터를 바른 다음 반죽을 넣는다.
5 오븐은 200°C로 예열한다.

6 필링을 만든다. 피칸은 칼로 다지고, 흰자는 황설탕을 솔솔 뿌리면서 휘핑해 하얗고 윤기 있는 머랭으로 만든다. 반죽 위에 머랭을 골고루 올리고 스패츌러로 매끈하게 정리한 다음, 다진 피칸을 뿌린다.
7 오븐에 넣고 35분간 굽는다. 가토가 식으면 틀에서 꺼낸다.

Comment

망고 콩포트나 사과 콩포트와 함께 먹으면 더욱 맛있다.

가토 망케 *Gâteau manqué* 

6~8인분 기준
작업 시간 15분
조리 시간 40~45분

재료
파트 아 망케 700g ▶42쪽 참고
럼 200ml

1 럼을 넣고 파트 아 망케를 만든다.
2 오븐은 200°C로 예열한다.
3 지름 24cm 망케 틀에 버터를 바른다.
4 반죽을 틀에 붓고 200°C에서 15분간 구운 다음, 온도를 180°C로 낮추고 25~30분 더 굽는다. 칼을 넣었다 뺐을 때 반죽이 묻지 않고 말라 있으면 다 익은 것이다.
5 미지근해지면 틀에서 꺼내 식힘망에 옮긴다.

레몬 가토 망케 *Gâteau manqué au citron* 

6~8인분 기준
작업 시간 30분
조리 시간 40~45분

망케
파트 아 망케 600g ▶42쪽 참고
레몬 1개 · 레몬 껍질 콩피 또는
세드라(시트론) 콩피 100g

마무리
글라스 루아얄 70g ▶77쪽 참고
세드라(시트론) 콩피 50g

1 레몬은 화학 약품으로 처리하지 않은 것을 골라 제스트를 뜬다. 끓는 물에 제스트를 2분간 담갔다 뺀 다음 흐르는 찬물에 헹구고, 물기를 제거한 다음 가늘게 채 썬다. 세드라 콩피나 레몬 껍질 콩피는 큐브 모양으로 썬다.
2 파트 아 망케를 만드는데, 흰자 머랭을 넣기 전에 큐브로 썰어놓은 세드라나 레몬을 넣고 버무린다. 오븐은 200°C로 예열한다.
3 지름 22cm 틀에 반죽을 붓고 200°C에서 15분간 굽다가 온도를 180°C로 낮춰 25~30분간 굽는다. 칼로 가토를 찔러서 다 익었는지 확인한다. 구운 가토는 미지근해지면 틀에서 꺼내 식힘망에 옮겨 완전히 식힌다.
4 글라스 루아얄을 만든다.
5 가토가 차가워지면 스패츌러로 글라스 루아얄을 바르고 세드라 콩피로 장식한다.

가토 마르브레 *Gâteau marbré*

6~8인분 기준
작업 시간 15분
조리 시간 50분

재료
달걀 3개 · 버터 175g
소금 1꼬집
밀가루 175g
베이킹파우더 1/2팩
설탕 200g
무가당 카카오 가루 50g

1 달걀을 깨뜨려 흰자와 노른자를 분리한다. 버터는 녹이고, 흰자는 소금을 넣고 휘핑해 아주 단단한 머랭을 만든다.

2 밀가루와 베이킹파우더는 한데 체친다.

3 녹인 버터에 설탕을 넣고 거품기로 저은 다음, 노른자를 넣고 잘 섞는다. 여기에 밀가루와 베이킹파우더를 솔솔 뿌려 넣고 섞는다. 마지막에 흰자 머랭을 넣고 한 방향으로 돌리며 부드럽게 섞는다.

4 오븐은 200°C로 예열한다.

5 반죽을 2등분한 다음, 한쪽에만 카카오 가루를 넣는다.

6 22cm 파운드케이크 틀에 버터를 바르고, 카카오 가루를 넣은 반죽을 한 층 깔고 그 위에 하얀 반죽을 붓는다. 이런 순서로 틀이 꽉 찰 때까지 번갈아 반죽을 넣는다.

7 오븐에 넣고 50분간 굽고, 칼을 넣었다 빼서 다 익었는지 확인한다.

퀴냐만 *Kouign-amann*

6인분 기준
작업 시간 20분
휴지 시간 3시간 50분
조리 시간 45분

재료
밀가루 275g
소금 6g
베이킹파우더 5g
녹인 버터 10g
물 180ml
버터 225g
설탕 225g

1 체친 밀가루, 소금, 베이킹파우더를 섞은 다음, 녹인 버터와 물을 넣는다. 균일한 텍스처가 될 때까지 반죽한 다음, 상온에서 30분간 발효시킨다.

2 버터 225g을 정사각형으로 만든다.

3 반죽을 민 다음, 가운데에 버터를 놓고 반죽 가장자리를 안으로 접어 버터를 감싼다. 20분 동안 냉장 휴지시킨다.

4 반죽을 길게 밀어 파트 푀유테처럼 3겹으로 접는다▶20쪽 참고. 반죽은 랩으로 감싼 뒤 1시간 동안 냉장 휴지시킨다.

5 (4)의 과정을 반복하는데, 반죽에 설탕을 골고루 뿌린 다음 3겹으로 접어 투르 생플tour simple을 하고, 30분간 냉장 휴지시킨다.

6 반죽을 두께 4mm로 민 다음, 10~11cm 정사각형으로 잘라 모서리 4곳을 중앙으로 접는다.

7 지름 10cm 무스링 여러 개와 코팅 오븐 팬 1개에 버터를 바르고 설탕을 뿌린다. 성형한 반죽을 손바닥으로 눌러 무스링에 1개씩 넣은 다음, 오븐 팬에 올려놓는다. 상온에서 1시간~1시간 30분 정도 발효시킨다.

8 오븐은 180°C로 예열한다.

9 오븐에서 45분간 구운 다음, 퀴냐만을 틀에서 꺼낸다.

팽 드 젠 *Pain de Gênes*

4~6인분 기준
작업 시간 20분
조리 시간 40분

재료
버터 125g · 설탕 150g
아몬드 가루 100g · 달걀 3개
옥수수 전분 40g · 소금 1꼬집
그랑 마르니에 50ml

1 버터는 말랑하게 만든다.

2 오븐은 180℃로 예열한다.

3 볼에 버터와 설탕을 넣고 색이 엷어지고 균일한 텍스처가 나올 때까지 거품기로 젓는다. 여기에 아몬드 가루를 넣고 섞다가 달걀을 1개씩 넣는다. 쉬지 말고 휘핑해야 반죽에 공기가 들어가 가벼워진다.

4 반죽이 꺼지지 않게 살살 저으면서 옥수수 전분을 뿌려 넣는다. 소금과 그랑 마르니에까지 넣고 잘 섞어 반죽의 결을 고르게 정리한다.

5 지름 22cm 팽 드 젠 틀이나 제누아즈 틀에 버터를 바르고, 바닥에 유산지를 깐 다음 버터를 바른다. 반죽을 붓는다.

6 오븐에서 40분간 굽고, 미지근하게 식으면 틀에서 꺼낸다. 유산지를 제거한 다음 먹는다.

판 디 스파냐 *Pan di Spagna*

4~6인분 기준
작업 시간 10분
조리 시간 20~25분

재료
밀가루 125g
레몬 1개
달걀 4개
소금 1꼬집
설탕 125g

1 큰 냄비에 물을 데워 중탕을 준비한다.

2 밀가루는 체에 친다.

3 레몬은 화학 약품으로 처리하지 않은 것을 골라 껍질을 잘게 간다.

4 달걀과 소금, 설탕을 볼에 넣고 섞는다.

5 오븐은 180℃로 예열한다.

6 물이 끓기 직전에 표면이 흔들리는 상태가 되면, 달걀이 든 볼을 얹어 휘핑한다. 부피가 2배가 되고 살짝 걸쭉해지면 중탕냄비에서 꺼내 힘껏 저어 식힌다.

7 밀가루를 조금씩 솔솔 뿌리면서 나무 숟가락으로 살살 젓고 레몬 제스트를 넣는다. 반죽을 아래에서 위로 떠올리며 섞어 결을 고르게 만든다.

8 지름 18cm 망케 틀에 버터를 바르고 반죽을 넣은 다음, 오븐에서 20~25분간 굽는다. 칼을 넣었다 뺐을 때 반죽이 묻지 않고 갈라 있으면 다 익은 것이다.

오렌지 향 초콜릿
파운드케이크

Cake au chocolat et à l'orange

반죽에 카카오 가루와 설타나 건포도, 오렌지 콩피 조각을 넣어
향을 낸다. 마지막에 그랑 마르니에 시럽을 적시고 나파주를 바
른 오렌지 콩피 슬라이스로 장식한다. ▶480쪽 레시피 참고

플럼 파운드케이크 *Plum-cake* 

6~8인분 기준

작업 시간 30분
조리 시간 45분~1시간

재료

버터 160g
레몬 1/2개
오렌지나 세드라(시트론)
레몬 껍질 콩피 80g
밀가루 160g
베이킹파우더 2g
설탕 160g · 달걀 3개
말라가Málaga 건포도 70g
설타나sultana 건포도 50g
코린트Corinthe 건포도 50g
럼 1tsp

1 볼에 버터를 담아 말랑하게 만든다.
2 레몬 1/2개의 껍질을 잘게 간다.
3 과일 껍질 콩피는 다진다.
4 밀가루와 베이킹파우더를 체친다.
5 오븐은 190°C로 예열한다.
6 포크로 버터를 으깨 부드러운 포마드 상태로 만든 다음, 거품기로 저어 하얀 크림처럼 만든다.
7 버터에 설탕을 넣고 몇 분 동안 휘핑한 다음, 달걀을 1개씩 넣으며 쉬지 말고 젓는다. 다진 과일 껍질 콩피와 말라가, 설타나, 코린트 건포도를 넣는다.
8 밀가루와 베이킹파우더를 넣고 섞다가 레몬 제스트와 럼을 넣는다.
9 22cm 파운드케이크 틀을 준비하고, 틀 위로 4cm 정도 올라오게 유산지를 깐다. 반죽을 틀의 2/3까지만 붓는다.
10 오븐에 넣고 45분~1시간 동안 굽는다. 칼을 넣었다 뺐을 때 반죽이 묻지 않고 말라 있으면 다 익은 것이다.
11 틀에서 꺼내 식힘망에 옮긴다.

카트르카르 *Quatre-quarts*

6~8인분 기준

작업 시간 15분
조리 시간 40분

재료

달걀 3개
설탕 적당량
버터 적당량
밀가루 적당량 · 소금 2꼬집
럼이나 코냑 50ml

1 달걀 3개를 계량한 다음 동일한 무게로 설탕, 버터, 밀가루를 계량한다.
2 밀가루는 체치고, 버터는 녹인다.
3 달걀은 깨뜨려 흰자와 노른자를 분리한 다음, 흰자에 소금 1꼬집을 넣고 휘핑해서 아주 단단한 머랭으로 올린다.
4 오븐은 200°C로 예열한다.
5 볼에 노른자, 설탕, 소금 1꼬집을 넣고 색이 옅어질 때까지 세게 젓는다.
6 녹인 버터, 밀가루, 럼이나 코냑을 순서대로 넣는데, 재료를 추가할 때마다 잘 섞는다.
7 흰자 머랭을 넣고 한쪽 방향을 돌리면서 나무 숟가락으로 저어, 부피가 꺼지지 않게 한다.
8 22cm 틀에 버터를 칠하고 밀가루를 뿌린다. 반죽을 넣고 200°C 오븐에 넣고 15분간 구운 다음, 온도를 180°C로 낮춰 25분 더 굽는다.
9 미지근해지면 틀에서 꺼낸다.

투르토 프로마제 *Tourteau Fromagé*

4~6인분 기준

작업 시간 15분 + 15분

휴지 시간 2시간

조리 시간 10분 + 50분

재료

파트 브리제 400g▶17쪽 참고

달걀 5개

소금 2꼬집

염소 생치즈 250g

설탕 125g

옥수수 전분 30g

코냑 1tsp 또는

오렌지 플라워 워터 1tbsp

1 파트 브리제를 만들어 2시간 동안 냉장 휴지시킨다.

2 오븐은 200℃로 예열한다.

3 지름 20cm 투르티에르에 버터를 바른다. 반죽은 두께 3mm로 밀어 틀 안에 넣는다.

4 유산지를 동그랗게 잘라 틀에 넣고 말린 강낭콩이나 씨앗으로 채워, 오븐에서 10분간 굽는다.

5 (4)에서 넣었던 충전물과 유산지를 제거한다.

6 달걀을 깨뜨려 노른자와 흰자를 분리한 다음, 흰자에 소금 1꼬집을 넣고 아주 단단하게 휘핑한다.

7 볼에 염소 생치즈, 설탕, 소금 1꼬집, 노른자, 옥수수 전분을 넣고 섞은 다음, 코냑이나 오렌지 플라워 워터를 넣는다. 마지막에 흰자 머랭을 넣고 한쪽 방향으로 저어 부피를 꺼뜨리지 않는다.

8 구운 반죽에 필링을 붓고 180℃ 오븐에 넣어 50분간 굽는데, 겉면이 진한 갈색이 나와야 잘 익은 것이다. 미지근하거나 차갑게 먹는다.

디저트 레시피

크림과 플랑, 달걀 디저트

CRÈMES, FLANS and DESSERTS AUX ŒUFS

크림 앙트르메의 기본 재료는 달걀과 우유, 설탕이고, 플랑 쉬크레는 과일이나 건포도를 넣은 필링을 타르트 시트에 부어서 만든다. 사바이옹은 부드러우면서 묽은 크림으로 와인과 설탕, 노른자로 만든다.

블랑망제 *Blanc-manger*

4~6인분 기준
작업 시간 40분
냉장 시간 4~5시간

재료
아몬드유 400g ▶60쪽 참고
판젤라틴 8장
설탕 150g
크림 600ml

1 하루 전에 아몬드유를 만들어놓는다.
2 찬물에 젤라틴을 10~15분 정도 담가서 불린 다음, 물기를 짠다.
3 작은 냄비에 아몬드유 1/4을 넣고 데운다. 여기에 젤라틴을 넣고 잘 저어 완전히 녹인 다음, 나머지 아몬드유 3/4에 넣고 섞는다. 설탕을 넣고 다시 한 번 저어 잘 녹인다.
4 크림을 휘핑한 다음, (3)에 넣고 고무 주걱인 마리즈maryse나 나무 숟가락으로 살살 섞는다.

5 지름 18cm 샤를로트 틀에 넣고 냉장고에서 4~5시간 동안 굳힌다.
6 뜨거운 물에 틀을 살짝 담갔다 뺀 다음 블랑망제를 꺼내 서빙 접시에 놓는다. 붉은 과일을 올려 마무리한다.

파인애플 · 딸기 블랑망제 *Blanc-manger à l'ananas et aux fraises*

6~8인분 기준
작업 시간 30분
휴지 시간 2~3시간

재료
판젤라틴 5장
아몬드유 500ml ▶60쪽 참고
파인애플 50g · 딸기 50g
신선한 민트 잎 5장 · 크림 500ml

아몬드 글라세
설탕 65g · 물 50ml
아몬드 슬라이스 50g

마무리
살구 쿨리 150g
라즈베리 쿨리 150g

장식
민트 잎 · 딸기 6~8개
파인애플 조각 6~8개

1 하루 전에 아몬드유를 만들어놓는다.
2 오븐은 200℃로 예열한다.
3 아몬드 글라세를 만든다. 냄비에 물과 설탕을 넣고 30초간 끓여 시럽을 만든다. 아몬드 슬라이스를 시럽에 담갔다 뺀 다음, 유산지를 깐 오븐 팬에 옮겨 물기를 뺀다. 오븐에 넣고 캐러멜화한다.
4 찬물이 담긴 볼에 젤라틴을 넣고 불린 다음 물기를 짠다.
5 아몬드유를 끓이지 말고 살짝만 데운다. 여기에 젤라틴을 넣고 녹인 다음 식힌다.
6 파인애플과 딸기는 작은 주사위 모양으로 썰고 민트 잎은 다져서 아몬드유에 넣는다.
7 여기에 크림을 휘핑해서 넣는다.
8 일인용 사바랭 틀 6~8개에 나누어 붓고, 2~3시간 동안 냉장고에서 굳힌다.

9 틀에서 꺼내 접시에 놓는다. 작은 숟가락으로 블랑망제 가운데에 살구 쿨리를 뿌리고 둘레에는 라즈베리 쿨리를 뿌린다.
10 민트 잎, 딸기와 파인애플 조각, 아몬드 글라세로 장식한다.

— 레스토랑 아피키우스*Apicius*의
장 피에르 비가토*Jean-Pierre Vigato*

Comment

블랑망제는 코리앤더즙 ▶113쪽 참고이나 스파이시즙 ▶114쪽 참고, 또는 신선한 민트즙 ▶115쪽 참고을 곁들여도 좋다.

블랑망제

Blanc-manger

라즈베리 쿨리에
딸기와 라즈베리를 얹고 복숭아 쿨리나
바질 향 살구 쿨리를 곁들인다.

크렘 오 비스퀴 아 라 퀴이에르 *Crème aux biscuits à la cuillère* 

6~8인분 기준
작업 시간 1시간
조리 시간 35~40분

재료
비스퀴 아 라 퀴이에르 200g
키르슈 50ml
마라스캥marasquin❖ 50ml
우유 1ℓ · 설탕 250g
달걀 6개 · 노른자 10개분
버터 50g · 바닐라 깍지 1개
살구 반쪽 16개
체리 콩피 50g

1 키르슈와 마라스캥을 섞은 다음, 비스퀴 아 라 퀴이에르를 살짝 적셔 볼에 넣는다.
2 우유에 설탕 100g을 넣고 끓여 비스퀴에 붓는다.
3 비스퀴를 블렌더에 1분 정도 갈거나 거품기로 저어 균일한 텍스처를 만든 다음, 체에 거른다.
4 오븐은 190℃로 예열한다.
5 큰 볼에 달걀, 노른자, 설탕 100g을 넣고 거품기로 세게 저은 다음, (3)에 따라 부으며 계속 젓는다.
6 지름 20cm 샤를로트 틀에 버터를 바르고 반죽을 붓는다.
7 커다란 중탕 용기에 틀을 넣고 35~40분간 오븐에서 익힌다.
8 크림을 미지근하게 식힌 다음, 틀에서 꺼내 접시에 담는다.
9 먹기 직전에 과일을 준비한다. 먼저 팬을 달궈 버터를 녹이고, 반으로 가른 바닐라 깍지를 넣는다. 버터가 끓기 전에 살짝 표면이 흔들릴 때, 살구를 넣고 양면을 1분씩 익힌다. 남은 설탕 50g을 넣은 다음 1분 더 익힌다.
10 크림 둘레에 살구와 체리 콩피를 왕관처럼 둘러서 장식한다.

Tip

겨울에는 시럽에 재운 살구를 쓰면 된다. 체에 밭쳐 시럽을 제거한 다음, 조각내서 장식한다.

❖ 마라스캥marasquin은 신맛이 나는 체리의 일종인 마라스카를 원료로 만든 리큐어다.

크렘 브륄레 *Crème brûlée* 

8인분 기준
작업 시간 25분
휴지 시간 30~40분 + 3시간
조리 시간 45분
냉장 시간 3시간

재료
우유 500ml
크림 500ml
바닐라 깍지 5개
노른자 9개분
설탕 180g
황설탕 100g

1 바닐라 깍지를 반으로 갈라 씨를 긁어낸다. 냄비에 우유와 크림을 붓고 바닐라 깍지와 씨를 넣은 다음 끓인다. 끓어오르면 불을 끄고 30~40분간 바닐라 향을 우린다. 고운 체에 내려 깍지를 거른다.
2 오븐은 100℃로 예열한다.
3 노른자와 설탕을 볼에 넣고 나무 숟가락으로 섞은 후, (1)을 조금씩 따라 부으며 숟가락으로 잘 저어 녹인다.
4 한 번 더 체에 거르고, 내열 사기그릇 8개에 나누어 부은 다음 오븐에 넣고 45분간 굽는다. 그릇을 흔들었을 때 가운데 부분이 떨리지 않으면 다 익은 것이다.
5 상온에서 식히고 최소 3시간 동안 냉장 휴지시킨다.
6 키친타월로 크림 위에 있는 물기를 조심스럽게 흡수시킨 다음, 황설탕을 뿌린다.
7 먹기 직전에 크림을 그릴에 넣고 겉면만 살짝 그을리는데, 크림까지 데우지는 않는다. 크렘 브륄레는 캐러멜화하자마자 바로 먹는다.

Comment

캐러멜화한 겉면은 미지근하고 속은 차가워야 제대로 된 크렘 브륄레다.

Plus

피스타치오 크렘 브륄레 *Crème brûlée à la pistache*
크림에 피스타치오 페이스트 80g을 타고, 황설탕 대신 초콜릿 크렘 ▶ 55쪽 참고 60g을 얇게 덮어 완성한다.

캐러멜 라이스를 넣은
피스타치오 크렘 브륄레

Crème brûlée à la pistache et riz caramélisé

건포도를 넣은 리 오 레에 피스타치오 크림을 넣고 오븐에 굽는
다. 마지막에 황설탕을 뿌려 그릴에서 살짝 그을린 다음, 레몬 시
럽을 끼얹어 향을 낸다. ▶482쪽 레시피 참고

크렘 카라멜 *Crème caramel* 

4인분 기준
작업 시간 25분
휴지 시간 하룻밤 + 하룻밤
조리 시간 2시간

재료
전유 1ℓ
달걀 4개
노른자 3개
부르봉Bourbon 바닐라 깍지 3개
설탕 350g
물 60g

1 하루 전에 바닐라 향을 우리는 작업을 한다. 우선 바닐라 깍지를 반으로 가른 다음 씨를 긁어낸다. 냄비에 우유를 넣고 바닐라 깍지와 씨를 넣고 끓인다. 이 상태로 냉장고에서 하룻밤 동안 향을 우린다.

2 다음 날, 깍지를 꺼낸 다음 우유를 다시 한 번 끓인다. 유리볼에 달걀과 노른자, 설탕 200g을 넣고 30분간 휘핑한다. 여기에 끓는 우유를 부으며 계속 거품기로 저은 후, 체에 거르고 15분간 휴지시켰다가 거품을 걷어낸다.

3 냄비에 남은 설탕과 물을 넣고 끓여 붉은빛이 도는 갈색 캐러멜을 만든다. 색깔이 나오면 바로 캐러멜 냄비를 얼음물이 든 용기에 담가 식힌다. 캐러멜이 흐르는 농도일 때 틀에 재빨리 부어 얇게 코팅한 다음, (2)의 우유를 붓는다.

4 오븐을 150℃로 예열한 다음, 틀을 중탕 용기에 넣고 식힘망에 올려 2시간 동안 익힌다.

5 다 익으면 식힘망에 올린 채로 상온에서 식힌다. 완전히 식으면 뚜껑을 덮고 냉장고에서 하룻밤 동안 휴지시킨다.

6 과도로 크렘 테두리를 살짝 훑어낸다. 접시에 대고 뒤집어서 윗면을 톡톡 두들기면 물렁한 크렘이 부서지지 않고 그대로 떨어져 나온다. 가토를 자르듯이 파이 서버로 일인분씩 나눈 다음, 아주 시원한 상태에서 먹는다.

붉은 과일을 넣은 레몬 크렘 *Crème au citron et aux fruits rouges* 

6인분 기준
작업 시간 1시간
휴지 시간 2시간 + 6시간 + 3시간
조리 시간 20분

재료
파트 사블레 150g ▶ 18쪽 참고

시럽
바닐라 깍지 1개 · 물 1ℓ
오렌지즙 100ml
설탕 400g · 민트 잎 12장

붉은 과일 믹스
딸기 350g · 레드커런트 50g
블랙커런트 50g(선택 사항)
라즈베리 200g · 블랙베리 50g
블루베리 50g

부드러운 레몬 크렘
레몬 크렘 150g ▶ 55쪽 참고
판젤라틴 1+1/2장
크림 150ml · 지방 함량 40%
프로마주 블랑 150g

1 파트 사블레를 만든 다음 2시간 동안 냉장 휴지시킨다.

2 레몬 크렘을 만든다.

3 시럽을 만든다. 바닐라 깍지는 반으로 가른다. 냄비에 물, 오렌지즙, 설탕, 바닐라 깍지를 넣고 끓인다. 냄비 불을 끄고 민트 잎을 넣은 다음 1시간 동안 향을 우려 체에 거른다.

4 딸기는 씻어서 꼭지를 따고, 레드커런트와 블랙커런트는 송이에서 알을 뗀다. 라즈베리와 블랙베리는 좋은 것을 추려놓는다. 시럽을 다시 끓인 다음, 손질한 과일 3/4을 시럽에 1분만 담갔다가 스키머로 건져 체에 밭쳐 놓는다. 평평한 접시에 지름 20cm 무스링을 올리고 물기를 뺀 과일을 담아 6시간 동안 냉장고에 넣어둔다.

5 부드러운 레몬 크렘을 만든다. 젤라틴은 찬물에 담가 불리고, 크림은 휘핑한다. 불린 젤라틴은 물기를 짜서 볼에 담고 중탕으로 녹인 다음, 레몬 크렘 1/3을 넣고 잘 섞는다.

6 볼을 중탕에서 빼서 남은 레몬 크렘을 넣고 섞다가 프로마주 블랑을 넣은 다음, 마지막에 휘핑한 크림을 넣는다. 재료가 고루 섞이도록 잘 저은 다음, 과일이 담긴 무스링에 붓는다. 다시 냉장고에 넣어 3시간 동안 굳힌다.

7 오븐은 180℃로 예열한다.

8 파트 사블레를 민 다음, 지름 24cm 무스링에 넣고 오븐에서 20분 동안 굽는다.

9 과일에서 나온 물기를 제거한 다음, 크림이 있는 무스링을 파트 사블레 위에 밀어서 올린다. 무스링을 빼내고 윗면을 남은 과일 1/4로 장식해서 바로 먹는다.

Tip

하루 전에 시럽에 과일을 익히고, 레몬 크렘과 파트 사블레도 미리 만들어두면 편리하다. 과일을 냉장고에 보관하는 동안 레몬 크렘은 3시간 전에 만들고, 마지막에 파트 사블레 시트를 굽는다.

초콜릿 크렘 *Crème au chocolat* 

6인분 기준
작업 시간 30분
휴지 시간 3시간
+ 1시간 30분 + 4시간

부드러운 초콜릿 크렘
다크초콜릿 170g
우유 250ml
크림 250ml
노른자 6개
설탕 125g

커피 · 위스키 그라니테
에스프레소 커피 500ml
설탕 50g · 위스키 70ml
오렌지 1/4개
휘핑한 크림
250g ▶ 56쪽 참고
튀긴 쌀

1 다크초콜릿은 칼로 다져서 볼에 넣는다.
2 부드러운 초콜릿 크렘을 만든다. 냄비에 우유와 크림을 넣고 끓인다.
3 볼에 노른자와 설탕을 넣고 거품기로 젓는다.
4 끓인 우유와 크림의 1/4을 노른자와 설탕이 있는 볼에 넣으면서 젓는다. 이것을 다시 (2)의 냄비에 넣고 거품기로 저은 다음, 크렘 앙글레즈처럼 익힌다 ▶ 46쪽 참고.
5 익힌 크림의 반을 다진 초콜릿에 붓고 잘 섞은 다음 나머지 크림을 모두 붓고 섞는다. 냉장고에 3시간 동안 넣어둔다.
6 그라니테를 만든다. 오렌지는 화학 약품으로 처리하지 않은 것을 골라 제스트를 뜬다. 커피를 추출한 다음 여기에 설탕, 위스키, 잘게 간 오렌지 제스트를 넣고 섞는다. 그라니테 반죽을 바트에 부은 다음, 1시간 30분 동안 냉동시킨다.

7 바트를 꺼내서 거품기로 저은 다음, 다시 냉동실에 넣고 3~4시간 동안 굳힌다.
8 크림을 휘핑한다. 부드러운 초콜릿 크렘을 숟가락 2개로 굴려 길쭉하고 둥그런 크넬quenelle로 만들어 칵테일 잔에 넣는다. 그 위에 숟가락으로 긁은 그라니테를 올리고 휘핑한 크림으로 덮는다. 튀긴 쌀을 뿌려 마무리한다.

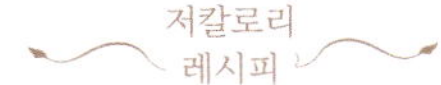

포도 크렘 *Crème de raisin* 

4~6인분 기준
작업 시간 15분
조리 시간 25분
냉장 시간 2~3시간

재료
적포도 또는 백포도즙 1ℓ
통호두 반쪽 100g · 옥수수 전분 50g · 찬물 100ml · 액상 캐러멜 1tsp · 계피 가루 1tsp

1 포도즙을 냄비에 넣고 끓인다. 끓어오르면 최대한 약불로 낮춰 750ml만 남도록 졸인다.
2 호두는 굵게 다진다. 찬물에 옥수수 전분을 넣고 갠 다음, 끓고 있는 포도즙에 따라 부으며 거품기나 나무 숟가락으로 빠르게 젓는다. 냄비 불을 끄지 않은 상태에서 캐러멜과 계피 가루, 다진 호두 1/2을 넣는다.
3 냄비 불을 끄고 미지근해지면 받침대에 다리가 달린 유리잔이나 쿠프coupe 잔에 붓는다. 남은 호두를 뿌리고 2~3시간 동안 냉장고에서 굳힌 다음 먹는다.

◆ **100g당 영양 성분**
총 120kcal · 단백질 1g · 탄수화물 19g · 지질 4g

몽블랑 *Mont-blanc*

4~6인분 기준
작업 시간 1시간
조리 시간 2시간 45분

재료
머랭 200g ▶ 43쪽 참고
버터 80g
마롱(밤) 페이스트 300g
마롱(밤) 크림 400g
럼 50ml
크렘 샹티 400g ▶ 53쪽 참고
마롱 글라세 조각 ▶ 464쪽 참고

1 오븐은 120℃로 예열한다.

2 머랭을 만든 다음, 짤주머니에 지름 1cm 깍지를 끼우고 머랭을 넣는다.

3 오븐 팬에 유산지를 깔고, 넓이 6cm 원을 여러 개 붙여서 지름 24cm 왕관 모양으로 머랭을 배열한다. 머랭을 짤 때는 나선형으로 짜며, 이렇게 만든 머랭은 바닥 시트로 사용한다.

4 오븐에 넣고 120℃에서 45분간 구운 다음, 100℃에서 2시간 더 굽는다.

5 중탕이나 전자레인지에 데워 버터를 부드러운 포마드 상태로 만든다. 여기에 밤 페이스트를 넣고 잘 섞어 텍스처가 균일해지면, 밤 크림을 넣고 섞다가 럼을 탄다. 재료가 고루 섞이도록 잘 젓는다.

6 짤주머니에 구멍이 작은 깍지를 끼우고 밤 필링을 채운다. 구운 머랭 위에 실처럼 가늘게 짜서 버미첼리vermicelli 모양을 만든다.

7 짤주머니에 별 모양 깍지를 끼우고 크렘 샹티를 채운 다음, 밤 필링 위에 동그랗게 짠다.

8 그 위에 마롱 글라세 조각을 뿌려 완성한다.

◆ 플랑 FLANS ◆

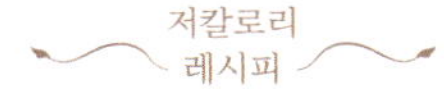

클라푸티 *Clafoutis*

6~8인분 기준
작업 시간 15분
휴지 시간 30분
조리 시간 35~40분

재료
다크 체리 500g
설탕 100g
밀가루 125g
소금 1꼬집
달걀 3개
우유 300ml
분당

1 체리는 씻어서 꼭지를 딴 다음, 설탕 1/2과 함께 볼에 넣는다. 잘 버무려서 최소 30분간 재운다.

2 오븐은 180℃로 예열한다.

3 지름 24cm 투르티에르나 내열 사기그릇에 버터를 바른다.

4 체친 밀가루와 소금 1꼬집, 남은 설탕을 한데 섞는다. 달걀은 살짝 거품이 날 정도로만 푼 다음, 가루 재료에 넣고 섞다가 마지막에 우유를 붓고 다시 한 번 섞는다.

5 투르티에르에 체리를 넣은 다음, 반죽을 붓는다. 오븐에서 35~40분간 굽고 미지근해지면 분당을 뿌린다. 차갑게 식혀 틀에 담긴 채로 먹는다.

◆ **100g당 영양 성분**
총 145kcal · 단백질 4g · 탄수화물 25g · 지질 2g

파르 브르통 *Far breton* 

6~8인분 기준
작업 시간 15분
조리 시간 1시간

재료
차 1볼 · 건자두 400g
코린트Corinthe 건포도 125g
달걀 4개 · 밀가루 250g
소금 1꼬집 · 설탕 20g
우유 400ml · 분당

1 흐리게 우린 차를 미지근하게 식힌 다음, 코린트 건포도와 건자두를 넣고 1시간 정도 불린다.
2 건포도와 건자두를 체에 밭쳐 물기를 제거하고, 건자두는 씨를 뺀다.
3 오븐은 200℃로 예열한다.
4 달걀은 약간 거품이 일어날 정도로 푼다.
5 커다란 볼에 밀가루와 소금, 설탕을 넣고 섞는다. 여기에 달걀을 섞은 후, 우유를 붓고 고루 젓는다.
6 마지막에 건포도와 건자두를 넣고 반죽의 결이 고르게 되도록 젓는다.
7 지름 24cm 틀에 버터를 바르고 반죽을 부은 다음, 오븐에서 1시간 정도 굽는다. 겉면에 갈색이 나오면 다 익은 것이다. 분당을 뿌려 마무리한다.

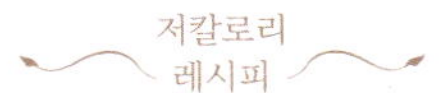

사과 플라뮈스 *Flamusse aux pommes* 

4~6인분 기준
작업 시간 15분
조리 시간 45분

재료
밀가루 60g
설탕 75g · 소금 1꼬집
달걀 3개 · 우유 500ml
레네트reinette 사과 3~4개
분당

1 볼에 밀가루와 설탕, 소금을 넣는다. 여기에 살짝 거품이 나게 푼 달걀을 넣고, 나무 주걱으로 잘 저어서 최대한 매끈하게 만든다.
2 우유를 조금씩 부으며 계속 섞는다.
3 오븐은 180℃로 예열한다.
4 지름 22cm 투르티에르에 버터를 바른다.
5 사과는 껍질을 깎아 얇은 슬라이스로 자른다. 사과 슬라이스를 한 방향으로 포개면서 왕관 모양으로 배열한다. 그 위에 반죽을 붓고 오븐에서 45분간 굽는다.
6 미지근해지면 플라뮈스를 틀에서 꺼내 분당을 뿌린다. 사과 플라뮈스는 미지근하거나 차갑게 먹는다.

◆ 100g당 영양 성분
총 110kcal · 단백질 3g · 탄수화물 16g · 지질 3g

플랑 크레올 *Flan créole*

6~8인분 기준
작업 시간 15분
조리 시간 1시간
냉장 시간 4시간

재료
우유 750ml
우유잼 120g ▶ 369쪽 참고
달걀 6개 · 설탕 100g

캐러멜
설탕 100g · 물 30ml
레몬즙 4방울

1 틀에 바를 캐러멜을 만든다. 작은 냄비에 설탕, 물, 레몬즙을 넣고 끓인다. 캐러멜이 거무스름해지기 전에 진한 갈색이 되면 바로 틀에 붓는다. 틀을 이리저리 돌려 옆면과 바닥에 캐러멜을 골고루 입힌 다음 식힌다.
2 오븐은 180℃로 예열한다.
3 다른 냄비에 우유를 넣고 끓이지 말고 데우기만 한 다음, 우유잼을 넣는다.
4 볼에 달걀과 설탕 100g을 넣고 세게 저어 거품이 일면, [3]의 우유에 넣고 나무 숟가락으로 잘 젓는다.
5 반죽을 틀에 넣고 중탕 용기에 담는다. 플랑이 응고될 때까지 오븐에서 1시간 정도 익힌다.
6 식혀서 최소 4시간 동안 냉장 보관한 다음, 틀에서 꺼낸다.

Tip

우유잼을 직접 만들 시간이 없다면 시판 제품을 쓴다.

덴마크식 체리 플랑 *Flan de cerises à la danoise* 

6~8인분 기준
작업 시간 15분 + 15분
휴지 시간 2시간 + 1시간
조리 시간 40~45분

재료
파트 브리제 300g▶ **16쪽 참고**
비가로bigarreaux 체리 250g
설탕 195g · 계피 가루 1tsp
버터 125g · 아몬드 가루 125g
달걀 2개 · 럼 20ml
퐁당 100g▶ **76쪽 참고**

1 파트 브리제를 만든 다음 2시간 동안 냉장 휴지시킨다.
2 비가로 체리는 씻어서 씨를 제거한다. 체리에 설탕 70g과 계피 가루를 넣고 버무린 후, 상온에서 1시간 동안 재운다.
3 오븐은 210℃로 예열한다.
4 지름 24cm 투르티에르에 버터를 바른다.
5 파트 브리제는 두께 2mm로 민 다음, 투르티에르 안에 넣는다.
6 체리는 체에 받쳐 물기를 빼고, 걸러져 나온 즙은 보관한다. 버터를 말랑하게 만든다.
7 아몬드 가루와 설탕 125g을 넣고, 여기에 거품이 살짝 일도록 달걀을 풀어 넣는다. 가루 재료와 달걀이 잘 섞이면, 말랑한 버터를 넣고 섞다가 체리즙을 넣는다. 반죽의 결이 균일해질 때까지 계속 섞는다.
8 투르티에르 바닥에 체리를 깔고 **[7]**의 반죽을 붓는다.
9 오븐에 넣고 210℃에서 10분간 구운 다음, 190℃로 온도를 낮춰 30~35분간 굽는다.
10 퐁당을 부드러운 텍스처로 만들고 럼을 넣는다.
11 플랑은 식힌 다음 퐁당 글라사주를 바른다▶ **77쪽 참고.**

코코넛 향 살구 플랑 *Flan à la noix de coco et aux abricots* 

6~8인분 기준
작업 시간 30분
휴지 시간 2시간 + 30분+ 2시간
            + 3시간
조리 시간 1시간

재료
파트 브리제 300g▶ **16쪽 참고**
신선한 살구 350g
생수 600ml
우유 400ml · 달걀 4개
코코넛 슬라이스 100g
코리앤더 가루 1꼬집
옥수수 전분 70g
설탕 200g

장식
살구나 파인애플 100g

1 파트 브리제를 만든 다음, 2시간 동안 냉장 휴지시킨다.
2 반죽을 두께 2mm로 민 다음, 지름 30cm 디스크로 잘라 오븐 팬에 놓고 30분간 냉장 휴지시킨다.
3 지름 22cm×높이 3cm 타르트 틀에 버터를 바른 다음, 반죽 디스크를 넣고 빈틈이 없도록 틀에 밀착시킨다.
4 틀 밖으로 튀어나온 반죽을 깔끔하게 정리한 다음, 다시 2시간 동안 냉장 휴지시킨다.
5 살구는 씨를 빼고 큼직하게 썬다.
6 오븐은 180℃로 예열한다.
7 플랑을 만든다. 우유와 생수를 냄비에 넣고 끓인다. 달걀은 거품이 살짝 일도록 푼다. 볼에 코코넛 슬라이스, 코리앤더 가루, 달걀, 옥수수 전분, 설탕을 넣고 섞는다. 여기에 끓는 우유와 생수를 조금씩 부으며 휘핑한다. 볼에 있는 재료를 다시 냄비에 옮겨 담고, 냄비 밑바닥이 눌어붙지 않도록 거품기로 계속 저으면서 끓인다.
8 반죽 시트 위에 살구 조각을 골고루 넣은 다음, 끓는 플랑 반죽을 붓는다. 오븐에 넣고 1시간 동안 굽는다.
9 구운 플랑은 식혀서 냉장고에 3시간 동안 보관한다.
10 파인애플이나 살구는 신선한 것을 준비한다. 파인애플은 슬라이스로 썰고, 살구는 2등분해서 씨를 뺀 후 플랑 위에 장식한다. 플랑은 상온이나 시원한 온도로 먹는다.

Tip

겨울에 살구 플랑을 만들 때는 시럽에 재운 살구를 쓰면 된다. 살구는 조각내기 전에 체에 받쳐 시럽을 제거한다.

플랑 파리지앵
Flan parisien

만들기 간단한 플랑 파리지앵은
하루 전에 구워서 차갑게 식혀 먹으면
제맛이다.

레몬 플랑 므랭게 *Flan meringué au citron* 

4~6인분 기준
작업 시간 15분 + 30분
휴지 시간 1시간
조리 시간 25분

재료
파트 사블레 300g ▶ 18쪽 참고
레몬 2개 · 달걀 3개
우유 250ml
밀가루 40g
설탕 175g
녹인 버터 40g
소금 1꼬집

1 파트 사블레를 만든 다음, 1시간 동안 냉장 휴지시킨다.

2 오븐은 190℃로 예열한다.

3 반죽을 민다. 지름 24cm 타르트 틀에 버터를 바르고 반죽을 넣은 다음, 오븐에서 3~4분간 굽는다.

4 레몬은 화학 약품으로 처리하지 않은 것을 골라 모두 제스트를 뜨고, 1개는 짜서 즙을 낸다. 끓는 물에 제스트를 2분간 담갔다 뺀 다음, 체에 밭쳐 물기를 제거하고 가늘게 썬다.

5 달걀은 깨뜨려 흰자와 노른자를 분리한다. 우유 200ml를 데운다.

6 밀가루와 설탕 100g을 섞은 다음, 찬 우유를 부어 가루 재료를 녹인다. 여기에 끓는 우유, 녹인 버터를 넣고 섞다가 노른자를 1개씩 넣은 후 마지막에 제스트를 넣는다. 약불에서 계속 저으며 15분간 익히면 걸쭉해진다.

7 불을 끄고 레몬즙을 탄 다음 잘 섞어 미지근하게 식힌다. 반죽 시트 위에 플랑 반죽을 붓고 오븐 온도를 240℃로 높인다.

8 흰자에 남은 설탕과 소금 1꼬집을 넣고 휘핑해 머랭을 만든 다음, 플랑 반죽 위에 붓고 스패출러로 겉면을 고르게 정리한다. 오븐에 넣고 3~4분간 노릇하게 구운 다음, 완전히 식혀서 먹는다.

플랑 파리지앵 *Flan parisien* 

6~8인분 기준
작업 시간 30분
휴지 시간 4시간 30분
조리 시간 15분 + 1시간
냉장 시간 3시간

재료
파트 브리제 250g ▶ 16쪽 참고
우유 400ml · 생수 370ml
달걀 4개 · 설탕 210g
플랑 가루 60g ▶ 464쪽 참고

1 파트 브리제를 만든 다음, 2시간 동안 냉장 휴지시킨다.

2 반죽을 두께 2mm로 민 다음, 지름 30cm 디스크로 잘라 오븐 팬에 놓고 30분간 냉장 휴지시킨다.

3 지름 22cm × 높이 3cm 타르트 틀에 버터를 바르고 반죽 디스크를 넣은 다음, 빈틈이 안 생기게 틀에 밀착시킨다. 틀 위로 튀어나온 반죽은 깔끔하게 정리하고 다시 2시간 동안 냉장 휴지시킨다.

4 플랑을 만든다. 우유와 생수는 냄비에 넣고 데우고, 다른 냄비에 달걀, 설탕, 플랑 가루를 넣고 휘핑한다. 끓는 우유에 달걀이 든 재료를 가느다랗게 따라 부으면서 거품기로 쉬지 말고 젓는다. 다시 한 번 끓어오르면 불을 끈다.

5 오븐은 190℃로 예열한다.

6 반죽 시트에 플랑 반죽을 넣고 오븐에서 1시간 동안 굽는다. 구운 플랑은 완전히 식힌 다음, 3시간 동안 냉장 보관한다. 플랑 파리지앵은 아주 시원하게 먹어야 맛있다.

플로냐르드 *Flauqnarde* 

6~8인분 기준
작업 시간 20분
재우는 시간 3~12시간
조리 시간 30분

재료
건자두 8개 · 건포도 100g
건살구 4개 · 럼 100ml
달걀 4개 · 설탕 100g
밀가루 100g · 우유 1ℓ
소금 1꼬집 · 버터 40g

1 하루 전에 건과일을 재워둔다. 건자두는 씨를 제거하고, 건살구는 작게 조각낸다. 건포도, 건살구, 건자두를 볼에 넣고 럼을 뿌린 다음, 최소 3시간에서 12시간까지 재운다.

2 오븐은 220℃로 예열한다.

3 볼에 달걀과 설탕을 넣고 거품이 일어나도록 휘핑한다. 여기에 밀가루와 소금 1꼬집을 조금씩 넣으며 나무 숟가락으로 섞은 다음, 우유를 붓고 계속 젓는다.

4 재운 건과일과 럼을 함께 넣는다.

5 24cm 그라탱 그릇에 버터를 듬뿍 바르고 반죽을 부은 다음, 버터를 몇 조각 올린다. 오븐에 넣고 30분간 구워, 미지근하게 식혀 먹는다.

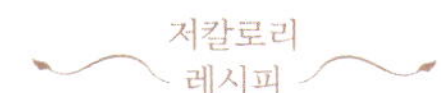

외 아 라 네주 *Œufs à la neige*

6~8인분 기준
작업 시간 30분
조리 시간 10분

재료
우유 800ml · 바닐라 깍지 1개
달걀 8개 · 소금 1꼬집
설탕 290g
캐러멜 100g▶**74쪽 참고**

1 우유에 바닐라 깍지를 넣고 끓인다.
2 달걀은 깨뜨려 흰자와 노른자를 분리한다. 흰자는 소금 1꼬집과 설탕 40g을 솔솔 뿌려가며 휘핑해 단단하게 올린다. 흰자 머랭을 1스푼 떠서 끓는 우유에 넣고 스키머로 뒤집어가며 2분간 익힌 후, 깨끗한 천에 올려 물기를 뺀다. 머랭을 1스푼씩 떠서 계속 익히는데 냄비가 크다면 5~7개를 한번에 익힌다.
3 바닐라 향을 우린 우유와 노른자, 남은 설탕 250g을 넣고 크렘 앙글레즈를 만든다▶**46쪽 참고**. 만든 크렘은 냉장고에 넣어 충분히 식힌다.
4 캐러멜을 만든다. 잔에 크렘 앙글레즈를 붓고 익힌 머랭을 넣는다. 뜨거운 캐러멜을 머랭 위에 가느다랗게 뿌린 다음, 냉장고에 넣는다.

Plus

플로팅 아일랜드 *Île flottante*
지름 22cm 사바랭 틀에 흰자 머랭을 붓고 중탕 용기에 넣는다. 180℃ 오븐에서 겉면이 노릇해질 때까지 30분 정도 익힌다. 머랭이 식으면 틀에서 꺼낸다. 접시에 크렘 앙글레즈를 담고 머랭을 놓는다. 캐러멜은 옅은 갈색으로 만들어 끓은 상태에서 머랭 위에 붓는다.

◆ **100g당 영양 성분**
총 170kcal · 단백질 5g · 탄수화물 26g · 지질 5g

성녀 테레사의 '달걀' *«Œufs» de sainte Thérèse*

40개 기준
작업 시간 1시간
휴지 시간 20분
조리 시간 10분

재료
노른자 10개분
분당 250g
레몬 1개
생두❖

1 레몬은 화학 약품으로 처리하지 않은 것을 골라 껍질을 잘게 갈고 과육은 즙을 낸다. 오븐 팬에 생두를 바르고, 볼에 노른자를 넣고 거품기로 젓는다. 여기에 분당, 레몬 제스트와 즙을 넣고 잘 섞어 부드러운 반죽을 만든다.
2 호두알 크기로 둥글게 성형한 다음, 20분간 건조시킨다.
3 오븐은 160℃로 예열한다.
4 오븐에서 10분간 굽고, 차갑게 식힌 '달걀'을 유산지 컵에 담아낸다.

❖ 생두saindoux는 돼지비계를 뜨겁게 녹여 추출한 기름이다. 하얗고 부드러운 제형으로 주로 장시간 재료를 익힐 때 사용하지만 튀김이나 제과에도 쓰인다.

사바이옹 *Sabayon* 

4~6인분 기준
작업 시간 15분
조리 시간 2~3분

재료
노른자 6개분
설탕 150g
화이트 와인 또는 샴페인 250ml
레몬 제스트 1개분

1 냄비에 물을 담아 데운다.
2 레몬은 화학 약품으로 처리하지 않은 것을 골라 제스트를 뜬다. 다른 냄비에 노른자, 설탕, 와인 또는 샴페인, 레몬 제스트를 넣고 섞는다. 냄비 물이 끓기 직전 표면이 흔들리는 상태가 되면 노른자가 든 냄비를 얹는다. 거품이 생기면서 부피가 2배가 될 때까지 힘껏 거품기로 젓는다.

3 30초 정도 더 휘핑한 다음 레몬 제스트를 꺼낸다. 바로 쿠프coupe 잔에 담아 바삭한 가토나 생과일을 곁들인다.

1001가지 맛의 사과 사바이옹 *Sabayon à la pomme et aux 1001 saveurs* 

6인분 기준
작업 시간 30분
조리 시간 15분

팬에 구운 사과
사과 800g(그래니 스미스granny smith, 콕스 오렌지cox orange 또는 칼빌 블랑calville blanc 품종)
레몬 3개 · 설탕 60g
바닐라 가루 2꼬집
버터 60g
아몬드 슬라이스 20g
잣 20g

사과 사바이옹
오렌지 1/2개
레몬 3개 · 설탕 65g
노른자 5개분
사과즙 150g · 후추
카르다몸 가루 1꼬집
계피 스틱 1/2개
간 생강 1/2tsp

1 오븐은 180℃로 예열한다.
2 아몬드 슬라이스를 5분간 오븐에서 굽는다.
3 사과는 껍질을 깎고 2등분해서 씨를 제거한다. 반쪽짜리 사과를 크기에 따라 3~4개로 조각낸다.
4 레몬은 짜서 3tbsp 분량의 즙을 낸다. 볼에 사과 조각, 설탕, 바닐라 가루, 레몬즙을 넣고 버무린다.
5 프라이팬을 달궈 버터를 녹인 다음 사과를 넣는다. 아주 센 불에서 구워 색깔을 내는데, 사과에서 물이 나와 콩포트처럼 졸이는 것이 아니라 수분을 날리면서 빠르게 익힌다. 사과가 거의 익었을 때 아몬드 슬라이스와 잣을 넣는다. 구운 사과는 따뜻하게 보온한다.
6 사바이옹을 만든다. 오렌지는 화학 약품으로 처리하지 않은 것을 골라 껍질을 잘게 갈고, 레몬은 3tbsp 분량의 즙을 낸다. 볼에 설탕과 노른자를 넣고 색이 옅어질 때까지 거품기로 세게 젓는다.
7 냄비에 사과즙을 넣고 끓인 다음 오렌지 제스트, 레몬즙, 카르다몸 가루, 계피, 생강을 넣고 후추는 그라인더로 3번 돌려 넣는다.

8 냄비의 액체를 체에 거른다. 거른 액체 중 1/4을 노른자와 설탕이 있는 볼에 넣고 잘 저은 후, 이것을 다시 냄비에 붓고 휘핑한다. 중불에서 쉬지 않고 계속 젓는다. 미세한 거품이 일면서 부드럽고 걸쭉한 텍스처가 되면 불을 끈다.
9 팬에 구운 사과와 견과류를 접시에 담고, 사바이옹은 따로 소스 그릇에 담아낸다.

Tip

사바이옹을 블렌더로 식힌 다음, 그 위에 사과를 올리고 그릴에 살짝 굽는 방법도 있다. 사바이옹을 소스 그릇에 담을 때에는 크림 120ml를 살짝 휘핑해서 섞어도 좋다.

외 아 라 네주

Œufs à la neige

크렘 앙글레즈에 머랭을 담아
냉장고에서 약간 굳힌 다음.
뜨거운 캐러멜을 실처럼 따라 붓는다.

영국의 실러버브 *Syllabub anglais* 

4~6인분 기준
작업 시간 20분
냉장 시간 1시간

재료
달걀 2개
레몬 1/2개
설탕 100g
우유 100ml
크림 500ml
셰리 와인 150ml
넛맥
껍질 벗긴 아몬드 40g

1 달걀을 깨뜨려 흰자와 노른자를 분리한다. 레몬은 화학 약품으로 처리하지 않은 것을 골라 껍질을 잘게 간다.

2 노른자와 설탕을 색이 옅어질 때까지 휘핑한다. 여기에 우유와 크림, 셰리 와인을 조금씩 따라 부으며 휘핑해 반죽의 결을 고르게 만든다. 레몬 제스트를 넣고 넛맥을 1꼬집 정도 갈아 넣은 다음 잘 섞는다.

3 흰자는 휘핑해서 단단하게 올린다. 흰자 머랭을 반죽에 넣고 부피가 꺼지지 않게 나무 주걱으로 살살 섞는다.

4 기름을 두르지 않은 팬에 아몬드를 넣고 센 불에서 구운 다음, 큼직하게 다져서 식힌다.

5 완성된 실러버브는 일인용 또는 큰 사이즈의 쿠프 coupe 잔에 넣고 아몬드를 뿌려 마무리한다. 1시간 정도 냉장 휴지시켰다가 먹는다.

Plus

조미하지 않은 구아바 통조림 100g과 만다린 100g을 넣고 코냑을 약간 타면 색다른 스타일의 실러버브가 완성된다.

스페인의 토르타다 *Tortada espagnole* 

6~8인분 기준
작업 시간 30분
조리 시간 45분 + 30분

재료
달걀 6개 · 설탕 500g
아몬드 가루 250g
머랭 150g ▶ 43쪽 참고
럼 1tbsp
꿀 1tbsp
아니스 리큐어 몇 방울(선택 사항)
체리 콩피 50g

1 달걀을 깨뜨려 흰자와 노른자를 분리한다.

2 오븐은 180℃로 예열한다.

3 흰자는 단단하게 휘핑한다.

4 노른자와 설탕 250g을 색이 옅어질 때까지 휘핑한 다음, 아몬드 가루를 넣고 잘 섞는다. 여기에 흰자 머랭을 넣고 부피가 꺼지지 않게 살살 섞는다.

5 지름 24cm 틀에 반죽을 붓고 오븐에서 45분간 굽는다.

6 머랭을 만든다.

7 남은 설탕을 물 400ml에 녹인 다음 큰 냄비에 넣고 데운다. 여기에 럼, 꿀, 아니스 에센스를 붓고 약불에서 뭉근하게 가열한다. 손가락으로 숟가락 등을 훑었을 때, 바로 흘러내리지 않고 자국이 남는 텍스처가 될 때까지 익힌다.

8 오븐에서 가토를 꺼내 붓으로 (7)의 시럽을 바른다.

9 짤주머니에 깍지를 끼우고 머랭을 넣은 다음, 가토 테두리를 리본 모양으로 장식하고 윗면은 마름모꼴로 짠다.

10 오븐 온도를 120℃로 낮추고 30분간 굽는다.

11 마름모 모양으로 짠 머랭 사이사이에 체리 콩피를 넣는다. 토르타다는 시원하게 먹는다.

스리랑카의 바탈라팜 *Vattalappam ceylanais*

6~8인분 기준
작업 시간 15분
조리 시간 1시간 15분

재료
달걀 10개
재거리jaggery 또는
베르주아즈 브륀 500g ▶435쪽
참고
코코넛 밀크 750ml
계피 가루 1꼬집
카르다몸 가루 1꼬집
소금 1꼬집
넛맥

1 달걀을 깨뜨려 흰자와 노른자를 분리한다.
2 오븐은 180°C로 예열한다.
3 재거리를 사용한다면 조각으로 부숴 미지근한 물을 약간 타서 녹인다.
4 흰자에 소금을 넣고 단단하게 휘핑한다. 여기에 노른자, 코코넛 밀크, 재거리나 베르주아즈 브륀, 계피, 카르다몸, 넛맥 가루 소량을 넣고 섞는다.
5 22cm 파운드케이크 틀에 기름을 칠하고 반죽을 붓는다. 유산지를 덮고 중탕 용기에 넣은 다음 오븐에서 1시간 15분 동안 익힌다. 스리랑카의 바탈라팜은 따뜻하거나 차갑게 먹는다.

재거리는 인도네시아에서는 '굴라자와gulajawa', 말레이시아에서는 '굴라 멜라카gula melaka'란 이름으로 알려져 있는데, 갈색 야자 설탕을 뜻하는 말로, 외국 식자재점에 가면 블록 형태로 판매한다.

Plus

반죽에 코코넛 슬라이스를 넣고 우유를 타서 텍스처를 조금 묽게 만들어도 된다. 마지막에 구운 코코넛 플레이크를 뿌려 장식한다.

이탈리아의 차발리오네 *Zabaglione italien*

4~6인분 기준
작업 시간 15분
조리 시간 10분

재료
노른자 4개분
달걀 1개
설탕 100g
미지근한 물 1tbsp
마르살라marsala 와인 1/2컵
계피 가루 1꼬집(선택 사항)

1 볼에 노른자, 달걀, 설탕, 물, 마르살라 와인을 넣고 중탕에서 휘핑해 부드러운 텍스처로 만든 다음, 계피 가루를 탄다.
2 중탕에서 꺼내 일인용 쿠프coupe 잔에 붓는다.
3 바삭한 가토나 판 디 스파냐를 곁들인다 ▶275쪽 참고.

드라이 화이트 와인에 럼을 섞어 마르살라 와인 대신 넣어도 된다.

패션프루츠와 밤 젤리, 녹차 크림을 넣은 크렘 브륄레

Crème brûlée aux fruits de la Passion,
gelée de marrons, crème au thé vert

상큼한 패션프루츠 크림과 벨벳처럼 부드러운 밤 젤리, 감미로
우면서 쌉싸름한 녹차 크림이 어우러져, 화려한 맛과 텍스처가
동시에 전달된다. ▶482쪽 레시피 참고

쌀 · 세몰리나 · 곡물 앙트르메

RIZ, SEMOULES and CÉRÉALES ENTREMETS

둥근 쌀은 가토 드 리, 과일 쿠론, 리 오 레 등에 사용되고, 세몰리나 역시 할바, 쉬브릭, 가토 드 스물 등 달콤한 앙트르메에 쓰인다. 제과에서는 중간 크기 입자의 세몰리나를 사용하는 것이 좋다.

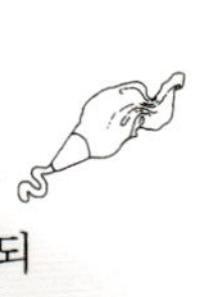

살구 부르달루 *Abricots Bourdaloue* 

6~8인분 기준
작업 시간 40분
조리 시간 20분

재료
스물 오 레
600g ▶ 309쪽 참고

살구 소스
신선한 살구 350g · 설탕 50g
물 200ml · 키르슈 50ml

가벼운 바닐라 시럽
바닐라 깍지 1개
설탕 650g · 물 500ml
살구 큰 것 8개 · 마카롱 2개
설탕 1tbsp

1 스물 오 레를 만든다.
2 스물 오 레가 익으면 2/3를 지름 24cm 오븐용 그릇에 담는다.
3 살구 소스를 만든다. 살구는 씨를 제거한 다음 블렌더나 푸드 밀에 간다. 물에 설탕을 넣고 데운 다음, 살구 퓌레를 넣고 나무 숟가락으로 저으면서 5분간 끓인다. 고운 체에 거르고, 키르슈를 타서 따뜻하게 보온한다.
4 바닐라 시럽을 만든다. 바닐라 깍지는 반을 갈라 씨를 긁어내 냄비에 넣고, 여기에 물과 설탕을 넣어 끓인 다음 불을 낮춘다.
5 오븐은 230℃로 예열한다.
6 살구는 2등분해서 씨를 제거하고 바닐라 시럽에 담가, 10분간 익힌다. 익힌 살구는 체에 밭쳐 시럽을 제거하고 물기를 닦는다.
7 마카롱을 칼로 다진다.
8 살구 조각을 [2]에 넣고 남은 스물 오 레로 덮은 다음, 다진 마카롱과 설탕을 뿌린다.
9 오븐에서 7~10분간 굽고, 살구 소스는 따로 그릇에 담아낸다.

살구 대신 배나 복숭아, 바나나를 써도 좋다. 제철이 아니라 생과일을 구하기 어렵다면 시럽에 재운 것을 사용하면 된다.

파인애플 콩데 *Ananas Condé*

4~6인분 기준
작업 시간 40분
휴지 시간 3~4시간

재료
리 오 레 800g ▶ 308쪽 참고
파인애플 슬라이스 8개
키르슈 50ml · 설탕 30g
캐러멜 소스 150g ▶ 112쪽 참고
체리 콩피 20g
안젤리카 콩피 25g

1 리 오 레를 만든 다음, 지름 22cm 사바랭 틀에 붓고 3~4시간 동안 냉장 보관한다.
2 파인애플은 껍질을 깎아 슬라이스로 자르고 딱딱한 심을 제거한다. 파인애플과 설탕, 키르슈를 볼에 넣고 30분간 재운다.
3 캐러멜 소스를 만든다.
4 사바랭 틀을 끓는 물이 담긴 그릇에 5초 정도 담근 다음, 서빙 접시를 받친 채로 뒤집어 가토를 꺼낸다. 콩데 위에 파인애플 슬라이스를 올린다.
5 체리 콩피와 안젤리카 콩피를 잘라서 동그란 모양으로 장식한 다음, 캐러멜 소스는 그릇에 따로 담아낸다.

살구 쿠론 드 리 *Couronne de riz aux abricots* 

6~8인분 기준
작업 시간 30분
조리 시간 1시간

재료
둥근 쌀 200g
바닐라 깍지 1개
우유 1ℓ
소금 1꼬집
달걀 2개
크림 30g
설탕 100g
시럽에 재운 살구 1kg
럼 1tbsp
체리 콩피 20개
안젤리카 콩피 50g
아몬드 슬라이스 20g

1 물을 냄비에 넣고 끓인다. 쌀을 체에 밭쳐 흐르는 찬물에 씻는다. 끓는 물에 쌀을 넣고 2분간 담갔다 뺀 다음, 물기를 제거한다.

2 바닐라 깍지는 반을 갈라 씨를 긁어낸다.

3 냄비 물을 버리고 우유를 부은 다음 쌀, 소금, 바닐라 깍지를 넣는다. 쌀이 우유를 모두 흡수하도록 아주 약한 불에서 45분 정도 익힌 다음, 바닐라 깍지를 뺀다.

4 볼에 달걀, 크림, 설탕을 넣고 거품기로 저은 다음, 쌀에 넣고 섞는다.

5 지름 20cm 사바랭 틀에 버터를 바르고 쌀을 부은 다음, 중탕 용기에 담가 15분간 익힌다.

6 살구는 체에 밭쳐 시럽을 제거하고, 예쁜 것 12개를 골라 놓는다. 나머지는 푸드 밀이나 블렌더에 갈아 퓌레로 만든 다음, 약불에 데워 럼을 타서 쿨리를 만든다.

7 둥근 접시를 받친 상태에서 가토를 틀에서 꺼낸다. 여기에 따뜻한 살구 쿨리를 붓고, 살구 조각 12개를 올린다. 체리 콩피와 안젤리카 콩피를 잘라서 동그랗게 장식하고, 아몬드 슬라이스를 꽂아 마무리한다.

프뤼 므랭게 오 리 *Fruits merinqués au riz* 

6~8인분 기준
작업 시간 45분
조리 시간 15분

재료
리 오 레 500g ▶ 308쪽 참고
설탕 650g
물 500ml
바닐라 깍지 1개
살구 24개
머랭 300g ▶ 43쪽 참고
살구잼 70g
레드커런트 젤리 70g

1 리 오 레를 만든다.

2 바닐라 깍지는 반으로 갈라 씨를 긁어낸다. 냄비에 물과 설탕, 바닐라 깍지를 넣고 끓여 시럽을 만든다. 씨를 뺀 살구를 끓는 시럽에 5분간 담갔다가 체에 밭친다.

3 머랭을 만든다.

4 옆면이 높은 24cm 오븐용 원형 접시에 리 오 레를 넣고, 그 위에 2등분한 살구 조각을 나란히 놓는다.

5 오븐은 160℃로 예열한다.

6 짤주머니에 머랭을 넣고 살구 위에 짠 다음, 스패출러로 판판하게 편다. 짤주머니에 5mm 깍지를 끼워서 작은 왕관 모양으로 머랭을 여러 개 짜는데, 서로 붙지 않게 간격을 둔다.

7 160℃ 오븐에 넣고 10분간 구운 다음, 220℃로 온도를 높여 머랭이 노릇해지도록 5분 더 굽는다.

8 머랭 사이사이에 살구잼과 레드커런트 젤리를 번갈아 넣어 색감을 살린다. 프뤼 므랭게는 따뜻하거나 차갑게 먹는다.

캐러멜 가토 드 리 *Gâteau de riz au caramel*

4~6인분 기준
작업 시간 30분
조리 시간 45분

앙트르메
리 오 레 400g ▶ 308쪽 참고
달걀 3개
설탕 175g
소금 1꼬집

캐러멜
설탕 100g
레몬즙 1/2개분

1 리 오 레를 만든다.
2 달걀을 깨뜨려 흰자와 노른자를 분리한다.
3 리 오 레에 있는 바닐라 깍지를 빼내고 저어가며 설탕과 노른자를 넣는다.
4 흰자에 소금을 넣어 아주 단단하게 휘핑한다. 흰자 머랭을 리 오 레에 조금씩 넣으며 섞는다.
5 오븐은 200℃로 예열한다.
6 큰 냄비에 설탕, 레몬즙, 물 1tbsp을 넣고 가열해 캐러멜을 만든다. 캐러멜이 완성되자마자 1/2을 20cm 샤를로트 틀에 붓고, 바닥과 테두리에 캐러멜이 골고루 묻도록 틀을 돌린다. 남은 캐러멜은 보관한다.

7 캐러멜을 입힌 틀에 리 오 레를 잘 눌러 담고, 중탕 용기에 넣는다. 가스 불에서 중탕물이 끓어오르면 오븐에 넣고 45분간 익힌다.
8 식힌 다음, 서빙 접시를 받쳐 틀에서 꺼낸다. 남은 캐러멜에 뜨거운 물을 약간 타서 캐러멜을 녹이고 가토 위에 붓는다.

초콜릿 가토 드 리 *Gâteau de riz au chocolat*

4~6인분 기준
작업 시간 40분
조리 시간 25분
냉장 시간 3시간

재료
비터 다크초콜릿 150g
리 오 레 800g ▶ 308쪽 참고
흰자 4개분 · 소금 1꼬집
초콜릿 소스 200ml ▶ 112쪽 참고
휘핑한 크림 120g ▶ 56쪽 참고

1 초콜릿은 중탕이나 전자레인지에 녹인다.
2 리 오 레가 거의 다 익었을 때 녹인 초콜릿을 넣는다.
3 흰자에 소금을 넣고 휘핑한다. 리 오 레를 볼에 담고 흰자 머랭을 조금씩 넣으며 한 방향으로 젓는다.
4 오븐은 180℃로 예열한다.
5 지름 20cm 틀에 버터를 바르고, 리 오 레를 넣은 다음 오븐에서 25분간 굽는다.
6 식혀서 3시간 동안 냉장 보관한다.
7 초콜릿 소스를 만든다.
8 크림을 휘핑해서 초콜릿 소스와 섞은 다음, 냉장 보관한다.

9 서빙 접시를 받쳐 가토를 틀에서 꺼낸다. 가토 전체에 소스를 붓고 남은 소스는 따로 접시에 담거나, 가토를 조각내 개인 접시에 담고 소스를 부어도 된다.

딸기즙을 넣은 루바브 가토 드 리

Gâteau de riz à la rhubarbe et au jus de fraise 

6인분 기준

작업 시간 30분
조리 시간 20분
냉장 시간 3시간

재료

리 오 레 800g ▶308쪽 참고
흰자 4개분
소금 1꼬집
루바브 콩포트 120g ▶329쪽 참고
딸기즙 200ml ▶114쪽 참고
딸기 200g

1 리 오 레를 만든다.

2 오븐은 180°C로 예열한다.

3 흰자에 소금을 넣고 휘핑해 단단한 머랭을 만든다. 리 오 레를 볼에 담고 머랭을 조금씩 넣으면서 나무 숟가락으로 살살 떠올리며 섞는다.

4 일인용 틀 6개에 버터를 바르고 밀가루를 뿌린다. 여기에 반죽을 붓고 20분간 굽는다.

5 완전히 식혀서 3시간 동안 냉장 보관한다.

6 루바브 콩포트와 딸기즙을 만들어 냉장 보관한다.

7 딸기는 흐르는 찬물에 빠르게 씻고 꼭지를 딴다.

8 접시를 받치고 가토를 틀에서 꺼낸 다음, 루바브 콩포트를 올리고 딸기즙을 붓는다. 생딸기를 얹어 마무리한다.

라즈베리 가토 드 스물 *Gâteau de semoule à la framboise* 

4~6인분 기준

작업 시간 15분
조리 시간 15분
냉장 시간 3시간

재료

스물 오 레 800g ▶309쪽 참고
레몬 1개
노른자 4개분
크림 100ml
라즈베리 200g
설탕 30g
마라스캥marasquin❖ 1tbsp

1 레몬은 화학 약품으로 처리하지 않은 것을 골라 껍질을 잘게 간다. 스물 오 레가 거의 익었을 때 레몬 제스트를 넣는다.

2 스물 오 레가 익으면 불을 끄고, 노른자를 1개씩 넣으면서 나무 숟가락으로 잘 젓는다.

3 여기에 크림을 넣고 균일한 텍스처가 나올 때까지 섞는다.

4 바바 틀에 스물 오 레를 붓고 3시간 동안 냉장고에서 굳힌다.

5 라즈베리는 좋은 것을 골라 포크로 으깬 다음, 설탕과 마라스캥을 넣고 버무린다.

6 뜨거운 물에 틀을 잠깐 담갔다 뺀 다음, 서빙 접시를 밑에 받치고 가토를 꺼낸다.

7 가토를 조각내 개인 접시에 담고 라즈베리를 얹어 장식한다.

❖ 마라스캥marasquin은 신맛이 나는 체리의 일종인 마라스카를 원료로 만든 리큐어다.

크레올식 타로 가토 *Gâteau de taro créole* 

4~6인분 기준
작업 시간 20분
조리 시간 25분+25분

재료
타로 500g
큰 오렌지 1개
버터 100g
달걀 4개
소금 1꼬집
설탕 20g
계피 가루 1tsp

1 타로를 껍질을 깎아 조각낸다. 손질한 타로를 냄비에 넣고 찬물을 부어 25분간 익힌다. 칼로 찔러 다 익었는지 확인한 다음, 물기를 제거해서 푸드 밀에 간다.

2 오렌지는 화학 약품으로 처리하지 않은 것을 골라 껍질은 잘게 갈고, 과육은 즙을 낸다. 버터를 녹인다.

3 달걀은 깨뜨려 흰자와 노른자를 분리한다. 흰자에 소금을 넣고 단단하게 휘핑한다.

4 오븐은 180℃로 예열한다.

5 타로 퓌레에 설탕과 버터를 넣고 섞는다. 여기에 노른자를 1개씩 넣고 섞다가 오렌지즙과 제스트를 타고, 마지막에 흰자 머랭을 넣고 조심스럽게 섞는다.

6 지름 22cm 수플레 틀에 버터를 바르고 설탕을 뿌린 후, 반죽을 넣은 다음 25분 정도 오븐에서 익힌다. 타로 가토는 미지근하게 식혀 먹는 것이 좋다.

Comment

타로는 아프리카, 아시아, 앤틸리스 제도에서 자라나는 덩이줄기 식물로 외관은 고구마와 비슷하다.

페슈 아 랭페라트리스 *Pêches à l'impératrice* 

4~6인분 기준
작업 시간 40분
조리 시간 15분 + 5분

재료
물 750ml · 설탕 375g
바닐라 깍지 1개
복숭아 6개
리 오 레 800g ▶308쪽 참고
키르슈 30ml
마라스캥marasquin❖ 20ml
살구 150g
마카롱 100g

1 바닐라 깍지는 반으로 갈라 씨를 긁어낸다. 냄비에 물, 설탕, 바닐라 깍지와 씨를 넣고 끓인다. 여기에 복숭아를 넣고 10~15분간 익힌다. 복숭아를 꺼내 껍질을 벗긴 다음 2등분한다.

2 리 오 레를 만들어 키르슈와 마라스캥을 탄다.

3 살구는 조각내서 블렌더나 푸드 밀로 갈아 퓌레로 만든다.

4 마카롱은 칼로 다진다.

5 오븐은 180℃로 예열한다.

6 지름 24cm 틀 바닥에 리 오 레를 깔고 복숭아 조각으로 덮는다. 그 위에 리 오 레를 이전보다 더 얇게 깔고, 살구 퓌레를 바르고 다진 마카롱을 뿌린다. 겉면에 색깔이 나오지 않게 주의하며 오븐에서 5분간 굽는다.

Tip

겨울철에는 시럽에 재운 살구와 복숭아를 사용한다.

❖ 마라스캥marasquin은 신맛이 나는 체리의 일종인 마라스카를 원료로 만든 리큐어다.

리 아 랭페라트리스 *Riz à l'impératrice* 

4~6인분 기준

작업 시간 1시간
조리 시간 25분
냉장 시간 3~4시간

재료

과일 콩피 125g
럼 50ml
우유 1ℓ
바닐라 깍지 1개
소금 1꼬집 · 둥근 쌀 250g
버터 25g · 설탕 150g
크렘 앙글레즈 500g ▶ 46쪽 참고
판젤라틴 1장 · 럼 1tbsp
크렘 샹티 250g ▶ 53쪽 참고
바닐라 설탕 1팩
체리 콩피 3개

1 과일 콩피는 큐브 모양으로 조각내서 럼에 재운다.

2 우유에 바닐라 깍지, 소금, 버터를 넣고 가열한다.

3 물 1ℓ를 끓인다. 여기에 쌀을 솔솔 뿌리고 2분 정도 익혀 물기를 제거한 다음, 끓는 우유에 붓는다. 뭉근한 불에서 쌀알이 으깨질 때까지 20분 정도 익힌다.

4 여기에 설탕을 넣고 5분 더 익힌 다음, 불을 끄고 과일 콩피와 럼을 넣고 섞고 식힌다.

5 찬물에 젤라틴을 불려 물기를 짠다. 크렘 앙글레즈가 거의 다 익었을 때 젤라틴과 럼을 타서 섞는다. 완성된 크렘 앙글레즈는 고운 체에 걸러 식힌다.

6 바닐라 설탕을 넣고 크렘 샹티를 만든다.

7 쌀과 크렘 앙글레즈가 식으면 한데 섞다가 크렘 샹티를 넣고 살살 버무린다. 반죽을 지름 22cm 사바랭 틀에 붓고 3~4시간 동안 냉장고에서 굳힌다.

8 끓는 물이 담긴 접시에 틀을 잠깐 담갔다 뺀 다음, 서빙 접시를 받쳐 가토를 꺼낸다. 반으로 자른 체리 콩피로 장식한다.

리 오 레 *Riz au lait* 

4~6인분 기준

작업 시간 15분
조리 시간 30~40분

재료

우유 900ml · 설탕 70g
소금 1꼬집
바닐라 깍지 1개
또는 계피 가루 1꼬집
둥근 쌀 200g · 버터 50g
노른자 2~3개분

1 큰 냄비에 우유, 바닐라 깍지나 계피 가루, 설탕을 넣고 가열한다.

2 물 1ℓ를 끓인다. 쌀을 씻어 끓는 물에 넣고 2분간 데친 다음 물기를 뺀다. 물에 데친 쌀을 끓는 우유에 넣는다.

3 냄비 불을 줄인 다음, 뚜껑을 덮고 30~40분 동안 아주 약한 불에서 뭉근하게 익힌다.

4 쌀이 익으면 버터와 노른자를 1개씩 넣으면서 잘 섞는다. 리 오 레는 미지근하거나 차갑게 식혀서 크렘 앙글레즈 ▶ 46쪽 참고나 라즈베리 쿨리 ▶ 108쪽 참고, 또는 사과 콩포트 ▶ 320쪽 참고와 함께 먹는다.

감귤류 젤리를 넣은 아몬드 리 오 레

Riz au lait d'amande et à la gelée d'agrumes

4인분 기준

작업 시간 30분

조리 시간 15분 + 15분

재료

아몬드유 100ml ▶ 60쪽 참고

둥근 쌀 80g · 우유 250ml

설탕 25g · 크림 200g

달걀 1개 · 노른자 1개분

오렌지 4개 · 핑크 자몽 3개

판젤라틴 2장

1 하루 전에 아몬드유를 만든다.

2 쌀을 씻어 끓는 물에 2분간 데친다. 우유에 설탕을 타고 끓여 데친 쌀을 넣는다. 불을 줄이고 쌀이 우유를 완전히 흡수할 때까지 뭉근하게 익힌다.

3 오븐은 120℃로 예열한다.

4 익힌 쌀과 크림, 달걀, 노른자, 아몬드유를 잘 섞은 다음, 오븐용 그릇 4개에 나눠 담는다. 오븐에서 15분간 굽고, 식으면 냉장고에 넣는다.

5 자몽과 오렌지는 큼직하게 자르고 흰 부분이 없도록 껍질을 깔끔하게 벗긴다. 이때 볼을 받쳐 밑으로 떨어지는 즙을 모은다. 젤라틴은 찬물에 넣고 불려 물기를 짠다.

6 작은 냄비에 과일즙을 미지근하게 데운 후 젤라틴을 넣는다.

7 쌀에 자몽 조각과 오렌지 조각을 번갈아 넣고 감귤류 젤리를 부은 다음 냉장 보관한다.

스물 오 레 *Semoule au lait*

4~6인분 기준

작업 시간 10분

조리 시간 30분

재료

우유 1ℓ · 설탕 150g

소금 1꼬집

바닐라 깍지 1개

세몰리나 250g · 버터 75~100g

1 오븐은 180℃로 예열한다.

2 바닐라 깍지는 반으로 갈라 씨를 긁어낸다. 우유에 설탕, 소금, 바닐라 깍지를 넣고 가열한다.

3 우유가 끓어오르면 세몰리나를 솔솔 뿌리며 젓다가 버터를 넣고 잘 섞는다.

4 오븐 그릇에 반죽을 붓고 알루미늄 포일이나 버터를 칠한 유산지를 덮은 다음, 30분간 오븐에서 굽는다.

Tip

취향에 따라 건포도나 과일 콩피, 건살구 또는 건자두를 차에 불려 넣어도 좋다.

쉬브릭 당트르메 드 리 *Subrics d'entremets de riz*

4~6인분 기준

작업 시간 30분

휴지 시간 30분

조리 시간 10분

재료

리 오 레 500g ▶ 308쪽 참고

과일 콩피 100g · 그랑 마르니에 50ml · 버터 100g · 레드커런트 젤리나 라즈베리 젤리 또는 살구 마멀레이드

1 과일 콩피는 큐브 모양으로 조각내 그랑 마르니에에 재운다.

2 리 오 레에 과일 콩피를 넣고 살살 버무린다.

3 버터 50g을 녹인다. 작업대에 유산지를 깔고 리 오 레를 두께 4~6mm로 평평하게 펼친 다음, 붓으로 녹인 버터를 바른다. 냉장고에 30분간 넣어 굳힌다.

4 가토가 완전히 굳으면 칼이나 커터로 잘라 원형 또는 정사각형으로 만든다.

5 코팅 프라이팬을 달궈 남은 버터를 녹이고, 쉬브릭 양면을 노릇하게 굽는다.

6 쉬브릭을 서빙 접시에 담고, 젤리나 마멀레이드를 1tbsp 정도 넣는다.

Plus

리 오 레 대신 스물 오 레를 넣으면 세몰리나 쉬브릭이 된다. 과일 콩피를 넣어서 풍성한 맛을 낼 수도 있고, 넣지 않고 심플하게 만들 수도 있다.

과일 디저트
DESSERTS AUX FRUITS

과일 디저트는 상큼하고 칼로리가 낮은 편이어서 무거운 식사 후에 가볍게 먹거나 여름철에 즐겨 찾는 후식이다. 만들기는 비교적 쉽지만 잘 익고 실한 과일을 고르는 일에 세심한 주의가 필요하다.

캐러멜 향 바닐라 파인애플 로티 Ananas rôti à la vanille caramélisée 

6인분 기준
작업 시간 30분
조리 시간 1시간

재료
파인애플 1개(1.5kg)
바닐라 깍지 5개

시럽
바닐라 깍지 2개
설탕 125g
바나나 1/2개
생강 슬라이스 6개
올스파이스 3알
물 220ml
럼 아그리콜 1tbsp

1 바나나 1/2개는 껍질을 벗기고 으깨 퓌레 30g으로 만든다.

2 시럽을 만든다. 바닐라 깍지는 반으로 갈라 2등분한다. 냄비에 물 없이 설탕만 넣고 약불에서 가열해 진한 갈색 캐러멜을 만든다. 여기에 바닐라 깍지와 생강 슬라이스, 올스파이스를 넣고 바로 물을 붓는다. 나무 숟가락으로 저으면서 시럽을 끓인다. 시럽 3tbsp 정도를 바나나 퓌레에 넣고 섞은 다음, 이것을 다시 시럽에 붓고 럼을 탄다.

3 오븐은 230℃로 예열한다.

4 잘 드는 칼로 파인애플의 원통 모양을 그대로 살려 껍질을 깐다. 바닐라 깍지 5개는 반으로 가르지 말고 2등분해서 파인애플에 골고루 꽂는다. 파인애플을 로스팅 팬에 담고, 그 위에 체에 거른 시럽을 붓는다.

5 중간중간 시럽을 끼얹고 파인애플을 뒤집으면서 1시간 동안 오븐에서 굽는다.

6 구운 파인애플은 식혀서 슬라이스로 썰고 접시에 담는다. 따뜻하거나 차가운 즙을 부어 먹는다.

아나나스 앙 쉬르프리즈 Ananas en surprise 

4~6인분 기준
작업 시간 40분
재우는 시간 2시간
휴지 시간 2시간

재료
파인애플 1개
설탕 100g
럼 50ml
크렘 파티시에르 950g ▶ 61쪽 참고
딸기 6~8개
흰자 3개분
크림 100ml

1 파인애플은 세로로 잘라 껍질에 상처를 내지 않고 과육만 도려낸다. 파인애플 몇 조각은 장식용으로 남겨둔다.

2 파인애플 과육은 작은 큐브로 잘라, 설탕 100g과 럼을 넣고 2시간 정도 재운다.

3 크렘 파티시에르를 만든다.

4 파인애플 조각을 체에 밭쳐 거른 즙을 크렘 파티시에르와 섞는다. 크렘은 2시간 동안 냉장 보관한다.

5 딸기는 빠르게 씻는다.

6 흰자 3개를 아주 단단하게 휘핑한 다음, 크렘 파티시에르에 조금씩 넣으며 살살 섞는다. 여기에 파인애플 조각과 크림을 넣고 버무린다.

7 파인애플 껍질에 완성된 크림을 넣고, 장식용 파인애플 조각과 딸기를 올려서 냉장 보관한다.

바나나 앙티예즈 *Bananes antillaises* 

6인분 기준
작업 시간 10분
조리 시간 15분

재료
바나나 6개
오렌지 2개
건포도 50g
버터 50g
설탕 50g
바닐라 설탕 1팩
럼 100ml

1 바나나는 껍질을 벗기고, 오렌지는 짜서 즙을 낸다. 건포도는 물에 담그지 말고 빠르게 헹군다.
2 접시를 오븐이나 전자레인지에 데운다.
3 코팅 프라이팬을 달궈 버터를 녹이고, 가로로 2등분한 바나나를 넣고 노릇하게 굽는다. 여기에 설탕, 오렌지즙, 건포도를 넣고 끓어오르면 럼 1/2을 붓고 2~3분간 뭉근한 불에 익힌다.
4 따뜻하게 데운 접시에 바나나와 소스를 담고 테이블에 놓는다.

5 남은 럼을 작은 냄비에 붓고 빠르게 데운 다음, 바로 바나나에 부어 불꽃을 일으킨다. 이렇게 알코올을 끼얹어 불꽃을 일으키는 작업을 '플랑베flamber'라고 한다.

Plus

바나나 플랑베 Bananes flambées
오렌지 소스 없이 간단하게 바나나 플랑베를 만들 수 있다. 팬에 바나나를 굽고 럼을 끼얹어 플랑베를 한 다음, 크림을 약간 곁들여 서빙한다.

바나나 보아르네 *Bananes Beauharnais* 

6인분 기준
작업 시간 15분
조리 시간 10~12분

재료
바나나 6개 · 설탕 30g
화이트 럼 4tbsp · 마카롱 100g
크렘 프레슈 에페스 150g▶428쪽 참고

1 오븐은 220°C로 예열한다.
2 바나나는 껍질을 깐다.
3 커다란 오븐 그릇에 버터를 살짝 바르고 바나나를 넣는다. 설탕을 뿌리고 럼을 끼얹은 다음, 오븐에서 6~8분간 굽는다.
4 마카롱은 칼로 다진다.

5 오븐 그릇을 꺼내 바나나에 크림을 붓고 으깬 마카롱을 뿌린다. 다시 그릇을 오븐에 넣고 3~4분간 익혀 겉면에 윤기를 낸 다음, 바로 먹는다.

부르고뉴식 체리 플랑베 *Cerises flambées à la bourquignonne* 

4~6인분 기준
작업 시간 30분
조리 시간 15분

재료
체리 600g
물 200ml
설탕 260g
레드커런트 젤리 2~3tbsp
마르크 드 부르고뉴✤ 50ml

1 체리는 꼭지를 따고 씨를 제거한다.
2 작은 냄비에 물과 설탕을 넣고 끓인다.
3 손질한 체리를 시럽에 담고 냄비 불을 줄인 다음 10분간 익힌다.
4 여기에 레드커런트 젤리 2~3스푼을 넣고, 약불에서 5~6분간 졸인다.

5 접시에 체리를 담는다. 마르크 드 부르고뉴를 작은 냄비에 넣고 데운 다음, 체리에 끼얹어 불꽃을 낸다. 이렇게 알코올을 부어 불꽃을 일으키는 작업을 '플랑베flamber'라고 한다.

✤ 마르크marc는 포도를 짜고 남은 찌꺼기를 발효시켜 만든 브랜디인데, '마르크 드 부르고뉴marc de Bourgogne'라고 하면 부르고뉴산 마르크를 의미한다.

파인애플 로티

Ananas rôti

통파인애플을 그대로 플레이팅한 후,
얇게 잘라 깨인 접시에 담는다.

누가와 꿀을 넣은 복숭아 쇼푸아

Chaud-froid de pêches au miel et au nougat

6인분 기준

작업 시간 40분
냉장 시간 1시간

라벤더 꿀 아이스크림

크림 100ml
신선한 우유 400ml
라벤더 꿀 150g
노른자 6개분
부드러운 누가 50g

라벤더 꿀 복숭아 구이

복숭아 1kg · 버터 50g
라벤더 꿀 70g
후추 · 소금 1꼬집
레몬 1개 · 누가 60g

1 라벤더 꿀 아이스크림을 만든다. 먼저 큰 용기에 얼음물을 채운다. 우유와 크림, 라벤더 꿀 1/2을 냄비에 넣고 끓이고, 노른자와 남은 꿀 1/2을 함께 섞어 휘핑한다. 끓는 우유 1/3을 휘핑한 꿀과 노른자에 넣고 힘껏 젓고, 이것을 다시 우유 냄비에 부어 살살 저으면서 약불에서 크렘 앙글레즈처럼 익힌다. ▶46쪽 참고.

2 크림이 익으면 볼에 넣고, 얼음물을 채운 용기에 담가 식힌 다음 냉장고에 넣는다.

3 누가는 조각으로 자른다.

4 크림을 셔벗 메이커에 넣고 1시간 동안 냉각시키는데, 완성되기 2분 정도 전에 누가를 넣는다.

5 복숭아 구이를 만든다. 먼저 복숭아는 껍질을 벗겨 씨를 제거한 다음, 8조각으로 자른다. 팬을 중불로

달궈 버터를 녹이고 꿀을 넣은 다음, 아주 센 불에서 복숭아를 넣는다. 중간중간 뒤집으며 빠르게 익히는데, 노릇한 색이 고루 나면서 캐러멜이 살짝 묻어야 한다. 여기에 레몬즙과 소금 1꼬집을 넣고 후추를 그라인더로 3번 돌려 넣은 다음, 잘 섞고 불을 끈다.

6 복숭아를 개인 접시에 담고 누가 조각을 뿌린 다음, 라벤더 꿀 아이스크림을 둥글고 길쭉한 크넬quenelle 모양으로 크게 떠서 올린다.

Tip

하루 전에 아이스크림용 크림을 미리 만들어두었다가, 다음 날 먹기 1시간 전에 셔벗 메이커에 돌리면 시간을 훨씬 절약할 수 있다.

오븐에 구운 모과 *Coings au four*

4인분 기준

작업 시간 15분
조리 시간 30분

재료

잘 익은 모과 4개
크림 100ml · 설탕 195g
살구 과즙 100ml

1 오븐은 220℃로 예열한다.

2 오븐 그릇에 버터를 바른다.

3 모과는 껍질을 깎아 '애플 코러'라고 부르는 비드 폼므vide-pomme로 찍어 심을 제거하는데, 모과 밑바닥까지 뚫지는 않는다.

4 크림과 설탕 65g을 섞어 작은 숟가락으로 모과 안에 넣는다.

5 모과 위에 남은 설탕을 뿌리고 오븐 그릇에 넣은 다음, 30분간 굽는다. 살구 과즙과 익으면서 흘러나온 즙을 중간중간 모과 위에 끼얹는다.

6 모과 구이는 따뜻할 때 먹는다.

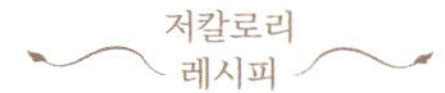

살구 콩포트 *Compote d'abricot*

4~6인분 기준

작업 시간 10분
조리 시간 2분

재료

살구 700g · 설탕 75g
판젤라틴 3장 · 살구 브랜디 20ml

1 살구는 씨를 제거한 다음, 블렌더나 푸드 밀에 갈아 퓌레로 만든다. 퓌레에 설탕을 넣고 잘 섞는다.

2 젤라틴은 물에 불려 물기를 짠다. 냄비에 살구 퓌레 1/4과 살구 브랜디, 불린 젤라틴을 넣고 살짝만 데워 젤라틴을 녹인다. 이것을 나머지 퓌레 3/4에 넣고 힘껏 휘핑한다. 완성된 콩포트는 냉장고에 넣는다.

Comment

살구 브랜디 대신 배 브랜디나 미라벨 브랜디를 넣어도 좋다. 콩포트이지만 젤리처럼 부드럽기 때문에 파운드케이크에 곁들이면 잘 어울린다.

◆ **100g당 영양 성분**

총 85kcal · 단백질 1g · 탄수화물 18g

구운 살구 콩포트 *Compote d'abricots rôtis* 

4~6인분 기준

작업 시간 10분
조리 시간 20분

재료

살구 600g
설탕 80g

1 오븐은 180℃로 예열한다.
2 살구는 씻어서 씨를 제거한 다음, 2등분한다.
3 로스팅 팬에 살구 조각을 넣고 설탕을 뿌린 다음, 20분간 오븐에서 굽는다.
4 콩포트용 그릇에 담아 미지근하거나 차갑게 먹는다.

크렘 앙글레즈▶46쪽 참고나 바닐라 아이스크림▶97쪽 참고, 또는 레드커런트 젤리와 함께 프티 사블레나 갈레트 브르톤느 ▶249쪽 참고를 곁들여 먹으면 더욱 맛있다.

크랜베리 콩포트 *Compote d'airelle* 

4~6인분 기준

작업 시간 15분
조리 시간 15분
냉장 시간 1시간

재료

크랜베리 1kg
레몬 1/2개
설탕 500g · 물 200ml

1 크랜베리는 알알이 떼서 씻는다.
2 레몬은 제스터기로 간다.
3 설탕, 레몬 제스트, 물을 넣고 5분간 끓인 다음, 크랜베리를 넣고 센 불에서 10분간 익힌다.
4 스키머로 크랜베리를 건져서 콩포트 그릇에 담는다.
5 남은 시럽을 2/3로 졸여서 크랜베리 위에 붓고, 최소 1시간 동안 냉장 휴지시킨다.

Tip

하루나 이틀 전에 미리 만들 경우 크랜베리에서 과즙이 나오기 때문에 시럽은 1/2 정도가 되도록 더 많이 졸인다.

Plus

크랜베리 대신 블루베리나 블랙커런트를 넣으면 다양한 콩포트를 만들 수 있다. 생과일도 좋지만 냉동 과일을 써도 무방하다.

블랙커런트 콩포트 *Compote de cassis* 

6~8인분 기준

작업 시간 15분
냉장 시간 3시간

재료

통조림 블랙커런트 150g
레드커런트 100g
설탕 150g
판젤라틴 5장
블랙커런트 1kg

1 통조림에 든 블랙커런트는 플라스틱 체에 몇 시간 정도 밭쳐 시럽을 제거한다.
2 블랙커런트와 레드커런트는 푸드 밀이나 블렌더에 따로 넣어서 아주 곱게 간다. 두 가지 퓌레를 모두 볼에 담고 설탕을 넣어 버무린다.
3 젤라틴은 찬물에 15분 정도 불려 물기를 짜고 중탕에서 녹인다. 여기에 퓌레 2스푼을 넣고 섞은 다음, 이것을 다시 퓌레에 넣는다. 마지막으로 [1]의 블랙커런트를 넣고 섞는다.
4 콩포트는 식혀서 일인용 쿠프coupe 잔이나 볼에 넣고 3시간 동안 냉장 보관한 다음 아주 차갑게 먹는다.

Plus

냉동 라즈베리 퓌레 500g과 설탕 70g, 레몬즙 1/2개분, 판젤라틴 6장을 넣고 레시피대로 작업하면 라즈베리 콩포트가 완성된다.

체리 콩포트 *Compote de cerise* 

6~8인분 기준
작업 시간 30분
조리 시간 8분

재료
체리 1kg
설탕 300g
물 100ml
키르슈 1컵

1 체리는 빠르게 씻어 꼭지를 따고 씨를 제거한다.
2 바닥이 두꺼운 냄비에 설탕을 넣고 물을 부은 다음, 그랑 불레grand boulé로 가열한다▶72쪽 참고. 여기에 체리를 넣고 아주 약한 불에서 8분간 익힌다.
3 체리는 체에 밭쳐 시럽을 제거한 다음, 콩포트 그릇에 담는다.
4 시럽에 키르슈를 넣고 잘 섞은 다음, 체리 위에 붓고 식힌다. 체리 콩포트는 시원하게 먹는다.

Plus

미라벨 콩포트 Compote de mirabelle
설탕 200g, 물 80ml, 미라벨 자두 1kg을 넣어 레시피대로 작업한다. 크림을 소스에 담아 미라벨 콩포트에 곁들인다.

복숭아 콩포트 Compote de pêche
설탕 200g과 물 80ml로 시럽을 만들어 바닐라 깍지 1개를 넣는다. 끓는 물에 복숭아 1kg을 살짝 데쳐 껍질을 벗긴 다음, 레시피대로 작업한다.

건무화과 콩포트 *Compote de fique séchée* 

4~6인분 기준
작업 시간 10분
불리는 시간 3~4시간
조리 시간 20~30분

재료
건무화과 300g
레몬 1개 · 설탕 300g
레드 와인 300ml

1 건무화과를 찬물에 3~4시간 동안 담가 충분히 불린다.
2 레몬은 화학 약품으로 처리하지 않은 것을 골라 껍질을 잘게 간다. 냄비에 설탕과 와인, 레몬 제스트를 넣고 끓인다.
3 무화과는 체에 밭쳐 물기를 제거한 다음, 끓는 와인에 넣고 약불에서 20~30분간 익힌다. 건무화과 콩포트는 미지근하게 먹는다.

Comment

바닐라 아이스크림▶97쪽 참고과 평소 좋아하는 비스퀴를 곁들여 먹으면 맛있다.

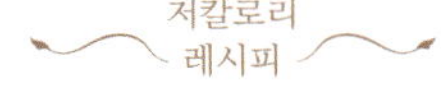

딸기 콩포트 *Compote de fraise*

4~6인분 기준
작업 시간 15분

재료
딸기 700g · 설탕 140g
물 100ml · 바닐라 깍지 1개

1 딸기를 체에 밭쳐 빠르게 씻은 다음 꼭지를 딴다. 바닐라 깍지는 반으로 갈라 씨를 긁는다. 냄비에 설탕과 물, 바닐라 깍지를 넣고 5분간 끓인다.
2 딸기는 생채로 콩포트 그릇에 담고, 그 위에 끓는 시럽을 붓는다.

◆ **100g당 영양 성분**
총 100kcal · 단백질 0g · 탄수화물 25g

망고 콩포트 *Compote de manque* 

4인분 기준
작업 시간 15분
조리 시간 30분
냉장 시간 1시간

재료
망고 2kg · 레몬 2개
설탕 50g
계피 가루 2꼬집

1 레몬은 화학 약품으로 처리하지 않은 것을 골라, 1개만 껍질을 잘게 갈고 2개 모두 짜서 즙을 낸다.

2 망고는 2등분해서 씨를 제거한 다음, 작은 숟가락으로 과육을 떠서 냄비에 넣는다. 여기에 레몬즙과 제스트, 설탕, 계피 가루를 넣고 재료가 잠길 정도로 물을 붓고 가열한다. 끓어오르면 거품을 걷어내고 불을 줄여 30분 정도 익힌다.

3 쿠프coupe 잔에 콩포트를 붓고 식힌 다음, 최소 1시간 동안 냉장고에서 굳힌다.

밤 콩포트 *Compote de marron* 

4~6인분 기준
작업 시간 45분
조리 시간 50분
냉장 시간 1시간

재료
마롱(밤) 700g
바닐라 깍지 2개
설탕 700g · 물 700ml

1 바닐라 깍지는 반으로 갈라 씨를 긁은 다음 냄비에 넣는다. 여기에 물과 설탕을 붓고 끓인다.

2 다른 냄비에 물을 넣고 데운다. 밤 테두리를 날카로운 칼로 깊게 갈라 껍질에 상처를 낸 다음, 끓는 물에 5분간 데쳐 따뜻할 때 껍질을 벗긴다.

3 밤을 바닐라 시럽에 넣고 45분 정도 뭉근하게 익힌다.

4 콩포트 그릇에 밤과 시럽을 담고 식힌다. 1시간 동안 냉장 보관한 후에 먹는다.

Tip

시간을 절약하고 싶다면 조미하지 않은 밤 통조림을 사용해 30분만 익힌다.

맥주를 넣은 배 콩포트 *Compote de poire à la bière* 

4~6인분 기준
작업 시간 10분
조리 시간 20분

재료
배 500g · 맥주 500ml
오렌지 콩피 50g · 레몬 콩피 50g
설탕 100g · 계피 가루 1tbsp
코린트Corinthe 건포도 100g

1 배는 껍질을 깎고 2cm 큐브로 잘라 냄비에 넣는다. 배가 잠길 정도로 맥주를 붓는다.

2 오렌지 콩피와 레몬 콩피는 아주 작게 조각내서 설탕, 건포도, 계피 가루와 함께 냄비에 넣는다.

3 중간중간 저으면서 아주 약한 불에서 20분간 익힌다.

4 상온에서 식힌 다음, 일인용 쿠프coupe 잔이나 볼에 담는다. 배 콩포트는 바삭한 비스퀴나 파운드케이크와 함께 먹는다.

감귤류와 레드비트즙을
넣은 가리게트 딸기

후추를 살짝 탄 딸기즙과 레드비트즙을 딸기, 오렌지, 레드비트
조각에 뿌리고, 크림은 별 모양 깍지로 짜서 모양을 낸다. 과일
사이에 레드비트 칩을 얹어 마무리한다. ▶483쪽 레시피 참고

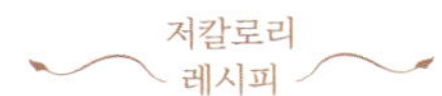

사과 또는 배 콩포트 _Compote de pomme ou de poire_

4~6인분 기준
작업 시간 15분
조리 시간 15~20분

재료
사과 또는 배 800g · 물 100ml
설탕 150g · 바닐라 깍지 2개
또는 계피 스틱 3개 · 레몬 1개

1 바닐라 깍지를 넣을 경우 반으로 갈라 씨를 긁어낸다. 물과 설탕, 바닐라 깍지 또는 계피 스틱을 냄비에 넣고 끓인다.
2 레몬즙을 내서 볼에 넣는다.
3 사과나 배는 껍질을 깎아 큼직하게 썰고 씨를 제거해 **(2)**의 볼에 넣는다. 잘 버무려 레몬즙을 골고루 묻힌다.
4 끓는 시럽에 사과나 배를 담가 너무 푹 무르지 않게 익힌 다음, 미지근하거나 차갑게 먹는다.

Plus

레몬즙에 버무리지 않고 과일을 바로 냄비에 넣어 콩포트를 만들 수도 있다. 냄비에 사과나 배 조각을 넣고 물 반 컵을 부은 다음, 설탕과 계피 가루를 뿌린다. 뚜껑을 덮고 눌어붙지 않도록 틈틈이 저어가며 약불에서 익힌다.

◆ 100g당 영양 성분

총 65kcal · 탄수화물 16g

건자두 콩포트 _Compote de pruneau_

4~6인분 기준
작업 시간 10분
조리 시간 40분

재료
생자두 또는 건자두 500g
차 300ml · 화이트 와인 또는
레드 와인 100ml · 그래뉴당 80g
레몬 1개 · 바닐라 설탕 1팩

1 건자두를 사용할 경우 차를 흐리게 우려 미지근하게 식힌 다음, 건자두를 넣고 불린다.
2 건자두가 충분히 불면 물기를 빼고 씨를 제거한 다음, 냄비에 넣는다. 여기에 와인을 붓고 그래뉴당과 레몬즙, 바닐라 설탕을 넣고 가열한다.
3 끓어오르고 나서 40분 더 익힌다. 건자두 콩포트는 미지근하거나 차갑게 먹는다.

Comment

자두 씨를 제거하지 않고 물이나 와인을 더 많이 부어서 끓인 다음, 즙을 함께 서빙해도 좋다.

민트 향 람부탄 콩포트 _Compote de ramboutan à la menthe_

4인분 기준
작업 시간 20분
재우는 시간 하룻밤
냉장 시간 1시간

재료
람부탄 500g · 복숭아 2개
설탕 50g · 뮈스카muscat
와인 2컵 · 신선한 민트 잎 8장
딸기 8개

1 하루 전에 과일을 재워둔다. 포크로 복숭아를 찍어 끓는 물에 살짝 담갔다가 바로 찬물에 넣는다. 껍질을 깐 다음, 큼직하게 썰고 씨를 제거한다. 손질한 복숭아는 볼에 담는다.
2 람부탄도 껍질을 벗겨 2등분한 다음 씨를 제거하고, 복숭아가 담긴 볼에 넣는다. 여기에 설탕을 뿌리고 뮈스카를 부어 잘 버무린다. 이 상태로 하룻밤 동안 재운다.
3 콩포트를 먹기 최소 1시간 30분 전에 복숭아와 람부탄, 뮈스카를 냄비에 넣고 약불에서 천천히 가열한다. 끓어오르면 불을 끄고 식힌 다음, 최소 1시간 동안 냉장고에 넣어둔다.
4 민트 잎은 잘게 썰고, 딸기는 빠르게 씻고 꼭지를 따서 얇게 자른다.
5 일인용 쿠프coupe 잔에 콩포트를 나누어 담는다. 딸기와 민트 잎으로 장식한 다음, 아주 차갑게 먹는다.

콩포트 뒤 비외 비뉴롱 *Compote du vieux vigneron*

6~8인분 기준

작업 시간 40분
조리 시간 18분

재료

약간 신 사과 350g · 설탕 250g
레드 와인 250ml · 정향 1개
계피 가루 1꼬집 · 배 250g
복숭아 250g · 버터 20g
포도알 90g

1 사과는 껍질을 깎아 큼직하게 썰고 씨를 제거한다. 바닥이 두꺼운 냄비에 설탕 100g과 사과 조각을 넣은 다음, 사과가 푹 무를 때까지 뚜껑을 덮고 약불에서 익힌다.
2 남은 설탕 150g과 레드 와인, 정향, 계피 가루를 냄비에 넣고 끓인다.
3 배와 복숭아는 껍질을 깎고 배는 4등분하고, 복숭아는 2등분해서 모두 씨를 제거한다. 과일 조각과 손질 과정에서 나온 즙을 (2)의 시럽 냄비에 넣고 15분 동안 익힌다.
4 사과 콩포트가 아직 뜨거울 때 버터를 넣고 버무린 뒤 콩포트 그릇에 담는다. 복숭아와 배는 스키머로 건져 물기를 뺀 다음, 사과 콩포트 위에 올린다.
5 끓는 시럽에 포도알을 넣고 3분간 익혀 물기를 제거한 다음, 사과 콩포트 위에 올린다.
6 시럽에서 정향을 꺼내고 계속 졸여 걸쭉하게 만든다.
7 콩포트에 졸인 시럽을 부은 다음 상온에서 완전히 식힌다.

초코 바나나 크루스티앙 *Croustillant choco-banane* 

8인분 기준

작업 시간 30분
조리 시간 8분

재료

바닐라 아이스크림 750ml ▶ 97쪽 참고 · 버터 200g · 카카오 가루 60g · 분당 40g
브릭 시트 8장 ▶ 463쪽 참고
바나나 4개 · 레몬 1개
카카오 가루

1 시판 제품을 사용하지 않는다면 바닐라 아이스크림을 직접 만든다.
2 오븐은 200℃로 예열한다.
3 냄비에 버터를 약불로 녹이고, 여기에 카카오 가루와 분당을 넣는다.
4 브릭 시트를 각각 4등분해서 (3)을 바른다. 오븐 팬에 유산지를 깔고 브릭 시트를 올린 다음 8분간 굽는다.
5 바나나는 껍질을 까서 레몬즙을 뿌리고 포크로 으깬다.
6 브릭 시트에 으깬 바나나를 바르고 브릭 시트로 덮는다. 그 위에 바닐라 아이스크림을 바르고 다시 브릭 시트로 덮는다. 맨 위에 카카오 가루를 뿌려 마무리한다.

– 레스토랑 아피키우스 *Apicius* 의
장 피에르 비가토 *Jean-Pierre Vigato*

프레즈 지네트 *Fraises Ginette* 

4인분 기준

작업 시간 20분
재우는 시간 30분

재료

레몬 셔벗 750ml ▶ 99쪽 참고
딸기 500g · 설탕 100g
퀴라소 *curaçao* 리큐어 100ml
샴페인 1컵
비올레트 캉디 80g ▶ 462쪽 참고
오렌지 껍질 콩피 100g
크림 200ml · 바닐라 설탕 1팩

1 직접 만들거나 구입한 레몬 셔벗을 냉동실에서 꺼내 놓는다.
2 쿠프 *coupe* 잔 4개를 냉동실에 넣는다.
3 딸기는 체에 밭쳐 씻은 다음 꼭지를 따서 볼에 넣는다. 큰 것은 2등분하고 설탕 40g과 퀴라소 리큐어, 샴페인을 붓고 잘 버무린다. 이 상태로 30분 동안 재운다.
4 비올레트 캉디 60g을 밀대로 눌러 굵게 다진다.
5 오렌지 껍질 콩피는 가늘게 썰거나 작은 큐브로 조각낸다.
6 남은 설탕 60g과 바닐라 설탕을 넣고 크림을 휘핑한다.
7 딸기를 체에 밭쳐 시럽을 제거한 다음, 체에 모슬린 천을 깔고 시럽을 거른다.
8 차가운 쿠프 잔 바닥에 레몬 셔벗을 넣는다.
9 그 위에 딸기를 담고, 오렌지 껍질 조각과 다진 비올레트 캉디를 넣는다. 시럽을 붓고 휘핑한 크림을 얹어 남은 비올레트 캉디 20g으로 장식한다.

블러드 오렌지를 넣은 딸기 *Fraises à la maltaise*

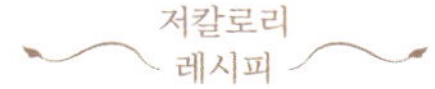

6인분 기준
작업 시간 15분

재료
블러드 오렌지 3개
가리게트gariguette 딸기 600g
설탕 70g · 쿠앵트로 30ml
얼음 가루

1 오렌지는 2등분해서 작은 빵칼이나 자몽 스푼으로 과육을 도려낸다.
2 오렌지 껍질 밑부분을 살짝 도려내 안정감 있게 세운 다음, 접시 위에 놓고 냉장 보관한다.
3 오렌지 과육은 으깨서 즙을 짠다.
4 딸기는 체에 밭쳐 흐르는 물에 재빨리 씻은 다음, 꼭지를 딴다.

5 오렌지즙에 설탕과 쿠앵트로를 섞은 다음, 딸기에 붓고 냉장 보관한다.
6 오렌지 껍질로 만든 그릇에 딸기를 담는다. 쿠프 coupe 잔에 얼음 가루를 넣고 그 위에 오렌지 그릇을 올려 바로 서빙한다.

◆ **100g당 영양 성분**
총 65kcal · 탄수화물 14g

건과일을 넣은 사과 그라탱 *Gratin de pommes aux fruits secs*

4인분 기준
작업 시간 15분
재우는 시간 1시간
조리 시간 10분

재료
건무화과 4개 · 피스타치오 30g
건포도 50g · 럼 70ml · 사과 3개
레몬 1개 · 빵가루 40g · 계피 가루
1/2tsp · 아몬드 가루 40g

1 무화과와 피스타치오는 굵게 다져서 건포도와 함께 볼에 넣는다. 여기에 럼을 붓고 1시간 정도 재운다.
2 레몬은 즙을 내서 다른 볼에 담는다. 껍질을 깎고 강판에 간 사과를 레몬즙에 넣어 갈변을 막는다.
3 오븐은 200℃로 예열한다.
4 (1)과 (2)를 한데 합쳐 빵가루를 넣고 버무린다.

5 작은 사기그릇 4개에 버터를 바르고 과일을 나눠 담은 다음, 계피 가루와 아몬드 가루를 뿌린다. 오븐에 넣고 10분간 구워 노릇하게 만든 다음, 미지근하거나 차갑게 식혀 먹는다.

◆ **100g당 영양 성분**
총 180kcal · 단백질 3g · 탄수화물 20g · 지질 6g

열대 과일 머랭 *Meringue aux fruits exotiques*

8인분 기준
작업 시간 45분
조리 시간 8~10분

재료
크렘 파티시에르 200g ▶ 61쪽 참고
크렘 샹티 250g ▶ 53쪽 참고
잘 익은 망고 1개 · 키위 1개
작은 파인애플 1개 · 패션프루트
8개 · 바닐라 깍지 1개 · 석류 1/4
개 · 머랭 90g ▶ 43쪽 참고

1 크렘 파티시에르와 크렘 샹티를 만들어서 냉장고에 넣는다.
2 망고, 키위, 파인애플은 껍질을 깎아 조각내고, 패션프루트는 잘라서 과육만 도려낸다. 손질한 과일은 모두 볼에 담는다.
3 바닐라 깍지를 반으로 갈라 씨를 긁어내고, 석류는 과육만 발라낸다. (2)의 볼에 바닐라 씨와 석류, 크렘 파티시에르를 과일 볼에 넣고 잘 버무린다. 마지막에 크렘 샹티를 넣고 살살 섞는다.

4 머랭을 만들어 원형 깍지를 끼운 짤주머니에 넣는다.
5 오븐은 250℃로 예열한다.
6 오븐용 잔에 열대 과일 크림을 담고 그 위에 머랭을 동그랗고 촘촘하게 짠다.
7 오븐에 넣고 8~10분간 구워 머랭이 노릇해지면, 바로 먹는다.

오렌지 수플레 *Oranges soufflées* 

6인분 기준
작업 시간 45분
조리 시간 30분

재료
큰 오렌지 6개
달걀 3개
설탕 60g
옥수수 전분 2tbsp
그랑 마르니에 50ml

1 오렌지는 화학 약품으로 처리하지 않은 것을 골라, 윗부분과 아랫부분을 약간 자른 다음 바닥에 고정시킨다.
2 껍질이 찢어지지 않게 조심하면서 자몽 스푼으로 과육을 파낸다. 과육을 체에 담고 꾹꾹 눌러 즙을 낸다.
3 달걀을 깨뜨려 노른자와 흰자를 분리한다. 볼에 노른자와 설탕, 옥수수 전분을 넣고 휘핑한 다음, 오렌지즙을 넣어 묽게 만든다.
4 [3]을 냄비에 넣고 나무 숟가락으로 저으며 약불에서 익힌다.

5 오렌지 크림이 걸쭉해지면 불을 끄고, 그랑 마르니에와 섞은 다음 식힌다.
6 오븐은 220℃로 예열한다.
7 흰자를 단단하게 휘핑한 다음, 오렌지 크림에 넣고 살살 섞는다. 완성된 무스를 오렌지 껍질 안에 넣는다.
8 오렌지 껍질을 오븐 그릇에 놓는다. 30분 동안 오븐에서 익힌 다음, 따뜻하게 먹는다.

보르도식 복숭아 *Pêches à la bordelaise* 

4인분 기준
작업 시간 30분
재우는 시간 1시간
조리 시간 10~12분

재료
복숭아 4개 · 설탕 70g
보르도 와인 300ml
각설탕 8개 · 계피 스틱 1개

1 큰 냄비에 물을 끓여 복숭아를 30초 정도 담갔다 뺀다. 흐르는 찬물에 식혀 껍질을 벗기고 2등분해서 씨를 제거한다. 볼에 넣고 설탕을 뿌려 1시간 동안 재운다.
2 다른 냄비에 와인과 각설탕, 계피 스틱을 넣고 끓인다.
3 재운 복숭아를 와인 시럽에 넣고 약불에서 10~12분 정도 익힌다.

4 복숭아는 체에 밭쳐 시럽을 제거하고 쿠프coupe 잔에 넣는다. 시럽은 숟가락 등으로 떠서 손가락으로 훑었을 때, 바로 흘러내리지 않고 자국이 남는 텍스처가 될 때까지 졸인다. 완성된 시럽을 복숭아 위에 붓고 식힌다.

라벤더를 넣은 복숭아 구이 *Pêches poêlées à la lavande* 

4인분 기준
작업 시간 10분

재료
복숭아 4개
말린 라벤더 꽃 0.5g
레몬 1개
버터 30g
설탕 30g

1 작은 칼로 말린 라벤더 꽃을 다진다.
2 복숭아는 껍질을 벗기고 2등분한 다음, 씨를 제거하고 다시 반으로 자른다.
3 코팅 프라이팬을 달궈서 버터를 녹인다. 여기에 복숭아 조각을 넣고 설탕을 뿌린 다음, 센 불에서 빠르게 굽는다.
4 마지막에 다진 라벤더 꽃을 넣어 복숭아에 골고루 묻힌다. 구운 복숭아는 접시에 담아서 식힌 다음, 시원하게 먹는다.

Comment

브리오슈 슬라이스 ▶ **235쪽** 참고와 함께 먹으면 더욱 맛있다.

상사시옹 사틴

Sensation satine

새콤한 패션프루츠 젤리, 달콤하게 톡 쏘는 오렌지 과즙, 벨벳
처럼 부드러운 요거트……. 서로 다른 감각들이 어우러진다.

▶488쪽 레시피 참고

팽 데피스를 넣은 사과 푸알레 *Poêlée de pommes au pain d'épice* 

6인분 기준

작업 시간 25분

조리 시간 10분

사과 푸알레

사과 1.2kg(그래니 스미스granny smith 나 칼빌 블랑calville blanc 품종)

레몬 4개 · 오렌지 1/2개

버터 80g · 설탕 100g · 잣 80g

팽 데피스

팽 데피스 250g · 버터 40g

시럽에 재운 블랙커런트 100g

1 사과는 껍질을 깎아 2등분한 다음, 씨를 제거한다. 크기에 따라 다시 3~4등분한다.

2 레몬은 즙을 내고, 오렌지 1/2개는 화학 약품으로 처리하지 않은 것을 골라 껍질을 잘게 간다.

3 볼에 사과와 레몬즙 4tbsp, 오렌지 제스트, 설탕을 넣고 섞는다.

4 팬을 센 불에 달궈 버터를 녹이고 사과를 넣는다. 나무 숟가락으로 저으며 익히는데, 속은 아삭하게 구워야 한다. 거의 다 익었을 때 잣을 넣고 보온한다.

5 팽 데피스를 작은 큐브 모양으로 썬다. 냄비를 중불로 달궈 버터를 녹이고 팽 데피스를 넣는다. 몇 분간 구워 노릇하고 바삭하게 만든다. 불을 끄고 팽 데피스를 버터에서 건져 키친타월에 놓는다.

6 블랙커런트는 체에 밭쳐 시럽을 제거한다. 미지근하게 식힌 사과는 접시에 둥글게 놓고, 그 위에 블랙커런트와 팽 데피스 크루통을 올린다.

푸아르 샤르피니 *Poires Charpini* 

6인분 기준

작업 시간 40분

냉장 시간 2시간

조리 시간 20분

재료

크렘 파티시에르 700g ▶ 61쪽 참고

크렘 샹티 500ml ▶ 53쪽 참고

배 6개 · 그래뉴당

바닐라 시럽

설탕 750g · 물 750g

바닐라 깍지 1개

1 크렘 파티시에르를 만들어서 2시간 동안 냉장 보관한다.

2 크렘 샹티를 만들어 크렘 파티시에르에 넣는다. 부드럽게 섞어서 냉장 보관한다.

3 바닐라 깍지는 반으로 갈라 씨를 긁어낸다. 물과 설탕, 바닐라 깍지를 냄비에 넣고 끓인다.

4 배는 껍질을 깎아 2등분해서 씨를 제거한 다음, 바닐라 시럽에 넣고 15~20분간 익힌다.

5 깊은 그릇에 크림 1/2을 넣는다. 그 위에 부드럽게 익힌 배 조각을 넣고 남은 크림으로 덮는다.

6 그래뉴당을 뿌리고 그릴에서 1분 정도 구운 다음, 차갑게 먹는다.

– 라 투르 다르장 *La Tour d'Argent*

소테른을 넣은 배 로티 *Poires rôties au sauternes* 

8인분 기준

작업 시간 1시간

조리 시간 20분

재료

배 8개(두와예네 뒤 코미스doyennés du Comice 품종)

버터 200g · 설탕 300g

소테른sauternes 와인 1병

호두 아이스크림

우유 1ℓ · 설탕 150g

노른자 6개분 · 호두 퓌레 150g

1 호두 아이스크림을 만든다. 우유에 설탕 1/2을 넣고 데운다. 남은 설탕과 노른자를 거품기로 세게 저은 다음, 끓는 우유를 조금씩 넣으며 계속 젓는다. 숟가락 등으로 떠서 손가락으로 훑었을 때, 바로 흘러내리지 않고 자국이 남는 텍스처가 될 때까지 약불에서 익힌다. 마지막에 호두 퓌레를 넣고 섞은 다음, 식혀서 냉동한다.

2 배는 껍질을 깎아 씨를 제거하고 2등분한다. 팬에 버터와 설탕을 넣고 가열해 캐러멜이 되면 바로 배를 넣고 소테른을 붓는다. 배가 부드럽게 익을 때까지 굽는다.

3 개인 접시마다 배를 1조각씩 놓고 팬에 남아 있는 즙을 붓는다. 여기에 호두 아이스크림을 둥글고 길쭉한 모양의 크넬quenelle로 떠서 곁들인다.

– 미셸 로스탕 *Michel Rostang*

보르도식 복숭아
Pêches à la bordelaise
와인과 설탕으로 만든 시럽은 따뜻할 때
복숭아에 붓는다

푸아르 오 뱅 *Poires au vin*

8인분 기준
작업 시간 20분
조리 시간 2분 + 10분 + 20분
냉장 시간 24시간

재료
배 8개(윌리엄williams 또는 파스크라
산느passe-crassane 품종)
레몬 1개 · 탄닌이 강조된
와인 1ℓ(코트뒤론côtes-du-rhône
또는 마디랑madiran) · 꿀 100g
황설탕 150g · 백후추 · 코리앤더
씨 · 넛맥 가루 · 바닐라 깍지 3개

1 레몬은 화학 약품으로 처리하지 않은 것을 골라 과도로 제스트를 뜬다. 제스트는 끓는 물에 2분간 데친다.
2 배는 꼭지를 그대로 둔 채로 껍질을 깎고 레몬즙을 뿌린다. 바닐라 깍지는 반으로 가른다. 냄비에 배 껍질, 레드 와인, 꿀, 황설탕, 데친 레몬 제스트, 백후추 소량, 코리앤더 씨 몇 개, 넛맥 가루 1꼬집, 바닐라 깍지를 넣고 가열한다. 끓어오르면 불을 줄이고 10분 더 익힌 다음, 꼭지가 밖으로 나오게 배를 담근다. 뚜껑을 덮고 약불에서 뭉근하게 20분간 익힌다.

3 배를 꺼내서 콩포트 그릇에 담고, 냄비에 있는 즙을 걸러서 배 위에 붓는다.
4 식혀서 24시간 냉장 휴지시키면 즙이 젤리처럼 굳는다.

– 에르베 뤼멘 *Hervé Rumen*

◆ **100g당 영양 성분**
총 60kcal · 탄수화물 15g

폼므 본느 팜므 *Pommes bonne femme*

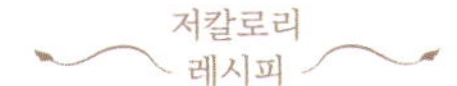

4인분 기준
작업 시간 10분
조리 시간 35~40분

재료
단단한 사과 4개
버터 40g
설탕 40g

1 오븐은 220℃로 예열한다.
2 사과는 가로로 반을 자르고 심을 제거한 다음, 버터를 바른 큰 그라탱 그릇에 넣는다.
3 사과의 움푹 들어간 부분에 버터와 설탕을 넣고, 그라탱 그릇에는 물을 몇 숟가락 넣는다.
4 오븐에 넣고 35~40분간 구운 다음, 그라탱 그릇 채로 서빙한다.

▶ 330쪽 사진 참고

Plus

칼바도스를 넣은 사과 플랑베 Pommes flambées au calvados
칼바도스 80ml를 작은 냄비에 넣고 데운 다음, 먹기 직전에 사과에 뿌려 불꽃을 일으키는 '플랑베flamber'를 한다.

◆ **100g당 영양 성분**
총 125kcal · 탄수화물 17g · 지질 6g

꿀과 가염 버터를 넣은 사과 *Pommes au miel et au beurre salé*

6~8인분 기준
작업 시간 15분
조리 시간 10분

재료
레네트reinettes 사과 8개
액상 아카시아 꿀 250g
가염 버터 70g

1 오븐은 220℃로 예열한다.
2 사과는 껍질을 깎아 2등분한 다음, 심을 제거한다.
3 오븐 팬에 꿀을 골고루 붓고, 캐러멜 크렘처럼 옅은 갈색이 될 때까지 센 불에서 가열한다.
4 불을 끄고 사과의 볼록한 쪽이 오븐 팬에 닿게 놓은 다음, 가염 버터를 작게 잘라 1조각씩 넣는다.

5 오븐에 넣고 10분간 굽는다. 오븐 팬에 남아 있는 캐러멜즙을 뿌려 뜨겁거나 미지근하게 먹는다.

– 크리스티안 마시아 *Christiane Massia*

샴페인 리큐어를 넣은 생사과 *Pommes crues à la liqueur de champagne* 

4~6인분 기준
작업 시간 10분

재료
사과 4개
레몬 2개
금색 건포도 750g
샴페인 리큐어 60ml
프로마주 블랑(지방 40%) 300g

1 레몬은 즙을 짜서 볼에 넣는다.
2 사과는 껍질을 깎아 씨를 제거하고 작은 큐브 모양으로 자른다. 레몬즙에 바로 담가야 갈변되지 않는다.
3 건포도는 체에 밭쳐 빠르게 헹군다.
4 사과는 체에 밭쳐 레몬즙을 제거한 다음, 콩포트 그릇에 담는다. 그 위에 건포도와 샴페인 리큐어를 넣고 잘 섞는다. 냉장 보관했다가 먹기 직전에 꺼낸다.
5 개인 접시에 프로마주 블랑을 1스푼씩 담고 그 위에 사과 조각을 얹는다.

Comment

간편하게 만들 수 있는 레시피로 판 디 스파냐▶ 275쪽 참고나 카트르카르▶ 278쪽 참고와 잘 어울린다.

라스토와 크림을 넣은 건자두 *Pruneaux au rasteau et à la crème* 

6인분 기준
작업 시간 15분
조리 시간 15분
재우는 시간 1일 + 3일

재료
건자두 36개·가벼운 보르도산 레드 와인 500ml·라스토rasteau 500ml(발레 뒤 론vallée du Rhône의 스위트 와인)·레몬 1개·오렌지 1개·크렘 두블 180g▶428쪽 참고

1 하루 전에 건자두를 라스토와 레드 와인에 담근다.
2 다음 날, 오렌지와 레몬을 두껍게 썰어서 냄비에 넣는다. 여기에 건자두와 재웠던 와인을 넣고, 끓기 전에 표면이 흔들리는 온도에서 15분간 익힌다.
3 냄비에 든 재료를 모두 콩포트 그릇에 담아 3일 동안 냉장고에서 재운다.
4 오렌지와 레몬 슬라이스는 제거하고, 건자두는 오목한 접시에 담아 재웠던 즙을 약간 넣고 그 위에 크림을 붓는다.

– 장&피에르 트와그로 *Jean et Pierre Troisgros*

딸기를 넣은 루바브 *Rhubarbe aux fraises* 

6~8인분 기준
작업 시간 30분
재우는 시간 3시간
조리 시간 20~30분 + 5분

재료
루바브 1kg
설탕 250g
잘 익은 딸기 300g
바닐라 아이스크림 750ml▶ 97쪽 참고

1 루바브 껍질의 섬유질을 말끔히 제거하고 4~5cm 막대 모양으로 일정하게 자른다. 루바브 조각에 설탕을 충분히 뿌려 나무 숟가락으로 버무린다. 이 상태로 틈틈이 나무 주걱으로 저어가며 3시간 동안 재운다.
2 볼에 담긴 루바브와 즙을 모두 냄비에 넣고 20~30분 동안 약불에서 익힌다.
3 딸기는 씻어서 꼭지를 따고 2등분한 다음, 루바브가 든 냄비에 넣고 5분만 익힌다.
4 익힌 루바브와 딸기를 콩포트 그릇에 담아서 식힌다.
5 아담한 잔에 담아 바닐라 아이스크림 1스쿱을 곁들여낸다.

Plus

딸기 없이 루바브만 넣어도 맛있다. 미지근하게 식혀 마지막에 딸기 크림을 붓는다.

폼므 본느 팜므
Pommes bonne femme
가볍게 즐길 수 있는 간단하고
맛있는 레시피다.

덴마크의 뢰드그뢰드 *Rødgrød danois*

6인분 기준

작업 시간 30분
조리 시간 25분
냉장 시간 2시간

재료

딸기 300g · 라즈베리 300g
설탕 150g · 레몬 2개 · 휘핑한 크림
500ml▶56쪽 참고 · 오렌지 제스트
콩피 또는 레몬 제스트 콩피 50g

1 라즈베리를 냄비에 넣고 10분간 약불에서 익힌다. 이 중 1/2을 볼에 넣는다.
2 남은 라즈베리를 푸드 밀이나 블렌더로 아주 곱게 갈아 퓌레로 만든 다음, 냄비에 넣고 가열한다. 끓어오르면 설탕과 레몬즙을 넣고 약불에서 10분 정도 뭉근하게 익힌다.
3 (2)의 라즈베리 쿨리를 볼에 넣고 2시간 동안 냉장 휴지시킨다.
4 크림을 휘핑한다.

5 (1)의 라즈베리를 쿨리에 넣고 으깨지지 않게 살살 버무린다. 일인용 쿠프coupe 잔 6개에 나누어 담고 휘핑한 크림으로 장식한다. 잘게 다진 제스트 콩피를 올려 마무리한다.
6 장식을 하고 남은 크림은 따로 소스 그릇에 담는다.

레몬 버베나를 넣은 오렌지 샐러드 *Salade d'orange à la verveine citronnelle*

6인분 기준

작업 시간 25분
휴지 시간 20분

재료

오렌지 1.5kg · 레몬 1/2개
생강 1tsp · 생수 500ml
레몬 버베나 1팩 · 설탕 250g
흑후추 5~6알

1 화학 약품으로 처리하지 않은 레몬 제스트와 생강을 잘게 간다. 레몬 버베나는 잎을 뗀다. 냄비에 물, 설탕, 레몬 제스트, 후추, 생강을 넣고 끓인다. 냄비 불을 끄고 레몬 버베나 1/2을 큼직하게 다져 넣고, 뚜껑을 덮은 다음 20분간 우린다. 체에 걸러 냉장 보관한다.
2 오렌지는 잘 드는 칼로 양 끝을 도려낸 다음, 흰 부분이 보이지 않게 껍질을 말끔히 제거한다. 슬라이스로 썰어 볼에 넣고 냉장 보관한다.

3 냉장 보관했던 즙을 오렌지에 붓는다. 남은 레몬 버베나는 2개만 빼고 잘게 자른다. 자른 레몬 버베나를 오렌지에 뿌리고 자르지 않은 것으로 장식한다. 레몬 버베나 오렌지 샐러드는 아주 차갑게 먹는다.

과일 샐러드 *Salade de fruits*

8인분 기준

작업 시간 30분
조리 시간 15분

재료

오렌지 3개 · 레몬 2개
설탕 100g · 바닐라 깍지 1개
민트 잎 14장 · 망고 3개
파파야 3개 · 살구 6개
복숭아 6개 · 파인애플 1개
자몽 1개 · 검붉은 과일 300g
(블랙커런트, 딸기, 야생 딸기, 라즈베리, 레드커런트, 블랙베리)

1 오렌지와 레몬은 화학 약품으로 처리하지 않은 것을 골라 6cm 띠로 제스트를 뜨는데, 오렌지는 3줄, 레몬은 2줄을 만든다. 바닐라 깍지는 반으로 갈라 씨를 긁어낸다. 냄비에 오렌지 제스트, 레몬 제스트, 설탕, 물 500ml, 바닐라 깍지를 넣고 가열한다. 끓어오르면 불을 끄고 민트 잎 10장을 넣고 15분간 우린다. 시럽은 체에 걸러 식힌 다음, 냉장 보관한다.
2 오렌지와 자몽은 하얀 부분이 보이지 않게 껍질을 말끔하게 자르고 큼직하게 썬다.
3 파인애플은 껍질을 깎아 세로로 2등분한다. 망고와 파파야는 껍질을 벗기고 씨를 제거한다. 복숭아와

살구는 씻어서 2등분한 다음 씨를 제거한다.
4 파인애플은 잘 드는 칼로 썰어 반원 모양의 얇은 슬라이스로 만든다.
5 모든 과일을 세로로 최대한 얇게 썬다.
6 딸기는 빠르게 씻은 다음 체에 밭쳐 물기를 제거한다. 다른 붉은 과일도 좋을 것을 추려놓는다.
7 오목한 접시에 자른 과일을 골고루 담고 사이사이에 검붉은 과일을 얹는다. 그 위에 시럽을 붓고, 신선한 민트 잎 4장을 올린다. 과일 샐러드는 만들어서 바로 먹는다.

수플레
SOUFFLÉS

수플레의 기본 재료는 우유나 과일 퓌레다. 우유로 만드는 경우 크렘 파티시에르에 향을 첨가하고, 과일 퓌레를 쓸 때는 설탕을 끓여 퓌레와 섞은 다음, 알코올이나 리큐어를 소량 타서 향을 더한다.

수플레 바나나 *Bananes soufflées*

4~6인분 기준
작업 시간 45분
조리 시간 5분 + 8분

재료
레몬 1개
바나나 6개
우유 200ml
크림 50ml
설탕 60g · 달걀 6개
밀가루 10g
옥수수 전분 10g

1 레몬은 즙을 내서 볼에 넣는다.
2 단단하지만 잘 익은 바나나를 사용한다. 잘 드는 칼로 한쪽 껍질만 까서 과육을 떼어낸 다음, 레몬즙에 버무리면 갈변되지 않는다.
3 냄비에 우유, 크림, 설탕 20g을 넣고 끓인다. 달걀은 깨뜨려 흰자와 노른자를 분리한다. 볼에 노른자와 설탕 20g을 넣고 색이 옅어질 때까지 거품기로 세게 젓는다. 여기에 한데 체쳐 놓은 밀가루와 옥수수 전분을 솔솔 뿌리며 저은 다음, 끓은 우유를 부으며 계속 젓는다. 볼에 있는 재료를 다시 냄비에 옮겨 가열한다. 끓어오르면 30초 더 익히고 불을 끈다. 흰자에 남은 설탕 20g을 조금씩 뿌리며 휘핑해, 하얗고 윤기 나는 머랭을 만든다. 흰자 머랭을 크림에 섞는다.

4 오븐은 200℃로 예열한다.
5 바나나를 볼에서 꺼내 으깬 다음 크림에 섞는다.
6 수플레 반죽을 바나나 껍질 안에 넣고 겉면을 매끈하게 다듬는다.
7 오븐 그릇에 바나나를 담고 200℃에서 5분 동안 굽고, 180℃로 낮춰 8분 더 굽는다.

◆ 100g당 영양 성분
총 115kcal · 단백질 1g · 탄수화물 21g · 지질 2g

사과 델리시외 *Délicieux aux pommes*

4~6인분 기준
작업 시간 40분
조리 시간 20~30분 + 35분

재료
사과 650g
달걀 5개
설탕 100g
옅은 갈색 빵가루 70g
그래뉴당

1 오븐은 190℃로 예열한다.
2 사과는 껍질을 깎고 심을 제거한 다음, 오븐 그릇에 담아 20~30분간 굽는다. 구운 사과는 포크로 으깨 콩포트를 만든 다음, 식힌다.
3 달걀을 깨뜨려 흰자와 노른자를 분리한다. 흰자는 아주 단단하게 휘핑하고, 노른자는 설탕과 섞은 다음 색이 옅어질 때까지 거품기로 세게 젓는다. 여기에 사과 콩포트와 빵가루, 흰자 머랭을 번갈아가며 재료가 다 떨어질 때까지 조금씩 넣고 섞는다.

4 오븐 온도를 200℃로 높인다.
5 지름 20cm 수플레 틀에 버터를 바르고 밀가루를 뿌린다. 반죽을 붓고 200℃ 오븐에 넣어 5분 동안 굽고 180℃로 낮춰 30분 더 굽는다.
6 수플레 위에 그래뉴당을 뿌리고 바로 먹는다.

◆ 100g당 영양 성분
총 132kcal · 단백질 1g · 탄수화물 21g · 지질 3g

수플레 앙바사드리스 *Soufflé ambassadrice*

6~8인분 기준

작업 시간 40분
재우는 시간 15분
조리 시간 30분

재료

아몬드 슬라이스 80g
럼 30ml · 마카롱 8개
크렘 파티시에르 800g ▶ 61쪽 참고
바닐라 에센스 1tsp
흰자 12개분

1 아몬드 슬라이스를 럼에 담가 15분간 재운다.
2 칼로 마카롱을 다진다.
3 크렘 파티시에르를 만들어 바닐라 에센스, 마카롱, 아몬드 슬라이스와 럼을 넣고 잘 섞는다.
4 오븐은 200℃로 예열한다.
5 흰자는 아주 단단하게 휘핑해서 크렘 파티시에르에 넣고 살살 섞는다.
6 오븐에 넣어 200℃에서 5분간 굽고 180℃로 낮춰 25분 더 굽는다.

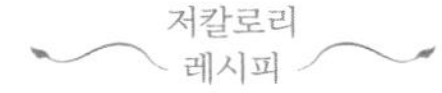

바나나 수플레 *Soufflé aux bananes*

6~8인분 기준

작업 시간 40분
조리 시간 30분

재료

바닐라 깍지 1개
우유 200ml · 설탕 70g
버터 40g · 레몬 1개
잘 익은 바나나 8개
체친 밀가루 20g
노른자 4개분
키르슈 또는 럼 50ml(선택 사항)
흰자 6개분
소금 1꼬집

1 바닐라 깍지를 반으로 갈라 씨를 긁어낸 다음 냄비에 넣는다. 여기에 우유와 설탕을 넣고 가열한다. 끓어 오르면 불을 끄고, 완전히 식혀 바닐라 향을 우린다.
2 버터는 말랑하게 만든다.
3 레몬은 짜서 즙을 낸다. 바나나는 갈변되지 않도록 껍질을 벗겨 레몬즙에 버무린 다음, 고운 체나 블렌더, 푸드 밀로 아주 곱게 간다.
4 냄비에 밀가루를 넣고 끓인 우유를 조금씩 부으며 젓는다. 휘핑하면서 2분 정도 가열한 다음, 불을 끈다. 여기에 바나나 퓌레와 노른자, 버터를 넣고 잘 섞은 다음, 럼이나 키르슈로 향을 낸다.
5 오븐은 200℃로 예열한다.
6 흰자에 소금 1꼬집을 넣고 아주 단단하게 휘핑한다. 흰자 머랭을 수플레 반죽에 넣은 다음, 부피가 꺼지지 않도록 한 방향으로 돌리면서 섞는다.
7 지름 20cm 수플레 틀에 버터를 바르고 설탕을 뿌린다. 틀에 반죽을 붓고 오븐에서 30분간 굽는다.

◆ 100g당 영양 성분
총 195kcal · 단백질 6g · 탄수화물 17g · 지질 11g

샤르트뢰즈 수플레 *Soufflé à la Chartreuse*

6인분 기준
작업 시간 15분
조리 시간 30분

재료

우유 250ml
설탕 20g
달걀 3개
비스퀴 아 라 퀴이에르 2개
샤르트뢰즈Chartreuse 60ml
버터 30g
전분 15g
밀가루 40g
바닐라 설탕 1팩

1 냄비에 우유와 설탕을 넣고 가열한다.

2 달걀을 깨뜨려 흰자와 노른자를 분리한다.

3 붓으로 샤르트뢰즈를 묻혀 비스퀴 아 라 퀴이에르에 바른다.

4 다른 냄비에 버터를 넣고 녹이다가 거품이 생기면 바로 불을 끈다. 밀가루와 전분을 넣고 잘 섞다가 바닐라 설탕을 붓고 다시 불에 올린다.

5 여기에 끓는 우유를 부으면서 계속 젓는다. 끓어오르면 불을 끄고 쉬지 않고 저으며 노른자를 넣고, 남은 샤르트뢰즈를 붓는다.

6 흰자는 하얀 거품이 일게 휘핑해서 반죽에 섞는데, 너무 많이 휘저으면 머랭이 꺼지므로 주의한다.

7 오븐은 200℃로 예열한다.

8 지름 16~18cm 수플레 틀에 버터를 바르고 설탕을 뿌린다.

9 반죽을 틀의 1/2까지 붓고 비스퀴를 골고루 넣은 다음 다시 반죽을 덮는다.

10 200℃ 오븐에 5분간 구운 다음 180℃로 온도를 낮춰 25분 더 굽고, 중간에 오븐 문은 열지 않는다. 따뜻할 때 먹는다.

Comment

샤르트뢰즈 60ml 대신 동량의 그랑 마르니에를 넣으면 '그랑 마르니에 수플레'가 된다.

초콜릿 수플레 *Soufflé au chocolat*

6인분 기준
작업 시간 30분
조리 시간 12분

재료

버터 50g
비터 다크초콜릿 180g
설탕 70g
우유 60ml
무가당 카카오 가루 50g
달걀 5개
분당

1 버터는 볼에 넣고 으깨서 부드러운 포마드 상태로 만든다.

2 지름 8~10cm 사기그릇 6개에 버터를 바르고 설탕을 약간 뿌려서 냉장고에 넣는다.

3 오븐은 200℃로 예열한다.

4 볼에 초콜릿과 설탕 60g을 넣고 전자레인지나 중탕에서 녹이고, 여기에 우유와 카카오 가루를 넣는다.

5 달걀을 깨뜨려 흰자와 노른자를 분리한 다음, 노른자를 1개씩 (4)에 넣으면서 나무 주걱으로 계속 젓는다.

6 흰자는 아주 단단하게 휘핑하고 마지막에 설탕10g을 넣는다. 완성된 머랭을 초콜릿 반죽에 조금씩 넣으면서 한 방향으로 저어 부피가 꺼지지 않도록 한다.

7 냉장고에 넣었던 그릇에 초콜릿 반죽을 붓고 나무 주걱으로 겉면을 말끔히 정리한 다음 12분간 굽는다.

8 분당을 뿌려서 따뜻할 때 바로 먹는다.

– 레스토랑 레 탕플리에 *Les Templiers*
레 베자르 *les Bézards*

Tip

초콜릿은 약하고 예민한 재료지만 몇 가지 기본 원칙만 지키면 어렵지 않다. 초콜릿을 녹일 때 온도는 30℃ 정도가 적당하기 때문에 절대로 가스 불 같은 화기에 직접 녹여서는 안 되고, 중탕이나 600W 이하 전자레인지에서 천천히 녹인다.

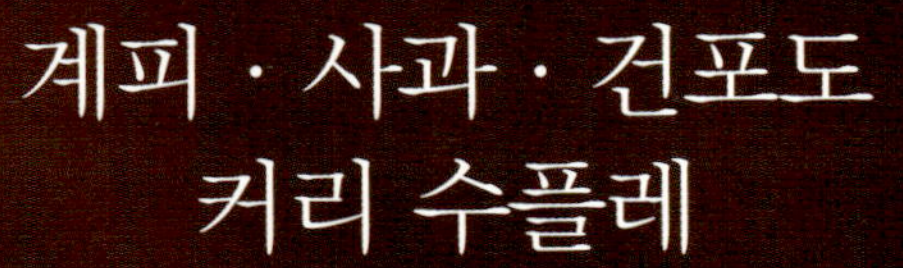

계피 · 사과 · 건포도
커리 수플레

스트뢰젤을 맨 아래에 넣고 크렘 파티시에르와 레몬, 계피로 만
든 수플레 반죽을 붓는다. 오븐에서 꺼내 새콤한 사과와 건포도,
꿀, 생강, 후추, 커리로 향을 낸 소스를 뿌린다. ▶489쪽 레시피 참고

레몬 수플레 *Soufflé au citron*

6인분 기준

작업 시간 40분

조리 시간 40분

재료

레몬 6개

우유 300ml

버터 100g

설탕 100g

밀가루 40g

노른자 5개분

흰자 6개분

1 레몬은 화학 약품으로 처리하지 않은 것을 골라, 4개만 제스트를 뜬 다음 잘게 다지면 제스트 2스푼 정도가 나온다.

2 레몬 2개를 짜서 즙을 낸다.

3 우유는 데우고, 밀가루는 체에 거른다.

4 버터를 냄비에 넣고 가열해 부드러운 크림 상태의 포마드로 만든다. 여기에 설탕 60g과 체친 밀가루를 넣고 끓는 우유를 부으며 세게 젓는다. 끓어오르면 파트 아 슈 레시피처럼 1분간 휘저어 반죽에 있는 수분을 날린다.

5 오븐은 200℃로 예열한다.

6 흰자에 설탕 40g을 조금씩 타면서 휘핑해 윤기 나는 머랭을 만든다.

7 냄비 불을 끄고, 반죽에 레몬즙과 노른자 5개, 흰자 머랭, 레몬 제스트 다진 것을 순서대로 넣는다. 재료가 반죽에 완전히 섞인 후 다음 재료를 넣어야 반죽의 결이 고르게 된다.

8 작은 크기의 수플레 틀 6개에 버터를 바르고 설탕을 뿌린 후 반죽을 붓는다. 중탕 용기에 넣어 오븐에서 40분간 익힌다.

우유잼 수플레 *Soufflé à la confiture de lait*

4~6인분 기준

작업 시간 30분

조리 시간 40~50분

재료

우유 500ml · 설탕 120g

옥수수 전분 80g

우유잼 4tbsp ▶ 369쪽 참고

달걀 6개

틀에 바르는 버터 10g

소금 1꼬집

1 우유는 끓이고, 다른 냄비에 설탕 100g, 우유잼, 노른자, 옥수수 전분을 넣는다. 끓인 우유를 냄비에 조금씩 부으며 약불에서 가열하면 매끈하고 걸쭉한 크림이 된다. 이때 거품기로 쉬지 않고 젓는다.

2 크림이 익는 동안 흰자에 소금을 넣고 휘핑해 머랭을 만든다.

3 수플레 틀에 버터를 바르고 남은 설탕 20g을 뿌린다.

4 오븐은 170℃로 예열한다.

5 거품기로 흰자 머랭을 조금만 떠서 우유잼 크림에 넣고 부드럽게 푼 다음, 남은 머랭을 모두 넣고 부피가 꺼지지 않도록 살살 돌리면서 젓는다. 완성된 반죽을 틀 안에 넣는다.

6 오븐에서 겉면에 노릇해질 때까지 40~50분간 구운 후, 바로 먹는다.

Tip

우유잼은 시판 제품을 사용해도 된다.

딸기 또는 라즈베리 수플레 *Soufflé aux fraises ou aux framboises*

6~8인분 기준

작업 시간 30분

조리 시간 25분

재료

크렘 파티시에르 350g ▶ 61쪽 참고

딸기나 라즈베리 300g

흰자 12개분

소금 2꼬집

1 크렘 파티시에르를 만든다.

2 딸기는 빠르게 씻어 꼭지를 딴 다음, 블렌더나 푸드밀에 갈아 퓌레로 만든다.

3 딸기 퓌레를 크렘 파티시에르에 넣고 잘 섞는다.

4 흰자에 소금을 넣고 아주 단단하게 휘핑한 다음, 크렘 파티시에르에 조금씩 넣으며 부피가 꺼지지 않도록 한쪽 방향으로 살살 돌려 섞는다.

5 오븐은 200℃로 예열한다.

6 지름 18cm 수플레 틀에 버터를 바르고 설탕을 바른다. 반죽을 틀에 넣고 200℃에서 5분간 굽다가 180℃에서 20분 더 구운 후, 바로 먹는다.

과일 수플레 *Soufflé aux fruits*

4인분 기준
작업 시간 20분
조리 시간 15분 + 20분

재료
레몬 1개 · 배 600g
라즈베리 150g
감미료 가루(아스파탐) 1tbsp
흰자 4개분
소금 1꼬집
버터 10g

1 레몬은 즙을 내고, 배는 껍질을 깎아 심을 제거하고 작게 조각낸다. 배 조각에 레몬즙을 뿌리고 물 100ml를 부어 15분간 익힌다. 익힌 배는 블렌더나 푸드 밀로 곱게 갈아 식힌다.
2 라즈베리와 물 1tsp, 감미료 가루를 넣고 가스 불이나 전자레인지에서 미지근하게 데운다.
3 데운 라즈베리는 포크로 으깨서 배 퓌레와 섞는다.
4 오븐은 190℃로 예열한다.
5 흰자에 소금을 넣고 단단하게 휘핑한 다음 퓌레에 조금씩 넣는데, 머랭이 꺼지지 않도록 계속 한 방향으로만 섞는다.
6 지름 16cm 수플레 틀에 녹인 버터를 바른다.
7 완성된 반죽을 틀에 붓고 190℃에서 5분간 굽다가 180℃로 온도를 낮춰 15분간 굽는다.

◆ 100g당 영양 성분
총 60kcal · 단백질 2g · 탄수화물 9g · 지질 1g

수플레 라페루즈 *Soufflé Lapérouse*

4인분 기준
작업 시간 30분
재우는 시간 15분
조리 시간 20분

재료
과일 콩피 50g · 럼 100ml
크렘 파티시에르 300g ▶ 61쪽 참고
프랄랭 가루 70g
흰자 5개분
소금 1꼬집
분당

1 과일 콩피는 큐브 모양으로 잘라서 럼에 넣고 15분간 재운다.
2 크렘 파티시에르를 만든 다음 프랄랭과 럼, 과일 콩피를 넣는다.
3 오븐은 200℃로 예열한다.
4 흰자에 소금을 넣고 단단하게 휘핑한다. 흰자 머랭을 크렘 파티시에르에 조금씩 넣으면서 한 방향으로 섞어 머랭이 꺼지지 않게 한다.
5 지름 16cm 수플레 틀에 버터를 바르고 설탕을 뿌린다.
6 틀에 반죽을 붓고 200℃ 오븐에서 5분간 굽다가 180℃로 온도를 낮춰 10분 더 굽는다.
7 분당을 뿌리고 5분 정도 더 구워서 겉면을 캐러멜화한다.

– 파리. 레스토랑 라페루즈 *Restaurant Lapérouse*

밤 수플레 *Soufflé aux marrons*

4~6인분 기준
작업 시간 30분
조리 시간 25분

재료
크렘 파티시에르 300g ▶ 61쪽 참고
마롱 글라세 70g ▶ 464쪽 참고
바닐라 향 가당 마롱(밤) 퓌레
4tbsp · 흰자 5개분 · 소금 1꼬집

1 우선 크렘 파티시에르를 만든다.
2 밤 퓌레를 크렘 파티시에르에 타서 잘 섞는다.
3 흰자에 소금을 넣고 휘핑해 머랭을 만든 다음, 1/4을 덜어 [2]에 섞는다. 여기에 마롱 글라세 1/2을 잘게 부수어 넣은 다음, 남은 머랭을 모두 넣고 나무 주걱으로 살살 섞는다.
4 오븐은 190℃로 예열한다.
5 지름 18cm 수플레 틀에 버터를 바르고 밀가루를 뿌린다.
6 반죽을 틀에 붓고 겉면을 매끈하게 정리한다. 남은 마롱 글라세를 잘게 부수어 반죽 위에 뿌린다.
7 오븐에 넣고 온도를 170℃로 줄인 다음 20~25분간 굽는다.

코코넛 수플레 *Soufflé à la noix de coco*

4인분 기준

작업 시간 20분

조리 시간 10분 + 20분

재료

코코넛 슬라이스 100g

우유 700ml

쌀 125g · 설탕 100g

버터 50g · 달걀 4개

소금 2꼬집

넛맥 가루

1 냄비에 코코넛 슬라이스와 우유를 넣고 저으면서 10분간 끓인다.

2 체에 모슬린 천을 깔고 끓인 우유를 부은 다음, 꽉 짜서 최대한 많은 즙을 낸다.

3 (2)를 가열하다가 끓어오르면 쌀과 설탕을 넣고 불을 줄인다. 액체가 증발할 때까지 작은 기포가 보글보글 올라오는 상태로 20분간 익힌 다음, 버터를 넣고 섞는다.

4 오븐은 200℃로 예열한다.

5 달걀을 깨뜨려 흰자와 노른자를 분리한다. 노른자는 1개씩 반죽에 넣으며 잘 섞은 다음, 소금 간을 하고 넛맥을 약간만 갈아 뿌린다.

6 흰자에 소금을 넣고 단단하게 휘핑한 후, 반죽에 넣고 살살 섞는다.

7 지름 16cm 수플레 틀에 버터를 바르고 반죽을 붓는다. 200℃ 오븐에서 5분간 굽다가 180℃로 온도를 낮춰 15분간 굽는다. 굽는 도중에 오븐 문을 열지 말고 다 익으면 바로 먹는다.

◆ 100g당 영양 성분

총 276kcal · 단백질 7g · 탄수화물 20g · 지질 18g

수플레 로쉴드 *Soufflé Rothschild*

8~10인분 기준

작업 시간 30분

재우는 시간 30분

조리 시간 30분

재료

과일 콩피 150g

골드바서Goldwasser 100ml

크렘 파티시에르 1.1kg▶61쪽 참고 · 노른자 2개분

소금 · 분당 · 흰자 6개분

1 과일 콩피는 큐브로 잘라 골드바서에 30분 동안 재운다.

2 크렘 파티시에르를 만들어서 생노른자 2개와 과일 콩피, 재울 때 사용했던 럼을 넣고 잘 섞은 다음 냉장 보관한다.

3 오븐은 200℃로 예열한다.

4 지름 18cm 수플레 틀 2개에 버터를 칠하고 설탕을 뿌린다.

5 흰자 6개에 소금 1꼬집을 넣고 아주 단단하게 휘핑한 다음, 크렘 파티시에르에 넣고 살살 섞는다.

6 반죽을 똑같이 나누어 틀 2개에 넣는다.

7 200℃에서 5분간 구운 다음 180℃에서 20분간 굽는다. 굽자마자 바로 분당을 뿌리고 다시 180℃ 오븐에서 5분간 굽는다.

제비꽃 수플레 *Soufflé aux violettes*

4~6인분 기준

작업 시간 40분

조리 시간 30분

재료

크렘 파티시에르 700g▶61쪽 참고

제비꽃 에센스 5~6방울

비올레트 캉디 30g▶462쪽 참고

1 크렘 파티시에르를 만든 다음, 제비꽃 에센스를 탄다. 크림을 만들 때 사용하지 않은 흰자는 보관한다.

2 흰자를 단단하게 휘핑해 크렘 파티시에르와 살살 섞은 후, 비올레트 캉디를 넣고 부드럽게 젓는다.

3 오븐은 200℃로 예열한다.

4 지름 18cm 수플레 틀에 버터를 바르고 설탕을 뿌린다.

5 반죽을 틀에 붓고 200℃ 오븐에서 5분간 구운 다음 180℃ 오븐에서 25분간 굽는다.

데세르 글라세
DESSERTS GLACÉS

데세르 글라세는 프랑스어로 '얼린 디저트'를 의미한다.
아이스크림이나 셔벗, 생과일이나 익힌 과일, 쿨리, 리
큐어, 브랜디 등을 이용해 텍스처와 맛의 섬세한 조화를
이루는 것이 관건이다. 또한 과일 껍질을 그릇이나 장식
으로 활용하면 독특한 플레이팅을 할 수 있으며, 다리가
높은 잔에 담는 쿠프 글라세는 정성껏 만들면 그럴싸한
프레젠테이션이 완성된다.

바바루아즈 파인애플 글라세 *Ananas glacé à la bavaroise* 

6인분 기준

작업 시간 45분
재우는 시간 1시간
냉장 시간 2시간

재료

크렘 바바루아즈 500g ▶ 47쪽 참고
큰 파인애플 1개
화이트 럼 100ml
코코넛 슬라이스 70g

1 크렘 바바루아즈를 먼저 만든 다음, 다른 작업을 할 동안 냉장 보관한다.

2 파인애플 윗부분을 두께 1.5cm로 잘라 뚜껑 장식으로 사용한다. 파인애플은 테두리를 1cm 정도 남기고 과육만 떼어내서 작은 큐브 모양으로 자른다. 파인애플 큐브 200g은 럼 50ml에 1시간 동안 재우고, 남은 파인애플 150g 정도는 푸드 밀이나 푸드 프로세서에 갈아 남은 럼에 재운다.

3 파인애플 퓌레와 조각을 크렘 바바루아즈에 넣고 섞는다.

4 여기에 코코넛 슬라이스를 넣고 잘 섞는다.

5 파인애플 껍질에 크림을 넣고 2시간 정도 얼린다.

6 파인애플 뚜껑을 얹어 서빙한다.

Tip

신선한 잎이 달리고 모양이 일정한 파인애플을 고르는 것이 좋다.

계피나 ▶ 47쪽 참고 바닐라 ▶ 50쪽 참고를 넣은 크렘 바바루아즈를 사용해도 좋다.

크레올식 파인애플 글라세 *Ananas glacé à la créole* 

6인분 기준

작업 시간 35분

재료

파인애플 1개
과일 콩피 200g · 럼 50ml
파인애플 셔벗 1ℓ ▶ 98쪽 참고
얼음 가루

1 파인애플은 윗부분을 잘라서 잎이 시들지 않도록 랩으로 잘 감싼 다음 냉장 보관한다. 과일 콩피는 큐브 모양으로 잘라 럼에 재운다.

2 과육만 잘 도려내고 껍질은 냉동실에 넣는다.

3 시판 제품을 사용하지 않는다면 셔벗을 만들어둔다.

4 과일 콩피는 체에 밭쳐 물기를 제거한다. 파인애플 바닥에 셔벗을 한 층 깔고 과일 콩피를 약간 넣은 다음 다시 셔벗을 넣는다. 이 순서대로 끝까지 채운 다음 뚜껑을 덮고 냉동실에서 얼린다.

5 먹기 1시간 전에 꺼내서 얼음 가루 위에 쿠프coupe 잔을 올리고 파인애플 글라세를 담는다.

바나나 스플리트 *Banana split* 

4인분 기준

작업 시간 20분

재료

바나나 4개 · 레몬 1개
바닐라 아이스크림
500ml ▶ 97쪽 참고
크렘 샹티 300g ▶ 53쪽 참고
아몬드 슬라이스 50g · 다크초콜릿 소스 250ml ▶ 112쪽 참고

1 레몬은 짜서 즙을 내고, 바나나는 껍질을 벗겨 세로로 2등분한다. 바나나가 갈변되지 않도록 레몬즙에 버무린다.

2 크렘 샹티를 만들어서 별 모양 깍지를 끼운 짤주머니에 넣는다.

3 달군 코팅 프라이팬에 아몬드 슬라이스를 굽는다.

4 쿠프coupe 잔에 2등분한 바나나 2개를 담고 가운데에 바닐라 아이스크림을 2스쿱 놓는다. 그 위에 차가운 초콜릿 소스를 붓고 아몬드 슬라이스를 뿌린 다음, 크렘 샹티로 장식한다.

마라스캥 비스퀴 글라세 *Biscuit glacé au marasquin* 

6인분 기준

작업 시간 40분
냉장 시간 12시간 이상

재료

파트 아 제누아즈
400g ▶ 40쪽 참고
버터 250g
오렌지 1개
레몬 1개
달걀 3개
설탕 250g
마라스캥marasquin❖ 50ml

1 파트 아 제누아즈부터 만든다.

2 오븐은 200℃로 예열한다.

3 오븐 팬에 유산지를 깔고 반죽을 부은 다음 5~6분 간 굽고 식힌다.

4 버터는 말랑하게 만들고, 오렌지와 레몬은 화학 약 품으로 처리하지 않은 것을 골라 껍질을 잘게 갈 고 즙을 낸다.

5 달걀을 깨뜨려 흰자와 노른자를 분리한다.

6 볼에 버터와 설탕을 넣고 세게 휘저어 크림처럼 부 드럽게 만든 다음, 노른자를 1개씩 넣으면서 계속 섞다가 제스트와 즙 3/4을 넣고 잘 버무린다.

7 단단하게 휘핑한 흰자를 (6)에 조금씩 넣으며 섞는다.

8 구운 제누아즈는 8cm×4cm로 일정하게 잘라 마라 스캥에 적신다.

9 길이 24cm 파운드케이크 틀 바닥에 제누아즈를 깔 고 크림으로 덮은 다음 다시 제누아즈를 넣고 크림 으로 덮는다. 이런 순서로 틀 높이까지 가득 채운다.

10 비스퀴 글라세는 최소 12시간 동안 냉장고에 넣 어둔다.

11 흐르는 따뜻한 물에 틀을 살짝만 데운 다음, 접시 를 받쳐 뒤집으면 비스퀴가 나온다.

❖ 마라스캥marasquin은 신맛이 나는 체리의 일종인 마라스카를 원료 로 만든 리큐어다.

봉브 알람브라 *Bombe Alhambra* 

6~8인분 기준

작업 시간 45분
냉동 시간 5~6시간

재료

바닐라 아이스크림 1ℓ ▶ 97쪽 참고
아파레유 아 봉브 400g ▶ 89쪽
참고
딸기 200g

장식

딸기 8개
키르슈 50ml

1 시판 제품을 사용하지 않는다면 바닐라 아이스크림 을 만든다. 아이스크림은 1시간 정도 냉장해야 작 업을 쉽게 할 수 있다.

2 딸기는 빠르게 물에 씻어 꼭지를 따고 블렌더나 푸 드 밀에 곱게 간다.

3 아파레유 아 봉브를 만든 다음 딸기 퓌레와 섞는다.

4 지름 20cm 틀에 바닐라 아이스크림을 일정한 두께 로 고르게 바르고 ▶ 90쪽 참고, 바로 아파레유 아 봉브 를 붓고 냉동실에서 5~6시간 동안 얼린다.

5 장식용 딸기는 물에 씻고 꼭지를 따서 키르슈에 재운다.

6 틀을 흐르는 따뜻한 물에 살짝 데운 다음, 서빙 접 시를 받친 채로 뒤집어서 봉브 알람브라를 꺼낸다. 재운 딸기로 장식해 마무리한다.

Plus

봉브 디플로마트 Bombe diplomate

바닐라 아이스크림을 틀에 고르게 바른다. 큐브 모양으로 자른 과 일 콩피 150g을 마라스캥 50ml에 재우고, 아파레유 아 봉브에도 마라스캥 70ml를 넣고 섞은 다음, 재운 과일 콩피를 넣는다. 마지 막으로 크렘 샹티와 라즈베리로 장식한다.

바나나 스플리트
Banana split

레몬즙을 뿌려도 바나나는 갈변될 수 있으므로
항상 먹기 직전에 플레이팅한다.

봉브 아르시뒥 *Bombe Archiduc* 

6~8인분 기준
작업 시간 1시간
냉동 시간 5~6시간

재료
딸기 아이스크림 1ℓ ▶ 92쪽 참고
아파레유 아 봉브 350g ▶ 89쪽 참고
프랄리네 70g

1 시판 제품을 사용하지 않는다면 딸기 아이스크림을 만든다. 아이스크림은 1시간 정도 냉장해야 작업을 쉽게 할 수 있다.

2 아파레유 아 봉브를 만든 다음 프랄리네를 넣는다.

3 지름 20cm 틀에 딸기 아이스크림을 일정한 두께로 고르게 바르고 ▶ 90쪽 참고, 바로 아파레유 아 봉브를 붓고 냉동실에서 5~6시간 동안 얼린다.

4 틀을 흐르는 따뜻한 물에 살짝 데운 다음, 서빙 접시를 받친 채로 뒤집어서 봉브 아르시뒥을 꺼낸다.

Comment

다진 헤이즐넛을 구워서 장식하거나 크렘 샹티를 올리면 더욱 맛있다.

봉브 도리아 *Bombe Doria* 

4~6인분 기준
작업 시간 1시간
냉동 시간 5~6시간

재료
피스타치오 아이스크림 1ℓ ▶ 95쪽 참고 · 마롱 글라세 조각 150g ▶ 464쪽 참고 · 럼 50ml
아파레유 아 봉브 400g ▶ 89쪽 참고 · 크림 200ml
프랄리네 50g 마롱 글라세 반 쪽 4개

1 시판 제품을 사용하지 않는다면 피스타치오 아이스크림을 만든다. 아이스크림은 1시간 동안 냉장해야 작업을 쉽게 할 수 있다.

2 마롱 글라세 조각을 럼에 담근다.

3 바닐라 깍지를 반으로 갈라 씨를 긁어 시럽에 넣고 아파레유 아 봉브를 만든다. 여기에 마롱 글라세와 럼을 넣는다.

4 지름 20cm 틀에 피스타치오 아이스크림을 일정한 두께로 고르게 바른다 ▶ 90쪽 참고.

5 틀에 아파레유 아 봉브를 넣고 냉동실에서 5~6시간 동안 얼린다.

6 크림을 휘핑한 다음 프랄리네와 섞어 짤주머니에 담는다.

7 틀을 흐르는 따뜻한 물에 살짝 데운 다음, 서빙 접시를 받친 채로 뒤집어서 봉브 도리아를 꺼낸다. 반쪽짜리 마롱 글라세와 휘핑한 크림으로 장식한다.

봉브 뒤셰스 *Bombe Duchesse*

6~8인분 기준
작업 시간 1시간
냉동 시간 5~6시간

재료
파인애플 셔벗 1ℓ ▶ 98쪽 참고
신선한 배 2~3개 · 설탕 400g
물 500ml · 꿀 100g · 아파레유 아 봉브 · 400g ▶ 89쪽 참고 · 배 술 30ml

장식
크렘 샹티 200g ▶ 53쪽 참고
배 술 20ml

1 시판 제품을 사용하지 않는다면 파인애플 셔벗을 만든다. 셔벗은 1시간 동안 냉장해야 작업을 쉽게 할 수 있다.

2 배는 껍질을 깎아 작은 큐브로 자른다. 냄비에 설탕, 물, 꿀을 넣어 시럽을 만든 후, 배 조각을 넣고 익힌다.

3 아파레유 아 봉브를 만든 다음 배 술과 시럽에 익힌 배 조각을 넣는다.

4 지름 20cm 틀에 파인애플 셔벗을 일정한 두께로 고르게 바른다 ▶ 90쪽 참고.

5 틀에 아파레유 아 봉브를 넣고 냉동실에서 5~6시간 동안 얼린다.

6 크렘 샹티를 만들어서 배 술을 탄다.

7 흐르는 따뜻한 물에 틀을 살짝 데운 다음, 서빙 접시를 받친 채로 뒤집어서 봉브 뒤셰스를 꺼낸다.

8 별 모양 깍지를 끼운 짤주머니을 이용해 서빙하기 직전에 크렘 샹티를 짠다.

봉브 몽모랑시 *Bombe Montmorency*

6~8인분 기준
작업시간 45분
냉동 시간 5~6시간

재료
우유 150ml · 크림 500ml
노른자 7개분
설탕 150g
키르슈 70ml
아파레유 아 봉브
400g▶89쪽 참고
체리 브랜디 40ml

1 크렘 앙글레즈를 만든 다음▶46쪽 참고, 중간중간 저어서 완전히 식힌다.
2 여기에 키르슈를 넣고 얼려서 키르슈 아이스크림을 만든다.
3 아파레유 아 봉브를 만들고 체리 브랜디를 넣는다.
4 지름 20cm 틀에 키르슈 아이스크림을 일정한 두께로 고르게 바른다▶90쪽 참고.
5 여기에 아파레유 아 봉브를 넣고 냉장고에서 5~6시간 동안 얼린다.
6 흐르는 따뜻한 물에 틀을 살짝 데운 다음, 서빙 접시를 받친 채로 뒤집어서 봉브 몽모랑시를 꺼낸다.

붉은 과일 쿨리를 뿌려 먹으면 더욱 맛있게 즐길 수 있다▶109쪽 참고.

봉브 투티 프루티 *Bombe tutti frutti*

6~8인분 기준
작업 시간 30분
재우는 시간 1시간
냉동 시간 5~6시간

재료
바닐라 아이스크림
500ml▶97쪽 참고
딸기 아이스크림
500ml▶92쪽 참고
과일 콩피 150g
크렘 드 프레즈❖ 1tbsp
딸기나 라즈베리,
또는 레드커런트 100g

1 시판 제품을 사용하지 않는다면, 바닐라 아이스크림과 딸기 아이스크림을 만들고 다른 작업을 할 동안 냉동 보관한다.
2 과일 콩피를 큐브로 조각내 크렘 드 프레즈에 1시간 동안 재운다.
3 샤를로트 틀에 바닐라 아이스크림을 일정한 두께로 고르게 바르고▶90쪽 참고, 냉동실에서 10분 동안 얼린다.
4 과일 콩피를 딸기 아이스크림에 넣고 섞어서 틀에 붓는다. 윗면을 꾹꾹 눌러 다듬은 다음 냉동실에서 6시간 동안 얼린다.
5 먹기 30분 전에 봉브를 꺼낸다. 흐르는 따뜻한 물에 틀을 살짝 데운 다음, 서빙 접시를 받친 채로 뒤집어서 봉브를 꺼낸다. 마지막에 딸기나 라즈베리, 또는 레드커런트로 장식한다.

크렘 드 프레즈 대신 블랙커런트로 만든 리큐어인 크렘 드 카시스*crème de cassis*를 넣어도 좋다.

❖ 크렘 드 프레즈*crème de fraise*는 딸기로 만든 당도 높은 술이다. 프레즈는 프랑스어로 '딸기'를 뜻하며, 크렘은 유제품 중 하나인 크림을 의미하기도 하지만 '설탕 함량이 높은 과일 리큐어'란 의미도 있다.

까페 리에주아 *Café liégeois* 

4인분 기준
작업 시간 30분

재료
커피 아이스크림
4스쿱 ▶ 91쪽 참고
아주 진한 냉커피 2잔
크렘 샹티 200g ▶ 53쪽 참고
커피빈 초콜릿 24개

1 시판 제품을 사용하지 않는다면 커피 아이스크림을 만든다.
2 크렘 샹티를 만든 다음 별 모양 깍지를 끼운 짤주머니에 넣는다.
3 커피 아이스크림과 아주 진하게 내린 차가운 커피를 볼에 넣고 핸드 믹서로 돌리거나 거품기로 휘핑해서, 고운 크림처럼 만든다.

4 커다란 컵에 크림을 붓고 크렘 샹티로 동그랗게 장식한 다음, 커피빈 초콜릿으로 장식한다.

Comment

커피빈 초콜릿이 없다면 초콜릿 막대 장식인 버미첼리 초콜릿을 사용한다.

딸기 카사트 *Cassate à la fraise* 

4인분 기준
작업 시간 40분
재우는 시간 1시간
냉동 시간 1시간 + 5시간

재료
딸기 아이스크림 500ml ▶ 92
쪽 참고 · 바닐라 아이스크림
500ml ▶ 97쪽 참고
과일 콩피 150g
쿠앵트로 50ml
크림 350ml · 꿀 30g

1 시판 제품을 사용하지 않는다면 딸기 아이스크림과 바닐라 아이스크림을 만든다.
2 과일 콩피는 큐브로 잘라 쿠앵트로 30ml에 1시간 동안 재운다.
3 크림을 아주 단단하게 휘핑한 다음, 꿀과 남은 쿠앵트로를 넣고 살살 섞는다. 여기에 재운 과일 콩피를 넣고 잘 버무린다.
4 반구형 틀이나 샐러드 볼에 바닐라 아이스크림을 바르고 **(3)**의 크림을 넣은 다음 냉동실에서 1시간 동안 얼린다.

5 맨 윗면은 딸기 아이스크림으로 덮고 꾹꾹 눌러서 깔끔하게 다듬는다. 이 상태로 냉동실에서 5시간 동안 얼린다.
6 흐르는 따뜻한 물에 틀을 살짝 데운 다음, 서빙 접시를 받친 채로 뒤집어서 카사트를 꺼낸다.

Comment

생딸기나 야생 딸기로 장식하고 딸기 쿨리를 뿌려 먹으면 맛있다.

이탈리아의 카사트 *Cassate italienne* 

8인분 기준
작업 시간 30분
조리 시간 15분
냉동 시간 4시간

재료
바닐라 아이스크림 1ℓ ▶ 97쪽 참고
아몬드 슬라이스 60g
과일 콩피 60g
키르슈 리큐어 1컵
아파레유 아 봉브
400g ▶ 89쪽 참고

1 바닐라 아이스크림을 만든다. 시판 제품을 사용한다면 1시간 전에 냉동실에서 꺼내 놓는다.
2 팬에 기름을 두르지 않고 아몬드 슬라이스를 노릇하게 굽는다.
3 과일 콩피는 큐브로 잘라 키르슈에 재운 다음, 체에 받쳐 물기를 뺀다.
4 아파레유 아 봉브를 만든 다음 아몬드 슬라이스와 재운 과일 콩피를 넣고 버무린다.
5 지름 18cm 샤를로트 틀에 바닐라 아이스크림을 일정한 두께로 고르게 바르고 ▶ 90쪽 참고, 아파레유 아 봉브를 가운데에 부은 다음, 냉동실에서 4시간 동안 얼린다.

6 틀을 흐르는 따뜻한 물에 살짝 데운 다음, 서빙 접시를 받친 채로 뒤집어서 카사트를 꺼낸다.

Comment

아이스크림 두 종류를 넣어서 카사트를 만들어도 되고, 아파레유 아 봉브에 체리나 안젤리카, 멜론으로 만든 과일 콩피나 딸기, 헤이즐넛, 피스타치오, 건포도를 넣어도 맛있다.

파인애플 · 붉은 과일 쿠프 *Coupes à l'ananas et aux fruits rouges* 

6인분 기준

작업 시간 40분
냉동 시간 30분
냉장 시간 1시간

재료

파인애플 셔벗 750ml ▶ 98쪽 참고
크렘 샹티 300g ▶ 53쪽 참고
라즈베리 쿨리 100g ▶ 108쪽 참고
야생 딸기 300g
키르슈 70ml

1 시판 제품을 사용하지 않는다면 파인애플 셔벗을 만든 다음 다른 작업을 할 동안 냉동 보관한다.
2 아이스크림용 쿠프coupe 잔을 냉동실에 30분간 넣어둔다.
3 크렘 샹티를 아주 단단하게 올린다.
4 라즈베리 쿨리를 만든다.
5 라즈베리 쿨리를 크렘 샹티에 넣고 살살 섞는다.
6 (5)를 1시간 동안 냉장고에 넣는다.
7 야생 딸기는 좋은 것을 추린다.

8 짤주머니에 별 모양 깍지를 끼우고 라즈베리 향 크렘 샹티를 넣는다.
9 쿠프 잔마다 파인애플 셔벗을 적당량 넣고 야생 딸기를 셔벗 테두리에 올린 다음 키르슈를 끼얹는다. 가운데에 라즈베리 향 크렘 샹티를 짜서 장식한다.

Comment

라즈베리 쿨리 대신 붉은 과일 쿨리를 사용해도 좋다 ▶ 109쪽 참고.

체리 쿠프 글라세 *Coupes glacées aux cerises à l'alcool* 

6~8인분 기준

작업 시간 20분
냉동 시간 30분

재료

바닐라 아이스크림 1ℓ ▶ 97쪽 참고
크렘 샹티 200g ▶ 53쪽 참고
브랜디에 재운 체리 36개
설탕 100g

1 시판 제품을 사용하지 않는다면 바닐라 아이스크림을 만들어서 다른 작업을 할 동안 냉동 보관한다.
2 쿠프coupe 잔을 30분 동안 냉동실에 넣어둔다.
3 쿠프 잔이 차가워지는 동안 크렘 샹티를 만들어서 별 모양 깍지를 끼운 짤주머니에 넣는다.

4 체리를 체에 밭쳐 브랜디를 제거한다. 볼에 설탕을 붓고 체리를 굴려 설탕 옷을 골고루 입힌다.
5 쿠프 잔마다 바닐라 아이스크림을 적당량 채우고 체리 6개를 올린 다음, 맨 위에 크렘 샹티를 동그랗게 짜서 장식한다.

그리오트 쿠프 글라세 *Coupes glacées aux griottes* 

6인분 기준

작업 시간 30분
재우는 시간 1시간
냉장 시간 1시간

재료

브랜디에 재운 그리오트❖ 24개
키르슈 50ml · 그리오트 셔벗
500ml ▶ 102쪽 참고 · 플롱비에르
아이스크림 500ml ▶ 96쪽 참고
크렘 샹티 300g ▶ 53쪽 참고
살구 마멀레이드 80g
초콜릿 버미첼리

1 그리오트 체리는 씨를 빼서 키르슈에 1시간 동안 재운다.
2 그리오트를 재우는 동안 쿠프coupe 잔 6개를 냉장고에 1시간 동안 넣거나 냉동실에 10분간 넣는다.
3 시판 제품을 사용하지 않는다면 그리오트 셔벗을 만든다.
4 시판 제품을 사용하지 않는다면 플롱비에르 아이스크림을 만든다.
5 크렘 샹티를 만든다.
6 쿠프 잔마다 살구 마멀레이드를 골고루 넣고, 그리오트 셔벗을 2스쿱씩 넣은 다음, 플롱비에르 아이

스크림을 1스쿱 넣거나 숟가락을 이용해 둥글고 길쭉한 크넬quenelle 모양으로 떠서 올린다.
7 쿠프 잔마다 골고루 그리오트를 넣고 취향에 따라 크렘 샹티와 초콜릿 버미첼리로 장식한다.

❖ 그리오트griotte는 과육이 빨갛고 촉촉하며 신맛이 강한 것이 특징인 체리 품종으로, 모렐로 체리라고도 부른다. 주로 시럽이나 브랜디에 절여 통조림을 만들거나 콩피나 잼으로 먹는다.

마카롱을 넣은 복숭아 쿠프 *Coupes aux macarons et aux pêches* 

6인분 기준

작업 시간 30분
냉동 시간 30분

재료

바닐라 아이스크림 750ml ▶ 97
쪽 참고 · 시럽에 재운 복숭아 반쪽
6개 · 레드커런트 200g
크렘 샹티 200g ▶ 53쪽 참고
작은 마카롱 18개 · 키르슈 50ml

1 시판 제품을 사용하지 않는다면 바닐라 아이스크림을 만든다.

2 쿠프coupe 잔은 냉동실에 30분간 넣어둔다. 복숭아는 체에 밭쳐 물기를 제거하고, 레드커런트는 좋은 것을 추려낸다.

3 크렘 샹티를 만들어서 별 모양 깍지를 끼운 짤주머니에 넣는다.

4 쿠프 잔에 아이스크림을 스쿱으로 뜨거나 둥글고 길쭉한 모양의 크넬quenelle로 만들어서 넣는다.

5 작은 접시에 키르슈를 붓고 마카롱을 적신다.

6 쿠프 잔 1개에 마카롱 3개를 얹고 복숭아의 오목한 면이 위로 가게 올려서 그 안에 레드커런트를 채운다.

7 마카롱 아래에 크렘 샹티를 리본처럼 두르고, 레드커런트 위에는 점을 찍듯이 짠다.

마롱 글라세를 넣은 쿠프 글라세 *Coupes glacées aux marrons glacés* 

6인분 기준

작업 시간 30분
냉동 시간 30분

재료

바닐라 아이스크림 750ml ▶ 97
쪽 참고 · 마롱 글라세 조각
150g ▶ 464쪽 참고
크렘 샹티 400g ▶ 53쪽 참고
초콜릿 버미첼리

1 바닐라 아이스크림이 딱딱하게 굳었다면 쿠프 글라세를 만들기 30분 전쯤에 미리 아이스크림을 꺼내서 부드럽게 만든다.

2 쿠프 잔을 냉동실에 30분간 넣어둔다.

3 크렘 샹티를 만든다.

4 마롱 글라세를 조각으로 부수어 바닐라 아이스크림에 섞는데, 조각이 너무 으스러지지 않도록 주의한다. 아이스크림은 스쿱으로 뜨거나 둥글고 길쭉한 크넬quenelle 모양을 만들어서 쿠프 잔에 넣는다.

5 그 위에 크렘 샹티를 올리는데, 짤주머니에 별 모양 깍지를 끼워 둥글게 쌓아 올리거나 숟가락을 이용해 볼록한 모양을 만든다. 마지막으로 초콜릿 버미첼리를 뿌려서 장식한다.

Plus

마롱 글라세 조각 대신 시중에서 판매하는 밤 아이스크림을 사용해도 좋다. 바닐라 아이스크림과 밤 아이스크림을 1:1로 섞어 넣는다.

과일 셔벗 쿠프 *Coupes de sorbets et de fruits* 

6인분 기준

작업 시간 45분
냉동 시간 30분
재우는 시간 15분

재료

레몬 셔벗 500ml ▶ 99쪽 참고
딸기 셔벗 500ml ▶ 100쪽 참고
물 750ml · 설탕 375g · 살구
4개 · 배 2개 · 파인애플 슬라이스
2개 · 키위 2개 · 딸기 100g
키르슈 70ml

1 시판 제품을 쓰거나 레몬 셔벗과 딸기 셔벗을 만든다. 쿠프coupe 잔은 냉동실에 30분간 넣어둔다.

2 냄비에 물과 설탕을 넣고 끓여서 시럽을 만든다.

3 살구는 씨를 제거하고 배는 껍질을 깎고 파인애플은 슬라이스로 썬다. 손질한 과일을 모두 작은 큐브로 잘라서 시럽에 1분 정도 담근 다음 그 상태로 식힌다.

4 키위는 껍질을 벗기고 딸기는 빠르게 씻어 꼭지를 딴 다음, 작은 큐브로 자른다.

5 시럽에 담근 과일은 식힌 후 물기를 제거한다. 여기에 키위와 딸기, 키르슈를 넣고 버무려서 15분간 재운다.

6 쿠프 잔에 레몬 셔벗을 스쿱으로 뜨거나 둥글고 길쭉한 모양의 크넬quenelle로 만들어서 넣은 다음, 잔의 1/2만 차지하도록 한쪽으로 밀어 넣는다. 다른 한쪽에 딸기 셔벗을 넣고, 가운데는 과일 조각으로 채운다.

마카롱 글라세와
라벤더 향 초콜릿 셔벗

Macarons glacés,
sorbet au chocolat et fleurs de lavande

신선한 라벤더 꽃을 넣은 초콜릿 셔벗을 프티 마카롱 사이에 채웠다. 초콜릿과 라벤더가 만나 독특하면서 섬세한 향이 은은하게 난다. 라벤더 꽃은 조금만 넣어도 향이 풍성하게 나기 때문에 소량만 사용한다. ▶485쪽 레시피 참고

프레즈 사라 베르나르 *Fraises Sarah Bernhardt* 

6인분 기준
작업 시간 1시간
냉동 시간 2시간

재료
우유 500ml
설탕 200g
노른자 12개분
퀴라소curaçao 리큐어 100ml
크림 500ml
파인애플 셔벗 500ml ▶ **98쪽 참고**
딸기 200g

1 퀴라소 리큐어 무스를 먼저 만든다. 우유에 설탕 100g을 타서 끓인다. 노른자와 설탕을 볼에 넣고 거품기로 세게 저어 색깔이 옅어지게 만든 다음, 끓은 우유를 조금씩 따라 부으면서 계속 젓는다. 다시 냄비에 담고 약불에서 크렘 앙글레즈처럼 나무 주걱으로 계속 저으면서 30초 정도 익힌다 ▶ **46쪽 참고**. 숟가락 등으로 떠서 손가락으로 훑었을 때, 바로 흘러내리지 않고 자국이 남는 텍스처가 되면 볼에 담아 냉장고에서 식힌다.

2 크림이 식으면 퀴라소 리큐어 70ml와 크림을 넣고 힘 있게 휘핑해서 무스를 만든다. 람캥 6개에 나누어 담고 2시간 동안 냉동실에 넣어둔다.

3 시판 제품을 사용하지 않는다면 파인애플 셔벗을 만든다.

4 예쁜 딸기를 골라 빠르게 씻은 다음 꼭지를 따고 4등분한다. 여기에 설탕과 남은 퀴라소 30ml를 넣고 잘 버무린다.

5 셔벗은 둥글고 길쭉한 모양의 크넬quenelle로 떠서 쿠프coupe 잔에 넣고 딸기로 장식한다.

6 람캥을 흐르는 따뜻한 물에 살짝 데워서 무스를 꺼낸다.

7 쿠프coupe 잔마다 무스를 올리고 그 위에 딸기를 얹은 다음 바로 서빙한다.

그리오트를 곁들인 피스타치오 아이스크림

Glace à la pistache et aux griottes 

6인분 기준
작업 시간 40분

재료
파트 아 크럼블 100g ▶ **29쪽 참고**
피스타치오 아이스크림
800ml ▶ **95쪽 참고**
그리오트 500g · 버터 20g
올리브 오일 20g · 설탕 50g
양조 식초 15ml · 후추

1 오븐은 170℃로 예열한다.

2 크럼블을 만들어서 20분간 굽는다.

3 피스타치오 아이스크림을 만들어서 냉동실에 넣는다.

4 그리오트는 씨를 제거한다.

5 팬을 약불로 달궈 올리브 오일을 두르고 버터를 녹인다. 그리오트를 넣고 센 불에서 3~4분간 빠르게 익힌 다음, 양조 식초를 끼얹고 후추를 그라인더로 2번 갈아 넣고 불을 끈다.

6 접시 가운데에 크럼블을 놓는다. 피스타치오 아이스크림을 둥글고 길쭉한 모양의 크넬quenelle 2개로 만들거나 3스쿱 떠서 올리고, 그 위에 따뜻한 그리오트로 얹어 바로 먹는다.

딸기를 곁들인 위스키 그라니테 *Granité au whisky et aux fraises* 

4인분 기준
작업 시간 15분
냉동 시간 4시간 30분

재료
생수 500ml · 설탕 100g
위스키 70ml · 딸기 800g
레몬 1/2개 · 후추

1 위스키 그라니테부터 만든다. 물, 설탕 50g, 위스키를 바트에 넣고 섞은 다음, 1시간 30분 동안 냉동한다. 그라니테를 꺼내서 거품기로 저은 다음 다시 냉동실에 3시간 동안 보관한다.

2 딸기는 빠르게 씻어 꼭지를 제거한 다음 2등분한다.

3 서빙 접시마다 딸기를 둥글게 두르고 레몬즙을 뿌린다. 그 위에 설탕을 1tbsp 정도 뿌린 다음 후추를 그라인더로 1번 갈아 넣는다.

4 그라니테를 숟가락으로 긁어서 딸기 위에 얹은 다음 바로 먹는다.

만다린 지브레 *Mandarines givrées*

8인분 기준
작업 시간 30분

재료
만다린 8개
만다린 셔벗 1ℓ ▶ 102쪽 참고

1 빵칼로 만다린 윗부분을 뚜껑처럼 자른 다음, 껍질이 찢어지지 않게 조심하면서 얇은 숟가락으로 과육을 판다. 손질한 만다린 껍질과 뚜껑은 냉동실에 넣는다.
2 과육을 체에 담아 스패출러로 꾹꾹 누른다. 거른 즙을 다시 한 번 체에 내려서 만다린 셔벗을 만든다.
3 별 모양 깍지를 끼운 짤주머니에 셔벗을 넣고 만다린 껍질 안에 수북하게 짠 다음, 뚜껑을 덮는다. 냉동실에 넣었다가 먹기 직전에 꺼낸다.
▶ 356쪽 사진 참고

Plus

레몬 · 오렌지 · 자몽 지브레

Citrons, oranges et pamplemousses givrés

만다린 대신 레몬이나 오렌지, 자몽으로 즙을 내면 다양한 맛의 지브레가 된다. 또 안젤리카 콩피를 작은 마름모꼴로 자르거나 초록색 아몬드 페이스트로 나뭇잎 모양을 만들어서 장식해도 좋다.

멜론 프라페 *Melon frappé*

6인분 기준
작업 시간 10분
재우는 시간 2시간
냉장 시간 2시간

재료
멜론 셔벗 1ℓ ▶ 103쪽 참고
멜론 6개
포트와인 200ml · 얼음 가루

1 시판 제품을 사용하지 않는다면 멜론 셔벗을 만든다.
2 멜론은 꼭지 부분을 넓게 자르고 작은 숟가락으로 씨를 제거한 다음, 멜론 볼러라고 부르는 퀴이에르 파리지엔느cuillère parisienne로 작게 볼을 뜬다.
3 용기에 멜론 볼과 포트와인을 넣고 냉장고에서 2시간 동안 재우고, 멜론 껍질도 몸통과 뚜껑을 냉동실에 2시간 동안 넣어둔다.

4 속이 빈 멜론에 셔벗과 멜론 볼을 번갈아 채운 다음, 재울 때 썼던 포트와인을 끼얹고 멜론 뚜껑으로 덮는다. 얼음 가루를 채운 개인용 쿠프coupe 잔에 플레이팅해서 바로 먹는다.

머랭 글라세 *Meringues glacées*

6인분 기준
작업 시간 30분
조리 시간 45분 + 4~5시간

재료
프렌치 머랭 300g ▶ 43쪽 참고
바닐라 아이스크림 500ml ▶ 97쪽 참고
딸기 셔벗 또는 라즈베리 셔벗 500ml ▶ 100쪽 참고
크렘 샹티 200g ▶ 53쪽 참고

1 짤주머니에 별 모양 깍지를 끼우고 머랭을 넣는다.
2 오븐은 120℃로 예열한다.
3 오븐 팬에 유산지를 깔고, 꽈배기처럼 돌려서 가로 4cm × 세로 8cm짜리 머랭을 만든다. 120℃에서 45분간 구운 다음 100℃로 온도를 낮춰 4~5시간 동안 굽는다.
4 시판 제품을 사용하지 않는다면, 바닐라 아이스크림과 딸기 셔벗, 또는 라즈베리 셔벗을 만든다.
5 접시 6개를 30분간 냉동실에 넣어둔다.

6 크렘 샹티를 만들어서 별 모양 깍지를 끼운 짤주머니에 넣는다.
7 접시에 바닐라 아이스크림과 셔벗을 1스쿱씩 올리고 부서지지 않게 조심하면서 양쪽에 머랭을 붙인다. 그 위에 크렘 샹티를 꽈배기 모양으로 짠 후에 서빙한다.

꿀을 넣은 누가 글라세 *Nougat glacé au miel* 

8~10인분 기준
작업 시간 20분
재우는 시간 15~20분
냉동 시간 5~6시간

재료
안젤리카 25g
레드 또는 그린 비가로bigarreaux
체리 50g
오렌지 껍질 콩피 25g
코린트Corinthe 건포도 75g
그랑 마르니에 50ml
휘핑한 크림 700g ▶ 56쪽 참고
라즈베리 쿨리 400g ▶ 108쪽 참고

누가틴
설탕 75g
껍질 벗긴 아몬드 100g

흰자 머랭
설탕 120g · 물 30ml
흰자 6개분 · 액상 꿀 250g

1 비가로와 안젤리카, 오렌지 껍질 콩피를 다진 다음, 건포도와 함께 그랑 마르니에에 15~20분간 재운다.

2 팬에 설탕과 껍질 벗긴 아몬드를 넣고 캐러멜색이 될 때까지 센 불에서 가열해 누가틴을 만든다.

3 기름을 바른 그릇에 누가틴을 붓고 식힌 다음, 큰 칼로 굵게 다진다.

4 냄비에 설탕과 물을 넣고 프티 불레 ▶ 72쪽 참고로 끓인다. 시럽이 준비되는 동안 흰자를 풍성하게 휘핑한 다음, 121℃로 끓인 시럽을 가늘게 따라 부으며 완전히 식을 때까지 휘핑한다. 여기에 꿀을 넣고 섞는다.

5 크림은 휘핑한다.

6 라즈베리 쿨리를 만든다.

7 누가틴, (1)의 과일, 흰자 머랭, 휘핑한 크림을 한데 섞는다.

8 1.5ℓ 망케 틀에 누가 글라세를 붓고, 냉동실에서 5~6시간 동안 얼린다.

9 누가 글라세는 슬라이스로 잘라서 접시에 담고 라즈베리 쿨리를 뿌려 먹는다.

– 레스토랑 피에르 *Restaurant Pierre*

Comment

비가로 체리 대신 멜론이나 세드라(시트론), 또는 다른 감귤류 콩피를 써서 만들어도 좋고, 살구 쿨리나 다른 과일 쿨리를 곁들여도 맛있다.

오믈레트 노르베지엔느 *Omelette norvégienne* 

6인분 기준
작업 시간 1시간 30분
조리 시간 15~20분

재료
바닐라 아이스크림 1ℓ ▶ 97쪽 참고
파트 아 제누아즈 500g ▶ 40쪽 참고
프렌치 머랭 300g ▶ 43쪽 참고
물 200ml
설탕 260g
그랑 마르니에 200ml
분당

1 시판 제품을 사용하지 않는다면 바닐라 아이스크림을 만들어서 다른 작업을 하는 동안 냉동 보관한다.

2 오븐은 200℃로 예열한다.

3 파트 아 제누아즈를 만든다.

4 오븐 팬에 유산지를 깐다. 짤주머니에 지름 1cm 원형 깍지를 끼우고 파트 아 제누아즈를 넣은 다음, 오믈렛처럼 동그랗게 짜서 15분간 굽는다. 칼끝을 찔러 익었는지 확인한 다음 식힌다.

5 오븐 온도를 250℃로 높인다.

6 프렌치 머랭을 만든다. 큰 짤주머니에 지름 1cm 별 모양 깍지를 끼우고 머랭을 넣는다.

7 설탕과 물을 끓여 시럽을 만든 다음, 식으면 그랑 마르니에 100ml를 탄다. 타원형 오븐용 그릇에 제누아즈를 담고 붓으로 시럽을 바른다.

8 바닐라 아이스크림을 제누아즈 위에 고루 펴바른다. 그 위에 머랭 1/2을 짜서 완전히 덮은 후, 금속 스패출러로 겉면을 매끈하게 정리한다.

9 그 위에 남은 머랭 1/2을 꼬인 모양으로 짠 다음 분당을 뿌린다.

10 뜨거운 오븐에 넣어 머랭에 노릇한 색깔을 낸다.

11 남은 그랑 마르니에 100ml를 작은 냄비에 데운 다음, 불꽃을 일으키는 플랑베flamber를 해서 오믈레트에 붓는다. 손님 앞에서 플랑베를 한 다음 바로 서빙한다.

피스타치오 파르페 글라세 *Parfait glacé à la pistache* 

4~6인분 기준
작업 시간 30분
냉동 시간 6시간

재료
통 피스타치오 40g
설탕 200g
물 80ml
노른자 8개분
피스타치오 페이스트 80g
휘핑한 크림 300ml ▶ 56쪽 참고

1 피스타치오는 살짝 구워서 굵게 다진다.
2 물과 설탕을 섞은 다음 118℃까지 끓여 프티 불레 ▶ 72쪽 참고 상태로 만든다.
3 노른자와 피스타치오 페이스트를 볼에 넣고 잘 섞는다.
4 (3)에 끓인 설탕을 조금씩 따라 부으며 거품기로 휘핑하는데, 재료가 완전히 식을 때까지 젓는다.
5 (4)에 휘핑한 크림을 넣고 부드럽게 섞은 다음, 굵게 다진 피스타치오를 넣는다.
6 파르페 틀이나 16cm 샤를로트 틀 또는 수플레 틀에 반죽을 붓고 6시간 동안 냉동한다.
7 흐르는 따뜻한 물에 틀을 살짝 데워서 서빙 접시를 받쳐서 뒤집는다.

Plus

판 초콜릿 200g을 중탕이나 전자레인지에 녹여서 노른자에 넣으면 초콜릿 파르페가 되고, 프랄랭 가루 ▶ 464쪽 참고 150g을 넣으면 프랄리네 파르페가 된다. 또한 동결건조 커피 5g을 뜨거운 물 1tbsp에 녹여서 노른자에 섞은 다음, 커피 에센스 50ml를 타면 커피 파르페가 된다.

페슈 담 블랑슈 *Pêches dame blanche* 

4인분 기준
작업 시간 45분
재우는 시간 1시간
조리 시간 10분

재료
바닐라 아이스크림 500ml ▶ 97쪽 참고
파인애플 슬라이스 4개
키르슈 1tbsp
마라스캥marsquin✤ 1tbsp
큰 복숭아 2개
설탕 250g
물 2.5ℓ
바닐라 깍지 1/2개
크렘 샹티 200g ▶ 53쪽 참고

1 시판 제품을 사용하지 않는다면 바닐라 아이스크림을 만들어서 다른 작업을 할 동안 냉동 보관한다.
2 오목 접시에 키르슈와 마라스캥을 붓고 파인애플 슬라이스를 넣어 1시간 동안 재운다.
3 끓는 물에 복숭아를 30초 정도 담갔다가 흐르는 찬물에 식혀서 껍질만 벗긴다.
4 냄비에 물과 설탕을 넣고 바닐라 깍지를 반으로 갈라 넣은 다음, 끓여서 시럽을 만든다.
5 시럽에 복숭아를 넣고 기포가 작게 보글거리는 온도에서 약 10분간 익히는데, 중간중간 뒤집어야 한다. 냄비 불을 끄고 복숭아를 체에 밭쳐 시럽을 제거한 다음, 2등분해서 씨를 뺀다.
6 크렘 샹티를 만든다. 짤주머니에 지름 1cm 별 모양 깍지를 끼우고 크렘 샹티를 넣는다.
7 쿠프coupe 잔은 4개를 준비한다. 맨 밑에 바닐라 아이스크림을 채우고 파인애플 슬라이스를 넣은 다음 복숭아 1조각을 올린다.
8 샹티 크림을 복숭아 위에 왕관 모양으로 짜고, 파인애플 둘레에는 터번 모양으로 짜서 장식한다.

Comment

가급적이면 신선한 파인애플을 쓰는 것이 좋지만, 통조림 제품을 사용한다면 물기를 충분히 제거한 후 리큐어에 재워야 한다. 겨울에는 시럽에 재운 복숭아를 사용하면 되고, 바닐라즙 ▶ 115쪽 참고을 곁들이면 풍미가 깊어진다.

✤ 마라스캥marasquin은 신맛이 나는 체리의 일종인 마라스카를 원료로 만든 리큐어다.

만다린 지브레

Mandarines givrées

연말 파티에 잘 어울리는
시원한 디저트다.

페슈 멜바 *Pêche Melba* 

4인분 기준
작업 시간 30분
조리 시간 12~13분

재료

바닐라 아이스크림
500ml ▶ 97쪽 참고
라즈베리 500g
복숭아 4개(가능하면 백도로 준비)

시럽
설탕 500g · 물 1ℓ
바닐라 깍지 1개

1 시판 제품을 사용하지 않는다면 바닐라 아이스크림을 만든다.
2 라즈베리를 푸드 밀이나 블렌더에 갈아 퓌레로 만든다.
3 끓는 물에 복숭아를 30초 정도 담갔다가 흐르는 찬물에 빠르게 식혀서 껍질을 깐다.
4 물, 설탕, 반으로 갈라 씨를 긁어낸 바닐라 깍지를 냄비에 넣고 5분간 끓여서 시럽을 만든다. 여기에 복숭아를 담그고 중간중간 뒤집으면서 7~8분간 익힌다.
5 복숭아는 체에 밭쳐 시럽을 제거하고 완전히 식힌 다음 2등분해서 씨를 뺀다.
6 큰 쿠프coupe 잔이나 일인용 쿠프 잔에 아이스크림을 넣고 복숭아를 얹은 다음 라즈베리 퓌레를 뿌린다.

Comment

배를 바닐라 향 시럽에 익혀서 레시피대로 만들면 '푸아르 멜바 poires Melba'가 된다.

페슈 페넬로프 *Pêche Pénélope* 

8인분 기준
작업 시간 45분

재료

딸기 500g
설탕 400g
레몬 1/2개
바닐라 설탕 1/2팩
이탈리안 머랭 100g ▶ 44쪽 참고
휘핑한 크림 400g ▶ 56쪽 참고
물 500ml
복숭아 4개
라즈베리 200g
쉬크르 필레 ▶ 79쪽 참고
사바이옹 200g ▶ 296쪽 참고

1 딸기는 씻어서 꼭지를 딴 다음 블렌더나 푸드 밀에 갈아 퓌레로 만든다. 여기에 설탕 150g, 레몬즙, 바닐라 설탕을 넣고 섞는다.
2 이탈리안 머랭을 만들고, 크림은 휘핑한다.
3 딸기 퓌레에 이탈리안 머랭을 넣고 섞은 다음, 휘핑한 크림을 넣고 살살 섞는다.
4 지름 10cm 일인용 수플레 틀 8개에 딸기 무스를 동량으로 넣고 냉동 보관한다.
5 물과 설탕 250g을 끓여서 시럽을 만든다.
6 복숭아는 끓는 물에 30초간 담갔다가 흐르는 찬물에 식혀서 껍질을 벗긴 다음, 2등분해서 씨를 뺀다. 손질한 복숭아를 시럽에 6~7분간 담가서 익힌 다음, 체에 밭쳐 식히고 냉장 보관한다.
7 취향에 맞게 사바이옹을 만든다.
8 딸기 무스를 틀에서 꺼내 쿠프coupe 잔에 넣고 그 위에 복숭아 1조각을 올린 다음, 둘레에 라즈베리를 얹는다.
9 쉬크르 필레를 둥글게 뭉쳐서 무스를 덮은 다음, 사바이옹을 곁들여 서빙한다.

푸아르 엘렌 *Poire Hélène* 👨‍🍳👨‍🍳👨‍🍳

6인분 기준
작업 시간 45분
조리 시간 20~30분

재료
바닐라 아이스크림 1ℓ ▶ 97쪽 참고
설탕 250g · 물 500ml
윌리엄william 배 6개
물 60ml
다크초콜릿 125g
크렘 두블 60g ▶ 428쪽 참고

1 시판 제품을 사용하지 않는다면 바닐라 아이스크림을 직접 만든다.
2 설탕과 물을 냄비에 넣고 끓여서 시럽을 만든다.
3 배는 꼭지만 남겨두고 껍질을 깎은 다음, 시럽에 담가 20~30분간 익힌다.
4 배가 부드럽게 익으면 체에 받쳐 시럽을 제거하고 냉장 보관한다.
5 물 60ml를 끓이고, 초콜릿은 조각낸 다음 다져서 냄비에 넣는다. 끓는 물을 다진 초콜릿에 붓고 잘 저어서 녹인 다음 크렘 두블을 넣는다.

6 쿠프coupe 잔 바닥에 바닐라 아이스크림을 넣고 배를 올린 다음, 따뜻한 초콜릿 소스를 뿌린다.

푸딩 네셀로드 *Pudding Nesselrode* 👨‍🍳👨‍🍳👨‍🍳

6~8인분 기준
작업 시간 45분
재우는 시간 1시간
냉동 시간 1시간

재료
오렌지 껍질 콩피와
체리 콩피 70g
말라가Málaga 와인 50ml
코린트Corinthe 건포도와
설타나Sultana 건포도 60g
크렘 앙글레즈 500ml ▶ 46쪽 참고
마롱(밤) 퓌레 125g
휘핑한 크림 500g ▶ 56쪽 참고
마라스캥marasquin✤ 70ml
마롱 글라세 12개 ▶ 464쪽 참고

1 오렌지 껍질 콩피와 체리 콩피를 작은 큐브로 잘라서 말라가에 1시간 동안 재운다.
2 코린트 건포도와 설타나 건포도는 미지근한 물에 담가 불린다.
3 크렘 앙글레즈를 만든 다음 밤 퓌레와 섞는다.
4 크림을 휘핑해서 마라스캥을 넣는다.
5 밤 크림과 재운 과일 콩피, 불린 건포도, 휘핑한 크림을 한데 섞는다.
6 지름 18cm 샤를로트 틀에 넣고 랩으로 감싼 다음 1시간 동안 냉동시킨다.

7 흐르는 따뜻한 물에 틀을 살짝 데운 다음 서빙 접시를 받치고 뒤집어서 푸딩을 꺼낸다. 마롱 글라세를 왕관 모양으로 올려 장식한다.

✤ 마라스캥marasquin은 신맛이 나는 체리의 일종인 마라스카를 원료로 만든 리큐어다.

바닐라 룰로 글라세 *Rouleau glacé à la vanille*

4~6인분 기준
작업 시간 40분
냉장 시간 1시간
조리 시간 10분

재료
초콜릿 230g · 달걀 4개
설탕 100g · 밀가루 100g
바닐라 아이스크림
500ml ▶ 97쪽 참고
코냑 1tbsp

1 초콜릿 50g에 물 1tbsp과 코냑을 넣고 중탕에서 녹인다.
2 달걀에 설탕을 넣고 힘껏 휘핑기로 저어서 걸쭉한 크림 텍스처로 만든다.
3 여기에 녹인 초콜릿을 넣고 잘 섞은 다음, 밀가루를 체쳐 넣고 부피가 꺼지지 않게 살살 섞는다.
4 오븐은 200℃로 예열한다.
5 오븐 팬에 유산지를 깔고 반죽을 펼쳐 놓은 후 7분간 굽는다.
6 설탕을 뿌린 천 위에 구운 반죽을 올린 다음, 롤처럼 말아서 식힌다.
7 롤을 펴서 바닐라 아이스크림을 넣은 다음, 다시 말아서 냉동시킨다.
8 남은 초콜릿에 물 3tbsp을 탄 다음 중탕에서 녹인다.
9 아이스크림 롤을 잘라 녹인 초콜릿을 곁들여 먹는다.

위스키 아이스크림을 넣은 루바브 *Rhubarbe à la glace au whisky*

6인분 기준
작업 시간 40분
조리 시간 30분
냉장 시간 2시간

재료
딸기즙 500ml ▶ 114쪽 참고
루바브 줄기 6개
크렘 프레슈 에페스 100g ▶ 428쪽 참고
잘 익은 딸기 100g

위스키 아이스크림
우유 500ml · 통후추 6~7개
크림 100ml · 노른자 6개분
설탕 125g · 위스키 50ml

1 딸기즙을 만든다.
2 루바브 줄기에 있는 섬유질을 조심스럽게 벗겨서 15cm 막대 모양으로 자른다. 냄비에 루바브와 딸기즙을 넣고 약불에서 30분 정도 뭉근하게 익힌다. 칼로 찔렀을 때 푹 들어갈 정도로 충분히 익으면 불을 끄고 냉장고에 2시간 동안 넣어둔다.
3 위스키 아이스크림을 만든다. 우유에 후추를 넣고 향을 우린 다음 크렘 앙글레즈를 만든다 ▶ 46쪽 참고.
4 크림이 다 익으면 얼음을 채운 볼에 용기를 담가 빠르게 식힌다. 여기에 위스키를 넣고 잘 섞은 다음, 셔벗 메이커에 넣는다.
5 딸기는 씻어서 꼭지를 딴 다음 여러 접시에 동량으로 담는다. 익힌 루바브는 길이 2cm로 비스듬하게 잘라 딸기 옆에 놓는다. 그 위에 아주 차가운 딸기즙을 뿌린 다음, 위스키 아이스크림을 둥글고 길쭉한 모양의 크넬quenelle로 크게 떠서 올리고, 크렘 프레슈 에페스로 작은 크넬을 만들어서 올린다.

바슈랭 글라세

Vacherin glacé

바슈랭은 수많은 데세르 글라세 중에서도
단연 돋보이는 프랑스 전통 디저트다.
머랭 디스크에 바닐라 아이스크림을 채우고
크렘 샹티를 올려서 만든다.

바슈랭 글라세 *Vacherin glacé* 

6~8인분 기준
작업 시간 1시간
냉동 시간 2시간 30분
조리 시간 1시간 + 3시간

재료
바닐라 아이스크림 1ℓ ▶ 97쪽 참고
프렌치 머랭 300g ▶ 43쪽 참고
크렘 샹티 200g ▶ 53쪽 참고

장식
딸기 250g
라즈베리 300g

1 시판 제품을 사용하지 않는다면 바닐라 아이스크림을 직접 만든다.

2 오븐은 120℃로 예열한다.

3 머랭으로 바닥이 될 원형 시트와 옆면이 될 타원형 스틱을 만든다. 짤주머니에 1cm 깍지를 끼우고 머랭을 담는다. 오븐 팬에 유산지를 깔고 지름 20cm 디스크 2개와 가로 8cm × 세로 3cm짜리 스틱 16개를 짠다. 디스크는 동그랗게 돌리면서 짜고, 오븐 팬 1개가 모자라면 여유 있게 2개를 사용한다.

4 머랭은 먼저 120℃에서 1시간 동안 굽고 100℃에서 3시간 더 구운 다음, 완전히 식힌다.

5 지름 22cm × 높이 6cm 무스링에 머랭 디스크를 넣은 다음, 바닐라 아이스크림을 넣는다. 머랭 디스크로 아이스크림을 덮고 2시간 동안 냉동시킨다.

6 크렘 샹티를 만들어 별 모양 깍지를 끼운 짤주머니에 넣는다.

7 바슈랭을 냉동실에서 꺼내 3~5분 정도 기다렸다가 무스링을 뺀다.

8 바슈랭 옆면에 크렘 샹티를 골고루 짠 다음 스틱을 붙이고, 그 위에 크렘 샹티를 둥글게 짜서 장식한다.

9 딸기는 빠르게 씻어 체에 밭쳐 놓고, 라즈베리는 좋은 것을 추린다. 먹기 직전에 딸기와 라즈베리를 바슈랭 가운데에 올린다.

Comment

평소 좋아하는 아이스크림이나 셔벗을 넣고, 초콜릿 코포나 과일 콩피로 장식해도 좋다.

밤 바슈랭 *Vacherin au marron* 

6~8인분 기준
작업 시간 20분
조리 시간 1시간 30분 (하루 전에 만들 것)

재료
바닐라 아이스크림 1ℓ ▶ 97쪽 참고
마롱(밤) 페이스트 150g
마롱(밤) 퓌레 150g
파트 아 쉭세 700g ▶ 42쪽 참고
분당
마롱 글라세 4개 ▶ 464쪽 참고

1 바닐라 아이스크림을 만들 때, 완성된 크렘 앙글레즈에 밤 퓌레와 밤 페이스트를 섞고 식힌 다음, 얼린다.

2 짤주머니에 1.5cm 깍지를 끼우고 파트 아 쉭세를 넣는다.

3 오븐은 160℃로 예열한다.

4 오븐 팬에 유산지를 깔고, 가운데에서 바깥으로 둥글게 돌리며 반죽을 짜서 지름 22cm 디스크 2개를 만든다.

5 160℃에서 30분간 굽고 140℃로 온도를 낮춰 1시간 더 굽는다. 오븐이 크지 않다면 디스크를 1개씩 나눠 굽는다.

6 작업대에 젖은 면포를 깐다. 디스크가 완전히 식으면 유산지에서 떼내 면포 위에 놓는다.

7 다음 날, 먹기 1시간 전에 아이스크림을 냉동실에서 꺼내 텍스처를 부드럽게 만든다. 디스크 위에 스패출러로 아이스크림을 도톰하게 바르고 다른 디스크로 덮는다. 그 위에 분당을 뿌리고 모양이 예쁜 마롱 글라세를 올려 장식한다.

쿠프 글라세 이스파한

Coupe glacée Ispahan

부드러운 리치와 황홀한 장미 향, 라즈베리 셔벗의 새콤함이 감미로운 센세이션을 일으킨다. ▶481쪽 레시피 참고

콩피즈리와
과일 시럽, 초콜릿

잼과 마멀레이드, 과일 젤리

CONFITURES, MARMELADES
and PÂTES DE FRUITS

과일을 통째로 넣거나 즙 또는 과육 형태로 넣고 여기에 끓인 설탕을 넣어 만드는데, 과일 종류에 따라 설탕의 양이 달라진다. 잼에는 과일 덩어리가 드문드문 보이지만 마멀레이드에는 형체가 완전히 뭉개져 보이지 않는다.

잼과 젤리를 만들 때에는 항상 동이나 스테인리스 재질의 조리 도구를 사용해야 불쾌한 맛이 나는 것을 방지할 수 있다.

또한 자루가 긴 나무 주걱이나 나무 숟가락으로 저어야 하며, 고운 체를 구비해두면 과일즙을 거를 때 유용하다.

유리병은 105℃ 정도의 고온에서도 깨지지 않는 강화유리로 된 것을 고른다. 이왕이면 나선형 뚜껑이나 고무 패킹이 달린 용기가 좋은데, 밀폐력이 뛰어나 냉장 보관하다 중간에 꺼내 먹어도 비교적 장시간 보관할 수 있기 때문이다. 보관 기간은 파라핀, 종이 링, 셀로판지 등 밀폐 방법에 따라 달라진다. 잼 병은 항상 잼을 만들기 직전에 열탕 소독한다. 병과 뚜껑, 고무 패킹을 끓는 물에 3분간 담그고 스키머로 꺼내 깨끗한 천이나 키친타월에 뒤집어서 식힌다. 이때, 화상을 입지 않도록 장갑을 끼고 작업한다.

잼을 병에 담을 때에도 장갑을 껴야 한다. 한 손으로 병 입구를 잡고 작은 국자로 잼을 떠서 병을 채운 다음, 천 위에 놓고 뚜껑을 재빨리 닫는다. 단단히 밀폐시킨 후 병을 뒤집으면 잼 사이로 공기가 떠올라 저절로 살균이 된다. 병입 작업을 할 때마다 잼을 저어서 부드럽게 푼다.

잼 병은 뚜껑이 밑으로 가도록 뒤집어서 24시간 동안 식힌다. 서늘한 곳에 두어야 하고, 한 번 개봉한 것은 냉장 보관한다. 보통 1년 정도 보관할 수 있는데, 설탕이 적게 들어가는 잼은 보관 기간이 그만큼 짧아진다.

잼을 잘 만들려면 몇 가지 기본 원칙을 지켜야 한다.

– 펙틴 함량이 낮은 과일로 만드는 잼에는 잼용 설탕을 사용하는 것이 좋다. 그렇기 때문에 레몬, 모과, 레드커런트, 블랙베리, 오렌지, 사과로 잼을 만들 때에 잼용 설탕을 반드시 넣을 필요는 없다.

– 과일 종류에 따라 다르지만 보통 껍질을 깎고 씨를 제거한 다음 조각내서 24시간 동안 설탕에 절인다. 과육 1.5kg당 설탕 1.2kg 정도가 적당하며 레몬즙도 함께 뿌려 하루 동안 절이면 시럽이 생긴다.

– 절인 과일을 체에 밭쳐 15~20분간 시럽을 걸러낸다. 걸러낸 시럽은 냄비에 담아 끓이는데, 초반에 2번 정도 휘휘 젓다가 끓어오르면 5분 더 가열해 그랑 필레grand filé인 109℃로 만든다. 과일이 충분히 여물지 않았거나 수분을 많이 머금었다면 118℃인 프티 불레petit boulé까지 끓인다.

– 시럽이 적정 온도에 도달하면 바로 과일을 넣고 다시 한 번 끓인다. 과일 상태에 따라 다르지만, 끓어오른 후 5~15분간 추가로 끓이면 106~107℃가 된다. 잼이 냄비 밑바닥에 들러붙지 않도록 틈틈이 젓다가 마지막에 거품을 걷어내 불순물을 제거한다. 레시피마다 가열 온도가 다르기 때문에 주의해야 하며 자세한 것은 퀴송 뒤 쉬크르Cuisson du sucre를 참고한다▶ **72쪽 참고**.

– 완성된 잼은 바로 병에 담아 뚜껑이 밑으로 가도록 엎어서 최소 24시간 동안 식힌다.

– 이 상태로 며칠이 지나면 걸쭉해지는데, 너무 묽다면 다시 끓이는 방법도 있다. 우선 체를 밭친 상태에서 잼을 부어서 시럽과 과육을 분리한다. 걸러낸 시럽을 다시 한 번 109℃까지 끓이는데, 보통 시럽의 양이 처음보다 많기 때문에 시간이 더 걸린다. 여기에 과육을 넣고 이전처럼 작업한다.

살구잼 *Confiture d'abricot* 

잼 1kg 기준
작업 시간 1시간
재우는 시간 24시간
조리 시간 약 18분

재료
씨를 뺀 살구 500g
설탕 450g
레몬 1개
바닐라 깍지 1개
살구씨 6개

1 레몬은 짜서 즙을 내면 1+1/2tbsp 정도가 나온다.

2 살구는 2등분해서 씨를 제거한 다음 반으로 잘라 볼에 담는다. 여기에 설탕을 뿌리고 레몬즙을 넣은 다음 잘 버무려서 24시간 동안 재운다.

3 큰 냄비나 동 냄비를 받치고 재운 과일을 체에 부어 시럽을 걸러낸다.

4 바닐라 깍지는 반으로 갈라 작은 칼로 씨를 긁어낸다. 살구씨는 딱딱한 껍질을 까서 알맹이만 사용한다. 시럽에 바닐라 깍지와 씨, 살구씨를 넣고 약불로 가열해 118℃까지 끓인다.

5 여기에 살구를 넣고 불을 약간 줄여 18분 정도 가열하면 리세^{lissé}인 106℃가 된다.

6 바로 먹으려면 그대로 식히고, 아니면 병에 담아 바로 뚜껑을 닫고 24시간 동안 뒤집어놓는다.

Comment

살구 대신 복숭아를 사용하면 복숭아잼이 된다. 이때, 레몬즙 계량은 2배로 늘려 3tbsp을 넣는다.

레몬 · 수박 · 오렌지잼 *Confiture de citron, pastèque et orange* 

잼 2.5kg 기준
작업 시간 1시간
조리 시간 1시간 25분

재료
레몬 3개
오렌지 5개
수박 2kg
물 150ml · 설탕

1 레몬과 오렌지는 화학 약품으로 처리하지 않은 것을 준비한다. 레몬 3개와 오렌지 3개를 제스트로 뜬 다음, 끓는 물에 넣어 데친다. 데친 제스트는 가늘게 채 썰고, 과육은 꼭 짜서 즙을 낸다.

2 수박은 껍질을 잘라 커다란 큐브로 자른다. 잼 냄비에 수박 조각을 넣고 물을 부은 다음 20분 정도 익힌다.

3 여기에 (1)의 과육이 섞인 즙, 제스트를 모두 넣고 5분 더 익힌다.

4 냄비에 든 재료를 계량해서 1kg당 설탕 750g을 넣고, 다시 불에 올려 중불에서 약 1시간 정도 익힌다. 증기가 서서히 증발하면서 잼이 걸쭉하게 되고, 수박 덩어리는 투명해진다.

5 다 익으면 병에 담고 바로 뚜껑을 닫는다. 뒤집어서 24시간 동안 보관한다.

딸기잼 *Confiture de fraise* 

잼 1.5kg 기준
작업 시간 20분
재우는 시간 24시간
조리 시간 35분

재료
잘 익은 딸기 1kg
잼용 설탕 1kg · 레몬 1개

1 하루 전날, 딸기를 체에 밭쳐 흐르는 물에 씻고 꼭 지를 딴다. 손질한 딸기를 볼에 담고 설탕을 뿌린 다음 잘 버무려서 하룻밤 동안 재운다.

2 레몬은 짜서 즙을 낸다. 잼 냄비에 딸기를 넣고 레몬즙을 뿌린 다음 나무 숟가락으로 버무린다. 냄비 불을 켜고 가열하는데, 끓고 나서 5분이 지나면 딸기를 건진다.

3 냄비에 있는 시럽을 5분간 끓여 수분을 증발시킨 다음, 다시 딸기를 넣고 5분간 끓인다. 이 작업을 2번 반복한 다음 마지막에 거품을 걷어내는데, 이렇게 하면 딸기는 5분씩 3번 끓이는 셈이 된다.

4 불을 끄고 딸기잼을 병에 담아 뒤집은 채로 24시간 보관한다.

'프랑부아즈 페팽'잼 *Confiture de «framboises-pépins»*

잼 1.5kg 기준
작업 시간 20분
조리 시간 10분

재료
잘 익은 라즈베리 1kg
설탕 650g · 레몬 3개

1 푸드 프로세서에 스테인리스 날을 끼우고 라즈베리를 넣는다. 고속에서 5분간 돌려 씨까지 모두 분쇄한 다음, 설탕을 넣고 30초 정도 더 회전시킨다.
2 잼 냄비나 스테인리스 냄비에 라즈베리 퓌레를 붓고 3분간 끓인다.
3 레몬은 짜면 즙 3tbsp 정도가 나온다.

4 냄비 불을 *끄고* 레몬즙을 뿌린 다음 잘 버무린다. 바로 병에 담아 24시간 동안 뒤집어놓는다. 설탕이 적게 들어간 잼이기 때문에 냉장고에서 두 달 정도 보관할 수 있다.

◆ **100g당 영양 성분**
총 190kcal · 탄수화물 46g

붉은 과일잼 *Confiture aux fruits rouges*

500g 잼 병 10~12개 기준
작업 시간 20분
조리 시간 40분

재료
신맛이 나는 체리 500g
딸기 500g · 레드커런트 500g
라즈베리 500g
물 500ml
그래뉴당 1.7kg

1 과일은 모두 씻어서 꼭지를 딴다. 체리는 씨를 제거하고, 레드커런트는 상처가 나지 않도록 송이에서 알알이 딴다.
2 잼 냄비에 물과 그래뉴당을 넣고 프티 불레petit boulé인 116℃까지 끓인다.
3 체리를 넣고 틈틈이 거품을 걷어내며 센 불에서 20분간 익힌다.

4 딸기를 넣고 15분간 익히고, 레드커런트와 라즈베리를 넣고 5분 더 가열하는데, 중간중간 거품을 계속 걷어내야 한다.
5 잼을 병에 담고 바로 밀폐한 다음, 24시간 동안 병을 엎어놓는다.

우유잼 *Confiture de lait*

잼 1kg 기준
작업 시간 5분
조리 시간 2시간 30분

재료
신선한 전유 1ℓ
설탕 500g
바닐라 깍지 1개

1 냄비에 우유를 붓고 바닐라 깍지를 반으로 갈라 깍지와 함께 씨를 긁어 넣는다. 여기에 설탕을 넣고 잘 섞는다.
2 나무 숟가락으로 부드럽게 저으면서 약불에서 익힌다. 끓어오르면 불을 줄여서 표면이 잔잔하게 흔들리는 상태를 유지하며 2시간 동안 가열하는데, 틈틈이 저어야 한다.
3 걸쭉해지면 좀 더 자주 젓고, 중간에 바닐라 깍지는 제거한다. 소스같이 되직해지면 쉬지 않고 저어야 한다.

4 우유잼이 베샤멜 소스❖와 비슷한 농도가 되고 옅은 캐러멜색을 띠면 다 익은 것이다. 바로 병에 담고 8일 정도 기다린 후에 먹는다.

❖ 베샤멜Béchamel은 루roux와 우유로 만든 화이트 소스로 야채, 달걀, 조개, 그라탱 요리에 두루 사용된다.

오렌지 · 레몬잼 *Confiture d'orange et de citron* 

잼 2.5kg 기준
작업 시간 25분
식히는 시간 15분
조리 시간 1시간

재료
오렌지 1.5kg
레몬 2개
신선한 생강 3g
그래뉴당 1.2kg
물 300ml
카르다몸 가루 1꼬집

1 오렌지와 레몬은 화학 약품으로 처리하지 않은 것을 준비한다. 과일은 통째로 큰 솥에 넣고, 잠길 정도로 물을 부은 후 30분간 끓인다.

2 과일을 체에 밭쳐 물을 버린 후, 솥이나 큰 볼에 담아 15분간 찬물을 틀어놓고 식힌다.

3 식힌 과일은 두꺼운 슬라이스로 자르는데, 양 끝과 씨는 버리고 즙은 볼에 담는다.

4 잘라놓은 슬라이스 중 1/4은 2등분한 후 따로 보관한다.

5 남은 슬라이스는 작게 조각내서 체에 담는다. 즙이 있는 볼을 체에 밭쳐 과일즙을 모은다.

6 생강은 다진다.

7 냄비에 물과 설탕을 넣고 끓인다. 시럽을 5분 동안 끓여 115℃가 되면 즙을 붓는다. 시럽이 다시 끓어 오른 후, 112℃인 프티 페를레petit perlé가 될 때까지 5분 더 끓인다.

8 여기에 과일 조각, 카르다몸 가루, 생강을 넣고 그랑 필레grand filé인 106℃가 될 때까지 가열한다.

9 잼을 병에 담고 바로 밀폐한 다음, 24시간 동안 엎어놓는다.

▶ 371쪽 사진 참고

'폼므타탱'잼 *Confiture de «pomme-tatin»* 

잼 2.5kg 기준
작업 시간 30분
조리 시간 25~35분

재료
새콤한 사과 2kg
레몬즙 1/2개분
물 300ml
그래뉴당 700g
가염 버터 50g
바닐라 깍지 1개

1 사과는 씻어서 껍질을 깎고 씨를 제거하는데, 씨와 껍질은 버리지 않는다. 사과를 손질하고 나면 과육 1.5kg 정도가 나온다.

2 사과는 큼직하게 잘라서 큰 냄비에 넣는다. 여기에 레몬즙을 뿌리고 잘 버무린 다음, 바닐라 깍지를 반으로 갈라 씨를 긁어 넣는다.

3 다른 냄비에 물과 껍질, 씨를 넣고 5분 동안 가열한다. 체에 밭쳐 즙을 걸러내는데, 스패출러로 꾹꾹 눌러서 최대한 많은 양을 추출한다.

4 즙에 설탕을 넣고 끓인 다음, 진한 캐러멜이 될 때까지 센 불에서 가열한다. 여기에 버터를 넣고 섞은 다음 사과가 담긴 냄비에 붓고 잘 섞는다.

5 사과잼을 먼저 센 불에서 5분 정도 가열한 후, 중불에서 15~25분간 익힌다. 익히는 시간은 사과의 상태에 따라 적절하게 조절하는데, 쉽게 무르지 않는 사과일수록 수분이 더 많이 나온다. 사과 조각이 뭉개지지 않게 부드럽게 젓는다.

6 병에 담고 뚜껑을 닫은 다음 24시간 동안 엎어놓는다.

댐슨 자두잼 *Confiture de quetsche* 

잼 2kg 기준
작업 시간 40분
조리 시간 40분

재료
댐슨 자두 1.2kg · 설탕 1kg
계피 스틱 1개 · 물 200ml

1 자두는 씻어서 씨를 제거한다.

2 잼 냄비에 물, 설탕, 계피 스틱을 넣고 중불로 가열한다. 시럽이 맑고 투명해지면 불을 올려 116℃까지 끓인다.

3 여기에 자두를 넣고 중불로 다시 한 번 끓이는데, 거품이 생기면 중간중간 제거한다. 잼이 끓어오르면 20분 더 가열한다.

4 계피 스틱을 꺼낸다. 차가운 그릇에 몇 방울 떨어뜨렸을 때 바로 굳으면 알맞게 끓인 것이다.

5 병에 담아 바로 밀폐한 다음, 24시간 동안 엎어놓는다.

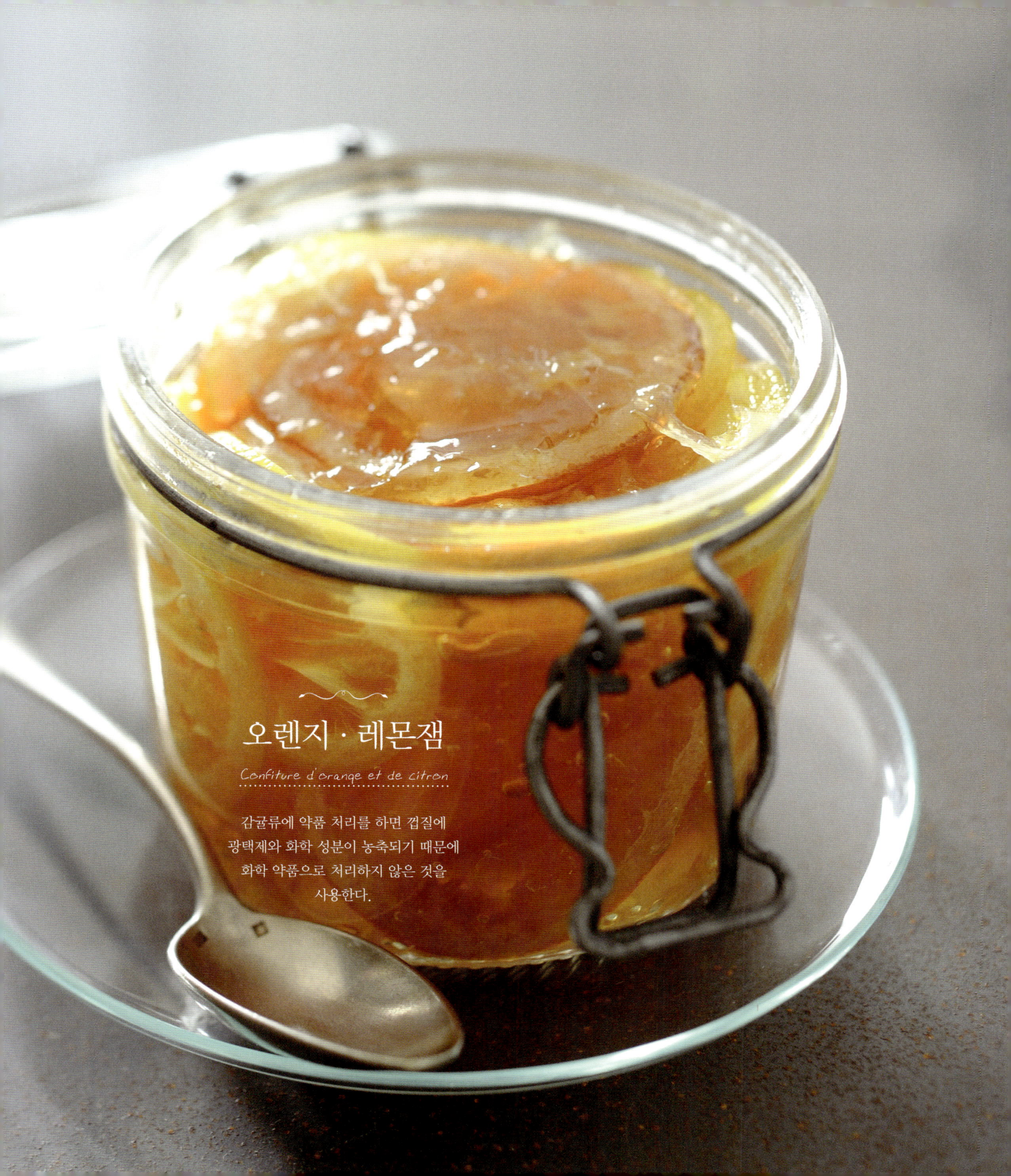

오렌지·레몬잼

감귤류에 약품 처리를 하면 껍질에
광택제와 화학 성분이 농축되기 때문에
화학 약품으로 처리하지 않은 것을
사용한다.

루바브잼 *Confiture de rhubarbe* 

잼 1.5kg 기준
작업 시간 40분
재우는 시간 8시간
조리 시간 15분

재료
루바브 800g · 큰 오렌지 1개
그래니 스미스granny smith 사
과 600g
레몬 2개 · 바닐라 깍지 1개
정향 가루 1꼬집 · 설탕 800g

1 설탕 200g과 물 100ml로 시럽을 만든다.

2 오렌지는 화학 약품으로 처리하지 않은 것을 골라 꼭지와 밑동을 제거한 다음, 슬라이스로 잘라서 시럽에 담근다. 오렌지 슬라이스가 투명해질 때까지 약불에서 뭉근하게 가열한 다음, 시럽에 담근 채로 8시간 동안 재운다.

3 루바브 줄기 양 끝을 자른 다음 커다란 큐브로 썬다.

4 사과는 껍질을 깎고 커다란 큐브로 자르고, 레몬은 짜서 즙을 낸다.

5 잼 냄비에 오렌지 슬라이스와 시럽, 사과, 루바브, 바닐라, 정향 가루, 레몬즙, 남은 설탕을 넣고 가열한다. 천천히 저으면서 10분간 끓인다.

6 스키머로 표면에 떠오른 거품을 제거하고 4분 더 익힌다.

7 병에 담아 바로 뚜껑을 닫고, 24시간 동안 엎어놓는다.

– 크리스틴 페르베르 *Chritine Ferber*,
니데르모르슈비르 *Niedermorschwihr* 파티시에

모과 젤리 *Gelée de coing* 

젤리 1kg 기준
작업 시간 20분
휴지 시간 12시간
조리 시간 약 1시간

재료
잘 익은 모과 1.5kg
통후추 5개
설탕 · 레몬즙
물 500ml

1 하루 전에 모과는 껍질을 깎아 슬라이스로 썰어서 냄비에 담는다. 여기에 물 500ml와 통후추를 넣고 끓인다. 끓어오르고 나서, 모과가 푹 익도록 45분간 약불에서 뭉근하게 익힌다.

2 끓는 물에 천을 담가 소독한 다음, 물기를 꼭 짠다. 소독한 천을 체에 깔고 밑에 볼을 받친 상태에서 모과를 붓고 최소 12시간 동안 즙을 걸러낸다.

3 과육은 버리고 걸러낸 즙을 계량한 다음 냄비에 담는다. 여기에 즙 500ml당 설탕 350g과 레몬즙 1tbsp을 계량해서 넣는다.

4 시럽을 약불로 가열해서 부드럽고 균일한 텍스처로 만든다. 끓어오른 후 10분 더 가열하는데 이때, 휘젓지 않는다. 불순물이 남지 않도록 여러 차례 거품을 제거한다.

5 병에 담고 뚜껑을 바로 닫아 24시간 동안 엎어놓는다.

딸기 젤리 *Gelée de Fraise* 

젤리 600g 기준
작업 시간 30분
조리 시간 5분

재료
딸기 500g · 설탕 400g
분말 겔화제 20g · 레몬 1개

1 딸기는 씻어서 꼭지를 딴 다음, 푸드 프로세서나 푸드 밀에 갈아 퓌레로 만든다. 딸기 퓌레를 체에 넣고 스패출러로 꾹꾹 눌러서 곱게 거른다.

2 걸러진 퓌레를 냄비에 넣고 데운다. 여기에 설탕과 겔화제를 넣고 3~4분 동안 끓이는데, 틈틈이 거품은 제거해야 한다.

3 냄비 불을 끄고 레몬즙을 넣고 섞는다. 병에 담아 뚜껑을 닫고 24시간 동안 엎어놓는다.

구아바 젤리 *Gelée de goyave* 

젤리 2.5kg 기준
작업 시간 30분
휴지 시간 5~6시간
조리 시간 25분

재료
구아바 2kg
바닐라 깍지 1개 · 설탕

1 구아바는 씻어서 껍질을 벗긴 다음 조각낸다. 바닐라 깍지는 반으로 갈라 씨를 긁어낸다. 구아바와 바닐라 깍지와 씨를 냄비에 넣고 3/4 정도 잠기게 물을 채운다. 구아바 색깔이 변할 때까지 작은 기포가 보글거리는 상태로 10~15분간 익힌다.

2 불을 끄고 10분 동안 휴지시킨다.

3 커다란 체에 모슬린 천을 깔고 냄비를 받친 다음, 익힌 구아바를 붓는다. 이 상태로 5~6시간 동안 즙을 추출한다.

4 과육과 씨는 버리고 즙은 계량한다. 즙과 설탕을 1:2로 계량해서 설탕을 넣은 다음, 계속 저으면서 5분간 끓인다.

5 병에 바로 담아 뚜껑을 닫고 24시간 동안 엎어놓는다.

◆ 마멀레이드 Marmelades ◆

살구 마멀레이드 *Marmelade d'abricot* 

마멀레이드 500g 기준
작업 시간 30분
재우는 시간 24시간
조리 시간 15~20분

재료
살구 500g · 바닐라 깍지 1개
설탕 150g · 레몬 5~6개 · 버터 50g

1 살구는 2등분해서 씨를 제거한다.

2 바닐라 깍지는 반으로 갈라 씨를 긁어낸다. 레몬은 짜면 즙 50g 정도가 나온다.

3 살구, 설탕, 바닐라, 레몬즙을 볼에 넣고 잘 버무린 다음 24시간 동안 재운다.

4 잼용 냄비나 일반 냄비에 버터를 녹이고, 재워놓았던 재료를 붓는다. 살구가 완전히 흐물거릴 때까지 15~20분간 뭉근하게 익힌다.

5 큰 콩포트 그릇에 담아서 식힌 다음, 냉장 보관한다.

민트 향 딸기 마멀레이드 *Marmelade de fraise à la menthe* 

마멀레이드 800g 기준
작업 시간 30분
재우는 시간 24시간
조리 시간 20분

재료
딸기 600g(가라게트gariguette 나 마라 데 부아mara des bois 품종)
설탕 150g · 레몬 5~6개
후추 · 신선한 민트 1/4팩

1 딸기는 빠르게 씻어서 꼭지를 따고 2등분한다. 레몬은 짜서 즙 50g 정도를 추출한다.

2 볼에 과일, 설탕, 레몬즙을 넣고 그라인더를 4번 돌려 후추를 뿌린 다음, 24시간 동안 재운다.

3 (2)를 냄비에 넣고 딸기가 완전히 흐물거릴 때까지 중불에서 20분 정도 익힌다.

4 냄비 불을 끄고 잘게 썬 민트 잎을 넣는다.

5 콩포트 그릇에 넣고 식힌 다음, 냉장 보관한다. 딸기 마멀레이드는 냉장고에서 며칠간 보관할 수 있다.

오렌지 마멀레이드 *Marmelade d'orange* 

마멀레이드 1.5kg 기준

작업 시간 30분
재우는 시간 24시간
조리 시간 15~30분

재료

큰 오렌지 8개
레몬 1개
그래뉴당

1 오렌지와 레몬은 화학 약품으로 처리하지 않은 것을 고른다. 하루 전에 과일 껍질을 벗기고 알맹이를 뗀 다음, 하얀 섬유질 끈을 조심스럽게 제거한다. 흰 부분을 말끔하게 제거한 다음, 껍질 중 반을 가늘게 채 썬다.

2 과육과 채 썬 과피를 계량한 다음, 동량의 물을 붓고 24시간 동안 담가둔다.

3 오렌지와 레몬을 체에 밭쳐 물기를 제거한 다음, 다시 계량해서 동량의 설탕과 함께 잼 냄비에 넣고 가열한다. 과일 덩어리가 쉽게 으깨질 때까지 15~30분 정도 끓인다.

4 완성된 잼은 바로 병에 담고, 공기가 들어가지 않도록 밀폐한다.

배 · 크랜베리 마멀레이드 *Marmelade de poire et d'airelle* 

마멀레이드 1.2kg

작업 시간 30분
조리 시간 10분

재료

잘 익은 배 2개 · 건살구 80g
호두 30g · 크랜베리 340g
코린트Corinthe 건포도 160g
오렌지즙 120g
설탕 165g · 계피 가루 1tsp
그랑 마르니에 1tbsp

1 배는 껍질을 깎고 씨를 뺀 다음 큐브로 자르고, 살구도 같은 모양으로 자른다.

2 호두는 다진다.

3 크랜베리는 좋은 것을 추린다.

4 호두와 그랑 마르니에를 제외한 모든 재료를 냄비에 넣고 가열한다. 끓어오르면 중간중간 나무 숟가락으로 저으면서 중불에서 6분간 익힌다.

5 다진 호두와 그랑 마르니에를 넣고 3~4분 더 익힌다.

6 냄비 불을 끄고 볼에 옮겨 담아 식힌다.

Tip

마멀레이드이긴 하지만 잼처럼 병입하면 냉장고에서 한 달까지 보관할 수 있다 ▶ 367쪽 참고.

사과 마멀레이드 *Marmelade de pomme* 

마멀레이드 2kg 기준

작업 시간 30분
조리 시간 1시간

재료

레네트reinettes 사과 2kg
설탕 1kg
레몬 2개
바닐라 깍지 1개

1 사과는 씻어서 '애플코러'라고 부르는 비드폼므vide-pomme로 꼭지와 심, 씨를 제거하는데, 껍질은 깎지 않는다. 냄비를 받친 상태에서 사과를 강판에 갈아 넣고, 중간중간 설탕을 뿌리고 레몬 1개를 즙을 내서 넣는다.

2 바닐라 깍지는 반으로 갈라 씨를 긁어서 냄비에 넣고, 나무 숟가락으로 틈틈이 저으며 1시간 동안 뭉근하게 익힌다.

3 마지막에 남은 레몬 1개를 즙을 내서 넣은 다음, 고루 섞는다.

4 완성된 마멀레이드는 병에 담아 뚜껑을 잘 닫은 다음, 뒤집어서 24시간 동안 식힌다.

Comment

사과 대신 배를 사용하면 배 마멀레이드가 되는데, 배는 살짝 초록빛을 띠는 것을 사용한다.

건자두 마멀레이드 *Marmelade de pruneau*

마멀레이드 1kg 기준
작업 시간 30분
불리는 시간 12시간
조리 시간 20~25분

재료
건자두 500g · 건포도 80g
작은 오렌지 2개 · 레몬 1개
설탕 50g · 물 1ℓ · 정향 가루
1/4tsp · 계피 가루 1/2tsp
간 생강 1/4tsp
껍질 벗긴 호두 80g

1 건포도와 건자두는 각각 다른 용기에 담아 12시간 동안 불린다.

2 건자두는 체에 밭쳐 물기를 제거하고 씨를 뺀다.

3 오렌지와 레몬은 화학 약품으로 처리하지 않은 것을 준비해 양쪽 끄트머리를 잘라 얇게 썰고, 씨를 제거한 다음 굵게 다진다.

4 잼 냄비나 일반 냄비에 건자두, 물, 오렌지, 레몬을 잘 섞은 다음, 약불에서 10분 동안 익힌다.

5 여기에 물기를 뺀 건포도와 설탕, 정향 가루, 계피 가루, 생강을 넣고 나무 숟가락으로 잘 섞은 다음, 걸쭉해질 때까지 10~15분 더 익힌다.

6 호두를 다져 넣고 잘 섞는다. 완성된 마멀레이드는 바로 병에 담아 뚜껑을 닫고, 뒤집어서 24시간 동안 식힌다.

Tip

건자두와 건포도는 흐리게 우린 차나 미지근한 물에 담가 불린다.

Comment

감귤류와 호두를 다져 넣어 독특한 향을 가미한 레시피다.

◆ 과일 젤리 PÂTES DE FRUITS ◆

과일 젤리는 콩피즈리 레시피 중에서도 만들기 까다롭지만, 시중에 판매되는 사과 펙틴 겔화제를 사용하면 비교적 쉽게 만들 수 있다. 바닥이 두껍고 용량이 큰 스테인리스 냄비와 자루가 긴 나무 주걱을 사용하는 것이 좋다. 설탕 공예용 온도계를 사용하면 온도를 측정하기 수월하고, 프레임이 없을 때에는 바닥이 없는 타르트 틀을 쓰면 된다.

과일 젤리를 잘 만들려면 몇 가지 기본 수칙만 기억하면 된다.

– 젤리 1kg을 만들려면 과일 500g을 퓌레로 만든다.

– 잼용 겔화제 1포에 설탕 60g을 섞는다.

– 과일 퓌레를 냄비에 넣고 저으면서 끓인 다음, 겔화제와 설탕을 넣고 다시 한 번 끓인다.

– 1분 정도 익힌 후 설탕 225g을 넣는다. 끓어오르면 설탕 225g을 넣고 다시 한 번 끓인다. 반죽이 들러붙지 않도록 주걱으로 냄비 바닥을 싹싹 긁으면서 계속 젓는다.

– 마지막에 센 불로 부글부글 끓이며 5~10분간 익힌다. 과일 종류에 따라 다르지만 젤리 반죽을 가열하는 시간은 총 15분이다.

– 젤리용 프레임이 없다면 바닥이 없는 타르트 틀을 사용하면 된다. 오븐 팬에 유산지를 깔고 틀을 놓은 다음, 반죽을 붓고 3시간 동안 굳힌다.

– 젤리 표면에 물을 바르고 2cm 정사각형이나 직사각형으로 자른다. 자른 조각은 그래뉴당 250g에 굴려 설탕을 입힌 다음, 그릇에 담는다. 바로 먹지 않을 경우 밀폐 용기에 보관한다.

헤이즐넛을 넣은
바나나 젤리

Pâte de fruits à la banane et aux noisettes

바나나 퓌레와 그래니 스미스 사과 퓌레에 사과즙과 레몬즙을
뿌리고 겔화제를 넣었다. 마지막에 구운 헤이즐넛과 넛맥 가루
를 넣어 향을 낸다. ▶486쪽 레시피 참고

마스팽 *Massepains*

마스팽 24개 기준

작업 시간 15분
조리 시간 5~6분

재료

아몬드 페이스트
500g ▶ 하단 레시피 참고
오렌지 플라워 워터 1tsp
바닐라 에센스 1tsp
비터 아몬드 에센스 2~3방울
분당
글라스 루아얄 250g ▶ 77쪽 참고

1 아몬드 페이스트, 오렌지 플라워 워터, 바닐라 에센스, 비터 아몬드 에센스를 섞는다.
2 오븐은 120℃로 예열한다.
3 글라스 루아얄을 만든다 ▶ 77쪽 참고.
4 작업대에 분당을 뿌리고 아몬드 페이스트를 1cm 두께로 민 다음, 그 위에 글라스 루아얄을 두께 1mm 정도로 바른다.
5 커터로 찍어서 정사각형이나 원형 등 취향에 맞는 모티프로 만든다. 오븐 팬에 유산지를 깔고 마스팽을 놓은 다음, 오븐에서 5~6분간 건조시킨다.

Tip

시중에서 판매하는 다양한 색의 아몬드 페이스트를 사용하면 시간을 단축할 수 있다.

History

마스팽을 만든 사람은 성 우르술라 소속 수녀들이었다. 프랑스 대혁명 때 뿔뿔이 흩어진 수녀들이 프랑스 중부 이수댕Issoudun에 정착해 제과점을 열었고, 그곳에서 처음으로 마스팽을 선보였다. 19세기 중반에는 러시아 궁전과 튈르리 궁전을 비롯해 바티칸에서도 유명세를 떨칠 정도로 이수댕 마스팽의 명성은 자자했다. 마스팽은 콩피즈리에 속하는 디저트이기도 하지만, 아몬드 페이스트에 색소를 넣어 과일이나 야채 모양으로 작게 빚어낸 형상을 의미하기도 한다.

아몬드 페이스트 *Pâte d'amande*

페이스트 500g 기준

작업 시간 25분
조리 시간 15분

재료

아몬드 가루 250g
설탕 500g
글루코오스 50g
색소 5방울
분당

1 물 150ml에 설탕과 글루코오스를 넣고 프티 불레petit boulé까지 끓인다 ▶ 72쪽 참고. 불을 끄고 아몬드 가루를 부은 다음, 몽글몽글한 덩어리가 생길 때까지 나무 숟가락으로 세게 젓는다.
2 여기에 페이스트 100g당 색소 1방울을 떨어뜨린다.
3 반죽은 식히고, 작업대에 분당을 뿌린다. 반죽을 조금씩 손으로 치대 부드럽게 만든다.
4 우선 지름이 3~4cm인 롤로 길쭉하게 민 다음, 3~4cm 간격으로 자른다. 자른 조각을 손바닥 안에서 둥글린 다음, 원하는 모양으로 성형한다. 형상에 따라 다른 색소를 사용하는데, 이를 테면 빨강 색소를 탄 페이스트로는 체리나 딸기를 만들고, 노란 색소로는 바나나를 만든다.

모과 젤리 *Pâte de coing*

젤리 40~50개 기준
작업 시간 40분
조리 시간 15분 + 5~7분

재료
모과 1kg
물 200ml
설탕 600~700g
레몬 2개
그래뉴당

1 모과는 씻어서 껍질을 깎고 심과 씨를 제거한 다음, 2~3cm 조각으로 자른다.
2 레몬은 화학 약품으로 처리하지 않은 것을 준비한다. 잼 냄비나 일반 냄비에 모과와 물, 레몬 제스트를 넣고 약불에서 익혀 퓌레로 만든다.
3 모과 퓌레를 계량해서 퓌레 500g당 설탕 600g을 넣는다. 나무 숟가락으로 계속 저으면서 5~6분간 익히는데, 틈틈이 거품을 제거해야 한다. 작은 숟가락으로 떠서 차가운 그릇에 떨어뜨렸을 때 굳지 않고 흘러내리면 1~2분 정도 더 가열한다.
4 옆면이 높은 오븐 팬이나 그릇에 유산지를 깔고 두께 1.5~2cm로 반죽을 붓는다. 냉장고가 아닌 서늘한 곳에서 3~4시간 정도 굳힌다.
5 젤리는 2cm 정사각형으로 잘라 그래뉴당에 굴린 다음, 밀폐 용기에 넣는다. 이렇게 밀폐 용기에 넣으면 5~8일 정도 보관할 수 있다.

딸기 젤리 *Pâte de fraise*

젤리 24개 기준
작업 시간 20분
조리 시간 12분

재료
딸기 1.2kg
잼용 설탕 1kg
판젤라틴 2장
그래뉴당

1 딸기는 빠르게 씻어서 꼭지를 딴 다음 푸드 밀에 간다. 퓌레를 계량하면 1kg 정도가 나오는데, 퓌레와 잼용 설탕의 비율은 1:1이다.
2 일반 냄비나 잼용 냄비에 딸기 퓌레를 붓고 끓인다. 여기에 설탕 1/2을 넣고 나무 주걱으로 저으면서 가열하다가, 다시 끓어오르면 남은 설탕을 넣는다. 계속 저으면서 6~7분간 부글부글 끓인다.
3 찬물에 젤라틴을 불린 다음 물기를 짠다. 젤라틴에 뜨거운 젤리 반죽을 소량만 타서 텍스처를 부드럽게 푼 다음, 냄비에 넣고 고루 섞는다.
4 작업대에 유산지를 깔고 무스링을 올린 다음, 틀 안에 반죽을 붓고 두께를 일정하게 고른다. 식으면 정사각형으로 잘라 그래뉴당에 굴린다.

시럽과
시럽에 재운 과일,
과일 콩피,
알코올에 재운 과일

SIROPS, FRUITS AU SIROP,
CONFITS and À L'ALCOOL

과일은 디저트에 두루 쓰이는 재료다. 과일을 시럽에 재워 시원한 음료를 만들 때 쓰고, 설탕에 조리거나 브랜디에 재워 보관 기간을 늘리기도 한다.

블랙커런트 시럽 *Sirop de cassis*

750ml 병 2개 기준
작업 시간 20분
체에 거르는 시간 3~4시간
조리 시간 10분

재료
블랙커런트 4kg
설탕

1 블랙커런트를 알알이 떼어내 푸드 밀로 으깬다.
2 체에 깨끗한 면포를 깔고 볼을 받친 다음, 블랙커런트 퓌레를 넣는다. 이 상태로 자연스럽게 3~4시간 동안 즙을 내린다. 블랙커런트 과육에는 펙틴이 다량 함유되어 있다. 따라서 퓌레를 꾹꾹 누르면 펙틴 성분이 나와 젤리처럼 굳기 때문에 누르지 않는다.
3 즙 500g당 설탕 750g의 배합으로 설탕을 계량한다. 잼용 냄비에 즙과 설탕을 넣고 잘 섞어 가열한다. 계속 저으면서 설탕이 완전히 녹을 때까지 작업한다.
4 750ml 병 2개를 열탕 소독한다.
5 시럽이 프티 필레petit filé인 103℃가 되면 거품을 걷어내고 병에 붓는다▶72쪽 참고. 바로 뚜껑을 닫아 밀폐한 뒤, 빛이 들지 않는 서늘한 곳에서 보관한다.

Tip

열탕 소독할 때에는 냄비에 물을 끓여 병을 담그거나, 깨끗이 세척한 병을 110℃ 오븐에 5분간 넣어 소독한다.

체리 시럽 *Sirop de cerise*

750ml 병 2개 기준
작업 시간 20분
발효 시간 24시간
조리 시간 5분

재료
달콤한 체리 2kg · 설탕

1 체리는 씨를 제거한 다음 푸드 밀이나 블렌더에 갈아 퓌레로 만든다. 체리 퓌레를 다시 고운 체에 걸러 즙을 내린 다음, 24시간 동안 상온에서 발효시킨다.
2 750ml 병 2개를 열탕 소독한다.
3 즙을 계량해서 잼용 냄비에 넣고, 즙 1kg당 설탕 1.5kg의 배합으로 설탕을 넣는다. 잘 섞어서 프티 필레petit filé인 103℃가 되면 5분간 끓인다▶72쪽 참고.
4 시럽을 병에 붓고, 바로 뚜껑을 닫아 밀폐한 뒤 빛이 들지 않는 서늘한 곳에서 보관한다.

아몬드 시럽 *Sirop d'orgeat*

750ml 병 2개 기준
작업 시간 30분
재우는 시간 12시간
조리 시간 3~4분

재료
아몬드 300g · 물 2ℓ
설탕 · 아몬드 가루 100g
오렌지 플라워 워터 20ml
비터 아몬드 에센스 5방울

1 하루 전에 아몬드는 칼로 굵게 다져놓는다.
2 냄비에 물, 설탕 400g, 아몬드, 아몬드 가루를 넣는다. 끓어오르면 불을 끄고 잘 섞은 다음, 12시간 동안 재운다.
3 다음 날, 다시 1분간 끓인 다음 면포에 즙을 내린다.
4 즙 500g당 설탕 700g의 배합으로 설탕을 넣는다. 즙과 설탕을 잘 섞은 다음, 냄비에 넣고 다시 3~4분간 끓인다.
5 750ml 병 2개를 열탕 소독한다.
6 시럽을 식히고, 오렌지 플라워 워터와 비터 아몬드 에센스를 넣는다.
7 시럽을 병에 붓고, 뚜껑을 꼭 닫아 밀폐한 뒤 서늘한 곳에 보관한다.

Tip

오렌지 플라워 워터와 비터 아몬드 에센스는 반드시 시럽이 식었을 때 넣는다. 뜨거울 때 넣으면 향이 날아간다.

석류 시럽 *Sirop de grenadine* 

시럽 1ℓ 기준
작업 시간 30분
재우는 시간 2~3시간
체에 거르는 시간 3~4시간
조리 시간 5분

재료
석류 2kg · 설탕
오렌지 플라워 워터 20ml
비터 아몬드 에센스 2방울

1 석류는 잘라서 씨를 모두 추려내서 볼에 담는다. 여기에 설탕 300g을 넣고 2~3시간 동안 재운다.

2 재운 석류는 푸드 밀이나 블렌더에 간다.

3 체에 깨끗한 면포를 깔고 볼을 받친 다음, 석류 퓌레를 붓는다. 이 상태로 3~4시간 동안 즙을 내린다.

4 즙 500g당 설탕 500g의 배합으로 설탕을 계량한다. 즙과 설탕을 냄비에 넣고 거품을 걷으면서 2~3분간 끓인 다음, 끓는점을 유지하면서 2분 더 익힌다.

5 1ℓ 병 1개를 열탕 소독한다.

6 시럽이 식으면 오렌지 플라워 워터와 비터 아몬드 에센스를 넣는다.

7 시럽을 병에 붓고, 뚜껑을 꼭 닫아 밀폐한 뒤 빛이 들지 않는 서늘한 곳에 보관한다.

크리스마스 향신료를 넣은 만다린 시럽

Sirop de mandarine aux épices de Noël 

시럽 1.5ℓ 기준
작업 시간 1시간
재우는 시간 12시간
조리 시간 4분

재료
만다린 4kg · 설탕
물 300ml · 계피 스틱 4개
스타 아니스 2개
코리앤더 씨 6개
정향 1개
생강 가루 2꼬집
넛맥 가루 1꼬집
꿀 200g

1 하루 전에 미리 작업을 한다. 만다린은 화학 약품으로 처리하지 않은 것을 준비하고, 껍질째로 2등분한 뒤 각각 4등분한다. 잼용 냄비나 큰 솥에 만다린, 설탕 600g, 물, 계피 스틱, 스타 아니스, 다진 코리앤더, 정향, 생강 가루를 넣고 넛맥도 강판에 갈아서 1꼬집 정도 넣는다. 나무 숟가락으로 고루 섞은 다음, 12시간 동안 재운다.

2 다음 날, (1)을 냄비에 넣고 가열하다가, 끓어오르면 불을 끄고 절구 막자나 커다란 나무 숟가락으로 잘게 으깬다.

3 볼을 받친 상태에서 면포에 (2)를 붓고, 장갑 낀 손으로 양 끝을 비틀어서 꼭 짠다.

4 즙 500g당 설탕 650g의 배합으로 설탕을 계량해서 잼용 냄비나 큰 냄비에 넣는다.

5 설탕과 즙을 잘 섞은 다음, 틈틈이 거품을 걷어 불순물을 제거하면서 3~4분간 끓인다.

6 750ml 병 2개를 열탕 소독한다.

7 시럽이 식으면 병에 붓고, 뚜껑을 꼭 닫아 밀폐한 뒤 서늘한 곳에 보관한다.

Tip

즙을 짤 때는 혼자 하는 것보다는 둘이서 면포 끄트머리를 한 쪽씩 잡고 비트는 것이 더욱 안전하다. 함께 작업하더라도 장갑은 꼭 껴야 한다.

열대 과일 시럽 *Sirop exotique* 

시럽 1ℓ 기준
작업 시간 1시간
재우는 시간 2~3시간
조리 시간 5분

재료
작은 파인애플 1개
오렌지 500g
라임 2개 · 키위 500g
패션프루츠 500g
물 1ℓ · 설탕
코코넛 슬라이스 150g

1 1ℓ 병 1개를 열탕 소독한다.

2 파인애플은 껍질을 잘라 2cm 큐브로 썬다.

3 오렌지는 화학 약품으로 처리하지 않은 것을 고른다. 오렌지와 라임은 2등분한 후, 각각 6등분한다.

4 키위는 껍질을 깎아서 2cm 큐브로 자른다.

5 패션프루츠는 2등분한 다음, 작은 숟가락으로 과육을 긁어낸다. 패션프루츠 과육과 손질한 다른 과일들을 한데 섞는다.

6 냄비에 물, 설탕 100g, 코코넛 슬라이스를 넣고 1분간 끓인다.

7 여기에 과일을 모두 넣고 1분간 끓인 후, 불을 끄고 2~3시간 동안 재운다.

8 냄비에 든 재료를 모두 푸드 밀에 넣고 간다.

9 체에 면포를 깔고 볼을 받친 다음, 과일 퓌레를 붓는다. 이 상태로 자연스럽게 몇 시간 동안 즙을 내린다.

10 내린 즙을 계량해서 동량의 설탕을 넣고 다시 끓인다. 설탕이 녹도록 계속 저으면서 끓여야 하고, 거품을 걷어내 불순물을 제거한다.

11 시럽을 병에 담고 뚜껑을 꼭 닫아 밀폐한 뒤, 서늘한 곳에 보관한다.

신선한 민트를 넣은 딸기 시럽 *Sirop de fraise à la menthe fraîche* 

시럽 750ml 기준
작업 시간 15분
재우는 시간 12시간
조리 시간 10분

재료
잘 익은 딸기 1kg
(가리게트gariguette나 마라 데 부아
mara des bois 품종)
설탕 500g · 레몬 1개
민트 1/4팩

1 하루 전에 딸기는 씻어서 꼭지를 딴 다음, 푸드 밀이나 블렌더에 간다. 딸기 퓌레는 볼에 넣고 랩을 씌워서 하룻밤 동안 냉장 보관한다.

2 고운 체에 퓌레를 붓고 즙을 내린다.

3 레몬은 짜서 즙을 낸다. 딸기즙과 설탕, 레몬즙을 냄비에 넣고 센 불에서 가열하다가 끓어오르면 약불로 줄여 10분 정도 익힌다. 거품이 떠오르면 스키머로 제거해서 불순물이 들어가지 않게 한다.

4 민트는 다진다.

5 냄비 불을 끈다.

6 750ml짜리 병 1개를 열탕 소독한다.

7 민트를 다져 넣고 식힌 후, 체에 거른다. 시럽을 병에 담고 시원한 곳에 보관한다.

민트를 넣지 않고 딸기 시럽으로 만들어도 좋다.

블랙베리 시럽 *Sirop de mûre* 

750ml 병 2개 기준
작업 시간 25분
재우는 시간 12시간
조리 시간 10분

재료
블랙베리 3kg
설탕

1 하루 전에 블랙베리는 좋은 것을 추려 꼭지를 딴 다음 계량한다. 블랙베리 1kg당 물 1컵을 넣고 최소 12시간 동안 재운다.

2 블랙베리를 푸드 밀이나 블렌더에 갈아 퓌레로 만든 다음, 면포에 붓는다. 양 끝을 살짝 비틀어 그릇처럼 만들어서 그대로 볼에 담는다. 양 끝을 잡고 점점 세게 비틀어서 즙을 짜면 과육만 면포 안에 남는다.

3 내린 즙을 계량하고, 즙 500g당 설탕 800g의 배합으로 설탕을 넣는다.

4 냄비에 즙과 설탕을 넣고 끓어오르면 10분 정도 더 가열한다. 열탕 소독한 병에 시럽을 넣고 뚜껑을 꼭 닫은 다음, 빛이 안 드는 서늘한 곳에 보관한다.

같은 방법으로 레드커런트 시럽이나 라즈베리 시럽을 만들 수 있다.

오렌지 시럽 *Sirop d'orange* 

750ml 병 2개 기준
작업 시간 40분
조리 시간 10분

재료
오렌지 4kg
설탕

1 화학 약품으로 처리하지 않은 잘 익은 오렌지를 준비한다. 오렌지는 모두 껍질을 벗기고, 몇 개만 가늘게 제스트를 뜬다.

2 오렌지는 푸드 밀에 간 다음, 고운 체나 젖은 면포에 걸러 즙을 낸다.

3 즙 500g당 설탕 800g의 배합으로 설탕을 넣는다. 즙과 설탕을 잼용 냄비에 넣고 2~3분간 익히는데, 틈틈이 거품을 걷어낸다.

4 체에 모슬린 천을 깔고 커다란 볼을 받친 다음, 오렌지 제스트를 체에 넣는다. 시럽이 끓어오르면 바로 체에 부어 제스트의 향이 배게 한다.

5 750ml 병 2개를 열탕 소독한다.

6 시럽이 식으면 병에 담는다. 뚜껑을 꼭 닫은 다음, 빛이 안 드는 서늘한 곳에 보관한다.

시럽에 재운 살구 *Abricots au sirop*

시럽에 재운 살구 2kg 기준
작업 시간 30분
재우는 시간 3시간
조리 시간 15~20분

재료
살구 1kg
설탕 500g
물 1ℓ

1 상처가 없고 적당히 익은 살구를 준비해 씨를 제거한다.
2 설탕과 물을 냄비에 붓고 가열하다가 끓어오르면 불을 끈다. 시럽을 살구가 잠기게 붓고, 3시간 동안 재운다.
3 살구는 체에 밭쳐 시럽을 거르고 밀폐 유리병에 담는다.
4 시럽을 다시 1~2분간 끓인 다음, 살구에 붓고 뚜껑을 바로 닫는다.
5 끓는 물에 병을 10분간 담가 소독한다.

차에 재운 미라벨 *mirabelles au thé*

2 ℓ 밀폐 유리병 1개 기준
작업 시간 30분
조리 시간 10분
소독 시간 1시간 30분

재료
미라벨 자두 1.3kg
생수 1.2ℓ
얼그레이 5tsp
레몬 1개
오렌지 1/2개
후추

1 밀폐 유리병을 열탕 소독한다.
2 미라벨 자두는 씻어서 물기를 제거하고 씨를 뺀 다음 병에 넣는다.
3 물 600ml를 표면이 흔들리는 정도까지 가열한 다음, 얼그레이를 넣고 뚜껑을 덮은 상태로 3~4분 동안 우린다.
4 차를 체에 걸러서 미라벨 자두에 붓는다.
5 레몬과 오렌지는 짜서 즙을 내고, 레몬 1/4개는 제스트를 뜬다. 냄비에 물 600ml, 설탕 300g, 레몬 제스트, 레몬즙, 오렌지즙을 넣고 후추를 그라인더로 2번 돌려 넣은 다음, 가열한다. 끓어오르면 불에서 빼내 미라벨 자두에 붓고 병을 꼭 닫는다.
6 끓는 물에 1시간 30분 동안 병을 담가 소독한다.

Comment

아주 차가운 미라벨을 레몬 셔벗▶99쪽 참고에 곁들이거나 살짝 휘핑한 크렘 에페스 몇 스푼과 프티 사블레 또는 튈과 함께 먹으면 맛있다.

바닐라 시럽에 재운
윌리엄배

Poires williams au sirop vanillé

윌리엄 대신 파스크라산느passe-crassane나
두와예네 뒤 코미스doyennés du Comice 품종을
사용해도 된다.

바닐라 시럽에 재운 윌리엄배 *Poires williams au sirop vanillé* 

4~6인분 기준
작업 시간 30분
조리 시간 5~10분

재료
윌리엄williams 배 1kg · 레몬 2개
물 1ℓ · 설탕 500g
바닐라 깍지 1개

1 레몬은 즙을 낸다. 배는 껍질을 깎은 다음 갈변되지 않도록 바로 레몬즙에 버무린다.

2 바닐라 깍지는 반을 갈라 씨를 긁어낸다. 냄비에 물, 설탕, 바닐라 깍지, 배, 레몬즙을 넣고 가열한다. 끓어오르면 5~10분 동안 뭉근한 불에 익히는데, 칼로 찔렀을 때 부드럽게 푹 들어가면 다 익은 것이다.

3 배와 시럽을 볼에 넣고 작은 접시로 눌러 시럽 안에 배가 잠기게 한 다음, 냉장고에 넣는다.

▶386쪽 사진 참고

시럽에 재운 자두 *Prunes au sirop* 

자두 3kg 기준
작업 시간 15분
조리 시간 20분

재료
중간 크기 자두 3kg
코리앤더 씨 1tbsp · 정향 2개
달콤한 시드르cidre doux 1ℓ
설탕 1kg · 계피 스틱 3개

1 자두는 씻어서 물기를 제거한 다음 큰 볼에 넣는다.

2 작게 자른 모슬린 천에 코리앤더 씨와 정향을 넣고 묶는다. 큰 냄비에 시드르를 붓고 설탕을 넣고 휘저어 설탕을 녹인다. 여기에 천 주머니와 계피를 넣고 가열한다.

3 끓어오르면 20분 더 가열한 다음 불을 끄고, 천 주머니와 계피를 제거한다.

4 유리병을 열탕 소독한다. 자두를 병에 넣고 시럽을 부은 다음 뚜껑을 꼭 닫는다. 서늘한 곳에서 한 달 정도 재운 후 먹는데, 그동안 설탕이 차츰 자두에 스며들어 자두가 익는다.

◈ 과일 콩피 FRUITS CONFITS ◈

계피 향 설탕을 입힌 체리 *Cerises au sucre cuit à la cannelle* 

체리 40개 기준
작업 시간 30분
조리 시간 10분
휴지 시간 30분

재료
브랜디에 재운 체리
40개▶391쪽 참고 · 레몬 1개
물 100ml · 설탕 300g
계피 가루 1tsp · 코치닐 색소 30방울 · 옥수수 전분 1tsp

1 체리는 키친타월에 올려 물기를 제거하고, 레몬은 짜서 즙 1tbsp을 만든다.

2 물과 설탕을 끓인다. 끓은 지 3분이 되면 레몬즙, 계피 가루, 색소를 타고 그랑 카세grand cassé인 155℃까지 끓인다 ▶72쪽 참고.

3 옥수수 전분을 체리에 뿌린 다음, 전분이 고루 묻도록 키친타월 귀퉁이를 들어 올리며 체리를 굴린다. 꼭지를 잡고 쉬크르 퀴에 담갔다 뺀 후, 유산지를 깐 오븐 팬에 올린다. 이 상태로 30분간 굳힌다.

4 체리에 있는 알코올 성분이 설탕 막을 녹여 5시간 밖에 모양이 유지되지 않기 때문에 되도록 빨리 먹는다.

오렌지 껍질 콩피 *Écorces d'orange confites*

오렌지 껍질 콩피 400g 기준
작업 시간 2시간
조리 시간 1시간 30분

재료
오렌지 6개
물 1ℓ
설탕 500g
오렌지즙 100ml

1 냄비에 물을 채우고 끓인다.

2 화학 약품으로 처리하지 않은 껍질이 두꺼운 오렌지를 준비한 다음, 양 끝을 잘라낸다. 과도로 4군데에 칼집을 내서 일정한 크기로 껍질을 떼어낸 다음, 끓는 물에 1분간 데친다. 체로 껍질을 건져 찬물에 헹군다.

3 냄비에 물을 다시 붓고 (2)처럼 껍질을 한 번 더 데친다.

4 큰 냄비에 물, 설탕, 오렌지즙을 넣고 끓인 다음, 오렌지 껍질을 넣고 뚜껑을 덮은 채로 약불에서 1시간 30분 동안 뭉근하게 조린다. 조린 오렌지 껍질은 시럽에 담근 채로 식힌다.

5 오렌지 껍질을 체에 밭쳐 시럽을 제거한 다음, 키친타월 위에 놓는다. 그 상태로 한동안 건조시킨 다음, 밀폐 용기에 담아 서늘한 곳에 보관한다.

초콜릿을 입힌 자몽 제스트 콩피

Zestes de pamplemousse confits enrobés au chocolat

제스트 40~50개 기준
작업 시간 40분
조리 시간 1시간 30분
재우는 시간 12시간

재료
자몽 4개
물 1ℓ
설탕 500g
스타 아니스 1개
통흑후추 10개
바닐라 깍지 1개
레몬 1+1/2개

디핑
커버추어 초콜릿 300g
카카오 가루 200g

1 자몽은 화학 약품으로 처리하지 않은 것을 고르고, 이왕이면 루비 레드ruby red 품종을 구입한다. 하루 전에 밑손질을 한다. 우선 자몽 양 끝을 잘라 따로 보관한 다음, 위에서 아래로 넓게 껍질을 자르는데, 이때 껍질만 얇게 도려내지 말고 과육 0.5cm 정도를 함께 자른다. 냄비에 물을 끓여서 자몽 제스트를 넣고 2분간 데친 다음, 바로 흐르는 찬물에 헹군다. 제스트를 데치는 작업을 2번 더 하고 체에 밭쳐 물기를 제거한다.

2 시럽을 만든다. 우선 바닐라 깍지는 반으로 갈라 씨를 긁어낸다. 냄비에 물, 설탕, 스타 아니스, 으깬 통후추, 바닐라 깍지를 넣고 끓인다.

3 시럽에 제스트를 넣고 뚜껑을 덮은 채로 1시간 30분 정도 약불로 뭉근하게 조려 부드러운 식감을 유지시킨다. 시럽에 제스트를 담근 채로 하룻밤 동안 재운다.

4 다음 날, 제스트를 1시간 동안 체에 밭쳐 시럽을 제거하고 냉장 보관한다.

5 초콜릿은 중탕이나 전자레인지에 녹여 템퍼링한다
▶82쪽 참고.

6 제스트를 템퍼링한 초콜릿에 담갔다가 카카오 가루에 굴린 다음, 체에 밭쳐 너무 많이 묻은 가루는 털어낸다.

7 만든 날 바로 먹는 것이 가장 맛있지만, 밀폐 용기에 넣고 2~3일간 냉장 보관할 수 있다.

▶389쪽 사진 참고

Tip

자몽 제스트 콩피는 작게 조각내 파운드케이크나 사과 콩포트에 넣어 향을 내기도 한다. 시럽과 제스트 콩피를 밀폐 용기에 넣고 냉장 보관하면 몇 주일 동안 변하지 않는다.

Plus

초콜릿 없이 자몽 제스트 콩피만 만들 수도 있다. 우선, 자몽은 두께 1cm로 껍질을 두껍게 자른다. 레시피대로 껍질을 데친 다음 시럽에 조려 그래뉴당에 굴린다.

초콜릿을 입힌
자몽 제스트 콩피
Zestes de pamplemousse
confits enrobés au chocolat
자몽 껍질의 쌉싸름한 맛이
다크초콜릿과 만나 절묘한 조화를 이룬다.

스타 아니스 향 살구 *Abricots à la badiane*

2ℓ 밀폐 유리병 1개
작업 시간 15분
휴지 시간 15일 + 30일

재료
신선한 살구 1kg
스타 아니스 4개
브랜디 750ml
설탕 200g

1 끓는 물을 병에 부어 소독한 다음, 깨끗한 천 위에 뒤집어놓는다.
2 살구는 2등분해서 씨를 제거한 다음, 유리병에 차곡차곡 쌓아 넣는다.
3 스타 아니스를 병에 넣고 브랜디를 부은 후, 뚜껑을 닫는다.
4 2주가 지나면 설탕을 붓고 뚜껑을 꼭 닫아 밀폐한다. 설탕이 고루 퍼지게 병을 흔든 다음 뒤집는데, 이 작업은 매일 해야 한다.
5 30일 정도 재운 다음 먹는다. 한 번 만들면 여러 달 동안 먹을 수 있다.

계피 · 오렌지 향 블랙커런트 *Cassis à la cannelle et aux écorces d'orange*

2ℓ 밀폐 유리병 1개 기준
작업 시간 15분
휴지 시간 15~20일

재료
블랙커런트 1kg · 오렌지 1개
물 150ml · 설탕 400g
계피 스틱 4개
브랜디 500ml

1 끓는 물을 병에 부어 소독한 다음, 깨끗한 천 위에 뒤집어놓는다.
2 과도로 오렌지 껍질을 넓고 얇게 뜬다. 흰 부분까지 도려내면 쓰기 때문에 주의한다.
3 작은 냄비에 물, 설탕을 넣고 끓인 다음, 오렌지 제스트와 계피 스틱을 넣고 5~6분간 향을 우린다. 체에 면포를 깔고 시럽을 부은 다음, 거른 시럽을 다시 한 번 끓여서 제스트와 계피를 넣고 우린다.
4 블랙커런트는 물에 담그지 말고 빠르게 씻는다. 깨끗한 천 위에 놓고 상처 난 것을 솎아낸 다음, 새 천에 옮겨서 말린다.
5 블랙커런트가 충분히 마르면 병에 넣는다. 식힌 시럽과 브랜디를 부은 다음, 뚜껑을 잘 닫는다.
6 병을 한두 번 뒤집어 설탕과 브랜디를 고루 섞는다.
7 15~20일 동안 재운 후에 먹는다.

브랜디에 재운 체리 *Cerises à l'eau-de-vie* 

2.5kg 밀폐 유리병 1개
작업 시간 30분
조리 시간 2~3분
휴지 시간 30일

재료
신맛이 나는 체리 2kg
정향 2~3개 · 계피 스틱 1/2개
알코올 45% 브랜디 2ℓ
설탕 500g · 물 150g

1 체리는 상처가 없고 적당히 익은 것을 준비한다. 빠르게 씻은 다음 잘 말리는데, 체리 꼭지는 반 정도 남기고 자른다.
2 끓는 물을 병에 부어 소독한 다음, 깨끗한 천 위에 뒤집어놓는다.
3 병이 식으면 체리를 넣고 계피 스틱과 정향도 함께 넣는다.

4 냄비에 물과 설탕을 넣고 끓인다. 아주 희미하게 색이 나오면 불을 끄고 브랜디를 붓는다.
5 브랜디를 탄 시럽을 병에 붓고 바로 뚜껑을 닫는다.
6 30일 정도 재운 후에 먹는다.

브랜디에 재운 딸기와 라즈베리 *Fraises et Framboises à l'eau-de-vie*

2ℓ 밀폐 유리병 1개 기준
작업 시간 30분
휴지 시간 30일

재료
딸기 600g
라즈베리 400g
설탕 400g
라즈베리 브랜디 400ml

1 끓는 물을 병에 부어 소독한 다음, 깨끗한 천 위에 뒤집어놓는다.
2 딸기는 체에 밭쳐 빠르게 씻는다. 꼭지를 딴 뒤 깨끗한 천 위에 놓고 물기를 말린다.
3 라즈베리는 좋은 것을 추린다.
4 딸기는 세로로 4등분한다.
5 병 밑바닥에 딸기를 한 층 깔고 설탕을 붓는다.
6 그 위에 라즈베리를 깔고 설탕을 부은 다음, 다시 딸기를 넣는다. 딸기, 설탕, 라즈베리, 설탕 순서로 켜켜이 쌓은 뒤, 과일이 잠길 만큼 브랜디를 붓는다.

7 뚜껑을 닫은 후, 절대 뒤집어 섞지 않는다. 30일가량 재운 후에 먹는다.

Comment

바닐라 아이스크림▶97쪽 참고 1스쿱을 곁들여 먹으면 잘 어울린다.

브랜디에 재운 과일 *Fruits à l'eau-de-vie*

과일 1kg 기준
작업 시간 30분
휴지 시간 40일

재료
라즈베리 · 딸기 · 체리 · 배
사과 · 자두 · 복숭아 1kg
설탕 500g
브랜디 500ml

1 딸기와 라즈베리는 좋은 것을 추려서 꼭지를 딴다. 체리 꼭지는 일부분 남겨도 된다.
2 사과와 배는 껍질을 깎고 씨를 제거한 다음, 작은 큐브로 자른다.
3 자두는 씻어서 말린다.
4 복숭아는 끓는 물에 담갔다가 얼음물에 식힌 다음, 껍질을 벗기고 작은 큐브로 자른다.
5 큰 솥에 물을 끓인 다음 유리병을 5분 정도 담가 소독한다. 깨끗한 천에 병을 뒤집어놓고 식힌다.

6 병에 과일과 설탕을 고루 넣고 브랜디를 부은 다음, 뚜껑을 꼭 닫는다.
7 6주 정도 재운 후에 먹는다.

Tip

도기로 만든 항아리를 써도 되는데, 공간이 남으면 과일과 설탕을 1:1로 넣어서 보충한다. 과일과 설탕을 섞을 때 라즈베리가 뭉개지지 않도록 주의한다.

소테른과 꿀을 넣은 미라벨 *Mirabelles au sauternes et au miel* 

2ℓ 밀폐 유리병 1개 기준
작업 시간 30분
소독 시간 1시간 10분

재료
미라벨 자두 1.2kg
레몬 1/2개
바닐라 깍지 1/2개
생수 500ml
아카시아 벌꿀 또는 일반 벌꿀
200g
설탕 200g
소테른sauternes 와인 500ml

1 끓는 물에 유리병을 열탕 소독한다.
2 미라벨 자두는 씻어서 말린 다음 병에 넣는다.
3 레몬 1/2개는 짜서 즙을 내고, 바닐라 깍지는 반으로 갈라 씨를 긁어낸다. 냄비에 물, 꿀, 바닐라, 설탕, 레몬즙을 넣고 끓인 다음, 미라벨 자두 위에 붓는다.
4 여기에 소테른을 붓고 뚜껑을 잘 닫는다.
5 큰 솥에 물을 끓여서 유리병을 넣고 1시간 10분 동안 소독한 후, 식힌다.

Tip

서늘한 곳에서 보관하면 몇 달간 먹을 수 있다. 몇 시간 동안 냉장고에 넣었다가 바닐라 아이스크림▶97쪽 참고을 곁들여 먹으면 더욱 맛있다.

아르마냑에 재운 건자두와 밤 *Pruneaux et marrons à l'armagnac* 

2ℓ 밀폐 유리병 1개 기준
작업 시간 10분
휴지 시간 30일

재료
건자두 600g
마롱 글라세 300g▶464쪽 참고
아르마냑 500ml

1 끓는 물을 병에 부어 소독한 다음, 깨끗한 천 위에 뒤집어놓는다.
2 병이 완전히 식으면 건자두를 한 층 깔고 마롱 글라세를 넣는다. 이렇게 건자두와 마롱 글라세를 번갈아 넣다가 마지막은 건자두로 채운다.
3 건자두가 잠길 정도로 아르마냑을 붓고 뚜껑을 꼭 닫는다.
4 흔들면 층이 무너지므로 주의한다. 이 상태로 30일간 재웠다가 먹는다.

Tip

바닐라 아이스크림▶97쪽 참고이나 캐러멜 아이스크림, 밤 아이스크림과 잘 어울린다.

말린 과일과 프뤼 데기제, 봉봉, 캐러멜

말린 과일은 생과일을 오븐에 건조시켜서 만들고, 프뤼 데기제는 과일에 설탕을 입혀 광택을 낸다. 봉봉은 설탕을 끓여서 만들고, 캐러멜은 설탕, 글루코오스, 크림, 버터에 다양한 향을 가미한 것으로 딱딱하거나 부드러운 제형이다.

딸기 칩 *Chips de fraise*

딸기 칩 150g 기준
작업 시간 30분
건조 시간 최소 1시간 30분

재료
잘 익은 딸기 500g
분당 30g

1 오븐은 100℃로 예열한다.
2 딸기는 빠르게 씻어서 꼭지를 딴 다음, 체에 밭쳐 물기를 제거한다. 잘 드는 과도로 얇게 저민다.
3 오븐 팬에 유산지를 깔고 딸기 슬라이스를 겹치지 않게 놓는다.
4 딸기 위에 분당을 뿌리고 오븐에서 1시간 동안 건조시킨다.
5 딸기 슬라이스를 뒤집어서 분당을 뿌린 다음, 다시 오븐에 넣고 30분간 굽는다. 말랑하지 않고 쉽게 부서질 정도로 바삭해야 한다.
6 식혀서 밀폐 용기에 조심스럽게 담는다.

Comment

딸기 아이스크림을 쿠프coupe 잔에 담고 딸기 칩을 꽂으면 멋진 데코가 된다.

사과 칩 *Chips de pomme*

사과 칩 180g 기준
작업 시간 15분
재우는 시간 12시간
건조 시간 최소 2시간

재료
초록 사과 3개
(그래니 스미스granny smith 품종)
레몬 1개
설탕 200g
물 500ml

1 하루 전에 밑손질을 한다. 레몬은 짜서 볼에 즙을 담는다.
2 사과는 잘 드는 칼로 아주 얇게 썬다. 사과 슬라이스가 부서지지 않도록 레몬즙에 살살 버무리면 갈변되지 않는다.
3 냄비에 물과 설탕을 넣고 끓인 다음, 사과를 넣고 하룻밤 동안 재운다.
4 다음 날, 오븐을 100℃로 예열한다.
5 사과 슬라이스를 키친타월에 올려 물기를 뺀다. 오븐 팬에 유산지를 깔고 사과를 나란히 배열한다.
6 사과 위에 유산지를 깔고 오븐 팬으로 누른 다음, 오븐에서 1시간 동안 건조시킨다.
7 위에 있는 오븐 팬과 유산지를 꺼낸 다음, 100℃에서 최소 1시간 더 건조시킨다. 식으면 밀폐 용기에 조심스럽게 담는다.

Comment

사과 칩은 프리앙디즈friandise처럼 바삭거리기 때문에 식전주나 아이스크림과 함께 먹으면 잘 어울린다.

말린 파인애플 슬라이스 *Tranches d'ananas séchées*

**말린 파인애플
슬라이스 30~40개 기준**
작업 시간 40분
건조 시간 50분~1시간

재료
파인애플 1개 · 분당 20g

1 파인애플은 껍질을 깎은 후, 잘 드는 칼로 두께 1~2mm로 자른다. 심을 제거한 다음, 키친타월에 올려 10~15분간 물기를 뺀다.
2 오븐은 100℃로 예열한다.
3 코팅 오븐 팬에 분당을 얇게 뿌린 다음, 파인애플 슬라이스를 놓는다. 파인애플을 오븐 팬으로 누른 상태에서 30분간 오븐에서 건조시킨다.
4 위에 있는 오븐 팬을 꺼낸 후 20~30분 더 건조시킨다. 파인애플이 갈색으로 변하지 않도록 주의한다.
5 밀폐 용기에 담아 습기가 차단된 곳에 보관한다.

말린 사과와 배 슬라이스 *Tranches de pomme et de poire séchées*

**말린 사과와
배 슬라이스 80개 기준**
작업 시간 5분
건조 시간 최소 2시간

재료
사과 2개
잘 익은 배 2개
레몬 1개

1 레몬을 짜서 즙을 낸다.
2 오븐은 100℃로 예열한다.
3 사과와 배는 아주 얇게 슬라이스로 자른 다음, 씨를 제거한다. 갈변되지 않도록 바로 레몬즙에 버무리는데, 부서지지 않게 살살 섞는다.
4 오븐 팬에 유산지를 깔고 서로 겹치지 않게 슬라이스를 나란히 배열한 다음, 오븐에서 1시간 동안 건조시킨다.
5 슬라이스를 뒤집어서 다시 오븐에 넣고 최소 1시간 더 건조시키는데, 표면이 살짝 투명해지면 완성된 것이다.
6 밀폐 용기에 담는다.

딸기 데기제 *Fraises déguisées*

딸기 데기제 50개 기준
작업 시간 30분
조리 시간 3분

재료
딸기 500g · 분당
퐁당 250g ▶ 76쪽 참고
빨강 색소 5방울 · 키르슈 30ml

1 딸기는 체에 밭쳐 흐르는 물에 빠르게 씻는다. 깨끗한 천으로 물기를 제거하고 꼭지는 따지 않는다.
2 유산지 위에 분당을 뿌린다.
3 퐁당을 냄비에 넣고 중간중간 저으며 중불로 데운다. 여기에 색소와 키르슈를 넣고 잘 섞은 다음, 불을 끈다.
4 딸기를 하나씩 퐁당에 담갔다 뺀 후 유산지에 놓는다. 밀폐 용기에 그대로 넣어도 되지만 유산지 컵에 담는 것이 더 좋다.

레드커런트 데기제

레드커런트에 그래뉴당을 입히면
시각적인 효과를 낼 수 있다.
이렇게 레드커런트뿐 아니라 다양한 과일로
데기제를 만들 수 있다.

쉬크르 캉디를 입힌 프뤼 데기제 *Fruits déguisés au sucre candi*

프뤼 데기제 1.2kg 기준
작업 시간 15분
재우는 시간 15시간
건조 시간 3~4시간

재료
설탕 1kg · 물 400ml
건자두 데기제 또는 프뤼 데기제
300g ▶ 하단 레시피 참고

1 냄비에 설탕과 물을 넣고 2분간 끓인다. 붓에 찬물을 묻혀 틈틈이 냄비 벽을 닦아 결정이 생기지 않게 하고, 끓인 시럽은 식힌다.

2 프뤼 데기제를 접시에 넣고 과일이 잠길 정도로 시럽을 붓는다. 유산지를 덮어 설탕 막과 결정이 생기지 않게 한 다음, 그 상태로 15시간 동안 재운다.

3 재운 프뤼 데기제를 식힘망에 올려 시럽을 제거한 후, 3~4시간 동안 건조시킨다. 바로 먹어도 되고, 보름 정도 보관이 가능하므로 두고 먹어도 좋다.

쉬크르 퀴를 입힌 프뤼 데기제 *Fruits déguisés au sucre cuit*

프뤼 데기제 1.4kg 기준
작업 시간 40분
조리 시간 10분

재료
과일 1kg(껍질 벗긴 호두, 금귤, 꽈리, 백포도, 적포도, 감귤류 슬라이스)

쉬크르 퀴
설탕 500g
글루코오스 150g
물 150ml

1 쉬크르 퀴를 만든다. 우선 큰 냄비에 설탕, 글루코오스, 물을 붓고 약불로 가열해 그랑 카세grand cassé인 155℃까지 끓인다▶72쪽 참고. 시럽이 끓기 시작하면 붓에 찬물을 묻혀 냄비 벽을 계속 닦아야 하는데, 시럽이 조금이라도 묻으면 설탕 덩어리가 생기고 이것이 다시 시럽 안에 떨어지면 금세 결정이 생기기 때문이다.

2 155℃가 되면 냄비를 바로 찬물에 담가, 여열로 온도가 올라가는 것을 막는다. 천을 4겹으로 접고 그 위에 식힌 냄비를 놓는다.

3 과일을 막대기에 꽂거나 줄기나 잎을 잡은 후, 쉬크르 퀴에 빠르게 담갔다가 뺀다. 쉬크르 퀴가 식어서 걸쭉해지면 약불로 살짝 데워서 사용한다.

4 그릇에 유산지를 깔고 과일을 올린다. 이렇게 만든 프뤼 데기제는 이틀 안에 먹는다.

레드커런트 데기제 *Groseilles déquisées* 

레드커런트 데기제 25개 기준

작업 시간 15분

재료

레드커런트 250g

레몬 시럽 100g

그래뉴당 150g

1 레몬 시럽과 그래뉴당을 각각 다른 볼에 담는다.

2 레드커런트는 상처 난 알을 속아낸 다음, 빠르게 씻는다. 송이째 천 위에 놓고 말린다.

3 레드커런트 송이를 레몬 시럽에 담갔다가 뺀 다음, 시럽이 흘러내리게 잠시 들었다가 그래뉴당에 넣고 굴린다.

4 완성된 레드커런트 데기제를 유산지 컵에 담는다.

▶ 396쪽 사진 참고

Plus

오렌지 향 레드커런트 데기제 Groseilles déguisées à l'orange

오렌지는 화학 약품으로 처리하지 않은 것을 골라 껍질을 잘게 간다. 레드커런트를 씻어서 물기가 남아 있을 때 제스트와 설탕 150g을 섞은 볼에 넣고 굴린다.

밤 데기제 *Marrons déquisés* 

마롱(밤) 20개 기준

작업 시간 35분

냉장 시간 45분 + 3시간

냉동 시간 1시간 30분

조리 시간 15분

재료

버터 50g

가당 마롱(밤) 페이스트 통조림 200g

마롱 글라세 60g ▶ 464쪽 참고

옥수수 전분 15g

디핑

설탕 250g

물 100ml

판 초콜릿 50g

레몬 1/2개

버터 5g

1 버터를 상온에 두어 말랑하게 만든다.

2 말랑해진 버터를 스패츌러로 눌러 크림처럼 부드러운 포마드 상태로 만들고, 여기에 밤 페이스트와 마롱 글라세를 부수어 넣고 잘 섞은 다음, 냉장고에서 45분간 굳힌다.

3 작업대에 옥수수 전분이나 분당을 뿌리고 굳힌 반죽을 놓는다. 2등분한 다음, 롤 모양으로 빚는다.

4 각각의 롤을 일정한 두께로 10등분한 후 동그랗게 빚고, 한쪽을 엄지와 검지로 집어 밤처럼 모양을 낸다.

5 (4)의 밤 20개에 포크를 비스듬하게 돌려 깊숙이 찍는다. 큰 오븐 팬에 포크로 찍은 밤을 놓고 냉동실에서 1시간 30분, 냉장실에서는 3시간 동안 넣어서 굳힌다.

6 레몬 1/2개는 짜서 즙을 내고, 물과 설탕을 끓인다.

7 초콜릿은 중탕이나 전자레인지로 녹인다.

8 시럽을 초콜릿에 조금씩 부으면서 세게 젓다가 재료를 모두 냄비에 붓고 버터를 넣는다. 계속 저으면서 끓인다.

9 1분간 끓이고 나서 레몬즙을 붓고, 10분간 부글부글 끓이면 연기가 나면서 걸쭉해진다. 계속 저으면서 150℃까지 가열하는데, 숟가락 등에 묻힌 다음 손가락으로 훑었을 때 바로 흘러내리지 않고 자국이 남는 텍스처가 되어야 한다.

10 불을 끈 다음, 천을 4겹 접고 그 위에 냄비를 놓는다.

11 포크를 이용해 밤 4/5 정도를 초콜릿 시럽에 빠르게 담갔다 빼는데, 밤 밑 부분과 포크는 담그지 않는다. 이렇게 하면 밤 끝에 시럽이 끈처럼 길게 늘어지는데 밤은 허공에 있고 포크만 접시에 올려 굳힌다.

12 몇 분간 굳힌 후, 길게 늘어진 시럽을 자른다. 밤 데기제는 유산지 컵에 넣고 냉장 보관하는데, 24시간 안에 먹는다.

Tip

초콜릿 시럽은 굉장히 빨리 굳는다. 디핑 작업을 하다 굳으면 살짝 데워서 사용한다.

베르가모트 드 낭시 *Bergamotes de Nancy*

베르가모트 50~60개
작업 시간 30분
조리 시간 5분
휴지 시간 30분

재료
물 300ml · 설탕 1kg
글루코오스 150g · 레몬즙 10ml
베르가모트 에센셜 오일 5방울

1 냄비에 물, 설탕, 글루코오스를 넣고 그랑 카세grand cassé인 155℃까지 끓인다 ▶ **72쪽 참고.**
2 찬물과 얼음을 볼에 담는다.
3 오븐 팬에 유산지를 깐다.
4 냄비 불을 끄고 레몬즙을 탄 다음, 다시 30초간 끓인다.
5 베르가모트 에센셜 오일을 넣고 부드럽게 저은 후, 냄비를 **(2)**에 15초간 담근다.

6 설탕 반죽을 두께 8~10mm 정도가 되게 유산지 위에 붓고 1~2분간 굳힌다. 기름을 바른 칼로 3~4mm 깊이로 줄을 그어 격자무늬를 만들고, 30분간 굳힌다.
7 유산지를 떼고 손으로 반죽을 부러뜨려 정사각형 봉봉을 만든다. 베르가모트는 밀폐 용기에 담아 건조한 곳에 두면 5~10일 동안 보관할 수 있다.

폼므 다무르 *Pommes d'amour*

폼므 다무르 10개 기준
작업 시간 30분
조리 시간 10분
휴지 시간 30분

재료
작은 사과 10개(가능하면 갈라gala 품종을 준비할 것) · 물 300ml
설탕 1kg · 글루코오스 200g
빨강 색소 10방울 · 코코넛 슬라이스 · 20cm 나무 꼬치 10개

1 볼에 얼음과 찬물을 넣는다.
2 냄비에 물, 설탕, 글루코오스를 넣고 그랑 카세grand cassé인 155℃까지 끓인다 ▶ **72쪽 참고.**
3 **(2)**에 색소를 넣고 나무 숟가락으로 잘 젓는다.
4 설탕이 계속 가열되지 않도록 냄비를 얼음물에 담근다.
5 코코넛 슬라이스를 작은 그릇에 붓는다. 꼬치로 사과를 찔러서 **(3)**에 담갔다 **뺀다.** 두껍게 묻었으면 자연스럽게 떨어뜨리고, 코코넛 슬라이스에 굴린다.

6 사과를 접시에 놓고 30분간 굳힌다.

견과류 프랄린 *Pralines de fruits secs*

프랄린 600g 기준
작업 시간 30분

재료
물 50g
설탕 200g
호두나 피칸, 헤이즐넛 또는 아몬드 300g

1 작업대에 유산지를 넓게 펼쳐 놓는다.
2 냄비에 물과 설탕을 넣고, 그랑 불레grand boulé인 135℃까지 끓인다 ▶ **72쪽 참고.**
3 견과류를 한 번에 냄비에 부은 다음, 바로 버무린다. 처음에는 덩어리지다가 금세 분리되고, 설탕이 견과류를 감싸면서 모래처럼 부슬거리는 텍스처가 된다.

4 나무 숟가락으로 계속 저으면서 가열하면, 색깔이 차츰 진해지면서 옅은 갈색 캐러멜이 된다.
5 완성된 프랄린은 유산지에 붓고 넓게 펼쳐 식힌다.
6 금속 밀폐 용기에 담으면 15~20일까지 보관할 수 있다.

초콜릿 소프트 캐러멜
Caramels mous au chocolat
셀로판지로 포장해야 촉촉함이 유지된다.

초콜릿 소프트 캐러멜 *Caramels mous au chocolat*

캐러멜 70개 기준
작업 시간 15분
조리 시간 15분

재료
비터 다크초콜릿 120g
크림 440ml· 글루코오스 280g
가염버터 40g· 설탕 280g

1 초콜릿은 다지고, 크림은 작은 냄비에 담아 끓인다.
2 다른 냄비에 글루코오스를 넣고 약불로 녹인 다음, 설탕을 넣는다. 갈색 캐러멜이 될 때까지 가열한다.
3 [2]에 버터를 넣고 섞다가 끓는 크림을 넣고 잘 젓는다. 마지막에 다진 초콜릿을 넣는다.
4 냄비에 든 재료를 고루 섞은 후, 115~116℃까지 끓인다.
5 유산지를 깔고 그 위에 사각 프레임이나 지름 22cm 무스링을 놓고, 캐러멜을 부은 다음 식힌다.
6 네모나게 잘라서 셀로판지로 감싼 다음, 밀폐 용기에 넣는다.

▶ 400쪽 사진 참고

레몬 소프트 캐러멜 *Caramels mous au citron*

캐러멜 65개 기준
작업 시간 30분
조리 시간 10분
건조 시간 5~6시간

재료
레몬 3개· 설탕 500g
버터 60g· 가염버터 65g
화이트초콜릿 250g
밀크초콜릿 100g

1 레몬은 화학 약품으로 처리하지 않은 것을 골라 제스트를 뜨고 잘게 다진다. 유산지에 레몬 제스트와 설탕을 붓고, 레몬 향이 설탕에 배도록 양 손바닥으로 비빈다.
2 레몬은 짜서 즙을 낸다. 냄비에 설탕, 레몬 제스트와 즙, 가염버터와 버터를 넣고 118~119℃까지 끓인다.
3 초콜릿을 잘게 다진다. 초콜릿 위에 시럽을 붓고 나무 숟가락으로 잘 젓는다.
4 높이가 2cm인 15cm×18cm 프레임이나 타르트용 무스링에 캐러멜을 붓는다.
5 5~6시간 동안 굳힌다.
6 2cm 정사각형으로 잘라서 셀로판지로 감싼 다음, 밀폐 용기에 넣는다.

바닐라 향 아몬드 캐러멜 *Caramels à la vanille et aux amandes*

캐러멜 80개 기준
작업 시간 30분
조리 시간 10분

재료
다진 아몬드 50g
바닐라 깍지 2개· 크림 500ml
글루코오스 350g· 설탕 380g
버터 30g

1 오븐은 170℃로 예열한다.
2 오븐 팬에 유산지를 놓고 아몬드를 넓게 깐다. 틈틈이 저으면서 오븐에서 15~18분간 굽는다.
3 바닐라 깍지는 반으로 갈라 씨를 긁어 볼에 넣는다.
4 크림을 끓인다.
5 다른 냄비에 글루코오스를 약불로 녹인 후, 설탕과 바닐라 씨를 넣고 가열한다. 캐러멜색이 나면 버터를 넣고 섞다가 끓는 크림을 넣고 계속 젓는다. 116~117℃까지 가열한 다음, 따뜻한 아몬드를 넣고 버무린다.
6 유산지를 깔고 사각 프레임이나 무스링을 놓는다. 틀에 캐러멜을 붓고 식힌다.
7 정사각형이나 막대 모양으로 잘라 셀로판지로 감싼 다음, 밀폐 용기에 넣는다.

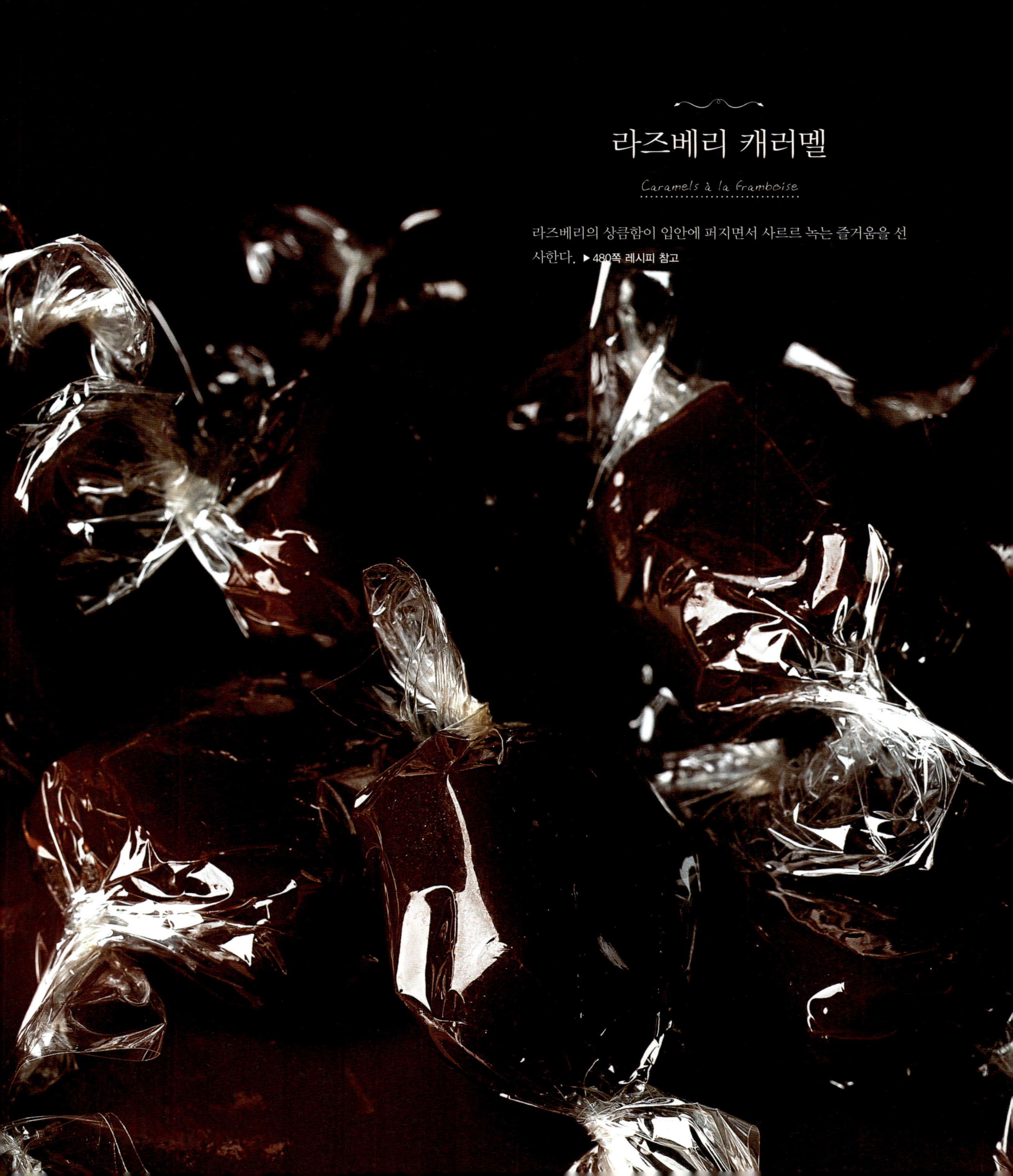

라즈베리 캐러멜

Caramels à la framboise

라즈베리의 상큼함이 입안에 퍼지면서 사르르 녹는 즐거움을 선
사한다. ▶480쪽 레시피 참고

트뤼프와
초콜릿
프리앙디즈
TRUFFES and FRIANDISES AU CHOCOLAT

초콜릿 애호가들이 사랑해 마지않는 초콜릿 프리앙디즈
는 누가, 아몬드, 브랜디에 재운 과일, 가나슈에 초콜릿
을 입힌 것이다. 트뤼프는 가나슈를 초콜릿 코포나 카카
오 가루에 굴려서 만든다.

초콜릿 트뤼프 *Truffes au chocolat*

트뤼프 45개 기준
작업 시간 30분
조리 시간 20분
냉장 시간 2시간

재료
버터 50g · 비터 다크초콜릿 330g
크림 250ml

디핑
카카오 가루 100g

1 버터를 작게 조각낸 다음 말랑해지도록 상온에 둔다.
2 초콜릿은 아주 곱게 다진다.
3 크림을 끓인 후, 다진 초콜릿을 조금씩 넣으며 계속 젓는다.
4 초콜릿이 녹으면 버터를 넣는다. 텍스처가 균일해지도록 나무 숟가락으로 젓는다.
5 가나슈를 유산지를 깐 그릇에 붓고, 2시간 동안 냉장고에서 굳힌다.
6 그릇에 카카오 가루를 고르게 펼쳐 놓는다. 굳힌 가나슈를 가로 1cm×세로 3cm로 잘라 카카오 가루에 굴린다.
7 용기에 담아 냉장 보관한다.

건살구를 넣은 초콜릿 트뤼프 *Truffes au chocolat et aux abricots secs*

트뤼프 35개 기준
작업 시간 45분
조리 시간 15분
냉장 시간 2시간

재료
건살구 50g · 물 1tbsp
살구 브랜디 15ml · 버터 30g
다크초콜릿 240g · 크림 80ml
살구 퓌레 120g
카카오 가루 150g

1 건살구는 3mm 큐브로 자른다. 냄비에 건살구, 물, 브랜디를 넣고, 살구가 충분히 불도록 약불에서 6~8분간 가열한다.
2 버터는 작게 조각내 물렁하게 만든다.
3 초콜릿은 아주 곱게 다진다.
4 크림과 살구 퓌레를 끓인 다음, 계속 저으면서 다진 초콜릿을 조금씩 넣는다. 여기에 불린 살구 조각과 버터를 순서대로 넣고 잘 섞는다.
5 가로 28cm×세로 20cm 사각 그릇에 유산지를 깔고 트뤼프 반죽을 부은 다음, 2시간 동안 냉장고에서 굳힌다.
6 그릇에 카카오 가루를 고루 펼쳐 놓는다. 굳힌 가나슈를 가로 1cm×세로 3cm로 잘라 카카오 가루에 굴린다.

▶ 407쪽 사진 참고

캐러멜 · 초콜릿 트뤼프 *Truffes au chocolat et au caramel* 

트뤼프 80개 기준
작업 시간 30분
냉장 시간 2시간 + 30분

재료
다크초콜릿 300g
밀크초콜릿 180g
크림 260ml
설탕 190g
가염버터 40g
분당 · 카카오 가루 150g

1 다크초콜릿과 밀크초콜릿을 곱게 다진다.
2 크림을 끓인다.
3 설탕을 약불로 가열해 진한 캐러멜로 만든다. 여기에 버터를 넣고 섞다가 크림을 넣는다. 마지막에 초콜릿을 넣고 계속 저어 완전히 녹인다.
4 그릇에 유산지를 깔고 가나슈를 부은 다음, 냉장고에서 2시간 동안 굳힌다.
5 칼로 그릇 테두리를 훑어서 가나슈를 떼어낸 다음, 유산지를 밑에 깔고 뒤집는다. 가나슈를 3cm 정사각형으로 자른다. 양손에 분당을 뿌리고 손바닥 안에 가나슈를 넣고 굴린다.
6 동그란 가나슈를 그릇에 담아 냉장고에서 30분간 굳힌다.
7 카카오 가루를 큰 그릇이나 오븐 팬에 붓고, 가나슈를 굴린다. 체에 넣고 흔들어 두껍게 묻은 카카오 가루를 털어낸다.

라즈베리 트뤼프 *Truffes aux framboises*

트뤼프 40개 기준
작업 시간 30분
냉장 시간 2시간

재료
버터 30g
다크초콜릿 320g
라즈베리 160g
설탕 15g · 크림 90ml
라즈베리 리큐어 1tbsp
라즈베리 브랜디 1/2tbsp
카카오 가루 100g

1 버터는 상온에 두어 말랑하게 만든다.
2 초콜릿은 아주 곱게 다진다.
3 라즈베리는 좋은 것을 골라 푸드 밀이나 블렌더에 갈면 퓌레 120g이 나온다. 여기에 설탕을 넣고 잘 버무린 다음, 크림에 넣는다. 크림, 퓌레, 설탕을 함께 가열하다가 끓어오르면 불을 끈다.
4 [3]에 다진 초콜릿을 조금씩 부으면서 계속 젓다가 버터, 라즈베리 리큐어, 라즈베리 브랜디를 넣고 잘 섞는다.
5 가로 28cm×세로 20cm 그릇에 유산지를 깔고 트뤼프 반죽을 붓는다.
6 냉장고에서 2시간 동안 굳힌 다음, 가로 1cm×세로 3cm로 잘라 카카오 가루에 굴린다. 밀폐 용기에 담아 냉장 보관한다.

건살구를 넣은
초콜릿 트뤼프
Truffes au chocolat et
aux abricots secs
촉촉하고 진한 트뤼프에
달콤한 살구를 넣어 더욱 감미롭다.

피스타치오 트뤼프 *Truffes à la pistache*

트뤼프 40개 기준

작업 시간 30분
조리 시간 20분
냉장 시간 3시간

재료

피스타치오 150g
버터 75g
크림 160g
피스타치오 페이스트 50g
화이트초콜릿 340g

1 오븐은 170℃로 예열한다.
2 오븐 팬에 피스타치오를 넓게 펼쳐 놓는다. 중간중간 섞으면서 20분간 구운 후 식힌다.
3 버터는 조각내서 말랑해지도록 상온에 둔다.
4 크림과 피스타치오 페이스트를 끓인 후, 향이 배도록 불을 끈 상태에서 20분간 우린다. 초콜릿은 다진다.
5 크림과 피스타치오를 고운 체에 거른 뒤, 들러붙지 않도록 나무 숟가락으로 싹싹 긁으며 가열한다. 끓어오르면 초콜릿을 조금씩 넣으며 나무 숟가락으로 젓다가 버터를 넣는다. 가나슈를 볼에 담고 냉장고에서 굳힌다.

6 오븐 팬에 유산지를 깐다. 짤주머니에 민무늬 깍지를 끼운 뒤, 가나슈를 넣는다. 동그란 모양으로 트뤼프를 짠 다음, 2시간 동안 냉장고에서 굳힌다.
7 구운 피스타치오를 곱게 다진다. 가나슈를 다진 피스타치오에 굴린 다음, 밀폐 용기에 담아 냉장 보관한다.

브랜디 향 초콜릿 라즈베리 *Framboises à l'eau-de-vie et au chocolat*

라즈베리 45개 기준

작업 시간 40분
조리 시간 15분
휴지 시간 45분 + 2시간

재료

브랜디에 재운 라즈베리 45~50개
비터 다크초콜릿 400g
퐁당 125g ▶ 76쪽 참고
라즈베리 브랜디 50ml

1 라즈베리를 키친타월에 올려놓고 물기를 제거한다.
2 초콜릿 300g을 조각낸 다음, 중탕이나 전자레인지에 녹인다. 굳기 직전까지 식혔다가 살짝 데워서 31℃로 만든다.
3 유산지 컵 모양의 몰드에 붓으로 초콜릿을 듬뿍 바르고, 빈틈이 없는지 꼼꼼히 살핀다.
4 초콜릿이 고루 묻지 않을 경우, 몰드를 냉장고에서 굳힌 다음 한 번 더 초콜릿을 바른다. 30분간 서늘한 곳에서 굳힌다.
5 몰드에 라즈베리를 1개씩 담는다.

6 퐁당은 중탕이나 전자레인지에서 천천히 녹인 후, 브랜디와 섞는다. 퍽퍽하던 퐁당이 부드러워지면 작은 숟가락으로 떠서 몰드에 담는다. 틀 높이까지 채우지 말고 적당량을 넣은 다음, 서늘한 곳에서 15분간 굳힌다.
7 남은 초콜릿 100g을 녹인다. 작은 숟가락으로 떠서 몰드 안에 고르게 채워 넣은 다음, 냉장고에서 2시간 동안 굳힌다.
8 몰드에서 꺼내 밀폐 용기에 넣고 냉장 보관한다.

초콜릿 생강 콩피 *Gingembre confit au chocolat* 

생강 콩피 550g 기준
작업 시간 30분
냉장 시간 30분

재료
생강 콩피 250g
비터 다크초콜릿 300g
아몬드 슬라이스 40g

1 하루 전에 생강을 따뜻한 물에 헹궈 시럽을 씻어낸다. 24시간 동안 체에 밭쳐 물기를 제거한다.

2 생강은 두께 4mm로 저민다.

3 오븐을 180℃로 예열한다.

4 아몬드 슬라이스를 오븐 팬에 펼쳐 놓고, 옅은 갈색이 될 때까지 굽는다.

5 초콜릿은 녹여서 템퍼링한다 ▶ 82쪽 참고. 포크로 생강을 떠올린 다음, 템퍼링한 초콜릿에 담갔다 뺀다.

6 초콜릿을 아몬드 슬라이스로 장식한 뒤, 유산지에 올려서 건조시킨다. 냉장고에 30분간 넣은 다음, 밀폐 용기에 담아 냉장 보관한다.

Comment

오렌지 껍질 콩피 ▶ 388쪽 참고도 같은 방법으로 디핑할 수 있다.

망디앙 프로방소 *Mendiants provençaux* 

망디앙 400g 기준
작업 시간 30분
조리 시간 15분
휴지 시간 15분

재료
껍질 벗긴 통아몬드 50g
껍질 벗긴 통헤이즐넛 50g
오렌지 껍질 콩피 50g ▶ 388쪽 참고
다크초콜릿 300g
피스타치오 50g

1 오븐은 180℃로 예열한다.

2 오븐 팬에 아몬드와 헤이즐넛을 펼쳐 놓고, 4~5분간 구운 뒤 식힌다.

3 오렌지 껍질 콩피는 5~6mm 큐브로 자른다.

4 초콜릿은 중탕이나 전자레인지로 녹여 템퍼링한다 ▶ 82쪽 참고. 5mm 민무늬 깍지를 끼운 짤주머니에 초콜릿을 넣는다.

5 유산지에 지름 4cm짜리 초콜릿 디스크를 짠다.

6 초콜릿이 굳기 전에 재빨리 아몬드, 헤이즐넛, 오렌지 껍질 콩피, 피스타치오를 올린다. 서늘한 곳에서 15분간 굳힌다.

7 충분히 굳으면 종이에서 떼어내 정리한다.

코냑을 넣은 아몬드 페이스트 초콜릿

Pâte d'amande au chocolat et au cognac 

초콜릿 400g 기준
작업 시간 40분
냉장 시간 15분

재료
아몬드 페이스트 200g
냉동 건조 커피 2tsp
코냑 40ml
분당
다크초콜릿 200g
통호두알 반쪽 30개

1 커피에 뜨거운 물 2tsp을 붓고 녹인다.
2 아몬드 페이스트는 작게 조각내서 커피와 코냑을 넣고 반죽한다.
3 작업대와 밀대에 분당을 뿌린다.
4 아몬드 페이스트를 두께 8mm로 민 다음, 길이 4cm 마름모꼴로 자른다. 두껍게 묻은 분당을 붓으로 털어낸다.
5 초콜릿은 약불로 녹여 템퍼링한다▶82쪽 참고.

6 포크로 아몬드 페이스트를 떠서 초콜릿에 담갔다 뺀 다음, 잠시 들고 있으면 두껍게 묻은 초콜릿은 흘러내린다. 이 상태로 유산지에 놓고 호두를 1개씩 얹는다.
7 냉장고에 넣고 15분간 굳힌다.
8 유산지에서 떼어낸 다음, 그릇에 담거나 밀폐 용기에 넣는다.

그리오틴을 넣은 아몬드 페이스트 초콜릿

Pâte d'amande aux griottines et au chocolat 

초콜릿 400g 기준
작업 시간 40분
냉장 시간 10분

재료
아몬드 페이스트
200g▶378쪽 참고
그리오틴griottines 100g
분당
다크초콜릿 200g
초콜릿 버미첼리 70g

1 시판 제품을 사용하거나 아몬드 페이스트를 만들어서 작게 조각낸다.
2 그리오틴은 체에 밭쳐 물기를 제거하고, 굵게 다진다. 여기에 아몬드 페이스트를 넣고 손으로 반죽한다.
3 작업대에 분당을 뿌리고 페이스트 반죽을 2등분한다. 각각 지름 2~3cm짜리 롤로 민 다음, 두께 2cm로 자른다.
4 그릇에 유산지를 깐다.
5 반죽을 양 손바닥으로 동그랗게 빚어서 체리처럼 만든 다음, 유산지에 놓는다.
6 초콜릿은 중탕이나 전자레인지에 녹여 템퍼링한다
▶82쪽 참고.
7 초콜릿 버미첼리를 볼에 넣는다.
8 페이스트 볼을 포크로 떠서 초콜릿에 담갔다 뺀다. 포크를 볼에 대고 살짝 두들겨서 두껍게 묻은 초콜릿을 털어낸다.

9 초콜릿을 입힌 볼을 (7)에 넣고 다른 포크로 굴려 버미첼리를 골고루 묻힌 다음, 그릇에 놓는다.
10 디핑 작업이 끝나면 그릇을 냉장고에 10분 정도 넣는다. 초콜릿이 굳으면 유산지 컵에 담거나 밀폐 용기에 보관한다.

Comment

그리오틴은 브랜디에 재운 그리오트(모렐로 체리)를 지칭하는데, 알코올에 재운 일반 체리보다 훨씬 달고 풍미가 짙다.

아몬드를 넣은 초콜릿 로셰 *Rochers aux amandes et au chocolat*

로셰 400g 기준
작업 시간 40분
조리 시간 1시간 45분
휴지 시간 1시간

재료
아몬드 파트
아 쉭세 300g ▶ 42쪽 참고
아몬드 슬라이스 50g
다크초콜릿 300g

1 오븐은 180℃로 예열한다.

2 아몬드 파트 아 쉭세를 만든다.

3 아몬드 슬라이스를 오븐 팬에 펼쳐 놓고, 중간중간 섞으면서 4~5분 동안 굽는다.

4 오븐 온도를 120℃로 낮춘다.

5 아몬드 슬라이스가 식으면 파트 아 쉭세에 넣고, 부서지지 않게 살살 섞는다.

6 오븐 팬에 유산지를 깐다. 작은 숟가락을 찬물에 담갔다가 반죽을 뜬 다음, 유산지에 놓는다.

7 120℃에서 10분간 구운 후, 90℃에서 1시간 30분 동안 굽고 식힌다.

8 초콜릿은 중탕이나 전자레인지에 녹여 템퍼링한다 ▶ 82쪽 참고.

9 그릇에 유산지를 깐다.

10 로셰를 포크로 떠서 초콜릿에 담갔다 뺀다. 포크를 볼에 대고 살짝 두들겨서 두껍게 묻은 초콜릿을 털어낸 뒤, 그릇에 놓는다.

11 디핑 작업이 끝나면, 초콜릿이 굳도록 냉장고가 아닌 서늘한 곳에 1시간 동안 둔다.

12 로셰를 유산지에서 떼어내 그릇이나 밀폐 용기에 넣는다. 공기를 차단한 용기에 담으면 15일 정도 보관할 수 있다.

제과의 실전

계량 도구가 없다면 아래 표를 보고 부피와 무게를 측정할 수 있다.

캐나다와 프랑스에서 통용되는 부피 및 무게에 대한 대조표와 레시피에 사용된 축약형 단위를 하단에 기재했다.

	부피	무게
1티스푼	5ml	5g(커피, 소금, 설탕, 타피오카), 3g(전분)
1디저트 스푼	10ml	
1테이블스푼	15ml	5g(슈레드 치즈), 8g(카카오 가루, 커피, 빵가루), 12g(밀가루, 쌀, 세몰리나, 크림), 15g(설탕, 버터)
1모카 잔	80~90ml	
1커피 잔	100ml	
1찻잔	120~150ml	
1블랙퍼스트 잔	200~250ml	
1볼	350ml	밀가루 225g, 설탕 320g, 쌀 300g, 건포도 260g, 카카오 가루 260g
1수프 접시	250~300ml	
1리큐어 글라스	25~30ml	
1마데라 글라스	50~60ml	
1보르도 글라스	100~150ml	
1큰 글라스	250ml	밀가루 150g, 설탕 220g, 쌀 200g, 세몰레나 190g, 카카오 가루 170g
1머스터드 글라스	150ml	밀가루 100g, 설탕 140g, 쌀 125g, 세몰리나 110g, 카카오 가루 120g, 건포도 120g
1와인병	750ml	

무게		부피	
55g	2onces	250ml	1컵
100g	3onces	500ml	2컵
150g	5onces	750ml	3컵
200g	7onces	1ℓ	4컵
250g	9onces		
300g	10onces		
500g	17onces		
750g	26onces		
1kg	35onces		

※1once는 28g이지만 편의상 위와 같이 계산한다.

※1컵은 23cl(8onces)이지만 편의상 1컵을 25cl로 계산한다.

g = gramme

kg = kilogramme

ml = milliliter

min(분) = minute(s)

h(시간) = hour

kcal = kilocalorie(s)

℃ = degree Celsius

기본 도구와 장비

MATÉRIEL and USTENSILES DE BASE

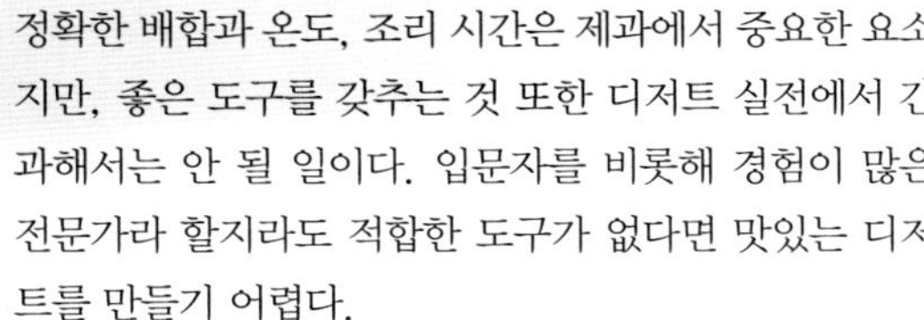

정확한 배합과 온도, 조리 시간은 제과에서 중요한 요소지만, 좋은 도구를 갖추는 것 또한 디저트 실전에서 간과해서는 안 될 일이다. 입문자를 비롯해 경험이 많은 전문가라 할지라도 적합한 도구가 없다면 맛있는 디저트를 만들기 어렵다.

기본 도구와 소품, 계량 도구

제과에서는 주방에서 사용하는 기본 도구와 더불어 뚜렷한 용도가 있는 도구와 기기를 사용한다. 정확한 계량이 무엇보다 중요하기 때문에 일부 계량 도구는 반드시 갖춰서 실전에 임한다.

기본 소도구

믹싱볼 반죽을 치대거나 발효시키고, 재료를 휘핑하려면 깊고 넓은 믹싱볼을 사용하는 것이 좋다.

볼(퀼드풀cul-de-poule**)** 원칙적으로는 구리로 된 흰자 머랭용 볼이다. 구리 재질을 사용하면 흰자를 더욱 단단하고 풍성하게 휘핑할 수 있다.

나무 숟가락과 나무 주걱 나무 숟가락은 재료를 섞을 때 사용하고, 주걱은 재료를 긁거나 틀에서 꺼낼 때 사용한다. 나무는 열전도체가 아니기 때문에 화상을 입을 염려 없이 안전하게 쓸 수 있다.

고무 스패출러 또는 '마리즈maryse**'** 반죽을 섞거나 굵고 텍스처를 매끈하게 만들 때 사용한다.

금속 팔레트 날이 평평하고 유연해 달걀 물을 펴 바르거나 재료를 코팅할 때 유용하다.

다양한 사이즈의 거품기 흰자 머랭을 올릴 때 사용한다. 걸쭉한 크림을 휘핑하는 데 적합한 살이 잘 휘지 않는 거품기도 있다.

시누아Chinois 원추형의 여과기로 소스나 쿨리, 시럽의 불순물을 거를 때 사용한다.

체 가루를 내려 덩어리를 거를 때 사용한다.

시트류

유산지 양면이 방수 처리된 얇은 종이로 틀에 끼우거나 깔아서 사용한다. 코팅 처리가 되어 있긴 하지만 버터를 바르고 쓰는 것이 좋다.

실리콘 패드 제과에서 유용하게 쓰이는 시트로, 열에 대한 내구성이 강하다. 주로 오븐 팬에 깔아 반죽이 들러붙지 않게 한다.

알루미늄 포일 재료를 보온하거나 익힐 때 사용하는데, 광택이 나는 면이 재료와 맞닿게 덮는다.

랩 얇은 시트로 주로 재료를 보호할 때 사용한다. 전자레인지용 랩은 조금 두꺼운 편이다.

제과 소품

쿠키 커터 프랑스어로 '앙포르트피에스**emporte-pièce**'라고 하고, 반죽에 찍어 모양을 낼 때 사용하는데, 소나무, 동물, 하트 등 종류가 다양하다.

제과용 식힘망 가토를 그냥 식히면 바닥이 축축해지기 때문에 식힘망을 사용한다.

제과용 대리석 대리석이나 화강암 재질의 작업대는 매끄럽고 차가워서 제과를 하기에 안성맞춤이다.

일자형 붓 틀에 버터를 바르거나 반죽에 달걀 물을 바르고 쇼송 테두리를 붙일 때 사용한다. 가능하면 돼지털로 만든 붓을 고른다.

제과용 오븐 팬 오븐 전용 팬으로 관리하기 쉽도록 코팅 처리된 것도 있다.

짤주머니와 깍지 짤주머니는 슈에 필링을 넣거나 가토를 장식하고, 반죽을 오븐 팬에 짤 때 반드시 필요한 도구다. 플라스틱 또는 스테인리스 깍지는 사이즈와 모양이 다양해서 데코에 사용하면 좋다.

제과용 밀대 기본적으로 나무로 되어 있고 반죽을 밀 때 사용한다.

타르트용 핀셋 반죽 가장자리를 예쁘게 마무리할 때 쓴다.

롤레트 카늘레 Roulette cannelée 홈이 파진 휠 롤러로 반죽을 일정하게 자를 때 사용한다.

커팅 도구

씨 제거기 불어로는 '데누아요퇴르**dénoyauteur**'라고 하며, 체리나 자두 씨를 뺄 때 사용한다.

비드폼므Vide-pomme 끝이 날카로운 원통형 도구로 사과 심을 통째로 제거할 때 사용한다. 영미권에서는 '애플 코러**apple corer**'라고 부른다.

제스터 감귤류 껍질을 얇게 뜰 때 사용한다.

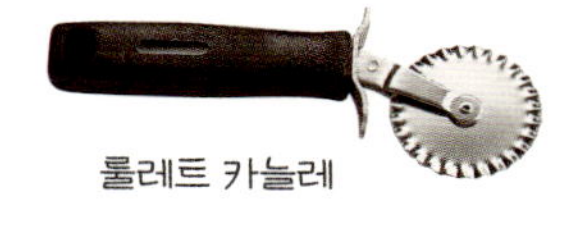

롤레트 카늘레

제스터

비드폼므

측정 도구

저울 저울은 역학식, 자동식, 전자식 모델이 있는데 제과에서는 30g 이하와 2kg 이상의 무게를 잴 수 있는 저울을 사용해야 한다. 로베르발 저울 balance Roberval은 전통적인 역학식 저울로 저울판 2개를 이용해 무게를 측정한다. 하지만 실제로 제품을 만들 때는 지침으로 무게를 확인하는 자동식 저울을 많이 사용하는데, 액체도 계량할 수 있는 장점이 있다. 오늘날에는 측정 도구가 발달해, 부피가 작고 그램 단위까지 측정 가능한 디지털 전자저울이 널리 보급되고 있다.

계량컵 강화 플라스틱이나 유리, 스테인리스 재질로 되어 있고, 손잡이나 주입구가 있는 것도 있다. 0.1~2리터까지 측정할 수 있는데, 액체의 부피뿐만 아니라 밀가루, 설탕, 세몰리나, 카카오 가루같이 가루 재료의 무게도 잴 수 있다. 컵 표면에 부피와 무게를 표시한 눈금을 확인해 계량한다. 하지만 머스터드 글라스나 테이블스푼 또는 티스푼같이 주방에서 흔히 쓰는 도구로 계량하는 것이 더 간편할 때도 많다 ▶ 414쪽 표 참고.

온도계 제과에서 사용하는 온도계는 용도에 따라 다르다. 요리용 온도계는 유리 막대에 붉은 수은주가 삽입된 형태로 0~120℃까지 측정할 수 있으며, 중탕으로 조리하거나 따뜻한 크림의 온도를 측정할 때 사용한다. 설탕 공예 또는 콩피즈리용 온도계는 80~200℃까지 표시되고, 원형 눈금판이 달린 오븐용 온도계는 50~300℃까지 측정할 수 있다. 전자식 디지털 온도계는 센서가 있어 정확하게 온도를 측정할 수 있는 장점이 있다.

당도계 또는 당밀계 설탕의 비중을 측정하는 도구로 잼 같은 콩피즈리를 만들 때 사용하며 액체의 밀도에 따라 눈금자가 움직인다.

소르베토메트르 Sorbetomètre 터빈에 돌리기 전에 아이스크림과 셔벗의 농도를 측정하는 광학 당도계다. 주로 전문가들이 사용하며 정확도가 높다.

타이머 조리 시간을 입력해서 사용한다.

전동 소도구와 반죽기

핸드 믹서 적은 양을 섞거나 불 위에 올린 재료로 섞을 때 유용하다.

블렌더 가장 간편하게 쓸 수 있는 모델은 핸드 블렌더이고, 스탠드형은 깊은 유리 용기에 분쇄용 칼날이 내장되어 있어 재료를 곱게 갈 때 유용하다. 주로 수프나 콩포트, 쿨리를 만들 때 사용한다.

다기능 반죽기 하단 받침대에 볼을 고정시키고 용도에 적합한 날을 끼워서 사용한다. 기본 구성품인 유화용 휩과 반죽용 훅, 믹싱용 비터 이외에도 다짐기나 슬라이서, 여과기 등 용도에 따라 다양한 옵션을 장착할 수 있다. 고가지만 견고하고 사용법이 간단한 것을 구입하면 장기간 편리하게 사용할 수 있다. 일부 전문가용 모델은 성능이 탁월하다.

셔벗 메이커 -0℃ 이하의 온도에서 재료를 믹싱해 아이스크림과 셔벗을 만드는 도구다. 요즘 얼음 통에 회전판을 끼우는 수동식 메이커는 거의 찾아볼 수 없고, 모터가 장착된 전동 메이커를 주로 사용한다. 모터 에너지로 믹서가 회전하고 용기 외벽이나 쿨링 디스크에 있는 냉매제가 냉각 기능을 담당한다. 전동 메이커 중에서도 고가에 판매되는 '아이스크림 터빈'은 업소용 터빈을 축소시킨 형태로 혼합과 냉각이 전자동 시스템으로 구동된다.

거품기

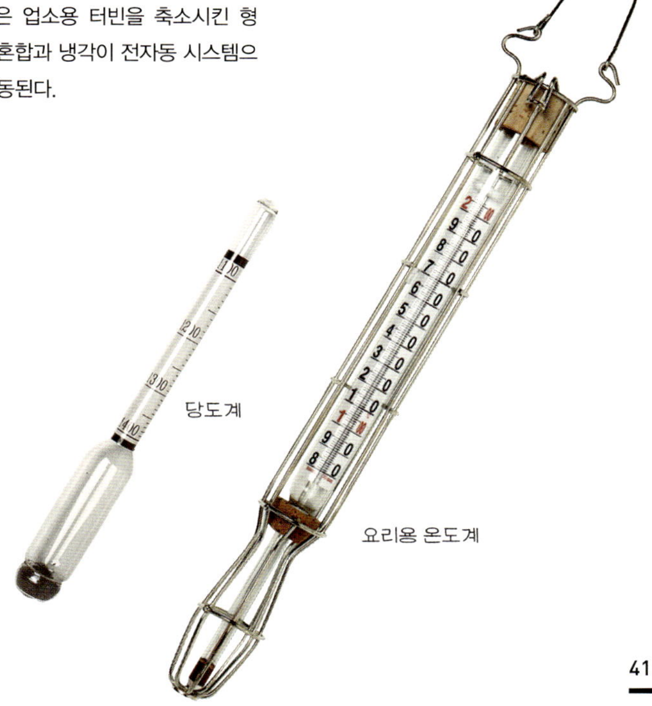

당도계

요리용 온도계

틀

시중에는 다양한 형태와 재질로 된 틀이 판매되고 있어 선택의 폭이 넓고 품질도 제각기 다르다. 가토용 틀, 오븐용 그릇, 초콜릿 몰드, 아이스크림 몰드, 동일한 무늬가 여러 개 찍힌 '멀티프린트' 틀이나 일인용 틀 등 쓰임에 따라 종류가 다양하다.

일반 틀

브리오슈 틀 Moule à brioche 입구가 넓게 벌어진 형태로 물결 모양의 굴곡이 있으며 코팅 처리를 하기도 한다. 원형이나 사각형으로 브리오슈를 굽거나 앙트르메를 만들 때 사용한다.

파운드케이크 틀 Moule à cake 일자형 사각 틀로 사이즈가 다양하며 옆면이 살짝 벌어진 것도 있다. 코팅 틀을 사용하면 제품을 틀에서 꺼내기 쉽다.

샤를로트 틀 Moule à charlotte 입구가 살짝 벌어진 원통형이다. 제품을 뒤집어서 꺼내기 편리하도록 양쪽에 손잡이가 달려 있다. 샤를로트뿐만 아니라 플랑이나 푸딩을 만들 때도 사용한다.

망케 틀 Moule à manqué 물결무늬, 민무늬, 원형 또는 사각형으로 주로 제누아즈나 비스퀴 반죽을 구울 때 사용한다.

사바랭 틀 Moule à savarin 물결무늬나 민무늬로 가운데 구멍이 뚫려 있어 왕관 모양이 나온다.

수플레 틀 Moule à soufflé 깊은 일자형 원형 틀로 사이즈가 다양하다. 옆면이 주름진 내열 사기그릇 형태가 가장 보편적이지만 유리로 된 것도 있다.

람캥 Ramequin 수플레 틀의 축소형으로 크렘 카라멜이나 크렘 랑베르세 crème renversée를 만들 때 사용한다. 내열 사기 재질로 되어 있어 오븐 조리에서 냉장 보관, 서빙까지 용기를 바꾸지 않고 하나로 사용할 수 있는 장점이 있다.

투르티에르 Tourtière 타르트 틀을 뜻하는 투르티에르는 테두리가 물결무늬거나 민자이고 다양한 재질로 되어 있다. 보통 지름 16~32cm로 제작되는데, 4인분은 22cm, 6인분은 24cm, 8인분은 28cm 투르티에르를 사용하면 된다. 분리형을 사용하면 모양이 흐트러지지 않아 과일 타르트 같은 제품을 만들 때 유용하다.

일인용 틀

다리올 Dariole 작은 사이즈의 원형 틀로 가토 드 리 gâteau de riz 또는 바바 baba를 일인용 디저트로 만들 때 사용한다.

코르네 Cornet 금속 재질의 원추형 틀로 코르네 아 라 크렘 Cornet à la crème을 만들 때 사용한다.

푸티 푸르 틀 Moules à petits fours **과 타르틀레트 틀** Moules à tartelettes 작은 틀로 모양과 크기가 굉장히 다양하고, 푸티 푸르나 타르틀레트뿐만 아니라 프리앙디즈 friandises를 만들 때도 사용한다.

초콜릿 몰드 Moule à chocolat 동물, 달걀, 종 등 동일한 모티프가 반복된 판형 또는 낱개형이며 플라스틱 재질이다.

6~24구형 틀 Moule en plaque de 6 à 24 empreintes 비스퀴나 프티 가토 모양의 홈이 파져 있고, 한 번에 최대 24개까지 구울 수 있다. 다구형 오븐 틀로 가장 많이 사용하는 것은 마들렌 틀이다.

특정 용도의 틀

비스퀴 틀 Moule à biscuit 비스퀴 반죽을 구울 때 사용하는 사각형 틀로 구운 비스퀴는 필링을 채워 롤처럼 만든다.

분리형 틀 Moule à charnière 타원형 또는 사각형 금속 틀로 바닥이 분리된다. 경첩으로 연결되어 있어 옆면을 분리하기 쉽다.

아이스크림 몰드 Moule à glace 아이스크림을 굳힐 때 사용하는 틀로 금속 재질이 가장 적합하고, 보통 밀폐 뚜껑으로 덮기 때문에 얼음 결정이 생기지 않는다. 옆면이 매끄러워 아이스크림이 잘 빠지고 바닥에는 부조 장식이 있는 디자인이 많다. 작은 사이즈의 아이스크림 바 몰드도 있다.

구겔호프 틀 Moule à kouglof 옆면에 대각선으로 홈이 파진 왕관 모양의 틀이다. 전통적으로 토기에 유약을 발라 만드는데, 코팅 처리된 것을 구입하면 제품을 꺼내기가 훨씬 쉽다.

무스링 Cercles**과 프레임** Cadres 전문가들이 사용하는 바닥이 없는 틀이다. 오븐 팬이 바닥 역할을 하므로 제품을 꺼낼 때 들러붙을 걱정이 없다. 지름은 10~34cm로 다양하고, 높이가 낮은 것은 타르트용으로, 높은 것은 바슈랭이나 앙트르메에 사용한다. 프레임은 바닥이 없는 직사각형 또는 정사각형 틀이다.

케스 아 제누아즈 Caisse à génoise 입구가 벌어지거나 일자형인 사각형 금속 틀로 높이가 높다. 주로 제누아즈나 플랑, 가토 드 리 gâteau de riz를 만들 때 사용한다.

콘 아 크로캉부슈 Cône à croquembouche 피에스 몽테 pièces montées를 만들 때 사용하는 원추형 틀로 슈를 쌓아 올리기 편하다.

구티에르 아 뷔슈 Gouttière à bûche 뷔슈 드 노엘 bûche de Noël을 만들 때 사용하는 반달형 틀이다.

와플 팬 Gaufrier 2개의 팬이 연결된 형태로 와플이나 웨이퍼를 만들 때 사용한다. 오븐 팬이나 가스불판에 올리는 형태와 전기로 구동되는 모델이 있다.

콘 아 크로캉부슈

구겔호프 틀

람캥

푸티 푸르 틀과 타르틀레트 틀

마들렌 틀

투르티에르

조리 기구

음식에 열을 가하면 물리적 텍스처와 화학적 구성, 맛이 변해 재료가 가지고 있던 미각적 특징이 발현된다. 경험이 쌓여야만 음식을 잘 익히는 법을 터득하고 노하우도 생기기 마련이다.

전기레인지를 쓸지 가스레인지를 쓸지는 평소 요리 습관이나 개인적 선호에 따라 다르지만 주방 환경에 따라 제약이 있기도 하다. 잘 알려져 있듯, 가스레인지의 장점은 불 조절이 용이하다는 점인데, 요즘에는 전기레인지도 기능이 많이 개선되어 가스레인지 못지않은 성능을 발휘한다.

조리기

가스레인지 화력과 화구 크기가 다양하기 때문에 한 번에 여러 용기를 가열할 수 있다. 연속 점화 방식으로 불을 켜고 끄기 쉽고 과열 방지 장치 덕분에 불 앞에서 음식을 살피지 않고도 뭉근한 열로 계속 가열할 수 있다.

핫플레이트 상대적으로 잔열이 많은 편이고, 설정 온도가 되면 온도 감응 장치가 전류를 차단하고 온도가 낮아지면 다시 전류를 내보낸다.

하이라이트 충격에 강한 세라믹 상판이 장착된 전기레인지이다. 표면이 매끄러워 쉽게 용기를 올릴 수 있고 조리하기도 편하다. 대부분 1~2구 정도는 할로겐 장치가 있어 빠른 시간 안에 온도를 높일 수 있다.

인덕션 비교적 최근에 개발된 전기 조리 기술로 자기장을 이용해 용기를 가열하는 방식이다. 조리 속도가 빠르고 화력 조절도 정확하지만 구리나 알루미늄, 유리 용기를 사용할 수 없는 단점이 있다.

전자레인지

내부에 장착된 마그네트론에서 발생시킨 마이크로파가 음식물에 직접 또는 반사 투과되면서 음식 안에 분자 운동이 일어나 가열된다. 전자레인지를 사용하면 조리 시간이 단축되는 장점이 있지만, 그렇다고 기존의 오븐을 대체할 수 있는 것은 아니다. 더욱이 반죽을 전자레인지에 돌리면 익기만 할 뿐 부풀어 오르거나 색깔이 나지 않아 제과에는 부적절하다. 하지만 몇 가지 주의 사항만 지키면 편리한 면도 있다. 냉동한 반죽이나 과일을 빠른 시간 안에 해동할 수 있고, 냉장고에서 바로 꺼낸 버터도 말랑하게 만들기 좋다.

중탕 대신 손쉽게 초콜릿을 녹일 수 있으며, 우유를 데울 때도 바닥에 들러붙거나 넘치지 않는다.

전자레인지는 사용 전력에 따라 해동, 데우기, 조리 시간 등이 달라지기 때문에 사용 설명서를 반드시 숙지해야 한다. 음식물을 데우거나 조리할 때는 반드시 '투명' 용기를 사용해야 마이크로파가 반사되지 않고 투과된다.

유리, 내열유리, 도기 등을 사용할 수 있는데 사기그릇도 도금을 입히지 않았다면 사용이 가능하다. 요즘에는 전자레인지용 플라스틱 용기도 다양하게 출시되고 있다.

반면 금속 그릇이나 뚜껑, 은박 접시, 은박 종이는 사용해서는 안 된다. 유산지와 랩은 가능하고, 그릇에 랩을 씌우고 군데군데 구멍을 뚫으면 음식이 마르지 않는다. 일반 랩보다 두껍고 구멍이 뚫린 전자레인지 전용 랩도 판매되고 있다.

오븐

제과에서 오븐 조리는 작업 과정의 마지막 단계로 제품의 성패를 좌우하는 중요한 과정이다. 따라서 자신이 사용하는 오븐의 사양을 정확히 이해하는 것이 필요하다.

온도 설정 범위는 50~100℃에서 시작해 250~300℃까지 다양하고, 온도 조절 버튼에 1~10까지 눈금이 새겨진 제품도 있다.

가스 오븐은 열기가 한 곳에 집중되고, 전기 오븐은 자연 대류로 열의 이동이 적기 때문에 상하부의 온도차가 발생한다.

이런 이유로 제조사들은 '회전열', '대류열' 등을 이용한 컨벡션 오븐을 내놓고 있다. 컨벡션 오븐 내부에는 회전팬이나 터빈이 장착되어 있어 공기와 열이 순환하는 특징이 있다. 단시간 안에 설정 온도로 가열될 뿐만 아니라 열이 고루 분포되어 제품을 균일하게 익힐 수 있다.

또한 제과제빵 전문가용 오븐에 장착된 스팀 기능은 증기를 분사해 제품이 마르는 것을 방지하기도 한다. 오븐에는 일반적으로 타이머 기능이 있어 설정 시간이 지나면 자동으로 꺼지고, 예약 조리 기능도 갖추고 있다. 예열 기능을 사용할 경우 설정 온도에 도달하기까지 약 10~15분 정도 걸리며, 가토에 색이 나오기 전까지 오븐 문을 열지 않는 것이 좋다.

◆ 조리 온도표 ◆

온도 조절 레버	온도	열
1	100~120℃	약간 미지근함
2	120~140℃	미지근함
3	140~160℃	약한 따뜻함
4	160~180℃	따뜻함
5	180~200℃	적정 열기
6	200~220℃	평균 열기
7	220~240℃	약간 뜨거움
8	240~260℃	뜨거움
9	260~280℃	아주 뜨거움
10	280~300℃	고온

※ 이 표는 일반 전기 오븐에 적용된다. 가스 오븐이나 컨벡션 오븐의 경우, 제조사의 사용 설명서를 참고한다.

오븐 세척

오븐 안에서 기름이 튀거나 제품이 넘치기도 하기 때문에 반드시 세척을 해야 하는데, 오븐 모델에 따라 촉매 세척과 열분해 세척으로 나뉜다. 촉매 반응을 이용하면 세척이 되기는 하지만 그렇다고 오염 물질이 완전히 제거되는 것은 아니다. 오븐 내부의 다공질 에나멜은 기름을 파괴하기는 하지만 다른 오염 물질에는 작용하지 않기 때문이다. 또한 에나멜 코팅은 매우 약하기 때문에 연마제를 사용하면 쉽게 손상될 수 있다. 반면, 열분해 방식은 전기 오븐에만 장착된 기능으로, 오븐 전체를 세척할 수 있어 매우 유용하다. 오븐 안을 비우고 고열로 가열하면 오염 물질은 타면서 재가 된다. 세척 시간은 오염 정도와 사용 빈도에 따라 달라진다.

재질

제과에서는 특정 용도의 도구를 사용하는데, 다루기 쉽고 견고하며 관리가 용이한 것을 골라야 한다. 따라서 열전도율이나 보온성 등 재질의 특성을 이해하는 것이 중요하다.

제과 도구의 다양한 재질

재질과 품질

강철 내구성은 강하지만 쉽게 산화되는 단점이 있다. 주로 블리니스blinis나 크레프팬이 강철로 되어 있다.

스테인리스 다소 가격이 있지만 그만큼 장점이 많은 재질로 마모되지 않고 충격에 강하며 관리가 편하다. 냄새가 배지 않아 깔끔하게 조리할 수 있다. 틀, 프라이팬, 소스팬, 편수 냄비, 양수 냄비, 커터 등 다양한 도구에 쓰인다.

알루미늄 가격은 합리적이나 두께에 따라 품질이 다르고, 너무 얇으면 쉽게 변형된다. 알루미늄으로는 주로 냄비와 솥을 만든다.

동 동 냄비는 고가인 데다가 주기적으로 도금을 해야 하기 때문에 관리도 까다롭다. 하지만 열전도율이 뛰어나고 일정한 온도로 가열되는 장점이 있어 전문가들 사이에선 인기가 높다. 편수 냄비와 소스팬, 양수 냄비, 프라이팬, 캐러멜이나 시럽을 만드는 설탕 가열용 냄비에 쓰인다.

양철 가격이 저렴한 양철은 제과 도구에 많이 쓰이는 재질로, 주로 틀이나 오븐 팬, 커터 등을 만든다. 사용 후 반드시 물기를 깔끔하게 제거해야 녹이 슬지 않는다.

주철 '무쇠'라고도 불리며 상당히 무겁고 내구성이 강하지만, 떨어뜨리면 균열이 생기기도 한다. 오랜 시간 조리하는 슬로우 쿠킹에 적합한 재질이다.

에나멜 주철 주철과 마찬가지로 슬로우 쿠킹에 적합하고 스튜 냄비나 팬, 그라탱 그릇에 사용된다. 에나멜로 얇게 코팅했기 때문에 비교적 관리가 쉽다.

내열사기 열을 고루 분산시키지는 못하지만, 한 번 뜨거워지면 장시간 열을 보존한다. 내열사기로 된 그릇이나 잔은 오븐에서 꺼낸 후에 그대로 서빙할 수 있는 장점이 있다.

플라스틱 멜라민, 폴리카르보네이트, 폴리프로필렌 등이 모두 플라스틱 합성수지에 속한다. 볼, 초콜릿 몰드, 스패츌러 등이 플라스틱으로 되어 있고 관리가 쉽다.

내열유리 일반적으로 두껍고 투명하며 내열성이 우수하다.

PTFE(폴리테트라플루오로에틸렌) 재료를 붙지 않게 하는 코팅 재질로, 알루미늄 냄비의 코팅 제품인 '테플론'으로 더 많이 알려져 있다. 프라이팬이나 냄비를 코팅하는 데 쓰이며 관리가 아주 쉽지만, 금속 도구로 긁거나 연마제를 사용하면 벗겨지는 단점이 있다. 재질은 같지만 각기 다른 상표로 판매되는데, 철 틀에 PTFE 코팅을 입힌 엑조팡Exopan은 파운드케이크 틀, 브리오슈 틀, 타르틀레트 틀, 사바랭 틀, 제누아즈 틀, 망케 틀 등 제과에 적합한 다양한 틀에 사용되고 있다.

플렉시팡Flexipan 유리와 실리콘으로 만든 재질의 상표로 전문가들 사이에서 선호도가 높다. 반죽이나 무스, 크림, 액체를 다룰 때 사용하는데, 겉에 기름을 칠할 필요가 없고 유연하며 제품이 잘 떨어지는 장점이 있다. 하지만 불이나 전기레인지에 직접 갖다 대거나 플렉시팡 위에서 칼질을 하면 손상된다.

구입처와 재료

MARCHÉ and INGRÉDIENTS

제과 레시피가 아무리 복잡해진다 하더라도 일상에서 흔히 접하는 식자재를 벗어나지는 않는다. 밀가루, 달걀, 버터, 설탕, 과일, 초콜릿, 커피, 바닐라, 계피가 주로 쓰이며, 품질이 좋은 것을 선택해 백분 활용하는 것도 중요하다.

곡물과 세몰리나

식물의 열매인 곡물은 아직도 일부 국가에서는 주요 영양 섭취원이다. '겨'라고 부르는 껍질에는 다량의 섬유소와 단백질, 비타민B1, B2, 미네랄 소금이 함유되어 있다. 배유부는 탄수화물인 전분 입자로 이루어져 있으며, 배아에는 지질과 비타민E가 풍부하다.

겉에 싸인 외피만 제거하면 '통'이라는 접두사를 붙여 통밀, 통보리 등으로 부른다. 플레이크로 만들거나 공기로 튀긴 시리얼은 아침식사로 애용된다. 또한 분쇄와 정제를 거치면 세몰리나나 밀가루, 전분이 된다 ▶427쪽 참고.

귀리

일찍이 로마시대부터 재배해왔으며 게르만족과 골족은 귀리로 걸쭉하게 죽을 쑤어 먹었다. 북유럽에서는 여전히 주식으로 애용되고 있다.

사용 가루나▶427쪽 참고 플레이크로 가공해 비스퀴나 갈레트를 만든다. 또한 포리지porridge 같은 앵글로색슨족 전통 음식에 두루 쓰인다.

귀리 플레이크 100g=367kcal
단백질:14g
탄수화물:67g
지질:5g

밀

밀은 주로 가루나 세몰리나, 가공 처리한 알갱이 형태로 사용된다.

연질 소맥 '프로망froment'이라고도 하는데 빵 제조에 적합하도록 가공된 형태다. 도정에 따라 약간 희거나 순백색을 띤다.

경질 소맥 글루텐 함량이 높은 밀가루로 파스타의 원료인 세몰리나와 일부 밀가루 제조에 사용된다.

통밀 통밀은 아침식사에 애용되는 시리얼 중 하나다. 삶아서 건조시킨 제품인 '필필Pilpil'은 여러 요리에 두루 쓰이며, 채식주의자용 제과 레시피에도 사용된다.

발아밀 밀에 싹을 틔운 다음 건조시켜 빻은 것으로, 중동 제과 레시피에 사용된다.

메밀 색깔이 거무스름해서 프랑스어로 흑밀을 뜻하는 '블레 누아르blé noir'라고 부르는데, 빵을 만들기에는 적합하지 않다. 메밀가루는 19세기 말까지 프랑스 브르타뉴와 노르망디 사람들의 주식이었다.

튀긴 밀 밀을 압력으로 튀긴 것으로 콩피즈리에 사용한다.

100g(낟알)=334kcal
단백질:11g
탄수화물:67g
지질:2g

사용 밀을 제분해 밀가루▶427쪽 참고와 세몰리나를 얻는데, 세몰리나는 밀가루보다 적게 분쇄한다. 세몰리나의 낟알은 밀의 배유부에 해당되지만 껍질이 남아 있는 경우도 있다. 이것이 일반적인 세몰리나로, 미네랄과 비타민을 함유하고 있어 더 많이 도정한 세몰리나보다 영양학적 가치가 높은 편이다. 고운 세몰리나는 파스타를 만들 때 쓰고, '중간', '굵은' 입자의 세몰리나는 쿠론, 크렘, 푸딩, 수플레, 쉬브릭 같은 달콤한 앙트르메의 재료로 사용된다.

100g=355kcal
단백질:12g
탄수화물:73g
지질:1g

곱게 빻은 밀

메밀

굵게 빻은 밀

귀리 플레이크

튀긴 밀

옥수수

원산지는 아메리카 대륙으로 에르난 코르테스가 유럽에 소개한 신세계 작물 중 하나다. 프랑스 남서부 지방과 브레스Bresse에서 먹기도 하지만 아메리카 대륙에서는 없어서는 안 될 중요한 곡물이다.

스위트 콘 커다란 이삭 안에 밝은색의 낟알이 박혀 있고, 덜 여물었을 때 수확해서 판매한다. 끓는 물에 삶거나 구워 먹으며, 통조림으로 시판되기도 한다.

익힌 옥수수 100g = 128kcal
단백질 : 4g
탄수화물 : 22g
지질 : 2g

팝콘 옥수수 알갱이를 가열하면 부풀어 오르다가 터져 팝콘이 된다.

100g = 534kcal
단백질 : 8g
탄수화물 : 57g
지질 : 30g

소프트 콘 이삭의 크기가 작고 진한 노란색이며 단단하다. 주로 폴렌타polenta나 고드gaude용 세몰리나와 옥수수 가루, 전분으로 가공되며 콘 플레이크를 만들기도 한다.

100g = 365kcal
단백질 : 10g
탄수화물 : 78g
지질 : 1g

팝콘 옥수수

옥수수

보리

글루텐 함량이 낮아 빵 제조에는 적합하지 않다. 싹을 틔운 보리를 볶아서 싹이 자라지 않게 한 다음, 가루로 만든 것이 '몰트'다. 몰트는 맥주와 위스키의 원료이며, 아침식사용 인스턴트 분말로 가공되기도 한다. 껍질을 벗긴 낟알을 맷돌에 돌리면 작고 동그란 보리쌀이 나오는데, 주로 독일에서 포타주나 죽, 앙트르메를 만들 때 사용한다.

100g = 356kcal
단백질 : 8.5g
탄수화물 : 78g
지질 : 1.1g

보리쌀

조

다양한 품종이 있으며 프랑스어로 '프티 밀petits mils'이라고도 부른다. 아프리카와 아시아에서 주로 소비하며 유럽에서는 많이 쓰이지 않는다. 조는 쌀처럼 짭짤하거나 달게 조리해서 먹을 수 있다.

조

글루텐

물과 접촉해 그물조직을 형성하는 곡물 단백질을 의미한다. 밀 글루텐은 발효로 인해 생성된 이산화탄소를 포집하는 특성이 있어, 밀가루로 빵을 만들면 벌집 모양의 기공이 생긴다. 다른 곡물에는 글루텐이 아예 없거나 있어도 함량이 적기 때문에 밀빵에 비해 호밀빵이나 잡곡빵의 속살은 묵직한 편이다.

호밀

연질 소맥과 비슷한 호밀은 주로 북유럽의 산악지대나 메마른 토양에서 재배된다.

사용 제분하여 가루로 사용하거나 ▶427쪽 참고 버처무즐리bircher muësli 에 넣는 플레이크로 가공한다.

플레이크 100g = 338kcal
단백질 : 11g
탄수화물 : 69g
지질 : 2g

쌀

전 세계에서 밀 다음으로 수확량이 가장 많은 곡물이다. 품종이 8천여 개나 되지만 크게 장립종과 단립종으로 나뉜다. 장립종은 길쭉한 쌀로 고슬거리는 식감이 있고, 단립종은 둥근 쌀로 익히면 끈기가 생긴다. 도정 과정이나 가공 방식에 따라 각기 다른 용어를 사용하기도 한다.

벼 이삭을 터는 탈곡을 하면 벼가 나온다.

현미 겉껍질인 과피를 벗기면 현미가 나온다.

백미 쌀겨와 쌀눈까지 제거한 쌀이다.

정백미 정미의 거칠은 표면을 윤택하게 연마한 쌀이다.

코팅 쌀 소량의 활석분을 도포하여 광택을 낸 쌀이다.

파보일드 라이스 Parboiled rice 프랑스어로는 리 에튀베Riz étuvé 또는 리 프레트레테Riz prétraité라고 부르며, 벼를 씻어서 찐 다음 하얗게 도정한 쌀을 의미한다.

리 프레퀴 Riz précuit 도정한 쌀을 끓여서 200℃에서 건조한 것으로, 프랑스에서 가장 많이 소비되는 형태의 쌀이다.

카몰리노 쌀 Riz camolino 기름을 살짝 도포한 정백미다.

튀긴 쌀 열을 가해 고압으로 튀긴다.

라이스플레이크 Riceflakes 찐 쌀을 도정해 납작하게 누른 것으로 아침식사용 시리얼로 먹는다.

팝드 라이스 Popped rice 팝콘처럼 쌀에 열을 가해 알갱이를 터트린 것으로 원산지에 따라 종류가 다양하다.

아르보리오 쌀 Riz arborio 이탈리아 쌀로 품질이 매우 우수하다.

바스마티 쌀 Riz basmati 인도가 원산지이며 낟알이 작고 길쭉한 것이 특징이다.

캐롤리나 쌀 Riz caroline 초기에는 미국산 품종을 일컬었으나 더 이상 품종을 지칭하는 용어로는 사용되지 않는다. 품질이 우수한 편이다.

찹쌀 낟알이 길쭉한 쌀로 전분 함량이 높은 것이 특징이다. 주로 중국에서 요리와 제과의 재료로 사용한다.

향미 향미 또한 낟알이 길쭉한 쌀로 베트남과 태국에서 생산하며 잔치 요리에 넣는다.

수리남 쌀 Riz surinam 과거 네덜란드령이었던 가이아나에서 수입하는 쌀로 낟알이 가늘고 길다.

와일드 라이스 Wild rice 쌀이라기보다는 수초 열매에 가까우며 북미가 원산지다. 낟알이 작고 가늘며 검은색을 띤다.

사용 길쭉한 쌀은 요리에, 둥근 쌀은 제과에 쓰인다. 둥근 쌀은 액체를 다량 흡수하는 특성이 있기 때문에 물이나 우유를 넣어 익히며, 다양한 앙트르메와 가토의 재료로 사용된다.

익힌 쌀 100g = 120kcal
단백질 : 2g
탄수화물 : 20g
지질 : 0g

와일드 라이스

현미

찹쌀

바스마티 쌀

아르보리오 쌀

긴 쌀

곡물 가루와 전분

곡물 가루는 밀, 옥수수, 쌀, 메밀, 호밀이나 밤 같은 일부 전분질 열매를 제분하여 만든다. 제분을 많이 하면 할수록 미네랄과 비타민 함량은 낮아진다. 전분은 곡물에 함유된 탄수화물인 녹말만 남도록 정제한 분말이다.

밀가루

밀가루는 모든 반죽에 사용되는 중요한 재료다. 프랑스에서는 오돌토돌하고 수분이 적은 밀가루를 '롱드ronde'라고 하고, 손에 꽃처럼 얇게 가루가 남는 부드러운 밀가루를 '플뢰랑트fleurante' 또는 '플라트plate'라고 한다. 밀가루는 제분 정도뿐 아니라 품종에 따라서도 종류가 나뉜다.

파린 오르디네르 Farine ordinaire 살짝 회색을 띠며 글루텐이 적어 많이 부풀지 않는다. 주로 크루트croûte나 파테pâtés 반죽을 만들 때 사용한다.

파린 파티시에르 Farine pâtissière 글루텐이 풍부해 훨씬 잘 부풀어 오른다. 파운드케이크나 제누아즈, 카트르카르quatre-quarts를 만들 때 사용한다.

파린 쉬페리외르farine supérieure 순도 높은 밀가루로, '그뤼오gruau'나 '핀 플뢰르fine fleur'로 분류되며 팽창률이 높아지는 특징이 있다. 체에 거르거나 물에 개어서 소스를 걸쭉하게 만드는 농후제로 쓰이고, 와플이나 크레프를 만들기도 한다. '가토용' 분말farine à gâteaux에는 팽창제가 포함되어 있다.

파린 콩플레트 Farine complète 밀기울이 들어 있는 백색 밀가루로 일부 빵 제조에 쓰인다.

다양한 밀가루 유형

파린 쉬페리외르farine supérieures는 회분율에 따라 세분화된다. 회분은 무기질 잔여물을 뜻하고, 밀가루에 얼마나 많은 회분이 포함되어 있는지 센티그램cg으로 측정한 뒤, 이에 따라 밀가루 유형type을 결정한다. 가장 많이 체에 거른 Type 45는 회분율이 0.45%인 반면, 색깔이 가장 어두운 Type 110은 1.1%이다. 한편 Type 55보다 수치가 높은 밀가루는 향이 강해 제과에는 적합하지 않다.

기타 곡물 가루

귀리 가루 스칸디나비아 반도뿐만 아니라 프랑스 브르타뉴 지방에서도 소비된다. 주로 짭짤하거나 달콤하게 죽을 끓여 먹거나 비스퀴나 갈레트의 재료로 사용한다.

옥수수 가루 비스퀴, 크레프, 갈레트, 가토를 만들 때 사용한다.

쌀가루 백미를 분쇄한 쌀가루는 일본과 중국의 제과에 쓰인다.

메밀가루 노르망디 지방에서는 우유에 메밀가루를 섞어서 부쳐 먹는 요리가 있다. 브르타뉴 지방에서는 메밀가루로 만든 크레프인 갈레트와 죽, 파르fars를 만들어 먹는다.

호밀 가루 팽 데피스pain d'épice나 니욀 데 플랑드르nieules des Flandres, 팽 드 린츠pain de Linz에 넣는다.

전분

쌀이나 옥수수 같은 곡물이나 감자나 마니오크와 같은 뿌리채소에서 추출한 녹말이 80∼90%를 차지한다. 전분은 주로 소스나 크림, 스터핑, 포타주를 걸쭉하게 만드는 농후제로 사용되는데, 죽이나 가토에도 들어간다. 항상 차가운 상태로 섞거나 찬 액체에 풀어서 사용해야 한다.

옥수수 전분 요리와 제과에서 농후제로 널리 사용된다.

크렘 드 리 Crème de riz 거의 순수한 전분에 가까우며 농후제로 사용된다.

애로루트 Arrow-root 열대식물의 뿌리에서 추출한 녹말로, 곱고 광택이 나며 소화를 촉진시킨다. 옥수수 전분과 같은 용도로 사용된다.

감자 전분 죽이나 크림을 걸쭉하게 만드는 용도로 사용된다.

타피오카 Tapioca 마니오크 뿌리에서 추출하는데 소화가 잘되는 것이 특징이고, 앙트르메를 만들 때 넣는다.

유지

오일, 식물성 지방, 크림, 버터, 마가린, 돼지기름, 오리 기름같이 액체나 고체 형태로 존재하는 식용 유지의 총칭이다. 요리에서는 다양하게 쓰이지만, 제과에서는 튀지 않고 은은하게 향을 살려야 하기 때문에 잘 사용하지 않는다.

크렘 프레슈 에페스

크렘 프레슈

원심력을 이용한 크림 분리기로 추출하는데, 처리 방식에 따라 종류가 세분화된다. 크렘 두블crème double과 크렘 레제르crème légère를 제외한 나머지 크림은 약 30~40%의 유지방을 포함한다.

크렘 크뤼 Crème crue 열처리를 하지 않아 크림의 맛과 향이 그대로 남아 있지만, 구하기 힘든 제품이다.

크렘 프레슈 에페스 Crème fraîche épai -sse 65~85℃에서 저온살균한 후 젖산균을 접종하여 숙성시킨다. 이 과정에서 풍미와 점도가 생긴다.

크렘 디지니 Crème d'Isigny 이지니Isigny에서 생산하는 크림으로 지방 함량이 최소 35%이면서 AOC(Appellation d'origine contrôlée: 원산지 명칭 통제)를 획득한 유일한 크림이다.

크렘 두블 Crème double 숙성만 거치고 저온살균은 하지 않은 제품으로 지방을 40% 함유하고 있다.

크렘 프레슈 리키드 Crème fraîche liqui -de 크렘 플뢰레트Crème fleurette라고도 부르는데, 단순히 저온살균만 거친 크림으로, 통상 '생크림'을 의미한다.

크렘 레제르 Crème légère 점도가 있는 에페스épaisse와 흐르는 제형의 리키드liquide가 있으며, 지방 함량이 12~15%이다.

크렘 리키드 스테릴리제 Crème liqui -de stérilisée 지방 함량은 30~35% 정도이며, 115℃ 이상의 고온에서 살균한 후 냉각한다.

크렘 리키드 U.H.T. Crème liquide ultra -haute température 초고온 멸균법(UHT)으로 150℃에서 2초간 살균한 후 급냉 처리한다.

크렘 드 레 Crème de lait 프랑스어로 우유 껍질이라는 뜻의 '포 드 레peau de lait'라고도 부르는데, 끓인 우유의 표면에 생기는 얇은 막을 가리킨다. 시판되지 않는 형태로 가정에서 직접 만들 수 있다.

사용 크렘 리키드 프레슈와 UHT 크림을 전동 반죽기나 손 거품기로 저어 공기를 주입시키면 휘핑한 크림이 되고, 여기에 설탕을 타면 크렘 샹티가 된다. 조리에 적합한 크렘 프레슈 에페스는 여러 제과 레시피에 쓰이고, 반죽에 넣는 경우도 더러 있다. 풍성하게 휘핑하려면 차가운 우유를 10~20% 정도 섞는 것이 좋고, 아이스크림 레시피에도 사용된다.

100g = 320kcal
단백질 : 2g
탄수화물 : 2g
지질 : 33g

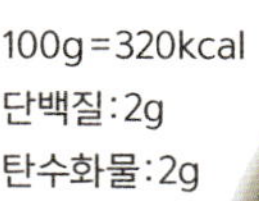

크렘 리키드

항상 냉장 보관할 것!

모든 크림에는 보관 기한이 있다. 크렘 크뤼는 일주일밖에 보관할 수 없지만, 크렘 스테릴리제는 몇 달이고 보관할 수 있다. 크림은 4℃ 냉장고에 보관하고, 개봉 후 48시간 안에 소비하지 않으면 산패가 시작된다.

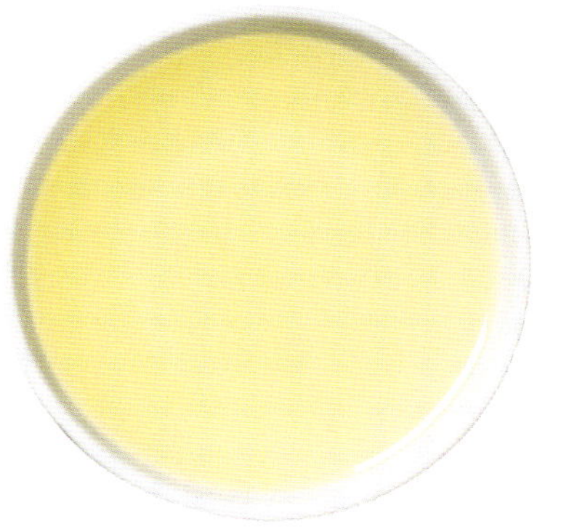

땅콩 오일

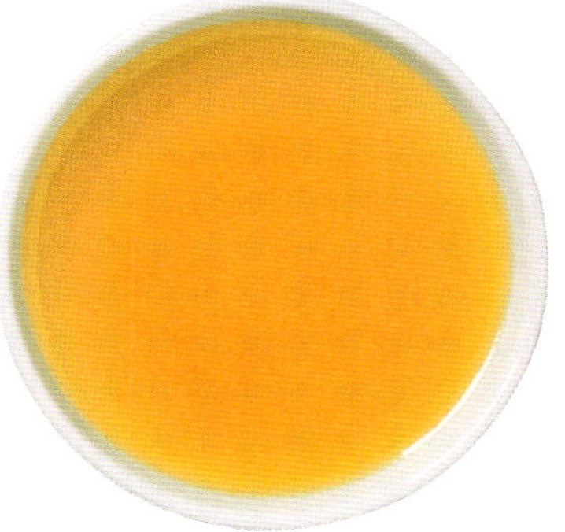

옐로우 올리브 오일

그린 올리브 오일

오일

식물의 씨앗이나 열매에서 추출하는 유지다. 종류에 상관없이 15℃에서는 흐르는 농도지만 발연점은 각기 다르다. 흔히 '식물성' 오일이라고 하면 다양한 원료를 혼합한 제품이지만 이를 제외한 오일류는 단일 원료로 생산된다. 원산지나 형태에 상관없이 모든 오일은 100% 지방으로 이루어져 있다.

품질 '1차 냉압착으로 생산하는 버진' 올리브 오일을 제외한 모든 오일은 정제를 거친다. 씨앗이나 열매를 분쇄해서 페이스트로 만든 후, 가열·압착하면 유지가 나온다. 이렇게 추출한 유지는 향과 맛을 개선하기 위해 여과나 원심 분리, 중화, 탈색 등의 가공을 거친다.

사용 지중해 연안과 동유럽, 중동 지역의 제과에 주로 사용된다. 다른 곳에서도 베녜 같은 튀김을 만들 때 사용하며 일부 반죽 레시피에도 넣는다.

100g = 900kcal
단백질 : 0g
탄수화물 : 0g
지질 : 100g

마가린

19세기 프랑스 화학자가 고안한 식용 유지로 외형과 용도가 버터와 흡사하다. 예전에는 동물성 지방과 수분, 우유를 혼합하여 생산했지만, 오늘날에는 식물성 유지가 상당 부분을 차지한다. 제품 라벨에 성분이 표시되어 있는데, 저지방 마가린(유지 41%)을 제외한 모든 제품은 버터와 동일하게 유지 83%를 포함해야 한다고 법률로 규정하고 있다.

품질 마가린은 스프레드용과 요리용, 제과용으로 나뉘는데 빵에 발라먹는 스프레드 마가린에는 버터와 비슷한 맛을 내기 위해 합성 향료인 디아세틸을 첨가한다.

사용 파트 푀유테에 버터 대신 스프레드용 마가린을 쓰기도 하지만 버터 본연의 풍미를 구현해내지는 못한다.

100g = 753kcal
단백질 : 0g
탄수화물 : 0g
지질 : 83g

보관 주의!

열에 취약하고 직사광선에 쉽게 산화되기 때문에 열이 차단된 밀폐 공간에 보관한다.

마가린

신선 보관이 중요!

버터는 냄새를 흡수하는 성질이 있기 때문에 적정 온도가 유지되는 밀폐 냉장칸에 따로 보관하는 것이 좋다.

유지 함량

버터는 1998년 12월 30일자 프랑스 법령에 의해 보호 명칭appellation protégée이 적용되는 제품이다. EU 규정에 따르면 버터에는 유지방이 최소 82%, 수분이 최대 16% 함유되어야 하며, 나머지는 락토스, 단백질, 무기염류 등 비유지 분말 성분이어야 한다.

무염 버터 덩어리

버터

우유에서 크림을 추출해 저온살균한 후, 젖산균을 접종한다. 12시간 정도 숙성시킨 다음, 강하게 휘젓는 교반작업을 거치면 버터가 완성된다. 젖소의 먹이에 따라 풍미가 달라지기도 하지만, 크림이 숙성될 때 젖산 발효에 의해 생성된 물질이 맛을 크게 좌우한다. 향료인 디아세틸을 첨가하면 고소한 헤이즐넛 향이 난다. 버터의 종류는 매우 다양하다.

뵈르 크뤼 Beurre cru **또는 뵈르 드 크렘 크뤼**Beurre de crème crue 저온살균을 생략한 크림이 원료이고, 3~4℃의 냉장고에서 30일간 보관 가능하다.

뵈르 팽 Beurre fin**과 뵈르 엑스트라팽**Beurre extra-fin 크림의 품질에 따른 분류다. 뵈르 엑스트라팽에 사용되는 크림은 원유 수집 후 최대 72시간 안에 가공되어야 하고, 신맛을 제거하거나 냉동하지 않은 상태여야 한다. 그 이후에는 뵈르 팽과 뵈르 엑스트라팽 모두 냉동 처리하는 것이 일반

적이다. −14℃에서는 24개월, 3~4℃에서는 60일까지 보관할 수 있다.

뵈르 레티에 Beurre laitier 뵈르 레티에에는 소규모 낙농업을 통해 생산한 버터를 뜻하며, 뵈르 페르미에beurre fermier는 전통 방식으로 버터를 생산하는 농가에서 제조한 제품이다.

뵈르 알레제 Beurre allégé 지방 함량이 41~65%이고, 저온살균한 크림으로 만든다. 여기에 젤라틴이나 전분, 다량의 수분을 첨가해 유화시킨 형태로 열에 잘 견딘다.

뵈르 살레 Beurre salé 가염 버터를 의미하는데, 뵈르 살레의 염분은 3% 이상이고 뵈르 드미셀beurre demi-sel은 0.5~3%이다.

스페시알리테 레티에르 아 타르티네 Spécialités laitières à tartiner 뵈르 알레제Beurre allégé라고도 부르며, 발라 먹는 스프레드 버터를 의미한다. 브랜드에 따라 구성 성분은 다르지만 유지방을 반드시 포함해야 한다. 지방은 20~41%이며 열에 취약하다.

품질 좋은 버터는 실온에서 뚝뚝 부러지거나 덩어리로 엉기지 않는다. 흔히 버터를 가열하면 건강에 해롭다는 인식이 있는데, 적정 온도에서는 문제가 되지 않는다. 그냥 먹거나 100℃ 이하로 데우면 소화가 잘되지만, 120~130℃로 가열하면 소화를 방해하는 성분이 나온다. 버터의 성분이 변질되면서 시큼하고 씁쓸한 맛이 나는 아크로레인이 나오고, 이 물질이 위를 자극해 결국 소화를 방해한다. 버터는 포화지방산이 다량 함유된 지질을 공급하지만, 몸에 좋은 영양소인 비타민A(100g당 708mg)와 카로틴(100g당 505mg)도 함유하고 있다.

사용 제과에서 버터 없이 맛있는 제품을 만드는 일은 상상하기 어렵다. 버터는 빵 반죽을 제외한 모든 반죽에 들어가며, 버터 크렘 같은 크림류나 캐러멜, 트뤼프 등의 콩피즈리에도 이용된다.

일반 버터 100g＝51kcal
단백질：0g
탄수화물：0g
지질：83g

그랑 크뤼grands crus와
AOCappellation d'origine contrôlée

프랑스에서 버터 생산으로 유명한 지역으로는 샤랑트Charentes와 노르망디Normandie를 꼽을 수 있는데, 모두 최고급 그랑 크뤼 버터를 생산한다. 샤랑트에는 생바랑Saint-Varent, 에시레Échiré, 쉬르제르Surgères가 있고, 노르망디에는 이지니Isigny, 구르네Gournay, 뇌프샤텔앙브레Neufchâtel-en-Bray, 생트메르에글리즈Sainte-Mère-Église, 발로뉴Valognes가 있다. 샤랑트에서 생산되는 버터가 모두 AOC(원산지 명칭 통제) 혜택을 받는 반면, 노르망디에서는 이지니 버터만이 AOC를 획득했다.

유제품

우유와 발효유 제품인 숙성치즈, 생치즈, 요거트 등을 가리키는 총칭이다. 단백질과 지질, 탄수화물, 비타민B군, 무기염류를 포함하며, 식품 중에서 풍부한 칼슘을 제공하는 중요한 공급원이다.

프로마주 프레

생치즈를 뜻하는 프로마주 프레는 '프로마주 블랑fromage blanc'이라고도 한다. 저온살균한 우유에 젖산균을 넣으면 덩어리로 응고되는데, 이것을 살짝 탈수시키거나 탈수 과정을 아예 생략한 형태다. 리스lisse, 카이에caillé 등 다양한 종류가 있고, 지방 함량 또한 0~40%까지 다양하다.

사용 갈레트나 타르트, 아이스크림, 크림, 수플레에 사용하며, 지방이 적을수록 가벼운 디저트가 된다.

지방 함량과 무관하게 100g당
단백질:7g
탄수화물:3g
지방 40% 프로마주 프레 100g=116kcal
지질:8g
지방 0% 프로마주 프레 100g=47kcal
지질:0g

요거트

요구르트yoghourt라고도 부르는 요거트는 전유, 반탈지유, 탈지유에 불가리아 젖산간균Lactobacillus bulgaricus, 스트렙토코쿠스 테르모필루스Streptococcus thermophilus를 접종·발효시켜서 제조한다. 종류와 지방 함량이 다양하고, 냉장 보관해야 하며, 소비 기한 또한 엄수해야 한다. 모든 종류의 발효유는 소화기관과 건강에 이롭다.

사용 얼려 먹거나 차갑게 먹는 앙트르메와 아이스크림, 브리오슈, 가토의 재료로 쓰인다. 가열하면 빠르게 변형되기 때문에 옥수수 전분을 소량 첨가해 안정화시키는 작업이 필요하다.

플레인 요거트 100g=49kcal
단백질:4g
탄수화물:5g
지질:1g
전유 요거트 100g=85kcal
단백질:4g
탄수화물:4g
지질:3g

우유

제과에서는 젖소가 생산한 우유만 사용하는데, 가공 방식과 지방 함량에 따라 종류가 다양하다.

생유 시중에서 구하기 힘들며 모든 생유는 전지우유에 속한다. 세균을 중화하려면 반드시 끓여야 한다.

파스퇴르유lait pasteurisé 프랑스어로 '레 프레lait frais'라고 부르며, 72~90℃에서 15~20초간 저온살균했기 때문에 끓일 필요가 없다. 생유에 가까운 풍미를 지니고 있다.

전유 100g=64kcal
단백질:3g
탄수화물:4g
지질:3g
반탈지유 100g=45kcal
단백질:3g
탄수화물:4g
지질:1g

탈지유 100g=33kcal
단백질:3g
탄수화물:4g
지질:0g

멸균우유 장기간 보관하기 위해 고온에서 가열해 모든 미생물을 완전히 사멸시킨 우유다. 풍미를 최대한 보존하는 초고온 멸균 방식인 UHTultra-high temperature 공법을 주로 사용하는데, 140~150℃에서 2~5초간 가열한 후 살균 처리한 용기에 바로 포장한다. 영양 성분과 맛은 파스퇴르유와 크게 다르지 않다.

무가당연유 수분이 45%를 차지하며, 살균 처리한다.

100g=130kcal
단백질:6g
탄수화물:9g
지질:7g

가당연유 수분은 25%밖에 되지 않지만, 설탕이 40~45%를 차지한다.

100g=338kcal
단백질:8g
탄수화물:55g
지질:9g

분유 수분을 완전히 제거한 형태로 전지분유, 반탈지분유, 탈지분유가 있다.

사용 크림과 아이스크림, 플랑, 앙트르메뿐만 아니라 베녜, 크레프, 와플같이 묽은 반죽에도 넣는다. 반탈지유나 탈지유를 사용하면 저칼로리 디저트를 만들 수 있다.

달걀

별도의 수식 없이 '달걀'이라고 하면 암탉의 알을 뜻한다. 흰자는 투명한 덩어리로 얇은 껍질에 싸여 있고 주성분은 수분과 단백질(3g)이다. 달걀의 총 중량의 33%를 차지하는 노른자에는 단백질(3.5g)과 지질(6g)이 농축되어 있고, 유화성이 있는 레시틴을 포함한다. 껍질과 흰자 사이에는 2개의 난각 막이 있는데 사이가 벌어지면서 공기 주머니인 '기실(氣室)'이 형성된다. 달걀 끝의 둥그런 부분에 기실이 있는데, 달걀이 오래될수록 부피가 커진다. 그래서 신선도가 떨어지는 것일수록 물에 담갔을 때 잘 떠오른다.

품질과 종류

껍질과 노른자의 색깔과는 관계없이 모든 달걀의 영양학적 가치는 동일하다. 양계장에서 생산한 달걀은 세균이 없기 때문에 보관 기간이 길다. 전통 농가에서 질 좋은 먹이를 먹여 닭을 키우면 달걀에서 독특한 향이 나기도 한다.

초신선란 프랑스에서는 하얀색과 빨간색 띠를 부착해 초신선란을 표시한다. 보통 산란일에 포장되는데, 소비 기한뿐 아니라 포장일까지 기재되어 있다. 8~10℃ 정도 되는 서늘한 공간에서 3주간 보관할 수 있으며, 뾰족한 부분이 아래로 가게 놓아야 기실이 막히지 않는다. 오래된 달걀일수록 흰자가 묽어지는 특징이 있다.

신선란 색깔 띠는 부착되어 있지 않지만, 포장일과 소비 기한을 비롯하여 등급(A)을 확인할 수 있다. B등급 달걀은 냉장 보관된 제품을 의미한다.

중량과 분류 크기를 기준으로 중량을 측정하는데, 7호(45g 이하)부터 1호(70g 이상)까지 분류한다. 가장 많이 소비되는 달걀은 4호(55~60g)와 3호(60~65g)이고, 노른자의 무게는 약 20g, 흰자는 34g이다.

사용 달걀이 없었다면 제과는 존재하지 않았을 것이다. 크렘 앙글레즈, 크렘 파티시에르 같은 크림류를 비롯해 무스, 사바이옹 등에 꼭 필요한 재료다. 반죽에 넣으면 텍스처가 부드러워지며 향과 풍미가 진해진다. 묽은 텍스처를 걸쭉하게 만드는 농후제로 쓰이고, 여러 재료를 혼합하는 유화제로도 사용된다. 노른자는 달걀 물에 이용되며, 흰자로는 머랭을 만든다.

4호 달걀(55g) 1개 = 76kcal
단백질 : 6.5g
탄수화물 : 0.6g
지질 : 6g

천연 보호막으로 덮인 난각

달걀 껍질에는 천연 보호막이 있기 때문에 씻으면 오히려 유기물과 냄새가 스며들 수도 있다. 따라서 깨지거나 금이 간 달걀은 버려야 하고, 껍질이 더러운 것은 살모넬라 같은 유해균이 있을 수 있으므로 구입하지 않는다.

숙성 흰자로 머랭 만들기

익히지 않은 흰자 머랭으로 무스를 만들 때는 신선한 것을 사용해야 한다. 하지만 익혀서 넣는다면, 흰자를 밀폐 용기에 넣고 2~3일간 냉장 숙성시킨 후, 사용하는 것이 좋다. 프랑스에서는 숙성 흰자를 '블랑 카세blancs cassés'라고 부르는데 냉장고의 차가운 공기 때문에 흰자의 끈적한 조직이 '끊어졌다'는 의미를 담고 있다. 숙성 흰자를 휘핑하면 매끈하고 조리 중에도 주저앉지 않는 머랭을 만들 수 있고, 여기에 소금 1꼬집을 넣으면 작업성이 개선된다.

갈색 달걀

흰색 달걀

꿀

대표적인 천연 감미료로 꿀벌이 꽃샘에서 즙을 채취한 후, 성분을 변형시켜 벌집에 저장해둔 것이다. 원심분리기를 이용해 꿀을 추출한 다음 여과·정제 과정을 거쳐 제품으로 생산한다. 고대 그리스 시대에는 신들의 음식이라고 칭송받았을 만큼, 설탕이 등장하기 전까지 최고의 감미료 대접을 받았다. 신선한 상태에서는 액체이지만 포도당, 과당, 자당으로 이뤄진 과포화 용액이기 때문에 쉽게 결정으로 굳는다. 이는 꿀의 고유한 속성으로 열을 가하면 다시 묽고 투명하게 변한다.

꿀이 천연 식품이기 때문에 탁월한 효능이 있다고 생각하는데, 이는 과학적으로 충분히 증명되지 않았다. 하지만 꿀에 함유된 소량의 포름산이 목 질환에 효과가 있다는 것은 오래전부터 증명된 사실이다.

오렌지 꿀

헤더 꿀

제과에 쓰이는 꿀

꿀을 채집할 수 있는 식물은 지역과 품종에 따라 다양한데, 저마다 독특한 향과 색을 지니고 있다. 꿀은 팽 데피스 같은 제과나 콩피즈리의 재료일 뿐 아니라 비스퀴, 크로케, 중동식 푀유타주, 가토, 아이스크림, 스콘 등에도 사용된다. 실제로 설탕 대용으로 다양한 레시피에 사용할 수 있다.

아카시아 꿀 프랑스를 비롯한 헝가리, 폴란드, 캐나다에서 수입하는 맑은 빛깔의 질 좋은 꿀이다. 테이블용이나 음료에 단맛을 낼 때 사용한다.

헤더 꿀 Heather honey 프랑스 랑드Landes, 솔로뉴Sologne, 오베르뉴Auver-gne에서 생산하는 적갈색의 걸쭉한 꿀이다. 파운드케이크나 비스퀴, 팽 데피스와 아주 잘 어울린다.

알팔파 꿀 Alfalfa honey 노란색의 걸쭉한 제형으로 프랑스 전역에서 생산되며 어떤 제과 레시피에 넣어도 궁합이 좋다.

오렌지 나무 꿀 밝은 금빛으로 진한 향이 풍긴다. 알제리와 스페인에서 생산되는데 쉽게 구하기 어려운 제품이다.

아카시아 꿀

전나무 꿀 프랑스 보주Vosges와 알자스Alsace에서 생산하는 꿀로 색이 진하고 달콤한 몰트 향이 난다. 테이블용으로 쓰이며, 알자스 제과에도 사용된다.

메밀 꿀 진한 암갈색으로 맛이 진하다. 프랑스 솔로뉴Sologne와 브르타뉴Bretagne, 캐나다에서 생산하는데 팽 데피스와 잘 어울리는 꿀이다.

피나무 꿀 프랑스 전역과 폴란드, 루마니아, 동아시아에서 생산되는 꿀로 노랗고 걸쭉하며 향이 강하다. 테이블용으로 쓰거나 일부 레시피에 넣는다.

잡화 꿀 여러 종류의 꿀을 혼합한 제품으로 가격이 제일 저렴한 만큼 가장 널리 쓰이는 꿀이다. 산이나 들에서 피는 꽃에서 채밀하여 생산한다.

100g＝397kcal
단백질：0g
탄수화물：76g
지질：0g

피나무 꿀

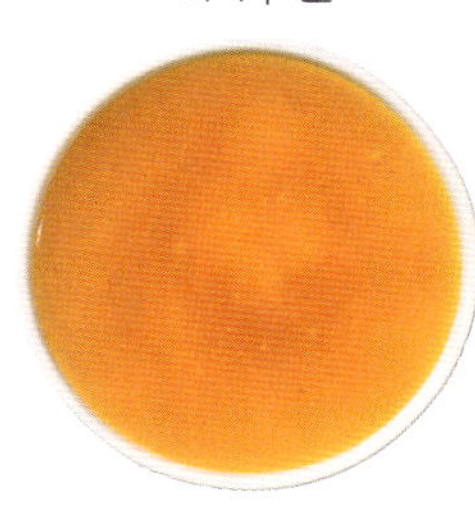

전나무 꿀

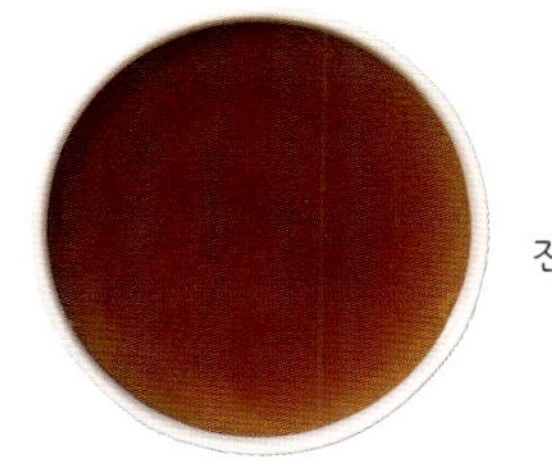

설탕과 감미료

설탕의 역사는 아주 오래되었는데, 사탕수수이든 사탕무이든 관계 없이 동일한 영양적 가치와 감미력을 갖고 있다. 설탕은 순수한 당질인 수크로스를 의미하며, 감미료는 설탕과는 다른 감미도가 뛰어난 제품으로 이 중 일부가 제과 레시피에 사용된다.

그래뉴당

감미도

순수한 설탕인 수크로스의 감미도 '1' 이 기준이 된다. 과당은 1.1~1.3, 글루코오스는 0.7, 꿀은 1.2~1.35, 폴리올은 1보다 작다. 반면 합성 감미료인 시클라메이트는 25~30이고 사카린은 300~400이나 되는데, 이렇게 감미도가 뛰어나기 때문에 미세 결정으로 제조해서 판매한다.

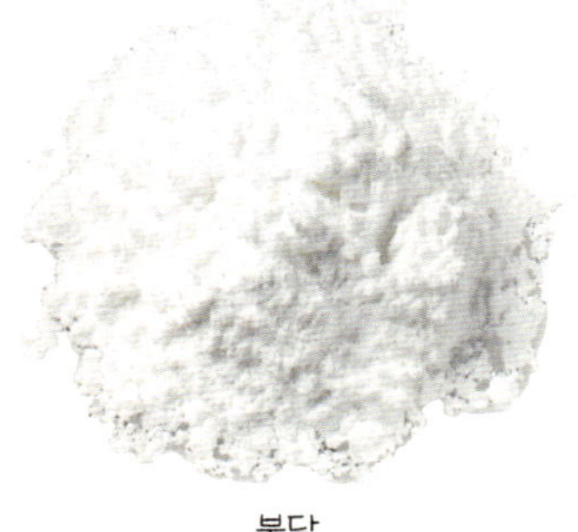

분당

쉬크르 캉디

일반 설탕류

백설탕이 정제당인 반면 쉬크르 루 sucre roux(황설탕)는 사탕수수나 사탕무에서 추출한 비정제 설탕이다. 따라서 불순물을 포함하고 있기 때문에 특유의 향과 색이 나는데, 영양학적 가치는 백설탕과 별반 다르지 않다.

100g = 400kcal
단백질:0g
탄수화물:100g
지질:0g

각설탕 1874년이 되어서야 등장한 제품으로 프랑스산이 많이 애용된다. 뜨거운 시럽을 틀에 부어 큐브나 평행육면체로 만든다. 각설탕은 따뜻한 음료에 넣어 먹기도 하지만, 설탕 시럽이나 캐러멜을 만들 때도 쓴다.

그래뉴당 Granulated sugar 시럽 결정으로 제조한 설탕으로 잼이나 과일 젤리, 제과 데커레이션에 사용된다. 설탕 중 가격이 가장 저렴하다.

백설탕 입자가 아주 곱고 차가운 용액에서도 잘 녹는 설탕으로 페이스트리, 디저트, 앙트르메, 아이스크림 등 모든 제과 품목에 널리 사용된다.

우박 설탕

쉬크르 젤리피앙 Sucre gélifiant '겔링 슈가 Gelling sugar' 또는 '잼 슈가 Jam sugar'라고도 하며, 백설탕에 펙틴 0.4%와 구연산 0.6~0.7%를 첨가한 제품이다. 잼에 넣으면 텍스처가 걸쭉해진다.

분당 곱게 분쇄한 설탕에 전분 3%를 첨가한 제품이다. 주로 구운 과자나 가토에 뿌려 장식하거나 코팅할 때 쓰고, 잼을 만들 때도 사용된다.

바닐라 설탕 설탕에 천연 바닐라 추출물을 최소 10% 첨가한 제품이다. 개별 포장해서 팩(7g)의 형태로 판매하며, 주로 앙트르메나 반죽에 향을 가미할 때 사용한다.

바닐라 향 설탕 바닐라 향이 나는 합성 착향료를 첨가한 제품으로 바닐라 설탕과 쓰임이 동일하다.

카소나드

쉬크르 캉디 Sucre candi 설탕 시럽을 리넨이나 면사 위에 부어서 굳힌 설탕이다. 하얗거나 갈색이고 아주 큰 덩어리로 결정화된 설탕이기 때문에 제과에서는 좀처럼 쓰지 않는다.

우박 설탕 Sucre en grain 둥근 알갱이 모양으로 고순도 설탕 조각을 분쇄한 것이다. 주로 빵이나 과자의 장식에 사용된다.

카소나드Cassonade**(황설탕)** 사탕수수 결정이 원료인 쉬크르 루sucre roux다. 은은한 럼향이 나서 타르트나 가토 브리오셰에 넣으면 독특한 풍미가 난다.

베르주아즈Vergeoise 사탕무 결정으로 만든다. 정제 과정에서 첫 번째로 추출한 즙액의 고체 잔류물을 '베르주아즈 브륀Vergeoise brune'이라고 하고, 두 번째로 얻은 즙액의 잔류물은 '베르주아즈 블롱드Vergeoise blonde'라고 한다. 베르주아즈는 카소나드와 비슷한데, 프랑스 북부와 벨기에에서 제과와 디저트 레시피에 넣는다.

액상 설탕 또는 설탕 시럽 무색 설탕을 가공한 용액으로 식품가공업에서 널리 쓰인다. 보통 병입 형태로 판매하는데 펀치나 디저트에 넣는다.

당밀 사탕수수를 원료로 설탕을 만들면 걸쭉한 진갈색 잔여물이 나오는데, 바로 이 시럽이 당밀이다. 퀘벡에서는 오랫동안 설탕 대신 당밀을 사용했고 여전히 일부 제과 레시피에 이용되고 있다.

퐁당Fondant 설탕 시럽에 글루코오스를 넣고 '프티 불레petit boulé'로 끓인 다음▶72, 76쪽 참고, 걸쭉하고 불투명한 페이스트가 되게 반죽한 것인데, 색을 내거나 향을 가미하는 경우가 많다. 중탕으로 텍스처를 부드럽게 풀어 브랜디에 재운 체리나 생과일, 건과일, 마스팽을 코팅하거나 슈나 에클레르, 제누아즈, 밀푀유 등에 얇게 펴 바른다.

전화당 제과에서 사용 빈도가 높은 제품으로 글루코오스로도 대체할 수 있다.

메이플 시럽 1월부터 4월까지 퀘벡을 비롯한 캐나다 북동부 지역에서만 서식하는 사탕단풍나무의 수액으로 만든다. 당질 65% 시럽 1리터를 얻으려면 수액이 자그마치 30~40리터나 필요하기 때문에 고가에 판매된다. 제과에서는 크레프나 아이스크림, 스콘에 발라 먹거나 수플레, 무스, 건과일 파이에 넣어 향을 낸다.

글루코오스 Glucose 옥수수 전분이 원료인 순수한 당질로 전화당 대신 사용하기도 한다. 설탕보다는 감미도가 다소 떨어진다.

프록토오스 Fructose 과일에서 추출하는 과당이다.

폴리올 Polyols 수크로스나 녹말을 가공한 폴리올은 칼로리가 적고 충치를 유발하지 않기 때문에 사탕이나 추잉껌 같은 콩피즈리에 자주 이용된다.

고감미 감미료라고도 부르는 합성 감미료에는 아스파탐aspartame, E 951, 아세설팜칼륨acesulfame K, E 950, 사카린saccharin, E 954, 시클라메이트cyclamate, E 952 등이 있는데, 설탕보다 최대 400배나 감미력이 높은 성분이 있을 정도로 아주 달고 칼로리가 없는 것이 특징이다. 프랑스에서 허용된 성분은 아스파탐과 아세설팜칼륨, 사카린뿐인데 주로 다이어트 식품에 첨가한다.

분말이나 정제 형태로 판매되는 합성 감미료는 설탕 대용으로 쓰이는데, 설탕 소비를 줄이고 싶은 사람들에게 유용할 수 있다. 아스파탐 분말은 반죽에 넣기도 한다▶30쪽 참고.

베르주아즈 브륀

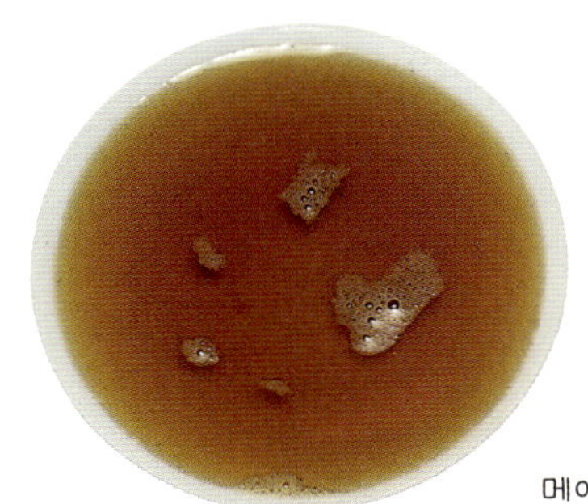

메이플 시럽

카카오와 초콜릿

카카오는 '카보스cabosses'라고 하는 카카오나무의 열매로 만든다. 열매 안에 들어 있는 카카오 콩을 추출해 햇볕에 말린 다음 분류, 세척, 건조, 로스팅의 과정을 거친다. 카카오나무에도 여러 품종이 있다. 전체 생산량의 10%를 차지하는 크리오요criollos는 멕시코, 니카라과, 과테말라, 콜롬비아, 마다가스카르에서 생산되는데, 열매에서 감미롭고 풍부한 향이 나지만 병충해에 약하다. 이보다 강인한 생명력을 지닌 포라스테로forasteros는 브라질, 서아프리카가 원산지이며, 전체 생산량의 70%를 차지한다. 나머지는 트리니타리오trinitarios로 생산하는데, 생산성은 좋지만 품질이 제각기라는 단점이 있다.

카카오 버터

카카오 매스를 압착하면 노란 빛깔의 단단한 유지 성분인 카카오 버터가 나온다. 일부는 초콜릿 생산에 재사용되고 제과에서는 사용이 제한적이다.

카카오 매스

로스팅한 카카오 콩을 분쇄하면 껍질, 배아, 배유로 분리되는데, 70℃로 데운 기계에 배유를 빻으면 쓰지만 부드러운 페이스트로 변한다. 이것이 바로 카카오 매스인데, 보통 45~60%의 유지를 포함한다. 제과와 콩피즈리에서 초콜릿에 진한 맛을 내는 용도로 쓰이고, 일반 상점에서는 구입할 수 없다.

카보스

카카오 매스

카카오 가루

1828년 네덜란드인 반 호텐Van Houten이 개발했다. 카카오 매스에서 지방을 일정 부분을 제거한 후 분쇄하여 제조한다. 지방 함량에 따라 저지방 카카오 가루(유지 함량 8%)와 일반 카카오 가루(유지 함량 20%)로 나뉜다. 가루를 물에 용해시켜 사용하는데 초콜릿 셔벗, 앙트르메, 디저트에 널리 쓰일 뿐 아니라 초콜릿 음료로도 애용된다. 보통 설탕을 가감해 쓴맛을 조절한다.

100g=325kcal
단백질:20g
탄수화물:43g
지질:20g

가당 카카오 가루나 가당 카카오, 또는 초콜릿 가루, 저지방 가당 카카오는 명칭만 다를 뿐 모두 설탕과 카카오를 혼합한 제품으로 100g당 최소 32g의 카카오 가루를 포함하고 있다. 사용 방법은 카카오 가루와 동일하다.

초콜릿 분말 100g=376kcal
단백질:6.4g
탄수화물:80g
지질:7g

초콜릿 가루나 초콜릿 과립은 카카오 가루(최소 20%)와 레시틴(2%), 설탕을 혼합한 제품으로 알갱이 형태이며, 초콜릿 음료를 만드는 데 사용된다.

100g=385kcal
단백질:4g
탄수화물:88g
지질:7g

'초콜릿을 넣은 아침 식사'라는 뜻을 가진 프티 데죄네 쇼콜라테petits déjeuners chocolatés와 프티 데죄네 카카오테petits déjeuners cacaotés는 카카오와 설탕, 다양한 곡물 가루를 섞은 제품으로 우유에 타서 먹는다.

100g=약 400kcal
단백질:6g
탄수화물:83g
지질:5g

카카오 가루

초콜릿

카카오 매스와 설탕의 혼합물이다. 초콜릿에는 카카오 버터, 우유, 과일, 향료 등을 첨가할 수 있는데, 각 재료의 함량은 법의 규제를 받는다.

초콜릿을 만들려면 카카오 매스와 설탕을 섞어서 빻은 다음, 콘칭을 거쳐야만 한다. 콘칭이란 소라 껍질처럼 생긴 기계를 80℃로 데워 반죽을 넣고 24~72시간 동안 연속 회전시키는 작업이다. 콘칭을 통해 반죽의 수분이 제거되고 신맛이 완화되며 풍미도 개선된다. 또한 카카오 버터는 대부분 콘칭 마지막 단계에 첨가된다. 초콜릿은 카카오 콩의 품질뿐 아니라 콘칭 시간 및 결과에 따라 퀄리티가 확연히 달라지며, 카카오 함량과 품질, 형태에 따라 종류가 세분화된다.

커버추어 초콜릿 커버추어 초콜릿에는 카카오가 최소 16% 함유되어야 하는데, 고품질 제품 중에는 70.5%까지 들어 있는 경우도 있다. 커버추어 초콜릿은 카카오 버터의 함량이 높기 때문에 녹는점이 낮다. 성분에 따라 다크초콜릿이나 밀크초콜릿 등으로 나뉘고, 설탕 함량에 따라 세분화되기도 한다. 전문가용 초콜릿은 1kg 단위 블록으로 판매하지만, 소매점에서는 100g이나 200g짜리 판형으로 판매한다. 커버추어 초콜릿은 제과와 콩피즈리에 사용된다.

판 초콜릿 카카오 함량 최소 35%로 100g, 200g, 500g 단위 판형으로 판매되며, 다양한 레시피에 쓰인다.

100g = 550kcal
단백질 : 5g
탄수화물 : 65g
지질 : 30g

다크초콜릿, 비터 초콜릿chocolat amer, **쇼콜라 파티시에**chocolat pâtissier, **쇼콜라 쉬페리외르**chocolat supérieur 카카오 함량이 최소 43%이지만 진한 다크초콜릿이 유행하면서 최고 75%까지 함유된 제품도 있다. 100g, 200g, 520g 단위 판형으로 판매되며 가토, 디저트, 무스, 크림, 아이스크림 등에 넣는다.

밀크초콜릿 밀크초콜릿에는 카카오가 최소 25% 들어 있고, 쇼콜라 오 레 쉬페리외르chocolat au lait supérieur나 쇼콜라 오 레 엑스트라팽chocolat au lait extrafin에는 최소 30%가 함유되어 있다. 카카오 매스에 분유나 연유를 첨가해서 만들고, 바닐라를 넣는 제품도 많다. 그대로 먹어도 맛있고, 디저트 재료로도 사용된다.

100g = 557kcal
단백질 : 8g
탄수화물 : 59g
지질 : 32g

화이트초콜릿 카카오 버터(최소 20%), 우유, 설탕이 주재료다. 바닐라 에센스로 향을 내는데, 카카오 매스는 들어 있지 않다. 그대로 먹기도 하고, 앙트르메나 '멀티 초콜릿' 제과 제품, 데코에 사용된다.

100g = 532kcal
단백질 : 6.2g
탄수화물 : 62g
지질 : 28.5g

초콜릿의 효능

초콜릿을 먹으면 기분이 좋아지는 행복 분자인 엔도르핀과 평상심을 유지시키는 신경전달물질인 세로토닌이 뇌에서 분비된다. 초콜릿에는 특별한 최음 효과는 없지만, 카카오에 암페타민과 화학 구조가 비슷한 테오브로민, 카페인, 페닐에틸아민이 있어 강장 효과를 낸다.

화이트초콜릿

커버추어 초콜릿

커피와 차

커피와 차는 잘 알려져 있듯이 각성 효과가 있어 마시면 기분이 좋아진다. 모두 디저트와 제과에 향을 내는 재료로 사용된다.

커피

커피나무는 작고 빨간 열매를 맺는 소관목으로 원산지는 수단과 에티오피아다. 커피 열매를 세척하고 가공해 초록색 생두를 만들고, 이것을 200~250℃로 볶으면 커피 원두가 된다. 로스팅은 커피 제조의 핵심 과정으로 로스팅 레벨에 따라 원두의 색깔이 바뀌고 향과 맛, 카페인 함유율도 크게 달라진다. 아메리칸 로스팅은 약하게 볶고, 이탈리안 로스팅은 진하고 강한 맛을 추구하며, 프렌치 로스팅은 아메리칸과 이탈리안 중간 정도다.

아라비카Arabica 섬세한 향이 일품인 아라비카는 카페인이 적은 편으로 커피 1잔에 평균 60mg이 들어 있다. 품질이 다양하며 고급 커피인 '크뤼crus' 등급은 쉽게 구하기 힘들다.

로부스타Robusta 아라비카에 비해 강인한 향을 지니고 있고, 커피 1잔에 카페인이 약 250mg이나 들어 있다. 시중에는 아라비카와 로부스타, 또는 이 둘을 블렌딩해서 원두나 가루 형태로 판매하고 있다. 이 외에도 카페인이 0.1%밖에 되지 않는 디카페인 커피가 있는데, 로부스타나 아라비카 또는 이 두 품종을 블렌딩해서 분말이나 과립형의 인스턴트 제품으로 유통된다.

사용 커피는 음료, 그 자체로 즐기기도 하지만, 디카페인 제품을 제외한 모든 커피는 제과나 콩피즈리에 널리 이용된다. 하지만 액상 커피 에센스는 제과에서 제한적으로 사용된다.

차

동백나무과인 차나무의 어린잎을 따서 우린 음료로, 고도가 높고 고온 다습한 기후에서 서식한다. 줄기 끝에 달린 새싹인 페코pekoe와 잎 1장을 따는 것을 '쾨이에트 앵페리알cueillette impériale', 페코와 잎 2장을 따면 '쾨이에트 핀느cueillette fine', 페코와 잎 3장을 따면 '쾨이에트 그로시에르 cueillette grossière'라고 한다. 잎이 작은 중국차와 잎이 큰 아삼차가 있고, 잎 크기와 페코의 수에 따라 등급과 유형이 나뉜다.

홍차 전 세계 차 생산량의 95%를 차지할 만큼 널리 애용된다. 공정 과정은 총 5단계로 찻잎의 수분을 일정 부분 제거해 시들게 하는 위조萎凋와 찻잎을 비벼 동그랗게 마는 유념揉捻, 발효, 건조, 분류가 있다. 이 단계를 모두 거치면 홍차의 등급이 결정된다.

중국 홍차 찻잎을 볶아서 손으로 비비고, 그을린 향이 나기도 한다.

녹차 찻잎을 발효시키지 않고 등급이 없으며, 주로 대만과 일본에서 수입한다.

향차 재스민이나 장미 등 꽃 향을 첨가한 것부터 바닐라 같은 향신료, 사과나 블랙베리 등의 과일을 넣은 것까지 그 종류가 무궁무진하다.

사용 차를 우리는 방식은 나라마다 다르지만 3~5분 정도만 우려야 타닌의 쓴맛이 나오지 않는다. 홍차나 녹차, 향차 모두 크림이나 아이스크림 디저트, 무스에 쓰이며, 건과일을 불리는 용도로도 사용한다.

차와 건강

차 1잔에는 보통 카페인 75mg과 이뇨 작용이 있는 테오브로민, 불소 성분이 있다. 또한 녹차에 들어 있는 옥살산과 타닌은 체중 감량 효과가 있다고 알려져 있다.

베르가모트로 향을 낸 홍차, 얼그레이

훈연한 중국 홍차, 타리 소우총tarry souchong

인도산 홍차, 다즐링

인도산 홍차, 아삼

자스민차

핵과류

핵과는 대부분 여름 과실로 수분이 약 90%나 되기 때문에 신선할 때 먹으면 갈증이 해소된다. 주로 여름에 시원하게 먹는 디저트나 잼으로 이용되며, 성숙도에 따라 비타민 함량과 향이 달라진다.

방

그리오트

뒤로니

살구

3월 중순경부터 나오는 살구는 튀니지, 스페인, 그리스, 이탈리아 등지에서 수입하며 프랑스산은 수확이 늦은 편이다. 쉽게 무르기 때문에 장기간 보관하기 어렵다. 과육은 조밀하고 주황색인데 당도가 높고 향이 풍부해야 좋은 살구라고 할 수 있다. 일단 재배하고 나면 후숙되지 않는 특성이 있어, 완전히 여물기 전에 수확한 다음 냉장 저장한 살구에서는 짙은 향이 나지 않는다. 살구에는 비타민A가 다량 포함되어 있다.

프랑스 품종
베르주롱bergeron 알이 굵고 길쭉하며 한 면이 붉고 반대쪽은 주황빛이다.

카니노 canino 알이 굵은 편이고 주황색이며, 강하지도 옅지도 않은 중간 정도의 향이 난다.

점보코jumbocot **또는 골드리치**gold rich 알이 굉장히 굵고 살결이 단단한 것이 특징인데, 맛은 살짝 시다.

뤼제luizet 알이 굵고 타원형이며, 살결이 무르고 향이 풍부하다.

폴로네polonais **또는 오랑제 드 프로방스**orangé de Provence 붉은 껍질 안에 단단한 과육이 있고 새콤하다.

루제 드 세르낙rouget de Sernac 알 굵기가 중간 정도다.

루즈 뒤 루시옹rouge du Roussillon 주황색 껍질에 붉은 점이 박혀 있고, 살결이 단단하며 다른 품종보다 달다.

제철 6~8월.

사용 과실 자체로 많이 먹고 과일 샐러드에 넣기도 한다. 타르트는 물론이거니와 앙트르메와 가토 재료로도 자주 사용된다. 익힌 살구로 잼, 마멀레이드, 콩포트를 만들고 얼린 살구로는 쿨리를 만들어 셔벗이나 아이스크림에 뿌려 먹는다. 살구씨는 술이나 잼, 마멀레이드에 넣어 향을 낼 때 쓴다. 통조림 형태로 파는 시럽에 절인 살구나 조미하지 않은 살구는 모두 생과일처럼 사용할 수 있다.

100g (개당 약 40g)=44kcal
단백질 : 0g
탄수화물 : 10g
지질 : 0g

카니노

점보코

폴로네

체리

체리 나무 품종은 크게 두 종류로 나뉘는데, 아시아 대륙 서쪽 끝인 소아시아에서 나는 므리지에merisier와 그리오티에griottier가 있다. 전자는 스위트 체리 나무고, 후자는 사워 체리 나무다.

스위트 체리 므리지에에서 나는 달콤한 체리로 기뉴guignes와 비가로bigarreaux가 있다. 가장 많이 소비되는 품종은 과육이 부드러운 뷔를라burlat와 과즙이 풍부한 렌느 오르탕스reine hortense, 단단하고 아삭거리는 르베르숑reverchon이다.

사워 체리 그리오티에에서 열리는 신 체리로 알이 작고 아주 시큼한 몽모랑시montmorency와 선명한 검붉은 색의 과육이 부드러운 그리오트griotte가 있다.

스리즈 앙글레즈cerises anglaises 알이 작고 옅은 빨강에 새콤한 맛이 나는 교배종이다. 프랑스어로 '영국 체리'라는 뜻이 무색하게 프랑스 전역에서 생산되고 있다.

제철 5월 중순~7월 중순.

사용 스위트 체리는 씻어 먹기만 해도 훌륭한 디저트가 된다. 체리로 만든 대표 레시피인 클라푸티를 비롯해 콩포트나 과일 샐러드, 수플레, 베녜, 타르트의 재료로 사용된다. 씨를 제거한 다음 퓌레로 곱게 갈면 아주 맛있는 시럽이 되고, 설탕에 절인 체리 콩피는 파운드케이크와 푸딩에 풍미를 살리고 여러 디저트의 데코로 쓰인다.

사워 체리는 주로 브랜디에 재워서 보관하는데, 젤리나 잼, 셔벗, 아이스크림에 곁들여 먹는다. 조미하지 않은 상태로 저장하기도 하고 알자스Alsace의 키르슈Kirsch나 체리 앙글레cherry anglais, 앙주Anjou의 기뇰레guignolet 같은 리큐어의 재료로도 사용된다.

100g (개당 약 5g)=77kcal
단백질 : 1g
탄수화물 : 17g
지질 : 0g

렌느
오르탕스

뷔를라

나폴레옹

서양 모과

프랑스어로 '네플nèfle'이라고 하는 장미과의 열매로, 씨가 여러 개이고 살이 적지만 과즙이 풍부한 것이 특징이다. 시중에 좀처럼 볼 수 없고 제과에서도 많이 쓰이지 않지만 아주 훌륭한 콩포트 재료다.

100g = 46kcal
단백질 : 0g
탄수화물 : 10g
지질 : 0g

서양 모과

복숭아와 넥타린, 브뤼뇽

복숭아는 장미과에 속하는 열매로 껍질이 얇고 벨벳처럼 보드랍지만, 넥타린과 브뤼뇽은 모두 털이 없는 천도복숭아다. 차이점이라면 브뤼뇽은 과육이 씨앗에 붙어 있지만 넥타린은 씨앗에서 떨어져 있다. 복숭아에도 다양한 품종이 있는데, 대부분이 향이 덜 나더라도 수송에 잘 견디도록 개량되었다.

백육(白肉) 복숭아 과육이 하얗고 무르지만 향이 아주 진하다. 6월부터 8월 중순까지 판매되고, 알렉산드라alexandra, 얼라인aline, 아니타anita, 데이지daisy, 도로테dorothée, 마농manon, 프림로즈primrose, 레드로빈redrobin, 레드윙redwing, 탕드레스tendresse, 화이트 레이디white lady 등이 있다.

황육(黃肉) 복숭아 속살이 노란 복숭아로 백육보다 단단하지만 다 여물기 전에 수확하는 탓에 과즙이 적은 편이다. 7월에서 9월 사이에 수확하고 엘레건트 레이디elegant lady, 플레이버크레스트flavor-crest, 메이크레스트maycrest,

멜로디melody, 오헨리o'henry, 레드톱redtop, 로얄 문royal moon, 스프링크레스트springcrest, 스프링레이디springlady, 썸머 리치summer rich, 심포니symphonie, 톱레이디toplady 등이 있다.

혈도(血桃) 과육에 분홍빛이 도는 복숭아로 아주 향긋하다. 원품종은 거의 찾아보기 힘들고 신품종은 푸석푸석한 편이다.

넥타린nectarine과 브뤼뇽brugnon 넥타린과 브뤼뇽에 속하는 백도 품종은 11종이 있고, 7월 중순에서 8월 말까지 수확한다. 황도 역시 11가지 품종이 있으며, 6월 말에서 9월 중순경까지 나온다.

사용 털복숭아와 천도복숭아 모두 생과일 그대로도 먹지만 액체에 익히거나 콩포트로도 먹는다. 복숭아로 만든 디저트 중에는 1894년 오귀스트 에스코피에Auguste Escoffier가 만든 페슈 멜바pêche Melba가 대표적이지만, 그 밖에도 다양한 타르트와 앙트르메에 쓰인다. 콩피로 만들거나 브랜디에 재우기도 하고, 아이스크림이나 셔벗, 잼의 재료로 사용한다. 복숭아즙은 리큐어나 브랜디에 넣으면 좋은 원료가

된다. 솜털이 난 복숭아나 브뤼뇽과 넥타린 같은 천도복숭아는 모두 용도가 동일하다.

복숭아 1개(100g) = 50kcal
단백질 : 0g
탄수화물 : 12g
지질 : 0g

껍질 처리

천도복숭아는 반드시 세척하고 털복숭아는 껍질을 벗겨야 하는데, 껍질에 도포된 화학 성분이 알러지를 유발할 수 있기 때문이다. 덜 익은 털복숭아는 껍질이 잘 벗겨지지 않는데, 끓는 물에 살짝 담갔다 빼면 쉽게 떨어진다.

엘레건트 레이드(황육)

탕드레스 복숭아(백육)

넥타린 벨 톱(황육)

자두

자두는 품종에 따라 크기, 색깔, 맛이 다양하지만 하나같이 껍질이 매끈하고 과즙이 풍부한 것이 특징이다. 과육은 대개 노란색이지만 간혹 초록빛을 띠는 것도 있고, 말린 보라색 자두를 '프룬'이라고 부르기도 한다▶456쪽 참고.

렌느클로드reines-claudes 주로 프랑스 남서부 지역에서 생산되는 향이 진한 동그란 자두로 어떤 것은 살구와 견줄 만큼 알이 굵다. 렌느클로드 바베reines-claudes de Bavay는 껍질과 살이 모두 연둣빛이 도는 노란색이다. 렌느클로드 베르트reine-claudes verte는 겉은 초록색이지만 과육이 금빛인 것이 특징이고, 알이 아주 굵은 프리아르friar의 경우 짙은 보라색에 속살은 노랗다. 7월 중순에서 9월 중순까지 볼 수 있다.

아메리카노자퐁네즈américano-japonaises 과육은 많지만 향이 덜 나는 품종이다. 노란색이 나는 골든 재팬golden Japan은 다른 자두 품종과는 비교도 안 되게 알이 굵은 편이다. 남아프리카 품종은 6월 말에 출하되어 겨울까지도 시중에 판매된다.

미라벨 드 로렌느mirabelles de Lorraine 동그랗고 작으며 오렌지 빛깔의 노란색이다. 단맛이 일품인 품종으로, 수확 시기는 8월 중순에서 9월까지 아주 짧다.

댐슨 자두damson plum 껍질이 검푸른 보라색이고 길쭉한 타원형이다. 과육은 연둣빛이 도는 노란색인데 새콤달콤하다. 9월 초순부터 구입할 수 있다.

사용 자두는 깨끗이 씻어 생과일로도 먹지만 타르트나 클라푸티, 플랑의 재료로 쓰이며, 특히 콩포트나 잼으로 만들면 아주 맛있다. 브랜디에 재워 저장하기도 하고, 미라벨이나 댐슨으로는 증류주를 만들기도 한다.

100g(개당 약 30g) = 52kcal
단백질 : 0g
탄수화물 : 12g
지질 : 0g

구입과 보관

며칠밖에 보관할 수 없을 만큼 수명이 짧다. 날이 더우면 냉장 보관할 수 있지만 향은 손실된다. 따라서 수고스럽더라도 하루나 이틀 간격으로 잘 익은 것을 구입하는 것이 좋다.

섬유질

체리를 비롯한 핵과류에는 섬유질이 풍부하게 들어 있는데, 주로 과피에 집중되어 있다. 하지만 지나치게 많이 섭취했다면(150g 이상), 음료 섭취를 자제해야 한다. 수분이 과육을 부풀게 하기 때문인데, 특히 탄산이 함유된 경우 가스가 차서 속이 부글거릴 수 있다.

렌느클로드 프리아르

프레지당président

골든 재팬

댐슨 자두

렌느클로드 베르트

렌느클로드 드 바베

미라벨 드 로렌느

감귤류

시트러스류의 과실로 새콤한 맛이 특징이다. 원산지는 아시아지만 지중해 연안, 미국 플로리다와 캘리포니아에서 생산된다. 계절에 구애받지 않고 일 년 내내 구입할 수 있으며, 두꺼운 껍질로 덮여 있어 보관 기간이 길다. 비타민C가 다량 함유되어 있는 반면, 탄수화물은 6~12% 정도밖에 되지 않는다.

세드라

베르가모트

베르가모트 나무는 프랑스 코르시카 Corse와 중국, 카리브 해 지역에서 재배된다. 작은 크기의 오렌지처럼 생긴 베르가모트는 굉장히 시고, 껍질에는 오일을 함유되어 있다. 에센셜 오일은 콩피즈리에 사용하며, 제스트는 일부 제과 레시피에 향을 낼 때 쓴다.

비가라드

영어로는 '비터 오렌지bitter orange'라고 하는데, 이름처럼 쓰고 껍질은 오돌토돌한 초록색 또는 노란색이다. 과육은 즙이 적고 쓴 편인데, 주로 마멀레이드나 잼을 만들 때 사용된다. 하지만 껍질에는 향이 풍부해 쿠앵트로, 그랑 마르니에 같은 리큐어에 사용한다. 또한 비가라드 나무 꽃은 제과에서 널리 사용되는 오렌지 플라워 워터의 원료이기도 하다.

세드라

영어로는 '시트론citron'이라고 부른다. 아주 큰 레몬을 닮은 세드라는 프랑스 코르시카Corse와 코트다쥐르 Côte d'Azur에서 겨울철에 재배된다. 잼이나 마멀레이드로 만들어 먹고, 제스트는 시럽에 절여 비스퀴나 파운드케이크, 푸딩에 넣는다. 코르시카에서는 세드라로 '세드라틴cédratine'이라는 아주 향기로운 리큐어를 만든다.

레몬과 라임

감귤류 중에서 가장 신 레몬과 라임은 과일로 즐기기보다는 즙으로 애용되며, 시럽에 절여 콩피를 만들기도 한다. 라임은 프랑스어로는 초록 레몬을 뜻하는 '시트롱 베르citron vert'인데 레몬보다 동그랗고 작으며 신맛이 더 강하다.

유레카eureka 껍질이 연둣빛을 띠고 미국에서 일 년 내내 수입하는 품종이다.

인테르도나토 interdonato 과육 알갱이가 작고 씨가 없는 품종으로 이탈리아 남부와 시칠리아에서 생산하며, 수확 시기는 9~10월까지다.

프리모피오레 primofiore 과즙이 풍부하며, 한쪽 끝에 둥근 돌기가 튀어나온 것이 특징이다. 이탈리아와 스페인에서 재배하며 10~12월에 수확한다.

베르델리 verdelli 연둣빛으로 과즙이 적고 향도 그다지 나지 않는다. 이탈리아와 스페인에서 수입하고 5~9월에 출하된다.

베르나 verna 짙은 노란색으로 씨가 없고 과즙이 풍부하다. 마찬가지로 이탈리아와 스페인에서 수입하며 2~7월 사이에 출하된다.

라임 과즙이 아주 풍부하고 다른 품종보다 훨씬 시다. 주로 엔틸리스 제도와 남미 대륙에서 생산한다. 태국에서 생산되는 카피르 라임은 섬세한 풍미가 일품이다.

사용 통째로 얼려 슬러시나 아이스크림처럼 먹고, 슬라이스로 자르거나 네모나게 조각내 처트니나 잼, 마멀레이드, 타르트 등에 넣는다. 과즙은 아이스크림, 그라니테, 셔벗에 자주 사용되고, 산화 작용을 중화시키는 산성이 있어 사과나 배에 넣으면 갈변되지 않는다. 시중에 판매되는 즙은 직접 짜는 것과 풍미 측면에서 절대 비교할 수 없다. 제스트는 강판에 갈거나 가늘게 채 썰어 크림이나 플랑, 무스, 수플레, 타르트에 향을 낸다. 천연 향료인 에센스는 콩피즈리와 리큐어에 넣는다.

100g = 32kcal
단백질 : 1g
탄수화물 : 8g
지질 : 0g

엔틸리스 제도 라임

브라질 라임

레몬

스페인산 만다린 노바madarine nova

금굴

중국이 원산지이고 주로 동아시아와 호주, 미대륙에서 생산된다. 미니 오렌지처럼 생기고 껍질은 노랗거나 주황색이며, 부드럽고 달지만 쓴 것도 있다. 과육은 새콤한 편이고, 12~3월까지 나온다.

사용 껍질째 먹기도 하지만 주로 시럽에 조려 콩피로 먹는다. 잼이나 마멀레이드, 가토를 만들 때 사용한다.

100g＝40kcal
단백질：0g
탄수화물：10g
지질：0g

만다린과 클레멘타인

만다린의 원산지는 중국이며 따뜻한 기후에서 서식한다. 프랑스에서 클레멘타인의 소비가 점점 늘면서 좀처럼 만다린을 쉽게 볼 수 없게 되었다. 모두 겨울철 과일로 만다린에는 씨가 많지만, 클레멘타인에는 거의 없다. 만다린과 만다린 교배종에는 수많은 품종이 있는데 크게 세 가지로 나뉜다.

만다린mandarine 스페인, 미국 플로리다, 이탈리아, 튀니지, 남미 대륙에서 9월 중순~4월 말까지 생산된다.

탄젤로tangelo 만다린과 포멜로pome -lo의 교배종으로 스페인, 이스라엘, 남미 대륙, 미국에서 생산하며 1월 중순~3월 중순까지 제철이다.

탄고르tangor 만다린과 오렌지의 교배종으로 남미 대륙, 스페인, 모로코, 이스라엘에서 생산하며 2월 중순~6월 중순까지 수확한다.

클레멘타인clementine 프랑스 코르시카산 클레멘타인은 전통 방식에 따라 잎과 함께 과실을 따고 과육 안에는 씨가 없다. 기타 품종으로는 베크리아bekria, 몬트리올 클레멘타인montreal clementine, 오르디네르ordinaire, 핀느 fines, 뉠르nules, 오로발oroval이 있는데, 스페인과 모로코에서 생산하며 9월 말~2월 말경까지 수입된다.

사용 클레멘타인과 만다린은 오렌지와 용도가 같다. 브랜디에 재워 보관하기도 하고 시럽에 조려 콩피로 먹기도 한다.

100g＝46kcal
단백질：0g
탄수화물：10g
지질：0g

화학 처리와 보관

감귤류는 보통 곰팡이가 생기지 않도록 디페닐이라는 화학 물질로 처리하는데, 반드시 이를 제품 라벨에 표시해야 한다. 제스트를 사용할 경우, 디페닐이 없는 제품을 구입하거나 깨끗하게 솔로 세척해야 한다. 모든 감귤류는 상온에서 며칠 동안 보관할 수 있고, 냉장고 아래 칸에 두면 몇 주일이고 두고 먹을 수 있다.

스페인산 만다린 포르투나madarine fortuna

금굴

남미산 탄고르 엘렌데일tangor ellendale

이탈리아산 만다린 팔라첼리mandarine palazelli

말테즈 오렌지

나벨리나 오렌지

나벨라테 오렌지

오렌지

오렌지는 전 세계에서 가장 많이 소비되며 보관성이 좋은 과일 중 하나다. 과육에는 즙이 풍부하고 덩어리로 쪼개지며 오렌지색에서 붉은색까지 다양하다. 과육을 감싸고 있는 과피에는 작은 홈이 울퉁불퉁하게 파여 있기도 하다.

일반적 오렌지 껍질이 얇은 살루스티아나salustiana(모로코 · 스페인:12~3월), 껍질이 거친 샤무티shamouti(이스라엘:1~3월), 껍질이 매끈한 발렌시아 라테valencialate(이스라엘:3~6월, 스페인 · 모로코:4~7월, 우루과이 · 아르헨티나 · 남아프리카:7~10월)가 있다.

네이블 오렌지navel orange 나벨리나navelina(스페인 · 모로코:11~1월), 나벨라테navelate(스페인 · 모로코:3~6월, 남아메리카 · 남아프리카:7~10월), 워싱턴 네이블washington navel(스페인 · 모로코:12~4월, 우루과이 · 아르헨티나 · 남아프리카:6~9월)이 있는데 과즙이 적은 편이고 알이 크며 아삭거린다.

블러드 오렌드blood orange 두블 핀느double fine(스페인 · 모로코 · 이탈리아:2~5월), 말테즈maltaise(튀니지:12~4월), 모로moro(이탈리아:12~5월)는 모두 과즙이 풍부하고, 이 외에도 타로코tarocco(이탈리아:12~5월)가 있다.

사용 통째로 얼려서 아이스크림처럼 먹고, 조각내거나 슬라이스로 썰어서 타르트나 과일 샐러드에 넣는다. 과즙은 아이스크림과 셔벗에 넣고, 베네나 비스퀴, 쿨리, 크림, 앙트르메, 수플레뿐 아니라 프랑스 남부 도시, 알비Albi의 '쟁블레트gimblettes'처럼 수많은 향토 레시피에 향을 내는 데 쓰인다. 강판에 갈거나 가늘게 썬 제스트는 파운드케이크나 크림, 앙트르메, 수플레 등에 넣는다. 오렌지 껍질 콩피에 초콜릿을 입혀 '오랑제트orangettes'같이 맛있는 프리앙디즈friandise를 만들기도 하고, 비스퀴에 향을 내기도 한다. 오렌지 에센스도 여러 콩피즈리와 리큐어에 향료로 사용된다.

과육 100g = 39kcal
단백질:0g
탄수화물:8g
지질:0g

프레쉬즙 또는
시판 오렌지즙 100g=49kcal
단백질:0g
탄수화물:10g
지질:0g

자몽과 포멜로

자몽은 지름이 17cm에 달할 만큼 알이 큰 감귤류다. 껍질은 노랗거나 연둣빛이 돌고 과육도 노란색으로 새콤하다. 중국 오렌지와 자몽의 교배종인 포멜로는 자몽에 비해 크기가 약간 작고 속은 불그스름한 노란색이다.

마쉬 시들리스marsh seedless 과육은 옅은 노란색이고 씨가 없으며 자몽 중에서 가장 쓰다. 이스라엘에서는 11~9월 사이에 재배되고, 남아프리카와 아르헨티아에서는 5~9월 사이에 수확된다.

톰슨thompson 핑크빛 과육의 미국 플로리다산 자몽으로 12~5월 사이에 수입된다.

루비 레드ruby red 과육이 핑크빛이고 미국 플로리다와 이스라엘에서 11~5월 사이에 들여오며, 남반구산은 5~9월까지 수입한다.

스타 루비star ruby 과육은 빨간색이고 미국 플로리다, 텍사스, 이스라엘에서 11~5월 사이에 생산된다.

사용 자몽은 생과일로 먹는 것이 일반적이지만 가토나 여러 앙트르메에 넣기도 한다. 껍질은 시럽에 조려 콩피를 만들고, 즙은 앙트르메와 가토에 넣어 향을 내거나 아이스크림과 셔벗에 사용된다.

과육 100g = 43kcal
단백질:0g
탄수화물:9g
지질:0g

루비 레드 자몽

장과류와 붉은 과일

블랙커런트, 딸기, 라즈베리, 블랙베리, 블루베리는 씨가 있는 열매로 펙틴 함유량이 높아 잼으로 만들기 좋다. 포도를 제외한 모든 장과류는 칼로리가 적고 지방이 없으며 단백질이 거의 없지만, 비타민C가 풍부하다.

야생 딸기

카시스

북유럽이 원산지인 까막까치밥나무 또는 카시스 나무의 열매로 흔히 블랙커런트blackcurrant라고 부르며, 주로 프랑스 오를레아네Orléanais와 부르고뉴Bourgogne, 독일, 벨기에, 네덜란드에서 생산된다. 카시스는 작고 까만 열매인데, 과즙이 풍부하고 시큼하다. 비타민C와 섬유질이 다량 함유되어 있고, 냉동 보관해도 품질이 많이 손상되지 않는다.

누아르 드 부르고뉴noir de Bourgogne 짙은 검은색으로 알갱이가 작고 윤기가 흐른다. 풍부한 향이 일품이고 맛도 좋다.

웰링턴wellington 알이 훨씬 굵고 수분도 더 풍부하다.

제철 여름 끝 무렵.

사용 재빨리 씻어 잘 말린 다음, 붉은 과일 샐러드에 넣어 먹는다. 디저트 플레이팅의 데코로 자주 등장하고 쿨리나 바바루아, 샤를로트, 셔벗, 수플레, 타르트의 재료로 사용된다. 잼이나 젤리에 아주 잘 어울리며 크림으로도 만들어 먹는다.

100g＝41kcal
단백질 : 1g
탄수화물 : 9g

딸기

장미과 덩굴식물로 수송에 잘 견디는 품종이 개량되고 있지만 품질은 다소 떨어지는 편이다. 여름 과일인 딸기는 과육이 무르고 수명도 짧지만, 요즘에는 이스라엘산 딸기 덕분에 일 년 내내 신선한 딸기를 구입할 수 있다.

품종 20여 개의 품종이 있는데 크게 심장형, 원추형, 원형, 삼각형으로 나뉘며, 야생 딸기도 있다. 일부 품종은 1년에 2번 이상 열매를 맺어 가을에 한 번 더 수확하는데, 대부분 향이 옅고 푸석푸석한 단점이 있다. 가리게트gariguette는 최신 품종 중 하나로 과즙이 풍부하고 향도 짙은 편이다.

제철 3(스페인산 딸기)～11월.

사용 야생 딸기를 제외한 모든 딸기는 체에 밭쳐 세척한 다음 꼭지를 딴다. 잘 익은 딸기는 그냥 먹어도 좋고 설탕이나 크림을 곁들이면 맛있는 디저트가 된다. 타르트, 바바루아, 무스, 수플레, 콩피즈리에 사용된다. 젤리나 잼을 만들 때, 덩어리가 그대로 씹히도록 딸기를 통째로 넣으면 아주 맛있다.

100g＝36kcal
탄수화물 : 7g

셀바selva(삼각형 딸기)

카시스(블랙커런트)

엘산타elsanta

가리게트(심장형 딸기)

파하로pajaro

라즈베리

과육이 굉장히 쉽게 무르는 과일이다. 야생 라즈베리는 향이 풍부하지만 좀처럼 찾아보기 힘들고, 주로 프랑스 발레 뒤 론Vallée du Rhône이나 발 드 루아르Val de Loire 같은 온화한 지역에서 재배한다.

품종 에리타주héritage와 로이드 조지lloyd george는 1년에 2번 수확하는 품종으로 여름의 끝 무렵에도 생산되며, 미커meeker와 메일링 프라미스mailing promise 같은 품종은 1년에 1번 수확하는데 외형과 맛은 동일하다. 라즈베리와 블랙베리의 교배종인 로건베리loganberry는 동그랗고 붉은색이며 알은 꽤 굵지만 맛은 밋밋하다.

제철 4월 중순(하우스 재배)~10월.

사용 딸기와 쓰임이 같지만 절대로 세척해서는 안 된다. 냉동 보관도 가능하지만, 한 번 해동하고 나면 알갱이가 뭉개지기 때문에 이에 맞는 용도로 사용해야 한다.

100g=41kcal
탄수화물:8g

라즈베리

커런트

스칸디나비아 반도가 원산지이며 따뜻한 기후에서는 잘 자라지 않는다. 레드커런트와 화이트커런트가 있는데, 프랑스 발레 뒤 론vallée du Rhône과 코트도르Côte-d'Or, 발 드 루아르Val de Loire에서 생산하며 폴란드와 헝가리에서 수입하기도 한다.

품종 레드커런트 중에 레드 레이크red lake는 알이 아주 굵지만, 스탄자stanza는 알이 작고 시큼하며 진한 빨간색을 띤다. 글루아르 데 사블롱gloire des Sablons 같은 화이트커런트는 다른 품종에 비해 당도가 뛰어나다.

제철 7~8월.

사용 과일 자체로 먹을 때는 설탕을 가미해야 한다. 송이에서 알알이 따서 과일 샐러드나 앙트르메에 넣고 주로 타르트에 많이 이용된다. 퓌레로 갈아 향긋한 쿨리로 만들면 앙트르메나 제누아즈와 잘 어울리는 과일 소스가 된다. 하지만 제과에서는 잼과 젤리의 재료로 가장 많이 사용된다.

100g=28kcal
단백질:1g
탄수화물:5g

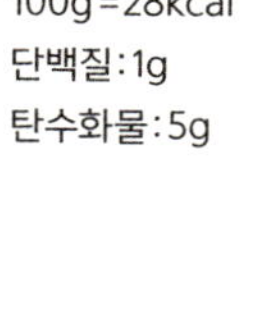

레드커런트

구스베리

달걀 모양으로 알이 제법 크다. 구스베리는 보랏빛에 솜털이 난 품종과 연두색에 알이 동그란 품종, 투명하고 매끈하며 단맛이 적은 품종으로 나뉜다. 프랑스에서는 좀처럼 보기 힘들지만 벨기에나 네덜란드에서는 대량으로 수확한다.

품종 대표적으로 짙은 빨간색의 원햄스 인더스트리whinham's industry와 투명한 초록색인 케어리스careless가 있다.

제철 7~8월.

사용 주로 젤리나 나파주용 시럽, 타르트, 앙트르메에 사용하고, 셔벗으로 만들어도 맛있다.

100g=39kcal
탄수화물:9g

블랙베리

나무 딸기과에 속하는 과실로 거무스름한 알갱이가 촘촘히 박혀 있다. 과즙이 풍부하고 특유의 떫은맛이 난다.

품종 블랙베리는 크게 두 분류로 나뉘는데, 시큼한 히말라야himalaya와 상대적으로 달콤한 오레곤 쏘른리스oregon thornless가 있다.

제철 9~10월.

사용 붉은 과일 샐러드나 콩포트에도 들어가지만 잼이나 젤리, 시럽으로 애용된다. 얼려 먹는 앙트르메나 파이, 타르트에 많이 사용되며, 과일 젤리 재료로도 훌륭하다.

100g=57kcal
단백질:1g
탄수화물:12g

블랙베리

블루베리

원래는 산악지대에 서식하는 야생종이었는데, 현재는 재배종을 많이 수확한다. 재배종은 야생종에 비해 약간 푸석거리는 식감이 있다.

품종 야생종 중에는 붉은색을 띠는 에렐 루즈airelle rouge와 키가 작은 블뢰에 냉bleuet nain이 있는데 모두 캐나다인들이 애용하는 품종이다. 산에서 채취하는 블루베리는 색깔이 짙고 향이 풍부하고, 재배종은 알이 큰 편이다. 독특한 향이 나는 소관목 블루베리와 미국 크랜베리는 재배종에 속한다.

제철 6월 중순~10월.

사용 앙트르메와 아이스크림, 셔벗, 타르트에 주로 사용되고, 북미권에서는 푸딩에 넣어 향을 낸다. 콩포트나 잼, 젤리, 시럽을 만들기도 한다.

100g＝66kcal
탄수화물：14g

포도

고대시대부터 지금까지 포도는 와인의 원료이자 건포도나 생과일로 즐기는 과일이다. 세기를 거듭하면서 포도의 품종은 다양해졌는데, 오늘날에는 와인 양조와 테이블용을 구분해서 재배하고 있다.
테이블용 포도는 13종 정도 되는데 크게 두 종류로 나뉜다.

백포도 알이 노랗거나 옅은 갈색이다. 가장 많이 소비되는 품종은 샤슬라chasselas로 알은 중간 크기이며 달콤하고 노르스름한 금빛이 돈다. 이탈리아는 연둣빛 노란색으로 알이 굉장히 굵고 은은한 머스크 향이 난다.

적포도 알이 굵고 과즙이 풍부한 카르디날cardinal과 약간 길쭉하고 머스크 향이 나는 머스캣 함부르크muscat Hamburg가 가장 흔하다.

제철 8월 중순~11월 초, 칠레산 포도 2~5월.

사용 주로 디저트로 많이 먹고, 과일 샐러드나 타르트, 쌀로 만든 앙트르메에 넣는다. 반드시 씨와 껍질을 제거해서 사용해야 한다.

100g＝73kcal
탄수화물：16g

구입 요령

생과일로 먹을 때에는 잘 익고 깨끗하며 과육이 단단하고 색깔이 균일한 것을 골라야 한다. 특히 흰 가루인 '과분(果粉)'이 껍질에 덮여 있으면 신선한 것이다. 수확한 지 오래되면 줄기가 말라버리기 때문에 이왕이면 부러질 만큼 단단한 것을 고른다.

머스캣

샤슬라

블루베리

이과류

씨가 있다는 것을 제외하고는 공통점이 없는 과일들로 원산지와 수확 시기, 맛이 제각각이다. 대부분 수분이 많고 일부는 칼로리가 상당히 낮다.

노란 과육의
샤랑테 카바이옹charentais Cavaillon

무화과

살이 무르고 당도가 높은 과일로 조그만 씨가 과육 속에 촘촘히 박혀 있다. 냉장 보관해서는 안 되며, 6월 말~11월까지 구입할 수 있다.

백무화과 블랑슈 다르장퇴유blanche d'Argenteuil가 껍질이 단연 얇다.

자색무화과 비올레트 드 솔리에violette de Solliès는 과즙은 적지만 맛이 뛰어나고, 말려서 먹기도 한다 ▶456쪽 참고.

사용 그대로 먹기도 하고 시럽에 익히거나 구워서 먹는다. 타르트에 사용되고, 잼이나 콩포트로 만들면 아주 맛있다.

100g＝54kcal
단백질:1g
탄수화물:12g
지질:0g

모과

장미목 장미과의 모과나무 열매로, 노란색에 과육이 단단하고 껍질에는 미세한 솜털이 덮여 있다. 굉장히 떫지만 강한 향을 풍기는 것이 특징이다. 챔피언 모과coing champion는 사과처럼 생겼고 포르투갈산 모과는 길쭉하다. 가을에만 구할 수 있는 과일이다.

사용 생으로는 먹지 않고, 떫은맛을 중화시키기 위해 설탕을 넣은 후 익혀 먹는다. 펙틴이 풍부하기 때문에 젤리로 만들어 먹으면 적격이다. 콩포트와 라타피아ratafia의 재료로도 쓰인다.

100g＝28kcal
단백질:0g
탄수화물:6g
지질:0g

멜론

박과의 일종으로 수분이 풍부하고 향이 짙어야 좋은 멜론이다. 외관으로는 선별하기 어렵지만 묵직하고 향긋한 것을 고르면 된다. 브로데brodés, 칸탈루프cantaloups, 겨울 멜론이 있는데, 칸탈루프 중에 샤랑테charentais는 동그랗고 표면이 매끄러우며 껍질에 선명한 줄이 있다. 카리브 해에 위치한 과들루프에서는 1~4월 사이에 수입하고, 모로코와 스페인, 프랑스 프로방스Provence와 푸아투샤랑트Poitou-Charentes에서는 6월부터 10월까지가 제철인데, 이들 지역이 전체 생산량의 95%를 차지한다.

사용 조리하지 않고 생과일 그대로 전체 요리나 디저트로 즐기거나 과일 샐러드에 넣기도 한다. 냉동 보관하기 좋은 과일로 잼으로 만들어도 아주 맛있다.

100g＝27kcal
단백질:1g
탄수화물:5g
지질:0g

수박

멜론과 마찬가지로 박과에 속하며 크기가 아주 크다. 겉은 초록색이고 안은 짙은 분홍으로 씨가 많은 것이 특징이다. 수분이 많아 청량감을 주는 시원한 과일이다. 조각으로 잘라 생과일로 먹거나 과일 샐러드에 넣기도 하고, 잼에도 쓰인다.

100g＝30kcal
단백질:0g
탄수화물:6g
지질:0g

백무화과

자색무화과

수박

벨 드 보스콥

렌느 데 레네트

레네트 그리즈 뒤 카나다

그래니 스미스

배

보통 과즙이 풍부하고 잘 익은 것을 골라야 한다. 과육이 무르기 때문에 조심스럽게 다뤄야 한다.

여름 배 윌리엄williams과 쥘 귀요jules guyot가 있는데 노랗고 알이 굵다. 과육에서 향이 나고 간혹 새콤한 것도 있다. 7월 중순~10월까지 제철이다.

가을 배 향기가 일품인 뵈레 아르디beurré hardy와 두와예네 뒤 코미스 doyenné du Comice가 있고, 루이즈본느 louise-bonne는 불룩한 모양에 과즙이 적은 편이다. 9~12월까지 재배된다.

겨울 배 부드럽게 살살 녹는 파스크 라산느passe-crassane가 대표적이다. 10월에서 이듬해 4월까지 나온다.

사용 생과일을 테이블에 그대로 올려도 손색없지만, 와인에 익혀서 '푸

아르 오 뱅poires au vin' 같은 디저트로 만들어도 맛있다.

배는 타르트나 투르트, 가토, 베녜, 샤를로트 등 다양한 레시피에 넣는데, 프랑스 제과에서 사과만큼이나 많이 쓰이는 과일이다. 맛있는 콩포트와 고급스러운 잼을 만들 수 있으며, 아이스크림과 셔벗의 재료가 되기도 한다. 화이트 브랜디인 윌리아민williamine과 배 리큐어는 향이 풍부한 술이다. 빨리 갈변되기 때문에 껍질을 깎은 다음 바로 레몬즙을 뿌려야 한다. 시중에선 배를 시럽에 재워 통조림 형태로 판매하고 있다.

100g＝55kcal
단백질：0g
탄수화물：12g
지질：0g

윌리엄

파스크라산느

뵈레 아르디

사과

전 세계에서 생산량이 가장 많은 과일이자 프랑스, 영국, 미국에서 가장 많이 소비되는 과일이다. 일 년 내내 구입할 수 있는 장점이 있다.
2백여 개의 품종이 있지만 실제 수확되는 18종을 6가지로 분류한다.

이색(二色) 사과 벨 드 보스콥belle de Boskoop과 렌느 데 레네트reine des rein -ettes가 가장 많고 멜로즈melrose도 있다.

흰색 사과 칼빌 블랑calville blanc은 과육이 부드럽고 당도가 높으며 과즙이 많다.

회색 사과 레네트 그리즈 뒤 카나다 reinette grise du Canada가 있다.

금빛 황색 사과 골든golden이 가장 흔하지만 레네트 클로샤르reinettes clochard와 레네트 뒤 망reinettes du Mans도 있다.

적색 사과 시면서 살짝 단맛이 나는 레드 딜리셔스red delicious가 있다.

녹색 사과 그래니 스미스granny smith는 새콤한 맛으로 많은 사랑을 받는다.

사용 사과는 생과일로도 먹지만, 설탕과 버터를 넣어 익혀 먹거나 콩포트로도 먹는다. 베녜, 쇼송, 플랑, 푸딩, 타르트 등 일일이 나열할 수 없을 정도로 다양한 제과 레시피에 쓰인다. 이 중 영국의 애플파이, 오스트리아의 슈트루델strudel은 이미 널리 알려진 품목이다. 사과에 알코올을 붓고 불꽃을 일으키기도 하고, 시럽을 뿌리거나 머랭으로 덮기도 한다. 캐나다에서는 사과로 크루스타드croustade를 만들어 먹고, 젤리나 사탕의 재료로도 쓴다. 사과에는 펙틴 성분이 풍부하기 때문에 수분이 많은 과일로 젤리로 만들 때 사과즙을 첨가하면 걸쭉해진다. 또한 칼바도스calvados를 만드는 시드르cidre의 원료이기도 하다.

100g＝50kcal
단백질：0g
탄수화물：11g
지질：0g

레드 딜리셔스

칼빌

열대 과일

현대에 이르러 수송 수단이 발달하면서 쉽게 구할 수 있는 먹거리가 되었고, 수요 증가와 더불어 대규모 경작이 등장했다. 전 세계 열대 지역에서 생산되며 여름 과일이 수확되기 전, 사과와 배가 끝물일 때 시중에 유통된다.

파인애플

주로 코트디부아르나 이스라엘, 엔틸리스 제도에서 수입한다. 노랗고 즙이 풍부하며 섬유질, 탄수화물, 비타민C가 다량 함유되어 있다. 뾰족한 가시가 튀어나와 있고 초록색 잎이 길쭉하게 달려 있는데, 껍질이 굉장히 두껍기 때문에 잘 드는 칼로 손질해야 한다. 알맞게 익으면 전체적으로 연하고 잎이 신선하며 향긋한 내음을 풍긴다.

카이엔느cayenne 신맛이 나고 수분이 풍부하며 당도가 아주 높은 품종으로 가장 많이 분포되어 있다.

퀸queen 크기가 작은 편이고 과즙과 당도 또한 다른 품종에 비해 떨어진다.

레드 스패니쉬red spanish 껍질이 붉은빛을 띠고 과육은 연노란색이다.

제철 2월 중순~5월 중순.

사용 슬라이스나 조각으로 썬 파인애플을 생으로 또는 키르슈나 럼 등을 뿌린 다음, 크림이나 아이스크림에 곁들인다. 과일 샐러드에 넣기도 하고 앙트르메, 아이스크림, 셔벗, 가토, 타르트의 재료로 쓰인다. 시중에는 생과일 통조림과 시럽에 절인 파인애플 통조림이 유통되고 있다.

100g = 52kcal
탄수화물 : 11g

파인애플

바나나

엔틸리스 제도와 아프리카에서 일년 내내 수입하는 과일이다. 초록색일 때 수확해 전용 선적으로 운송하고 반드시 후숙을 거친다. 탄수화물이 풍부한 바나나는 익으면서 검은 반점이 생기는데, 균일하게 노랗게 익은 것이 좋다.

자이언트 캐번디쉬giant cavendish 길쭉하고 구부러진 모양으로 살이 부드럽고 향이 짙다.

피그 바나나pig banana 짧고 뭉툭하며 당도가 뛰어나다.

도요doyo 길쭉하고 곧으며 살이 연하다.

제철 연중 계속.

사용 껍질을 까서 과육에 붙은 섬유질을 제거한 다음, 생으로 먹거나 동그랗게 썰어 과일 샐러드에 넣는다. 시럽에 담가 익히기도 하고, 팬 또는 오븐에 굽거나 수플레에 넣기도 한다. 키르슈나 럼을 끼얹고 불꽃을 일으키는 플랑베flamber를 해서 그을린 맛을 내기도 한다. 베녜, 무스, 아이스크림, 타르트의 재료로도 사용된다.

100g = 83kcal
단백질 : 1g
탄수화물 : 19g

피그 바나나
초록 바나나
로즈 바나나
노랑 바나나

냉동 보관은 금물!

바나나가 냉장고에서 갈변되듯 파인애플도 냉장 환경에 취약하다. 바나나와 파인애플은 냉장고가 아닌 서늘한 곳에 보관하는 것이 좋다.

에틴거 아보카도

생대추야자

패션프루츠

아보카도

연두색 과육에서는 헤이즐넛 향이 옅게 풍긴다. 안에는 커다란 씨가 박혀 있는데 살이 버터처럼 물러 쉽게 떨어진다. 너무 단단하면 제대로 익지 않은 것이고, 너무 물렁하면 과숙된 것이다. 껍질에 얼룩이 있는 아보카도는 좋지 않다.

에틴거Ettinger 알이 굵은 편이고 보랏빛이 도는 껍질은 매끈하고 광택이 난다.

해스Hass 작고 길쭉하며 짙은 녹색의 울퉁불퉁한 껍질로 덮여 있다.

제철 연중 계속(품종 교차).

사용 주로 무스에 사용하고 셔벗이나 아이스크림으로도 먹는다.

100g=220kcal
단백질:1g
탄수화물:3g
지질:22g

대추야자

대추야자나무의 열매로 송이에 알알이 달려 있다. 보통 줄기나 중량 단위로 팔거나 팩에 포장해 판매한다. 수분이 적고 탄수화물이 풍부하며, 과육은 말랑한 것이 좋다.

디글렛엘누르deglet-el-nour 아주 달고 가장 많이 소비되는 품종이다.

뮈스카드 드 튀니지muscade de Tunisie 껍질이 매끈하고 얇은 것으로 다른 품종과 구분된다.

할라위halawi 과육의 당도가 월등히 높다.

칼라사khaleseh 껍질은 오렌지빛이 도는 갈색이고 향이 진하다.

제철 일 년 내내 볼 수 있지만 특히 10월에 많이 난다.

사용 생과일 그대로 프리앙디즈friandise처럼 먹는다. 설탕에 재워 콩피로도 먹고, 아몬드 페이스트를 넣거나 시럽을 입혀 데기제déguisé로 만들기도 한다. 베녜와 잼, 누가의 재료로도 쓰인다.

100g=300kcal
단백질:2g
탄수화물:73g

백년초

프랑스어로는 피그 드 바르바리figue de barbarie라고 하며, 노팔 선인장nopal cactus이라고도 부른다. 열대 아메리카가 원산지인 다육 식물이지만, 지중해 연안에도 널리 분포되어 있다. 열매는 타원형이고 껍질은 초록, 노랑, 주황, 분홍, 빨강 등 다채로운 색인데 뾰족한 가시가 박혀 있어 장갑을 끼고 제거해야 한다. 분홍빛 과육 안에는 셀 수 없이 많은 씨가 박혀 있다.

제철 8~10월.

사용 칼이나 포크로 껍질을 벗겨 먹어야 한다. 그대로 먹거나 레몬즙을 뿌려 먹고, 과일 샐러드에 넣기도 한다. 씨를 제거해 퓌레로 만들면 셔벗이나 잼의 재료가 된다.

100g=68kcal
탄수화물:17g

패션프루츠

열대산 칡의 일종인 리아나liana에서 자라는 과실로 열대 아메리카가 원산지이지만 아프리카, 호주, 말레이시아에도 서식한다. 달걀 크기만 하고 껍질은 노르스름한 갈색이며 두꺼운 편이다. 오렌지빛이 도는 주황색 과육은 시큼하고 검은 씨가 콕콕 박혀 있다.

제철 1월 초~2월 중순.

사용 그대로 먹거나 키르슈나 럼을 뿌려 먹고 과일 샐러드에 넣기도 하지만, 즙으로 가장 많이 애용된다. 껍질을 벗기고 블렌더에 갈아서 체에 내리면 무수한 씨가 걸러진다. 이렇게 만든 퓌레로 젤리나 아이스크림, 셔벗을 만든다.

100g=36kcal
단백질:2g
탄수화물:6g

백년초

구아바

구아바는 크기가 큰 편이고 모든 열대 지역에서 수확이 가능한 과실이다. 껍질이 노랗고 얇으며 성숙한 것엔 검은 점이 있다. 과육은 옅은 주황색이고 향을 진하게 풍기며 딱딱한 씨가 무수히 박혀 있다.

피리페라pirifera 프랑스에서 '인도 배'라고도 부르는데 이름처럼 배 모양이다. 사과 모양의 포미페라pomifera는 동그랗다.

딸기 구아바goyave-fraise 중국에서 재배하는데, 호두처럼 열매가 굵다.

제철 브라질과 엔틸리스 제도에서는 12~1월까지, 코트디부아르와 인도에서는 11~2월 사이에 수확한다.

사용 생과일로 먹거나 과일 샐러드에 넣고, 덜 익은 것은 설탕이나 럼을 타서 먹는다. 잼으로도 만드는데, 시중에 판매되는 구아바 주스로 셔벗을 만들면 아주 맛있다.

100g=64kcal
탄수화물:15g

석류

알은 중간 크기 정도이고, 껍질은 노르스름한 빨간색으로 단단하다. 달고 향긋한 과육에 커다란 씨가 박혀 있고, 주로 열대 지역에서 생산하지만 프랑스 남부 지방에서도 자란다.

제철 11~1월.

사용 석류는 생으로 먹기에는 불편한 면이 있다. 즙을 내서 크림이나 셔벗을 만들면 좋다.

100g=64kcal
탄수화물:15g

키위

덩굴 과수인 다래나무의 열매로 뉴질랜드에서 처음 재배되었는데, 현재는 프랑스 남부과 이탈리아에서도 생산한다. 프랑스에서는 '중국 커런트'라고도 부른다. 모양은 타원형이고 초록색 속살은 과즙이 풍부하다. 푸르스름한 껍질에 갈색 솜털이 나 있다.

제철 연중 계속.

사용 작은 스푼으로 떠먹거나 샐러드에 넣어 먹는다. 동그란 슬라이스로 썰어 디저트나 가토의 데코로 사용하고 타르트 필링으로도 사용한다. 블렌더에 갈아 퓌레로 만들면 바바루아나 무스, 셔벗의 재료가 된다.

100g=57kcal
단백질:1g
탄수화물:12g

감

감나무의 열매로 아시아가 원산지이지만, 지중해 연안에서도 재배한다. 토마토처럼 생겼지만 색깔은 주황빛을 띤다. 과육은 잼처럼 무른데 껍질과 비슷한 주황색이고, 큰 검은색 씨가 6~8개 박혀 있다.

제철 12~1월(이탈리아, 스페인, 중동산).

사용 작은 스푼으로 떠먹거나 콩포트, 잼, 셔벗으로 만들어 먹는다. 쿨리로 만들어서 바바루아, 아이스크림, 크레프, 가토에 뿌려 먹는다.

100g=70kcal
탄수화물:19g

구아바

키위

석류

감

망고스틴

말레이시아가 원산지인 망고스틴은 오렌지처럼 알이 굵다. 껍질은 두껍고 붉으며, 과육은 하얗고 향미가 뛰어나다.

제철 3~12월.

사용 그냥 먹거나 붉은 과일 쿨리를 뿌려서 먹는다. 가토나 푸딩, 셔벗에 사용된다.

100g = 68kcal
단백질 : 1g
탄수화물 : 16g

꽈리

꽈리는 지중해와 대서양의 열대 연안 지역에서 주로 서식한다. 잡목림이나 울타리에서 자라나는 열매로 노랗거나 붉고 얇은 갈색 꽃받침으로 싸여 있다. 새콤달콤한 맛이 난다.

품종 알케켄지alkékenge, 아무르앙 카주amour-en-cage, 스리즈 디베르 cerise d'hiver, 코크레 뒤 페루coqueret du Pérou 등 지역에 따라 다양한 이름으로 부른다.

제철 가을과 겨울.

사용 생으로 씹어 먹거나 과일 샐러드에 넣는다. 잼, 아이스크림, 셔벗, 시럽을 만들기도 한다.

리치

리치는 프랑스에서 '중국 체리', 또는 엣치etchi, 이치ychi라고도 부른다. 크기는 작은 자두만 하고 과육은 투명하고 즙이 많다.

품종 동아시아산이 향미가 뛰어나고, 엔틸리스 제도산 리치는 당도가 높은 편이다.

제철 11~1월.

사용 그냥 먹거나 과일 샐러드에 넣고, 아이스크림이나 셔벗을 만들기도 한다.

100g = 64kcal
탄수화물 : 16g

꽈리

꽈리

망고스틴

리치

망고

망고

망고 껍질은 초록색 바탕에 빨강, 보라, 노랑이 복합적으로 섞여 있다. 오렌지빛 과육이 납작한 씨에 붙어 있고, 레몬 맛부터 바나나, 민트 향까지 향미가 다양하다.

품종 브라질산 망고는 겨울에 들어오고, 봄에 나는 부르키나파소와 코트디부아르산 망고는 과즙이 풍부하다.

제철 연중 계속(품종 교차).

사용 생으로 먹기도 하고 콩포트나 잼, 쿨리, 젤리, 마멀레이드, 셔벗으로 먹는다.

100g = 65kcal
탄수화물 : 15g

파파야

길쭉한 타원형에 크기가 크고 노르스름한 껍질에 줄무늬가 있다. 주황색 과육은 즙이 풍부해서 청량감을 주며, 가운데 구멍에는 검은 씨가 박혀 있다.

품종 가장 많이 볼 수 있는 품종은 하와이산 솔로solo이고 아시아, 남미 대륙, 아프리카산 파파야도 최근 들어 점점 더 눈에 띈다.

제철 연중 계속.

사용 잘 익은 파파야는 설탕이나 크림을 약간 뿌리거나 럼이나 포트와인을 살짝 끼얹어 멜론처럼 먹는다. 잼으로 만들어 먹으면 맛있고, 시판 파파야 주스를 활용하면 과일 샐러드에 향을 내거나 맛있는 셔벗을 만들 수 있다.

100g = 40kcal
탄수화물 : 10g

파파야

견과류

견과류에 속하는 모든 열매는 수분이 적고 지방이 많다. 껍데기가 딱딱해 쉽게 산패되지 않고 외부 충격에도 강하지만, 그렇다고 무한정 저장할 수는 없다. 제과와 콩피즈리에서 널리 쓰이는 중요한 재료다.

빨간 헤이즐넛

초록 헤이즐넛

아몬드

아몬드나무에서 열리고 초록색 껍데기로 싸여 있는 타원형 열매다. 열매 안에는 하얀 아몬드가 1~2개 들어 있는데, 신선한 상태에서는 껍질이 하얗다. 이렇게 완전히 여물기 직전인 신선한 아몬드는 여름에만 구할 수 있다. 껍질을 벗겨서 말리면 갈색으로 변한다. 껍질 그대로 또는 벗겨서 통아몬드나 슬라이스, 가루 형태로 판매한다.

품종 스위트 아몬드에는 여러 품종이 있다. 아이ai, 페라뒤엘ferraduel, 페라녜스ferragnès는 프랑스 프로방스Provence와 코르시카Corse에서 재배되고, 마르코나marcona와 플라네타planeta는 이탈리아산이다. 비터 아몬드는 아주 쓰기 때문에 소량만 사용해야 한다.

사용 통아몬드, 아몬드 슬라이스, 아몬드 가루 등은 다양한 비스퀴와 가토에 사용된다.

아몬드 가루 아몬드 페이스트의 기본 재료로 콩피즈리에 자주 사용되고, 아몬드 크렘이나 프랑지판으로 만들어 갈레트 데 루아galette des rois나 피티비에pithivier의 필링으로 쓴다. 밀가루와 다양한 배합으로 섞어 파트 브리제와 파트 쉬크레를 만들기도 한다.

아몬드유 액체에 녹인 아몬드 가루와 젤라틴으로 만든다. 블랑망제blanc-manger나 쿠프 글라세coupes glacées 같은 옛날 디저트 레시피에 넣는다.

건아몬드 100g = 620kcal
단백질:20g
탄수화물:17g
지질:55g

아몬드

밤과 마롱

밤과 마롱은 모두 가시 돋친 초록색 껍데기에 싸여 있는데, 밤은 밤송이 1개에 알이 3개 들어 있고 마롱은 1알밖에 없다. 밤이 알이 더 작고 납작하고, 마롱은 동그랗다. 두 가지 모두 프랑스 남서 지방과 세벤느Cévennes, 코르시카Corse, 이탈리아, 스페인에서 재배한다.

사용 밤은 주로 구워 먹는다. 가루로 빻아서 반죽이나 지역 특산 가토에 넣고, 잼과 밤크림으로 만들기도 한다. 마롱은 시럽에 조려서 마롱 글라세marron glacé를 만든다.

밤(마롱) 100g = 200kcal
단백질:4g
탄수화물:40g
지질:2.4g

밤크림 100g = 296kcal
단백질:2g
탄수화물:70g
지질:1.2g

마롱 글라세 100g = 305kcal
단백질:2g
탄수화물:72g
지질:1g

밤

헤이즐넛

시중에 유통되는 헤이즐넛은 프랑스 남서 지방과 터키, 이탈리아, 스페인에서 온 것이다. 껍질이 있는 신선한 헤이즐넛은 9월에 출하되고, 껍질을 벗긴 것은 중량이나 팩 단위로 판매하며 일 년 내내 구할 수 있다.

품종 10여 종이 있는데, 아블린느 뒤 피에몽aveline du Piémont이나 다비아나daviana, 메르베유 드 볼빌레merveille de Bollwiller는 알이 굵고 동그랗거나 살짝 길쭉하다. 세고르베segorbe 같은 다른 품종은 알이 작은 편이다. 품종을 막론하고 향이 풍부하다.

사용 통헤이즐넛은 콩피즈리 외에는 잘 쓰이지 않는다. 굵게 다져서 누가에 넣고, 빻아서 디저트에 넣으면 씹히는 식감을 살릴 수 있다. 가루로 만들어 다양한 비스퀴나 가토에 넣는다.

건헤이즐넛 100g = 655kcal
단백질:14g
탄수화물:15g
지질:60g

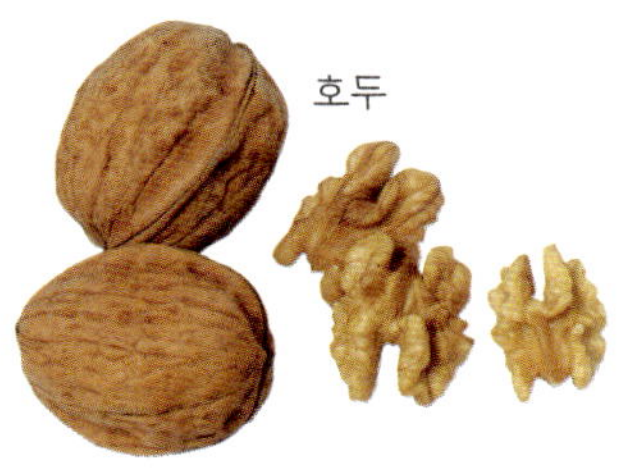

호두

호두

호두는 초록색 외과피로 싸여 있고 딱딱한 내과피까지 깨면 호두알 2쪽이 나온다. 알은 속이 하얗고 쓴맛이 나는 노르스름한 껍질로 덮여 있는데, 생호두를 먹을 때는 반드시 껍질을 제거한다.

품종과 제철 미국산은 8종으로 캘리포니아에서 생산되는데 챈들러chandler가 가장 풍미가 뛰어나다. 프랑스 품종 또한 8종으로 프랑케트franquette와 라라lara는 프랑스 전역에서 생산되고, 코르느Corne, 그랑진grandjean, 그로베르grosvert, 마르보marbot는 남서부 지역인 도르도뉴Dordogne와 코레즈Corrèze에서 나며, 마이예트mayette와 파리지엔느parisien-ne는 남동부 지역인 이제르Isère에서 재배된다. 9월 중순~11월 말까지 생호두를 구입할 수 있는데, 이탈리아산인 펠트리나feltrina와 소렌토sorrento도 같은 시기에 수입된다. 호두는 보통 팩으로 포장해 바로 먹을 수 있게 판매하기 때문에 일 년 내내 구입할 수 있다. 하지만 지방 함량이 높아 쉽게 산패되므로 항상 신선도를 확인하고 구입해야 한다.

사용 통호두알은 주로 장식으로 사용하고 콩피즈리에서는 프뤼 데기제fruits déguisés를 만든다. 다지거나 빻아서 가토, 타르트, 비스퀴, 브리오슈 등에 넣고, 외과피는 라타피아ratafia나 리큐어, 가향 와인의 원료로 쓴다.

건호두 100g = 660kcal
단백질 : 15g
탄수화물 : 15g
지질 : 60g

피칸

피칸 나무는 프랑스어로 파카니에pacanier인데 그래서 그 열매인 피칸을 두고 파칸pacane라고 부르기도 한다. 피칸은 주로 미국 북동부 지방에서 생산된다. 얇고 매끈한 껍데기 안에 씨가 2쪽으로 나눠져 있고 호두와 비슷한 향이 난다. 껍질 벗긴 피칸은 팩으로 포장해서 판매한다.

사용 미국 제과 레시피에 다양하게 사용되는데 다지거나 빻아서 비스퀴, 타르트, 가토, 아이스크림에 넣는다.

건피칸 100g = 580kcal
단백질 : 8g
탄수화물 : 18g
지질 : 68g

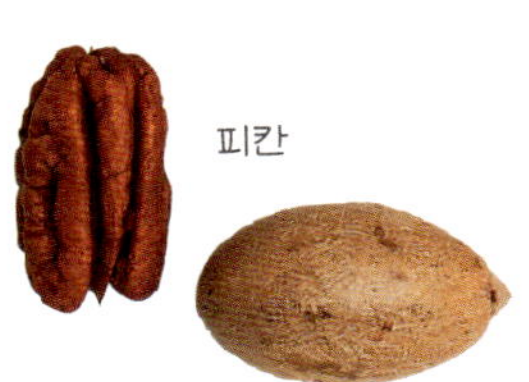

피칸

피스타치오

피스타치오

피스타치오 나무는 이라크와 이란, 튀니지에서 재배되고 연두색 열매는 붉은 껍질과 딱딱한 외과피로 싸여져 있다. 중량 단위나 팩 또는 용기에 넣어 팔기 때문에 일 년 내내 구입할 수 있다.

사용 다진 피스타치오는 그리스, 터키, 아랍 제과에 널리 쓰인다. 프랑스에서는 피스타치오에 색소를 가미해 진한 녹색으로 만든 다음, 크림이나 얼려 먹는 앙트르메, 아이스크림 등에 넣고, 누가의 재료로도 사용한다.

100g = 630kcal
단백질 : 21g
탄수화물 : 15g
지질 : 54g

코코넛

크기가 큰 열대 과일로 딱딱한 갈색 껍데기 안에 단단하고 하얀 과육이 붙어 있다. 향미가 뛰어나며, 완전히 여물지 않은 코코넛 안에는 하얗고 달콤한 즙이 있다.

사용 생과육도 먹지만 가장 흔하게 접하는 것은 팩에 포장된 말린 코코넛 슬라이스다. 비스퀴나 가토, 아이스크림의 재료로 사용되고 장식으로도 많이 애용된다. 주로 통조림으로 판매하는 코코넛 밀크는 과육을 빻은 다음 물을 섞은 것으로 열대 과일 디저트 레시피에 사용된다.

건코코넛 100g = 630kcal
단백질 : 6g
탄수화물 : 16g
지질 : 60g

코코넛

건과류

과일을 건조기나 건조 터널로 말리거나, 열대 지방에서 하듯 햇볕에 노출시키면 향이 보존된다. 액체에 불려 먹기도 하는 건과는 건조 과정 중에 비타민C가 파괴되기는 하지만, 생과에 비해 영양가가 3~4배 높다.

건자두

건살구

말린 살구는 황금빛이 나고 살짝 시다. 터키산이 가장 품질이 뛰어나고 그 외에는 이란과 캘리포니아, 호주에서 수입한다. 계절에 구애받지 않고 구입할 수 있으며, 중량 단위나 용기에 포장해서 판매된다.

사용 그대로 먹기도 하지만, 최소 2시간 정도 미지근한 물에 불려 플랑이나 가토, 타르트에 넣는다.

100g=272kcal
단백질:4g
탄수화물:63g

건살구

건무화과

말린 무화과는 주로 터키에서 수입한다. 하얀 무화과를 햇볕에 말린 다음, 해수로 세척해 건조기에 말린 것이다. 10월부터 나오는 터키산 건무화과는 도톰하고 촉촉한데, 겨울을 보내면서 수분이 점점 날아가 납작해진다. 이탈리아산은 향미가 적고 그리스산은 딱딱한 편이다. 반으로 자르거나 압착해서 팩이나 용기에 넣어 판매한다.

사용 그냥 먹기도 하지만, 반으로 잘라 아몬드나 호두를 1알씩 넣어 먹기도 한다. 와인에 익히면 훌륭한 콩포트가 완성되고, 리 오 레riz au lait나 바닐라 크림과 궁합이 좋은 건과다.

100g=275kcal
단백질:4g
탄수화물:62g

건자두

말린 자두는 알이 굵고 짙은 보라색에 타원형이다. 건조 터널로 말리거나 따뜻한 설탕물에 담근 후 탈수시키기 때문에 생과보다 더 부풀고, 그 상태로 먹어도 된다. 건자두와 반건자두 모두 물이나 차에 불려 사용한다. 섬유질이 풍부하여 장운동을 유연하게 하는 효과가 있다.

사용 물이나 레드 와인에 익혀서 콩포트로 먹고, 과일 샐러드에 넣거나 퓌레로 만든다. 제과 레시피에 두루 사용되며 아이스크림의 재료이기도 하다. 건자두 안에 필링을 넣어 사탕처럼 먹고, 아르마냑에 재워서 보관한다.

100g=290kcal
단백질:2g
탄수화물:70g

건포도

당도가 높고 씨가 없는 테이블용 포도를 말려서 만든다. 프랑스 남부에서 생산하는 것은 알이 작고 당도가 떨어지는 반면, 그리스산 코린트 Corinthe 건포도는 아주 작은 알맹이에 색이 짙으며 독특한 향미가 난다. 이에 비해 투명한 황금빛의 설타나 Sultana는 당도가 낮은 편이다. 붉은 보라색에 알이 굵은 말라가Málaga에서는 은은한 머스크 향이 난다. 중량 단위나 팩으로 판매하며, 일 년 내내 구입할 수 있다.

사용 미지근한 물이나 와인, 럼에 재워서 팽 오 레쟁pain aux raisins 같은 발효빵의 필링으로 사용한다. 쌀이나 세몰리나로 만든 앙트르메에 넣으면 한층 풍미가 살아나고, 푸딩이나 파운드케이크와도 잘 어울린다. 레몬즙이나 럼을 뿌려서 과일 샐러드에 넣으면 향긋한 맛이 난다.

100g=325kcal
단백질:3g
탄수화물:75g

건무화과

설타나 건포도

코린트 건포도

채소

채소는 주로 요리 재료로 쓰이지만, 예부터 내려온 전통을 이유로, 또는 특정 채소의 당도가 높은 경우 제과나 디저트에 사용된다.

방울 당근

루바브

당근

근채류로 탄수화물이 풍부해 단맛이 난다. 5월 말~9월까지가 가장 맛있다.

사용 파운드케이크와 가토에 널리 사용된다. 쥬서기로 즙을 추출해 오렌지즙과 섞어서 셔벗을 만들면 독특한 풍미가 난다.

100g=35kcal
단백질:1g
탄수화물:7g

근대

지역에 따라 블레트blette나 푸아레poirée 또는 오트ôte라고 부르는데, 맛이 연한 초록색 잎이 커다랗게 달려 있다.

사용 줄기는 제거하고 잎만 손질해서 니스식 달콤한 투르트에 넣는다.

100g=20kcal
단백질:2g
탄수화물:3g

호박

박과에 속하는 여러 채소를 호박이라고 부르는데, 살이 두툼하고 수분이 많은 것이 특징이다. 품종이 다양하고 일부는 달콤한 레시피에도 쓰인다.

사용 페포 호박이나 지로몽 베르giraumon vert, 서양 호박으로 잼을 만들면 맛있는데, 생강을 소량 넣으면 풍미가 한층 살아난다. 타르트와 가토, 푸딩에도 들어간다.

서양 호박 100g=20kcal
탄수화물:4g

고구마

붉거나 보라색 또는 회색이고, 감자보다 훨씬 달며 전분질이 느껴지는 퍼석한 식감이 있다. 일 년 내내 판매한다.

사용 익혀서 퓌레로 만든 다음 가토 크레올gâteaux créoles에 넣는다.

100g=90kcal
단백질:1g
탄수화물:20g

토마토

토마토는 원래 과일에 속하지만 채소로 더 많이 쓰인다. 품종에 따라 동그랗거나 길쭉하고 송이에 달린 것도 있으며, 체리처럼 생긴 것도 있다. 계절에 구애받지 않고 구입할 수 있지만 여름철에 가장 맛있다.

사용 붉은 토마토나 녹색 토마토 모두 잼으로 만들면 아주 맛있다. 잘 익은 원형 토마토로 만든 셔벗은 시원한 청량감을 준다.

100g=12kcal
탄수화물:3g

루바브

오랫동안 약재로 사용했던 루바브는 18세기에 이르러 식용 식물이 되었다. 줄기는 보랏빛이 도는 붉은색이고 신맛이 강한 편이다. 4월 중순~6월 말까지 구입할 수 있다.

사용 설탕을 듬뿍 넣고 조리해 신맛을 중화시킨 루바브 콩포트는 많은 사람들이 좋아하는 대표적인 루바브 레시피다. 여기에 생강이나 넛맥, 레몬 제스트로 향을 내면 더할 나위 없이 훌륭한 콩포트가 된다. 콩포트뿐 아니라 잼으로 만들어도 맛있다. 캐나다에서는 루바브에 사과나 붉은 열매를 섞어 가토나 머핀, 타르트를 비롯해 아이스크림과 셔벗까지 만든다.

100g=12kcal
탄수화물:3g

고구마

근대

토마토

향신료

향신료는 고대부터 사용해온 식물성 향료로 비잔틴인들이 유럽에 들여왔다. 살균 작용이 있어 오랫동안 보존 수단으로 여겨졌지만, 현재는 음식에 향을 내는 재료로 사용된다. 냉장고에 보관하면 향이 소멸되기 때문에 반드시 밀폐 용기에 담아 실온 보관한다.

넛맥

계피

계피는 녹나무과 열대 소관목의 껍질로, 건조시키면 동그랗게 말리고, 옅은 갈색이나 짙은 회색을 띤다. 스틱이나 분말, 액상 에센스 형태로 판매되며, 단맛과 톡 쏘는 향, 매운맛이 공존한다. 뱅 쇼vin chaud 같은 와인이나 콩포트, 앙트르메에 넣어 향을 내는데, 동유럽 제과에서는 없어서는 안 되는 필수 향신료다.

정향

정향은 북아프리카의 라스 엘 하누트ras al-hanout와 중국의 오향五香을 구성하는 향신료 중 하나다. 계피와 함께 뱅 쇼vin chaud에 넣어 향을 내고, 브랜디에 재운 과일에 넣으면 향이 꽤 오래 지속된다. 특히 꿀이나 건과일로 만든 제과에 자주 사용된다.

생강

인도와 말레이시아가 원산지인 덩이줄기로 주로 따뜻한 지역에서 서식한다. 생으로 먹거나 콩피, 가루로 먹는다. 시럽에 조린 생강 콩피는 동남아시아에서 즐겨 먹는 간식이고, 너무 오래 보관하면 비누 향이 난다. 형태에 관계없이 비스퀴, 가토, 봉봉, 잼에 자주 사용된다.

넛맥

넛맥 나무에서 열리는 향이 진하고 딱딱한 열매다. 작은 타원형에 쭈글쭈글하며 갈색을 띤다. 대개는 필요할 때마다 갈아서 쓰지만 분말 형태로 판매하기도 한다. 꿀이나 레몬을 넣은 가토와 콩포트, 영국식 파운드케이크, 스위스 바젤의 특산 비스퀴인 레커를리leckerlis와 바닐라를 넣은 앙트르메 등에 넣는다. 넛맥은 리큐어 양조에도 사용된다.

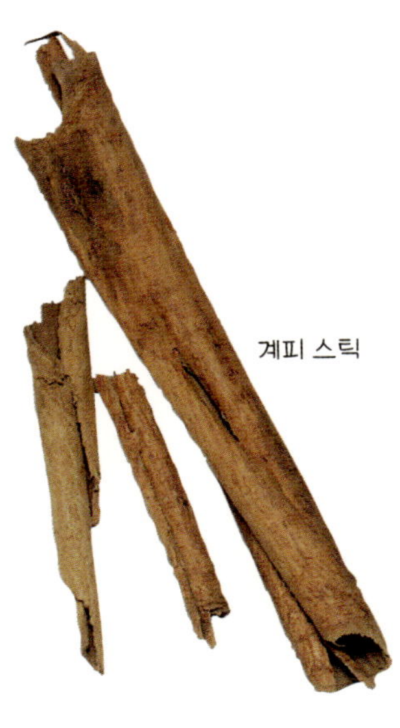

계피 스틱

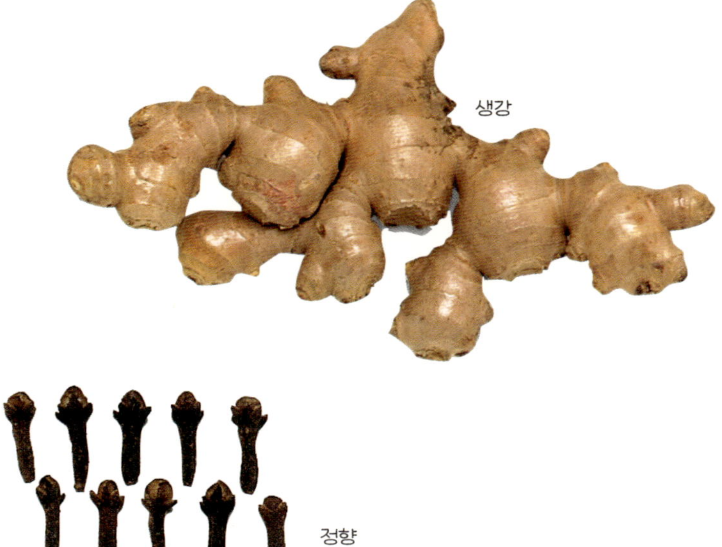

생강

정향

향신료의 효능

후추, 고추, 파프리카, 생강같이 일명 '화한' 향신료에는 최음 효과가 있다고 알려져 있다. 하지만 이는 과학적으로 증명되지는 않았고, 다만 소화기관의 활동을 자극하고 골반의 혈관 확장을 유도한다는 사실만이 밝혀졌을 뿐이다. 아마도 이러한 생리 현상 때문에 최음 효과가 있는 것으로 알려진 것 같다.

파프리카

소금

파프리카

단맛이 나는 고추의 한 종류로 건조 후 분말로 만들어서 음식에 넣는다. 주로 요리에 사용되지만 일부 디저트 레시피에도 쓰인다. 접시에 뿌려서 독특한 플레이팅 효과를 내기도 한다.

카트르에피스

프랑스어로 '네 가지 향신료'라는 뜻으로 보통 후추, 넛맥, 정향, 계피 가루를 혼합해서 만든다. 팽 데피스나 앙트르메에 넣어 향을 내는데, 이집트에서는 밀가루에 섞어 빵이나 제과에 넣기도 한다.

사프란

아시아가 원산지인 사프란은 귀한 향신료 중 하나인데 프랑스 가티네 Gâtinais와 앙구무아Angoumois에서도 재배한다. 불그스름한 실은 꽃의 암술을 그대로 말린 것이고, 주황빛이 섞인 노란 가루로도 판매한다. 톡 쏘는 향과 쓴맛이 나는데 앙트르메와 아이스크림, 셔벗에 넣는다.

사프란

소금

제과에서는 소금을 향신료처럼 사용한다. 주로 다른 향을 북돋거나 단맛을 중화시킬 때 소량만 넣어서 조리한다. 모든 종류의 반죽에는 소금이 1꼬집씩 들어간다.

후추

전 세계에서 가장 많이 애용하는 향신료로 주로 요리에 쓰인다. 얼마 전까지만 해도 제과에서는 주목을 받지 못했지만, 근래 들어 아이스크림, 셔벗, 앙트르메, 디저트에 쓰이며 그 가치를 재조명받고 있다. 사천 후추같이 흔치 않은 품종이 주로 사용된다.

바닐라

제과에서 가장 많이 쓰는 향신료로 달콤하고 굉장히 향긋하다. 깍지나 가루, 에센스 또는 바닐라 설탕 ▶434쪽 참고의 형태로 판매된다. 바닐라 에센스는 바닐라를 알코올에 재운 뒤, 설탕 시럽에 넣어 향을 우린다. 레이ley 또는 레그leg라고 부르는 멕시코산 바닐라가 가장 인기가 많고, 인도양 지역에서 수입하는 부르봉Bourbon이 가장 흔하다. 가이아나와 과들루프, 레위니옹, 타이티에서도 생산된다.

바닐라는 크림과 비스퀴 반죽, 콩포트, 시럽에 익히는 과일, 앙트르메, 아이스크림뿐만 아니라 콩피즈리와 초콜릿에도 널리 사용된다. 또한 펀치와 초콜릿, 뱅 쇼vin chaud에 향을 내는 재료로 오래 전부터 사용해왔다.

카르트에피스

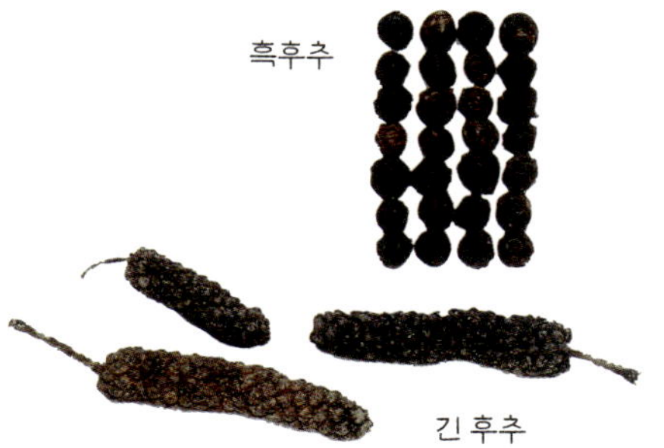

흑후추

긴 후추

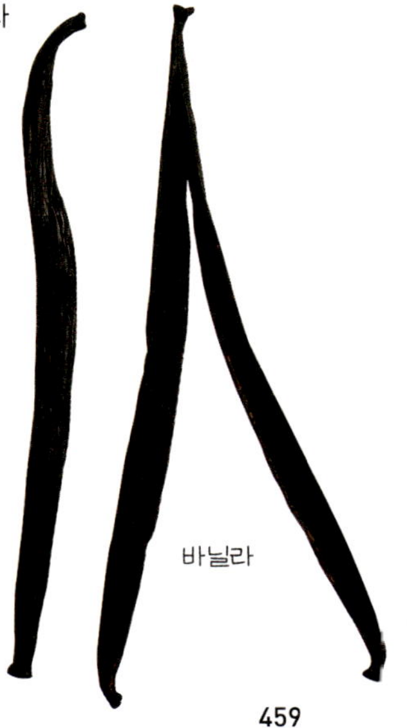

바닐라

허브

향기로운 식물의 잎이나 씨앗, 열매, 줄기 중 향이 집중되어 있는 부분을 사용한다. 건조하면 향이 일정 부분 소멸되고, 장기간 보관하면 텁텁한 건초 냄새가 난다. 허브를 보관할 때는 각각 다른 밀폐 용기에 담아 공기와의 접촉을 차단시켜야 한다.

검은색 카르다몸

녹색 카르다몸

캐러웨이

안젤리카

미나리과에 속하는 식물로 샐러리와 비슷하게 생겼다. 북유럽이 원산지이며 머스크 향과 매콤한 향이 동시에 난다. 초록색 줄기로 콩피를 만들어 파운드케이크나 팽 데피스, 푸딩, 수플레에 장식을 하거나 향을 낸다. 프랑스 니오르Niort의 특산 콩피즈리이기도 하며, 신과일로 만든 콩포트에 넣으면 신맛을 부드럽게 중화시킨다. 줄기와 뿌리는 멜리사수eau de mélisse나 샤르트뢰즈Chartreuse, 베스페트로vespetro, 진gin 등 다양한 리큐어 양조에 쓰인다.

아니스

동양에서 전해진 방향성 식물로 고대 중국에서는 신성한 식물로 여겼다. 초록색 씨는 예전부터 브렛젤bretzels과 푸가스fougasses 같은 빵의 재료로 쓰였고, 비스퀴와 가토, 팽 데피스에도 들어간다. 프랑스 플라비니Flavigny에서 지역 특산물로 유명한 드라제dragées에도 아니스를 넣는다. 뿐만 아니라 파스티스pastis나 아니제트anisette 같은 술을 제조할 때도 쓰인다.

카르다몸

인도가 원산지인 방향성 식물로 건조시키면 씨에서 매운 향이 나온다. 초록색, 검은색, 흰색 등 색깔이 다양한데 어떤 것에서 채취했느냐에 따라 다른 향이 난다. 특히 북유럽에서 폭넓게 사용하는데, 뱅 쇼vin chaud나 콩포트, 타르트, 아이스크림에 넣고, 아쿠아비트aquavit 같은 주류에도 사용된다.

스타 아니스

목련과 상록수의 열매로 꼬투리 8개가 별처럼 붙어 있어 '스타 아니스'라고 부른다. 씨앗은 아니스와 비슷한 맛이 나고 향이 아주 강하다. 허브티에 들어가고 크림, 아이스크림, 셔벗, 가토에 쓰이는데, 주로 북유럽에서 페이스트리나 비스퀴를 만들 때 사용한다. 아니제트anisette 양조와 차에 향을 내는 재료로도 쓰인다.

캐러웨이

'들판에 나는 쿠민cumin des prés'이나 '산에 나는 쿠민cumin des montagnes' 또는 '가짜 아니스faux anis'라고도 부르는데, 모두 생김새나 맛에서 유래한 이름들이다. 길쭉한 씨가 쿠민을 닮았지만 머스크 향이 쿠민처럼 진하지는 않다. 헝가리와 독일 제과에 쓰이고 영국에서도 비스퀴를 만들 때 넣는다. 프랑스 보주Vosges산 드라제dragées를 만들 때도 넣고, 퀴멜kummel이나 베스페트로vespetro, 슈냅스schnaps, 아쿠아비트aquavit 같은 리큐어 양조에도 쓰인다.

코리앤더

흔히 '아랍 파슬리arabe persil', '중국 파슬리persil chinois'라고도 부르는데 일찍이 히브리족이 사용해왔던 허브이기도 하다. 씨앗은 말려서 알갱이나 분말 형태로 판매한다. 은은한 머스크 향과 레몬 향이 공존하고 고유의 독특한 풍미가 짙게 난다. 주로 지중해 지역에서 제과를 만들 때 넣는데, 프랑스에서는 분포도가 낮은 편이고, 샤르트뢰즈Chartreuse와 이자라Izarra의 원료로 쓰인다.

안젤리카

스타 아니스

녹색 아니스 씨

코리앤더

레몬그라스

야생 타임

레몬타임

레몬그라스

화본과 식물의 줄기로 주로 아시아 요리와 제과에 많이 사용되지만, 일부 디저트와 크림에 넣는다.

멜리사

'레몬 밤'이라고도 알려진 멜리사는 레몬 향이 나기 때문에 '레몬그라스'라고도 한다. 잎을 말려 넣거나 생으로 사용한다. 오렌지나 레몬으로 만든 가토나 앙트르메, 과일 샐러드, 콩포트에 넣어 향을 낸다. 예부터 강장약으로 알려져 있는 '오 데 카르므eau des Carmes'는 멜리사주로 만든다.

민트

특유의 향미와 소화 효능으로 널리 쓰이는 허브다. 품종도 다양한데 스피어민트spearmint가 가장 많이 분포되어 있고 페퍼민트peppermint는 가장 향이 강하다. 레몬민트라고도 부르는 베르가모트민트bergamot mint에서는 과일 향이 나고 동양종인 일본민트menthe du Japon로는 멘톨을 만든다. 신선한 민트 잎으로 앙트르메와 디저트를 장식하며, 잘게 썰거나 신선한 잎 그대로 과일 샐러드나 붉은 과일에 넣어서 풍미를 북돋는다. 말린 스피어민트는 차에 넣어 허브티로 즐긴다. 페퍼민트는 사탕이나 초콜릿 제조에 널리 사용된다. 무알코올이나 알코올음료에 넣어 상쾌한 향미를 내고, 시럽에도 쓰인다.

타임

요리에서 널리 쓰이는 타임은 강한 냄새 때문에 제과에서는 잘 쓰지 않는다. 소화를 돕는 허브티나 일부 수제 리큐어에 넣는다. 생과일 디저트에 레몬타임lemon thym을 약간만 넣으면 아주 잘 어울린다.

양귀비

양귀비도 다양한 품종이 있고, 아편이 일정 부분 함유되어 있다. 양귀비 씨에서는 고소한 헤이즐넛 향이 나고 중동 제과나 중앙 유럽 제과에서 많이 사용한다.

버베나

잎에서 진한 향이 퍼지는 버베나는 생으로 쓰거나 말려서 사용한다. 하지만 금방 향이 날아가는 단점도 있다. 신선한 버베나는 과일 샐러드나 딸기 디저트, 복숭아 디저트에 넣어 향을 내고, 바닐라 향 크림이나 리 오 레riz au lait에 넣기도 한다. 말려서 허브티로 마시면 소화 촉진 효과가 있다.

버베나

멜리사

민트

양귀비 씨

페퍼민트

꽃

꽃은 아주 오래전부터 암술과 수술을 제거한 후, 콩피즈리와 제과에 사용했다. 생화나 가공 처리한 꽃은 장식 효과가 뛰어날 뿐 아니라 감미로운 향을 풍기기도 한다.

아카시아 꽃

장미

아카시아

하얀색의 향기로운 아카시아는 5월에 꽃을 피운다. 프랑스 일부 지역에서는 아카시아로 베녜를 만들기도 한다. 달콤한 브랜디에 재운 아카시아는 라타피아ratafia의 훌륭한 원료가 되고, 수제 리큐어를 만들 때 사용하기도 한다.

제비꽃

제비꽃에 설탕 시럽을 입혀서 건조시킨 것을 '비올레트 캉디violettes can-dies'라고 부르는데, 크림이나 앙트르메에 향을 내거나 장식할 때 사용한다. 끓인 설탕에 제비꽃 에센스를 넣어서 향을 낸 다음, 색소를 첨가하고 제비꽃 모양의 틀에 부어 봉봉을 만들기도 한다.

재스민

재스민꽃은 달콤하면서 짙은 향을 풍긴다. 삼박 재스민jasmine sambac으로 차나 와인, 리큐어에 향을 내고, 중국 재스민은 잼, 크림, 젤리, 셔벗에 넣는다.

재스민

보리지

별 모양의 보리지는 꽃꿀을 머금고 있는데, 베녜에 넣기도 한다. 콩피로 만든 다음 제과나 콩피즈리의 장식으로 활용한다.

장미

알록달록한 꽃잎으로 봉봉이나 젤리, 콩피를 만들고, 꽃잎 모양을 그대로 살려서 설탕 시럽을 입히는 페탈 크리스탈리제pétales cristallisés를 만든다. 꽃잎을 설탕에 재워 만든 잼은 그 맛이 일품이다. 장미수와 장미 에센스는 크림, 아이스크림, 젤리, 리큐어, 화주의 재료로 사용되고, 루쿰loukoum에 넣기도 한다. 꽃봉오리에 꿀을 넣고 끓이면 장미꿀이 되고, 말린 장미나 장미 가루는 향신료처럼 사용한다.

라벤더

푸르스름한 보라빛 꽃에서는 향긋한 내음이 난다. 생화로도 쓰고 말려서 사용하기도 하는데 잼, 크림, 젤리, 셔벗을 비롯한 리큐어, 와인, 차에 사용된다. 옅은 갈색의 라벤더꿀은 짙은 향을 풍긴다.

한련

노랑, 주황, 빨강으로 화려하게 피는 한련은 톡 쏘는 향을 풍긴다. 크림, 앙트르메, 젤리뿐만 아니라 리큐어, 와인, 차에 사용되며 가토와 과일 샐러드에 장식으로 쓰인다.

한련

제비꽃

보리지

라벤더

기타 재료

베이킹을 하려고 하는데 막상 재료가 없다면 여간 곤혹스러운 일이 아니다. 밀가루나 세몰리나, 베이킹파우더, 전분, 달걀, 버터, 우유, 크림, 설탕, 초콜릿, 과일 등 기본 재료에 대한 설명은 423~462쪽에 있으므로 참고한다. 하지만 이 외에도 베이킹을 자주 한다면 평소에 장만해두면 유용한 재료들이 있다. 대부분 마트에서 구입할 수 있지만, 전문 재료상이나 외국 식자재점에서 구입해야 하는 것도 있다.

살구 나파주nappage à l'abricot 마무리 단계에서 제품에 바르는 재료인데 주로 병에 담아 판매한다. 쉽게 구할 수 있지만 집에서도 얼마든지 만들 수 있다. 살구 마멀레이드에 물을 약간만 타서 미지근하게 데우면 된다.

살구씨 타르트 시트를 초벌로 구울 때 누름돌 역할을 한다. 타르트 시트 안에 살구씨를 채워 넣으면 오븐 안에서 부풀어 오르는 것을 막을 수 있다. 여름에 살구씨를 한 병 정도 모아두면 유용하게 쓸 수 있다.

건살구 건살구는 팩이나 소포장 형태로 시중에서 쉽게 구할 수 있다. 미지근한 물이나 차에 몇 시간 불린 다음 사용한다.

술 제과에서 주로 쓰이는 술은 아르마냑, 코냑, 칼바도스, 라즈베리 브랜디, 체리브랜디(키르슈), 배 브랜디, 럼, 보드카, 위스키다. 제과를 만들 때만 사용한다면 작은 병에 든 것을 구입한다.

아몬드 레시피에 따라 탈각아몬드, 생아몬드, 아몬드가루, 통아몬드, 다진 아몬드 등 다양한 형태의 제품이 사용된다. 하지만 형태에 상관없이 모든 아몬드는 쉽게 산패되므로 빨리 사용해야 한다.

아몬드 페이스트 마트나 전문 재료상에서 쉽게 구입할 수 있다. 색소를 첨가하지 않는 제품을 사면 원하는 색을 낼 수 있어 편리하다. 다양한 색을 가미한 아몬드 페이스트도 구입할 수 있다.

비터 아몬드 에센스 제과에서 자주 사용되는 재료로 쉽게 구입할 수 있다. 향이 강하기 때문에 레시피에 명시된 계량대로 한 방울씩 정확히 넣는다.

아몬드유 분쇄한 아몬드를 이용해 만드는데, 기성제품을 사용하지는 않는다. 60쪽 레시피를 참고해서 직접 만든다.

비스퀴 아 라 퀴이에르biscuits à la cuillère 프랑스 제과에 단골로 등장하는 비스퀴 중 하나다. 달걀과 설탕이 풍부하게 들어가며, 무르지 않고 바삭거려야 한다. 샤를로트를 자주 만든다면 항상 통에 보관해두는 것이 좋다. 동네 제과점에서 소포장 형태로 판매하는 제품을 사서 밀폐 용기에 보관해도 좋다.

커피 커피는 대부분 소량만 넣기 때문에 인스턴트커피를 사는 것이 훨씬 실용적이다. 가능하면 아라비카 커피를 구입한다.

액상 커피 에센스 제과와 콩피즈리에 사용되는데 용량이 적은 것을 구입한다.

식용 색소 퐁당, 아몬드 페이스트에 색을 내는데 쓰이고, 일부 무스나 아이스크림 레시피에도 들어간다. 피스타치오 아이스크림의 경우 색소를 넣지 않으면 초록색을 구현할 수가 없다. 전문 재료상에 가면 다양한 색소를 구입할 수 있는데, 소량만 넣어도 색이 진해지므로 한 방울씩 정확히 세면서 넣는다.

잼과 젤리 라즈베리잼, 딸기잼, 체리잼, 또는 모과젤리, 레드커런트젤리, 라즈베리젤리는 리 오 레riz au lait나 크레프, 와플 등의 필링으로 자주 사용된다. 개봉한 잼이나 젤리는 냉장 보관한다.

커피빈 초콜릿, 버미첼리 초콜릿, 사각 또는 원형 **레이스 도일리 페이퍼**는 반드시 구비해둔다. 원형 금박 접시는 가토를 담을 때 필요하고, 유산지 컵은 12개 정도를 준비해 프티푸르petit-fours를 넣을 때 사용한다. 이런 부자재는 마트나 전문 재료상에서 쉽게 구입할 수 있다.

오렌지 플라워 워터eau de fleur d'oranger 오렌지나무 꽃에서 추출하는 오렌지 플라워 워터는 크림, 크레프 반죽, 베녜 등에 넣어 향을 낸다. 작은 병에 담은 것을 구입해 항시 구비해두는 것이 좋다.

브릭 시트feuilles de brik 브릭은 아주 얇은 튀니지식 크레프다. 세몰리나에 물을 넣고 끓인 다음, 올리브유를 두르고 굽는데 얇게 부쳐야 하기 때문에 기술을 요한다. 일부 제과 레시피에도 들어가는데, 외국 식자재 전문점에 가면 구할 수 있다.

퐁당fondant 설탕 시럽에 글루코오스를 넣고 121℃로 끓인 다음, 스패출러로 잘 저어서 불투명하고 되직한 페이스트로 만든 제품이다. 그대로 쓰기도 하지만 초콜릿, 커피, 딸기, 라즈베리, 레몬, 오렌지 향을 넣어 슈나 에클레르, 제누아즈, 밀푀유 등을 코팅하는 용도로도 사용한다. 콩피즈리에서는 퐁당을 녹여서 마스팽이나 건과일, 브랜디에 절인 체리 등에 입힌다. 시판 제품을 사도 좋고 직접 만들어 써도 된다▶76쪽 참고.

시럽에 재운 과일 주로 살구, 복숭아, 배, 파인애플을 시럽에 재워 샤를로트나 타르트 등에 넣는다. 겨울이라 생과일을 구하기 어렵고 과일 퓌레를 빨리 만들고 싶다면 과일 통조림을 활용한다.

과일 콩피fruits confits**와 오렌지 · 레몬 껍질 콩피**écorces d'orange et de citron confites 과일 콩피는 체리, 안젤리카, 세드라(시트론), 생강을 작은 큐브로 자른 다음 시럽에 조려서 만든다. 브리오슈나 파운드케이크 반죽, 아이스크림 등에 넣는데, 푸딩이나 일부 디저트와 앙트르메를 만들 때 없어서는 안 될 재료다. '오렌지 필 콩피'라고도 부르는 오렌지 껍질 콩피와 레몬 껍질 콩피는 제과에서 자주 사용하는 재료로 시중에서 쉽게 구할 수 있다.

젤라틴 가루와 투명한 시트 형태로 판매되는데, 무스, 샤를로트, 바바루아, 젤리 등에는 주로 시트 형태의 판젤라틴을 쓴다. 손쉽게 구할 수 있으며, 남은 것은 밀폐 용기에 담아야 흐물거리지 않는다.

글루코오스glucose 순수한 설탕으로 시럽처럼 흐르는 텍스처. 설탕에 넣고 끓이면 결정이 생기지 않기 때문에 일부 레시피에 사용된다.

리큐어 제과에서 주로 사용되는 리큐어는 그랑 마르니에grand marnier, 체리주cherry, 쿠앵트로cointreau, 샤르트뢰즈chartreuse, 퀴라소curaçao, 마라스캥marasquin인데, 100~250㎖ 용기에 담긴 제품을 구입하는 것이 유용하다.

마롱(밤)marron 마롱은 레시피에 따라 다양한 형태로 사용된다. 설탕을 첨가한 밤 퓌레인 **마롱 크림**crème de marron이 가장 많이 쓰이는데, 바바루아나 아이스크림, 바슈랭같이 얼려 먹는 디저트나 제과 또는 바르게트, 크레프, 롤케이크 같은 앙트르메의 필링으로 사용된다. 단순히 마롱 크림에 크렘 샹티만 곁들여 먹기도 한다. **조미하지 않은 마롱 통조림**과 마롱 크림은 마트에서 쉽게 구할 수 있지만 **마롱 페이스트**pâte de marron는 전문 재료상에서 사야 한다. 마롱을 설탕 시럽에 졸인 다음 설탕을 입힌 **마롱 글라세**marrons glacés와 마롱 글라세를 조각으로 부순 제품인 **브리쉬르 드 마롱 글라세**brisures de marrons glacés 또한 전문 재료상이나 콩피즈리를 취급하는 제과점에서 구할 수 있다.

파트 아 필로pâte à filo **또는 필로**phyllo 동양에서 전해진 파트 아 필로는 일부 제과 레시피에서도 사용하는 재료다. 보통 시트 형태로 판매하고 외국 식자재 전문점에 가면 구할 수 있다. 알루미늄 포일에 싸서 냉장고에 넣어 두어야 하는데, 보관 기간이 최대 2~3일밖에 되지 않는다.

피스타치오 제과에서는 껍질을 벗긴 통피스타치오를 사용하지만 피스타치오 페이스트도 자주 쓰인다. 전문 재료상에 가면 구할 수 있다.

플랑 가루poudre à flan 달콤한 플랑을 만들 때 자주 사용된다.

프랄랭pralin 프랄랭은 아몬드나 헤이즐넛 또는 이 두 가지를 섞은 다음 캐러멜을 입힌 후 분쇄한 것이다. 크림이나 아이스크림에 넣어 고소한 향을 내거나 초콜릿 부셰bouchée나 초콜릿 봉봉에 넣는다. 쉽게 산패되긴 하지만 밀폐 용기에 넣으면 며칠간은 보관할 수 있다. 전문 재료상에 가면 구입할 수 있다.

투롱touron **또는 투론**turrón 아몬드를 빻아서 흰자와 설탕을 넣고 버무린 스페인식 누가다. 피스타치오나 통아몬드, 호두, 건과일을 넣기도 한다. 전문 재료상이나 콩피즈리를 취급하는 제과점에서 구입할 수 있다.

영양과 디저트

DIÉTÉTIQUE and DESSERTS

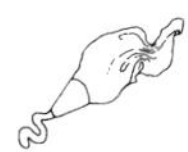

최근 연구에서 달콤한 음식을 먹는다고 해서 건강에 악영향을 끼치는 것이 아니며, 지나치게 당분을 자제하는 것이 과다 섭취만큼 해로울 수 있다는 연구 결과를 내놓았다. 또한 탄수화물이 반드시 체중 증가와 직결되지 않는다는 사실도 증명됐다. 영양과 디저트에서는 균형 있는 식습관에 대해 알아본다.

정부 당국은 균형 잡힌 식사를 하려면 하루 열량 소비를 단백질 15%, 지질 30~35%, 탄수화물 50~55%로 맞추라고 권고한다. 하지만 고기, 생선, 빵, 야채, 면, 쌀, 과일, 디저트 등 갖가지 음식을 먹는 데다가 시시각각 몸무게를 잴 수도 없고, 매번 식단표를 확인할 수도 없는 노릇이어서 이를 실생활에 적용하기는 어렵다. 하지만 한 가지 원칙, '삼시세끼 모두 골고루 먹기'만 지키면 누구나 올바른 식습관을 기를 수 있다.

예를 들어, 아침에는 차나 커피에 우유나 요거트, 프로마주 블랑 같은 유제품(단백질, 칼슘)과 잼이나 버터를 바른 빵이나 시리얼(탄수화물)에 과일이나 과일 주스(탄수화물, 비타민)를 먹는다. 점심과 저녁에는 고기나 생선(단백질, 철분)에 채소와 감자 또는 파스타나 쌀 요리(탄수화물, 비타민)를 곁들여 영양을 보충한다. 치즈(단백질과 칼슘)는 이왕이면 생치즈를 선택하고, 과일(탄수화물, 비타민)이나 디저트와 빵(탄수화물)을 먹는다.

음식 섭취량은 체질이나 상황에 따라 다른데 몸이 먼저 알아차리고 특정 신호를 보낸다. 이전에 섭취한 음식물이 장기에 흡수, 대사되어 신체가 탄수화물을 필요로 할 때, 우리는 허기를 느낀다. 하지만 식사를 시작하면 체내에 소화된 탄수화물이 신경계에 신호를 보내기 때문에 배고픔은 차츰 사그라지고 포만감이 자리 잡게 된다. 그런데 지방에는 이런 능력이 없다. 인체는 뛰어난 정밀 기계로 대단히 복잡한 생화학 메커니즘에 반응하는데, 아직 과학적으로 밝혀내지 못한 숙제들이 남아 있다. 이러한 이유로 영양학계에서 다양한 주장들이 오가기도 한다.

무수한 세포의 집합소, '몸'

체중이 65kg인 사람의 몸은 수분 40kg, 단백질 11kg, 지질 9kg, 무기물 4kg, 탄수화물 1kg, 소량의 비타민으로 이루어져 있다. 인체를 구성하는 수많은 세포는 각기 다른 조직으로 나뉘고, 이것은 다시 특정 기능을 담당하는 순환계, 신경계, 골격계 등의 생체 시스템을 구성한다. 모든 세포는 기질과 수명에 따라 살거나 죽고, 성장하고 증가하며 재생되기 때문에 영양분을 필요로 한다. 우리는 음식물로 영양분을 섭취하는데, 체내에 도달한 음식은 물리화학적 모험을 경험하며 단백질과 지질, 탄수화물로 다시 태어난다. 다시 말해 근육이나 지방, 에너지를 생성한다.

장기에 직접 소화된 음식물로 수분과 단백질, 지질, 탄수화물, 알코올, 무기염류와 비타민을 포함한다. 모든 음식에는 영양소가 있지만, 모든 영양소를 고루 갖춘 음식은 존재하지 않는다.

영양학자들은 신체가 필요로 하는 영양소와 열량을 연구하고 결정하는 일을 한다. 그런데 개개인의 활동량에 따라 에너지의 소모와 손실이 다르기 때문에 체내에서 요구하는 영양소와 열량도 달라진다. 생체는 흡수한 물질을 합성하는 동화 작용과 이를 분해하는 이화 작용을 통해 필요한 에너지를 변화·생성하는데, 이러한 과정의 총체를 '대사'라고 한다.

음식에서 영양소로

우리는 일반적으로 하루에 세 번 식사를 하고 더 많이 먹는 경우도 흔하다. 입으로 들어간 음식물은 소화를 통해 유용한 영양소로 변환되는데, 초반에는 화학적 소화 작용이 일어나 음식물을 잘게 분해하는 소화 효소가 분비되고, 이와 동시에 저작 운동을 하면 의지와는 상관없이 자연적으로 위와 장기가 수축해 음식물이 잘게 쪼개지고 묽어진다.

이러한 과정을 통해 단백질은 아미노산, 지질은 지방산, 탄수화물은 단당으로 분해된다. 이들 물질은 상당히 복잡한 메커니즘을 거쳐 수분 일부와 비타민, 무기염류와 함께 장벽을 통과해 혈관과 림프관으로 이동하고 영양소를 필요로 하는 시기에 세포에 공급된다. 파괴된 세포에 단백질이 자리 잡고 지질은 체내에 저장된 후에 사용되며 포도당은 에너지를 공급한다.

흡수되고 남은 찌꺼기와 섬유소, 수분은 대장을 통과하고 바로 이곳에서 장내 박테리아와 섞여 수분의 대부분이 흡수되고 잔여물은 배출된다.

신경계와 위장 호르몬이 영양소 분해에 필요한 효소를 배출시키면서 소화 기능을 조절한다. 이는 복잡한 소화 과정을 비롯해 정신이 식습관에 상당한 영향을 끼친다는 사실을 뒷받침해주고 있다. 그렇다면 흡수된 영양소는 체내에서 어떤 물질로 변할까? 세포가 필요로 하는 에너지와 물질을 어떻게 공급할까?

끊임없이 필요한 에너지

일하고 잠자고 숨 쉬는 모든 활동에는 에너지가 필요하고, 에너지는 생명의 고유한 특성인 열과 운동으로 체내에서 발현된다.

에너지가 생성되려면 단백질과 탄수화물, 지질이 복잡한 분해 현상에 따라 산화되는데, 이에 따라 이산화탄소가 배출되고 수분이 만들어지고 체열이 방출되면서 인체가 기능하게 된다. 그렇지만 분해 현상에서 생성된 찌꺼기인 '활성 산소'가 세포벽을 공격해 노화를 유발하기도 한다. 일상생활에서 접하는 산화를 예로 들면 쉽게 이해할 수 있다. 금속을 제대로 관리하지 않으면 녹이 슬고 점점 부식되는데, 체내의 모든 세포도 매순간 산화를 거치면서 결국 노화되는 것이다. 다행스럽게도 효소를 통해 파괴력이 강한 활성 산소를 중성화시킬 수 있지만, 이마저도 충분치 않다. 만약 효소만으로 노화를 막을 수 있다면 인간은 영원히 늙지 않을 것이다.

인체에 필요한 에너지뿐 아니라 식품에 함유된 에너지도 킬로칼로리Kcal와 줄KJ로 표시한다. 신체 균형을 유지하려면 소모된 열량만큼 에너지를 섭취해야 하지만 쉽게 지켜지지 않는다. 통장 잔고에 비유해보면 입금액이 출금액보다 많으면 잔고가 쌓이듯이, 레시피 열량이 소모량보다 훨씬 높다면 잉여 칼로리가 축적된다.

칼로리와 줄

킬로칼로리(kcal)는 아주 오래전부터 통용되고 있는 열량 단위인데, 줄(J)이 1978년 1월 1일부터 국제표준 단위로 사용되고 있다. 1kcal는 4.18KJ이고 1KJ은 0.239Kcal에 해당된다. 여전히 많은 영양학자들이 줄보다는 칼로리를 사용하고 있지만 식품 성분표에는 줄(J)과 칼로리(kcal)가 모두 병기되어 있다.

열량 소모

인체에 필요한 열량을 이해하려면 먼저 에너지가 어떻게 소모되는지 알아야 한다. 예산이 다양한 곳에 쓰이고 개인마다 지출 항목이 다르듯 에너지의 쓰임도 이와 유사하다.

가장 먼저 기초대사량을 들 수 있다. 기초대사량은 인간이 생명을 유지하는 데 필요한 최소한의 열량으로 활동을 하지 않는 상태에서 소모되는 에너지량을 의미한다. 신장, 체중, 성별, 연령뿐만 아니라 물리적 · 정신적 상태에 따라 달라진다. 여자보다 남자가 기초대사량이 더 높고 성장기에도 수치가 상승한다. 열, 통증, 심리적 불안은 기초대사량을 증가시키는 요인이다.

인체의 온도를 37도로 유지하는 작용인 체온조절 또한 주된 열량 소모원이다. 체온을 최적 범위로 유지하기 위해 경우에 따라 추위나 더위와 싸워야 하는데, 이렇게 소모되는 에너지량은 기후나 계절, 생활 방식에 따라 달라진다.

마지막으로 하루에 여러 차례 영양분을 보충하는 음식 섭취를 들 수 있다. 특이 동적 작용specific dynamic action에 의해 발생되는 열량 소모량도 간과할 수 없는데, 실제로 단백질과 지질, 탄수화물을 분해시켜 저장하려면 에너지가 필요하다.

그렇지만 일반적으로 열량이 가장 많이 소모되는 것은 근육 운동이다. 앉아 있을 때 1분에 1.5~2kcal(6~8KJ)가 소모되고, 이보다 강도 높은 활동을 할 때는 4~6kcal(15~34KJ)가 소모된다. 또한 1시간 동안 산책을 하면 보통 250~300kcal가 소모된다. 근육 운동량이 부족하면 에너지 섭취와 소모의 균형이 깨지고 잉여 칼로리가 체내에 축적된다.

식단

균형 있는 식사를 하려면 단백질, 지질, 탄수화물뿐만 아니라 비타민과 무기염류를 적정 비율로 섭취해야 한다. 특정 영양소나 전체 영양소 섭취가 부족하거나 과잉되면 체중 증가나 영양소 결핍으로 귀결된다.

◇ 평균 필요 열량 ◇

대상	킬로칼로리(Kcal)	킬로줄(KJ)
1~9세 아동	1360~2190	5700~9200
10~12세 남아	2600	10900
10~12세 여아	2350	9800
13~15세 남자 청소년	2900	12100
13~15세 여자 청소년	2490	10400
16~19세 남자 청소년	3070	12800
16~19세 여자 청소년	2310	9700
활동량이 적은 남성	2100	8800
활동량이 적은 여성	1800	7500
활동량이 평균인 남성	2700	11300
활동량이 평균인 여성	2000	8400

※ 위의 수치는 평균을 의미하며 개인에 따라 얼마든지 달라질 수 있다. 유전적 형질 또한 영향을 미칠 수도 있다.

몸을 만드는 영양소, 단백질

신체 조직을 구성하는 모든 세포는 단백질로 이루어져 있다. 단백질은 23종류의 아미노산으로 구성되어 있는데, 이 중 8종은 체내에서 합성되지 않는 필수 아미노산이다. 식품으로 충분한 양의 필수 아미노산을 섭취하지 않으면 우리 몸은 제대로 기능하지 못한다. 단백질의 종류는 수백 가지에 이르는데, 조직과 기능에 따라 종류가 천차만별이고, 아직까지 밝혀내지 못한 것들도 많다. 일상생활에서 필요한 단백질은 체중 1kg당 1g인데, 이는 일반적으로 하루에 필요로 하는 열량의 12~15%에 해당한다.

단백질이 풍부한 식품

단백질 함유율이 가장 높은 식품은 바로 발효 치즈다. 생치즈에 단백질이 8~10% 함유된 반면, 발효 치즈에는 무려 18~25%가 들어 있다. 다음으로 고기, 생선, 조개, 갑각류에 15~25% 정도가 있고, 달걀에는 13%, 밀가루에는 10%가 포함되어 있다. 뿐만 아니라 콩류에 8%, 빵에는 7%가 들어 있다.

식품 단백질

음식으로 섭취하는 모든 단백질은 1g당 4kcal를 공급한다. 동물성 단백질에는 필수 아미노산이 포함된 반면 식물성 단백질에는 없는 경우가 많아 균형 있는 식단으로 건강을 지키려면 총 단백질량 중 최소 3분의 1을 동물성 식품으로 섭취해야 한다. 채식주의자 중에서 단순히 육류와 생선을 먹지 않는다면 걱정할 필요가 없지만, 동물성 식품을 철저히

◇ 일일 단백질 섭취 권장량 ◇	
1~9세 아동	22~66g
10~12세 남아	78g
10~12세 여아	71g
13~15세 남자 청소년	87g
13~15세 여자 청소년	75g
16~19세 남자 청소년	92g
16~19세 여자 청소년	69g
활동량이 적은 남성	63g
활동량이 적은 여성	54g
활동량이 평균인 남성	81g
활동량이 평균인 여성	60g

성장기 청소년들이 필요로 하는 단백질량은 높은 편이고,
임신과 수유 같은 신체 변화를 겪는 여성들 또한 많은 양의 단백질을 요한다.

배제한다면 위험할 수도 있다. 그렇지만 곡물 섭취의 중요성을 간과하는 분위기에서 이 같은 원칙을 지키기란 쉽지 않다. 실제로는 식물성 식품에서 3분의 1, 나머지를 동물성 식품에서 섭취하는 것이 일반적인데, 이렇게 동물성 지방을 많이 섭취하게 되면 영양 불균형을 초래하고, 결국 비만과 심혈관 질병을 유발한다.

대표적인 에너지원, 탄수화물

모든 탄수화물 식품은 살짝 단맛이 나는데, 책에 소개된 '달콤한' 디저트에도 당연히 탄수화물이 포함되어 있다. 화합물이라는 뜻의 '탄수화물'은 흔히 '당'이라고도 부르며, 분해 속도가 빠른 '단순당'과 천천히 분해되는 '복합당'으로 분류하는 등 명칭이 다양해 헷갈리기 쉽다. 탄수화물은 고른 영양 섭취를 위한 영양소이자 일상생활에서 필요한 열량의 절반을 공급하는 에너지원이지만, 체중 증가의 원인으로 자주 비난받는다. 물론 지나치게 섭취하면 해로울 수 있지만 전혀 섭취하지 않으면 식습관과 건강에 심각한 문제를 불러일으킨다.

포도당

모든 체세포의 주요 에너지원으로 세포가 기능할 수 있게 영양분을 공급한다. 음식으로 탄수화물을 섭취한 후, 소화기관에서 분해되면 가장 단순한 탄수화물인 '포도당'이 생성된다. 보통 혈액 1리터당 1g이 들어 있는데, 일단 포도당이 혈액에 도달하면 쉬지 않고 세포로 운반된다. 이러한 포도당의 흡수와 사용을 관장하는 호르몬이 바로 췌장에서 분비되는 인슐린이다. 오랜 시간 운동을 하면 근세포는 지방산을 사용하지만, 이와는 다르게 뇌세포는 포도당으로만 영양분을 섭취한다. 따라서 포도당이 공급되지 않으면 뇌세포는 손상을 입고 얼마 가지 않아 죽고 만다. 이렇게 극단적인 예가 아니더라도,

설탕과 사탕은 100% 탄수화물로 이뤄진 식품이고, 비스퀴와 건과에는 65~88%가 들어 있다. 우리는 주로 빵에서 탄수화물을 섭취하는데, 대략 55%가 들어 있다. 익힌 면과 쌀에는 20% 정도가 있고, 감자도 이와 비슷한 수치. 보통 유제품에는 6%, 야채에는 7%가 포함되어 있어, 탄수화물 함량이 비교적 적은 편이다. 한편 과일에는 5~20% 정도가 들어 있다.

지질이 풍부한 식품

기름은 100% 지질로 이루어져 있다. 버터나 마가린 같은 식품에도 83%가 들어 있고, 프랑스식 육가공 식품인 '샤르퀴트리(charcuterie)' 일부에도 지질 60%가 들어 있다. 기름진 육류의 30%가 지질이고, 발효 치즈에는 15~30%, 크림에는 15~35%가 들어 있다.

혈당이 떨어지면 우리 몸이 바로 반응하는데, 피로를 느끼고 정신이 멍해지면서 허기가 진다. 지방조직에는 훌륭한 에너지 저장고가 있는데, 에너지를 축적하기도 어렵고 시간도 오래 걸리며 축적량도 제한적이다. 지방조직 내 탄수화물은 글리코겐의 형태로 주로 근육과 간에 존재하는데, 최소 300~400g 정도다. 약 12시간이 지나면 고갈되기 때문에 끼니마다 탄수화물이 포함된 음식을 섭취해야 한다.

탄수화물 식품

탄수화물 식품은 모두 g당 4kcal의 에너지를 공급하는데, 분자 수에 따라 단순 탄수화물과 복합 탄수화물로 나뉜다. 분자 1개로 구성된 '진짜 단당류'는 많지 않은데, 글루코오스, 갈락토오스, 프룩토오스, 마노스가 있다. 이 중 갈락토오스, 프룩토오스, 마노스는 간이나 세포에서 글루코오스로 전환된다. 슈크로오스, 락토오스, 말토오스도 '단순 탄수화물'에 속한다. 실제로 분자가 2개인 이당류이지만 소화가 시작되자마자 빠르게 분해된다. 형태에 상관없이 사탕수수나 사탕무로 만든 설탕이 슈크로오스인데 글루코오스 1분자와 프룩토오스 1분자가 결합한 것이다. 락토오스는 유당이라고도 하는데, 글루코오스 1분자와 갈락토오스 1분자로 이루어져 있다. 말토오스는 맥아나 녹말에 열을 가해 부분적으로 가수분해하여 얻는다.

모든 단순 탄수화물은 동일한 물리적 속성을 지니는데, 그중 가장 중요한 속성이 가용성이다. 바로 이러한 가용성 덕분에 빠르게 흡수되어 '빠른 탄수화물'이라고도 부른다. 복합 탄수화물은 곡류나 콩, 덩이줄기 식물, 근채류나 구근류에 존재하는 녹말로, 글루코오스 분자가 서로 연결된 형태를 띤다. 녹말의 특성에 따라 분해되는데 다소 시간이 걸리기 때문에 '느린 탄수화물'이라고 부른다.

그동안 흡수가 빠른 단당을 비롯한 탄수화물은 체중 증가의 원인으로 비난받아왔다. 하지만 최근에 탄수화물의 영양학적 가치가 재평가받고 있다. 흡수되는 속도에 관계없이, 보통 탄수화물은 전량 체내에서 연소되기 때문이다. 하지만 필요한 열량에 비해 너무 많은 양을 섭취하면 지방으로 전환된다.

지질, 체형을 결정하는 에너지원

지방은 체내에서 여러 가지 기능을 담당한다. 지방조직에 결집하여 근육을 감싸기 때문에 지방이 얼마나 많으냐에 따라 체형이 결정된다. 에너지 저장량이 가장 많은 지질은 1g당 9cal의 에너지를 공급한다. 체중이 65kg인 사람의 몸에는 지질이 보통 9~10kg 존재한다. 이는 자그마치 81,000~90,000cal에 해당하는 것으로, 최소 40일 정도를 생존할 수 있는 열량이다. 또한, 지질은 세포막과 신경세포를 구성하는 데 관여하기도 한다. 지방세포 안에서 글리세롤과 지방산의 형태로 존재하는데, 몸속의 글리코겐이 고갈되면, 고도로 정밀화된 물질대사에 따라 지방산이 세포로 에너지를 공급한다.

지질 식품

지방산에는 포화지방산과 단일불포화지방산, 다가불포화지방산이 있는데, 화학 구조에 따라 이렇게 복잡한 명칭이 붙여졌다. 특히 지방산은 심혈관계에 해롭거나 이로운 영향을 끼치는 것으로 잘 알려져 있다. 포화지방산은 주로 버터, 크림, 치즈, 고기 같은 동물성 지방에 들어 있는데, 포화지방산이 많을수록 18~22°C의 상온에서 지방이 단단하게 굳기 때문에 구분하기 쉽다.

오일에는 단일불포화지방산과 다가불포화지방산이 풍부한데, 원료에 따라 비율은 제각각이다. 하지만 오일은 100% 지질로 이루어져 있다. 외관이나 유동성, 투명성 때문에 가벼워 보이기도 하지만 모든 종류의 오일은 순수한 지질이다. 총 열량의 30~35% 이상을 차지할 정도로 지방이 많은 식품

체내에서 자연적으로 분비되는 콜레스테롤은 여러 호르몬의 전구체로 우리 몸에 반드시 필요한 물질이다. 또한, 체내에 지질을 운반하는 혈청리포단백질(HDL, LDL)의 구성 요소이기도 한데, 혈청리포단백질은 유전 형질에 따라 다소 감소하기도 한다. 흔히 HDL은 '좋은 콜레스테롤', LDL은 '나쁜 콜레스테롤'이라고 하는데, LDL은 혈관 벽에 붙어 심혈관 질환을 유발한다. 반면, 다가불포화지방산과 단일불포화지방산은 심혈관 질환을 예방하는 역할을 한다. 콜레스테롤은 동물성 지방에 들어 있는데, 식물성 지방에는 존재하지 않는다.

을 섭취하거나 일일 섭취량이 80g을 넘으면 지질은 체내에 아주 쉽게 저장된다. 하지만 무엇보다도 유전적으로 과체중이라면 쉽게 살이 찔 위험이 있다. 오늘날, 서구의 식습관은 하루에 섭취하는 전체 칼로리에서 지질이 40~45%를 차지할 만큼 기름진 식단으로 이루어져 있다. 지질 대신 곡류를 많이 소비해 탄수화물을 섭취하는 것이 바람직하다.

무기염류와 미량 원소

우리 몸에는 종류에 따라 다르기는 하지만 무기물이 다량 존재하며, 제각기 고유의 역할을 수행한다. 무기물 중에는 잘 알려진 것도 있지만 여전히 연구가 더 필요한 물질들도 있다. 미량 원소라 함은 식품뿐만 아니라 체내에서도 소량밖에 존재하지 않는 무기물을 의미한다.

무기염류

대표적으로 칼슘과 염소, 철분, 마그네슘, 인, 칼륨, 나트륨이 있다.

칼슘과 인

골격을 구성하는 기능을 하기 때문에 체내에 가장 많이 존재하는 무기염류다. 이런 이유로 식품을 통해 하루에 800~1000g을 섭취해야만 한다. 뿐만 아니라 칼슘과 인은 신경계와 근육의 자극 반응성에 관해 각기 다른 기능을 담당한다.

모든 식품은 인을 포함하고 있지만 칼슘은 주로 유제품에 많이 들어 있다. 우유에는 125mg, 요거트에는 140mg이 들어 있고, 연질 치즈 100g당 50mg, 경질 치즈 950mg으로 치즈는 종류에 따라 함량이 크게 달라진다. 따라서 단순히 우유만 마시는 것이 아니라 매끼 치즈나 유제품, 우유로 만든 디저트를 먹는 것이 바람직하다.

철분

적혈구의 구성 요소로, 면역력이나 세포 호흡의 메커니즘에 매우 중요한 역할을 담당한다. 여성의 일일 권장량은 18~24mg, 남성은 19mg이지만 충분히 섭취하지 못하는 경우가 많다. 체내에 쉽게 흡수되지 않을뿐더러 철분을 포함한 식품도 그리 많지 않기 때문이다. 보통 붉은 고기를 충분히 섭취하지 않아 결핍되며, 채소에도 들어 있지만 체내 흡수율이 좋지 않다. 시중에 판매되는 철분 강화 식품을 섭취하면 결핍증을 예방할 수 있다.

마그네슘

신경 세포와 근육의 자극 반응성에 관여한다. 일일 권장량이 300~500mg으로 많은 편인데, 충분히 섭취하지 못하는 경우가 많다. 초콜릿(100g당 290mg), 건과(50~250mg), 콩류(60~80mg), 통곡물을 제외하곤 대부분의 식품에 아주 적게 들어 있기 때문이다. 마그네슘은 상대적으로 자주 결핍되는 무기염류로, 체내에 마그네슘이 부족하면 피로와 근육 장애 등을 유발하고, 때로는 경련을 일으키기도 한다. 따라서 흡수가 잘되도록 약으로 복용할 필요가 있다.

나트륨

우리 몸의 수분 균형을 관장하기 때문에 매우 중요한 기능을 담당한다. 나트륨이 부족한 경우는 없으며, 오히려 과잉되는 경향이 있다. 주로 염화나트륨인 소금의 형태로 과다 섭취하는 경우가 많다. 거의 모든 식품에 나트륨이 들어 있는데, 유전력이 있는 사람이 염분을 과다 섭취하면 고혈압에 걸릴 확률이 높다.

칼륨

모든 세포에 존재하며, 신진대사에서 매우 중요한 역할을 한다. 모든 식품에 칼륨이 들어 있는데, 특히 과일과 채소에 다량 함유되어 있다. 칼륨이 부족한 경우는 없다.

미량 원소

구리, 크롬, 불소, 요오드, 망간, 몰리브덴, 셀레늄, 아연이 있다. 이 중 구리, 크롬, 망간, 몰리브덴,

셀레늄의 필요량에 대해서는 여전히 연구 중이다.

요오드

갑상선 호르몬을 합성하는 데 반드시 필요한 물질이다. 식수에 요오드가 미량 들어 있는 지역이나 생선을 많이 먹지 않는 곳에서 자주 결핍된다. 프랑스에서는 요오드가 함유된 테이블용 소금을 많이 먹기 때문에 요오드 결핍 현상은 거의 나타나지 않는다.

불소

성장에 관여하며 치아 에나멜을 구성하는 물질이기도 하다. 식수만 마셔도 성인에게 필요한 양을 충분히 섭취할 수 있다.

아연

수많은 효소를 구성하는 물질이자 단백질 합성에 필요한 영양소다. 생선, 조개, 해산물, 고기에 존재하며, 부족하거나 제대로 흡수되지 않으면 성장이 지연되고 피부가 거칠어진다.

생명에 반드시 필요한 비타민

비타민은 성장과 재생, 장기의 원활한 기능에 결정적 역할을 하지만, 우리 몸에서 생성되지 않기 때문에 반드시 식품으로 섭취해야 한다. 그런데 비타민D는 식품 섭취가 아닌 주로 햇빛의 자외선에 노출되었을 때 만들어진다.

비타민은 12종이 있는데 A, B, C, D, E, K 등의 알파벳 명칭이 붙고, 이 중 B군의 종류가 가장 많다. B와 C는 물에 용해되는 성질이 있고, A, D, E, K는 지질에 녹기 때문에 흔히 비타민을 수용성과 지용성으로 구분한다. 하지만 어떤 작용을 하는지 완전히 밝혀지지 않은 것들도 있다. 비타민 A의 전구체인 카로틴과 비타민C, E는 항산화 작용을 하기 때문에 일부 암과 심혈관 질환의 예방에 도움이 될 수 있다. 수용성 비타민은 열과 공기, 빛에 예민한데, 특히 비타민C가 취약하다. 체내에 저장되지 않기 때문에 반드시 식품으로 매일 섭취해야만 한다. 반면에 지용성 비타민은 축적되기 때문에 결핍될 염려가 거의 없지만, 비타민 B군과 특히 C는 쉽게 부족 현상이 나타난다.

순수한 설탕을 제외한 모든 식품에 비타민이 들어 있지만 모든 종류의 비타민을 포함한 식품은 없기 때문에 골고루 먹는 식습관을 길러야 한다.

설탕이나 지방이 많은 음식을 선호하고 곡류나 과일, 채소를 기피하면 비타민이 결핍되는데, 특히 비타민 B군과 C의 부족 현상이 두드러진다. 비타민을 완벽하게 섭취하기는 어렵지만, 조금만 부족해도 피로해지는 등 그 증상이 바로 나타난다. 특히 경미한 결핍증은 군것질을 많이 하는 아이들에게서 자주 나타난다. 또한 체중 조절을 하는 사람들이나 끼니를 거르는 일이 많은 노인 또는 독신자들도 쉽게 비타민 부족에 노출된다. 흡연자들 또한 비타민C가 부족한 경우가 많은데, 니코틴 때문에 일일 권장량이 120~150mg로 증가하기 때문이다.

생명과도 같은 물

사람의 몸을 구성하는 주요 물질로 끊임없이 재생된다. 모든 세포는 물속에서 떠다니고 세포 안에도 물을 포함하며, 영양소는 수분 안에 용해된 형태로 존재한다. 모든 물질대사의 교환은 수분을 매개로 하며, 물이 있어야만 세포 반응이 활성화된다. 수분은 체온 조절에 관여하고, 물질대사가 발생시킨 노폐물을 운반하는 역할도 한다. 하루 평균 배출하는 수분의 양은 2~3리터인데, 이는 음료나 음식에 들어 있는 수분으로 대체된다.

음식이 없어도 사람의 몸은 몇 주를 버틸 수 있지만, 물이 없으면 24시간을 넘기지 못한다. 5~10%만 부족해도 금방 피곤해지고, 20%를 넘어가면 생명에 위협이 가해진다. 따라서 하루에 최소 1리터는 반드시 마셔야 한다.

영양소이면서 독소인 알코올

알코올은 g당 9kcal의 에너지를 발산하는데, 이 중 극히 일부만이 체내에 유용하다는 점을 제외하면 체내 신진대사에 그 어떤 역할도 하지 못한다. 인간은 알코올을 한 방울도 입에 대지 않고도 잘 살 수 있다. 알코올이 몸에 흡수되면 신경계가 즉각적으로 반응해 기분이 좋아지고, 정신이 몽롱해지면서 지적 기능을 자극한다. 여기에 흥을 돋우는 알코올의 사회적 기능이 더해져 사람들은 술을 찾는 것이다. 하지만 지나치게 많은 양을 섭취하면 중독에 이르게 된다. 급성 알코올 중독이라고 하면 만취 상태로 대뇌 활동의 일시적인 혼란을 가져온다. 반면 만성 알코올 중독은 자신도 모르는 사이에 간세포와 신경세포를 서서히 파괴한다. 알코올은 체내 대사 작용에 의해 분해되지만 그 양이 한정적이다. 남성은 하루에 와인 1병, 여성은 반병밖에 되지 않는다.

섬유질은 체내에 흡수되지 않을뿐더러 신진대사에 있어 아무런 어떤 역할도 하지 않는다. 하지만 노폐물 배출에 도움을 주기 때문에 장이 원활하게 기능하려면 섬유질이 반드시 필요하다. 과일과 채소에 존재하며, 동물성 식품에는 전혀 들어 있지 않다.

건강하게 디저트를 즐기는 법

불균형한 영양 섭취의 가장 큰 이유는 군것질과 지방 과잉이다. 군것질을 자주하면 잉여 칼로리가 축적돼 신체 리듬에 혼란을 일으키고, 결국 '배고픔'의 신호가 송신되지 않는다. 탄수화물은 전량 연소되는 반면, 지방은 체내에 축적된다. 우리는 무의식적으로 음식을 섭취하지만, 실제로는 탄수화물이 체내에 충분하지 않아 몸이 이를 필요로 하기 때문에 먹는 것이다. 기름진 음식을 많이 먹을수록, 체내가 필요로 하는 탄수화물을 충당하기 위해 더 많이 먹게 된다. 이렇게 되면 에너지 소모량을 능가할 정도로 먹는 양이 증가하고, 체내에 흡수된 지방이 축적되면서 결국 살이 찌는 것이다.

다시 말해, 빵이나 감자, 면, 쌀, 채소나 콩류, 과일, 디저트 등을 먹지 않으면 탄수화물이 부족해지면서 과체중을 유발하는 것이다. 흔히들 디저트가 탄수화물의 대명사인 것처럼 생각해 무조건 먹지 않으려고 하지만, 이는 균형 잡힌 식습관을 고려할 때 좋은 생각이 아니다. 더욱이 제과나 디저트류는 먹는 즐거움뿐 아니라 신경 전달 물질인 세로토닌의 분비를 촉진시킨다. 세로토닌은 평상심을 유지시키고 숙면을 돕는 등 다양한 기능을 하는데, 탄수화물을 섭취하면 이러한 신진대사가 활발해진다.

또한 의식적으로 지방 섭취를 줄이려는 노력이 필요하다. 샤르퀴트리나 치즈, 오일 등 기름진 음식은 최대한 자제해야 하고, 후식으로 맛있는 가토를 먹는다면, 에피타이저로 리예트*rillette*나 오일 드레싱을 잔뜩 뿌린 샐러드는 삼가해야 한다.

디저트나 제과 제품은 대부분 지방이 많기 때문에 음식은 기름지지 않는 것을 선택해 총 지방 섭취량에 균형을 맞추거나, 다음 식사를 가볍게 먹는 것도 한 방법이다.

너무 기름지게 먹었다면 오늘 먹은 지방양만큼 다음 날 덜 먹는 것도 좋은 방법이 될 수 있다. 균형 잡힌 식사란 무조건 먹지 않는 것이 아니라 적절하게 조절하는 것이다.

제과 용어

아베스Abaisse 작업대에 덧밀가루를 뿌리고 반죽을 밀대로 밀어 원하는 두께와 모양으로 만든 반죽.

아베세Abaisser 밀대로 반죽을 누르며 면적을 넓히다.

아파레유Appareil 오븐에 굽거나 식히기 전에 디저트에 넣는 여러 가지 재료의 혼합물.

아로마티제Aromatiser 리큐어, 커피, 초콜릿, 장미수 등 향이 나는 재료를 첨가하다.

뱅마리Bain-marie 1 아파레유를 보온하다. 2 초콜릿, 젤라틴, 버터 등을 태우지 않고 녹이다. 3 끓는 물의 열기로 음식을 천천히 익힌다. 끓는 물이 담긴 냄비에 재료가 든 용기를 얹어 익히는 작업 방식이다.

바트르Battre 힘 있게 작업하여 재료의 색깔이나 농도, 외형을 바꾸다. 대리석에서 발효 반죽을 손으로 치대면서 반죽하거나 거품기로 흰자를 세차게 저어 머랭을 만드는 작업이 이에 속한다.

뵈레Beurrer 1 버터를 넣다. 2 내용물이 들러붙지 않도록 부드러운 버터 또는 녹인 버터를 틀이나 무스링, 오븐 팬에 붓으로 바르다.

블랑쉬르Blanchir 1 노른자와 설탕을 혼합한 뒤, 기포가 생기고 색이 연해질 때까지 거품기로 세차게 젓다. 2 과육을 부드럽게 만들거나 껍질을 벗기기 위해 아몬드와 복숭아 등의 과일을 끓는 물에 데치다.

브륄레Brûler 너무 느리게 반죽해서 유지와 밀가루가 제대로 섞이지 않아 기름진 반죽을 '브륄레brûlé'되었다고 한다. 또한 노른자를 설탕에 넣고 재빨리 섞지 않으면 작은 입자가 생기는데, 이것을 크림이나 반죽에 넣으면 잘 스며들지 않는다. 이렇게 작게 뭉쳐진 노른자 덩어리를 두고 '브륄레brûlé'되었다고 한다.

캉디르Candir 설탕 시럽이 든 사각 바트에 식힘망을 얹고, 아몬드 페이스트 등을 채운 건과를 차가운 시럽에 담가 얇게 설탕 막을 입히다.

카늘레Canneler 1 카늘레 칼로 레몬이나 오렌지 등의 과일 표면에 작은 크기의 V자형 홈을 연속해서 파다. 2 파트 카늘레pâte cannelée는 카늘레용 롤러로 밀어 모양을 낸 반죽을 의미한다. 3 카늘레 깍지는 뾰족한 홈이 난 별 모양 깍지다.

캐러멜리제Caraméliser 1 설탕을 약불로 가열해 캐러멜로 만들다. 2 틀에 캐러멜을 바르다. 3 리 오 레riz au lait에 캐러멜을 넣어 향을 내다. 4 프뤼 데기제fruits déguisés나 슈에 캐러멜을 입히다. 5 설탕을 뿌린 빵이나 과자의 표면을 그릴에 구워 색을 내다.

세르네Cerner 1 과일 껍질이나 외피에 칼집을 내다. 2 조리 중에 사과가 터지지 않도록 동그란 모양으로 얕게 칼집을 내다.

슈미제Chemiser 틀 바닥이나 테두리, 또는 양면 모두에 내용물이 용기에 붙지 않게 하는 재료나 제품의 일부가 되는 재료를 바르다.

시크테Chiqueter 푀유테 반죽 가장자리를 칼로 눌러 비스듬한 홈을 만들다. '시크테'를 하면 보기에도 좋을 뿐더러 반죽이 오븐에서 잘 부풀어 오른다.

클라리피에Clarifier 시럽이나 젤리를 여과시키거나 깨끗한 부분만을 떠서 투명하고 맑게 만들다. '정제하다'의 의미로, 정제 버터는 버터를 휘젓지 않고 중탕으로 녹여 밑에 가라앉는 유장을 제거해서 만든다.

콜레Coller 내용물을 걸쭉하게 만들거나 젤리로 굳히기 위해 젤라틴을 넣다.

콜로레Colorer 색소를 첨가해 색을 진하게 만들거나 다른 색으로 바꾸다.

코르네Corner 스크래퍼로 용기를 깔끔하게 긁어 내용물을 모으다.

쿠셰Coucher 깍지를 끼운 짤주머니로 오븐 팬에 슈를 짜다.

크르베Crever 소금을 탄 물에 쌀을 넣고 살짝 끓여서 전분의 일부를 제거하다. 리오레riz au lait에 사용하는 조리 기법이다.

데캉테Décanter 1 표면에 떠 있는 불순물을 가라앉힌 후, 탁한 액체를 옮겨 담다. 2 향을 내려고 넣었던 재료를 꺼내다.

데퀴르Décuire 설탕 시럽이나 잼, 캐러멜에 찬물을 조금씩 부어 온도를 낮추다. 부드러운 텍스처가 되도록 적당량의 물을 조금씩 따라 부으며 저어야 한다.

데물레Démouler 내용물을 틀에서 꺼내다.

당시테Densité 어떤 물질의 질량과 그 물질과 같은 부피를 가진 4℃ 물의 질량과의 비, 즉 비중을 의미한다. 잼이나 봉봉, 콩피즈리를 만들 때 설탕의 농도는 보메도가 아닌 비중으로 측정한다. 눈금자가 있는 당도계를 액체에 담가 비중을 확인한다.

데누아요테Dénoyauter 데누아요퇴르dénoyauteur라고 하는 전용 집게를 사용해서 과일 씨를 제거하다.

데세셰Dessécher 재료를 약불에 가열하여 수분을 제거하다. '데세셰'는 주로 슈반죽을 만들 때 사용하는 기법이다. 먼저 물, 버터, 밀가루, 소금, 설탕을 한데 섞어 나무 주걱으로 힘껏 저으면서 강불에서 수분을 날린다. 반죽이 냄비에서 떨어질 때까지 작업해 수분을 충분히 증발시킨 후 달걀을 넣는다.

데타이예Détailler 쿠키 커터나 칼로 반죽을 원하는 모양으로 자르다.

데탕드르Détendre 반죽이나 아파레유에 액체나 우유, 휘핑한 달걀 같은 재료를 넣어 부드럽게 만들다.

데트랑프Détrempe 밀가루와 물을 다양한 비율로 섞은 반죽. 버터, 달걀, 우유 등의 재료를 추가하기 전 단계의 반죽을 의미한다. 또한, '반죽을 데트랑페détremper' 하는 것은 '손가락으로 반죽을 주물러 밀가루에 수분을 충분히 흡수시키다'라는 뜻이다.

데블로페Développer 발효나 가열을 통해 반죽이나 크림, 가토의 부피가 증가하다.

도네 뒤 코르 Donner du corps 반죽을 치대어 성형이 가능한 상태로 만들다.

도레Dorer 붓에 달걀 물을 묻혀 반죽에 바르다. 달걀 물은 '도뤼르dorure'라고 하는데 경우에 따라 달걀에 물이나 우유를 타기도 한다. 반죽에 달걀 물을 바르고 구우면 껍질에 광택과 색깔이 난다.

드레세Dresser 준비된 재료를 접시에 조화롭게 담다.

'쿠셰coucher'의 의미도 참고한다.

E

에퀴메Écumer 시럽이나 설탕, 잼과 같은 재료나 액체를 가열할 때, 표면에 떠오르는 거품을 제거하다. 흔히 '스키머'라고 부르는 에퀴무아르écumoire나 작은 국자, 또는 숟가락을 사용해서 작업한다.

에필레Effiler 아몬드 등을 세로로 얇게 저미다.

에구테Égoutter 물기가 많은 재료를 건조대나 식힘망에 얹거나 체나 시누아chinois에 담아 수분을 제거하다.

에멩세Émincer 과일을 슬라이스로 얇게 자르거나 동글게 혹은 길쭉하게 채 썰다. 가능하면 일정한 두께로 자른다.

에몽데Émonder 아몬드나 피스타치오 같은 견과나 과일을 끓는 물에 데쳤다가 찬물에 담근 후 껍질을 벗기다.

에뮐시오네Émulsionner 통상 '유화'라고 부르며, 서로 섞이지 않는 액체 또는 물질을 혼합해 입자를 분산시키는 작업을 의미한다. 예를 들어, 버터 안에 달걀을 골고루 분산시켜 유화를 유발한다.

앙로베Enrober 식품 표면에 재료를 전체적으로 덮다. 프티푸르나 단 과자, 사탕류 등에 초콜릿이나 퐁당, 쉬크르 퀴sucre cuit를 입히다.

에비데Évider 1 과피를 손상시키지 않고 과육만 도려내다. 2 씨와 꼭지가 있는 사과 가운데 부분을 비드폼므vide-pomme로 제거하다.

엑스프리메Exprimer 압착하여 즙이나 수분을 짜내다. 오렌지나 레몬 같은 감귤류의 즙을 짤 때는 프레스아그륌presse-agrume이나 프레스시트롱presse-citron 같은 전용 도구를 사용한다.

F

파소네Façonner '성형하다'의 의미로 반죽이나 재료에

특정 모양을 낸다.

파리네Fariner 재료를 밀가루로 덮거나 틀이나 작업대에 덧밀가루를 뿌리다. 반죽을 하기 전에 대리석이나 도마에 밀가루를 뿌리는 것도 이에 속한다.

페스토네Festonner 가토 테두리에 동그란 이빨 모양을 내다.

필트레Filtrer 시럽이나 크렘 앙글레즈 등을 시누아chinois에 걸러 불순물을 제거하다.

플랑베Flamber 따뜻한 디저트에 알코올이나 리큐어를 끼얹어 불꽃을 일으키다.

플뢰레Fleurer 반죽이 붙지 않도록 작업대나 틀에 소량의 밀가루를 흩뿌리다.

푸아조네Foisonner 흰자나 크림 등에 공기가 주입되어 부피가 늘어나도록 휘핑하다.

퐁세Foncer 틀 바닥과 테두리에 빈틈이 생기지 않도록 반죽을 꼭 맞게 넣다. 틀에 반죽을 넣기 전에 커터로 먼저 자르기도 하고, 넣고 나서 틀 밖으로 튀어나오는 부분을 밀대로 밀어 제거하기도 한다.

퐁Fond 구성이나 모양, 농도가 다양하며 가토나 앙트르메의 바닥 부분에 해당된다.

퐁드르Fondre 고체 유지나 초콜릿 등을 가열하여 액체로 만들다. 타는 것을 방지하기 위해 주로 중탕한다.

퐁텐느Fontaine 대리석이나 도마에 소복하게 부은 밀가루. 퐁텐느 가운데에 작게 홈을 판 것을 '퓌puit'라고 부르는데 우물을 뜻한다. '퓌'에 여러 재료를 넣어 밀가루와 섞으며 반죽한다.

푸에테Fouetter 재료의 결이 고르게 되도록 거품기나 핸드 믹서로 힘 있게 젓다. 예를 들어, 흰자를 거품이 풍성한 머랭으로 만들거나 크림을 조밀하면서 가벼운 텍스처로 만드는 작업을 일컫는다. '바트르'와 '푸아조네'를 참고한다.

푸레Fourrer 재료 안에 크림이나 퐁당 등을 채우다.

프레제Fraiser 대리석에 반죽을 놓고 손바닥으로 으깨

면서 밀다. '프레제'의 목적은 반죽에 탄성을 주지 않으면서 재료를 균일하게 섞는 것이다.

프라페Frapper 크림이나 리큐어, 아파레유를 빠르게 식히다.

프레미르Frémir 액체가 끓기 직전에 표면이 가볍게 흔들리다.

프리르Frire 고온으로 가열한 유지에 재료를 넣고 익히다. 재료에 밀가루나 파트 아 베녜, 파트 아 크레프, 파트 아 슈 등을 입혀서 튀기면 먹음직스러운 색이 나온다.

G

글라세Glacer 1 따뜻하거나 차가운 앙트르메에 '미로와miroir'라고 부르는 과일 나파주나 초콜릿을 얇게 한 겹 덮어 광택을 내다. 2 가토 위에 퐁당이나 분당, 시럽 등을 입히다. 3 조리 마지막 단계에서 가토나 앙트르메, 수플레 등에 분당을 뿌린 다음 캐러멜화하여 광택을 내다. 4 아주 차갑게 먹는 재료를 얼음 위에 얹어 식히다.

고메Gommer 1 오븐에서 꺼낸 푸티푸르에 녹인 아라비아고무를 붓으로 발라 광택을 내다. 2 프랄린praline이나 드라제dragées를 코팅하기 전에 녹인 아라비아고무를 아주 얇게 바르다.

그레네Grainer 작은 알갱이가 수없이 생겨나 텍스처가 균일하지 못하다. 휘핑한 흰자에 알갱이가 생겨 거칠어졌을 때 '그레네'란 표현을 쓰는데, 용기의 유분을 제대로 닦지 않아 발생하는 경우가 많다. 설탕을 끓일 때 결정이 생겨 탁한 빛깔이 나올 때와 퐁당 페이스트를 지나치게 데웠을 때도 '그레네'라고 한다.

그레세Graisser 1 내용물이 용기에 붙지 않고 잘 떨어지도록 무스링이나 틀 안쪽, 오븐 팬에 유지를 바르다. 2 설탕에 글루코오스를 넣어 결정이 생기는 것을 방지하다.

그리에Griller 오븐 팬에 아몬드 슬라이스, 헤이즐넛, 피스타치오 등을 담아 오븐에 넣고 틈틈이 저으면서 전체적으로 옅은 갈색이 나도록 굽다.

H

아세Hacher 아몬드나 헤이즐넛, 허브, 제스트 등을 칼이나 다짐기를 이용해 잘게 다지다.

오모제네이자시옹Homogénéisation 우유 지방구에 큰 압력을 가해 미세 입자로 만드는 기술. 이 과정을 거치면 미세 입자가 균일하게 분포되어 표면 위로 떠오르지 않는다.

윌레Huiler 틀 테두리나 오븐 팬에 얇게 기름을 발라 내용물이 붙지 않게 한다. 아몬드 페이스트나 프랄리네에 기름기가 돌 때도 '윌레'라고 한다.

I

앙비베Imbiber 바바나 비스퀴 같은 가토에 시럽이나 알코올, 리큐어 등을 적셔 향을 내고 촉촉하게 만들다. 이를 두고 '시로페siroper'라고도 한다.

앙시제Inciser 잘 드는 칼로 칼집을 내다. 과자나 빵 등에 보기 좋게 모양을 내거나 과일 껍질을 쉽게 벗기기 위해 '앙시제'를 한다.

앙코르포레Incorporer 재료를 넣고 고루 섞다. 버터에 밀가루를 넣고 완전히 스며들도록 섞는 작업이 이에 속한다.

앙크뤼스테Incruster 칼이나 커터를 이용해 콩피즈리 제품이나 재료에 장식용 문양을 새기다.

앙퓌제Infuser 끓는 액체를 방향성 재료에 부어 향을 우리다. 우유에 바닐라를 넣거나 와인에 계피를 넣어 향을 우린다.

L

르뱅Levain 밀가루와 효소를 함유한 효모. 물을 섞은 반죽. 부피가 두 배가 되도록 발효시킨 다음 남은 반죽에 넣는다.

르베Lever 발효로 반죽의 부피가 커지다.

리에Lier 액체나 크림에 밀가루, 전분, 노른자, 크림 등을 넣어서 걸쭉하게 만들다.

뤼스트레Lustrer 외관을 개선하는 요소를 발라 광택을 내다. 따뜻한 음식에는 정제 버터를 바르고, 차가운 음식에는 젤리를 바른다. 앙트르메와 빵, 과자 등에 광택을 낼 때는 과일 젤리나 나파주로 '뤼스트레'한다.

M

마세레Macérer 생과일, 과일 콩피, 건과일을 알코올, 리큐어, 시럽, 와인, 차 등에 일정 시간 담가 향이 배게 하다.

말락세Malaxer 유지나 반죽을 손으로 주물러 부드럽게 만들다. 반죽 레시피 중 일부는 오랫동안 '말락세'를 해서 결을 고르게 만들어야 한다.

마니에Manier 용기에 하나 이상의 재료를 넣고 스패출러로 저어 균일한 텍스처로 만들다. 푀위타주 앙베르세feuilletage inversé에서 버터와 밀가루를 섞는 작업이 이에 속한다.

마르브레Marbrer 표면에 여러 색깔의 띠를 만들어 마블링 효과를 내다. 예를 들어 밀푀유에 퐁당이나 젤리를 넣은 글라사주를 바른다. 그 위로 코르네cornet로 글라사주와는 다른 색의 선을 나란히 짠 다음, 칼 끝으로 일정하게 줄을 그으면 '마르브레'가 완성된다.

마스케Masquer 크림이나 아몬드 페이스트, 잼처럼 걸쭉한 재료로 앙트르메나 가토를 완전히 덮다.

마스Mass 제과를 만들 때 사용하는 되직한 재료. 프랄리네praliné, 잔두야gianduja, 가나슈, 아몬드 페이스트, 퐁당 등이 있다.

마세Masser 가열 중인 설탕에 결정이 생기다.

므랭게Meringuer 1 빵이나 과자 등을 머랭으로 덮다. 2 흰자를 머랭으로 휘핑할 때 설탕을 넣다.

믹스Mix 아이스크림에 들어가는 모든 재료의 혼합물. '아파레유appareil'라고도 부른다.

몽데Monder 아몬드, 복숭아, 피스타치오 같은 견과나 과일의 껍질을 벗기다. 내용물을 체에 받쳐서 끓는 물에 잠시 담갔다가 뺀 다음 벗겨야 한다. 껍질을 칼끝으로 조심스럽게 제거해 과육을 손상시키지 않는다.

몽테Monter 거품기나 핸드 믹서로 흰자, 크림, 설탕을 탄 재료를 힘차게 저어 공기를 주입시킨다. 공기가 들어간 재료는 부피가 커지면서 농도와 색깔이 달라진다.

무슈테Moucheter 아몬드 페이스트로 만든 형상이나 피스 등을 미세한 입자로 된 초콜릿이나 색소로 덮다.

무이예Mouiller 즙을 만들거나 익히기 위한 용도로 액체를 붓다. 이때 사용하는 액체는 '무이유망mouillement'이라고 하는데, 물, 우유, 와인 등이 있다.

물레Mouler 묽거나 되직한 재료를 틀에 넣다. 틀에 넣은 재료는 가열, 냉각, 냉동 등의 과정을 통해 형태가 변한다.

무세Mousser 거품이 이는 가벼운 텍스처로 만들다.

N

나파주Nappage 체에 거른 살구, 딸기, 라즈베리 마멀레이드에 대개의 경우 겔화제를 첨가한 흐르는 농도의 젤리. 나파주는 과일 타르트나 바바, 사바랭 등 다양한 앙트르메에 발라 광택을 낸다.

나페Napper 1 음식을 뒤덮도록 쿨리나 크림을 균일하게 붓다. 2 크렘 앙글레즈가 숟가락에 '나페'되도록 83℃로 익히는데, 이는 '크림을 숟가락 등으로 떠서 손가락으로 훑었을 때 바로 흘러내리지 않고 자국이 남는 텍스처'를 의미한다.

P

파나셰Panacher 색깔이나 맛, 형태가 다른 둘 이상의 재료를 섞다.

파레Parer 타르트나 앙트르메, 밀푀유 등의 가장자리, 양 끝을 깔끔하게 정리하다.

파르퓌메Parfumer 음식이나 재료에 향을 첨가하다. 본 재료의 향을 고려하여 향신료나 허브, 와인, 알코올 등을 넣어야 한다.

파세Passer 고운 크림, 시럽, 젤리, 쿨리같이 매끄러운 텍스처를 요하는 재료를 시누아chinois에 넣고 거르다.

파통Pâton 파트 푀유테에서 투르tour 작업을 마친 반죽 덩어리.

페트리르Pétrir 밀가루와 여러 재료를 혼합해 반죽의 결을 매끈하고 균일하게 만든다. 이때, 반죽 기능이 있는 푸드 프로세서를 쓰거나 손으로 작업한다.

필레Piler 아몬드나 헤이즐넛 등을 가루나 페이스트로 만들다.

팽세Pincer 반죽을 굽기 전에 가장자리를 제과용 집게로 집어 장식하다.

피케Piquer 오븐에서 부풀어 오르지 않도록 반죽 표면을 포크를 찍어 일정한 구멍을 내다.

포셰Pocher 물이나 시럽 등의 액체에 재료를 익히다. 이때, 액체의 온도는 끓기 직전 표면이 흔들리는 정도다.

푸앙테Pointer 믹싱을 끝낸 반죽을 발효시키다. '푸앙테' 이후에는 발효된 반죽을 접는 '롱프르rompre'를 한다.

포마드Pommade '버터를 포마드 상태로 만든다'라고 하는데 이는 버터를 크림처럼 부드럽게 만드는 것을 의미한다.

푸세Pousser 이스트의 작용으로 반죽이 부풀어 오르다.

프랄리네Praliner 1 크림이나 아파레유에 프랄리네praliné를 넣다. 2 프랄리네 제조의 첫 단계로 견과류에 끓인 설탕을 입혀 '사블레sabler'하다.

R

라페르미르Raffermir 반죽이나 아파레유를 냉장고에 넣어 단단하게 굳히다.

라프레시르Rafraîchir 차게 먹는 가토, 앙트르메, 과일 샐러드, 크림을 냉장고에 넣다.

라페Râper 제스트를 만들 때처럼 고체 재료를 강판 등에 갈아 작게 분쇄하다.

레이예Rayer 달걀 물을 바른 반죽 위에 칼끝이나 포크 등으로 줄을 그어 장식하다. 예를 들어 갈레트 푀유테galette feuilletée에는 대각선 무늬를 내고, 피티비에pithivier에는 동그란 꽃 모양을 그린다.

레뒤르Réduire 끓는점을 유지하면서 수분을 증발시켜 액체의 분량을 줄이다. 액체를 졸이면 즙이 농축되면서 진한 맛이 우러나오고 농도가 짙어지며 부드러워진다.

를라셰Relâcher 완성된 반죽이나 크림이 흐물거리는 상태.

르페르Repère 1 몽타주나 장식을 쉽게 하려고 가토에 낸 표시. 2 요리나 접시 테두리에 장식을 붙이려고 만든 밀가루와 흰자의 혼합물.

레제르베Réserver 나중에 쓰기 위해 재료나 혼합물 등을 뜨겁거나 차갑게 보관하다. 유산지나 알루미늄 포일, 랩, 천 등을 씌워 본래의 속성이 변하는 것을 방지한다.

리올레Rioler 가토 위에 직선이나 레이스 모양의 반죽 띠를 일정한 간격으로 배치해 격자무늬를 만든다.

롱프르Rompre 발효된 반죽을 여러 차례 접어 발효를 일시적으로 멈추게 하다. 반죽을 하면서 '롱프르'를 두 번해야 효과적으로 발효된다.

뤼방Ruban 뜨겁거나 차가운 상태에서 노른자와 설탕을 섞어서 매끈하면서 균일한 텍스처로 만든다. 이런 상태가 되면 스패출러나 거품기로 떠올렸을 때 끊기지 않고 리본처럼 부드럽게 떨어지는데, 이것을 뤼방이라고 하고, 제누아즈 반죽이 '뤼방'을 만든다고 표현한다.

사블레Sabler 1 파트 사블레나 파트 브리제를 반죽할 때 재료를 부슬부슬한 상태로 만들다. 2 끓인 설탕을 스패출러로 저어 모래알같이 부슬거리는 텍스처로 만들다.

세레Serrer 흰자 머랭이 거의 다 완성되었을 때, 균일하고 단단한 텍스처가 되도록 거품기를 빠르게 돌리다.

시로페Siroper 바바나 사바랭같이 발효 반죽으로 만든 가토를 시럽이나 알코올, 리큐어에 담그거나 액체가 완전히 스며들도록 여러 번 끼얹다.

스트리에Strier 포크나 빗, 붓으로 가토 표면에 줄을 긋다.

타미제Tamiser 밀가루, 베이킹파우더, 설탕을 체에 걸러 덩어리를 제거하다. 흐르는 제형의 재료를 체에 거르기도 한다.

탕포네Tamponner 크림이 굳어 껍질이 생기지 않도록 표면에 버터를 한 조각 정도 발라 얇은 유지막을 만들다.

탕페라주Tempérage 장식용 초콜릿은 안정적이고 광택이 나며 부드러운 식감을 갖춰야 한다. 이를 위해 정확하게 계산된 그래프에 따라 초콜릿의 온도를 조절하는 것.

티레Tirer 설탕 반죽에 광택을 내는 '사티네satiner'를 하기 전에 그랑 카세grand cassé로 끓인 설탕 반죽을 여러 번 당겨서 접다.

투레Tourer 파트 푀유테를 만들 때 '투르 생플tour simple' 또는 '투르 두블tour double'을 하다.

트라바이예Travailler 되거나 묽은 상태의 반죽 또는 재료를 어느 정도 힘을 가해 섞다. 여러 재료를 섞거나 텍스처를 균일하게 하거나, 반죽을 묵직하거나 부드럽게 만들기 위해 '트라바이예'를 한다. 불이나 불 밖에서,

또는 얼음에 얹어 나무 스패출러나 거품기, 또는 핸드믹서, 블렌더, 손으로 작업한다.

바네Vanner 표면에 막이 생기지 않도록 크림이나 아파레유appareil를 나무 주걱이나 거품기로 저어 텍스처를 고르게 유지하다. '바네'를 하면 내용물이 빨리 식는 경향이 있다.

비들레Videler 충전물이 밖으로 흐르지 않게 반죽 테두리를 살짝 들어 올려 안으로 접다.

부알레Voiler 앙트르메 글라세나 크로캉부슈 등을 만들 때 그랑 카세grand cassé나 필레filé로 끓인 설탕으로 한 겹 덮다.

제스테Zester 향과 색깔이 있는 감귤류의 외피를 야채칼이나 제스터로 얇게 뜨다.

피에르 에르메가
사랑하는 레시피

LES 《COUP DE CŒUR》 DE PIERRE HERMÉ

초콜릿과 라벤더꽃, 포도와 커리, 크렘 브륄레와 캐러멜 라이스……. 맛과 텍스처의 섬세한 조화를 추구하는 피에르 에르메만의 독창적인 레시피를 사진과 함께 소개한다. 후추, 생강, 계피, 민트 잎, 버베나 같은 향신료와 허브가 다양하게 쓰이고, 레드 비트 같은 야채도 등장할 만큼 그의 레시피에는 유니크한 세계가 담겨 있다.

레몬나무 잎과 민트 잎, 배 베녜

Beignets de poire, feuilles de menthe et feuilles de citronnier

6인분 기준
작업 시간 40분
조리 시간 10분

재료
쌀가루 100g · 설탕 90g
노른자 1개분 · 소금 1꼬집
후추 · 얼음물 250ml
배 4개(파스크라산느passe-crassane
또는 두와예네 뒤 코미스doyennés du
Comice) · 레몬 2개 · 민트 1팩
레몬나무 잎 20~24장
튀김용 기름

1 파트 아 베녜부터 만든다. 먼저 쌀가루와 설탕 40g, 노른자, 소금을 볼에 넣고 거품기로 섞는다. 여기에 후추를 그라인더로 4번 갈아 넣는다. 마요네즈를 만들 때처럼, 얼음물을 조금씩 따라 부으며 거품기로 저어 반죽이 덩어리지지 않게 한다. 완성된 반죽은 냉장고에 넣는다.

2 배는 껍질을 깎고, 크기에 따라 4등분 또는 8등분한 다음 레몬즙을 바른다.

3 레몬나무 잎은 깨끗이 씻어서 말리고, 민트 잎은 3장씩 한 묶음으로 떼어낸다.

4 튀김용 기름을 170~180℃로 가열한다.

5 배와 민트 잎, 레몬나무 잎을 튀김 반죽에 담갔다가 뜨거운 기름에 넣는다. 옅은 갈색이 나오면 스키머로 건져서 키친타월에 올려 기름을 뺀다.

6 따뜻한 접시에 옮겨 담고 설탕을 뿌린 다음, 레몬즙을 몇 방울 떨어뜨린다. 따뜻할 때 먹는다.

▶ 232~233쪽 사진 참고

레몬나무 잎은 먹지 않고 향이 밴 튀김옷만 먹는다.

불 드 베를랭 *Boules de Berlin*

베녜 25개 기준
작업 시간 30분 + 필링
반죽 발효 시간 6시간 30분
　　　　　　~7시간
조리 시간 10~12분

르뱅
이스트 5g
20℃ 물 175ml · 밀가루 275g

반죽
밀가루 250g · 플뢰르 드 셀✤ 11g
설탕 65g · 노른자 5개분
이스트 60g · 전유 60ml
버터 65g·포도씨유 또는 식용유 1ℓ

필링
댐슨 자두잼 1병▶370쪽 참고
살구잼 1병▶368쪽 참고
'프랑부아즈 페팽'잼 1병▶369쪽 참고
오렌지 마멀레이드 1병▶374쪽 참고 크렘 파티시에르 1병 중 선택
▶61쪽 참고 · 마무리용 설탕

1 르뱅부터 만든다. 볼에 이스트를 넣고 부순 다음, 물을 담고 손가락으로 섞는다. 볼 위에 체를 올려 밀가루를 체친 다음, 고루 섞으면 묽은 반죽이 된다. 천을 덮고 1시간 30분~2시간가량 발효시킨다. 르뱅 표면에 작은 기포가 생기면 완성된 것이다.

2 반죽기에 훅을 끼우고 르뱅을 넣는다. 여기에 체친 밀가루, 플뢰르 드 셀, 설탕, 노른자, 부순 이스트, 우유를 넣고 중속에서 20분 정도 반죽한다. 반죽이 용기에서 떨어져 나오면 네모나게 자른 버터를 넣고 다시 반죽한다. 버터가 다 스며들어 매끈한 텍스처가 되면 볼에 옮겨 담고 천을 씌운다. 이 상태로 부피가 2배가 될 때까지 발효시킨다.

3 부풀어 오른 반죽을 주먹으로 눌러 가스를 빼면 원래 크기로 돌아온다. 반죽을 25개의 덩어리로 분할한다. 천에 물을 아주 살짝만 뿌리고 밀가루를 묻힌다. 분할한 반죽 덩어리를 동그랗게 빚은 다음, 준비한 천 위에 5cm 간격으로 올려놓는다. 그 위에 면포를 덮고 발효시킨다.

4 반죽의 부피가 2배가 되면 기름을 160℃로 가열한다. 용기에 따라 한 번에 3~4개 정도만 넣고 10~12분간 튀긴다. 중간에 스키머로 뒤집어 고루 색이 나오게 한다. 다 익은 것은 천에 올려 기름을 뺀다.

5 짤주머니에 민무늬 중자 깍지를 끼우고 필링을 넣는다. 깍지로 튀김에 구멍을 뚫고 깊숙이 짠 다음, 설탕을 듬뿍 뿌린다.

▶ 224~225쪽 사진 참고

✤ 전통 수작업으로 소금을 채취하면 염전 맨 위에 아주 얇은 결정막이 생긴다. 이를 두고 프랑스에서는 소금 꽃이라는 뜻의 '플뢰르 드 셀fleur de sel'이라고 부르는데, 특히 게랑드guerande나 카마르크carmarque 지역이 유명하다.

오렌지 향 초콜릿 파운드케이크 *Cake au chocolat et à l'orange*

18×8cm 파운드케이크 2개분

작업 시간 1일+30분

조리 시간 1시간

재료

설타나sultana 건포도 125g

밀가루 200g · 카카오 가루 50g

베이킹파우더 5g · 버터 250g

오렌지 껍질 콩피 350g

설탕 390g

달걀 5개 · 물 150ml

그랑 마르니에 130ml

살구 나파주 50g

장식용 오렌지 콩피 1조각

1 하루 전에 건포도를 씻어서 물에 불린다.

2 밀가루, 카카오 가루, 베이킹파우더를 한데 체친다.

3 틀에 버터를 바르고 밀가루를 뿌린다. 버터는 부드럽게 만든다.

4 불린 건포도는 물기를 제거하고, 오렌지 껍질 콩피는 큐브 모양으로 자른다.

5 오븐은 250℃로 예열한다.

6 버터에 설탕 250g을 넣고 세게 저어 가벼운 텍스처로 만든 다음, 달걀을 1개씩 넣고 가루 재료를 넣는다.

7 반죽의 결이 균일해지면 건포도와 오렌지 껍질 콩피를 넣고 나무 숟가락으로 아래에서 위로 떠올리며 섞는다.

8 반죽을 틀에 붓고 1시간 정도 굽는데, 틀을 오븐에 넣자마자 온도를 180℃로 낮춘다. 껍질이 생기면 칼을 녹인 버터에 담갔다 뺀 다음, 가운데를 길게 가른다. 칼을 깊숙이 찔러 넣었을 때 반죽이 묻지 않으면 다 익은 것이다.

9 파운드케이크가 다 익으면 10분 정도 미지근하게 식힌 다음, 틀에서 꺼내 식힘망에 놓는다.

10 작은 냄비에 물과 설탕 140g을 넣고 가열해 시럽을 만든다. 끓어오르면 불을 끄고 그랑 마르니에를 넣는다. 파운드케이크에 시럽을 뿌린다.

11 살구 나파주를 미지근하게 데워서 파운드케이크 표면에 바른다. 오렌지 콩피 슬라이스를 윗면과 옆면에 고루 붙인다. 랩으로 싸서 냉장고에 보관한다.

▶ 276~277쪽 사진 참고

라즈베리 캐러멜 *Caramels à la Framboise*

캐러멜 약 70개 기준

작업 시간 45분

조리 시간 약 15분

재료

신선한 라즈베리 250g

크림 200ml

액상 글루코오스 280g

설탕 300g

가염 버터 20g

1 핸드 블렌더로 라즈베리를 간 다음, 크림을 넣고 섞는다. 이것을 냄비에 넣고 가열하다가 끓어오르면 불을 끄고 한쪽에 둔다.

2 냄비에 글루코오스를 넣고 데우는데 끓어오르지 않게 주의한다. 여기에 설탕을 넣고 진한 갈색 캐러멜이 될 때까지 가열한다.

3 끓고 있는 캐러멜에 라즈베리 퓌레를 붓고 잘 섞는다. 이때 뜨거운 캐러멜이 튈 수 있으므로 조심한다. 요리용 온도계로 온도를 확인하며 118℃로 끓인 후, 불을 끄고 가염 버터를 넣고 '8'자를 그리며 섞는다.

4 유산지에 지름 22cm 무스링을 놓는다. 버터가 캐러멜에 완전히 스며들면 바로 무스링에 붓고, 실온 정도로 식힌다.

5 유산지를 제거한다. 캐러멜을 도마에 놓고 정사각형으로 자른 다음, 셀로판지로 포장한다. 밀폐 용기에 담아 보관한다.

▶ 402~403쪽 사진 참고

– 스위스 제네바의 파티시에,
조르주 고베*Georges Gobet*의 레시피

붉은 과일과 루바브, 화이트초콜릿을 넣은 샤를로트

Charlotte au chocolat blanc, à la rhubarbe et aux fruits rouges

8~10인분 기준

작업 시간 1시간
냉장 시간 4시간

루바브 콩포트

신선한 루바브 300g
레몬즙 4tbsp · 설탕 40g
바닐라 깍지 1개 · 판젤라틴 2장

화이트초콜릿 무스

화이트초콜릿 250g · 크림 830g

과일즙

패션프루츠 14~16개
비스퀴 아 라 퀴이에르 18개

장식

신선한 민트 잎 1장
딸기, 라즈베리, 신선한 레드커
런트

1 먼저 루바브 콩포트를 만든다. 루바브 줄기를 토막으로 자르고, 레몬은 짜서 즙 4tbsp을 만든다. 바닐라 깍지는 반으로 갈라 씨를 긁어낸다. 루바브, 설탕, 레몬즙, 바닐라 깍지를 냄비에 넣고 약불로 수분을 날린 다음 식힌다. 젤라틴은 찬물에 불려 물기를 짠 후, 콩포트에 넣고 잘 섞는다.

2 화이트초콜릿 무스를 만든다. 초콜릿을 다져서 전자레인지나 중탕에서 녹인다. 크림 200g을 끓여 초콜릿에 붓고 거품기로 잘 저은 후, 미지근하게 식힌다. 여기에 남은 크림을 휘핑해서 넣고 잘 섞는다.

3 과일즙을 만든다. 패션프루츠를 2등분한 다음, 과육만 떠서 체에 담는다. 숟가락 등으로 꾹꾹 눌러 최대한 많이 즙을 짜낸다.

4 지름 18cm 틀에 버터를 바르고 설탕을 뿌린다. 비스퀴의 평평한 쪽을 패션프루츠즙에 적신 후, 테두리에 나란히 붙인다. 먼저 화이트초콜릿 무스를 1/2 정도 붓고, 루바브 콩포트 1/2을 붓는다. 그 위에 과일즙을 적신 비스퀴를 한 층 깐다.

5 비스퀴 위에 남은 무스와 콩포트를 차례대로 붓고 맨 위는 비스퀴로 덮는다. 샤를로트는 냉장고에서 최소 4시간 동안 굳힌다.

6 붉은 과일과 신선한 민트로 장식한다.

▶ 210~211쪽 사진 참고

쿠프 글라세 이스파한 *Coupe glacée Ispahan*

8인분 기준

작업 시간 50분
조리 시간 2분

재료

라즈베리 셔벗 1ℓ ▶ 100쪽 참고
크렘 샹티 200ml ▶ 53쪽 참고

장미 향 리치 셔벗 1ℓ 기준

생수 180ml · 설탕 180g
신선한 리치 약 1.4kg
장미 시럽 25ml

라즈베리 쿨리

라즈베리 300g · 설탕 40g

장식

장미 꽃잎 8개
장미 마카롱 코크 16개(선택 사항)

1 장미 향 리치 셔벗을 만든다. 먼저 리치는 껍질을 까고 반으로 갈라 씨를 제거한다. 블렌더로 갈아 퓌레 600g을 만든다.

2 생수와 설탕을 냄비에 넣고 가열한다. 끓어오르면 불을 끄고 상온에서 식힌다. 시럽이 식으면 리치 퓌레와 장미 시럽을 넣고, 덩어리진 부분이 없도록 핸드 블렌더로 곱게 간다.

3 (2)를 셔벗 메이커에 넣고 굳힌다. 완성된 셔벗은 바로 사용하거나 바트에 담아 냉동실에 넣는다.

4 쿨리용 라즈베리와 설탕을 블렌더에 간 다음, 체에 걸러 냉장 보관한다.

5 크렘 샹티를 만든다. 볼을 15분간 냉동 보관한 다음, 크림을 넣고 핸드 믹서로 휘핑한다. 크림이 단단해지기 시작하면 설탕을 넣고 휘핑한다. 짤주머니에 별 모양 깍지를 끼우고 휘핑한 크림을 넣은 후, 냉장 보관한다.

6 쿠프coupe 잔 8개에 라즈베리 쿨리를 골고루 담는다. 가운데에 라즈베리 셔벗 2스쿱과 장미 향 리치 셔벗 1스쿱을 넣는다. 셔벗 사이에 마카롱 코크를 1개씩 넣는다. 셔벗 위에 모양을 내면서 크렘 샹티를 짠다 ▶ 53쪽 참고. 식용 장미 꽃잎을 1장씩 올려 장식한다.

▶ 362~363쪽 사진 참고

캐러멜 라이스를 넣은 피스타치오 크렘 브륄레

Crème brûlée à la pistache et riz caramélisé 

6~8인분 기준
작업 시간 40분
조리 시간 45분
냉장 시간 3시간

재료
금색 건포도 60g
리 오 레 800g ▶ 308쪽 참고
버터 30g · 노른자 2개분 · 우유
500ml · 피스타치오 페이스트 50g
노른자 5개분 · 설탕 80g · 황설탕
40g · 라즈베리 1팩 · 야생 딸기 1팩
레몬 시럽 · 버베나 잎 적당량

1 건포도와 물을 냄비에 넣고 몇 분간 데운다. 불린 건포도는 체에 밭쳐 물기를 제거한다.

2 리 오 레를 만든다. 쌀이 우유를 거의 다 흡수하면 1~2tbsp을 떠서 볼에 담고 여기에 노른자를 넣고 잘 섞는다. 다시 이것을 리 오 레에 넣은 다음, 버터를 넣고 잘 섞는다. 리 오 레에 건포도를 넣고 살짝 끓인다. 지름 20cm 수플레 틀에 넣고 식힌다.

3 오븐은 100℃로 예열한다.

4 크렘 브륄레를 만든다. 우유와 피스타치오 페이스트를 섞은 다음 끓인다. 노른자와 설탕을 세게 젓고, 끓인 우유와 페이스트에 넣은 후 스패출러로 잘 섞는다. 이것을 리 오 레에 붓고 45분간 오븐에서 굽는다. 구운 크렘 브륄레는 식혀서 냉장고에 3시간 정도 넣어둔다.

5 먹기 직전에 키친타월로 크림 브륄레 표면의 수분을 흡수시킨다. 황설탕을 뿌린 후, 그릴에 살짝 그을린다.

6 딸기와 라즈베리로 장식한 다음, 레몬 시럽을 끼얹는다. 잘게 썬 버베나 잎을 올려 마무리한다.

▶ 286~287쪽 사진 참고

패션프루트와 밤 젤리, 녹차 크림을 넣은 크렘 브륄레

Crème brûlée aux fruits de la Passion, gelée de marrons, crème au thé vert 

8인분 기준
작업 시간 45분
조리 시간 70분

크렘 브륄레
노른자 7개분 · 설탕 125g
패션프루트 8개 · 크림 380ml

패션프루트 젤리
판젤라틴 1+1/2장 · 레몬즙 10ml
과육이 있는 오렌지즙 25ml
설탕 40g · 패션프루트 7~8개

밤 젤리
판젤라틴 3장 · 마롱(밤) 퓌레
150g · 마롱(밤) 크림 150g

녹차 크림
화이트초콜릿 50g · 크림 50ml
녹차(말차 가루) 4g

마무리
마롱(통밤) 200g · 버터 30g
바닐라 깍지 1/2개 · 황설탕
30g · 플뢰르 드 셀❖ · 후추 ·
마롱 글라세 16개 ▶ 464쪽 참고

1 오븐은 90℃로 예열한다.

2 크렘 브륄레를 만든다. 노른자와 설탕을 휘핑한 다음, 패션프루트 과육과 크림을 넣고 잘 섞는다.

3 오븐 팬에 마티니잔 8개를 놓고 크렘 브륄레를 골고루 담는다. 1시간 동안 오븐에서 구운 다음 식혀서 냉장 보관한다.

4 밤을 큼직하게 부순다. 프라이팬을 달궈 버터와 바닐라 깍지, 설탕, 부순 밤을 넣고 센불에서 3~4분간 가열한다. 플뢰르 드 셀로 살짝 간을 하고, 후추를 3~4번 그라인더로 돌려 넣는다. 밤을 크렘 브륄레 위에 고루 담는다.

5 패션프루트 젤리를 만든다. 젤라틴은 찬물에 불려 물기를 짠다. 냄비에 물 60ml, 레몬즙, 오렌지즙, 설탕을 넣고 끓인 다음, 불을 끄고 젤라틴을 넣는다. 젤라틴이 다 녹으면 패션프루트 과육을 넣고 잘 섞는다. 식어서 걸쭉해지면 냉장 보관한다.

6 밤 젤리를 만든다. 찬물에 젤라틴을 넣고 불린 후, 중탕에서 녹인다. 밤 퓌레와 밤 크림, 물 150ml를 휘핑한 다음, 녹인 젤라틴에 조금씩 넣으며 섞는다.

7 크렘 브륄레 위에 밤 젤리를 붓고 냉장고에서 굳힌다.

8 녹차 크림을 만든다. 빵칼로 초콜릿을 다져서 중탕에서 녹인다. 크림을 끓인 다음, 60℃로 식히고 녹차 가루를 넣으며 휘핑한다. 녹차를 탄 크림을 3번에 나누어 초콜릿에 넣는데, 크림을 넣을 때마다 고루 섞어야 한다. 밤 젤리 위에 녹차 크림을 붓고 냉장고에서 굳힌다.

9 녹차 크림 위에 패션프루트 젤리를 부은 후, 냉장 보관한다.

10 서빙하기 직전에 마롱 글라세를 골고루 담는다.

▶ 300~301쪽 사진 참고

❖ 전통 수작업으로 소금을 채취하면 염전 맨 위에 아주 얇은 결정막이 생긴다. 이를 두고 프랑스에서는 소금 꽃이라는 뜻의 '플뢰르 드 셀fleur de sel'이라고 부르는데, 특히 게랑드guerande나 카마르크carmarque 지역이 유명하다.

에모시옹 에그잘테 *Émotion Exaltée* 👨‍🍳👨‍🍳👨‍🍳

8인분 기준
작업 시간 35분
조리 시간 15분

토마토 젤리
토마토 500g
젤라틴 3+1/2장 · 설탕 35g

**올리브 오일을 넣은
화이트초콜릿 무스**
크림 400ml · 바닐라 깍지 1/4개
올리브 오일 75ml
화이트초콜릿 120g

**염장 레몬과
당절임 레몬을 넣은 딸기**
딸기 800g · 염장 레몬 15g
당절임 레몬 40g · 레몬즙 15ml
신선한 민트 잎 8장

마무리
말린 토마토 조각 8개

1 오븐은 210°C로 예열한다.
2 토마토는 씻어서 말린 후, 꼭지를 제거한다. 4등분으로 잘라 오븐용 바트에 넣고 15분간 익힌다.
3 찬물에 젤라틴을 불리고 물기를 짠다. 익힌 토마토를 핸드 블렌더에 간 다음, 체에 걸러 즙을 내린다. 즙에 젤라틴을 넣고 잘 섞은 후, 설탕과 물 90ml를 넣는다. 냉장고에 넣고 식힌다.
4 가나슈를 만든다. 볼을 냉동실에 15분간 넣어둔다. 초콜릿은 빵칼로 다져서 중탕으로 녹인다. 바닐라 깍지는 반으로 갈라 씨를 긁어낸 다음, 크림 50ml와 함께 냄비에 넣고 가열한다. 끓어오르면 깍지만 제거한 뒤, 초콜릿에 붓고 잘 섞는다. 가나슈가 35~40°C가 되면 올리브 오일을 넣는다.
5 얼려 놓은 볼에 크림 350ml를 넣고 단단하게 휘핑한다. 먼저 휘핑한 크림 1/4을 가나슈에 넣는데, 이때 가나슈의 온도가 28°C를 넘지 않아야 한다. 고루 섞이면 남은 크림을 모두 넣고 살살 젓는다.

6 외국 식자재 코너에서 판매하는 병에 담긴 염장 레몬을 준비한다. 딸기와 민트 잎은 씻어서 말린다. 딸기는 꼭지를 제거한 다음 4등분하고, 염장 레몬과 당절임 레몬은 작은 큐브로 자른다. 민트 잎은 잘게 썬다. 손질한 딸기와 레몬, 민트 잎을 레몬즙에 버무린다.
7 유리잔이나 고블렛을 8잔 준비한다. 여기에 토마토 젤리를 1.5cm로 부은 다음, [6]의 과일을 2.5cm 정도 담는다. 그 위에 화이트초콜릿 무스를 0.5cm 정도 붓고, 냉장고에서 30분 정도 굳힌다. 마지막에 말린 토마토로 장식한다.

▶ 198~199쪽 사진 참고

감귤류와 레드비트즙을 넣은 가리게트 딸기

Fraises gariquettes aux agrumes et au jus de betterave rouge 👨‍🍳👨‍🍳👨‍🍳

4~6인분 기준
작업 시간 40분
건조 시간 1~1시간 30분
조리 시간 1시간 20분
재우는 시간 3시간

재료
익힌 레드비트 1개 · 분당
가리게트 딸기 1.5kg
레드비트 병조림 1통
오렌지 4개 · 레몬 1개 · 흑후추
크렘 프레슈 에페스 150g ▶428쪽 참고
설탕 60g
딸기 셔벗 500ml ▶100쪽 참고

1 오븐을 120°C로 예열한다. 익힌 레드비트를 얇게 썰어서 유산지를 깐 오븐 팬에 놓는다. 그 위에 분당을 뿌리고 유산지로 덮은 다음, 식힘망을 얹는다. 오븐에 넣고 1~1시간 30분 정도 건조시키는데, 45분이 지나면 위에 있는 식힘망과 유산지를 뺀다. 완성된 레드비트 칩은 건조한 곳에 보관한다.
2 딸기는 씻어서 꼭지를 딴다. 딸기 600g을 내열유리 용기에 넣고 랩을 씌운다. 중탕에서 45~60분간 익힌 다음 체에 걸러 즙을 내린다.
3 병조림 레드비트를 체에 걸러 즙과 건더기를 분리한다. 즙은 따로 보관하고, 건더기는 딸기즙에 넣어 약불에서 20분 정도 익힌다.
4 여기에 길게 썬 오렌지 제스트 1개와 레몬즙을 넣고, 후추를 그라인더로 3~4번 갈아 넣는다. 이 상태로 최소 3시간 동안 재운다.

5 재운 레드비트를 체에 걸러 즙을 내린 후, 4등분한다. 내린 즙에 [3]의 즙을 1/4가량 넣고 서늘한 곳에 둔다.
6 크림을 거품이 일 정도로만 휘핑한다. 여기에 설탕 60g을 넣고 섞은 다음, 냉장 보관한다.
7 오렌지는 하얀 부분이 남지 않도록 껍질을 완전히 제거한 다음 조각낸다.
8 남은 딸기 900g을 2등분한다. 오목한 접시에 딸기와 레드비트, 오렌지 조각을 담고 즙을 붓는다. 여기에 딸기 셔벗과 휘핑한 크림을 둥글고 길쭉한 모양의 크넬quenelle로 만들어 올리고, 크넬 사이에 레드비트 칩을 꽂는다. 완성되면 바로 서빙한다.

▶ 318~319쪽 사진 참고

가토 빅토리아 *Gâteau Victoria* 

6~8인분 기준
작업 시간 10분 + 50분
조리 시간 5분 + 35분
반죽 휴지 시간 10분 × 2회

비스퀴 아 다쿠아즈
코코넛 가루 35g
아몬드 가루 35g · 분당 70g
흰자 3개분 · 설탕 25g

코코넛 크림 무슬린
포마드 버터 80g
코코넛 슬라이스 40g
럼 블랑 아그리콜✤ 5ml
코코넛 밀크 170ml
크렘 파티시에르 170g ▶61쪽 참고
이탈리안 머랭 70g ▶44쪽 참고

파인애플 필링
과들루프산 파인애플 작은 것 1개
라임 1/2개 · 코리앤더 잎 8장
사라왁Sarawak 흑후추
오렌지 마멀레이드 4tbsp

1 하루 전에 비스퀴 아 다쿠아즈를 만든다. 먼저 코코넛 가루와 아몬드 가루, 분당을 함께 체친다. 흰자에 설탕을 조금씩 넣어가며 휘핑해, 하얗고 윤기 나는 머랭을 만든다. 스패출러로 가루 재료에 머랭을 넣고 살살 섞는다.

2 짤주머니에 2mm 민무늬 깍지를 끼우고 비스퀴 반죽을 넣는다. 오븐 팬에 유산지를 깔고 지름 22cm 디스크를 만든다. 먼저 가운데에서 바깥으로 원을 그리면서 짠 다음, 디스크 테두리에 동그란 볼을 연이어 짠다. 분당을 체쳐서 살짝 뿌리고 10분간 휴지시킨 다음, 다시 분당을 뿌린다.

3 오븐은 150℃로 예열한다.

4 비스퀴를 오븐에 넣고 35분간 구운 후, 식힘망에 옮긴다. 비스퀴가 식으면 랩을 씌워 냉장 보관한다.

5 다음 날, 크렘 파티시에르와 이탈리안 머랭을 만든다. 핸드 믹서로 버터를 휘핑한 다음, 코코넛 슬라이스와 럼, 코코넛 밀크를 넣는다. 여기에 크렘 파티시에르와 이탈리안 머랭을 넣고 스패출러로 잘 섞는다.

6 파인애플은 껍질을 벗기고 양 끝을 자른 다음, 4등분해서 딱딱한 심을 제거한다. 슬라이스로 썬 다음, 막대 모양으로 잘라 물기를 제거한다. 라임은 제스트를 뜨고, 코리앤더 잎은 잘게 썬다. 라임 제스트와 코리앤더는 가토를 완성하기 직전에 파인애플에 넣고 버무린다. 여기에 후추를 그라인더로 4번 갈아 넣는다.

7 오렌지 마멀레이드는 끓인다. 짤주머니에 10mm 민무늬 깍지를 끼우고, 코코넛 크림 무슬린을 넣은 다음, 비스퀴 안에 짠다. 그 위에 파인애플 조각을 소복하게 담는다. 끓는 마멀레이드를 파인애플에 바른 후, 바로 시식한다.

▶ 164~165쪽 사진 참고

✤ 럼은 일반적으로 설탕을 제조하고 남은 부산물인 당밀을 원료로 만드는데, 럼 블랑 아그리콜Rhum blanc agricole은 사탕수수즙을 발효시켜 증류한 화이트 럼을 지칭한다.

붉은 과일 퀴냐만 *Kouign-amann aux fruits rouges* 

일인용 가토 12개 기준
작업 시간 30분
조리 시간 35~40분
냉장 시간 약 3시간
발효 시간 90분

파트 르베 푀유테
이스트 10g · 물 320~350ml
Type 55 밀가루 550g
플뢰르 드 셀 15g
버터 495g · 설탕 470g

붉은 과일 마멀레이드
레드커런트 100g · 블루베리
100g · 라즈베리 100g
블랙커런트 100g
비트프리 설탕(젤링 슈가) 1팩(50g)

1 이스트를 물에 녹인다. 체친 밀가루에 녹인 버터 20g과 이스트, 플뢰르 드 셀을 넣고 빠르게 반죽한다. 반죽을 랩으로 감싸서 30분간 냉장 휴지시킨다.

2 작업대에 덧밀가루를 뿌리고 반죽을 정사각형으로 민다. 버터 450g을 가운데에 놓고 반죽 귀퉁이를 안으로 접어 버터를 감싼다. 반죽은 20분간 냉장 휴지시킨다.

3 반죽을 넓이 대비 길이가 1:3이 되도록 민 다음, 투르 생플tour simple을 하듯이 3겹으로 포개어 접는다 ▶21쪽 참고. 접은 반죽은 1시간 동안 냉장 휴지시킨다.

4 붉은 과일 마멀레이드를 만든다. 레드커런트, 블루베리, 라즈베리, 블랙커런트, 비트프리 설탕을 모두 냄비에 넣고 가열한다. 끓어오르면 2분 더 가열한 후, 불을 끄고 식힌다.

5 다시 반죽을 넓이와 길이가 1:3이 되도록 민 다음, 설탕 350g을 뿌리고 투르 생플tour simple을 한다. 30분 동안 냉장 휴지시킨다.

6 반죽을 두께 4mm로 민 다음, 8cm 정사각형 12개로 자른다. 가운데에 마멀레이드를 넣고 귀퉁이 4곳을 안으로 접는다. 반죽을 톡톡 쳐서 동그랗게 만든 다음, 30분간 냉장 휴지시킨다.

7 지름 8cm 무스링 12개에 말랑한 버터 25g을 바른다. 오븐 팬에 설탕 120g을 뿌리고 무스링을 얹은 다음, 그 안에 반죽을 넣는다. 28℃ 정도의 공간에서 90분간 발효시키면 부피가 1/3 정도 늘어난다.

8 180℃로 예열한 오븐에 반죽을 넣고 35~40분간 굽는다. 식힘망에 식혀서 만든 당일 먹는다.

▶ 242~243쪽 사진 참고

마카롱 글라세와 라벤더 향 초콜릿 셔벗

Macarons glacés, sorbet au chocolat et fleurs de lavande

6인분 기준
작업 시간 45분
조리 시간 12분

재료
초콜릿 셔벗 900ml ▶ 99쪽 참고
라벤더 꽃 2꼬집
초콜릿 마카롱 반죽 500g ▶ 252쪽
참고

1 라벤더 꽃을 넣고 초콜릿 셔벗을 만든다. 라벤더 꽃은 가능하면 생화를 사용한다. 셔벗은 냉동실에 보관하는데 부드러운 식감이 유지되도록 온도를 조절한다.

2 오븐은 140°C로 예열한다.

3 오븐 팬 2개를 겹치고 맨 위에 유산지를 깐다.

4 초콜릿 마카롱 반죽을 만든다. 짤주머니에 8mm 깍지를 끼우고 반죽을 넣은 다음, 오븐 팬에 지름 2cm짜리 마카롱을 짠다. 겉면에 얇은 껍질이 생길 때까지 상온에서 건조시킨 후, 12분간 굽는다.

5 다 익으면 유산지 밑에 물을 약간만 붓는다. 이렇게 하면 수분이 증발해 마카롱이 훨씬 잘 떨어진다. 마카롱을 식힘망에 옮긴다.

6 마카롱의 평평한 면에 초콜릿 셔벗을 올리고 다른 마카롱으로 덮는다. 완성된 마카롱을 접시에 담고 랩을 씌운다. 바로 먹지 않을 경우 냉동실에 보관하는데, 먹기 30분 전에 냉장실에 옮겨 놓는다.

▶ 350~351쪽 사진 참고

Comment

초콜릿과 라벤더는 조금만 배합을 달리해도 균형이 흐트러지는 섬세한 조합이다. 따라서 라벤더 꽃 계량에 주의한다.

복숭아 · 살구 · 사프란 향 마카롱 *Macarons pêche-abricot-safran*

큰 마카롱 20개
또는 작은 마카롱 80개 기준
작업 시간 15분
조리 시간 10~20분
휴지 시간 15분

마카롱 반죽
분당 480g
아몬드 가루 280g
흰자 7개분
빨강 식용 색소 1방울
노랑 식용 색소 2방울

가나슈
화이트초콜릿 225g
복숭아 200g(2~3개)
레몬즙 15g · 크림 15ml
사프란 가닥 0.3g
살구 100g

1 마카롱 반죽을 만든다 ▶ 252쪽 참고. 반죽에 빨간색, 노란색 색소를 탄 다음, 볼을 돌리면서 고무 스패출러로 안에서 바깥으로 젓는다.

2 오븐 팬 2개를 겹치고 맨 위에 유산지를 깐다.

3 작은 마카롱(지름 2cm)은 8mm 민무늬 깍지를 사용하고, 큰 마카롱(지름 7cm)은 12mm 깍지를 끼운다. 오븐 팬에 마카롱을 3cm 간격으로 짠 다음, 상온에서 15분 정도 건조시킨다.

4 오븐은 140°C로 예열한다.

5 오븐 문을 살짝 열어둔 상태에서 작은 마카롱은 10~12분 동안 굽고, 큰 마카롱은 18~20분간 굽는다. 다 익으면 유산지 밑에 물을 약간만 붓는다. 이렇게 하면 수분이 증발해 마카롱이 훨씬 잘 떨어진다. 마카롱을 식힘망에 옮긴다.

6 가나슈를 만든다. 끓는 물에 복숭아를 1분 정도 담갔다 뺀 다음 물기를 제거한다. 데친 복숭아는 껍질과 씨를 제거해 작게 조각낸다. 냄비에 복숭아 조각을 넣고 레몬즙을 부은 다음, 아주 약한 불에서 5분간 가열한다.

7 사프란을 크림에 넣고 향을 우린다.

8 화이트초콜릿은 빵칼로 다져 중탕에서 녹인다. 복숭아를 으깨 고운 퓌레로 만들고 크림을 붓는다. 크림을 탄 퓌레를 녹인 초콜릿에 붓고 섞는데, 볼 가운데에 작은 원을 그리다가 점점 크게 원을 그리며 섞는다. 살구는 말랑한 것을 준비해 2mm 큐브로 잘라 가나슈에 넣는다.

9 마카롱의 평평한 면에 가나슈를 짜고 다른 마카롱으로 덮는다. 완성된 마카롱을 유산지 위에 놓은 뒤, 랩을 씌운다. 향이 충분히 퍼지도록 냉장고에 이틀 동안 보관한 후 먹는다.

▶ 264~265쪽 사진 참고

아니스 향 라즈베리 밀푀유 Mille-feuille aux framboises et à l'anis 

6인분 기준

작업 시간 50분

휴지 시간 2시간

조리 시간 30분

재료

파트 푀유테 엥베르세

캐러멜리제 400g ▶ 23쪽 참고

밀푀유 크렘 500g ▶ 58쪽 참고

파스티스pastis 또는

아니스 리큐어 25ml

필링과 장식

분당 25g · 라즈베리 250g

스타 아니스 4~5개

1 파트 푀유테 엥베르세 캐러멜리제를 만든다. 20분 간 구운 다음, 1시간 동안 식힌다.

2 밀푀유 크렘을 만든 후, 파스티스나 아니스 리큐어 를 넣는다. 향을 낸 크림은 냉장 보관한다.

3 작업대에 천을 깔고 파트 푀유테가 담긴 오븐 팬을 놓는다. 큰 빵칼을 이용해 세로 방향으로 잘라 직 사각형 시트 3장을 만든다.

4 크림이 푀유테에 덜 스며들도록 캐러멜리제를 한 면이 위를 향하게 놓는다.

5 푀유테 위에 스패츌러로 밀푀유 크렘 1/2을 바른다.

6 그 위에 빈틈이 없도록 라즈베리를 나란히 놓는다.

7 푀유테를 올리고 남은 크림을 바른 다음, 라즈베리 를 한 층 깐다.

8 맨 위에 남은 푀유테를 덮어 마무리한다.

9 분당을 뿌리고, 라즈베리와 스타 아니스를 몇 개 올려 장식한다.

▶ 176~177쪽 사진 참고

Tip

시간이 지나면 식감이나 맛이 처음 같지 않으므로 만들자마자 먹어야 한다. 또한 6개로 조각내 프티 가토로 만들어도 좋다.

헤이즐넛을 넣은 바나나 젤리 Pâte de fruits à la banane et aux noisettes 

6~8인분 기준

작업 시간 20분

조리 시간 15분

냉장 시간 3시간

재료

바나나 4개

그래니 스미스

granny smith 사과 200g

헤이즐넛 100g · 레몬 1개

사과즙 150ml

잼용 겔화제 40g

설탕 600g · 가염 버터 10g

넛맥 가루 1꼬집 · 그래뉴당

1 레몬은 짜서 즙을 낸다.

2 바나나는 껍질을 벗기면 과육 250g이 나온다.

3 사과는 껍질을 깎고 심을 제거한다.

4 기름을 두르지 않은 팬이나 오븐에서 헤이즐넛을 살짝 구운 후, 밀대로 눌러 다진다.

5 바나나와 사과를 블렌더나 푸드 밀에 갈아 퓌레로 만드는데, 갈변되지 않도록 사과즙과 레몬즙을 함 께 넣는다.

6 겔화제와 설탕 100g을 볼에 섞는다.

7 냄비에 버터를 넣고 녹인 다음, 과일 퓌레를 넣고 거 품기로 저으면서 가열한다. 끓어오르면 설탕과 겔화 제를 넣고, 냄비 바닥에 들러붙지 않도록 잘 젓는다.

8 1분 정도 가열한 후, 설탕 250g을 넣는다. 끓어오 르면 설탕 250g을 다시 넣고 계속 저으면서 가열한 다. 끓고 나서 8분간 익힌 뒤 불을 끈다.

9 다진 헤이즐넛과 넛맥 가루를 넣는다.

10 바닥이 없는 무스링을 유산지 위에 놓는다. 틀 안 에 젤리 반죽을 붓고, 3시간 동안 식힌다.

11 정사각형으로 자른 다음, 그래뉴당에 굴려 설탕 을 묻힌다.

▶ 376~377쪽 사진 참고

커피 타르트 *Tarte au café* 

6~8인분 기준
작업 시간 20분+25분
조리 시간 약 45분
냉장 시간 1시간 30분

재료
파트 쉬크레 300g ▶ 19쪽 참고
파트 아 비스퀴 아 라 퀴이에르
300g (▶ 34쪽 참고. 타르트 1개당
비스퀴 1장 사용)

커피 크렘 샹티
크림 500ml · 커피 가루 35g
설탕 20g · 판젤라틴 1+1/2장

커피 가나슈
크림 220ml
화이트초콜릿 300g
커피 가루 20g

비스퀴 적시기
진한 에스프레소 커피 30ml

장식
커피빈 초콜릿 12개

1 하루 전에 크렘 샹티에 넣는 커피 향 크림을 준비한다. 젤라틴은 찬물에 불린다. 크림은 끓인 다음, 불을 끄고 커피 가루를 탄다. 2분간 향을 우린 뒤 체에 거른다. 불린 젤라틴은 물기를 짜서 크림에 녹인 후, 설탕을 넣고 잘 섞는다. 커피 향 크림은 냉장 보관한다.

2 다음 날, 비스퀴 아 라 퀴이에르를 만든다.

3 오븐은 230℃로 예열한다.

4 오븐 팬 2개(30cm×40cm)에 유산지를 덮고, 각각 지름 20cm 디스크를 2개씩 그린다. 짤주머니에 7mm 민무늬 깍지를 끼우고 반죽을 넣은 다음, 가운데에서 바깥으로 원을 그리며 짠다. 반죽 디스크에 체친 분당을 뿌리고 5분간 말린 뒤 다시 한 번 분당을 뿌린다.

5 오븐에 넣고 8~10분간 구운 다음 식힌다.

6 유산지에 구운 디스크를 뒤집어서 올려, 붙어 있던 유산지를 뗀다.

7 지름 22cm 무스링에 버터를 바르고 파트 쉬크레를 넣는다. 바닥을 포크로 여러 번 찍어 구멍을 낸 다음, 30분간 냉장 휴지시킨다.

8 오븐은 180℃로 예열한다.

9 반죽 위에 유산지를 깔고 말린 콩을 채운 다음, 15분간 오븐에서 굽는다. 유산지와 콩을 빼내고, 10분 더 구운 다음 식힘망에 옮겨 식힌다.

10 커피 가나슈를 만든다. 초콜릿은 빵칼로 다져서 중탕으로 녹인다. 크림은 끓인 다음 불을 끄고 커피와 섞는다. 2분간 커피 향을 우린 뒤 체에 거른다. 휘핑하면서 크림을 3번에 걸쳐 녹인 초콜릿에 붓는다.

11 가나슈가 완성되면 바로 타르트에 부어 얇은 층을 만든다. 그 위에 비스퀴 디스크를 얹고, 붓을 이용해 비스퀴에 에스프레소를 바른다. 여기에 남은 가나슈를 붓고, 겉면을 매끄럽게 정리한다. 타르트는 1시간 동안 냉장 보관한다.

12 커피 향 크림을 휘핑해 크렘 샹티로 만든다. 짤주머니에 큰 사이즈의 별 모양 깍지를 끼우고 크렘 샹티를 넣은 다음, 타르트 위에 둥글게 짠다. 커피빈 초콜릿을 올려 장식한 뒤 냉장고에 보관한다. 먹기 1시간 전에 꺼내놓는다.

▶ 142~143쪽 사진 참고

배를 넣은 밤 타르트 *Tarte aux marrons et aux poires* 

4~6인분 기준
작업 시간 50분
휴지 시간 1시간
조리 시간 45분

재료
파트 아 퐁세 350g ▶ 16쪽 참고
마롱(밤) 페이스트 70g
크렘 프레슈 에페스 50g ▶ 428쪽
참고 · 신선한 전유 100ml
퓨어 몰트 위스키 2tsp
설탕 20g · 작은 달걀 2개
구운 마롱(밤) 150g · 잘 익은 배
3~4개(파스크라산느passe-crassane
또는 뵈레 아르디beurré hardy)
레몬즙 1/2개 · 파트 아 필로 3장
▶ 464쪽 참고 · 분당 20g

1 파트 아 퐁세를 만든 다음, 1시간 동안 냉장 휴지시킨다.

2 클라푸티 반죽을 만든다. 밤 페이스트를 볼에 담아 부순다. 우유와 크림을 섞은 후 볼에 조금씩 부으며 밤 페이스트와 섞는다. 거품기로 잘 저어 텍스처를 매끈하게 만든다.

3 여기에 위스키, 설탕, 달걀을 넣고 섞은 후, 냉장 보관한다.

4 오븐은 200℃로 예열한다.

5 지름 22cm 틀에 버터를 바른다. 파트 아 퐁세를 두께 2.5mm로 민 다음, 틀에 넣는다. 그 위에 유산지를 깔고 살구씨를 채운다.

6 오븐에 넣고 15분간 애벌구이한 후, 유산지와 살구씨를 제거한다.

7 타르트 시트가 식으면 구운 밤을 부수어 넣는다.

8 배는 껍질을 깎아 씨를 제거하고 큐브로 자른다. 여기에 레몬즙을 붓고 버무린 다음, 부순 밤 위에 소복하게 쌓는다.

9 배 위에 클라푸티 반죽을 붓고 180℃ 오븐에서 35분 동안 굽는다.

10 다른 틀에 버터를 칠하고 파트 아 필로를 구겨 넣는다. 분당을 뿌리고 250℃ 오븐에서 3분간 구워 캐러멜화한다.

11 타르트가 식으면 구운 파트 아 필로를 얹는다.

▶ 126~127쪽 사진 참고

상사시옹 사틴 *Sensation satine*

8인분 기준
작업 시간 35분
조리 시간 약 5분

오렌지 젤리
판젤라틴 2+1/2장
생수 125ml
오렌지 마멀레이드 250g
레몬즙 75ml

요거트 젤리
젤라틴 1+1/2장
불가리아 요거트 250g
설탕 30g
레몬 제스트 1/2개

패션프루츠 젤리
판젤라틴 3장
패션프루츠 20개
생수 120ml · 레몬즙 20g
과육이 있는 오렌지즙 50g
설탕 80g

1 오렌지 젤리를 만든다. 젤라틴은 찬물에 불려 물기를 짠다. 미지근하게 데운 생수에 젤라틴을 넣고 녹인 다음, 오렌지 마멀레이드와 레몬즙을 넣고 거품기로 세게 젓는다. 오렌지 젤리는 냉장고에 보관한다.

2 요거트 젤리를 만든다. 레몬은 화학 약품으로 처리하지 않은 것을 골라 제스트를 뜬다. 젤라틴은 찬물에 불려 물기를 짠다. 미지근하게 데운 요거트 50g에 젤라틴을 넣고 녹인 다음, 남은 요거트와 설탕, 레몬 제스트를 넣고 거품기로 세게 젓는다. 요거트 젤리는 냉장고에 보관한다.

3 패션프루츠 젤리를 만든다. 젤라틴은 찬물에 불려 물기를 짠다. 패션프루츠는 2등분해서 과육과 즙, 씨만 도려내면 220g 정도가 된다. 미지근하게 데운 생수에 젤라틴을 넣고 녹인 다음 레몬즙, 패션프루츠, 오렌지즙, 설탕을 넣고 거품기로 세게 젓는다. 패션프루츠 젤리는 냉장고에 보관한다.

4 고블렛 8잔을 계란판 구멍에 비스듬하게 고정시킨 다음, 오렌지 젤리를 붓고 상온에서 굳힌다. 이번에는 고블렛을 반대쪽으로 비스듬하게 고정시킨 다음, 패션프루츠 젤리를 붓고 상온에서 굳힌다.

5 젤리가 굳으면 고블렛을 똑바로 세우고 요거트 젤리를 부어 냉장 보관한다.

▶ 324~325쪽 사진 참고

Comment

복숭아, 살구, 사프란 향 마카롱 ▶ 485쪽 참고 반쪽을 요거트 젤리 위에 얹어도 잘 어울린다.

계피 · 사과 · 건포도 · 커리 수플레

8인분 기준

작업 시간 45분

조리 시간 15분 + 20분 + 30분

냉장 시간 2시간

재료

그래니 스미스

granny smith 사과 2개

스트뢰젤 150g ▶29쪽 참고

건포도 · 커리 소스

금색 건포도 80g

물 300ml

아카시아 꿀 30g

신선한 생강 슬라이스 3개

소금 1꼬집 · 후추 · 커리 3g

옥수수 전분 5g

수플레 반죽

레몬 1개 · 달걀 6개

우유 500ml

옥수수 전분 50g

설탕 125g

계피 가루 3tsp

1 소스부터 만든다. 체에 건포도를 넣고 흐르는 물에 씻은 다음, 냄비에 넣는다. 여기에 물, 꿀, 생강, 소금을 넣고 후추를 3번 그라인더로 갈아 넣는다. 아주 약한 불에서 15분간 가열해 건포도를 불린다. 체에 걸러 생강은 버리고 건포도는 따로 보관한 다음, 즙만 다시 냄비에 넣는다. 여기에 커리와 옥수수 전분을 넣고 끓인 다음, 건포도와 섞어서 2시간 동안 냉장 휴지시킨다.

2 오븐은 180℃로 예열한다.

3 스트뢰젤을 만든다. 오븐 팬에 유산지를 깔고 스트뢰젤 반죽을 올려 오븐에서 18~20분간 굽는다.

4 수플레 반죽을 만든다. 레몬은 화학 약품으로 처리하지 않은 것을 골라 껍질을 잘게 갈고 즙을 낸다. 달걀을 깨뜨려 흰자와 노른자를 분리한다. 우유, 노른자, 옥수수 전분, 설탕 100g, 계피, 레몬 제스트로 크렘 파티시에르를 만든다 ▶61쪽 참고.

5 흰자에 남은 설탕 25g과 레몬즙을 넣고 하얗고 윤기 나는 머랭으로 휘핑한다.

6 크렘 파티시에르를 끓인 다음, 여기에 흰자 머랭을 넣는다.

7 지름 10cm짜리 틀 8개에 버터를 바르고 설탕을 뿌린다. 틀에 구운 스트뢰젤을 골고루 넣고 수플레 반죽을 붓는다.

8 180℃ 오븐에 넣고 25~30분간 굽는다. 칼을 넣었다 뺐을 때 반죽이 묻지 않고 말라 있으면 다 익은 것이다.

9 사과는 큐브로 자르고, 레몬즙을 뿌린 다음 소스에 넣고 버무린다. 수플레 1개당 소스를 1~2tbsp 정도 넣고, 완성된 수플레는 바로 먹는다.

▶336~337쪽 사진 참고

알파벳순 레시피 인덱스

- 사진이 실린 페이지는 진하게 표시하고, 단계별 기본 공정은 이탤릭체로 표시한다.
- 난이도는 ◆의 갯수로 표시한다. ◆는 비교적 쉬운 단계이며, ◆◆는 약간의 경험을 요하는 품목이고, ◆◆◆는 보다 폭넓은 경험 또는 특정 도구가 필요한 레시피다.
- RL은 저칼로리 레시피를 뜻한다.

Coupes à l'ananas et aux fruits rouges 파인애플 · 붉은 과일 쿠프 348
Gâteau Victoria 가토 빅토리아 **164-165**, 484
Meringue aux fruits exotiques 열대 과일 머랭 322
Singapour 생가푸르 179
Sorbet à l'ananas 파인애플 셔벗 98
Sorbet aux fruits exotiques 열대 과일 셔벗 101
Tarte à l'ananas 파인애플 타르트 120
Tarte caraïbe 《crème-coco》 타르트 카라이브 '크렘 코코' 121
Tartelettes caraïbes 타르틀레트 카라이브 263
Tranches d'ananas séchées 말린 파인애플 슬라이스 395

Anis 아니스

Mille-feuille aux framboises et à l'anis
아니스 향 라즈베리 밀푀유 **176-177**, 486

Armagnac 아르마냑

Glace à l'armagnac 아르마냑 아이스크림 91

Avocat 아보카도

Coulis à l'avocat et à la banane 아보카도 · 바나나 쿨리 107
Sorbet à l'avocat 아보카도 셔벗 98

Badiane 스타 아니스

Abricots à la badiane 스타 아니스 향 살구 390

Banane 바나나

Banana split 바나나 스플리트 342, **344**
Bananes antillaises 바나나 앙티예즈 312
Bananes Beauharnais 바나나 보아르네 312
Bananes flambées 바나나 플랑베 312
Bananes soufflées 수플레 바나나 333 RL
Bavarois à la créole 크레올식 바바루아 200
Brochettes de chocolat et de banane 초콜릿 · 바나나 브로셰트 258
Charlotte au chocolat et à la banane 바나나를 넣은 초콜릿 샤를로트 203
Coulis à l'avocat et à la banane 아보카도 · 바나나 쿨리 107
Croustillant choco-banane 초코 바나나 크루스티앙 321
Mousse à la banane 바나나 무스 62
Pâte de fruits à la banane et aux noisettes
헤이즐넛을 넣은 바나나 젤리 **376-377**, 486
Sorbet à la banane 바나나 셔벗 98
Sorbet aux fruits exotiques 열대 과일 셔벗 101
Soufflé aux bananes 바나나 수플레 334 RL

Basilic 바질

Jus à l'abricot et au basilic 살구 · 바질 즙 113
Jus à l'huile d'olive et au basilic 올리브 오일 · 바질 즙 115

Sorbet au citron vert et au basilic 바질 향 라임 셔벗 100

Bière 맥주

Compote de poire à la bière 맥주를 넣은 배 콩포트 317

Biscuit à la cuillère 비스퀴 아 라 퀴이에르

Crème aux biscuits à la cuillère 크렘 오 비스퀴 아 라 퀴이에르 285
Pâte à biscuit à la cuillère 파트 아 비스퀴 아 라 퀴이에르 34

Bleuet 블뢰에

Tarte aux bleuets 블뢰에 타르트 130

Broccio 브로치오

Beignets à l'imbrucciata 앙브루치아타 베네 226
Gâteau corse au broccio 브로치오를 넣은 가토 코르스 159

Cacao 카카오

Sauce au cacao 카카오 소스 112

Café 커피

Café liégeois 까페 리에주아 347
Charlotte au café 커피 샤를로트 202
Choux au café 커피 슈 185
Crème au café 커피 크렘 52
Dacquoise au café 커피 다쿠아즈 156
Éclairs au café 커피 에클레르 190
Glace au café 커피 아이스크림 91
Granité au café 커피 그라니테 105
Parfait glacé au café 커피 파르페 글라세 355
Pâte feuilletée au café 커피 향 파트 푀유테 21
Plaisirs au café 플레지르 오 까페 262
Progrès au café 커피 프로그레 174
Religieuses au café 커피 를리지외즈 194
Sauce anglaise au café 커피 소스 앙글레즈 111
Tarte au café 커피 타르트 **142-143**, 487

Cannelle 계피

Cerises au sucre cuit à la cannelle 계피 향 설탕을 입힌 체리 387
Crème bavaroise à la cannelle caramélisée 계피 향 캐러멜 크렘 바바루아즈 47
Ganache aux trois épices 세 가지 향신료 가나슈 88
Soufflé à la cannelle, aux pommes, aux raisins et au curry
계피 · 사과 · 건포도 · 커리 수플레 **336-337**, 489

Caramel 캐러멜

Cage en caramel 카주 앙 캐러멜 *75*
Caramel(recette de base) 캐러멜(기본 레시피) *74*

저칼로리 레시피 인덱스

- 사진이 실린 페이지는 진하게 표시하고, 단계별 기본 공정은 이탤릭체로 표시한다.
- 난이도는 ◆의 갯수로 표시한다. ◆는 비교적 쉬운 단계이며, ◆◆는 약간의 경험을 요하는 품목이고, ◆◆◆는 보다 폭넓은 경험 또는 특정 도구가 필요한 레시피다.
- 저칼로리 레시피 하단에는 영양성분이 표시되어 있으며, 반죽을 만들 때는 감미료로 설탕을 대체해도 좋다.